AF410736

DICTIONNAIRE

DES

SCIENCES NATURELLES.

TOME V.

BOA—BYT.

Les cinq premiers volumes de cet ouvrage furent publiés dans l'intervalle de 1804 à 1806. On en fait la remarque ici, pour ne pas être soupçonné de donner comme nouveau un ouvrage qui ne l'est pas.

C'est par des supplémens que ces cinq premiers volumes ont été ramenés au niveau des connoissances actuelles, et ces supplémens se trouvent placés à la fin de chacun des volumes auxquels ils se rapportent.

Le nombre d'exemplaires prescrit par la loi a été déposé. Tous les exemplaires sont revêtus de la signature de l'éditeur.

DICTIONNAIRE

DES

SCIENCES NATURELLES,

DANS LEQUEL

On traite méthodiquement des différens êtres de la nature, considérés soit en eux-mêmes, d'après l'état actuel de nos connoissances, soit relativement a l'utilité qu'en peuvent retirer la médecine, l'agriculture, le commerce et les arts.

SUIVI D'UNE BIOGRAPHIE DES PLUS CÉLÈBRES NATURALISTES.

Ouvrage destiné aux médecins, aux agriculteurs, aux commerçans, aux artistes, aux manufacturiers, et à tous ceux qui ont intérêt à connoître les productions de la nature, leurs caractères génériques et spécifiques, leur lieu natal, leurs propriétés et leurs usages.

PAR

Plusieurs Professeurs du Jardin du Roi, et des principales Écoles de Paris.

TOME CINQUIÈME.

STRASBOURG, F. G. Levrault, Éditeur.

PARIS, Le Normant, rue de Seine, N.° 8.

1817.

Liste des Auteurs par ordre de Matières. [1]

Physique générale.

M. LACROIX, membre de l'Académie des Sciences et professeur au Collége de France. (L.)

Chimie.

* M. FOURCROY, membre de l'Académie des Sciences, professeur au Jardin du Roi. (F.).

M. CHEVREUL, professeur au Collége royal de Charlemagne. (CH.)

Minéralogie et Géologie.

M. BRONGNIART, membre de l'Académie des Sciences, professeur à la Faculté des Sciences. (B.)

M. DEFRANCE, membre de plusieurs Sociétés savantes. (D. F.)

Botanique.

M. DE JUSSIEU, membre de l'Académie des Sciences, prof. au Jardin du Roi. (J.)

M. MIRBEL, membre de l'Académie des Sciences, professeur à la Faculté des Sciences. (B. M.)

* M. AUBERT DU PETIT-THOUARS. (AP.)

* M. BEAUVOIS. (PB.)

M. HENRI CASSINI, membre de la Société philomatique de Paris. (H. CASS.)

* M. DESPORTES. (D. P.)

M. DUCHESNE. (D. de V.)

* M. JAUMES. (J. S. H.)

M. LEMAN, membre de la Société philomatique de Paris. (LEM.)

M. LOISELEUR DESLONGCHAMPS, Docteur en médecine, membre de plusieurs Sociétés savantes. (L. D.)

M. MASSEY. (MASS.)

* M. PETIT-RADEL. (P. R.)

M. POIRET, membre de plusieurs Sociétés savantes et littéraires, continuateur de l'Encyclopédie botanique. (P.)

M. DE TUSSAC, membre de plusieurs Sociétés savantes, auteur de la Flore des Antilles (DE T.)

Zoologie générale, Anatomie et Physiologie.

M. G. CUVIER, membre et secrétaire perpétuel de l'Académie des Sciences, prof. au Jardin du Roi, etc. (G. C. ou CV. ou C.)

Mammifères.

M. GEOFFROY, membre de l'Académie des Sciences, professeur au Jardin du Roi. (G.)

* M. GERARDIN. (S. G.)

Oiseaux.

M. DUMONT, membre de plusieurs Sociétés savantes. (CH. D.)

Reptiles et Poissons.

M. DE LACÉPÈDE, membre de l'Académie des Sciences, professeur au Jardin du Roi. (L. L.)

M. DUMERIL, membre de l'Académie des Sciences, professeur à l'École de médecine. (C. D.)

* M. DAUDIN. (F. M. D.)

M. CLOQUET, Docteur en médecine. (H. C.)

Insectes.

M. DUMERIL, membre de l'Académie des Sciences, prof. à l'École de médecine. (C. D.)

Mollusques, Vers et Zoophytes.

* M. DE LA MARCK, membre de l'Académie des Sciences, professeur au Jardin du Roi. (L. M.)

* M. G. L. DUVERNOY, médecin. (DUV.)

M. DE BLAINVILLE. (De B.)

Agriculture et Économie.

* M. TESSIER, membre de l'Académie des Sciences, de la Société de l'École de médecine et de celle d'agriculture (T.)

* M. COQUEBERT DE MOMBRET. (C. M.)

M. TURPIN, naturaliste, est chargé de l'exécution des dessins et de la direction de la gravure.

MM. DE HUMBOLDT et RAMOND donneront quelques articles sur les objets nouveaux qu'ils ont observés dans leurs voyages, ou sur les sujets dont ils se sont plus particulièrement occupés.

M. F. CUVIER est chargé de la direction générale de l'ouvrage, et il coopérera aux articles généraux de zoologie et à l'histoire des mammifères. (F. C.)

---

[1] Les auteurs qui n'ont point travaillé aux Supplémens, sont désignés par un astérisque.

DICTIONNAIRE

DES

SCIENCES NATURELLES.

BOA

BOA (*Rept.*), genre de reptiles de l'ordre des ophidieus, très-voisins des serpens à sonnettes ou crotales, dont ils diffèrent parce qu'ils n'ont point de crochets à venin. Voyez l'article OPHIDIENS.

Le nom de boa, employé par Pline et ensuite par Jonston, Agricola, Ruysch, indiquoit, selon ces auteurs, les habitudes de ce serpent, qui suivoit les troupeaux afin de s'accrocher aux mamelles des vaches pour les téter et se nourrir de leur lait. D'autres auteurs pensent que ce nom vient du mot brésilien *boa*, qui signifie serpent, à ce que l'on prétend.

Linnæus est le premier auteur systématique qui ait établi ce genre : il a été ensuite adopté en partie par Laurenti, Boddaert, Daubenton, Lacépède et Schneider. Voici les caractères sous lesquels on pourroit ranger les boas.

1.° Corps couvert d'écailles en dessus, de plaques entières sous le ventre et sous toute ou majeure partie de la queue;

2.° Tête couverte de plaques ou de grandes écailles, sans crochets à venin;

3.° Queue cylindrique, sans grelots.

Pour caractères secondaires on pourroit joindre les notes suivantes : tête allongée en museau obtus, à gorge sillonnée; les écailles des lèvres le plus souvent excavées; corps comprimé, à dos plus gros et plus long; ventre étroit, à plaques courtes, serrées.

Les anciens paroissent avoir eu connoissance de quelques espèces de ce genre de serpent. Aristote parle en effet, liv. 8, chap. 28, de serpens d'Afrique presque aussi longs que les vaisseaux, par lesquels une barque à trois rames fut renversée. Pline dit qu'il existe dans l'Inde des serpens qui peuvent avaler des cerfs; Ælien parle de dragons qui ont de quatre-vingts à cent coudées de longueur; enfin Suétone rapporte qu'on fit voir à Rome, sous César-Auguste, un serpent vivant long de cinquante coudées.

Ces boas se trouvent en effet aux Indes : on en voit de près de trente pieds de long et de la grosseur de la cuisse. Ils vivent dans les lieux aquatiques; ils se placent en embuscade sur le bord des rivières où les animaux viennent se désaltérer : roulés en spirale sur eux-mêmes, ils forment un disque de près de sept pieds de diamètre, au centre duquel se trouve placée la tête; ils attendent ainsi leur proie dans une position immobile, soulevant la tête de temps à autre de quelques pieds sur cette sorte de spirale, pour observer si quelque animal approche. Aussitôt qu'ils le croient à leur portée, ils s'élancent comme un ressort; ils s'entortillent autour de son cou afin de l'étouffer : quand l'animal est étranglé, ils lui brisent les os en le serrant des nombreux replis de leur corps; ils l'étendent sur la terre, le couvrent de leur bave ou d'une salive très muqueuse, et commencent à l'avaler, la tête la première. Dans cette sorte de déglutition les deux mâchoires du serpent se dilatent considérablement; il semble avaler un aliment plus gros que lui. Cependant la digestion commence à s'opérer dans l'œsophage : alors le serpent s'engourdit et il devient très-facile de le tuer, car il n'oppose ni résistance ni volonté de s'enfuir. Aussi dans plusieurs contrées de l'Inde les nègres vont-ils à la recherche de ces serpens, afin de s'en procurer la viande, qu'on vend par tronçons dans les marchés.

Feu Daudin a cru devoir diviser ce genre en six autres, dont plusieurs paroissent assez naturels : malheureusement il n'avoit point vu toutes les espèces qui doivent le constituer; car la plupart ne sont encore connues que par les descriptions. Nous croyons cependant devoir indiquer ici la division qu'il a établie, et que nous présenterons sous forme de tableau pour en donner une idée plus nette.

Boa à mus
- garni d'ergots : à plaques
  - simples sous tout le corps. . . . . BOA.
  - doubles sous
    - le cou . . . . . CORALLE.
    - partie de la queue. PYTHON.
- sans ergots : à queue
  - garnie d'une épine de corne . . . . ACANTHOPHIS.
  - sans épine . . . . HURRIAH.

Les principales espèces de ce genre sont :

1.° Le Boa RATIVORE, Lacép.; *Boa murina*, Linn., Séba. Thes. II, pl. 98.

Caract. D'un vert sombre, à taches noires sur le dos, disposées par paires : des taches ocellées de blanc sur les côtés; des points noirâtres sous le ventre.

On croit que cette espèce vient d'Amérique; elle atteint jusqu'à dix pieds de long. Séba lui a trouvé une souris dans le corps.

2.° Boa BOJOBI, Lacép.; *Boa canina*, Linn.; Séba II, pl. 81, fig. 1, et 96, fig. 2; Mus. Adolph. Fréd. Pl. III.

Caract. Vert en dessus, avec des bandes blanches presque transverses.

Cette espèce, très-remarquable pour ses couleurs, a été observée en Amérique et ne vit point aux Indes, comme l'indique Séba : elle est très-comprimée, grimpe aux arbres avec beaucoup d'agilité; elle pénètre souvent dans les cases; elle mord, et, quoique non venimeuse, ses blessures sont difficiles à guérir. Elle atteint jusqu'à douze pieds de longueur.

3.° Boa HIPNALE, *Boa hipnale*, Linn.; Séba II, pl. 34, fig. 1 et 2; *Boa exigua*, Laur.

Caract. Jaune, avec des taches dorsales transverses blanches, bordées de brun.

On dit que ce boa vit à la Chine, dans le royaume de Siam : il est très-comprimé, et n'atteint que trois pieds de longueur. Il se nourrit d'insectes, et on le souffre dans les habitations, où il est regardé comme un animal domestique.

4.° Boa A BRODERIE, Lacép.; *Boa hortulana*, Linn,; Séba, II, pl. 74 et 84, fig. 1; le Parterre, Daub.

Caract. Gris : des lunules bordées de blanc sur le dos ; des
taches rhomboïdales brunes sur les flancs.

Ce serpent se trouve au Brésil : on en a vu qui avoient
plus de quatre pieds de longueur. Linnæus l'a désigné sous
ce nom spécifique. parce qu'il a cru voir, dans les lignes
jaunes et ondulées qui ornent sa tête, le dessin de ces
anciens parterres de jardins, où le buis représentoit des
figures régulières, mais très-sinueuses.

5.º Boa devin, Lacép.; *Boa constrictor*, Linn. ; vulgairement le Roi des serpens. Séba, I, Pl. 36, fig. 5 ; II, Pl.
101.

Caract. Jaune, avec une large bande brune sur le dos ; de
grandes taches ovales, échancrées, en devant et en arrière ;
des taches ocellées sur les flancs ; le ventre pointillé.

La longueur , la force et la beauté des couleurs rendent
ce serpent très - remarquable : il se trouve aux Indes et en
Afrique : les nègres de la côte de Mosambique lui rendent
un culte religieux : c'est le plus gros de tous les serpens
connus. Adanson a vu des tronçons de ce serpent, qui
avoient plus de deux pieds de circonférence ; il a souvent
plus de cinquante pieds de long, et alors, en rampant
sur les plantes, il les écrase et les mutile comme si on
avoit traîné sur le terrain le tronc d'un très-gros arbre.
En général il n'attaque point les hommes et paroît même
les craindre. Il est très - lent dans ses mouvemens : on
le trouve souvent blotti, roulé en spirale, sur le bord
des ruisseaux, attendant sa proie. Le museau est semblable à celui d'un chien de chasse, mais les os qui le
composent peuvent se séparer et occuper quatre fois
plus de largeur : aussi les lèvres et la gorge sont-elles très-
ridées. Les couleurs de cet animal s'altèrent beaucoup par
l'alcool et par la dessiccation , de sorte qu'il est très-rare
d'en voir de belles dépouilles en Europe.

6.º Boa scytale, *Boa scytale*, Linn. ; *Boa anacondo*, Daudin ; Boa géant, Latreille.

Caract. Gris, varié de noir et de blanc ; flancs à taches
brunes, ocellées de blanc.

7.° BOA CENCHRIS, Lacép. ; *Boa cenchris*, Linn. ; *Boa aboma*, Daudin.

Caract. D'un jaune verdâtre, avec des taches jaunes sur le dos, entourées d'un cercle noir : flancs à taches noires, bordées de jaune.

Cette espèce a été confondue avec la précédente ; elle se trouve à Surinam, tandis que l'autre vit dans l'Amérique méridionale, où elle étoit autrefois adorée par les Mexicains.

8.° BOA RÉTICULÉ, *Boa reticulata*, Schneid. ; Séba, II, pl. 79, fig. 1.

Caract. Gris : une bande brune sur le cou, dilatée sur la nuque ; deux autres lignes brunes passant par l'œil et s'étendant sur le cou ; des doubles plaques sous la queue, parmi les entières.

Les autres espèces de boas sont peu connues : nous ne ferons que les indiquer.

9.° BOA BLEU, *Boa amethystina*, Schneid. ; Séba, II, pl. 79 et 80 ; la Couleuvre jaune et bleue, Lacép. ; G. Python, Daudin.

10.° BOA BORA, *Boa orbiculata*, Schneid. ; Russel, Pl. XXXIX.

11.° BOA TIGRE, *Boa tigris*, Russel, pl. XXII et XXIV. (C. D.)

BOA. (*Bot.*) Ce mot signifie fruit dans la langue malaise ; les Madecasses le prononcent *voa* : chez ces deux peuples, il entre dans la composition des noms d'un grand nombre de plantes remarquables par leurs fruits. Ce mot paroît sous différentes formes dans les langues orientales ; il tient à l'hébreu *te - vua*, qui veut dire produire. (A. P.)

BOA, BOBOA, BOBOAS, BOASBAS (*Bot.*), noms divers donnés dans les Philippines à un arbre très-connu dans la Chine sous celui de *long-yen* ou longane ; son fruit est un des plus estimés de ce pays. Il paroîtra singulier qu'il y porte le nom boa, que, chez les Malais, on donne à un fruit en général ; comme si on avoit voulu l'appeler le fruit par excellence. Le *longan* est réuni avec le *litchi*, autre fruit excellent de la Chine, dans le genre que Commerson nommoit *euphoria*, et qui a la plus grande affinité avec le savonnier. Voyez Longane, Savonnier. (J.)

BOA KELOOR. (*Bot.*) Dans quelques lieux de l'Inde on nomme ainsi le ben ou *moringa* des botanistes. (J.)

BOA MASSI (*Bot.*), nom donné dans l'île de Java à une espèce de jujubier, *ziziphus lineatus*, qui croît aussi à Ceilan, et que Burman a figuré dans son Thes. Zeyl. t. 88. (J.)

BOADSCHIA. (*Bot.*) Crantz, dans sa Flora Austriaca, p. 5, t. 1, f. 1, a voulu consacrer le nom de Boadsch, professeur de botanique à Prague, en le donnant à un genre de plantes crucifères, que Jacquin et Linnæus avoient nommé, avant lui, *peltaria* : Arduini et Lamark l'ont ensuite réuni au genre Clypéole. Voyez Peltaire, Clypéole. (J.)

BOAJA - HOETAN. (*Rept.*) C'est, selon Séba, le nom que les Malais donnent à l'iguane ordinaire. Voyez Iguane. (F. M. D.)

BOARINA. (*Ornith.*) Aldrovande a désigné sous ce nom et sous celui de *boarola* la fauvette tachetée, *motacilla nævia*, L. Le même auteur appelle aussi *boarina* ou *bavarina* la farlouse blanche, variété de l'alouette farlouse, *alauda pratensis*, L. Voyez Bouvier. (Ch. D.)

BOARULA. (*Ornith.*) C'est la bergeronnette jaune de Buffon, *motacilla boarula*, L. (Ch. D.)

BOBA, Caju boba, (*Bot.*), grand arbre des Moluques, mentionné par Rumphius, Herb. Amb. 3, p. 166, t. 105. Ses feuilles sont ovales, lancéolées, très-grandes ; ses fleurs n'ont pas été observées. Les fruits, disposés en grappe terminale et peu garnie, sont des drupes de forme ovale, rétrécis par le bas, qui recouvrent une noix cassante, remplie d'une amande dont le goût est amer et désagréable. Les habitans d'Amboine font avec ces amandes un liniment dont ils couvrent les boutons ou clous qui leur surviennent aux pieds, pour les faire disparoître. (J.)

BOBAK ou Bobuk (*Mamm.*), nom polonois d'une espèce du genre Marmotte, *mus bobak*, Pall. Voyez Marmotte. (F. C.)

BOBARA, Bobora, Babora (*Bot.*), noms par lesquels

les Portugais de l'Inde et surtout du Malabar désignent plusieurs courges ou cucurbitacées. (A. P.)

BOBART (*Bot.*), *Bobartia*. Linnæus avoit établi sous ce nom un genre de plantes graminées, à fleurs rassemblées en tête, auxquelles il attribuoit trois étamines, et un ovaire surmonté de deux styles, renfermé dans une glume à plusieurs valves. On a long-temps révoqué en doute l'existence de ce genre, qui ne se trouvoit dans aucun herbier. Schumacher a consigné dans les Actes de la Société d'histoire naturelle de Copenhague, vol. 3, p. 8, t. 1, une dissertation dans laquelle il annonce que le *bobartia* est la même plante que l'espèce de morée nommée *moræa spathacea*. Vahl et Wildenow ont adopté cette décision. (J.)

BOBI (*Moll.*), coquille représentée dans l'ouvrage d'Adanson, pl. 1.ʳᵉ, fig. 1.ʳᵉ : cet auteur la range parmi ses porcelaines; c'est la *voluta persicula*, L. Elle doit faire partie du genre Marginelle de Lamarck. Voyez MARGINELLE. (Duv.)

BOBR. (*Mamm.*) En Pologne ce nom signifie castor; il vient de l'allemand *bieber*, qui lui-même vient du latin *fiber*. (F. C.)

BOBU. (*Bot.*) Hermann, dans son Mus. Zeyl., nomme ainsi un adiante de Ceilan, dont il ne désigne pas l'espèce : il cite également, sous les noms de *bobu*, ou plutôt de *bombu*, *bohum* et *bohombu*, c'est-à-dire exotique dans la langue du pays, un arbre de la même île, dont les fleurs sont disposées en épis courts aux aisselles des feuilles, qui sont dentelées ; celles-ci sont employées dans la teinture. (J.)

BOCA. (*Ichtyol.*) Ce nom grec paroît avoir été donné par Aristote et Jovien au spare bogue. Voyez SPARE. (F. M. D.)

BOCAL. (*Chim.*) On nomme bocal, dans les laboratoires, un vase de verre cylindrique, d'un volume et d'une capacité très-variés, portant à son sommet ouvert un petit rebord, sous lequel on passe et on serre une ficelle destinée à contenir le papier dont on a coutume de couvrir et de fermer ces vases. Quelquefois le bocal, fait d'un verre plus épais, plus blanc, plus solide, et qu'on nomme cristal dans les boutiques, est terminé sans rebord vers le haut, et alors on le couvre d'un couvercle de cristal, dont le rebord entre dans l'intérieur du bocal, et qui le ferme par une saillie horizontale sortant au-dehors du cylindre même.

Les bocaux servent à contenir les matières solides ou pulvérulentes. On couvre, on ferme, on bouche plus ou moins solidement et exactement ces vaisseaux, depuis le simple papier jusqu'au couvercle de cristal mastiqué, suivant la nature, la volatilité ou l'altérabilité des substances qu'on y renferme.

Dans les arts on appelle bocal un ballon de verre soutenu sur un pied, et qu'on remplit d'eau pour rendre la lumière des lampes ou des chandelles, qui le traverse, plus éclatante et plus nette. On donne aussi le nom de bocal, dans les usages de la vie, à des cylindres de verre dont on enveloppe les bougies pour les garantir du vent, ou à des cloches qui servent à recouvrir des objets précieux d'art: mais ni l'une ni l'autre de ces acceptions n'est adoptée en chimie, et le mot bocal est seulement et uniquement employé pour désigner le premier vase qui a été décrit plus haut. (F.)

BOCARD. (*Chim.*) Le bocard est un instrument de l'art chimique qu'on nomme métallurgie : c'est un grand mortier, dont les pilons, destinés à broyer les minerais, sont mus par des courans ou des chutes d'eau ; on dit, d'après cet usage, la mine bocardée, le minerai bocardé. (F.)

BOCCA-IN-CAPO (*Ichtyol.*), nom que l'on donne sur quelques côtes de l'Italie à l'uranoscope rat. Voyez Uranoscope. (F. M. D.)

BOCCONE (*Bot.*), *Bocconia*, Linn., Juss., genre de plantes de la famille des papavéracées, composé de deux espèces, dont une, encore peu connue des botanistes, passe pour être originaire de la Chine ; l'autre, que nous allons décrire, croît au Mexique et dans les îles de Cuba, de la Jamaïque et de Saint-Domingue.

Boccone frutescente, *Bocconia frutescens*, Linn., Trew. Ehr. t. 4. C'est un arbrisseau élevé de huit à douze pieds, dont le tronc se divise à son sommet en plusieurs rameaux cassans et remplis de moelle. Ses feuilles sont grandes, oblongues, sinuées profondément, à lobes dentelés, vertes en dessus, glauques en dessous ; elles ont quelque ressemblance avec celles du chêne , mais sont beaucoup plus grandes. Les fleurs sont petites, terminales, disposées en panicule, et dépourvues de corolle. Chaque fleur a un calice de deux folioles ovales, caduques, huit à seize étamines, un style bifide, terminé par deux stigmates roulés en dehors. Le fruit est une capsule elliptique, charnue, monosperme, s'ouvrant à sa base en deux valves.

Toutes les parties de cette plante sont remplies d'un suc jaunâtre, semblable à celui de la chélidoine. Miller dit que ce suc est d'une nature très-âcre, et qu'on s'en sert en Amérique pour enlever les taches des yeux. On en tire une teinture jaune, selon Nicholson. Au rapport d'Hernandez, les Mexicains cultivent la boccone pour la beauté de son feuillage. On la voit dans le jardin du Muséum d'histoire naturelle ; elle passe l'hiver en serre chaude, et se multiplie de boutures ou de graines semées sur couches. (J.)

BOCHIR. (*Rept.*) Séba décrit et figure sous ce nom (Thes. II , pl. 38, fig. 3) un serpent qu'il annonce avoir été trouvé en Égypte, et qui paroît devoir appartenir au genre Couleuvre. (C. D.)

BOCHTAY (*Bot.*), nom caraïbe d'une espèce d'eupatoire de Saint-Domingue, suivant Nicholson. (J.)

BOCKSHOORN (*Bot.*), nom donné par les Hollandois au *nir - pongelion* des Malabares, qui est une espèce de bignone, *bignonia spathacea*, différente de ses congénères par son fruit à quatre loges. (J.)

BOCO, Bois boco (*Bot.*), *Bocoa*, Aubl. App. 38, t. 391, grand arbre qui croît dans les forêts de la Guiane, et dont les branches s'étendent en tous sens. Ses feuilles sont grandes, ovales, lancéolées, accompagnées de deux stipules à leur base. Aublet n'a pas eu occasion d'examiner sa fructification. (J.)

BODDAERT. (*Ichtyol.*) Ce nom spécifique a été donné à un gobie des mers de l'Inde, en l'honneur de Boddaert, auteur de plusieurs mémoires très-intéressans sur quelques objets d'histoire naturelle. Voyez Gobie. (F. M. D.)

BODIAN. (*Ichtyol.*) Ce nom, que les Portugais donnent à un poisson du Brésil, a été employé par Bloch et ensuite par Lacépède, pour désigner un genre particulier qui comprend plusieurs espèces réunies par Linnæus, soit aux spares, soit aux persègues. Les bodians sont tous des poissons osseux thoracins, étrangers à l'Europe, et recherchés à cause du goût exquis de leur chair.

Caract. gén. Ils ont un ou plusieurs aiguillons, et pas de dentelure aux opercules ; un seul barbillon, ou pas de barbillon, aux mâchoires ; une seule nageoire dorsale.

Ce genre comprend vingt-quatre espèces, divisées en deux sections.

Ire Section.

La première section comprend toutes les espèces dont la nageoire caudale est fourchue, ou en croissant.

1.° Bodian œillère, *Bodianus palpèbratus, Sparus pnep.,* Linn. Il a deux rayons aiguillonnés à la dorsale, seize rayons à l'anale, et une sorte de valvule au - dessus de chaque œil.

D. — 22. P. — 16. Th. — 6. A. — 16. C. — 20.

On le pêche dans la mer d'Amboine, sur la vase ou le sable, auprès des rochers, selon Pallas et Boddaert. La valvule des yeux est mobile, et sert à les couvrir au gré de l'animal, de la même manière que les œillères des chevaux. Sa longueur est d'environ quatre à cinq pouces.

2.° Bodian louti, *Bodianus louti, Perca louti,* Linn. Forskal lui a trouvé neuf rayons aiguillonnés à la dorsale, trois aiguillonnés à l'anale ; des dents fortes, coniques, séparées, et un grand nombre d'autres dents déliées, très-serrées et flexibles ; trois aiguillons sur la dernière pièce de chaque opercule. Il est d'un rouge foncé, avec de petites taches violettes.

B. — 7. D. — 24. P. — 17. Th. — 6. A. — 12. C. — 15.

Il vit parmi les lithophytes de la mer d'Arabie. Sa lèvre supérieure est la plus courte. Sa longueur est quelquefois de quatre à cinq pieds.

3.° Bodian jaguar, *Bodianus jaguar,* Bloch, pl. 225. Il a onze rayons aiguillonnés à la nageoire dorsale, deux aiguillonnés à l'anale, cinq aiguillons à la pièce antérieure de chaque opercule. Sa surface est d'un rouge plus ou moins vif, avec le devant de la nageoire dorsale, jaune.

D. — 28. P. — 15. Th. — 6. A. — 12. C. — 18.

Il vit dans la mer du Brésil, vers l'embouchure des rivières. Ses écailles sont dentelées, et chaque narine a deux ouvertures.

4.° Bodian macrolépidote , *Bodianus macrolepidotus*, Bloch , pl. 230. Il a quatorze rayons aiguillonnés à la dorsale, deux aiguillonnés à l'anale ; un ou deux aiguillons à la pièce postérieure de chaque opercule ; les écailles grandes, striées en rayons, dentelées et bordées de gris.

B. — 4. D. — 22. P. — 15. Th. — 6. A. — 11. C. — 22.

5.° Bodian argenté , *Bodianus argenteus*, Bloch, pl. 231, fig. 2. On compte neuf rayons aiguillonnés à la nageoire dorsale, trois rayons aiguillonnés à l'anale ; la tête est allongée et comprimée , avec la mâchoire supérieure plus courte ; un ou deux aiguillons aplatis à la pièce postérieure de chaque opercule ; les écailles petites , molles et argentées.

B. — 7. D. — 24. P. — 16. Th. — 6. A. — 14. C. — 22.

On croit que ce poisson vit dans la Méditerranée.

6.° Bodian bloch , *Bodianus Blochii*, Bloch, pl. 223. Il a douze rayons aiguillonnés à la dorsale, un aiguillon à la dernière pièce de chaque opercule, les nageoires pointues ; les écailles sont dorées, bordées de rouge, excepté sur le dos, où leur bord est bleu.

D. — 22. P. — 13. Th. — 6. C. — 15.

On le trouve dans la mer du Brésil ; sa taille égale à peu près celle d'une carpe.

7.° Bodian aya, *Bodianus aya*, Bloch, pl. 227. La dorsale a neuf rayons aiguillonnés, l'anale un seul aiguillonné, avec la caudale en croissant ; on voit un long aiguillon aplati derrière chaque opercule. La couleur est rouge en-dessus, argentée sous le ventre, avec le dos sanguin.

B. — 5. D. — 27. P. — 16. Th. — 6. A. — 9. C. — 15.

Ce poisson des lacs du Brésil a environ trois pieds de longueur, avec deux ouvertures à chaque narine. Comme il est abondant, on le sale et on le fait sécher au soleil, pour le vendre aux vaisseaux qui viennent s'approvisionner de vivres sur les côtes.

8.° BODIAN TACHETÉ , *Bodianus maculatus* , Bloch, pl. 228. Il a sept rayons aiguillonnés à la dorsale, et deux aiguillonnés à l'anale, avec la caudale en croissant ; trois grands aiguillons recourbés vers le museau, à la seconde pièce de chaque opercule, et deux autres aplatis , à la troisième pièce. Sa couleur est jaune , et sa surface marquée de petites taches bleues.

B. — 7. D. — 19. P. — 15. Th — 6. A. — 10. C. — 21.

Cette espèce vit dans le Japon. Sa tête est courte et grosse.

9.° BODIAN VIVANET, *Bodianus vivanetus* : on lui voit onze rayons aiguillonnés à la dorsale, quatre à l'anale, avec la caudale en croissant, et deux larges aiguillons aplatis à la dernière pièce de chaque opercule. La couleur principale est jaune, avec la partie supérieure violette.

D. — 20. P. — 12. Th. — 6. A. — 12. C. — 14 ou 15.

C'est dans les eaux de la Martinique qu'on trouve ce bodian, que les habitans nomment vivanet gris.

10.° BODIAN FISCHER, *Bodianus Fischerii*. Il est muni de neuf rayons aiguillonnés à la nageoire dorsale, de trois aiguillonnés à l'anale, d'un seul aiguillon à la dernière pièce de chaque opercule, avec les écailles rhomboïdales, dentelées et placées obliquement.

D. — 18. P. — 16. Th. — 6. A. — 9. C. — 17.

11.° BODIAN DECACANTHE, *Bodianus decacanthus*. On voit à cette espèce dix rayons aiguillonnés à la dorsale , trois aiguillonnés à l'anale , un seul aiguillon à la dernière pièce de chaque opercule, et le museau un peu pointu.

D. — 17. P. — 16. Th. — 6. A. — 9. C. — 18.

12.° BODIAN LUTJAN , *Bodianus lutjan*. Il a le même nombre de rayons aiguillonnés aux nageoires dorsale et anale , que le précédent , et de plus deux aiguillons à la dernière pièce de chaque opercule.

D. — 18. P. — 13. Th. — 6. A. — 11. C. — 17.

13.° BODIAN GROSSE-TÊTE , *Bodianus macrocephalus*. Il a dix rayons aiguillonnés à la dorsale, la caudale en croissant, la tête grosse, la nuque élevée et arrondie , un aiguillon aplati à la dernière pièce de chaque opercule, qui se termine par une prolongation anguleuse.

D. — 26. P. — 9 ou 10. A. — 10. C. — 14 ou 15.

14.° Bodian cyclostome, *Bodianus cyclostomus*. Il a huit rayons aiguillonnés à la dorsale, et deux aiguillonnés à l'anale, la caudale en croissant; la bouche très-ronde à cause de la mâchoire supérieure, voûtée ou arquée; un aiguillon aplati à la dernière pièce de chaque opercule, qui se termine par une prolongation anguleuse; on voit quatre à cinq bandes transversales irrégulières.

D. — 17. P. — 11 ou 12. A. — 11. C. — 12 ou 13.

II.ᵉ Section.

La deuxième section comprend tous les bodians qui ont la nageoire de la queue rectiligne ou arrondie, et non échancrée.

15.° Bodian rogaa, *Bodianus rogaa*, *Perca rogaa*, Linn. Ce bodian a neuf rayons aiguillonnés à la dorsale, et trois aiguillonnés à l'anale, les thoracines arrondies, la mâchoire supérieure plus courte, trois aiguillons à la dernière pièce de chaque opercule, et pas de ligne latérale apparente. La couleur générale est d'un roux noirâtre, avec les nageoires noires.

B. — 7. D. — 28. P. — 18. Th. — 6. A. — 13. C. — 14.

Ce poisson, long de deux pieds environ, a été pêché par Forskal dans la mer d'Arabie, parmi les lithophytes.

16.° Bodian lunaire, *Bodianus lunarius*, *Perca lunaria*, Linn. Il a le même nombre de rayons aiguillonnés que le précédent aux nageoires dorsale et anale, avec les thoracines triangulaires; sa couleur est noirâtre, avec les pectorales jaunes à leur bout : on voit une raie longitudinale rouge sur la dorsale et l'anale, avec un croissant blanc et transparent sur la caudale, roussâtre et rectiligne.

B. — 7. D. — 28. P. — 18. Th. — 5 ou 6. A. — 13. C. — 14.

Forskal l'a trouvé dans la mer d'Arabie.

17.° Bodian melanoleuque, *Bodianus melanoleucus*. Commerson lui a trouvé huit rayons aiguillonnés à la dorsale et un seul à l'anale, avec la mâchoire supérieure plus courte; trois aiguillons au bas de la première pièce de chaque opercule, et deux derrière l'autre pièce : il est d'un blanc argenté, avec six ou sept bandes transversales irrégulières, noires.

B. — 7. D. — 20. P. — 18. Th. — 6. A. — 10. C. — 15.

Sa taille est de deux pieds au plus. Commerson l'a pris vers les rivages de l'Isle-de-France ; il a deux orifices à chaque narine.

18.° BODIAN JACOB-EVERTSEN, *Bodianus jacob-evertsen*, *Bodianus guttatus*, Bloch, pl. 224. Il a neuf rayons aiguillonnés à la dorsale, trois aiguillonnés à l'anale, la caudale arrondie, la mâchoire supérieure plus courte, trois aiguillons à la dernière pièce de chaque opercule ; sa couleur est d'un brun jaunâtre, avec un grand nombre de petites taches brunes, dont plusieurs ont leur centre blanc.

B. — 5. D. — 25. P. — 14. Th. — 6. A. — 11. C. — 17.

Chaque narine a deux orifices.

Il parvient jusqu'à quatre pieds de longueur : on le pêche près de l'île S.ᵉ Hélène, dans les mers des grandes Indes et du Japon ; comme il est abondant, très-goulu et d'un goût exquis, il procure aux marins une nourriture très-saine et agréable. Dans la saison de la ponte il va déposer ses œufs sur les fonds pierreux des fleuves. Voyez JACOB-EVERTSEN.

19.° BODIAN BÆNAK, *Bodianus bænak*, Bloch, pl. 226. Il a le même nombre de rayons aiguillonnés que le précédent aux nageoires dorsale et anale, et il n'en diffère que par un seul orifice à chaque narine, par ses écailles petites et dentelées, et par sa couleur d'un roux foncé, avec sept ou huit bandes transversales brunes, étroites, dont plusieurs sont bifides ou trifides.

B. — 7. D. — 25. P. — 15. Th. — 6. A. — 11. C. — 17.

Ce poisson habite au Japon.

20.° BODIAN HIATULE, *Bodianus hiatula*, Labre hiatule, Bonnat. Il a le museau pointu, la tête allongée, la mâchoire supérieure un peu plus courte. la nageoire caudale arrondie, deux aiguillons au bord postérieur de chaque opercule, le ventre gros, des raies rousses longitudinales sur le dos, qui est d'un rouge foncé, avec la nageoire dorsale jaune et tachetée de roux.

Il vit dans la Méditerranée.

21.° BODIAN APUA, *Bodianus apua*, Bloch, pl. 229. On lui compte sept rayons aiguillonnés à la dorsale, trois aiguillonnés à l'anale; de plus il a la caudale arrondie, la mâchoire supérieure plus courte, deux dents antérieures plus longues, un aiguillon derrière chaque opercule : sa couleur est rouge, pointillée de noir, avec des taches noires sur le dos, et une bordure noire, liserée de blanc, à l'extrémité de la nageoire caudale, et à celle de l'anus, du thorax, ainsi qu'à la partie postérieure du dos.

D. — 23. P. — 15. Th. — 6. A. — 16. C. — 17.

C'est un grand poisson de la mer du Brésil, très-recherché à cause de son goût exquis; pendant l'hiver il remonte les fleuves et préfère l'eau douce : chaque narine a deux ouvertures.

22.° BODIAN ÉTOILÉ, *Bodianus stellatus*, Bloch, pl. 231, fig. 1. Il a douze rayons aiguillonnés à la dorsale, deux aiguillonnés à l'anale, la caudale arrondie, la tête courte, le museau plus saillant que la bouche, trois ou quatre aiguillons aux première et seconde pièces de chaque opercule, six ou sept aiguillons disposés en rayons au bord inférieur et postérieur de l'œil; la couleur générale est dorée.

B. — 4. D. — 33. P. — 14. Th. — 6. A. — 10. C. — 18.

Il vit au cap de Bonne-Espérance; chaque narine n'a qu'une ouverture.

23.° BODIAN TÉTRACANTHE, *Bodianus tetracanthus*. Il a quatre rayons aiguillonnés à la dorsale, et deux aiguillons à la pièce postérieure de chaque opercule, avec la tête déprimée, un peu plus large que le corps.

B. — 8. D. — 25. P. — 17. Th. — 6. A. — 17. C. — 18.

24.° BODIAN SIX-RAIES, *Bodianus sex-lineatus*. Il a sept rayons aiguillonnés à la nageoire dorsale, la caudale arrondie, deux aiguillons à la pièce postérieure des opercules, trois raies longitudinales et blanches de chaque côté du corps, avec la bouche ample et la mâchoire supérieure plus courte.

B. — 8. D. — 21. P. — 14. Th. — 6. A. — 9. C. — 15. (F. M. D.)

BODIANO VERMELHO. (*Ichtyol.*) On appelle ainsi, dans les établissemens des Portugais au Brésil, un poisson décrit par Lacépède sous le nom de bodian bloch. Voyez ci-dessus au mot BODIAN. (F. M. D.)

BOEFLÆR. (*Ornith.*) L'oiseau qui porte en Norwège ce nom et celui de *bafiar* est vraisemblablement le petit guillemot de Buffon, *colymbus grylle*, L., qui même paroît former double emploi avec l'*alca alle* de ce naturaliste. (Ch. D.)

BOEHMÈRE (*Bot.*), *Boehmeria*, Jacq., Juss., genre de plantes monoïques, de la famille des urticées, de la section même de l'ortie, et auquel Jacquin a fait porter le nom d'un professeur de Wittemberg. Ses fleurs mâles ont un calice tubuleux, trifide, et trois étamines : le calice des fleurs femelles n'est pas divisé ; l'ovaire est simple, le style subulé, droit, hérissé, très-long ; le stigmate simple et aigu ; une seule semence, très-petite, est cachée dans le fond du calice, qui se referme à son bord.

L'espèce observée en Amérique par Jacquin, t. 236, et que Linnæus, ne connoissant pas son fruit, avoit rapportée à son *ceturus*, est un arbre moyen, à feuilles rudes au toucher, alternes, avec stipules, et remarquables en ce qu'elles sont alternativement d'une forme et d'une grandeur très-inégales. Les unes sont lancéolées et portées sur de longs pétioles ; les autres, plus courtes, à pétiole court, ont un appendice d'un seul côté, et elles sont marquées à la base de trois nervures, dont celle du milieu est oblique, comme dans le micocoulier. Les fleurs, très-petites et aggrégées, sont sessiles, axillaires, et séparées par des paillettes ou bractées : les femelles, placées aux extrémités des rameaux, et les mâles, dans la partie basse déjà dépouillée de feuilles.

Swartz a fait connoître trois nouvelles espèces de ce genre, indépendamment de celle dite cylindrique, retirée du genre de l'ortie, *boehmeria cylindrica*, *urtica cylindrica*, Sloan. t. 82, f. 2. (D. de *V.*)

BOEHMERL. (*Ornith.*) Ce nom allemand, que Brisson et Buffon ont mal à propos écrit beemerle, a été attribué par le premier de ces auteurs au jaseur de Bohème, *ampelis garrulus*, L.; mais le second prétend qu'il appartient à un petit oiseau de la grosseur du chardonneret, qu'on trouve aux environs de Nuremberg, et qui n'a de commun avec le jaseur que d'être vulgairement regardé comme un précurseur de la peste. Cette assertion assez vague n'est pas suivie d'une désignation plus précise de l'oiseau dont il s'agit, et l'on a d'autant plus lieu de soupçonner ici une erreur, que les mots *böhmer*, *böhmerlin*, *behemle*, sont encore donnés par les deux auteurs comme synonymes de la grive mauvis, *turdus iliacus*, L. (Ch. D.)

BOELON - BAWANS (*Bot.*), nom donné dans l'île de Java à l'arbre à suif de la Chine, *croton sebiferum*, L., que Jussieu réunit maintenant au gluttier, *sapium*. En Chine on le nomme *u-kieu-mu*. Voyez GLUTTIER. (J.)

BOEMIN (*Bot.*), nom caraïbe d'une des variétés du piment, *capsicum*, L. (P. B.)

BŒMYCES (*Bot.*), Ach., nom de la septième tribu de la lichénographie d'Acharius.

Car. gén. Une croûte molle, composée de mamelons inégaux, d'où s'élèvent des tubercules ronds, lisses, égaux, fongiformes, plus ou moins pédonculés.

On en distingue six espèces, dont les principales sont :

1. BŒMYCES DES BRUYÈRES, *Bœmyces ericetorum*, Ach., *Lichen ericetorum*, Linn., Dill. Musc. tab. 14, f. 1.

Caract. Croûte granuleuse, blanchâtre ; fructifications courtes, presque coniques, arrondies au sommet, simples, d'une belle couleur de chair.

Ce joli lichen croît dans les lieux arides et parmi les bruyères.

2. BŒMYCES BYSSOÏDE, *Bœmyces byssoides*, Ach., *Lichen byssoides*, Linn.

Caract. Croûte pulvérulente, d'un vert glauque : pédoncules cylindriques, terminés par un tubercule fongiforme, d'un brun roussâtre.

Il croît dans les lieux ombragés, sur les débris des vieux murs.

Acharius, dans sa Nouvelle méthode des Lichenacées, a considérablement étendu le genre Bœmyces. De sept espèces dont il étoit composé originairement, il l'a aujourd'hui porté à quarante-neuf, par la réunion qu'il a faite des tribus des hélopodes, des scyphophores et des cladonies. Ce genre ainsi nouvellement distribué est divisé en six sections, savoir :

1.° Les *Pordenies*, dans lesquelles entrent les deux espèces decrites ci-dessus, et deux autres espèces, dont une a été rapportée par Swartz des Indes occidentales, et l'autre absolument nouvelle, décrite par Acharius.

2.° Les *Pygnotèles*, composées seulement de deux espèces peu connues.

3.° Les *Phyllocarpes*, composées de trois espèces.

4.° Les *Hélopodes*, composées de cinq espèces.

5.° Les *Scyphophores*, composées de vingt-quatre espèces, parmi lesquelles sont les *lichen pyxidatus*, *frimhiatus*, *digitatus*, *alcicornis*, etc., L.

6.° Les *Cladonies*, composées de dix espèces, dont les *lichen uncialis*, *rangiferinus*, *subulatus*, etc., L.

Voyez HÉLOPODE, SCYPHOPHORE et CLADONIE, pour la description des espèces. (P. B.)

BOENGLO. (*Bot.*) A Java on nomme ainsi une espèce de bignone, *bignonia indica*, relatée dans la Flore de l'Inde de Burmann. Voyez ABABANGAY. (J.)

BOËRES. (*Ornith.*) Les Indiens, qui n'ont pas de noms particuliers pour désigner les différentes espèces d'oiseaux, les appellent ainsi en général. (Ch. D.)

BŒSCHAA (*Ornith.*), nom arabe du pélican proprement dit, *pelecanus onocrotalus*, L. (Ch. D.)

BOETSOÏ. (*Mamm.*) C'est le nom que le renne reçoit en Laponie. (F. C.)

BŒUF (*Mamm.*), proprement le taureau coupé ; dans un sens plus étendu, l'espèce entière, dont le taureau, la vache, le veau, la genisse et le bœuf ne sont que différens états ; enfin, dans un sens plus étendu encore, le genre entier, qui comprend les espèces du bœuf, du buffle, du yak, etc.

Dans ce dernier sens, le genre Bœuf est composé de quadrupèdes ruminans, à pieds fourchus et à cornes creuses, qui se distinguent des autres genres de cette famille, tels que les chèvres, les moutons et les antilopes, par un corps trapu, des membres courts et robustes, un cou garni en dessous d'une peau lâche, que l'on appelle fanon, et des cornes qui se courbent d'abord en bas et en dehors, dont la pointe revient en dessus, et dont l'axe osseux est creux intérieurement et communique avec les sinus frontaux.

Tous ces animaux vivent d'herbe : plusieurs d'entre eux ont été réduits à la domesticité, servent à l'homme pour le trait et pour le portage, et lui fournissent leur lait. Il n'est presque aucune de leurs parties qui ne soit utile. Leur chair est bonne à tous les âges ; leur suif, leur peau, leurs cornes, leur poil, leurs os, sont employés par les différens arts : ce sont, sans contredit, de tous les animaux, ceux dont l'homme a su tirer le plus grand parti ; c'est ce que l'on doit dire principalement de la première des huit espèces dont nous allons parler.

1.° Bœuf ordinaire, *Bos taurus domesticus*, Linn. Il n'est personne qui ne connoisse cet animal, sans lequel la société humaine auroit peine à subsister, au moins dans nos climats : on le trouve dans toute l'Europe, dans la plus grande partie de l'Afrique et de l'Asie, et il s'est prodigieusement multiplié en Amérique depuis que les Européens l'y ont transporté ; car il n'existoit point dans cette partie du monde lorsque les Espagnols en firent la découverte.

On pense bien que ses races ont dû être prodigieusement modifiées par de si grandes diversités de climats : aussi trouve-t-on des bœufs de toutes les tailles, de toutes les couleurs ; même les cornes varient en grandeur et en direction, et manquent tout-à-fait dans certaines races.

Ces différences de races sont même tellement nombreuses, que dans les usages domestiques on sait distinguer les bœufs des différentes provinces ; les uns étant préférables pour les boucheries, les autres pour l'économie rurale.

Mais voyez, pour tout ce qui concerne le bœuf dans l'économie rurale et domestique, l'article BÊTES BOVINES.

La variété la plus extraordinaire est celle des bœufs à bosse ou zébus, qui portent sur les épaules une loupe de graisse ; c'est presque la seule espèce qu'on trouve aux Indes, sur la côte orientale d'Afrique, et à Madagascar. Il y a parmi les zébus des différences de taille et de couleur aussi marquées que parmi les bœufs ordinaires ou sans bosse. Il y en a de la grandeur de nos plus forts taureaux, et d'autres qui surpassent à peine un cochon ordinaire ; la plupart sont gris cendré, mais on en voit aussi de bruns, de blancs, de noirs et de roux. Quelques-uns ont de grandes cornes ; d'autres n'en ont point du tout, ou ne montrent qu'une petite plaque cornée, à peine adhérente à la peau.

Mais toutes ces variétés du bœuf domestique, à bosse ou sans bosse, non-seulement produisent indifféremment les unes avec les autres, mais ont encore en commun certains caractères généraux qui les distinguent des autres espèces de bœufs.

Le principal de ces caractères est d'avoir une ligne saillante et à peu près droite, qui va de la base d'une corne à celle de l'autre, et qui sépare le front de l'occiput : même dans les races sans cornes, le front et l'occiput sont séparés par une pareille ligne droite ; ce qui n'a point lieu dans les autres espèces. Le front est aussi plat et presque rectangulaire.

Presque tout le bétail des Indes, de la partie orientale de la Perse, de l'Arabie, de la partie de l'Afrique située au midi de l'Atlas jusqu'au cap de Bonne-Espérance, et de la grande île de Madagascar, est composé de zébus ou de bœufs à bosse. Cette race y subit encore plus de variétés que la nôtre par rapport à la grandeur, à la couleur et aux cornes. On en voit de très-grands, dont la loupe pèse jusqu'à cinquante livres, et d'autres qui ont à peine la taille d'un veau. On en trouve à Surate qui ont deux bosses. Ils sont généralement gris ou blancs ; ces derniers sont les plus estimés. Il y en a aussi de rouges et de tachetés. Les uns ont des cornes, et d'autres n'en ont point ; et entre ces deux extrêmes il y en a qui ont de petites cornes adhé-

rentes seulement à la peau, et mobiles, parce qu'elles n'ont
point dans leur intérieur de productions osseuses du crâne:
c'est cette variété qu'Ælien semble avoir voulu indiquer
en disant que les bœufs érythréens peuvent remuer leurs
cornes comme leurs oreilles. Le même auteur a aussi très-
bien connu les grands et les petits zébus à cornes ; car il
remarque qu'aux Indes les bœufs courent aussi bien que
les chevaux, et que quelques-uns sont à peine plus grands
que les boucs. En effet, un des avantages qu'a le zébu sur
les bœufs sans bosse, est de pouvoir être employé à traîner
des voitures et des hommes, et de parcourir rapidement
de longs chemins. On ne se sert presque pas d'autres bêtes
de trait aux Indes; la petite variété elle-même sert à
traîner des enfans. On ferre et on enharnache les zébus
comme nos chevaux, et on guide ceux qu'on monte, avec
une petite corde qu'on leur passe dans la cloison des narines. Les Indiens les bistournent, mais les Africains ne
se donnent pas même cette peine.

C'est pour cette race de bœufs que les Bramines profes-
sent cette vénération religieuse qui en fait presque pour
eux un animal divin. Ils n'en mangent pas la chair, non
plus que celle des autres animaux: on dit au reste qu'elle
ne vaut pas celle de nos bœufs ; et l'essai qu'on en a fait
en Angleterre s'est trouvé conforme à ce qu'avoient avancé
les voyageurs. Le zébu seroit très-susceptible de multiplier
dans notre climat, si le bœuf ordinaire et le cheval ne
nous le rendoient pas inutile. On en a obtenu, dans les
parcs anglois, plusieurs générations successives. Des expériences faites à l'Isle-de-France ont prouvé qu'il produit
avec nos vaches, et que la bosse s'efface au bout de quelques mélanges.

2.° L'Aurochs ou Bœuf sauvage de Pologne, *Bos taurus
ferus*, Linn. Ce mot est allemand, *auer-ochs*, et signifie
bœuf sauvage, bœuf de montagne; il faut qu'il soit de la
plus haute antiquité, car c'est évidemment de lui que les
Latins ont tiré le nom d'*urus*, qu'ils donnent au même
animal.

On a cru long-temps, et plusieurs grands naturalistes
croient encore que l'aurochs est la souche encore sauvage

d'où nous avons tiré les bœufs domestiques ; mais il y a
de fortes raisons pour en douter. La tête de ces deux animaux est différente. Le front du bœuf est plat et même
un peu concave ; celui de l'aurochs est bombé, quoique un
peu moins que dans le buffle. Ce même front est carré
dans le bœuf, sa hauteur étant à peu près égale à sa largeur, en prenant sa base entre les orbites ; dans l'aurochs,
en le mesurant de même, il est beaucoup plus large que
haut. Les cornes sont attachées dans le bœuf aux extrémités de la ligne saillante la plus élevée de la tête, celle
qui sépare l'occiput du front ; dans l'aurochs cette ligne
est deux pouces plus en arrière que la racine des cornes :
le plan de l'occiput fait un angle aigu avec le front dans le
bœuf ; cet angle est obtus dans l'aurochs. Il a de plus quatorze paires de côtes, tandis que le bœuf n'en a que treize.

L'aurochs est le plus grand des quadrupèdes après l'éléphant
et le rhinocéros. Le mâle a jusqu'à trois mètres vingt-cinq
centimètres (dix pieds) de long, sur un mètre quatre-vingt-
quinze centimètres (six pieds) de hauteur au garrot. La
tête est longue de quatre-vingt-deux centimètres (deux
pieds et demi) ; les cornes de trente-trois centimètres (un
pied), et ont autant de circonférence à la base ; la queue a
soixante-cinq centimètres (2 pieds), et les poils du bout ont
plus de trente-trois centimètres (un pied). La femelle n'a
guère que deux mètres vingt-huit centimètres (sept pieds)
de long, et ses autres dimensions sont à proportion. Tout
le devant du corps est garni de poils longs de plus de
trente-trois centimètres (un pied), laineux à leur racine,
mais grossiers par dehors. Une sorte de barbe règne de la
gorge au fanon. Le derrière du corps, à compter des épaules,
les pieds, le tour des yeux, et le museau, ne sont couverts que de poils ras. La femelle a généralement les poils
un peu plus courts que le mâle. La couleur est un brun
plus ou moins foncé. On ne peut pas dire que l'aurochs
prenne jamais de bosse ; mais le garrot devenant un peu
plus saillant dans les vieux mâles, et le poil s'y allongeant
avec l'âge, lui en donnent l'apparence : c'est probablement
ce qui a fait croire à Buffon et à d'autres, qu'il y a dans
le nord de l'Europe deux races de bœufs sauvages, l'une à

bosse, et l'autre sans bosse; la première n'est que l'aurochs mâle dans sa vieillesse.

Buffon avoit appliqué à cette prétendue race à bosse le
nom de bison, qu'on trouve dans les anciens à côté de
celui d'*urus* ; il est probable qu'il dérive de l'allemand *bi-
sam*, qui veut dire musc, parce que ces vieux aurochs
mâles répandent en effet une forte odeur de musc.

Buffon a pu aussi être conduit à cette idée, parce que
quelques auteurs ont parlé de deux animaux à cornes,
existant l'un et l'autre en Pologne, et dont l'un, disoient-
ils, y est nommé *subr*, et l'autre *tur* : mais le tur n'est que
le buffle; le subr est notre aurochs.

L'aurochs a vécu long-temps dans toutes les forêts de
l'Europe tempérée, où il a diminué à mesure que les hommes s'y sont multipliés; on le trouvoit en Allemagne du
temps de César : il est aujourd'hui confiné dans les plus
profondes forêts des monts Krapachs et du Caucase ; c'est
tout au plus s'il s'en trouve encore quelques-uns en Li-
thuanie. Il n'y en a ni en Scandinavie ni en Sibérie. On
dit que l'aurochs grogne et ne mugit pas.

Le *bonasus* d'Aristote étoit, dit ce philosophe, « un bœuf
« de Pæonie, grand comme un taureau, mais plus épais et
« plus court; sa peau étendue pouvoit servir à coucher
« sept personnes. Son encolure étoit revêtue d'une crinière
« de poils plus doux et plus serrés que dans celle du cheval ;
« elle étoit d'un gris roussâtre, et descendoit jusqu'aux
« yeux. Le poil du reste du corps étoit blond ; on n'en
« voyoit ni de noirs ni de roux. Les pieds étoient velus et
« fourchus. Les dents et les parties intérieures sont sem-
« blables à celles du bœuf. »

Cette description ne contient rien qui ne s'accorde avec
l'aurochs ; mais ce qui suit a embarrassé les naturalistes.
« Ses cornes lui sont inutiles au combat, parce que leur
« pointe est dirigée vers le bas, et qu'elles se recourbent de
« manière à représenter des cercles. » Il nous paroît qu'ici
Aristote a attribué à toute l'espèce une circonstance particulière à l'individu qu'il observoit. Le squelette d'aurochs
de notre cabinet d'anatomie a l'une de ses cornes ainsi
recourbée.

3.° Le Bison ou Bœuf sauvage d'Amérique, *Bos americanus*, Gmel. Buffon a aussi confondu ce bœuf avec l'aurochs d'Europe, et Pallas est disposé à le regarder comme une variété de ce dernier, quoiqu'il indique lui-même de fortes différences entre les deux ; il avoue cependant qu'il faut attendre, pour décider cette question, une comparaison plus détaillée, surtout de l'ostéologie de la tête.

Le bison d'Amérique est plus petit que l'aurochs, quoiqu'il soit plus grand que les plus grands taureaux de Frise ; la saillie de son garrot est plus forte ; la tête et surtout la queue sont beaucoup plus courtes, la croupe plus foible. La tête, le cou et les épaules, sont revêtus d'une laine crépue, élastique, douce ; et d'un brun noir : elle forme une grosse calotte sur le sommet de la tête, et une barbe sous la gorge. Le reste du corps est à poil ras et tout noir. Telle est la description faite par Pallas sur un individu vivant, le même dont Buffon a donné une figure (Suppl.). On peut ajouter que les cornes sont rondes, courtes, noires et écartées par leur base.

Il paroît que ce bison habite toutes les parties tempérées de l'Amérique septentrionale : c'est de lui que parlent la plupart de ceux qui ont décrit ces diverses régions, comme Hernandez, du Pratz, Kalm, Charlevoix, etc.

Il est surtout abondant, selon Pennant, dans les riches prairies qui bordent les sources du Mississipi et des rivières qui s'y jettent. Il y vit en grandes troupes, pêle-mêle avec les daims et les cerfs, paît soir et matin, et se retire pendant la chaleur dans les lieux marécageux ; il grogne et ne mugit point, et grossit jusqu'à peser deux ou trois milliers. Kalm assure qu'il produit avec les vaches communes. Quoiqu'il soit fort sauvage, on peut l'apprivoiser en le prenant jeune.

On donnoit autrefois la chasse aux bisons au Canada, en brûlant l'herbe autour des lieux où ils se trouvoient, et en les forçant ainsi de se concentrer et de se laisser cerner.

La laine du bison est assez bonne pour être filée. Il a l'odorat très-fin. Quoique timide et fuyant l'homme et le chien, il revient avec fureur sur les chasseurs quand il est blessé. Sa chair est bonne et sa peau excellente. Ces détails sont pris de Charlevoix.

Du Pratz rapporte que ces animaux se défendent très-bien contre les loups, en se rangeant en cercle et présentant les cornes de toutes parts, tandis que les femelles et les jeunes sont au centre de la troupe. Cette méthode est plus ou moins employée par toutes les bêtes à cornes.

4.° Le Buffle, *Bos bubalus*. Cette espèce - ci est généralement reconnue comme distincte : sa tête est plus grosse que celle du bœuf, son front plus bombé, son museau plus large et plus plat ; ses cornes sont courbées en demi-cercle, de manière que leurs pointes se dirigent en arrière et un peu vers le haut, et elles ont en avant, sur toute leur longueur, une arête bien marquée. Il n'y a presque point de fanon ; le corps est presque ras, à l'exception de la gorge et des joues, qui sont garnis de poils courts. La couleur du buffle est d'ordinaire un brun noirâtre ; elle varie très-peu. En Italie le buffle est plus petit que le bœuf, mais il y a des pays où il est plus grand, et l'on en trouve en Abissinie, par exemple, que l'on dit avoir le double de la taille du taureau. Il ne paroît point que cet animal ait été connu des Grecs et des Romains ; du moins aucun de leurs auteurs n'en parle d'une manière distincte comme d'un animal domestique : cependant il paroît que le bœuf sauvage d'Arachosie, dont Aristote fait mention, et auquel il attribue un pelage noir, un museau retroussé et des cornes couchées, n'est pas autre chose que notre buffle. Le buffle est très - commun aujourd'hui en Grèce et en Italie ; on croit qu'il y a été introduit vers le septième siècle, sous Agilulfe, roi des Lombards. Sa patrie originaire paroît être dans les contrées chaudes et humides de l'Inde, d'où il s'est répandu en Perse, en Arabie, en Égypte, et jusques vers le cap de Bonne - Espérance, où il forme le bétail ordinaire des Hottentots. Il y en a encore beaucoup de sauvages aux Indes, et surtout dans les îles, à Ceilan, aux Célèbes : mais ceux que les voyageurs disent se trouver en cet état en Afrique sont peut - être de l'espèce que nous décrirons plus bas sous le nom de buffle du Cap. On assure aussi qu'il y en a d'échappés et redevenus sauvages dans quelques contrées du royaume de Naples. Le buffle réussit mal dans les pays froids ; il est en général assez délicat :

il cherche l'ombre en été, et les forêts en hiver. Il préfère les terrains marécageux, et a besoin de se vautrer, comme le cochon : il en résulte qu'on peut en tenir dans des lieux où les bœufs ordinaires ne viendroient pas. Il est aussi moins difficile sur la nourriture, et se contente d'herbes grossières que les bœufs refuseroient. Le naturel du buffle est plus dur que celui du bœuf ; il entre plus souvent en fureur : mais comme il voit mal de jour, il suffit quelquefois de se jeter par terre pour échapper à ses attaques. Il hait prodigieusement la couleur rouge. Son mugissement est plus fort et plus grave que celui du taureau. On lui attribue une excellente mémoire : on en a vu retourner seuls à leurs troupeaux, de plus de cinquante milles de distance. En Italie chaque buffle a son nom, qu'il connoît et qu'on lui apprend en chantant : on chante aussi pour traire la femelle, et l'on tient son petit auprès d'elle pendant cette opération. Dans quelques pays on lui introduit la main dans la vulve pour l'engager à se laisser traire ; c'est surtout la coutume des Hottentots. Le lait de la femelle est agréable ; il sent un peu la muscade : il fournit un beurre blanc très-bon, et plusieurs sortes d'excellens fromages. La chair est noire, dure et de mauvais goût : en Italie il n'y a que les Juifs et les pauvres qui en mangent. Les buffles sont ardens en amour ; ils combattent pour leurs femelles : celles-ci produisent deux années de suite et se reposent la troisième, pendant laquelle elles demeurent stériles quoiqu'elles reçoivent le mâle. Elles commencent à être fécondes à quatre ans et demi, et cessent de l'être à douze ; elles mettent bas, au printemps, un seul petit. Quelques voyageurs assurent qu'elles portent douze mois ; ce qui doit paroître bien extraordinaire, puisque la vache ne porte que neuf. Sonnini en conclut que le buffle ne peut produire avec la vache : cependant Pallas assure positivement que cette voie de production a souvent lieu dans les environs d'Astracan, mais que les petits périssent le plus souvent, parce que dans ce pays la vache est trop petite à proportion du buffle. On a observé récemment à Rambouillet, que la portée de la femelle du buffle est de dix mois. La durée de la vie du buffle est de vingt et quelques années. Ordinairement on l'engraisse et on le tue à douze ans : c'est à quatre que l'on coupe les mâles dont on veut se servir ; et comme cette opération ne leur ôte pas toute leur férocité, on leur perce la cloison des narines et on y passe un anneau de fer, auquel on attache une corde pour les conduire. Il faut beaucoup de force et de dextérité pour cette opération ; on lui lie les pieds et on le renverse sur le dos. L'anneau tombe au bout de quelques années, mais alors l'animal a eu le temps de devenir docile.

Ce que le buffle a de meilleur c'est son cuir, excellent pour faire des vêtemens à l'épreuve des armes tranchantes, mais peu propre à faire des semelles, parce qu'il prend trop aisément l'eau.

On emploie le buffle dans certains pays pour labourer et pour traîner des chariots : dans d'autres on ne l'élève que pour son lait et pour sa chair. On l'emploie à ces combats dont on fait des divertissemens publics en Espagne et en Italie, avec encore plus de succès que le taureau, parce qu'il est encore plus susceptible d'être mis en fureur.

Outre les maladies qui lui sont communes avec le bœuf, il est sujet à une inflammation de la gorge, qui est souvent mortelle ; on la nomme en Italie *barbolla*.

La plupart des détails dont cet article se compose ont été communiqués à Buffon par un prélat italien, et insérés dans le volume III. Suppl., d'où nous les avons extraits.

5.° L'ARNI, *Bos arnee*, Shaw. Pallas, ayant trouvé sous terre, en Sibérie, des crânes assez semblables à celui du buffle, mais beaucoup plus grands, donna les premières indications de l'existence d'une très-grande espèce de ce genre. Quelque temps après on annonça en effet sous le nom d'*arnee*, dans un journal d'Edimbourg, intitulé *the Bee* (l'Abeille), Décembre 1790, un buffle gigantesque des Indes, qui ne doit se trouver que dans les parties élevées du pays. On va jusqu'à dire qu'il y en a de quatorze pieds anglois de hauteur, et de trois à quatre milliers de poids : un jeune, tué par hasard près de Calcutta, où il n'y en a point ordinairement, pesoit quatorze cent quarante livres. Ces buffles sont tout noirs, excepté entre les cornes, où il y a un bouquet de poils roux. Shaw (Univ. Zool. II. 2, 260) en donne une figure au trait, d'après un dessin indien; elle est absolument semblable à celle d'un bœuf, excepté les cornes, qui sont démesurément longues, un peu aplaties en avant et ridées sur leur concavité : il ajoute, d'après Kerr, qu'on en a tué un au Bengale, de huit pieds de hauteur au garrot, et de quatorze en y comprenant les cornes; il étoit noir, sans bosse ni crinière. Enfin, Blumenbach a fait graver une figure de la tête et des cornes, dans son Recueil de figures d'histoire naturelle, septième cahier, pl. 63. Ce crâne nous a paru ressembler extraordinairement à celui du buffle, et nous serions tentés de croire que l'arni n'est qu'une variété de ce dernier. Nous savons positivement qu'il y a, dans l'Archipel des Indes, des buffles dont les cornes s'allongent excessivement. Les compagnons de Baudin en ont rapporté un grand nombre, parmi lesquelles il y en a de plus de quatre pieds : ils ont aussi rapporté la figure de l'animal, qui, aux cornes près, ressemble à notre buffle commun, et qui ne nous présente point de différence bien marquée avec l'arni.

6.° Le Buffle du Cap, *Bos caffer*, Linn. Cette espèce se distingue de toutes les précédentes par ses cornes noires et énormes, dont les bases aplaties couvrent comme un casque tout le sommet·de la tête, ne laissant entre elles qu'un petit canal qui s'élargit en avant. Il y a, dit-on, des individus où elles ont plus de cinq pieds d'une pointe à l'autre : l'animal lui-même en a plus de huit de longueur sur cinq de hauteur au garrot. Ses jambes sont courtes, son fanon pendant : il est également couvert partout d'un poil ras et brun foncé. C'est un animal terrible par sa férocité : il se pratique, dans les forêts les plus épaisses, des sentiers étroits dont il ne s'écarte jamais; il renverse avec fureur tout ce qu'il rencontre sur son passage. Il se plaît à lécher les corps qu'il a tués; mais il craint et fuit l'homme en rase campagne. Ses mugissemens sont affreux. Très-rapide à la course, il ne peut cependant atteindre un cheval lorsqu'il faut monter; il hait le rouge comme le buffle ordinaire, et aime autant que lui à se vautrer et à se plonger dans l'eau. Sa chair est passable, quoique grossière et sentant la venaison; son cuir est excellent.

Il vit en grandes troupes depuis le cap de Bonne-Espérance jusques vers la Guinée. Les Hollandois du Cap lui donnent improprement le nom d'*aurochs*.

7.° Le Buffle musqué d'Amérique, *Bos moschatus*, Linn. Cette espèce paroît confinée dans la partie la plus septentrionale de l'Amérique, au nord des contrées qu'habite le bison, à la hauteur de la baie d'Hudson, et vers la Californie.

Le père Charlevoix est le premier qui en ait parlé distinctement. Pennant l'a fait connoître ensuite plus en détail : mais la première figure qu'il en a donnée (Hist. of. quadr. p: 27) étoit entièrement controuvée ; ce n'étoit qu'une copie d'une figure imaginaire d'aurochs, insérée dans le César de Thomson (Lond. 1712, p. 134), à laquelle on avoit ajouté les cornes du mâle de cette espèce. Ce n'est que dans la Zoologie arctique (tom. I, p. 8) qu'il en a donné une bonne représentation, la seule que l'on ait jusqu'à présent ; c'est celle de la femelle : on voit la tête du mâle à part, seule partie qui ait été examinée en Europe. Buff. Suppl. III, in - 4.°

Les cornes sont en effet son principal caractère : elles se touchent l'une l'autre par la base, qui est élargie et écrasée ; puis elles descendent de chaque côté jusqu'au-dessous de l'œil, et se redressent par la pointe seulement. La femelle a les cornes séparées par un assez grand intervalle, mais leur courbure est la même que dans le mâle. La taille des individus de cette espèce est moindre que celle du bœuf ; ils sont surtout très-bas sur jambes : leur queue est courte comme celle de l'ours, et se distingue à peine à travers le poil : celui-ci est très-long aux flancs, et surtout au cou et sous la gorge ; il a jusqu'à dix-sept pouces et pend presque jusqu'à terre. Il leur vient de plus en hiver une belle laine épaisse, qui garnit la racine de tous les poils, et qui tombe en été : cette laine est cendrée ; l'autre poil est d'ordinaire noir. La femelle décrite par Pennant avoit une tache entre les cornes, et une grande tache sur le dos, mêlées de blanc et de roux ; le garrot porte une loupe peu considérable.

Cette espèce mérite par excellence le nom de bœuf musqué : car elle répand cette odeur plus que toutes les autres ; la chair des vieux taureaux en est insupportable, et son odeur se communique même pour long-temps aux couteaux. C'est aux parties génitales qu'elle est plus forte, parce qu'elle provient surtout d'une pommade que produit le fourreau. La chair des veaux et des genisses est mangeable; elle ressemble à celle de l'élan : le suif est d'un blanc bleuâtre.

Ces animaux vivent en troupes de quatre-vingts à cent. Il y a peu de mâles, et ils sont excessivement jaloux, même contre l'homme et les oiseaux. Ils aiment les terres pierreuses et montueuses, et grimpent sur les rochers presque aussi bien que les chèvres; ils se nourrissent en hiver de mousse et des sommités du saule et du pin : leur rut a lieu en Août, et ils mettent bas, en Mai et Juin, un seul petit à la fois.

Ces détails sont pris de Pennant et de Hearne. Charlevoix assure qu'on les chasse aisément parce qu'ils courent mal, et qu'on en voit dont les cornes pèsent soixante livres.

Les Indiens emploient la peau du bœuf musqué comme fourrure ; et les Esquimaux, au rapport de Pennant, se font, avec la queue, des bonnets qui les rendent horribles à voir, mais qui ont l'avantage de les préserver de la piqûre des moucherons.

Près de la baie d'Hudson on nomme cet animal buffle de Churchill, parce qu'il est commun sur la rivière de ce nom, et pour le distinguer du bison, qu'on y appelle buffle de l'intérieur.

Pallas a décrit des crânes trouvés sous terre en Sibérie, près de l'embouchure de l'Ob, et qui paroissent avoir appartenu à cette espèce.

8.° Le YAK ou BUFFLE A QUEUE DE CHEVAL, autrement appelé VACHE GROGNANTE DE TARTARIE, *Bos grunniens.* Il se distingue de tous les autres par sa queue garnie de tous côtés de longs poils, comme celle du cheval. Sa taille est à peu près celle du bœuf; il est couvert partout de longs poils; sa tête est faite comme celle du buffle : le front paroît plus saillant à cause des poils qui le couvrent; il a sur les épaules une légère proéminence. Les côtés et le dessus du corps sont garnis d'une laine douce; les

poils du ventre tombent jusqu'à la hauteur des jarrets.
Les auteurs varient dans la description des cornes. Gmelin
les représente minces et rondes : Turner dit qu'elles sont
arrondies, arquées en dedans et un peu en arrière, et
pointues; mais Witsen les décrit plates et en croissant,
comme celles des buffles. Il y a des races qui n'ont point
de cornes du tout. Ces animaux sont de couleurs différentes, mais surtout noir et blanc ; quelquefois · les longs
poils du dos et de la queue seulement sont blancs, et le
reste noir. On voit, parmi les yaks domestiques, des individus roux : quelques femelles ont les cornes blanches.
C'est le Tibet qui est leur séjour principal : on les y fait
paître dans les endroits les plus froids, d'où ils ne descendent que quand tout est couvert de neige ; l'été de la
Sibérie est encore trop chaud pour eux. Ils aiment l'eau,
comme les buffles, et nagent très-bien ; en sortant de l'eau
ils se frottent contre les arbres : quand ils veulent se coucher ils se jettent d'abord sur les genoux. Ils ne mugissent
point, mais grognent très-bas et rarement ; ils sont d'un
naturel très-farouche et haïssent le rouge : c'est un signe de
colère lorsqu'ils relèvent la queue. On en a vu monter
des vaches, mais sans succès ; les taureaux ordinaires n'ont
pas montré la même inclination pour les femelles des
yaks. Ces animaux sont une propriété intéressante pour
les Tartares nomades ; ils ne labourent point, mais ils sont
d'excellentes bêtes de somme. On fait des tentes avec leur
poil : leur queue est estimée dans tout l'Orient comme un
objet de luxe et de parure ; les Tibetains en font des
chasse-mouches, et en fournissent aux Persans et aux Turcs
pour ces marques de dignités guerrières que nous appelons
improprement queues de cheval. C'est aussi de ces queues
teintes en rouge que les Chinois ornent leurs bonnets d'été :
il y en a d'une aune de long ; Pennant en cite une qui avoit
six pieds. Pallas croit que le buffle et le yak descendent
d'une souche sauvage commune. Ælien a déjà indiqué
clairement cette espèce : les Indiens, dit-il, amènent à leur
roi une sorte de bœufs très-sauvages, qui sont noirs et ont
la queue d'un beau blanc ; ils font des chasse-mouches
avec ces queues. Il faut attendre de nouvelles observations

pour prononcer si le yak n'est pas la souche du zébu et peut-être de notre bétail domestique. Les Tibetains ont pour le yak le même respect que les Bramines pour le zébu. (C. V.)

BŒUF. (*Ornith.*) C'est le nom vulgaire sous lequel on connoît, dans la ci-devant Lorraine, le pouillot ou chantre, *motacilla trochilus*, L. La même dénomination a aussi été donnée au bouvreuil, *loxia pyrrhula*, L., vraisemblablement à cause de sa grosse tête. (Ch. D.)

BŒUF D'AFRIQUE (*Mamm.*), nom que l'on donne quelquefois au buffle. (F. C.)

BŒUF A BOSSE. (*Mamm.*) Plusieurs espèces de bœufs ont des bosses. Beaucoup d'auteurs ont parlé des unes et des autres sous le nom de bœuf à bosse ; mais cette dénomination est plus généralement réservée au zébu. Voyez Bœuf. (F. C.)

BŒUF CAMELITE ou Bœuf-chameau. (*Mamm.*) Ce nom a été donné par Suidas à quelque race de bœuf indéterminée, probablement à quelques zébus, à cause de la bosse qu'ils ont sur les épaules, comme le chameau.

Thevet a appliqué cette dénomination au bison, ou bœuf sauvage d'Amérique, qui n'a pu être connu de Suidas. (F. C.)

BŒUF-DE-DIEU (*Ornith.*), nom donné par antiphrase au troglodyte, *motacilla troglodytes*, L., à cause de son extrême petitesse. (Ch. D.)

BŒUF GRIS. (*Mamm.*) Quelques auteurs donnent ce nom à un animal de l'Inde : c'est peut-être le nilgaut. (F. C.)

BŒUF GUERRIER. (*Mamm.*) Kolb dit que les Hottentots ont une espèce de bœuf qu'ils emploient à la guerre et à la garde de leurs troupeaux ; ils le nomment *backeleys*. (F. C.)

BŒUF DES ILLINOIS. (*Mamm.*) C'est le bison d'Amérique. Voyez Bœuf. (F. C.)

BŒUF-DE-MARAIS. (*Ornith.*) Ce nom, donné au héron butor, *ardea stellaris*, L., tire probablement son origine de la ressemblance du cri de cet oiseau avec le mugissement du taureau. (Ch. D.)

BŒUF DE MER. (*Mamm.*) Les voyageurs ont désigné par ce nom beaucoup d'espéces d'animaux, et parmi les mammifères ils l'ont donné à l'hippopotame, aux phoques, au lamantin, etc. (F. C.)

BŒUF MUSQUÉ. (*Mamm.*) C'est le buffle musqué d'Amérique, *bos moschatus.* Ce nom lui a été donné à cause de l'odeur de musc qu'il répand. Voyez Bœuf. (F. C.)

BŒUF DE SCYTHIE. (*Mamm.*) Les anciens ont parlé de ces bœufs comme portant une bosse et de petites cornes : Hippocrate dit même qu'ils n'en ont pas du tout, et il attribue ce défaut à l'excès du froid. C'est une race de zébus. La figure que Jonston donne sous ce nom est faite d'imagination. (F. C.)

BŒUF STREPSICEROS. (*Mamm.*) Aldrovande donne sous ce nom la figure d'une gazelle dont les cornes étoient encore très-courtes. Cette figure lui avoit été envoyée sans description, et ce fut probablement faute de connoître la grandeur de l'animal qu'il se trompa à ce point sur le genre. (F. C.)

BOEWA (*Rept.*), nom donné par les habitans d'Amboine, selon Séba, au senembi, que je regarde comme une variété de l'iguane ordinaire. Voyez Iguane. (F. M. D.)

BOGARAVEO. (*Ichtyol.*) Ce nom, formé par la réunion des deux mots *bogue* et *raveo*, est employé par Lacépéde pour désigner un spare. Voyez Spare. (F. M. D.)

BOGFINCKE. (*Ornith.*) Ce nom, que Müller écrit *bogfinkens*, est donné par les Norwégiens au pinson d'Ardennes, *fringilla montifringilla*, L. Pontoppidan le rapporte au Brambling des Anglois. Voyez ce mot. (Ch. D.)

BOGGO. (*Mamm.*) Smith, dans son Voyage en Guinée, donne la description d'un singe que les Nègres nomment *boggo* ou *boogoc* ; et Buffon crut reconnoître son mandrill dans cette description : mais il est évident qu'elle se rapporte à un autre singe, probablement au chimpanté, *simia troglodytes.* Voyez Singe. (F. C.)

BOGHAS. (*Bot.*) Voyez Budughas.

BOGLOSSA, Boglosson, Boglossos, Boglotta, et Boglottos (*Ichtyol.*), noms donnés, selon Lacépède, par d'anciens auteurs grecs, à la sole. Voyez Pleuronecte. (F. M. D.)

BOGUE. (*Ichtyol.*) C'est le nom d'une espèce de spare. Le bogue raveo de Bonnaterre est un autre spare. Voyez BOGARAVEO. (F. M. D.)

BOHAR. (*Ichtyol.*) Ce poisson, ainsi nommé par les Arabes, selon Forskal, a été placé dans le genre des sciènes par plusieurs naturalistes, et il vient d'être reporté parmi les labres par le savant professeur Lacépède. Voyez LABRE. (F. M. D.)

BOHKAT. (*Ichtyol.*) Les Arabes appellent ainsi, selon Forskal, une espèce de raie qui vit dans la mer Rouge. Voyez RAIE. (F. M. D.)

BOHOM-JAMBOULAN. (*Bot.*) A Java on donne ce nom au jambolier, *jambolifera pedunculata*. (J.)

BOHON UPAS, ou plutôt BOOM UPAS (*Bot.*), nom composé du flamand *boom*, arbre, et de l'indien *upas*, nom propre d'un poison célèbre. Voyez UPAS. (D. de *V.*)

BOHU. (*Bot.*) La plante de Ceilan nommée ainsi dans le Thes. Zeyl. de Burmann, est la même que le BOBU. Voyez ce mot. (J.)

BOIAH ou BOUIAH. (*Rept.*) Shaw dit qu'on nomme ainsi le caméléon en Barbarie. (C. D.)

BOICINININGA. (*Rept.*) C'est l'un des noms employés par les Brésiliens pour désigner le crotale boiquira de l'Amérique méridionale. Voyez CROTALE. (F. M. D.)

BOICUABA (*Rept.*), nom d'un serpent du Pérou, qui paroît être une espèce du genre Boa. On mange sa chair dans le pays des Incas. (C. D.)

BOICUPECANGA. (*Rept.*) C'est le nom d'un serpent du Brésil, décrit par Ray, Synops. animal. p. 329. (C. D.)

BOIGUACU, BOIGUAGU, BOICUAGU. (*Rept.*) On appelle ainsi au Brésil, selon Marcgrave et Pison, un très-grand serpent, redoutable pour les hommes et les grands animaux à cause de sa force et de sa voracité prodigieuses, quoiqu'il soit entièrement dépourvu de venin. *Guacu*, en langue brésilienne, signifie grand. On peut rapporter provisoirement ce serpent au boa aboma. Voyez BOA.

Nieremberg désigne sous le même nom un serpent d'Afrique, qui se retire sous les voûtes en forme de huttes d'argile que construisent les termites ou fourmis blanches. (C. D.)

BOIGUATRARA (*Rept.*), serpent de Surinam indiqué par Gronou. (C. D.)

BOIGUE (*Bot.*), arbre du Chili, dont parle Feuillée, Obs. 3, p. 10, t. 6. Ses rameaux forment une tête arrondie : l'écorce qui recouvre le tronc et les branches a le goût de la cannelle, et peut être employée aux mêmes usages ; ce qui l'a fait nommer par les Espagnols *arbor della canella*. Ses feuilles sont alternes, semblables à celles du laurier ordinaire ; les fleurs, blanches, ont cinq pétales ; les fruits, disposés en tête, ont la forme d'olive. Il paroît évident, comme le pense Lamarck, que cet arbre est un *drymis*, dont chaque fleur renferme plusieurs ovaires, qui deviennent autant de fruits rapprochés. Il le rapporte, peut-être avec raison, au *drymis Winteri.* Voyez DRYMIS. (J.)

BOIN-CARO. (*Bot.*) Suivant Rhéede (Hort. Malab. V. IX, p. 109, t. 56), c'est le nom que les Brames donnent à une plante que Linnæus rapporte à une carmentine, *justicia gangetica. Boin*, dans la langue des Brames, veut dire petit. (A. P.)

BOIN-ERANDO (*Bot.*), nom brame d'une plante que Rhéede a décrite et figurée sous celui de *codi-avanacu*, Hort. Malab. V. II, p. 63, t. 34. Linnæus l'a rapportée à son *tragia chamelæa. Erando* est le nom brame du ricin, en sorte que *boin erando* veut dire petit ricin. (A. P.)

BOIN-GOLI (*Bot.*), nom brame d'une petite plante figurée dans le Hort. Malab. tom. X, p. 61, t. 31. Suivant Burmann c'est l'*oldenlandia repens*, L. Adanson (Suppl. à l'anc. Encycl.) la regarde plutôt comme une espèce de pourpier, ce qui s'accorde mieux avec sa description. « C'est, dit Rhéede, « une petite plante qui a des tiges courtes, couchées, arti- « culées, succulentes et rougeâtres : de ses articulations elle « pousse des radicules ; les aisselles sont garnies de poils « fins et blanchâtres ; les feuilles sont petites, succulentes ; « la fleur est composée de quatre pétales jaunes et de plu- « sieurs étamines de même couleur. La décoction de cette « plante dans du lait guérit les tumeurs des pieds trop « connues sous le nom de *todda-vela.* » Quelque imparfaite que soit cette description, on peut y reconnoître une petite espèce de pourpier, qui paroît être le *portulaca meridiana.*

L. Suppl., et qui croît dans presque toutes les cours du port de l'Isle-de-France. Il seroit heureux qu'on y trouvât le remède aux ulcères malins, presque incurables, qui viennent aux pieds des Noirs, et auxquels on donne le nom de crabe. Voyez Pourpier. (A. P.)

BOIN-KAKELI. (*Bot.*) Les Brames nomment ainsi une plante orchidée du genre *Epidendrum*, figurée dans le Hort. Malab. V. XII, p. 51, t. 26. (A. P.)

BOIN-TULASSI (*Bot.*), nom brame du katu-tumba des Malabares. (A. P.)

BOIQUIRA. (*Rept.*) Les Brésiliens, et d'après eux les naturalistes Françcois, nomment ainsi un crotale de l'Amérique méridionale. Voyez Crotale. (F. M. D.)

BOIS. (*Anat. et Zool.*) C'est le nom qu'on donne aux cornes solides et caduques, c'est-à-dire, qui tombent pour renaître ; telles sont les cornes des cerfs, des chevreuils, des daims, des élans et des rennes. Voyez Cerf.

Ces bois ne sont autre chose que des os : leur tissu et leur composition chimique sont absolument comme dans les os, et on en tire les mêmes produits ; c'est-à-dire que par l'ébullition ils donnent de la gélatine et laissent un résidu de phosphate de chaux, et que par la distillation à feu nu ils produisent de l'ammoniaque.

Les cornes revêtues de peau et de poil de la girafe, et les chevilles osseuses revêtues de cette matière fibreuse et élastique nommée plus particulièrement corne dans les bœufs, les chèvres et les gazelles, sont de la même nature que les bois ; mais ces parties sont permanentes et ne se séparent jamais de la tête.

Lorsque les bois des cerfs commencent à croître, ils n'ont point encore toute leur dureté ; et ce qui est plus remarquable, pendant tout le temps qu'ils croissent, ils sont couverts d'une peau velue et semblable à celle du reste de la tête : cette peau reçoit des vaisseaux et des nerfs, qui pénètrent dans le corps de l'os et le nourrissent.

Mais, et ceci paroît être le caractère du bois, en même temps que la cause de sa chute, il se forme à sa base un bourrelet osseux, ou une ceinture de tubercules, entre lesquels passent ces troncs de vaisseaux. Les tubercules, en grossissant, serrent les vaisseaux, et finissent par les oblitérer; la peau, ne recevant plus de nourriture, meurt, se dessèche et tombe, et le bois ou l'os se trouve à découvert.

Lorsque quelque portion d'os en général est exposée à l'air, elle s'exfolie, c'est-à-dire qu'elle meurt et se sépare de la partie qui reste vivante : cette loi paroît aussi agir dans ce cas, et détacher le bois découvert du reste de l'os frontal. Mais pourquoi l'animal le porte-t-il plusieurs mois sans qu'il tombe, et quelle est la cause qui en détermine un second à se former immédiatement après la chute du premier ? Ces questions sont insolubles pour nous dans l'état actuel de la science.

Les différentes espèces de cerfs varient beaucoup pour la forme et la grandeur de leurs bois. Les bois des différens âges ne varient pas moins : les jeunes étant plus petits et ayant moins de branches que les vieux, on reconnoît par là l'âge de chaque individu.

Les espèces des cerfs d'Amérique ne paroissent pas mettre dans leurs changemens de bois la même régularité que celles de l'ancien continent; il en est même dont on a écrit qu'elles n'en changeoient jamais.

Il n'y a que l'espèce du renne où la femelle porte un bois comme le mâle; dans toutes les autres espèces les femelles sont sans bois.

En terme de vénerie, on appelle le tronc du bois, mérain; les branches, andouillers; chaque corne, perche, et leur base, meule. (C.)

BOIS. (*Chim.*) Le bois considéré chimiquement, ou plutôt le corps ligneux, est un des matériaux immédiats des végétaux, dernier produit de la végétation, et qui présente, dans sa nature et dans les lois de sa décomposition, des propriétés très-propres à le caractériser. Ce corps, qu'on regardoit autrefois comme une terre, comme le squelette terreux des végétaux, n'est rien moins qu'une matière terreuse. Sa propriété combustible, l'odeur qu'il répand en brûlant, le charbon qu'il laisse, les cendres qu'il donne, auroient dû détromper à cet égard les chimistes; et depuis qu'on étudie avec plus de soin la composition des corps, les connoissances acquises sur celle du bois ont de plus en plus éloigné les idées sur sa prétendue nature terreuse.

Le corps ligneux, restant le dernier des matériaux des végétaux après qu'on leur a enlevé tout ce qu'ils contiennent de soluble dans l'eau et l'alcool, soit à froid, soit à chaud, donne encore, par l'action du feu, de l'eau, de l'acide acétique, de l'huile, des gaz acide carbonique et hydrogène carboné ; et il laisse un charbon retenant sa forme, qui contient, outre le carbone, l'hydrogène et l'oxigène, plusieurs sels, notamment des sulfates, des muriates et des phosphates de potasse, de soude, de chaux ou de magnésie. On voit, d'après cette analyse à la cornue, quand elle seroit seule et sans autre expérience comparative, que le bois contient au moins, outre les sels, de l'hydrogène, de l'oxigène et du carbone. L'action des acides sur le corps ligneux prouve encore cette composition au moins ternaire, quelquefois même quaternaire, du bois. En effet, l'acide nitrique le convertit en eau, en acides carbonique, acétique et malique, quelquefois même en ammoniaque.

On doit donc considérer chimiquement le bois comme un composé ternaire ou quaternaire, formé d'hydrogène, d'oxigène, de carbone, quelquefois aussi d'azote ; contenant en outre de petites quantités, très-variables à la vérité, de potasse, de chaux, de magnésie, unies aux acides sulfurique, muriatique et phosphorique. Le principe qui y domine est le carbone : c'est lui qui donne au corps ligneux sa solidité, son insipidité, son indissolubilité, sa dureté, son peu d'altérabilité, sa propriété de fournir beaucoup de charbon, qui retient la forme primitive du bois.

Ce composé très-carboné, qui fait la base de toutes les fibres végétales solides, paroît être le dernier produit de la végétation ; comme l'augmentation du corps et du système osseux est le dernier terme de tout le travail de l'animalisation, et la cause de la mort naturelle ou sénile des animaux. (F.)

BOIS. (*Physiol. végét.*) Dans les arbres et arbrisseaux à un seul cotylédon, tels que le palmier, le dracéna, l'aloès, l'yucca, etc., le bois forme ces petits filets durs et tenaces qui parcourent l'intérieur de la tige dans sa longueur.

Dans les arbres et arbrisseaux à deux ou plusieurs cotylédons, tels que le chêne, le hêtre, le peuplier, l'orme, le saule, le sapin, le cèdre, etc., le bois forme cette masse conique et solide qui constitue la majeure partie du tronc et des branches, qui sert d'enveloppe à la moelle, et qui est recouverte par l'aubier.

Cette définition n'offrira aucune obscurité pour quiconque aura lu notre article ARBRE (*Physiol. végét.*).

Nous allons d'abord parler du bois des arbres à deux ou plusieurs cotylédons ; puis nous passerons au bois des arbres à un seul cotylédon.

Sur la coupe transversale d'un tronc de tilleul nous apercevons un point central ; c'est le canal médullaire. Autour sont placées quatre zones principales, qui diffèrent par leur couleur et leur densité : la plus extérieure est molle et verdâtre, c'est le parenchyme ; celle qui vient ensuite est plus dense et passe insensiblement du blanc au vert en s'approchant du centre, elle comprend les couches corticales et le liber ; la troisième est blanchâtre et plus ferme que les deux autres, c'est l'aubier ; la quatrième, dont nous allons examiner à fond l'organisation, est le bois. Sa couleur est plus foncée que celle de l'aubier, et sa densité plus grande.

Cette quatrième zone est composée elle-même d'un certain nombre de zones concentriques, séparées les unes des autres par des cercles blanchâtres ; ces cercles indiquent les couches alternatives. Des lignes blanchâtres partent du centre et vont aboutir à la circonférence : ce sont les rayons médullaires. Le bois des arbres dicotylédons ou polycotylédons offre tous ces caractères d'une manière plus ou moins sensible.

Chacune des petites zones dont la réunion forme la masse du bois, indique un feuillet ligneux, roulé en cône ; en sorte que l'on doit considérer toute cette partie dure et solide comme étant composée de cônes creux, placés les uns dans les autres. Tous ces cônes sont tronqués à leur sommet : il en résulte que le tronc est percé dans sa longueur d'un canal central ; c'est ce canal qui contient la moelle. Les couches alternatives unissent les cônes entre eux ; elles sont d'un tissu moins dur.

Pour connoître la nature et la distribution des vaisseaux qui composent le bois, on compare la coupe transversale à la coupe verticale, et les feuillets les plus extérieurs aux plus intérieurs. Toutes ces parties doivent être soumises à l'observation microscopique. Par cet examen souvent réitéré sur un grand nombre d'espèces, on découvre que chaque feuillet forme un plexus ou réseau, dont les mailles correspondent presque toujours aux mailles des autres feuillets ; que le réseau est composé de tubes réunis en petits faisceaux qui se prolongent depuis la base du cône jusqu'à son sommet ; que chaque faisceau décrit un zigzag plus ou moins régulier, dont les angles se soudent aux angles des faisceaux voisins ; que les tubes des faisceaux sont de différente nature, les uns étant d'une telle finesse que ce n'est qu'avec les lentilles les plus fortes qu'on découvre leur orifice, les autres étant visibles à la loupe et laissant apercevoir au microscope des parois tantôt criblées de pores, tantôt coupées de fentes transversales. On découvre que les rayons médullaires sont formés par un tissu cellulaire, souvent poreux, qui remplit les mailles des réseaux, et que les couches alternatives sont également composées de tissu cellulaire.

Mais il faut, pour éclaircir ces faits, comparer une multitude de plantes ; car l'une vous laisse apercevoir sans peine ce que l'autre dérobe à votre vue, et ce n'est que par l'analogie que vous pouvez vous guider.

D'après Grew et Malpighi, tous les auteurs s'accordent à dire qu'il existe des trachées dans les couches du bois ; c'est une erreur. Les trachées, qui sont des lames argentées, roulées en tire-bourre, ne se trouvent dans les tiges des plantes dicotylédones qu'autour de la moelle : ce sont elles qui composent en grande partie l'étui tubulaire. Nous nous sommes assuré, par l'examen des plantes que citent Grew et Malpighi, comparées aux figures qu'ils en ont laissées, que ces deux observateurs ont pris les fausses trachées pour les trachées.

Pour se convaincre que les trachées n'existent point dans le bois et qu'elles n'y ont jamais existé, il faut disséquer plusieurs individus de même espèce et d'espèces différentes, avant, pendant et après leur germination. Les observations doivent être si fréquemment répétées que l'on puisse saisir les moindres nuances qui se manifestent dans l'organisation : par ce moyen on assiste pour ainsi dire à la création de chaque partie. Voici ce que nous avons vu en suivant cette méthode. L'embryon ne laisse apercevoir aucune trace de tissu ligneux : on distingue seulement autour de la moelle une substance semblable à la glaire de l'œuf ; c'est le CAMBIUM de Duhamel (voyez ce mot). Lorsque la plante commence à germer, la surface interne de cette substance glaireuse offre des faisceaux de tubes infiniment petits ; ils sont marqués en travers de stries très-rapprochées les unes des autres : à mesure que la plante se développe, ils s'élargissent et leurs stries s'écartent ; on reconnoit alors que ce sont des trachées et des fausses trachées. Ces faisceaux sont unis par le tissu cellulaire, et ils composent l'étui tubulaire dont nous avons déjà parlé. Bientôt il se forme d'autres tubes à la superficie externe du cambium : ils ont d'abord la même apparence que les premiers ; mais lorsqu'ils ont pris tout le volume qu'ils doivent avoir, on s'assure qu'il n'y a aucune trachée parmi eux, tous étant des tubes poreux ou des fausses trachées. La partie du cambium placée entre les deux couches de tubes, se change elle-même à cette époque en petits tubes et en tissu cellulaire : ce dernier, s'allongeant du centre du végétal vers sa circonférence, est l'origine des rayons médullaires ; voici le premier feuillet ligneux. Pendant qu'il se durcit, une nouvelle couche de cambium se dépose à sa superficie : c'est le moment où le végétal, soumis à l'action de la lumière, commence à verdir. La nouvelle couche, en s'organisant, acquiert elle-même une teinte verdâtre : on lui donne dans cet état le nom de *liber*, nom qu'elle quitte bientôt après pour prendre celui d'aubier. Le nom d'aubier lui a été donné à cause de la teinte blanchâtre qui succède à la verte, à mesure que cette couche s'endurcit et se recouvre d'un nouveau cambium, lequel forme un autre liber, qui dévient aubier quand le feuillet qu'il environne a revêtu les caractères du bois parfait. Ainsi se forment et se développent tous les autres feuillets ligneux ; mais aucun, si ce n'est lorsqu'il est en contact avec la moelle, n'offre de trachées. Nous disons lorsqu'il est en contact avec la moelle, parce que chaque feuillet ayant une forme conique, le second dépasse le premier, le troisième le second, et ainsi des autres ; de telle façon que le sommet de chaque cône doit servir d'enveloppe immédiate à une portion du tissu médullaire, et se garnir intérieurement des trachées qui entrent dans la composition de l'étui tubulaire.

On vient de voir que le bois se forme par couches, qui se développent successivement et s'appliquent les unes sur les autres : ceci est un artifice de la nature pour prolonger la vie des végétaux. On sait que le liber seul peut donner naissance aux boutons qui contiennent les branches, les feuilles et les fleurs. Ce liber a le sort de toutes les parties organisées ; il vieillit, s'endurcit et cesse de végéter. Après s'être changé en aubier, il se convertit en bois ; et dans cet état il deviendroit inutile à la vie de la plante, si la nature n'avoit tellement ordonné les choses que les couches les plus extérieures, avant de s'endurcir, produisissent à leur superficie le cambium qui doit former un nouveau liber.

Le liber existant, et par lui la succion et la transpiration des branches ayant lieu, cette immense quantité de petits tubes qui composent le corps ligneux sert de canaux aux fluides et les distribue dans toutes les ramifications du végétal. Les couches alternatives qui sont d'un tissu plus lâche que les couches ligneuses, et qui contiennent souvent de gros vaisseaux poreux ou fendus transversalement, et les rayons médullaires, qui sont composés de cellules poreuses, allongées du centre à la circonférence, facilitent le mouvement de la sève et permettent qu'elle se porte rapidement de la base au sommet, du sommet à la base, et de l'étui tubulaire vers l'écorce.

Cependant, à force de charrier des fluides, les vaisseaux du bois se remplissent. Les tubes qui composent les couches les plus voisines du centre, sont les premiers obstrués. On voit le diamètre de l'orifice des gros vaisseaux de l'étui tubulaire diminuer sensiblement par l'épaississement des membranes. Il se forme de nouveaux tubes ligneux autour de la moelle ; ils prennent peu à peu la place du tissu cellulaire, et le font enfin disparoître totalement. Alors il devient souvent impossible d'apercevoir l'ouverture des vaisseaux qui composent le bois du centre ; et ce n'est pas sans peine que l'on peut retrouver les trachées : elles sont engagées dans une masse dure et compacte ; et comme la substance qui a comblé les autres tubes les a également obstruées, elles paroissent semblables à des lames étroites que l'on auroit roulées sur un cylindre. Dans cet état il est impossible de les dérouler ; mais elles ne sont point transformées en fausses trachées, comme l'avoit cru Hedwig, et leurs spires sont encore distinctes.

Quand le bois a pris son dernier degré de dureté, il paroît qu'il ne sert plus qu'à donner de la force et de la solidité à l'arbre, qui cesseroit de végéter si d'autres couches organisées ne se développoient à sa circonférence.

Buffon, dont le vaste génie s'est appliqué à tant d'objets divers, a prouvé par de belles expériences que l'on pouvoit transformer tout l'aubier en bois, en écorçant l'arbre plusieurs mois avant de l'abattre. L'air, la lumière, la chaleur, hâtent alors l'endurcissement de l'aubier, et il devient semblable aux couches ligneuses internes. Voyez le mot Aubier.

Le bois, comme on l'a vu précédemment, se dépose par couches successives et concentriques ; sa dureté est d'autant plus grande qu'il est plus ancien, en sorte que les couches internes, formées les premières, sont plus dures que les externes, qui sont de nouvelle création. La température et mille circonstances locales avancent ou retardent cette stratification : et, quoique la succession non interrompue des étés et des hivers soit, dans ce phénomène, la cause la plus efficiente, on se tromperoit cependant si l'on croyoit, avec les anciens auteurs, que l'on peut compter le nombre des années d'un arbre par le nombre de ses couches ligneuses ; puisque, selon l'observation de Duhamel, tel arbre ne produira pas une seule couche durant toute une année, et en produira plusieurs dans une autre. Si la nature ne prenoit aucun repos et travailloit sans interruption à la formation du bois, comme cela paroît avoir lieu dans quelques végétaux très-durs ou très-mous, toute la masse formeroit un tissu homogène et continu, dans lequel on ne remarqueroit point ces zones concentriques que l'on observe sur la coupe transversale de la plupart de nos bois; mais ce cas est rare : d'ordinaire il est des époques dans l'année où les développemens se ralentissent. Le travail qui se fait alors est moins parfait; des couches d'un tissu plus mou indiquent le repos de la nature. S'il se présente, comme il arrive quelquefois, un été sans chaleur, suivi d'un hiver tiède, tout le tissu développé dans cette année ne formera point de couches ligneuses parfaites; et, au contraire, si l'année est soumise à de fréquens retours de chaleur et de froid, le tissu développé alors conservera les traces de ces variations dans un nombre égal de zones alternativement plus solides et plus molles. D'autres combinaisons dans la température et dans les circonstances locales peuvent produire les mêmes résultats; mais, dans tous les cas, on voit que l'on jugeroit mal de la durée d'un arbre par le nombre de ses couches ligneuses.

On ne s'étonnera pas, d'après ce que nous venons de dire, que la dureté du tissu ligneux dépende, dans les individus d'une même espèce, de la nature du terrain, de l'exposition, etc. En général, les arbres développés dans des terres humides ont un bois moins dur que ceux qui croissent dans des terres sèches.

Indépendamment de ces causes, il en est de plus particulières qui modifient les différentes couches ligneuses d'un même individu; tels sont les froids excessifs, qui agissent sur l'aubier si puissamment qu'ils le désorganisent et le rendent pour jamais incapable de se transformer en vrai bois : ces couches imparfaites, recouvertes, par succession de temps, d'un bois plus compacte et plus solide, ne changent point de nature, et restent dans l'état où le froid les a surprises. C'est ce mauvais bois que l'on appelle faux aubier. Quelquefois la gelée n'attaque qu'un côté des couches de l'aubier; cette partie désorganisée se trouve par la suite enclavée dans la masse du tissu et y semble étrangère. On nomme cet accident gelivure entrelardée.

Non-seulement les couches ne sont pas également épaisses entre elles, mais encore la même couche est souvent plus épaisse d'un côté que de l'autre. Lorsque cette différence est marquée dans toutes les couches, les zones qu'elles forment sont excentriques. Ce phénomène est commun, parce que les causes qui le produisent se rencontrent fréquemment. Qu'une veine de bonne terre développe une racine plus grosse que les autres, qu'une exposition favorable fasse croître une branche plus vigoureuse, que le tronc et les branches soient exposés d'un seul côté au contact de l'air et de la lumière, en un mot, qu'une cause quelconque porte dans une partie du végétal des sucs plus abondans et plus élaborés, cette partie aura une végétation plus vigoureuse, et les couches seront visiblement plus épaisses de ce côté. On a remarqué que les arbres placés sur la lisière des forêts avoient des couches ligneuses plus épaisses dans toute la partie exposée au grand air.

Quant à la différence qu'on observe entre le bois des diverses espèces d'arbres, elle dépend évidemment de la nature des membranes et de leur organisation particulière. Les végétaux sont d'autant plus durs et plus pesans que la combinaison des résines avec leurs membranes est plus intime, que le diamètre de leurs tubes est moins grand, et que leurs parois longitudinales sont plus rapprochées ; parce qu'alors le nombre des tubes est plus considérable dans un espace donné, et que les membranes sont plus solides. Mais l'allongement du tissu tubulaire semble exiger beaucoup de temps : aussi voit-on qu'en général les bois durs et pesans, tels que celui du buis, du chêne, du gayac, croissent très-lentement, tandis que les bois tendres et légers, tels que le platane et le saule, dont les petits tubes ont un plus grand diamètre, viennent avec une rapidité surprenante. Cependant cette règle n'est pas sans exception ; le cormier, par exemple, est aussi dur que le buis, et il croît néanmoins beaucoup plus vîte.

Il ne suffit pas, pour que le bois acquière une grande consistance, que l'arbre soit très-résineux par sa nature : il faut encore que la résine pénètre et fortifie le tissu. Cela explique comment le sapin, si résineux, n'a qu'un tissu foible et lâche, tandis que le buis et le chêne, qui ne contiennent qu'une petite quantité de résine, ont un bois si dur et si tenace. Au reste, tous ces faits sont loin de nous apprendre pourquoi le tissu de tel arbre possède à un plus haut dégré que celui de tel autre la propriété de se multiplier, de croître et de durcir : la cause première de ces différences est étroitement liée au mystère de l'organisation, qui, sans doute, nous sera éternellement inconnu.

L'organisation des plantes monocotylédones diffère beaucoup de celle des dicotylédones : il n'y a point de canal médullaire, de rayons médullaires, de couches concentriques d'aubier ni de liber. La coupe transversale d'un tronc de palmier ou d'aloès présente, dans un tissu élastique et lâche, une multitude de points très-compactes. La coupe verticale montre que ces points sont les extrémités de filets durs, qui parcourent le végétal dans sa longueur et sont enveloppés par le tissu élastique. Les filets ne sont pas absolument isolés les uns des autres; en les suivant dans leur marche on voit que, de loin en loin, ils s'unissent ou se séparent, en sorte que si l'on supprime par la pensée ce tissu lâche qui les environne, ils présentent dans leur ensemble un réseau, comme les arbres à deux ou plusieurs cotylédons, mais infiniment plus lâche. En considérant encore la coupe transversale, on remarque que ces filets sont d'autant plus éloignés les uns des autres qu'ils sont plus voisins du centre; ce qui fait que le tronc est moins dur au centre qu'à la circonférence, chose tout-à-fait contraire à ce qu'on observe dans les arbres de l'autre classe.

Un fait qui peut-être un jour deviendra une source de lumière pour l'anatomie comparée des végétaux, c'est la forme particulière des filets dans les différentes espèces. La coupe transversale des filets du dattier et de plusieurs rotangs offre un ovale; celle de l'asperge, un triangle; celle du *smilax auriculata*, un carré dont les angles sont arrondis.

Par l'observation microscopique on reconnoît que le tissu mou est un parenchyme cellulaire, absolument semblable à la moelle des plantes à plusieurs cotylédons, et que les filets durs sont un véritable bois. Chacun de ces filets contient un ou plusieurs grands tubes; ce sont, ou des trachées, ou des fausses trachées, ou des tubes poreux. Un étui formé de petits tubes environne ces gros vaisseaux et les recouvre dans toute leur longueur.

Un travail anatomique pareil à celui dont nous avons présenté les résultats en traitant du bois à couches concentriques, prouve que le bois en filets a une origine à peu près semblable. L'embryon ne contient point de bois. On voit çà et là le cambium, qui s'étend en lignes déliées de l'extrémité de la radicule à l'extrémité de la plumule. Après la germination les grands tubes se montrent; ils sont insensiblement recouverts par les petits, et les uns et les autres se durcissent, et quelquefois même se comblent par l'effet de la nutrition. Nous avons vu des tiges de *ruscus* dont les grands tubes étoient entièrement oblitérés. A mesure que les filets se durcissent, le cambium se reproduit dans le parenchyme et donne naissance à de nouveaux filets.

Il n'y a pas long-temps que les naturalistes ignoroient les différences organiques que la nature a établies entre les plantes monocotylédones et dicotylédones : Desfontaines le premier a remarqué et fait connoître ces différences. On doit considérer sa découverte comme la plus importante que l'on ait faite dans l'anatomie végétale, depuis les travaux de Grew et de Malpighi. (B. M.)

BOIS. (*Bot.*) Ce mot est devenu générique pour désigner, dans l'usage de la vie, un grand nombre d'arbres qui n'avoient pas de noms particuliers. Le second nom, emprunté de différentes sources, les distingue les uns des autres : c'est pour l'ordinaire une épithète tirée des qualités extérieures, ou des usages auxquels on emploie l'objet qu'elle désigne ; tels sont les différens bois étrangers qui servent à la teinture et à la marqueterie, et dont la consommation est assez grande pour qu'ils entrent dans les spéculations du commerce. Il n'est pas difficile de reconnoître l'origine des noms de cette espèce : mais il y en a un bien plus grand nombre qui sont moins répandus, et qui offrent plus de dif-

ficultés pour remonter à leur source ; ce sont ceux qu'emploient les habitans de nos colonies d'Amérique et d'Afrique
pour désigner le plus grand nombre des arbres qui forment
leurs forêts. Ces noms viennent en partie des noirs, qu'on
y a transportés pour la culture. Dans la langue de ces
peuples, très - voisine de celle de la nature, le même mot
désigne en même temps les arbres, la substance que l'on
en tire, l'usage auquel on les consacre, et quelquefois la
propriété qu'on leur attribue C'est ainsi que les habitans
de Madagascar, qui ont été les premiers qu'on ait transportés à l'Isle-de-France, donnent le nom d'*hazou* à presque tous les arbres de leur île ; ils le prononcent aussi
cajou, ce qui est précisément le mot qu'emploient les
Malais au même usage : par le moyen d'une qualification,
ils les distinguent les uns des autres. Ils emploient des procédés analogues pour désigner le plus grand nombre des
plantes de leur pays. Forcés d'habiter un nouveau sol, ils
n'ont pas abandonné cet usage ; ils ont reconnu ou cru
reconnoître plusieurs des végétaux qui leur étoient familiers.

C'est par là que le mot de bois est devenu commun à
presque tous les arbres : les noms distinctifs ont été pris
souvent, comme ceux du commerce, de leurs qualités et
propriétés les plus remarquables, réelles ou imaginaires ;
quelquefois on leur a donné celui des personnes qui les ont
fait connoître ou employés les premiers ; d'autres fois on
leur a fait porter, sans altération, les noms mêmes de leur
pays ; enfin le caprice seul a quelquefois présidé à ces dénominations.

De ces causes suit cette longue liste bigarrée qui sur-
charge nos dictionnaires d'histoire naturelle : on en retrouve de pareilles aux mots ARBRES, HERBES, LIANES, PLAN-
TES, etc. On pourroit se contenter d'une simple énumération et d'un renvoi aux articles où les objets sont traités
sous leur vrai nom : mais un ouvrage du genre de celui-ci
devant être également consulté pour les mots et pour les
choses, on a cru faire plaisir au plus grand nombre des
lecteurs de leur faire connoître directement ce que l'on
savoit sur l'origine de ces mots. S'ils veulent quelque chose
de plus, ils iront au renvoi ou aux mots cités.

Ce genre de mots n'est pas particulier à la langue françoise ; on le retrouve chez les Espagnols et les Portugais. Les premiers donnent dans le même sens, à tous les arbres étrangers, le nom de *palo*, changé en *pâo* chez les seconds. Il paroîtroit au premier coup d'œil que les nations du Nord n'auroient pas cet usage ; il y existe cependant : mais comme, par le génie de leurs langues, l'adjectif, ou la qualification, marche toujours le premier, les mots *holz* chez les Allemands, et *wood* chez les Anglois, qui signifient bois, terminent peut-être autant de noms d'arbres, que le mot bois en commence dans notre langue.

Cette longue liste d'arbres portant le nom de bois établit évidemment un fait qui a été remarqué par plusieurs voyageurs : c'est que les pays situés entre les tropiques produisent beaucoup plus de plantes ligneuses que les autres. C'est ainsi, par exemple, que les environs de Paris fournissent naturellement à peine vingt arbres dont le tronc soit de quelque utilité, sur environ quinze cents à deux mille plantes ; tandis qu'à l'Isle-de-France et à Bourbon (la Réunion) il y a environ cent arbres, plus ou moins utiles, sur mille plantes indigènes : en sorte qu'ils y forment à peu près le dixième du total, et qu'aux environs de Paris ils n'y sont que le centième. Quoique ces arbres de nos îles Africaines soient d'un usage journalier, on est loin de connoître tout le parti qu'on pourroit en tirer : ce n'est pas que des gens très-habiles ne s'en soient occupés ; mais, faute de communication ou de moyen de faire connoître leurs découvertes, la plupart sont restées enfouies.

Parmi ceux qui se sont occupés particulièrement des bois de l'Isle-de-France, on peut citer Malavoix, qui a fait, conjointement avec Lillet Géofroy, des expériences nombreuses sur leur force et leur pesanteur. Il a depuis porté ses lumières et son esprit d'observation aux îles Séchelles, dont il est devenu habitant ; ce qui doit nous faire espérer de grandes connoissances sur cet archipel, qui, malgré son peu d'étendue, est très-intéressant.

Cailleau, garde-magasin, a consacré pendant sa vie ses momens de loisir à des observations utiles sur la physique et l'histoire naturelle. Il a publié, dans l'almanach qui s'imprimoit tous les ans à l'Isle-de-France, une table de la pesanteur spécifique des bois le plus communément employés. Il ne l'a donnée que comme une esquisse qu'il comptoit perfectionner : quelque imparfaite qu'elle soit, on a cru devoir la rapporter ici, pour donner une idée des matériaux ligneux employés dans ces îles.

Bois de benjoin (*badamier*) ; ...le pied cube pèse 58 ℔
Bois de cannelle noir (*ganitre*) 50
Bois de colophane rouge (*colophonier*) 63
Bois de fer blanc (*sideroxyle*).................... 59
Bois de fer noir (*stadmanie*).................... 86
Bois de natte à grande feuille (*bardotier*)........ 58
Bois de natte à petite feuille (*idem*) 70
Bois de pomme blanc (*jambosier*) 60
Bois puant (*fétidier*) 75
Bois rouge (*olivetier*) 63
Bois de tatamacaa (*calaba*).................... 49
Bois-violon (*maracanga*) 30
(A. P.)

BOIS D'ABSINTHE, Bois amer. (*Bot.*) Dans l'herbier fait par Commerson à l'île de Bourbon (la Réunion), on trouve sous ce nom une plante ligneuse, apocinée, qui paroît avoir quelques rapports avec le calac, *carissa*, et qui est amère comme l'absinthe. (J.)

BOIS D'ACAJOU. (*Bot.*) On donne ce nom en Amérique, soit au *cedrela odorata*, qui est l'acajou à planches de la Martinique, soit au *swietenia mahogoni*, nommé aussi acajou-meuble à S. Domingue, et *mahogoni* dans les colonies angloises. On ne confondra ni l'une ni l'autre avec l'acajou proprement dit, *cassuvium*, dont la graine, réniforme et très-dure, est portée sur un pédoncule renflé et charnu, ayant la forme d'une poire. Voyez Cedrel, Mahogon. (J.)

BOIS D'ACOSSOIS, Bois-Baptiste, Bois-dartre, Bois a la fièvre, Bois de sang. (*Bot.*) On connoît à Caïenne sous ces différens noms trois espèces de millepertuis en arbre, qui ont, comme la toute-saine, *androsœmum*, autre espèce du même genre, un fruit en baie, et sont remplies d'un suc résineux, rougeâtre, presque de la couleur du sang. Ce suc est purgatif à petite dose, comme la gomme-gutte.

et son application calme les démangeaisons occasionées par les dartres; la décoction des feuilles est employée intérieurement pour guérir les fièvres intermittentes. Aublet donne la figure et la description de ces arbres, p. 784-88, t. 311-12. Voyez MILLEPERTUIS. (J.)

BOIS D'ACOUMA ou BOIS INCORRUPTIBLE. (*Bot.*) C'est l'acomat à grappes, *homalium racemosum*, Jacq. Amer. p. 170, t. 183, f. 72. On nomme encore à S. Domingue acomat rouge ou petit acomat, le *bumelia salicifolia*. Voyez ACOMAT, BUMÉLIE. (J.)

BOIS AGATISÉ. (*Minér.*) C'est le bois changé en silex agatin. Voyez *bois fossile*, au mot FOSSILE. (B.)

BOIS D'AGOUTI. (*Bot.*) Voyez BOIS-LÉZARD, GATTILIER.

BOIS D'AGRA (*Bot.*), bois précieux, très-odorant, dont les Chinois font grand cas. On ne sait pas à quel arbre il appartient. (A. P.)

BOIS D'AGUILLA. (*Bot.*) Suivant Bosc, c'est un arbre d'Afrique, dont l'écorce, légèrement aromatisée, étoit autrefois apportée en Europe par les Portugais. (J.)

BOIS D'AIGLE, BOIS D'ALOÈS. (*Bot.*) Voyez ALOÈS (bois d'), GARO.

BOIS D'AINON (*Bot.*), arbre de S. Domingue, très-grand et employé pour le charronnage, suivant Nicholson, qui ne donne pas d'autre renseignement sur ce végétal. (A. P.)

BOIS D'ALOÈS, BOIS D'AIGLE. (*Bot.*) Voyez ALOÈS (bois de), GARO.

BOIS-AMANDE, PETIT-CIQUE. (*Bot.*) On nomme ainsi à la Martinique, suivant Terrasson, le *marila racemosa* de Swartz, genre de plante qui tient le milieu entre la famille des guttifères et celle des millepertuis ou hypéricées. Dans l'herbier des Antilles fait par Surian, on trouve aussi sous le même nom un arbrisseau à feuilles alternes, qui paroît être une espèce de laurier. Voyez CIQUE, LAURIER. (J.)

BOIS D'AMARANTE (*Bot.*), employé dans la marqueterie. Il paroît que c'est le même que le mahogoni, *swietenia*. (A. P.)

BOIS AMER. (*Bot.*) On nomme ainsi en divers lieux les bois remarquables par leur grande amertume, tels que la cassie, *quassia amara*, à Surinam ; le simarouba, *quassia simaruba*, à Caïenne ; et un arbrisseau très-voisin du calac, *carissa*, à l'île de Bourbon (la Réunion). (A. P.)

BOIS D'AMOURETTE (*Bot.*), espèce d'acacie des Antilles, *mimosa tenuifolia ;* une autre espèce, *mimosa tamarindifolia*, est nommée petit bois d'amourette. Voyez Amouaette. (J.)

BOIS - ANGELIN. (*Bot.*) Voyez Angelin. C'est, selon Aublet, le même qui est nommé *vouacapou* dans la Guiane, et qu'il décrit et figure sous ce nom, Suppl. p. 9, t. 373. Ce bois très - dur est employé dans ce pays pour construire des maisons et des cases de nègres, et pour former des palissades. Avec son cœur on fabrique des mortiers, des pilons, et différens meubles. (J.)

BOIS D'ANIS. (*Bot.*) Plusieurs arbres portent ce nom parce qu'ils exhalent l'odeur d'anis dans quelques-unes de leurs parties : tels sont le badian, *illicium anisatum ;* le limonellier de Madagascar, *limonia madagascariensis ;* l'avocatier, *laurus persea.* (A.P.)

BOIS D'ANISETTE. (*Bot.*) Desportes et Nicholson indiquent, sous ce nom et sous celui de *bihimitrou*, un arbrisseau de S. Domingue, à feuilles larges et à odeur d'aneth, qu'ils disent être un *saururus* de Plumier, c'est-à-dire, une espèce de poivre en arbre, le même que le jaborandi des Brésiliens. C'est peut-être celui que les botanistes nomment *piper aduncum*, et que Plumier, dans ses Plantes d'Amérique, p. 59, rapporte également au jaborandi. (J.)

BOIS - ARADA ou Tavernon. (*Bot.*) Cet arbre, ainsi nommé à S. Domingue et mentionné par Pouppée-Desportes, p. 279, est, selon Poiteau, une nouvelle espèce d'icaque, *chrysobalanus :* il est aussi nommé bois piquant, suivant Nicholson. (J.)

BOIS D'ARGENT (*Bot.*), espèce de protée, *protea argentea.* (J.)

BOIS-AROLE. (*Bot.*) Voyez Arole.

BOIS-BACHA. (*Bot.*) Voyez Bois a caleçons.

BOIS A BAGUETTE (*Bot.*), nom que portent à Caïenne deux espèces de raisiniers : à S. Domingue on le donne à un sébestier. Les arbres dont les rejets sont droits, minces et solides, portent ailleurs tantôt ce même nom, tantôt celui de bois de gaulette. (A. P.)

BOIS A BALAI. (*Bot.*) La composition des balais est, comme on sait, très-simple, et on emploie les matériaux les plus commodes qu'on a sous la main : aussi varient-ils à l'infini dans leur construction et leur matière, suivant les pays ; c'est ainsi que nous voyons se succéder, d'une province à l'autre, le bouleau au genet, la bruyère à celui-ci. Ils sont encore plus variés dans nos colonies, parce que les noirs, quand ils veulent nettoyer leurs cases ou les appartemens dont ils sont chargés, prennent les premiers rameaux venus, et les rejettent ensuite. Cependant, quand on en veut de plus solides, on a recours à des arbustes dont les rameaux sont effilés et flexibles en même temps, et peu garnis de feuilles : ceux qui réunissent ces qualités à un plus haut degré, et qui sont par conséquent plus souvent employés, prennent plus particulièrement le nom de bois à balai. A l'Isle-de-France c'est le joli érythroxylon à feuilles de millepertuis, et le fernélie, ou faux buis, qui sont le plus connus sous ce nom. (A. P.)

BOIS-BALLE. (*Bot.*) On nomme ainsi à Caïenne le *guarea trichilioides*, dont le fruit a la forme et la grosseur d'une balle. (A. P.)

BOIS DE BAMBOU. (*Bot.*) Voyez BAMBOU.

BOIS DE BANANES. (*Bot.*) A Bourbon on donne ce nom à une espèce de canang, *uvaria*, parce que ses fruits réunis imitent en petit une portion de régime de banane. A l'Isle-de-France on donne ce même nom à un bois très-mou. On peut remarquer que Rumphius a traduit un nom malais d'un arbuste du même genre *Uvaria* par *funis musarius*, ou liane à banane. (A. P.)

BOIS-BAN (*Bot.*), nom que l'on donne à S. Domingue, quartier du fort Dauphin, au *cordia callococca*, L. Cet arbuste ne sert qu'à faire du bois à brûler. (P. B.)

BOIS-BAPTISTE. (*Bot.*) Voyez BOIS D'ACOSSOIS.

BOIS A BARRAQUES ou BARAC (*Bot.*), noms que l'on donne, dans quelques quartiers de S. Domingue, au *combretum laxum*, L., probablement parce que ses rameaux plians et ses feuilles servent à faire et à couvrir de mauvaises cases, ou peut-être parce que cet arbrisseau, qui vient très-touffu sur le bord des ruisseaux ou ravines, sert de refuge aux cochons marrons, que l'on nomme aussi barags. (P. B.)

BOIS A BARRIQUES, de la Martinique. (*Bot.*) C'est, suivant Chanvallon, une espèce de bauhine, *bauhinia porrecta* : il est probablement ainsi nommé parce qu'on en fait des barriques. (J.)

BOIS DE BASSIN DES BAS. (*Bot.*) On nomme ainsi à l'île de Bourbon (la Réunion) un bel arbre dioïque, qui forme un genre nouveau que du Petit-Thouars a consacré à la mémoire de M. le Comte, ancien chirurgien de la compagnie des Indes, qui avoit acquis beaucoup de connoissances en botanique. Voyez COMTEIA. (A. P.)

BOIS DE BASSIN DES HAUTS. (*Bot.*) C'est le blacouel, *blackwellia*, Commers.; bel arbre de l'île de Bourbon (la Réunion), dont le bois est estimé pour la charpente. (A. P.)

BOIS DE BAUME. (*Bot.*) On nomme ainsi dans les Colonies le balsamier, le croton balsamifère, et d'autres arbres qui contiennent des sucs odorans. Voyez BALSAMIER, CROTON, BAUME (petit). (A. P.)

BOIS-BÉNIT (*Bot.*), nom donné quelquefois au buis, parce qu'on le bénit le jour de la fête des Rameaux. (A. P.)

BOIS-BENOIST (*Bot.*), nom donné dans les Antilles à une variété du bois marbré ou satiné, autrement nommé bois de Féroles. Voyez BOIS SATINÉ, BOIS MARBRÉ. (P. B.)

BOIS DE BIGAILLON (*Bot.*), espèce d'*eugenia* ou jambosier, qui croît à l'Isle-de-France; il porte le nom de celui qui l'a fait connoître. (A. P.)

BOIS DE BITTE. (*Bot.*) Les François qui habitent l'Inde donnent ce nom à un bois très-recherché pour sa couleur et la beauté de son poli, qu'il doit à sa solidité : on l'emploie à faire des meubles précieux. Il paroît qu'il provient de l'arbre décrit et figuré par Rhéede (Hort. Malab. tom. V, p. 115, t. 58) sous le nom de *biti.* Voyez BITI. (A. P.)

BOIS-BITUMINEUX. (*Minér.*) C'est une variété du JAYET. Voyez ce mot. (B.)

BOIS BLANC. (*Bot.*) Dans nos forêts et en menuiserie on désigne sous ce nom les arbres à bois tendre et peu

coloré, tels que le saule, le peuplier, le tremble, le bouleau. Cet exemple a été suivi dans les Colonies, et dans
chacune ce nom est appliqué à des arbres différens. Le
bois blanc de l'Islé-de-France et de Bourbon (la Réunion)
est un hernandier, *hernandia ovigera*. Dans la première de
ces îles on donne le même nom au *sideroxylum laurifolium* :
dans la Nouvelle-Hollande on l'applique au *melaleuca leu-
cadendron*, qui, comme le précédent, est très-dur, quoiqu'il soit blanc ; ce qui les fait rechercher. Il y a dans
l'isthme de Panama et à S. Domingue d'autres bois blancs ;
mais leur description incomplète ne permet pas de les rapporter à des genres connus. (A. P.)

BOIS BLANC DE LA MARTINIQUE (*Bot.*), nom sous
lequel Chanvallon désigne le simarouba de cette île, qui est
fort différent du simarouba de Caïenne : il a les feuilles
opposées et pinnées, avec ou sans impaire ; et son fruit arrondi, relevé de quatre côtes, renferme quatre graines.
Ces caractères suffisent pour le distinguer du vrai simarouba, espèce de cassie, qui a les feuilles alternes, et le
pistil composé de cinq ovaires distincts, qui deviennent
autant de capsules ou baies sèches monospermes. Celui de
la Martinique a été rapporté au fusain par Barrère et Nicholson, qui paroissent l'avoir confondu avec l'autre ; il
auroit peut-être plus d'affinité avec le staphilin. (J.)

BOIS-BLANC ROUGE ou Bois de Poupart. (*Bot.*) Voyez
Poupartia. (A. P.)

BOIS-BOCO. (*Bot.*) Voyez Boco.

BOIS DE BOUC. (*Bot.*) On donne ce nom à quelques
arbres ou arbustes parce qu'ils ont une odeur forte ; d'autres
fois parce qu'ils sont recherchés par les chèvres : mais alors
ils sont plus connus sous le nom de bois-cabri. A l'Isle-de-
France c'est le *premna*, ou andarèse, à feuilles dentées qui
porte plus particulièrement ce nom. (A. P.)

BOIS A BOUTONS (*Bot.*), surnom donné au genre
Cephalanthus, L., à cause de ses fleurs réunies en masses
globuleuses, ayant la forme ronde d'un bouton. Voyez
Céphalanthe. (P. B.)

BOIS - BRACELETS (*Bot.*), nom que porte dans les
Antilles le jacquinier, *jacquinia armillaris*, L., parce que

les Caraïbes formoient, avec les graines enfilées, des bracelets dont ils se paroient. Voyez Jacquinier. (P. B.)

BOIS-BRAI DE LA MARTINIQUE. (*Bot.*) C'est un sébestier, *cordia macrophylla*. (J.)

BOIS DE BRÉSIL. Voyez Brésillet.

BOIS-CABRI. (*Bot.*) C'est un arbre de la Martinique, dont les jeunes rameaux sont broutés avec délices par les cabris ou chèvres, et que Jacquin a nommé pour cette raison *ægiphila*. Dans la même île et dans les autres Antilles on nomme, pour la même raison, bois-cabri bâtard, le cabrillet ou *chretia beurreria*, que les mêmes animaux n'aiment pas. Le catalogue de l'herbier de Vaillant offre encore sous le nom de bois-cabri un arbrisseau qui paroît être un fagarier, *fagara tragodes* : il faut observer que *tragos* en grec signifie bouc. Voyez Ægiphile, Cabrillet, Fagarier. (J.)

BOIS-CACA DE S. DOMINGUE ou Bois de merde. (*Bot.*) On donne ce nom au câprier ferrugineux, *capparis ferruginea*, dont les fleurs répandent une odeur désagréable et puante, approchant de celle des excrémens humains. C'est à tort que Nicholson attribue ce nom des Antilles au *sterculia*, qui ne s'y trouve pas. Cet arbrisseau n'est d'aucun usage ni d'aucune utilité connue. Voyez Caprier. (P. B.)

BOIS CAÏPON. (*Bot.*) Voyez Caïpon.

BOIS A CALEÇONS. (*Bot.*) On donne ce nom, dans quelques quartiers de S. Domingue, aux différentes espèces de bauhines qui s'y rencontrent, et dont les feuilles, comme divisées en deux lobes, imitent très-grossièrement un caleçon. Suivant Nicholson, on le nomme aussi bois-bacha. (P. B.)

BOIS A CALUMET. (*Bot.*) On donne dans l'île de Caïenne ce nom à un mabier, *mabea piriri*, Aubl. (p. 867, t. 334), dont les créoles et les nègres emploient les menues branches pour faire des tuyaux de pipe : les Galibis le nomment *piriri mabé*. (A. P.)

BOIS DE CAMPÊCHE (*Bot.*), *Hæmatoxylum campechianum*, Linn., ainsi nommé parce qu'il croît en abondance dans la baie de Campêche. Pouppée-Desportes et Nicholson, qui ont séjourné à S. Domingue, ont probablement commis une erreur en généralisant trop un nom en usage dans un canton. Selon le premier, le bois de Campêche, ou brésillet, est le *comocladia*, L., connu dans toute la colonie sous le nom vulgaire de brésillet ; et le second le rapproche du *cæsalpinia*, L., en rapportant cependant la synonymie *pseudobrasilium*, qui ne convient qu'au *comocladia*. Cependant l'*hœmatoxylum* est l'arbre connu dans tous les quartiers de S. Domingue pour le bois de Campêche ; c'est celui qui est recueilli et débité sous ce nom dans le commerce : comment Pouppée et Nicholson ont-ils pu ignorer un fait aussi peu douteux ?

Le campêche croît dans toutes les Antilles ; il est fort en usage pour les teintures noire et violette. Le bois en est dur, compacte, tortueux, d'une couleur tirant sur le violet, quelquefois sur le noir : il prend bien le poli, et par cette qualité peut servir à faire des meubles. Suivant Bomare, la décoction qu'on en retire est d'un beau rouge lorsqu'on y joint de l'alun ; mais si on n'y en ajoute pas, la décoction devient jaunâtre, et au bout de quelque temps noire comme de l'encre : aussi, ajoute-t-il, on en fait usage pour adoucir et velouter les noirs ; c'est ce velouté qui fait tout le mérite des noirs de Sedan. Le même auteur a fort bien rapporté le bois de Campêche à l'*hœmatoxylum*, L. ; mais il n'a pas si bien rencontré dans la description de la plante, dont les feuilles, dit-il, sont aromatiques et ont quelque ressemblance avec celles du laurier ordinaire, ce qui l'a fait aussi nommer laurier aromatique. Cette description appartient à une autre plante ; les feuilles de l'*hœmatoxylum campechianum* sont pinnées, composées d'une quantité de petites folioles, qui ne ressemblent pas aux feuilles du laurier, et ne sont nullement aromatiques.

A S. Domingue on en fait des haies et des clôtures, très-agréables lorsqu'on a soin de les tailler, et qui deviennent impénétrables aux hommes et aux animaux.

Je finirai cet article par quelques observations que j'ai faites sur l'organisation de la fleur de cette plante qu'il est bon de bien connoître. Les divisions du calice, au nombre de cinq, sont de différentes couleurs : trois sont *rouges*, et deux *jaunâtres*, comme les pétales, qui sont tous ciliés à

leur base. Cet arbre fleurit en Février et Mars. On ne sauroit trop recommander sa culture aux habitans des lieux
où il peut se naturaliser : ils y trouveront le triple avantage d'avoir un arbre dont le bois est recherché dans le
commerce, de pouvoir s'en servir pour garantir leur culture par de bons enclos, et de procurer aux volailles une
graine dont elles sont friandes, comme de presque toutes
les plantes de la famille des légumineuses. V. CAMPÊCHE.

Adanson a donné le nom de campêche, *campechia*, au
genre plus connu sous le nom de *cæsalpinia* ou brésillet.
(P. B.)

BOIS DE CANNELLE. (*Bot.*) Plusieurs arbres portent ce
nom, le *canella alba* entre autres, à raison de son écorce,
qui a l'odeur de la cannelle. A l'Isle-de-France on le donne
à trois arbres qui n'ont rien de commun entre eux : la
couleur plus ou moins foncée de leur bois les a fait
distinguer en blanc, gris et noir. Le bois-cannelle blanc est
une espèce de laurier, *laurus cupuliformis*, Lam., qui forme
un grand et bel arbre : son bois est compacte et susceptible
d'un beau poli. Il ressemble beaucoup, pour le grain et
la couleur, à celui de noyer; ce qui le fait employer dans
la menuiserie : mais il faut attendre qu'il soit bien sec,
autrement il travaille beaucoup, et a en outre une
odeur fétide et cadavéreuse qui le rend insupportable. Son
fruit est une baie oblongue, enchâssée par le calice; ce qui
le fait ressembler parfaitement à un gland : plusieurs autres arbres du même genre Laurier en ont de semblables,
le cannellier entre autres. C'est de cette ressemblance qu'on
a tiré le nom de celui-ci : il paroît que le *quercus moluca*
de Rumphius (Herb. d'Amb. tom. III, tab. 56) est un arbre
du même genre.

Le bois - cannelle gris est une espèce de ganitre, *elæo-
carpus* : le fruit, qui ressemble à une grosse olive, peut
se manger quand il est mûr.

Le bois - cannelle noir paroît être une autre espèce du
même genre, mais dont les caractères botaniques ne sont
pas encore bien connus. (A. P.)

BOIS - CANON BATARD DE S. DOMINGUE, ou BOIS-
TROMPETTE BATARD. (*Bot.*) C'est le *panax chrysophyllum* de

Vahl, arbre de la famille des araliacées, dont le bois est mou, creux, et peut servir à faire des conduits d'eau et des gouttières. C'est sans doute à cause de cette particularité qu'on le nomme bois-canon, parce qu'il est creux comme un canon. On le surnomme aussi trompette bâtard par la même raison, parce que le bois-trompette est creux. Le bois-canon ne parvient point à une grosseur considérable; il est assez mince, assez élevé et droit. Son écorce est blanchâtre, et son tronc nu. Les feuilles naissent au sommet et donnent un port agréable à cet arbre, qui ne vient ordinairement que dans les lieux précédemment cultivés et depuis abandonnés; elles sont digitées, composées de sept ou onze folioles inégales, disposées en rayons et portées sur un long pétiole commun. La couleur en dessus est d'un beau vert un peu jaune; elles sont chargées en dessous d'un duvet brun très-épais, un peu couleur d'or. Ces fleurs naissent en corymbe au sommet du tronc. Cet arbre est peut-être le même qui existe à Caïenne sous le nom de *morototoni*, d'arbre de Mai, d'arbre de S. Jean, et qu'Aublet décrit et figure (p. 949, t. 360) sous le nom de *panax morototoni*.

Il ne faut pas confondre cet arbre avec le bois *cecropia peltata*, que dans quelques quartiers de S. Domingue on nomme aussi bois-canon. (P. B.)

BOIS-CANON. (*Bot.*) Dans les Antilles, on nomme ainsi l'Ambaïba, *cecropia peltata*. Voyez ce mot. (J.)

BOIS DE CANOT. (*Bot.*) On a trouvé établi chez presque tous les peuples non civilisés l'usage d'embarcations faites de la manière la plus simple : elles ne consistent qu'en de simples troncs d'arbres creusés et façonnés. Les voyageurs en citent de dimensions étonnantes : il a fallu que l'antiquité des forêts et la nature des arbres concourussent pour fournir de pareils matériaux. A l'Isle-de-France on se sert principalement pour cet usage du colophane et du tacamaca ou calaba; aux Séchelles c'est le badamier qu'on y emploie : de là ces arbres prennent le nom de bois de canot. (A. P.)

BOIS-CAPITAINE (*Bot.*), nom que porte à S. Domingue le moureiller piquant, *malpighia urens.* On le donne aussi, avec un troisième nom distinctif, aux *malpighia angustifolia* et *malpighia aquifolia*, dont les feuilles sont garnies en dessous de longues épines plates, fixées par le centre, et qui pénètrent dans la peau lorsqu'on les touche; elles s'y introduisent avec douleur. Ces moureillers portent aussi le nom de cerisier; nom commun dans les Antilles à toutes les espèces du genre, à cause du fruit, qui est une baie ronde, rouge, et assez semblable à la cerise. C'est en raison de cette double dénomination que les espèces qui sont l'objet de cet article se nomment, dans quelques quartiers de S. Domingue, cerises à capitaine. Voyez MOUREILLER, BOIS-HINSELIN. (P. B.)

BOIS-CAPUCIN. (*Bot.*) Voyez BOIS-SIGNOR.

BOIS CARAÏBE (*Bot.*), arbre de S. Domingue qui croît sur les pentes des montagnes. Il est employé comme bois de charpente dans l'intérieur des maisons. Nicholson, qui en parle, n'indique aucun caractère qui puisse aider à le rapporter à un genre connu. (A. P.)

BOIS CASSANT (*Bot.*), petit arbre grêle de l'Isle-de-France, dont les rameaux sont très-fragiles; d'où lui vient son nom, et celui de *psathura* que lui a donné Commerson. Sa décoction est estimée dans les maladies vénériennes. (A. P.)

BOIS A CASSAVE. (*Bot.*) Dans la liste des bois propres à bâtir, pourvu qu'on les mette à couvert du soleil et de la pluie, Pouppée-Desportes comprend une espèce d'arbre qui, selon lui, a le port et les feuilles du lilas, les fleurs en corymbes blancs, pour fruit, de petites baies d'un blanc pourpre et ombiliquées. C'est un bois mou, poreux et flexible; ce qui lui a fait donner le surnom de bois doux. Nicholson parle aussi du bois à cassave ou bois doux; mais, comme Desportes, il n'en donne pas une description assez détaillée pour le rapprocher d'une plante connue des botanistes. Nous présumons cependant que c'est l'*aralia arborea*, surnommé bois-négresse dans quelques quartiers de S. Domingue. (P. B.)

BOIS DE CAVALAM (*Bot.*), espèce de sterculie, *sterculia balanghas.* Voyez STERCULIE, CAVALAM. (J.)

BOIS DE CAYAN. (*Bot.*) On trouve dans quelques livres le simarouba désigné sous ce nom. (A. P.)

BOIS DE CÈDRE DE LA GUIANE. (*Bot.*) V. ANIBE.

BOIS DE CHAM ou DE CAM. (*Bot.*) Les Anglois font venir de leurs nouvelles colonies de la côte occidentale d'Afrique, sous le nom de *chamwood*, un bois fort estimé dans la marqueterie. Il est rouge, marqué de veines noirâtres : les Portugais le nomment *pao-gaban*, du nom de la rivière d'où ils le tirent. Afzelius, qui vient de parcourir ces contrées avec un grand avantage pour la botanique, en a fait un genre, sous le nom de *tespesia*, qui appartient à la famille des légumineuses ; il a plusieurs particularités communes avec le gaînier ou *cercis*. (A. P.)

BOIS DE CHAMBRE. (*Bot.*) Suivant Nicholson, c'est une plante annuelle de S. Domingue, dont la tige, spongieuse, cannelée, haute de six pieds et grosse comme le doigt, est employée dans la colonie en guise d'amadou. Ses rameaux sont opposés, ainsi que ses feuilles. On ne connoît pas sa fructification. (J.)

BOIS DE CHANDELLE. (*Bot.*) On donne ce nom à plusieurs arbres qui sont droits et effilés comme des chandelles, tels que différentes espèces d'agavés ou de dragoniers, ou dont le bois contient quelque partie propre à s'enflammer et à entretenir quelque temps la flamme comme un flambeau. Le bois de chandelle noir des Antilles est un balsamier, *amyris elemifera.* Plumier désigne encore sous le nom de bois de chandelle l'*erithalis fruticosa*, genre de plantes rubiacées, que Surian nomme aussi bois de rose, et qu'il dit être le *coulaouaheu* ou *alacoualy* des Caraïbes. La couleur jaunâtre de son bois lui a encore fait donner dans les Antilles les noms de bois de citron, bois jaune ; et l'odeur de ses fleurs l'a fait nommer dans quelques cantons bois de jasmin. Au rapport de Plumier, on fend ces deux arbres résineux dans leur longueur, et en lattes que l'on emploie ou seules, ou plusieurs liées ensemble, comme des flambeaux, pour s'éclairer la nuit. Dans l'Amérique septentrionale diverses espèces de pins servent au même usage et portent le même nom. (J.)

BOIS DE CHAUVE-SOURIS. (*Bot.*) On donne ce nom, dans l'île de Bourbon (la Réunion), à une espèce de gui, *viscum*, dont les fruits sont recherchés par les chauve-souris. (A. P.)

BOIS DE CHÊNE, Chêne (ou Chesne) noir de S. Domingue (*Bot.*), Poup., Bom., Jacq., Nich. On donne ce nom dans les Antilles au *bignonia longissima*, Jacq., parce que son écorce et son bois ressemblent à l'écorce et au bois de chêne d'Europe : ses feuilles sont petites, cannelées, ovales, entières ; ses fleurs rougeâtres, et ses graines couvertes de duvet. Cet arbre croît à une grande hauteur et toujours droit. Son bois est employé à beaucoup d'ouvrages : on s'en sert même pour bâtir ; mais comme il est susceptible d'être attaqué par les insectes, on lui préfère des arbres dont le bois est incorruptible. Quelques habitans en font des allées autour de leurs habitations ; mais la petitesse de ses feuilles ne pouvant donner beaucoup d'ombre, on préfère le *bignonia pentaphylla*, L., ou Poyer. Voyez ce mot. (P. B.)

BOIS DE CHENILLE DE L'ISLE-DE-FRANCE. (*Bot.*) On nomme ainsi le *volkameria heterophylla*, Venten., parce que les feuilles sont sujettes à être mangées par la larve d'un sphinx. On a confondu avec lui, sous le nom de bois de senil, un arbuste de la famille des composées, que Lamarck a fait connoître sous le nom de conise à feuilles de saule. (A. P.)

BOIS DE CHEVAL. (*Bot.*) Voyez Bois-major.

BOIS DE CHINE (*Bot.*), nom donné improprement à un arbre que l'on croit originaire de la Guiane, et dont le bois, de couleur rougeâtre tirant sur le violet, est employé à la marqueterie. Il a quelque rapport avec le bois de palixandre. (J.)

BOIS DE CHYPRE. (*Bot.*) C'est le même que le bois de cypre. On donne aussi quelquefois ce nom au bois de rose. (A. P.)

BOIS DE CITRON. (*Bot.*) Voyez Bois de chandelle.

BOIS DE CLOU DE PARA. (*Bot.*) C'est la cannelle giroflée, *myrtus caryophyllata*. Suivant ce nom vulgaire cet arbre doit être d'Amérique, et un synonyme de Plukenet paroît le confirmer. Cependant Linnæus dit ce myrte originaire de Ceilan. (A. P.)

BOIS DE CLOUX. (*Bot.*) A l'Isle-de-France on donne ce nom à une espèce d'*eugenia*, jambosier, parce que son bois, solide et liant en même temps, mais d'un volume médiocre, ne peut servir qu'à faire des chevilles. (A. P.)

BOIS A COCHON (*Bot.*), surnom donné au sucrier de montagne, parce que, dit-on, c'est aux cochons que nous sommes redevables de connoître l'efficacité du baume qui en découle pour la guérison des plaies. Nous possédons cette plante dans les herbiers en Europe, mais on est encore incertain à quel genre elle appartient : elle paroît se rapprocher du *bursera*, de l'*amyris*, L., de l'*hedwigia* de Swartz, et de l'*icica*, Juss. Quant à nous, qui l'avons observée à S. Domingue, nous pensons qu'elle appartient à ce dernier genre, qui nous paroît être le même que l'*hedwigia*. Voyez Sucrier de montagne. (P. B.)

BOIS DE COLOPHANE. (*Bot.*) A l'Isle-de-France on désigne deux arbres par ce nom. Il leur a été donné à raison de la résine odorante qui coule abondamment de toutes leurs parties, et dont on pourroit faire usage : on les distingue par les surnoms de franc et de bâtard. Commerson en avoit fait deux genres distincts, mais Jussieu et Lamarck ont jugé à propos de les réunir au *bursera* ou gomart.

Le Bois de colophane franc est le géant des forêts de l'Isle-de-France : son tronc, quelquefois de quatre à cinq pieds de diamètre, s'élance à plus de cinquante pieds sans branches : aussi est-il employé à faire des pirogues d'une seule pièce ; mais elles sont moins estimées que celles que l'on fait avec le tacamaca ou calaba. C'est le *colophonia* de Commerson, qui paroît avoir du rapport avec le genre *Canarium*. Voyez Canarium.

Le Bois de colophane batard se distingue par ce nom parce qu'il ne forme qu'un arbre de moyenné taille. Commerson en avoit fait le genre *Marignia*, qui semble devoir être conservé. Gærtner a figuré son fruit sous le nom de *dammara* ; mais comme il ne l'a reçu qu'en état de dessiccation, il n'a pu en saisir tous les détails ; ceux qu'il présente suffisent pour voir combien il diffère des gomarts. Le colophane bâtard est aussi nommé bois de compagnie. Ces deux arbres ne se trouvent qu'à l'Isle-de-France. (A. P.)

BOIS DE COMBOYE. (*Bot.*) Dans l'Herbier des Antilles

de Surian, une espèce de myrte est désignée sous ce nom.
(J.)

BOIS DE COMPAGNIE. (*Bot.*) Voyez Bois de colophane
batard.

BOIS DE CORAIL. (*Bot.*) On nomme ainsi le condori,
adenanthera, à cause de ses graines, qui ont la couleur et
le luisant du plus beau corail, et l'érythrine, *erythrina*, qui
a ses fleurs de la même couleur, et que Tournefort avoit
pour cette raison nommée *corallodendron*. (A. P.)

BOIS DE CORNE D'AMBOINE. (*Bot.*) Suivant Rumphius
on donne ce nom à un arbre qu'il a décrit et figuré, dans
son Herb. Amb., sous le nom malais de *hussur*, (vol. 3, p. 55,
t. 50), parce que par un procédé particulier son bois acquiert la dureté et la transparence de la corne. C'est une
espèce de mangostan que Linnæus nomme *garcinia cornea*.
Le *mangostana celebica* de Rumphius produit le même
effet. Ce dernier arbre forme une espèce du genre Brindonier ou *Oxycarpus* de Loureiro. (A. P.)

BOIS DE COSSOIS. (*Bot.*) Voyez Bois d'acossois.

BOIS-COTELET ou a cotelettes. (*Bot.*) On nomme ainsi
en Amérique des arbres dont les tiges sont relevées de
côtes saillantes. Celui qui est le plus connu sous ce nom
est le guitarin, *citharexylum*, nommé aussi bois de guitare. Dans les Antilles, suivant Richard, l'agnanthe, *cornutia pyramidata*, est nommé bois-côtelettes carré. Dans le catalogue de l'Herbier de Vaillant, on trouve sous ce même
nom de bois-côtelet un arbre de la Martinique, qui est
l'*ehretia beurreria*, espèce de cabrillet. L'Herbier de Surian
présente (N.° 371) un autre bois à côtelettes, qui paroît être
une espèce du genre *Psychotria*. Enfin, Pouppée-Desportes
nomme de même, parmi ses plantes de S. Domingue (p. 289),
un petit arbre à feuilles alternes, dont il existe, dans
l'Herbier de Jussieu, un échantillon envoyé par lui,
qui appartient certainement au genre *Casearia*, et qui est
peut-être le *casearia parviflora*. (J.)

BOIS DE COUILLES. (*Bot.*) A la Martinique on nomme
ainsi, suivant Jacquin, le *marcgravia*; à S. Domingue c'est
un câprier, *capparis cynophallophora*, qui porte ce nom. (J.)

BOIS-COULEUVRE ou Bois de couleuvre. (*Bot.*) Ce nom

a autant d'extension que la plupart de ceux de cette série :
comme eux il a été appliqué, suivant les pays, aux différens
arbres ou arbustes réputés comme spécifiques contre la
morsure des serpens. Le plus célèbre est le *caju-ular* de
Rumphius, et ce mot, suivant cet auteur (Herb. Amb. vol. 7
p. 16, t. 3), signifie la même chose dans la langue malaise.
Linnæus l'a traduit en grec par celui d'*ophioxylum*, qu'il
a donné à ce même arbre. En le constituant genre nouveau,
il en a fait le sujet d'une dissertation particulière, insérée
dans le second volume de ses Amœnitates : on y trouvera,
ainsi que dans celles sur l'*ophiorhiza* et sur le *radix seneca*, tout
ce que les voyageurs ont écrit sur les qualités vraies ou
supposées des plantes renommées contre les serpens. Suivant
Plumier, un draconte, *dracontium pertusum*, porte aux Antilles le nom de bois-couleuvre. L'histoire de Ray, p. 1806,
présente aussi une notice de plusieurs arbres réunis sous
le nom commun de *lignum colubrinum*. Les plantes qui
portent plus spécialement ce nom et dont il faut consulter
les articles, sont, aux Antilles, un nerprun, qui de là est
nommé *rhamnus colubrinus*, L., et, dans l'Inde, un vomi-
quier, *strychnos colubrina* ou *modira caniram*, L. (Hort.
Malab. tom. 7, tab. 5) : dans ce même ouvrage il y a plusieurs plantes nommées *amelpo* avec un prénom pour chacune, et vantées pour la même propriété. (A. P.)

BOIS DE CRABE ou DE CRAVE. (*Bot.*) Suivant le Dictionnaire universel de Nemnich, on donne ce nom à la
cannelle giroflée, *myrtus caryophillata* : il paroît venir du
nom portugais, *cravo do maranchâo*. (A. P.)

BOIS DE CRANGANOR. (*Bot.*) C'est le pavette, *pavetta
indica*, commun dans le royaume de Cranganor, qui fait
partie de la presqu'île de l'Inde. Voyez PAVETTE. (J.)

BOIS CREUX. (*Bot.*) Suivant Aublet, on nomme ainsi,
à Caïenne, un lisianthe, *lisianthus alatus*, qui n'est cependant qu'une plante herbacée ; mais il n'indique pas l'origine
de ce nom. (A. P.)

BOIS DE CROCODILE. (*Bot.*) On donne quelquefois ce
nom et celui de bois de musc à l'*eluteria*, que Linnæus
nomme *clutia eluteria*, parce que son bois exhale, ainsi
que les crocodiles, une odeur de musc très-sensible. (A. P.)

BOIS DE CUIR (*Bot.*), *Dirca palustris*, arbre de l'Amérique septentrionale, que l'on nomme ainsi parce que ses rameaux sont tellement ployans qu'on ne peut les rompre. Quelques auteurs l'ont nommé bois de plomb; on pourroit présumer que c'est par méprise, et qu'en traduisant son nom anglois *leather-wood*, on aura confondu *leather* avec *leader*, qui signifie plomb. Mais il paroît que cette dénomination étoit ancienne chez nos Canadiens, et qu'elle venoit de ce que, dans plusieurs provinces de l'intérieur de la France, on nomme l'osier plomb : on l'a donnée à cet arbuste, qui, dans le nouveau monde, remplaçoit avantageusement les espèces de saules. (A. P.)

BOIS DE CYPRE. (*Bot.*) Dans les Antilles on nomme ainsi une espèce de sébestier, *cordia gerascanthus*, suivant Surian : Jacquin et Nicholson le nomment bois de Cypre. Voyez Cypre, Sébestier. (J.)

BOIS DES DAMES. (*Bot.*) Voyez Bois d'huile.

BOIS-DARD, Bois a flèche de Caïenne. (*Bot.*) C'est le *possira* d'Aublet, ou *rittera* de Schreber, genre de plantes légumineuses, remarquable par un grand nombre d'étamines, d'après la description d'Aublet, et ainsi nommé parce que les naturels du pays arment le bout de leurs flèches avec un morceau de ce bois taillé en pointe. Selon Richard, c'est une espèce de mouriri, *petaloma*, qui est employé à cet usage et porte à Caïenne le nom de bois-flèche. Voyez Possira, Mouriri. (J.)

BOIS A DARTRES. (*Bot.*) Quelques Créoles nomment ainsi, à l'île de Bourbon (la Réunion), la danaïde, *danais*, de Commerson, parce qu'ils prétendent que la décoction de sa racine guérit les dartres. La même propriété, attribuée dans l'Amérique à des millepertuis en arbre, leur a fait donner le même nom. Voyez Danaïde, Bois d'acossois, Millepertuis. (A. P.)

BOIS DE DEMOISELLE. (*Bot.*) Le *kirganelia* de Jussieu, est ainsi nommé à l'Isle-de-France. (A. P.)

BOIS-DENTELLES, Nichols. (*Bot.*) C'est le *lagetto* de Sloane, *lagetta*, Juss., arbrisseau de la famille des thymélées. Cet arbre est remarquable par les couches du liber, qui forment un tissu souvent aussi régulier que la dentelle, lorsqu'on le tire et qu'on l'étend également. Ce liber est blanc et très - mince. Quelques personnes ont essayé d'en faire des manchettes, des cocardes ou des garnitures de robe; les nègres en font des nattes et même des licous dans les endroits où il ne croît point de pitte : mais autant cette production est remarquable par la comparaison qu'on en fait avec la dentelle ou la gaze, autant elle perd dans cette comparaison avec les produits de l'art et de l'industrie, qui la surpassent en beauté, en solidité et en durée. Le bois de dentelles, employé comme manchettes ou autres ornemens, n'a qu'un usage très - momentané et propre seulement à satisfaire la curiosité du moment. (P. B.)

BOIS DOUX. (*Bot.*) Voyez Bois a cassave.

BOIS DUR (*Bot.*), nom donné dans divers pays aux arbres du lieu remarquables par la dureté de leur bois, et que l'on nomme aussi quelquefois bois de fer. Dans l'Amérique septentrionale c'est une espèce de charme, *carpinus ostrya*; à l'Isle-de-France c'est le bois de quinquin, qui résiste à la hache et que Commerson a nommé pour cette raison *securinega*. (A. P.)

BOIS DYSSENTÉRIQUE (*Bot.*), petit arbre des Antilles, qui est un moureiller, *malpighia spicata*. Le même est aussi connu sous les noms de merisier doré et de bois - tan, parce que son fruit est de couleur jaune doré, de la forme d'une merise, et que son écorce sert probablement à tanner les cuirs : c'est aussi le *baïbai* des Caraïbes. (J.)

BOIS D'ÉBÈNE. (*Bot.*) Voyez Ébénier et Plaqueminier.

BOIS D'ÉBÈNE VERT, de Caïenne. (*Bot.*) C'est le *bignonia leucoxylon*, L., qui paroît appartenir au genre Técome, maintenant détaché de la bignone. Voyez Técome, Ébène vert. (J.)

BOIS D'ÉCORCE, (*Bot.*), espèce de canang, *cananga*. Le bois d'écorce blanche de l'Isle-de-France est un blacouel, *blackwellia*. Dans la même île on donne le même nom au *nuxia*, autre genre de Commerson, qui porte encore ceux de bois malabare et bois de *malbouck*. (A. P.)

BOIS D'ENCENS (*Bot.*), espèce d'Iciquier. Voyez ce mot. (A. P.)

BOIS A ENIVRER LES POISSONS. (*Bot.*) On a remarqué que le suc ou le lait de certains arbres communiquoit promptement à l'eau une qualité si délétère que les poissons qui y vivoient en étoient étourdis et comme enivrés, en sorte qu'on pouvoit les prendre à la main. On se procuroit par là une pêche facile : mais ce moyen a été proscrit avec raison par les nations civilisées, parce qu'il paroît que, quoique le poisson revienne de· cet état d'ivresse, il en est tellement incommodé qu'il finit par en périr ; par là on détruit beaucoup plus que l'on ne consomme. C'est donc avec beaucoup de sagesse qu'on a défendu sous des peines rigoureuses, en France, de se servir de la coque du Levant, qui produit cet effet.

Des arbres de la famille des légumineuses possèdent cette qualité à un degré surprenant : elle a valu à l'un d'eux, qui forme un genre, le nom de *piscidia*, Bois - ivrant. Voyez ce mot. Le *galega sericea* a la même propriété.

A l'Isle-de-France on emploie quelquefois à cet usage le lait d'un tithymale arborescent, ou euphorbe ; à Caïenne c'est un phyllante, au rapport de Richard. (A. P.)

BOIS ÉPINEUX. (*Bot.*) En Amérique on nomme ainsi des arbres dont l'écorce est couverte d'épines ou de tubercules épineux. Ces tubercules sont nombreux sur le tronc du fromager, *bombax*, qui est le bois épineux des Antilles. L'*ochroxylum* est appelé bois épineux jaune, et le *zanthoxylum caribœum*, espèce de clavalier, bois épineux blanc. Voyez Fromager, Ochroxyle, Clavalier. (J.)

BOIS D'ÉPONGE. (*Bot.*) On donne ce nom à des arbres dont l'écorce est renflée et spongieuse. Le bois d'éponge de l'île de Bourbon (la Réunion) est le *gastonia* de Commerson, genre de la famille des araliacées. Le mapou de l'Isle-de-France, *cissus mappia*, Lam., est aussi un bois d'éponge. (J.)

BOIS - ÉTI, de la Martinique. (*Bot.*) C'est une espèce de jambosier, suivant Terrasson. (J.)

BOIS - FALAISE. (*Bot.*) Suivant Chanvallon, ce nom est donné, dans l'île de la Martinique, à un myrte en arbre, dont la fleur est jaunâtre et le fruit noir. (J.)

BOIS DE FER. (*Bot.*) On a trouvé un grand nombre de peuples qui étoient à un degré de civilisation si reculé qu'ils ne connoissoient pas l'usage des métaux, et surtout du fer, que nous regardons comme de première nécessité : presque tous y avoient suppléé, et leur industrie les avoit conduits à se procurer des instrumens tranchans, soit avec des pierres, soit avec du bois. On sent que pour ces derniers on avoit choisi celui qui avoit le plus de dureté.

Les premiers voyageurs qui ont parcouru ces pays, ont fait connoître cet usage, et ils ont donné le nom de bois de fer à l'arbre qui étoit le plus employé dans la contrée qu'ils visitoient ; mais comme chacune avoit le sien, il s'est ensuivi de là une grande confusion. Depuis que la botanique, par l'établissement des méthodes, a suivi une marche régulière, l'on a pu débrouiller en partie ce chaos, mais pas au point de pouvoir nommer exactement tous les bois de fer cités dans les relations.

Ce nom, traduit en grec par *sideroxylon*, a été appliqué successivement à plusieurs de ces bois ; enfin, adopté par Linnæus, il est devenu celui d'un genre de la famille des sapotilliers, qui contient effectivement des arbres dont le bois est très-dur. Voyez SIDÉROXYLE.

Rumphius, trouvant aussi ce nom établi chez les Malais dans *caju-bessi*, en forma celui de *metrosideros*, qui a été appliqué, depuis Linnæus, à un genre de la famille des myrtacées. Jacquin, trouvant à la Martinique un bois de fer différent de ces genres, en forma celui du *sideroxyloides*. Swartz, à portée de l'examiner avec plus de soin, lui appliqua le nom de *siderodendrum*, arbre de fer, genre qui appartient à la famille des rubiacées. Pour mettre un peu d'ordre dans ces articles, il est nécessaire de les classer suivant les pays ou les secondes épithètes qu'on leur a données. Il est à remarquer que, quoique plusieurs familles végétales fournissent de ces bois, ils sont plus nombreux dans deux, celles des sapotilliers et des sapindacées : ces derniers font pressentir leur dureté par un caractère extérieur, qui consiste dans leur pétiole commun, ligneux dans le plus grand nombre. (A. P.)

BOIS DE FER BLANC, de l'Isle-de-France et de Bourbon (la Réunion). (*Bot.*) C'est le *sideroxylon cinereum* de Lamarck ; c'est un des premiers végétaux qui croisse sur la lave refroidie du volcan de l'île de Bourbon. (A. P.)

BOIS DE FER DE CAÏENNE. (*Bot.*) Suivant Aublet c'est le *robinia panacoco*. (A. P.)

BOIS DE FER DE CEILAN. (*Bot.*) *Naghas* et *Naghaa*, *arbor ferrea*, Burm. Zeyl. Il a été rapporté par Linnæus au *mesua ferrea*, quoiqu'il paroisse différent. (A. P.)

BOIS DE FER DES CHINOIS. (*Bot.*) Au rapport du père Duhalde, ce peuple fait usage d'un arbre nommé *tye-li-mie*, d'un bois si dur et si pesant qu'on en fait des ancres pour les vaisseaux. (A. P.)

BOIS DE FER A GRANDES ET PETITES FEUILLES. (*Bot.*) On distingue par ces noms, aux Antilles, plusieurs arbres. Sous le premier se trouve, dans les herbiers de Vaillant et de Surian, le genipayer, et dans l'ouvrage de Jacquin, une espèce de raisinier, *coccoloba grandifolia*. Nicholson, à S. Domingue, distingue le blanc et le rouge; mais il est difficile de reconnoître les arbres dont il parle. (A. P.)

BOIS DE FER DE L'ISLE-DE-FRANCE. (*Bot.*) C'est un des plus grands arbres de cette île. Lamarck l'a figuré, dans ses Illustrations, sous le nom de *stadmannia*, le dédiant à Statdmann, excellent médecin établi dans cette île, qui réunit aux connoissances de son art celles de la botanique et le plus grand talent pour peindre les plantes : malheureusement l'état déplorable de sa santé depuis plusieurs années lui a fait suspendre ses travaux.

Cet arbre appartient à la famille des savonniers ou sapindacées ; il est très-voisin du litchi. Il parvient à une grosseur énorme, et porte un fruit dont l'arille pulpeux est d'un goût médiocre quand il est cru, mais qui fait d'excellentes confitures. Le *stadmannia* ne croît point dans l'île de Bourbon (la Réunion), où l'on ne connoît sous le nom de bois de fer qu'un vrai *sideroxylon*, naturel aussi à l'Isle-de-France : mais comme dans cette dernière colonie le bois de celui-ci le cède pour la dureté au *stadmannia*, il n'y est connu que sous les noms de bois de natte et tête-de-singe. (A. P.)

BOIS DE FER DE JUDAS. (*Bot.*) A l'Isle-de-France et à Bourbon on nomme ainsi un arbre de la famille des savonniers, dont Commerson a formé le genre *Cossignia*.

Voyez Cossinier. Sa dénomination vulgaire vient de ce que son bois, quoique très-dur, est très-fragile ; ce qui le fait regarder comme traître. (A. P.)

BOIS DE FER DES MALAIS. (*Bot.*) *Caju - bessi.* Voyez Metrosideros, Intsi et Baryxyle. (A. P.)

BOIS DE FER DE LA MARTINIQUE. (*Bot.*) Suivant quelques auteurs, c'est l'*ægiphila martinicensis* ou bois-cabri bâtard, et suivant Richard une espèce de chiqnante ; mais on ne sait sur quel fondement : plusieurs autres arbres ont mieux mérité ce nom, tels que le *siderodendrum* mentionné ci-dessus, et, selon Terrasson, une espèce de nerprun, °*rhamnus ellipticus.* (A. P.)

BOIS DE FERNAMBOUC. (*Bot.*) Voyez Brésillet.

BOIS DE FÉROLE. (*Bot.*) Voyez Férole, Bois marbré.

BOIS A GRANDES FEUILLES. (*Bot.*) Selon Jacquin les habitans des Antilles donnent ce nom à une espèce de raisinier, *coccoloba pubescens :* il dit que le bois de cet arbre est incorruptible et qu'il acquiert en vieillissant une dureté telle qu'on peut la comparer à celle des pierres. On trouve sous le même nom, dans l'Herbier des Antilles de Surian, un caïmitier, un cestreau, un genipayer et un *siderodendrum ;* ce qui prouve qu'on l'applique, selon les pays et les cantons, à des arbres très-différens. (P. B.)

BOIS A PETITES FEUILLES. (*Bot.*) Les colons des Antilles donnent ce nom à un arbre de la famille des myrtes, qui est le jambosier divergent, *eugenia divaricata,* Lam. Le tronc s'élève assez haut ; il est d'une grosseur médiocre : l'écorce est lisse, d'un jaune roussâtre ; le bois, dur, compacte et rougeâtre, est très-estimé des menuisiers ; ses feuilles sont petites, ovales, luisantes et entières.

Le nom de bois à petites feuilles est aussi donné à plusieurs autres arbres dont les feuilles sont petites. Cette nomenclature arbitraire, et qui n'a d'autre principe que la volonté et l'idée du premier blanc ou du premier nègre qui donne un nom à une plante ou à un arbre, soit d'après l'usage qu'il en fait, soit d'après son utilité apparente, ou enfin d'après sa forme ou sa figure, varie dans les différens quartiers de la même île. (P. B.)

BOIS A LA FIÈVRE. (*Bot.*) Voyez Bois d'acossois, Millepertuis, Quinquina.

BOIS A FLAMBEAU ou de flambeau. (*Bot.*) On donne ce nom à des arbres assez résineux pour brûler seuls et servir de flambeaux. En Amérique c'est le même que le bois de campêche, nommé aussi bois rouge et bois sanglant, *hœmatoxylum*. Dans l'île de Bourbon (la Réunion) on appelle bois à flambeau un fagarier, *fagara hetero-phylla*, connu aussi sous le nom de bois de poivrier, et un érithroxyle qui est le bois de rongle ou de ronde. (A. P.)

BOIS - FLÉAU. (*Bot.*) D'après la description que nous avons de cet arbre par Pouppée-Desportes et par Nicholson, il ne paroît pas douteux que le bois-fléau, autrement appelé bois-siffleux, cotonnier-flot, cotonnier de fléau, cotonnier de mahot à grandes feuilles, liége, bois de liége, ne soit une espéce de fromager, *bombax*, et probablement le *bombax gossypinum*. Il sert à plusieurs usages différens dans les Antilles : la légéreté de son bois le fait employer par les pêcheurs pour soutenir leurs filets sur l'eau ; ce qui lui a fait donner le nom de bois-liége. La même qualité et la facilité qu'on a de creuser son tronc le rendent encore propre pour la construction des canots ou pirogues des Indiens, lorsque le tronc est assez gros et assez élevé. Son écorce sert à faire des cordes ; d'où il a pris son nom de *mahot*, par lequel on désigne dans les Antilles tous les arbres dont l'écorce, très-filandreuse, peut être employée à cet usage.

Pouppée-Desportes place le bois-fléau ou bois-siffleux parmi les arbres propres à bâtir, mais nous ne le croyons pas susceptible de servir à d'autres constructions qu'à faire des pirogues. Un objet digne de remarque, c'est qu'au rapport du même auteur la beauté, la finesse et la bonté des castors d'Angleterre ne doivent être attribuées qu'au duvet qui entoure les graines de cet arbre. S'il en est ainsi nous dirons avec Pouppée, pourquoi le François, si ingénieux dans l'invention et la perfection des arts, ne fait-il pas usage de cette production avantageuse ?

Nous avons vu que le bois-fléau est désigné sous plu-sieurs dénominations, qui probablement sont celles des différens quartiers de nos Isles : mais, au rapport de Poiteau, qui a parcouru en observateur plusieurs quartiers de S. Domingue, les noms de bois-fléau et bois-siffleux sont encore donnés dans quelques quartiers à une autre plante bien différente, le *cordia macrophylla.* Quant à ses vertus, Pouppée l'indique comme très-utile ; il entre dans les tisanes apéritives pour les hydropisies. Ces vertus sont à cet égard les mêmes que celles du mapou. Voyez FROMAGER, BOIS DE LIÉGE, BOIS DE FLOT. (P. B.)

BOIS A FLÈCHE. (*Bot.*) Voyez BOIS-DARD.

BOIS DE FLOT. (*Bot.*) C'est un ketmie, *hibiscus tiliaceus,* ainsi nommé dans l'Inde parce que son bois, très-léger, tient lieu de liége pour les filets de pêche. Voyez BOIS DE LIÉGE, BOIS DE FLÉAU. (A. P.)

BOIS FOSSILE. (*Minér.*) On trouve dans les couches superficielles de la terre des bois qui y sont enfouis et qui ont conservé leurs formes et même leur structure ; mais ils ont changé de nature : la plupart ont passé à l'état siliceux ; quelques autres se sont imprégnés d'oxide ou de sulfure métallique, ou de bitume, au point qu'ils semblent avoir été transformés en ces substances.

Nous chercherons à déterminer les causes de ces changemens apparens de nature au mot PÉTRIFICATION, et nous traiterons des bois fossiles, de leurs espèces, des sortes de minéraux dans lesquels ils ont été changés, de leur gisement, etc., au mot FOSSILE, à l'rticle des *fossiles végétaux.* (B.)

BOIS FRAGILE. (*Bot.*) L'arbre ainsi nommé à l'île de Bourbon (la Réunion) parce que son bois est très-cassant, présente, d'après la description de Commerson, les caractères d'un anavingue ou *casearia,* et Jussieu, dans son herbier, le nomme *casearia fragilis.* Commerson avoit voulu en faire un genre sous le nom de *clasta,* qui signifie cassant en grec. Cet arbre paroît avoir beaucoup de rapport avec le BEDOUSI des Brames, ou TSJEROU-KANNELI des Malabares. Voyez ces mots. (J.)

BOIS DE FRÉDOCHE. (*Bot.*) Voyez BOIS D'ORTIE.

BOIS DE FRÊNE. (*Bot.*) Suivant Nicholson, on donne ce nom à un arbre de S. Domingue qui a quelques rapports avec le frêne, mais qui en est très-distinct. Son bois est mou, blanc et cassant : il croît dans les marnes. Quelques habitans en ont formé des allées. Si Nicholson ne disoit pas que ses fruits sont des baies disposées en grappe, on auroit pu lui trouver quelques rapports avec le *bignonia radicans*, L., qui est maintenant un tecome, et on se seroit fortifié dans cette opinion en retrouvant cette espèce, où une analogue, dans l'Herbier de Surian, sous le nom de bois de petit frêne. (A. P.)

BOIS DE FUSTET. (*Bot.*) Voyez FUSTET.

BOIS GALEUX, BOIS DE SENTEUR BLEU. (*Bot.*) Voyez ASSONIE.

BOIS DE GAULETTES. (*Bot.*) Plusieurs arbres donnent des rejetons élancés qui sont employés, sous le nom de gaules ou gaulettes, à différens usages, mais surtout dans la construction des huttes ou cases que les noirs se font dans nos colonies. Les arbres qui donnent les gaules les plus fermes et du moindre volume ont retenu par excellence le nom de bois de gaulettes : tel est en Amérique le *hirtella racemosa*. Dans l'Isle-de-France et dans l'île de Bourbon (la Réunion) il est donné à un *molinœa* de Commerson, faisant partie maintenant du genre *Cupania*, et à un autre arbre que Jussieu rapporte au knépier ou *melicocca*, quoiqu'il soit sans pétales; il le nomme pour cette raison *melicocca apetala*, mais, dans les îles citées, il porte plus communément le nom de BOIS-SAGAIE. Voyez ce mot. (A. P.)

BOIS GENTIL, BOIS JOLI (*Bot.*), noms donnés à la lauréole, espèce de thymelée, *daphne mezereum*, dont le bois se couvre de fleurs avant la naissance des feuilles. Voyez THYMELÉE, GAROU. (A. P.)

BOIS DE GIROFLE. (*Bot.*) C'est la cannelle giroflée, *myrtus caryophyllata*. (J.)

BOIS-GLU, de Caïenne. (*Bot.*) C'est, suivant Richard, le *sapium aucuparium*, espèce de glutier, genre de la famille des euphorbiacées. (J.)

BOIS DE GOYAVE. (*Bot.*) Une espèce de *prockia* est ainsi nommée dans l'île de Bourbon (la Réunion). (J.)

BOIS DE GRENADILLE. (*Bot.*) Voyez ÉBÈNE ROUGE.

BOIS DE GRIGNON. (*Bot.*) Voyez GRIGNON.

BOIS GRIS. (*Bot.*) L'Herbier des plantes des Antilles recueillies par Surian, présente sous ce nom deux espèces d'acacies à feuilles simplement pinnées, *mimosa inga* et *mimosa fagifolia*. (J.)

BOIS DE GUITARE. (*Bot.*) Voyez GUITARIN.

BOIS-GUILLAUME. (*Bot.*) On nomme ainsi à l'île de Bourbon un sous-arbuste de la famille des corymbifères, qui paroît devoir former un genre nouveau, voisin de l'*aster*. Il comprend plusieurs arbrisseaux remarquables par leurs feuilles enduites d'une humeur visqueuse ; ce qui les fait regarder comme de bons vulnéraires : l'un d'eux a été décrit par Lamarck, sous le nom de baccante visqueuse. (A. P.)

BOIS-HINSELIN (*Bot.*), espèce de moureiller, ainsi nommée à la Guadeloupe parce que Hinselin, un des habitans de cette île, se piqua les mains avec ses feuilles, dont la surface inférieure est parsemée d'aiguillons. Il paroît que c'est le *malpighia urens*, nommé aussi bois-capitaine, cerisier d'Amérique, bigarreautier de la Guadeloupe. (J.)

BOIS D'HUILE, BOIS DE DAMES. (*Bot.*) A l'Isle-de-France on nomme ainsi l'érythroxyle à feuilles de millepertuis, dont le port est très-élégant. Voyez ÉRYTHROXYLE. (A. P.)

BOIS IMMORTEL. (*Bot.*) On a donné ce nom à l'endrach de Madagascar et à d'autres arbres, parce que leur bois, qui est très-compacte, peut durer plusieurs siècles sans altération. L'*erythrina* ou corallodendron est nommé de même, mais par une raison bien différente : son bois est au contraire très-mou et spongieux ; mais il se propage avec tant de facilité par boutures qu'on regarde cette espèce comme indestructible. (A. P.)

BOIS D'INDE. (*Bot.*) On donne assez souvent ce nom au bois de Campêche, *hæmatoxylon*; mais, suivant Nicholson, il ne désigne à S. Domingue que le *myrtus pimenta* ou poivre de la Jamaïque. (A. P.)

BOIS INDIEN. (*Bot.*) On désigne quelquefois sous ce nom la baillère ou le conami franc de Caïenne. (A. P.)

BOIS INCORRUPTIBLE. (*Bot.*) Voyez BOIS D'ACOUMA, ACOMAT.

BOIS-ISABELLE. (*Bot.*) A la Martinique on nomme ainsi

un laurier, *laurus borbonia*. A S. Domingue il paroît que le même nom est donné au *schœfferia*, genre de la famille des nerpruns, qui est ainsi etiqueté dans les herbiers. Le bois-isabelle vrai de l'Herbier de Surian est un myrte, *myrtus gregii*. (J.)

BOIS - IVRANT (*Bot.*), *Piscidia*, Linn., Juss, genre de la sixième section de la famille des légumineuses, qui comprend des arbres à feuilles ailées avec impaire. Les fleurs sont en grappes ; chacune d'elles est composée d'un calice en cloche, à deux lèvres, et à cinq dents inégales. La corolle a son étendard échancré, relevé ou réfléchi en dessus. Les étamines sont au nombre de dix, dont neuf ont leurs filamens réunis ; le dixième est libre. Le fruit est une gousse oblongue, linéaire, uniloculaire, et munie extérieurement de quatre ailes longitudinales, larges et membraneuses. Les graines sont oblongues et un peu en forme de rein.

Le bois - ivrant de la Jamaïque, *piscidia erythrina*, **L.** (Sloan. Jam. hist. 2, p. 39, t. 176, f. 45), est un arbre qui, suivant Jacquin, s'élève à vingt-cinq pieds de hauteur environ. Ses feuilles sont ailées avec impaire et ont leurs folioles ovales et très-entières ; elles tombent tous les ans. Les racines, les feuilles et les rameaux de cet arbre servent à enivrer les poissons. On les pile, on les réduit comme du tan, et on les met dans des sacs. Lorsqu'on veut aller pêcher dans quelque baie, on a soin de suspendre ces sacs dans l'eau, et au bout de quelque temps on aperçoit les poissons nageant de travers ; quelques momens après ils se laissent prendre à la main. Cette faculté d'enivrer les poissons a fait donner à cet arbre le nom de *piscidia ;* elle appartient aussi à plusieurs autres plantes de l'Amérique, dont les naturels font usage au défaut de celle-ci. Voyez BOIS A ENIVRER. (J. S. H.)

BOIS - JACOT. (*Bot.*) On appelle ainsi plusieurs arbres de l'Isle-de-France, dont les fruits sont recherchés par les singes appelés jacots, et particulièrement une espèce de jambosier, *eugenia*. (A. P.)

BOIS DE LA JAMAÏQUE. (*Bot.*) C'est, suivant Nicholson, le même que le bois de Campêche. (A. P.)

BOIS DE JAMONE. (*Bot.*) Il existe sous ce nom, dans l'Herbier des Antilles, de Surian, un rameau sans fructification, qui a quelques rapports avec le *cupania*, que l'on retrouve ailleurs dans le même herbier sous le nom de zamone. (J.)

BOIS DE JASMIN. (*Bot.*) Voyez Bois de chandelle.

BOIS JAUNE. (*Bot.*) Plusieurs arbres employés dans la teinture ou la marqueterie doivent ce nom à la couleur de leur bois; et, comme tous ceux de cette série, ils sont différens suivant les pays. Ainsi Brown, rencontrant un arbre de ce nom à la Jamaïque et lui trouvant des caractères particuliers, en forma le genre *Chloroxylon*, mot qui a la même signification en grec; mais Linnæus, l'examinant avec plus de soin, le réunit aux lauriers et lui conserva ce même nom comme trivial ou spécifique. Le bois jaune tiré du Brésil et d'autres lieux de l'Amérique, et qui est très-employé dans la teinture jaune, est un mûrier, *morus*, que l'on a distingué des autres par le nom spécifique ou trivial de *tinctoria*. Suivant les expériences de Dambourney sur les teintures que fournissent les végétaux indigènes, les jeunes pousses ou brindilles du peuplier d'Italie remplacent avantageusement cette substance. Faujas a communiqué les mêmes résultats obtenus avec le bois du mûrier ordinaire. A l'Isle-de-France on donne le nom de bois jaune à un petit arbre de la famille des apocinées, dont le bois effectivement est d'un beau jaune et susceptible de poli; c'est de là que Jussieu, le regardant comme un nouveau genre d'après le caractère tracé par Commerson, le nomma *ochrosia*. Il n'est pas sûr que Wildenow ait eu raison depuis de le réunir au *cerbera*. A l'île de Bourbon (la Réunion) on nomme quelquefois bois jaune un petit arbre du genre Calac, *Carissa*, qui est plus connu sous celui de bois amer. Le tulipier, ou *liriodendron*, porte aussi quelquefois ce nom: on le donne encore dans les Antilles au bois de chandelle ou bois-citron, qui est l'érithal, *erithalis fruticosa*; et dans l'île de S. Domingue, suivant Desportes, à une bignone dont les feuilles sont composées. Le dictionnaire universel d'histoire naturelle publié en allemand par Nemnick, cité un faux bois jaune qui, suivant lui, est le *myrsine leucoxylum*; mais il ne dit point de quel auteur il a pris cette dénomination, non plus que celle du bois jaune de Madagascar, qu'il nomme en latin *leucoxylum*. L'auteur de cet ouvrage très-utile donne, dans le vocabulaire particulier de la langue françoise, une liste de cent soixante articles de bois. (A. P.)

BOIS JOLI. (*Bot.*) Voyez Bois GENTIL.

BOIS DE JOLI CŒUR. (*Bot.*) On donne ce nom à l'Isle-de-France et dans l'île de Bourbon (la Réunion) à un petit arbre qui y est indigène; il le doit à son élégance et à la bonne odeur qu'il exhale. Commerson en avoit fait un genre qu'il avoit consacré, sous le nom de *senacia*, à la mémoire du médecin Senac. Adanson l'a rapporté dans ses familles, sous le nom de bois de merle, au célastre, et avoit été d'abord suivi par Lamarck, qui, dans l'Encyclopédie méthodique, lui avoit donné le nom de célastre ondulé, en rappelant son nom vulgaire. Cependant il paroît, d'après l'examen sur le vivant, que le genre de Commerson doit être conservé, ce qu'a déjà exécuté Lamarck dans ses Illustrations. Ce genre présente même des caractères qui pourroient le faire écarter de la famille et de la classe des nerpruns; car ses étamines paroissent hypogynes, et son ovaire est pédiculé. Voyez, pour ses caractères botaniques, SENACIE. Cet arbuste est très-odorant dans toutes ses parties; l'arille de ses graines produit une huile essentielle très-volatile. Les créoles de Bourbon en font beaucoup de cas; c'est une de leurs panacées. (A. P.)

BOIS DE JUDAS. (*Bot.*) Voyez Bois DE FER DE JUDAS.

BOIS DE LAIT. (*Bot.*) Ce nom s'applique, dans les colonies de l'Amérique et de l'Inde, à divers arbres de la famille des apocinées et de celle des euphorbiacées, qui rendent un suc laiteux, ordinairement caustique et dangereux. A l'Isle-de-France et à l'île de Bourbon (la Réunion) on nomme ainsi plusieurs glutiers, *sapium*, dont le suc est âcre et mortel à petite dose, comme celui du mancenillier et de plusieurs autres euphorbiacées. Le même nom y est donné au *tabernæmontana*, au *rauwolfia*, et à d'autres, qui portent ailleurs celui de bois laiteux. L'*antafara* de Madagascar ou *plumeria retusa*, Lam., est aussi un bois de lait. (A. P.)

BOIS LAITEUX. (*Bot.*) Quoique ce nom soit donné en général dans les Antilles à tous les arbres ou arbrisseaux qui rendent un suc laiteux blanc, il est cependant plus particulièrement attribué à certaines espèces. Telles sont, 1.º le *tabernæmontana citrifolia*, surnommé bois laiteux franc, en langue caraïbe *titoulihué pinpinichy* : 2.º le *rauwolfia canescens*, bois laiteux fébrifuge de Pouppée-Desportes, en langue caraïbe *ourouankle* : 3.º le *tabernæmontana cymosa*, dont Pouppée ne fait pas mention et que Nicholson paroît avoir confondu avec le *tabernæmontana citrifolia*; il le nomme bois laiteux bâtard, et lui attribue les noms indiens que Pouppée donne au *tabernæmontana citrifolia* : 4.º on appelle encore bois laiteux, dans certains quartiers, les *plumeria*, le *cameraria latifolia*, et presque tous les arbres à fleurs apocinées.

Le suc du bois laiteux franc de Nicholson et du bois laiteux fébrifuge de Pouppée, passe pour être vulnéraire et fébrifuge. Celui du bois laiteux bâtard de Nicholson est, suivant le même auteur, employé pour guérir les plaies connues à S. Domingue et aux Antilles sous le nom de malingres.

Le *rauwolfia canescens*, bois laiteux fébrifuge, est encore nommé, dans certains quartiers, encrier, parce qu'il porte des baies noires remplies d'une liqueur abondante, dont on peut se servir momentanément au lieu d'encre. Cette liqueur tache fortement les vêtemens.

On donne encore le nom de bois laiteux du Mississipi à un arbrisseau qui croît à la Louisiane, le *sideroxylum lycioides*. (P. B.)

BOIS DE LANCE. (*Bot.*) On donne, suivant Plumier, ce nom dans les Antilles aux deux espèces de *randia*. L'une, le *randia aculeata*, est connué sous le nom de bois de lance franc; l'autre, le *randia mitis*, sous celui de bois de lance bâtard. Ce nom leur a été donné parce que leur tronc, droit, haut et grêle, est très-propre, suivant Pouppée-Desportes, pour faire des lances. Le bois des deux espèces sert aussi à faire des douves, des chaises, des échelles et d'autres meubles et ustensiles pareils.

Poiteau, qui a beaucoup herborisé à S. Domingue, dé-

signe sous le même nom deux arbres de la famille des anonées et du genre *Uvaria*, qui sont peut-être ceux dont Desportes veut parler, puisqu'il attribue aux siens des feuilles
alternes. (P. B.)

BOIS A LARDOIRE. (*Bot.*) On se sert en France du
fusain, et à l'Isle-de-France du prockie, pour faire des lardoires; ce qui leur a fait donner ce nom. (A. P.)

BOIS DE LATANIER. (*Bot.*) Nicholson, qui fait mention de cet arbre, avertit qu'il ne faut pas le confondre
avec l'arbre nommé latanier ; mais il n'en donne pas une
description assez exacte pour le rapprocher d'un genre
connu. Il a, selon lui, les feuilles opposées, minces, d'un
vert pâle, oblongues et pointues. A ses fleurs, qu'il ne décrit point, succède un fruit long, allongé, divisé en quatre
capsules, contenant autant de graines triangulaires, un
peu oblongues, grosses comme une petite fève. (P. B.)

BOIS DE LAURIER. (*Bot.*) Aux Antilles on nomme
ainsi le croton à feuilles de coudrier, *croton corylifolium.*
(A. P.)

BOIS DE LETTRES. (*Bot.*) Ce nom est donné à deux
arbres de la Guiane, parce que leur bois, très-dur et susceptible d'un beau poli, est agréablement moucheté de
taches qui imitent des caractères. L'un est le *sideroxylum
inerme;* l'autre, qui est distingué par l'épithète de blanc,
est le *piratinera* d'Aublet, p. 888, t. 340. (A. P.)

BOIS LÉGER (*Bot.*), arbre de l'isthme de Panama, remarquable par la légèreté de son bois. Il est de la grosseur
d'un orme; son tronc est droit, et sa feuille ressemble à
celle du noyer. On en fait dans le pays des radeaux pour
aller à la pêche et traverser les rivières. Le Recueil des
voyages, dont cet article est extrait, ne donne pas d'autre
renseignement sur cet arbre. (J.)

BOIS DE LESSIVE. (*Bot.*) Ce nom est donné, dans l'Herbier des Antilles, de Surian, à un rameau sans fleur d'un
arbrisseau qui paroît appartenir au genre Anavingue. (J.)

BOIS LÉZARD, Bois d'agouti. (*Bot.*) Ces deux noms
sont synonymes à S. Domingue : suivant Nicholson, ils sont
donnés à une espèce de gattilier à feuilles ternées, *vitex
divaricata*, Sw., dont il se trouve, dans l'herbier de Jussieu,

un échantillon envoyé de la Martinique sous le nom de bois-lézard. Il paroît qu'il est ainsi nommé parce que les agoutis et les lézards se pratiquent des demeures dans les creux de son tronc. Voyez GATTILIER. (J.)

BOIS DE LIÉGE. (*Bot.*) On donne ce nom dans nos différentes colonies à plusieurs arbres dont le bois est si léger qu'il sert au lieu de liége pour faire flotter les filets. Ils portent aussi ceux de bois de flot ou de fléau, bois siffleux et mahaut. On distingue surtout par ce dernier mot ceux dont l'écorce est assez tenace pour faire des cordes. Le plus grand nombre appartient à la famille des malvacées. A l'Isle-de-France c'est l'*hibiscus tiliaceus*, *var* de Madagascar, qui porte ces noms plus spécialement, et qui sert à ces usages; ailleurs c'est un FROMAGER, *bombax*, ou un SÉBESTIER, *cordia*. Voyez ces mots. A Caïenne on donne le même nom, suivant Richard et Aublet, au moutouchi, plante légumineuse, très-rapprochée du ptérocarpe. (A. P.)

BOIS DE LIÈVRE. (*Bot.*) Le cytise est, dit-on, ainsi nommé dans les Alpes. (J.)

BOIS LONG. (*Bot.*) C'est le *pao comprido* des Portugais du Para, ainsi nommé parce qu'il a un tronc droit et simple, très-élevé, terminé seulement à son sommet par un feuillage disposé en boule. La description qu'en donne Fresneau, dans les Mémoires de l'Académie des sciences (année 1751, p. 326), fait présumer que c'est le même que le caoutchouc ou arbre à la gomme élastique. (J.)

BOIS DE LOSTEAU. (*Bot.*) On donne ce nom à l'Isle-de-France à un petit arbre dont Commerson avoit fait le genre *Antirhœa*, qui a été réuni depuis par Lamarck au *malanea* d'Aublet. Son écorce passe pour un spécifique dans les diarrhées et les dyssenteries, ce qu'exprime le nom donné par Commerson : il est cependant rarement employé de cette manière. Son bois, qui est blanc et susceptible d'un beau poli, est recherché pour cela ; c'est aussi le meilleur pour faire du merrain. On croit assez communément que son nom lui vient d'un habitant de l'Isle-de-France, qui l'a fait connoître le premier. Aublet s'est probablement trompé lorsqu'à l'article du *psychotria asiatica* il ajoute que cet arbre, trouvé dans les forêts de la Guiane, croît

aussi à l'Isle-de-France, où on le nomme bois de l'ostau.
(A. P.)

BOIS DE LUMIÈRE (*Bot.*), *Palo de luz* des Espagnols.
On raconte que la plante de ce nom s'enflamme, comme
la fraxinelle, à l'approche d'une flamme, et donne une lumière assez vive. Il est probable qu'elle est couverte d'une
substance résineuse. On ne sait pas à quel genre elle appartient. Le même nom est donné quelquefois à celles qui portent ailleurs celui de bois de chandelle. (J.)

BOIS-LUCÉ, de Caïenne (*Bot.*), nom d'une espèce de
mouriri ou pétalome, que Richard nomme *petaloma edulis.* (J.)

BOIS-MABOUYA. (*Bot.*) Suivant Jacquin, les habitans
de la Martinique donnent ce nom à la morisone d'Amérique,
morisonia americana, qu'ils surnomment aussi arbre du
diable, *arbor diaboli*. Il est d'autres endroits où un câprier,
capparis breynia, plus communément connu sous la dénomination de bois de merde, est aussi appelé bois-mabouya
ou moboya, sans doute à cause de sa mauvaise odeur.
(P. B.)

BOIS-MACAQUE, de Caïenne (*Bot.*), arbrisseau de la
famille des melastomées, nommé *tococo* par les Galibis, et
dont Aublet a fait le genre *Tococa*. Son fruit est recherché
par les singes macaques, d'où lui vient son nom. (J.)

BOIS MADAME, de la Martinique. (*Bot.*) C'est, suivant Terrasson, le *mathiola scabra*. (J.)

BOIS-MADRE. (*Bot.*) Le gymnanthe, *gymnanthes lucida*,
Swartz, est sous ce nom dans l'Herbier des Antilles, de
Surian. (J.)

BOIS DE MAFOUTRE. (*Bot.*) On donne ce nom à l'antidesme de Madagascar, qui cependant n'est pas le mafoutre
des habitans de cette île. (A. P.)

BOIS DE MAHOGONI. (*Bot.*) Le nom de bois d'acajou
n'a aucun rapport avec l'acajou, *cassuvium*, désigné dans
les Antilles sous les noms d'acajou-pomme ou acajou-noix.
Le bois de mahogoni est le *swietenia mahogoni*, plus particulièrement désigné sous le nom d'acajou-planche. On en distingue deux sortes.

1.° L'acajou franc, celui dont on fait communément les
meubles. Ce bois est veiné et plus ou moins rouge.

2.° L'acajou bâtard, qui a les feuilles et les fruits plus petits, et dont le bois, agréablement moucheté, est très-recherché pour meubles. Il est aussi plus cher que le précédent.

Ces deux arbres s'élèvent à plus de quatre-vingts pieds ; le tronc vient droit et bien élancé. Il est incorruptible et n'est jamais attaqué par les insectes.

L'acajou franc et l'acajou bâtard parviennent quelquefois à une grosseur prodigieuse ; nous en avons vu des tables d'une seule pièce qui pouvoient servir à un repas de quinze couverts : mais il est rare qu'on emploie à cet usage la seconde espèce ; l'acajou bâtard ou moucheté est beaucoup plus recherché pour les beaux meubles. Il est bon de remarquer que les meubles d'acajou ont encore la propriété de n'être pas, comme les autres meubles, le séjour des ravets, *blatta*, qui sont très-incommodes dans les pays chauds. Voyez MAHOGON. (P. B.)

BOIS MAIGRE. (*Bot.*) On donne ce nom dans l'Isle-de-France à un petit arbre dont le tronc effilé et tortu ne peut servir à aucun usage ; il forme un genre particulier que du Petit-Thouars a nommé *psyloxylon*, qui est la traduction grecque de son nom vulgaire. Voyez PSYLOXYLE. (A. P.)

BOIS DE MAÏS. (*Bot.*) Dans l'Herbier de l'Isle-de-France, de Commerson, on trouve sous ce nom une espèce de mémécylon, *memecylon cordatum*, Lam. (J.)

BOIS-MAJOR. (*Bot.*) Les habitans de S. Domingue donnent ce nom à une espèce d'érythroxyle, *erythroxylum areolatum*, dont les feuilles sont arrondies au sommet et un peu en forme de spatule. L'arbre ne s'élève qu'à une petite hauteur, mais il devient assez gros. Son bois est flexible, compacte, blanchâtre, très-estimé pour faire des brancards de voiture. Pouppée nous apprend que dans quelques quartiers on le prend pour une espèce de bois de rose. Il fait encore mention d'une autre espèce de bois-major, employé aux mêmes usages, dont les feuilles sont plus petites et plus épaisses ; ne seroit-ce pas une autre espèce d'érythroxyle, *erythroxylum havanense ?*

Nicholson appelle bois-major ou bois de cheval une plante différente, que, faute de description suffisante, nous ne pouvons rapporter à son genre : c'est, selon lui, un arbuste qui croît en buissons, dont les tiges sont remplies de beaucoup de moelle, comme celles du sureau ; ses feuilles sont allongées, pointues, rudes au toucher, d'un vert pâle en dessus et en dessous, longues d'environ un demi-pied. Les feuilles, ajoute Nicholson, sont employées en décoction pour panser les plaies des chevaux. (P. B.)

BOIS MALABARE. (*Bot.*) Voyez Nuxie, Bois d'écorce.

BOIS DE MALBOUCK. (*Bot.*) Voyez Nuxie, Bois d'écorce.

BOIS A MALINGRES (*Bot.*), espèce de pittone des Antilles, *tournefortia*. (J.)

BOIS MANCHÉ-HOUE, de Caïenne. (*Bot.*) C'est, suivant Richard, une espèce de clavalier, *zanthoxylum*, dont les nègres font les manches de leurs houes ; d'où lui vient son nom vulgaire. (J.)

BOIS-MANDRON. (*Bot.*) On donne ce nom à un arbre qui, selon Nicholson, a des feuilles de différentes grandeurs : il le décrit d'une manière si imparfaite qu'il est impossible de le rapporter à son genre. Le même auteur ne nous indique pas même l'utilité dont il peut être. Il est à présumer que cet arbre est inconnu à S. Domingue, du moins sous ce nom ; car Pouppée-Desportes n'en fait aucune mention, et nous ne l'avons jamais entendu prononcer pendant notre séjour à S. Domingue. (P. B.)

BOIS MARBRÉ ou Bois de féroles. (*Bot.*) On donne ce nom, suivant Nicholson, à un arbre dont le bois est tacheté et veiné comme du marbre : il a été trouvé pour la première fois à Caïenne sur l'habitation de M. de Féroles, gouverneur, d'où lui vient son surnom de bois de féroles, *ferolia*, Aubl. Cet arbre se trouve aussi à S. Domingue, ainsi que dans les Antilles, où il est nommé bois-*baroit*. Il est rapporté par Pouppée-Desportes, qui n'en donne qu'une description imparfaite.

Nous avons trouvé dans le quartier du fort Dauphin un arbrisseau qui n'étoit pas en fleur, et que les habitans nomment bois marbré : en effet, son bois est très-élégamment varié de bandes circulaires jaunâtres et d'un brun rouge. Ce bois employé feroit de jolis meubles. Nous regrettons beaucoup de ne l'avoir pas vu en fleur et de ne pouvoir déterminer le genre de cet arbrisseau, qui nous paroît précieux pour l'ébénisterie ; car il ne parvient pas à une assez grande hauteur pour servir pour faire de gros meubles. (P. B.)

BOIS MARBRÉ BATARD. (*Bot.*) A la Martinique on nomme ainsi une espèce d'érythroxyle, *erythroxylum areolatum*, suivant Terrasson. (J.)

BOIS-MARGUERITE. (*Bot.*) Les Créoles de la Guiane nomment ainsi un sébestier, *cordia tetraphylla*, Aubl. Guian. 224, t. 88. (J.)

BOIS-MARIE. (*Bot.*) C'est le nom qu'on donne quelquefois au calaba, *calophyllum*, qui est le *palo-maria* des Philippines ; son tronc incisé laisse couler un suc vert, qui s'épaissit en une résine que l'on nomme baume vert ou baume-Marie, et *tacamaca* à l'Isle-de-France. (A. P.)

BOIS DE MATURE. (*Bot.*) Voyez ARBRE DE MATURE, UVARIA.

BOIS DE MÊCHE. (*Bot.*) Les Créoles de Caïenne donnent ce nom à un apéiba, *apeiba glabra*, Aubl., dont ils se servent pour faire du feu, en frottant l'un contre l'autre avec vîtesse deux morceaux de ce bois, qui est extrêmement léger. On donne encore ce nom à un agavé, *agave fœtida*, employé aux mêmes usages. (J.)

BOIS-MENUISIER. (*Bot.*) A S. Domingue, suivant Poiteau, on donne ce nom au *portesia*, arbre de la famille des meliacées, réuni au *trichilia* par Swartz et Wildenow. (J.)

BOIS DE MERDE ou BOIS-CACA. (*Bot.*) Ce nom est donné à plusieurs arbres dont le bois a une odeur fétide, qui leur vaut aussi celui de bois puant ; mais on le donne plus spécialement à un câprier et au sterculier, *sterculia*, dont les fleurs ont effectivement l'odeur la plus marquée d'excrémens humains frais. (A. P.)

BOIS DE MERLE. (*Bot.*) On nomme ainsi à l'Isle-de-France un arbuste de la famille des savonniers, qui se couvre de fruits recherchés par les merles, d'où lui vient son nom : Commerson en a fait son genre Ornitrophe, qui veut dire en grec nourriture d'oiseau. Il est très-différent du bois de jolicœur ou célastre, nommé aussi en quelques lieux bois de merle. (A. P.)

BOIS-MOBOYA. (*Bot.*) Voyez BOIS-MABOUYA.

BOIS DES MOLUQUES. (*Bot.*) On nomme ainsi l'arbrisseau qui fournit la graine de tilli, *croton tiglium*, parce qu'il croit dans les Moluques. (A. P.)

BOIS-MONDONGUE, de la Martinique. (*Bot.*) Terrasson a envoyé sous ce nom le brésillot glabre, anciennement nommé *pseudobrasilium*, et dont Swartz a fait son genre *Picramnia*. Voyez BRÉSILLOT. (J.)

BOIS MOUSSÉ. (*Bot.*) Préfontaine, dans sa Maison rustique de Caïenne, parle d'un bois ainsi nommé, qui est mou, très-léger, employé pour faire les chevilles qui attachent les bardeaux ou lattes sur les toits : on en fait aussi des chèvres et des échelles. Il n'indique d'ailleurs aucun caractère qui puisse aider à le faire nommer. (J.)

BOIS DE MUSC. (*Bot.*) Voyez BOIS DE CROCODILE.

BOIS DE NAGHAS. (*Bot.*) Voyez NAGHAS, BOIS DE FER.

BOIS-NAGONE, de Caïenne (*Bot.*) ; c'est, suivant Richard, une espèce de mirobolan. (J.)

BOIS DE NATTE. (*Bot.*) Ce sont les arbres des forêts de l'Isle-de-France et de Bourbon (la Réunion), les plus estimés pour la charpente et la menuiserie ; et comme ils ont le fil très-droit, on les emploie fréquemment pour faire des bardeaux. Ils forment les seules couvertures de maisons, employées dans ces colonies : de là on les nomme aussi bardottiers. On croit assez communément que le nom de natte tient à la même origine, mais on se trompe : il vient de la langue madecasse ou des habitans de Madagascar. Le mot de *nato*, avec une épithète, sert à désigner plusieurs arbres qui croissent dans cette île, et qui ressemblent aux bois de natte de nos colonies africaines. On en distingue communément deux espèces, à grandes et à petites feuilles ; mais on applique ces noms à des espèces différentes, non-seulement d'île à île, mais de canton à canton. Ils sont cependant tous du même genre, auquel Commerson a donné le nom d'*imbricaria* : il est très-voisin du *mimusops* de Linnæus, et appartient, comme lui, à la famille des sapotilliers. On rapporte à ce genre un sidéroxyle, qui est le bois de natte pomme de singe, de l'Isle-de-France, et le bois de fer de l'île de Bourbon. Il porte aussi le nom de bois tête de jacot, parce que le noyau de ses fruits, singulièrement conformé, présente en quelque manière une tête de singe ou de mort. On pourroit présumer que le mot de *munamal* de Ceilan, qui signifie la même chose dans la langue de cette île, désigne un arbre du même genre, et non pas un *cavequi* ou *kauki*, auxquels Burmann l'a rapporté en traduisant ce nom en grec par *mimusops*, dénomination qui a été adoptée par Linnæus. (A. P.)

BOIS DE NÈFLE. (*Bot.*) A l'île de Bourbon (la Réunion) on donne ce nom à une des nombreuses espèces d'*eugenia* ou jambosier qui y croissent, parce que son fruit, qui est d'une saveur médiocre, a quelque ressemblance avec les nèfles. C'est un petit arbre d'un port extrêmement agréable. (A. P.)

BOIS NÉPHRÉTIQUE (*Bot.*), bois jaunâtre, compacte, pesant, d'une saveur amère et un peu âcre, apporté du Mexique. Il a la propriété de teindre l'eau dans laquelle on le fait macérer : elle paroît jaune si on place le vase entre l'œil et la lumière, et bleue si on tourne le dos au jour. Son infusion est très-apéritive et employée dans la néphrétique, d'où lui vient son nom. Linnæus a dit, et beaucoup d'autres ont répété avec lui, que l'arbre qui fournit ce bois est le même que celui qui donne la noix de ben, connu long-temps sous le nom de *guilandina moringa*, L., et que Jussieu a séparé sous le nom générique de *moringa*. Cependant le *moringa* croît en Asie et non au Mexique, et dans les descriptions que Rumphius et Rhèede en donnent, il n'est point fait mention du bois néphrétique. On peut donc encore suspendre son jugement sur l'identité de ce bois avec celui qui donne le ben. Bernard de Jussieu soupçonnoit quelque affinité de ce bois avec celui du frêne, qui donne une teinture presque pareille ; mais il ne croyoit pas cependant ce motif suffisant pour établir son opinion. En Europe on donne quelquefois le nom de bois néphrétique au bouleau, parce qu'il a quelques propriétés analogues. (J.)

BOIS DE NICARAGUA. (*Bot.*) On donne quelquefois ce nom à l'*hæmatoxylon* ou bois de campêche. (A. P.)

BOIS NOIR (*Bot.*), nom que portent différens arbres pour des raisons bien différentes. Dans l'île de Bourbon (la Réunion) on le donne, à cause de son bois, à un *diospyros*, ou plaqueminier, voisin de l'ébénier ; c'est la traduction du mot malgache *azou mainthi*. A l'Isle-de-France il est donné au *mimosa lebbek*, espèce d'acacie, parce que son feuillage en vieillissant acquiert un vert noirâtre et sombre. Suivant Nicholson, le bois noir de S. Domingue est un arbre à feuilles opposées, d'un vert tirant sur le noir ; il n'en dit rien de plus, et on ne sait à quel genre rapporter ce bois. L'aspalat-ébène des Antilles y porte aussi le même nom. (A. P.)

BOIS D'OLIVE. (*Bot.*) A l'île de Bourbon (la Réunion) on donne ce nom à un véritable olivier, qui ressemble beaucoup à l'olivier cultivé ; son bois, qui n'est jamais très-gros, est recherché pour les ouvrages du tour.

A l'Isle-de-France c'est l'olivetier, *elæodendrum*, ainsi nommé par Jacquin parce que son fruit ressemble à une olive. Il est plus connu à l'île de Bourbon sous le nom de Bois rouge (voyez ce mot), et c'est pour cette raison que Commerson l'avoit nommé *rubentia*.

Dans la même île on nomme bois d'olive grosse peau, un arbre de grosseur médiocre, de la famille des nerpruns, comme le *rubentia*, et dont le bois est employé à faire des planches. Son nom lui vient de son écorce qui est plus épaisse. (A. P.)

BOIS D'OR, du Canada. (*Bot.*) C'est le charme de Virginie. (A. P.)

BOIS D'OREILLE. (*Bot.*) On lit dans la Matière médicale de Desbois, que l'écorce du garou étoit employée dans le pays d'Aunis pour percer les oreilles des enfans, afin de les préserver, par l'écoulement qu'elle occasionne, des accidens de l'enfance, surtout de ceux de la dentition ; ce qui lui avoit fait donner le nom de bois d'oreille. (J.)

BOIS D'ORME. (*Bot.*) On donne ce nom dans les colonies à deux espèces d'arbres bien différens. L'un est le *celtis micranthus*, Juss., que Linnæus avoit placé parmi les *rhamnus* ; il est autrement connu à Saint-Domingue sous le nom de micocoulier. Pouppée-Desportes l'a placé parmi les plantes nourrissantes , parce qu'on en mange le fruit.

La seconde espèce de bois d'orme, connue encore et plus généralement sous le nom d'orme de l'Amérique, est le guazuma, *theobroma guazuma*, L., qui est de la plus grande utilité dans les Colonies. D'abord il sert à faire des allées qui fournissent un bon ombrage dans un pays où l'ardeur du soleil devient souvent pernicieuse à ceux qui s'y exposent trop long-temps et qui ne sont point faits au climat. Ses feuilles ressemblent assez à celles de l'orme , mais sont plus grandes; son écorce et son bois, bon à brûler, ont l'apparence et le grain de l'orme. Ses fruits, petits et ronds, sont abondans. Les chevaux et les mulets en sont très-friands. Ces fruits sont aussi d'une grande ressource dans les temps de sécheresse, où les herbes sont brûlées et les pâturages dépourvus de toute espèce de nourriture pour les bestiaux. Nous l'avons éprouvé nous-mêmes en 1789. L'année fut d'autant plus sèche et aride que dans l'espace de quatre mois et demi il ne tomba pas une seule goutte d'eau sur l'habitation où nous nous trouvions. On a eu recours aux feuilles des arbres pour nourrir les animaux, et six nègres ont été constamment occupés à ramasser dans les bois et les chemins les fruits du bois d'orme, que les chevaux et les mulets mangeoient avec avidité ; ils étoient pour ces animaux un dédommagement des herbes dont ils se trouvoient privés. Cette nourriture a eu de plus l'avantage de les maintenir dans un embonpoint qui les rendoit propres aux travaux que la culture exigeoit d'eux.

Les feuilles ont encore une propriété peu connue. Nous allons la rapporter avec quelques détails, et nous garantissons ce fait comme témoin oculaire. Un nègre voiturier avoit été chargé par son maître d'aller chercher en ville deux barriques de vin : une de ces barriques vint à couler en chemin. Le nègre, après avoir fait tous ses efforts pour parer à cet accident, se désoloit, pleuroit et se lamentoit du sort qui l'attendoit, parce qu'il prévoyoit bien qu'on le soupçonneroit d'avoir aidé le coulage pour en profiter. Le hasard m'ayant fait rencontrer ce malheureux, je lui conseillai de faire usage du suif mêlé avec de la terre, et il se disposoit à l'employer, lorsqu'un autre nègre, assez âgé, informé de la cause de l'embarras de son camarade, se dirige vers un orme, *guazuma*, en prend quelques feuilles qu'il broie dans ses mains, et en frotte toutes les fentes par où se faisoit le coulage ; aussitôt le vin cessa de se perdre. Ce fait, dont j'atteste la vérité, me parut si surprenant qu'à mon retour en ville je m'empressai de le communiquer à la Société des sciences et arts du Cap, qui l'a consigné dans ses procès - verbaux. En examinant depuis les feuilles de cet arbre, j'ai reconnu qu'elles contiennent une humeur visqueuse et sèche, qui les rend propres à cet usage. L'orme d'Amérique est donc, sous plusieurs rapports, une production précieuse ; il seroit à désirer de pouvoir la naturaliser dans notre climat : peut-être pourroit - elle réussir dans les départemens méridionaux. Voyez GUAZUMA. (P. B.)

BOIS D'ORTIE, BOIS DE FRÉDOCHE, ou BOIS PELÉ. (*Bot.*) Pouppée-Desportes indique deux espèces de bois d'ortie ou de frédoche, dont les feuilles, lancéolées, grêles et rares, ressemblent à celles du myrte. C'est, dit-il, un arbre assez élevé, dont le bois, dur et solide, est propre à bâtir. Nicholson en parle dans les mêmes termes. Son bois, dit-il, est recherché par les charpentiers ; il dure long - temps, pourvu qu'on le mette à l'abri du soleil et de la pluie.

Ces deux auteurs n'entrent dans aucun détail sur la fleur de cet arbre, de sorte que d'après eux l'on ne peut indiquer le genre auquel il appartient. Poiteau croit que c'est le *citharexylum melanocardium* de Swartz, qui, ayant les fleurs en corymbe et le fruit rempli d'un noyau à quatre loges monospermes, appartient mieux au genre Premna, suivant Jussieu : il le nomme *Premna reticulata*. (P. B.)

BOIS DE LA PALILE. (*Bot.*) Voyez DRAGONIER.

BOIS DE PALIXANDRE ou BOIS VIOLET (*Bot.*), bois de couleur violétte, très-estimé pour la marqueterie, et que les Hollandois apportent de leurs colonies de l'Amérique méridionale. On en fait des meubles recherchés et des archets de violon. On ne connoît pas encore l'arbre qui le fournit. (A. P.)

BOIS-PALMISTE. (*Bot.*) On donne ce nom à S. Domingue à un arbre de la famille des légumineuses, très - remarquable par son fruit, qui est une drupe ovoïde et qui a plutôt l'air d'une noix que d'un légume. C'est le *geoffroya spinosa*, ainsi nommé par Jacquin pour honorer la mémoire de Geoffroy, auteur de la Table des affinités chimiques et de la Matière médicale. Son bois est dur, pesant et propre à bâtir. Pouppée-Desportes le range parmi les bois mous et corruptibles : nous pensons que c'est une erreur. Nous l'avons vu employer à construire des édifices et différentes charpentes au dehors ; il se conserve long-temps, n'est point attaqué par les insectes, et passe dans le pays pour être incorruptible. Il ne faut pas confondre le bois-palmiste avec le palmiste ou choux-palmiste, qui est un arbre de la famille des palmiers. Voyez GEOFFROYA. (P. B.)

BOIS DE PÊCHE MARRON. (*Bot.*) On nomme ainsi à Bourbon (la Réunion) une des espèces de jambosier, *eugenia*, qui y croissent. (A. P.)

BOIS-PERDRIX. (*Bot.*) A la Martinique on donne ce nom, suivant Jacquin, à l'*heisteria*, parce que son fruit est recherché par une espèce de pigeon nommée perdrix dans cette île. Voyez HEISTÈRE. (A. P.)

BOIS PELÉ. (*Bot.*) A S. Domingue on nomme ainsi le bois d'ortie ou de frédoche, arbre peu connu ; à l'Isle-de-France c'est le PROQUIE, ou BOIS SANS ÉCORCE, qui porte ce nom. Voyez ces mots. (J.)

BOIS DE PERPIGNAN. (*Bot.*) C'est le micocoulier austral, *celtis australis*. (A. P.)

BOIS-PERROQUET (*Bot.*), arbre de l'île de Bourbon (la Réunion), dont le fruit est recherché des perruches. Commerson en a fait un genre sous le nom de *fissilia*, que Jussieu a placé dans la famille des orangers ; mais son caractère mieux observé fait présumer qu'il doit être rangé à côté de l'*olax*, dans les plaqueminiers, ou plutôt dans la nouvelle famille formée par Ventenat sous le nom d'ophiospermes, qui comprend le myrsine et l'*ardisia*. (A. P.)

BOIS PÉTRIFIÉ. (*Minér.*) Voyez BOIS FOSSILE, au mot FOSSILE.

BOIS A PIANS. (*Bot.*) Poup.-Desp., Nichols. On nomme ainsi, à S. Domingue et dans les Antilles, un arbrisseau dont l'écorce sert à teindre en jaune, et dont les feuilles, appliquées en cataplasme, passent pour guérir radicalement les pians, maladie particulière aux nègres. Peu de blancs en sont attaqués et seulement ceux qui fréquentent habituellement les négresses sales et malpropres. Les auteurs que nous avons cités ne donnent pas de cette plante une description assez détaillée pour pouvoir la rapprocher avec certitude d'une plante nommée par Linnæus, mais nous avons tout lieu de croire que ce ne peut être que le *fagara pterota* ou le *fagara tragodes*.

On trouve dans quelques herbiers, sous le surnom de bois à pians, une espèce de mûrier, *morus tinctoria*. (P. B.)

BOIS DE PIED DE POULE. (*Bot.*) Voyez BOIS DE RONCE.

BOIS DE PIEUX (*Bot.*), arbre des îles Moluques, que sa solidité fait employer pour des pieux; c'est la traduction de son nom malais *caju belo*, que Rumphius, qui l'a fait connoître, a latinisé par *arbor palorum*. Forster en a fait un genre sous le nom de *pometia*, et Jussieu présume que c'est une espèce du genre Litchi, *Euphoria*, ou du knépier, *melicocca*. Voyez BELO. (A. P.)

BOIS PIGEON. (*Bot.*) Le prockie, *prockia*, est ainsi nommé à l'Isle-de-France, parce que les pigeons recherchent ses fruits qui cependant communiquent une mauvaise qualité à leur chair. Voyez PROCKIE. (A. P.)

BOIS-PIN DE LA MARTINIQUE. (*Bot.*) Suivant Terrasson, on nomme ainsi dans cette île le *talauma* ou *magnolia* de Plumier, dont le fruit a quelque ressemblance avec une pomme de pin. (J.)

BOIS DE PINTADE (*Bot.*), espèce d'ardisie, ainsi nommée, dans l'île de Bourbon (la Réunion), parce que son bois est veiné de noir comme le plumage de la pintade : d'autres prétendent qu'il est ainsi nommé parce que cet oiseau est friand de ses fruits. On donne le même nom à l'ixore, *ixora*, parce que les feuilles de ses jeunes pousses sont agréablement marbrées de rouge, de jaune et de vert. (A. P.)

BOIS PIQUANT. (*Bot.*) Voyez BOIS D'ARADA OU TAVERNON.

BOIS - PISSENLIT. (*Bot.*) Dans l'Herbier des Antilles, de Surian, le *bignonia stans*, L., faisant maintenant partie du genre *Tecoma*, est ainsi nommé, peut-être parce que sa racine est employée comme diurétique, au rapport de

Surian, dans le catalogue duquel on le retrouve sous le nom d'*ichicouliba*. Voyez Técome. (J.)

BOIS PLIANT. (*Bot.*) C'est un des noms du rouvet, *osyris alba*, cultivé dans les jardins d'Italie, maintenant comme au temps de Virgile, à cause de la bonne odeur de ses fleurs et de la flexibilité de ses rameaux. (A.P.)

BOIS PLIÉ BATARD. (*Bot.*) On trouve sous ce nom, dans l'Herbier de Surian, la brunsfelsie, genre de plante des Antilles. (J.)

BOIS DE PLOMB. (*Bot.*) Voyez Bois de cuir, Dirca.

BOIS DE POIVRIER. (*Bot.*) L'odeur aromatique et approchant de celle du poivre a valu ce nom à un arbre intéressant, que Lamarck a décrit sous celui de fagarier aromatique ou hétérophylle. Commerson en avoit formé un genre qu'il avoit consacré à la mémoire du chimiste Macquer. Son bois très-résineux le rend propre à faire des flambeaux, en sorte qu'il est plus connu à Bourbon (la Réunion) sous le nom de bois de flambeau. Voyez Fagarier. (A.P.)

BOIS DE POMME. (*Bot.*) On nomme ainsi à l'Isle-de-France plusieurs jambosiers, *eugenia*, distingués en blancs et en rouges, et dont on fait des planches estimées pour la menuiserie. (A.P.)

BOIS DE POUPART, Bois blanc rouge. (*Bot.*) Voyez Poupartie.

BOIS PUANT. (*Bot.*) Ce nom a été donné en Europe à l'*anagyris* à cause de l'odeur de ses feuilles; mais dans plusieurs de nos colonies il s'est trouvé des arbres dont le bois abattu devenoit d'une fétidité extrême, vraisemblablement par la fermentation des sucs qu'ils contiennent, au point qu'on ne pouvoit les travailler que long-temps après leur chute : de là les noms de bois-caca et bois de merde, donnés dans nos îles à plusieurs arbres qui sont dans ce cas. On a cru qu'ils désignoient le sterculier; mais dans cet arbre il n'y a que la fleur qui ait une odeur, à la vérité, des plus fétides.

A l'Isle-de-France il y a plusieurs arbres qui sont dans ce cas; tel est le bois-cannelle ou laurier cupulaire de Lamarck : mais celui qui a mérité avec plus de fondement le nom de bois puant, forme un genre particulier, qui à raison de cette qualité a été nommé par Commerson *fœtidia*, fétidier, et qui a été réuni aux myrtacées par : Jussieu. C'est un des plus beaux arbres qui existent dans les Isles ; quand son bois abattu est resté un certain temps exposé à l'air, il perd son odeur : il seroit fort recherché à cause de sa solidité et de son liant ; mais sa grande pesanteur spécifique en rend l'emploi incommode. On cite un bois puant du cap de Bonne-Espérance, que l'on présume pouvoir se rapporter à ce genre, mais c'est sans aucune preuve. Le pirigara de Caïenne est aussi un bois puant, suivant Aublet. (A. P.)

BOIS PUNAIS. (*Bot.*) C'est le cornouiller sanguin. (A. P.)

BOIS DE QUASSIE. (*Bot.*) Voyez Quassie.

BOIS DE QUINQUIN ou Bois de tezé. (*Bot.*) On donne ces noms, dans l'île de Bourbon (la Réunion), au *securinega* de Commerson, ou bois dur. (A. P.)

BOIS-QUINQUINA. (*Bot.*) Les colons de Caïenne ont donné ce nom, sans motif, à une espèce de moureiller, *malpighia*, qui n'a aucun rapport avec le quinquina ni par ses caractères ni par ses propriétés. Il est employé, comme le simarouba, dans la dyssenterie. C'est le *xourouquouy* des Galibis. (J.)

BOIS DE QUIVI. (*Bot.*) Ce nom, qui paroît d'origine madecasse, a été donné à plusieurs arbustes de l'Isle-de-France et de Bourbon (la Réunion), qui forment un genre particulier que Commerson a nommé *quivisia*. Voyez Quivi. (A. P.)

BOIS RAMIER. (*Bot.*) On donne ce nom, dans les Antilles, à plusieurs espèces d'arbres et arbustes, parce que les pigeons ramiers sont très-friands de leurs fruits. L'un est un *psychotria* ; l'autre un savonnier, *sapindus ;* le troisième est le calabure, *muntingia calabura*, autrement connu sous le nom de bois de soie, et différent d'un micocoulier, *celtis micranthus*, qui est souvent confondu avec lui à cause de la conformité de ses feuilles. Voyez Bois de soie. (P. B.)

BOIS-RAMON. (*Bot.*) On donne ce nom, dans les Antilles, à deux espèces de plantes, au *trophis americana* et au savonnier, *sapindus.* Pouppée-Desportes range le bois-ramon . auquel il n'a rapporté que le *trophis americana*, parmi les plantes médicinales vénéneuses et alexipharmaques, mais sans entrer dans aucun détail sur ses vertus particulières. Dans l'herbier de Jussieu on trouve aussi sous ce nom un érythroxyle, *erythroxylum rufum*. (P. B.)

BOIS DE RAPE. (*Bot.*) Il existe plusieurs arbres dans les pays chauds, dont les feuilles sont garnies de telles aspérités qu'elles peuvent servir, comme la prêle, à polir le bois et même les métaux : tels sont, par exemple, le *cordia* ou SÉ-BESTIER, quelques FIGUIERS, *ficus politoria* et *ficus ampelos*, le mûrier à fruits verts, ou l'AMPALI de Madagascar ; enfin, l'arbre de l'Isle-de-France que du Petit - Thouars a fait connoître sous le nom générique de MONIMIA. V. ces mots. (A.P.)

BOIS DE RAT (*Bot.*), bel arbuste de la famille des rubiacées, qui se couvre d'une multitude de fruits semblables, pour la couleur et le volume, à ceux du buisson ardent, *mespilus pyracantha* : ils sont recherchés par les rats ; de là lui est venue sa dénomination vulgaire, que Commerson, cherchant pour ce genre nouveau un nom expressif, a traduite en grec par celui de *myonima*, qui veut dire, mot à mot, utile aux rats, et que Jussieu a conservé. (A. P.)

BOIS DE REAU ou BOIS DE ROC. (*Ichthyol.*) C'est ainsi qu'on appelle les jeunes vives sur quelques côtes du midi de la France. Voyez TRACHINE. (F. M. D.)

BOIS DE REINETTE. (*Bot.*) Il suffit de froisser une feuille du dodonée à feuilles étroites, *dodonea angustifolia*, pour découvrir la raison qui lui a fait donner ce nom ; il exhale une odeur de pomme de reinette très-prononcée. Cet arbre est commun dans les endroits secs de l'Isle-de-France et de l'île de Bourbon (la Réunion). On trouve, dans des terres analogues de cette dernière île, un arbuste que l'on seroit tenté de prendre pour le même ; mais il n'a aucune odeur, quoique ses feuilles soient pareillement enduites d'une substance visqueuse. (A. P.)

BOIS DE RHODES. (*Bot.*) C'est le même que le bois de rose, espèce de liseron. On donne cependant ce nom dans les Antilles à une espèce de balsamier, *amyris balsamifera*. Voyez BOIS DE ROSE, BALSAMIER. (J.)

BOIS DE RIVIÈRE. (*Bot.*) A la Martinique on nomme

ainsi le *chimarrhis*, genre de plante rubiacée, dont le nom, tiré du grec, signifie torrent, et lui a été donné par Jacquin parce qu'il croît le long des torrens et des rivières. Chanvallon indique, dans la même île, sous le nom de bois de rivière, un arbre légumineux à fleur purpurine, à gousse plate, qu'il dit être un *inga*. L'Herbier des Antilles par Surian offre encore sous ce nom une espèce de *casearia* ou anavingue. (J.)

BOIS DE ROLE. (*Bot.*) A la Martinique on nomme ainsi une espèce de jambosier, *eugenia*, et dans la même île on appelle bois de rôle bâtard, le cabrillet, *ehretia beurreria*. (J.)

BOIS DE RONCE, Bois de pied de poule. (*Bot.*) A l'Isle-de-France on nomme ainsi le *toddali* (Hort. Malab. 5, t. 41), *toddalia*, Juss., qui est un arbrisseau chargé d'aiguillons crochus comme la ronce, formant un buisson très-épineux. Commerson l'avoit désigné sous le nom de *vepris*. Voyez Toddali. (J.)

BOIS DE RONGLE, ou de ronde, ou d'aronde. (*Bot.*) On donne ces noms, à l'Isle-de-France et dans l'île de Bourbon (la Réunion), à une espèce d'érythroxyle, *erythroxylum laurifolium*. Peut-être a-t-elle été nommée bois de ronde parce que son bois, qui est très-résineux, brûle seul et forme des flambeaux qui sont employés dans les rondes que l'on fait sur les habitations pendant la nuit, pour s'assurer que tout y est dans l'ordre. (A. P.)

BOIS DE ROSE, Bois de Rhodes, Bois de Chypre. (*Bot.*) Rien de plus connu que cette substance, dont on se sert beaucoup pour faire des meubles. La couleur et l'odeur de ce bois, qui rappellent la fleur dont ils portent le nom, et le beau poli dont il est susceptible, concourent également à le faire rechercher; aussi est-il apporté depuis long-temps par le commerce en assez grande quantité pour subvenir aux demandes. On a été long-temps dans une ignorance absolue sur le pays d'où il étoit tiré, et sur le végétal qui le fournissoit, comme pour tant d'autres objets de spéculations. On a cru que le bois de rose provenoit d'un arbre qui croissoit à Rhodes. Le nom de *rhodon*, qui en grec signifie également cette île et le rosier, a peut-être induit en erreur : cependant des auteurs graves assurent avoir possédé des troncs d'arbre provenant de cette île, remarquables par leur belle couleur et leur odeur. D'autres assurent la même chose de l'île de Chypre : on peut consulter à ce sujet l'Histoire des plantes de Rai, page 1809. Cet auteur, à son ordinaire, a recueilli (article Aspalat) tout ce que ses prédécesseurs avoient dit de remarquable à ce sujet; on y verra qu'on étoit encore très-incertain sur le végétal qui produisoit ce bois.

Enfin, dans ces derniers temps on a pénétré cette obscurité, et l'on a eu des renseignemens positifs sur ce sujet. Ce n'étoit pas bien loin qu'il falloit aller les chercher, car c'est aux Canaries que François Masson a trouvé la source d'où le bois de rose étoit exporté.

Les botanistes ont eu lieu d'être étonnés en découvrant ses caractères naturels, et jamais leurs conjectures n'eussent pu les leur faire soupçonner. Qui eût pu se douter, en effet, qu'un tronc ligneux, d'un bois dur et compacte, de six à huit pouces de diamètre, étoit celui d'un végétal congénère des liserons, *convolvulus*, dont le plus grand nombre est herbacé et ne peut se soutenir qu'en s'appuyant sur les plantes voisines ? Cependant Masson a reconnu qu'un arbuste qui avoit l'aspect d'un genet et que les habitans de Ténériffe nomment *lena noel*, appartenoit à ce genre, et que son bois, râpé, avoit l'odeur de la rose; ce qui lui fit présumer que c'étoit le vrai bois de rose. Linnæus fils, à qui il avoit communiqué sa découverte, l'inséra dans son Supplément, sous le nom de *convolvulus scoparius* : mais, suivant le rapport de ce voyageur, ce bois est blanc; ce ne seroit donc pas encore celui de la marqueterie. Il faut espérer que Broussonet éclaircira totalement ce point, lorsqu'il publiera les observations qui auront rendu son séjour aux Canaries si précieux pour l'histoire naturelle.

En attendant, il paroît certain que, sans parler des arbres de l'Amérique auxquels on a donné le nom de bois de rose par imitation, le Levant en fournit dont l'origine est encore inconnue. Suivant Linscot, Tercère et les autres îles Açores produisent des bois très-précieux : l'un entre autres est nommé *sanguinho*, de sa couleur rouge et san-

guinolente ; un autre, très - estimé, porte le nom de *feixo.*
(A. P.)

Les autres bois de rose de divers pays sont, dans les Antilles, l'érithal, *erithalis fruticosa,* appelé aussi bois-citron
et bois de chandelle ; à la Jamaïque, le balsamier, *amyris
balsamifera,* qui est congénère de l'*amyris elemifera,* autre
bois de chandelle ; à Caïenne, le licari, *licaria guianensis,*
Aubl. ; à la Chine, le *tse-tau,* dont on ne connoît pas le
genre, et dont le bois, rouge noirâtre, rayé de belles veines
noires, est connu à la cour de l'empereur sous le nom de
bois rose, suivant les voyageurs. (J.)

BOIS ROUGE. (*Bot.*) Comme cette dénomination provient d'une qualité qui s'est trouvée commune à un grand
nombre d'arbres, on l'a appliquée suivant les pays et même
les cantons à des végétaux bien différens. Brown trouvant
à l'arbre qui portoit ce nom à la Jamaïque des caractères
particuliers dans sa fructification, en forma le genre *Erythroxylum,* et ce nom est la traduction grecque du nom vulgaire.
A ce genre, adopté par Linnæus, ont été réunies depuis
plusieurs espéces, qui cependant n'ont pas toutes le bois
rouge (voyez ÉRYTHROXYLE). A Caïenne on donne ce nom
à un arbre décrit et figuré sous le nom galibi d'*houmiri*
par Aublet. Le bois rouge de l'île de Bourbon est un arbre
que l'on connoît plus communément à l'Isle - de - France
sous celui de bois d'olive : Commerson l'avoit nommé *rubentia ;* c'est l'*elæodendrum* de Jacquin, qui fait partie de
la famille des nerprunées. Son bois, qui est employé à faire
des planches de médiocre qualité, est effectivement d'une
belle couleur rouge, mais qui se ternit promptement. Lorsque
ses racines se trouvent exposées à l'air, elles prennent une
teinte de vermillon des plus éclatantes : on a cru que c'étoit
une indication précieuse pour la teinture ; mais par différens essais on n'a pu obtenir qu'une couleur fauve ou
mordorée. Elle paroît très - solide et peut remplacer ce
qu'on appelle dans la teinture couleur de racines, qui
sert à donner du pied ou de la solidité à d'autres couleurs.

On donne encore le nom de bois rouge, soit au *guarea
trichilioides,* soit à d'autres arbres qui prennent plus souvent celui de bois sanglant : tels sont l'hæmatoxyle ou Bois

DE CAMPÊCHE, et le *pterocarpus draco* ou SANG-DE-DRAGON, Voyez ces mots. (A. P.)

BOIS-SAGAIE. (*Bot.*) Pour servir de hampe aux lances ou sagaies, les peuples qui font usage de cette arme choisissent des rejets minces qui sous un petit volume présentent une grande solidité : on a trouvé cette qualité dans quelques arbres ou arbustes ; de là ils ont porté par excellence les noms de bois de lance ou de sagaie. A l'Isle-de-France ce sont les mêmes que l'on nomme aussi bois de gaulettes, mais c'est surtout le *melicocca apetala* de Jussieu. Voyez KNÉPIER, BOIS DE GAULETTES. (A. P.)

BOIS SAIN ou SAIN-BOIS. (*Bot.*) On désigne ainsi le garou, *daphne gnidium.* (A. P.)

BOIS SAINT ou BOIS DE SANTÉ. (*Bot.*) C'est le gaïac, *guajacum sanctum*, ainsi nommé à cause de ses grandes propriétés. (A. P.)

BOIS DE S. JEAN, plus communément ARBRE DE S. JEAN. (*Bot.*) On nomme ainsi à Caïenne, suivant Aublet, le *panax morototoni.* Voyez GINSENG. (A. P.)

BOIS DE SAINTE-LUCIE. (*Bot.*) La couleur et l'odeur de ce bois le rendent également précieux. On pourroit présumer qu'on le fait venir de loin et de l'île dont il porte le nom ; et dans le fait on en apporte des pays éloignés et à grands frais, qui ne réunissent pas autant de qualités que celui-ci, que fournit un arbre qui croît naturellement dans plusieurs parties de la France, et qui est cultivé dans les bosquets d'agrément : c'est le mahaleb, espèce de cerisier, que Linnæus rapporte au prunier sous le nom de *prunus mahaleb.* Les habitans du village de S. Lucie en Lorraine, autour duquel cet arbre croît abondamment et d'où il a pris son nom, lui font subir une préparation qui consiste à l'enfouir en terre ; par là ils développent ses qualités : ensuite ils en fabriquent sur le tour une multitude de petits ouvrages, des étuis entre autres, qui sont exportés au loin. (A. P.)

BOIS SANGLANT ou DE SANG. (*Bot.*) La couleur rouge et vive du bois de Campêche lui a fait donner ce nom, rendu en latin par celui d'*hæmatoxylum*, sous lequel il est connu. (A. P.)

BOIS SANS ÉCORCE, Bois pelé. (*Bot.*) Il existe dans les pays chauds plusieurs arbres de la classe des dicotylédonés, dont l'écorce ne se détache pas du liber ; ou plutôt, se desséchant à mesure qu'elle se forme, elle se sépare en lanières ou plaques minces : de là on les a nommés bois pelé ou bois sans écorce. A l'Isle-de-France ce sont les proquies et plusieurs *eugenia* ou jambosiers, auxquels on donne ces noms, ainsi qu'au genre nommé par Commerson *ludia*, dont l'écorce est mince et très-adhérente au bois. (A. P.)

BOIS DE SAPAN. (*Bot.*) On connoît depuis long-temps un bois de teinture qui croît dans les grandes Indes. Linscot, qui est un des premiers qui en ait parlé, le nomme sapou. Linnæus l'a rapporté au genre *Cæsalpinia*, qui comprend le bois de Brésil : de là on lui a donné en françois le nom de brésillet.

On cultive le bois de sapan à l'Isle-de-France : mais jusqu'à présent on n'en a tiré d'autres services que d'en faire des haies ; elles sont très-belles, mais peu garnies par le bas. Voyez Brésillet, Sapan. (A. P.)

BOIS SARMENTEUX, de Caïenne. (*Bot.*) C'est un sébestier, *cordia flavescens*, Aubl., que Lamarck nomme *cordia sarmentosa*. (J.)

BOIS DE SASSAFRAS. (*Bot.*) Voyez Sassafras, Laurier-sassafras.

BOIS SATINÉ. (*Bot.*) Ce bois que l'on trouve aux Antilles est employé avec succès dans la marqueterie : lorsqu'il est poli, il présente à peu près le reflet du satin ; d'où lui vient son nom. Il paroît que c'est le même qu'Aublet décrit dans ses Plantes de la Guiane sous le nom de férole, *ferolia*. On donne aussi quelquefois le nom de bois satiné d'Europe au prunier, dont le bois, quand il est préparé, imite un peu celui d'Amérique. Voyez Férole, Bois-benoit. (A. P.)

BOIS DE SAUGE. (*Bot.*) On connoît dans les Antilles sous ce nom deux espèces de camara, *lantana*, l'une à grandes et l'autre à petites feuilles. Voyez Camara. (J.)

BOIS DE SAULE. (*Bot.*) L'Herbier des Antilles fait par Surian présente sous ce nom une espèce de savonnier. (J.)

BOIS DE SAVANNE DE CAÏENNE. (*Bot.*) C'est l'arbre connu dans cette colonie sous le nom de poirier, et qui est décrit dans l'ouvrage d'Aublet sous celui de couma ou Coumier. Voyez ce mot. (J.)

. BOIS DE SAVANNE DE S. DOMINGUE. (*Bot.*) Pouppée-Desportes distingue trois sortes de bois de Savanne : le bois de Savanne propre pour teindre en jaune, c'est l'agnante pyramidal, *cornutia pyramidata* ; le bois de savanne franc, dont le bois est dur, propre à bâtir, c'est une espèce de gattilier, *vitex*, à feuilles digitées ; enfin le bois de savanne bâtard, qui s'élève à une hauteur médiocre, dont le bois est mou et propre à bâtir, pourvu qu'il soit à l'abri du soleil et de la pluie. Faute de renseignemens suffisans nous ne pouvons rapporter cette troisième sorte de bois de savanne à son genre. Voyez Agnante, Gattilier. (P. B.)

. BOIS DE SAVONNÉTTE BATARD. (*Bot.*) Suivant Surian, on donne ce nom dans les Antilles à une espèce de *pseudo-acacia* de Plumier, qui n'est point un robinier, mais qui paroît appartenir au genre Dalberg, *Dalbergia*. (J.)

BOIS SAVONNEUX ou de savonnette. (*Bot.*) C'est le nom que porte dans les Antilles le savonnier, *sapindus*. La pulpe de son fruit, détrempée dans l'eau chaude, la fait blanchir, mousser, et la rend propre à laver le linge. On fait aussi des chapelets avec le noyau, qui devient noir et aussi luisant que l'ébène.

Le savonnier, dans certains quartiers, est aussi surnommé Bois ramier, Bois-ramon. Voyez ces mots et Savonnier. (P. B.)

BOIS DE SENIL. (*Bot.*) A l'Isle-de-France on donne ce nom à un arbuste de la famille des corymbifères, que Lamarck a fait connoître, d'après les herbiers de Commerson, sous le nom de conise à feuilles de saule, et qui doit former un genre particulier : il paroît que ce nom est une altération de celui de bois de chenilles, donné à un arbuste très-différent, mais auquel celui-ci ressemble extérieurement. (A. P.)

BOIS DE SENTE ou Bois senti. (*Bot.*) A l'Isle-de-France on désigne sous ce nom une espèce de nerprun, *rhamnus circumscissus* ; on prétend qu'il est ainsi nommé parce qu'il se fait sentir vivement par les épines dont il est armé. (A. P.)

BOIS DE SENTEUR BLEU ou Bois galeux. (*Bot.*) Voy. Assonie.

BOIS DE SERINGUES. (*Bot.*) C'est la traduction du nom portugais *pao da seringa*, qu'on donne dans la Guiane au caoutchouc, *evea*, qui porte la gomme élastique, dont on fait des vessies élastiques employées aux mêmes usages que les seringues. (A. P.)

BOIS-SIFFLEUX. (*Bot.*) Voyez Bois - fléau.

BOIS-SIGNOR ou Bois-capucin. (*Bot.*) Préfontaine, dans sa Maison rustique de Caïenne, désigne sous ces noms un grand arbre à bâtir, qu'il croit être une espèce de balatas, et qui est peu connu dans la colonie, quoiqu'il soit assez abondant dans quelques parties de son territoire. (J.)

BOIS DE SOIE ou Arbre de soie. (*Bot.*) On donne ce nom dans les Colonies au *muntingia calabura*, dont les feuilles sont chargées d'un duvet fin et doux comme de la soie. Ses feuilles étant un peu tournées obliquement sur leur pétiole et plus larges d'un côté, l'ont fait confondre dans quelques quartiers avec le bois d'orme, *celtis micranthus*, espèce de micocoulier. Dans d'autres quartiers on le surnomme bois ramier, parce que les pigeons ramiers viennent s'y reposer par troupes dans le temps que ses fruits sont mûrs, pour s'en nourrir. Ce bois ne présente d'autre utilité que pour faire des douves de barriques ; mais elles sont peu estimées, parce qu'elles durent peu. Les nègres emploient son écorce à faire des nattes grossières. Voyez Micocoulier, Bois ramier, Arbre de soie, Calabure. (P. B.)

BOIS DE SOURCE. (*Bot.*) On donne ce nom à Bourbon (la Réunion) à l'aquilice, *aquilicia*, parce qu'il croît dans les endroits ombragés, près des sources. (A. P.)

BOIS-TABAC. (*Bot.*) Les Créoles de la Guiane nomment ainsi le manabo velu, *manabea villosa* (Aubl. Guian. p. 62, t. 23), dont les feuilles ressemblent à celles du tabac : ce genre a été depuis réuni à l'Ægiphile. Voyez ce mot. (A. P.)

BOIS DE TACAMAQUE. (*Bot.*) On donne ce nom, soit au calaba, *calophyllum calaba*, soit au peuplier baumier, *populus balsamifera*. (J.)

BOIS-TAMBOUR ou TAMBOUL. (*Bot.*) Sonnerat a décrit et figuré sous le nom de *tambourissa* un arbre de l'Isle-de-France, que Commerson nommoit *mithridatea*, et auquel Jussieu a conservé le nom d'*ambora*, sous lequel il est connu à Madagascar. Son tronc creux sert à faire des tambours. (A.P.)

BOIS-TAN. (*Bot.*) Voyez BOIS DYSSENTERIQUE.

BOIS TAPIRÉ (*Bot.*), grand arbre de Caïenne, dont le bois, employé pour faire de beaux meubles, est agréablement veiné de différentes couleurs; ce que désigne son nom emprunté de la langue des Galibis. C'est ainsi que l'on donne ce nom de tapiré à des perroquets que ces peuples ont l'art de marqueter, par des procédés particuliers, de couleurs étrangères à leur nature. (A.P.)

BOIS DE TEK (*Bot.*), arbre des Grandes-Indes qui fournit un bois très-estimé à cause de sa solidité. On le compare à cause de cela au chêne; aussi le nomme-t-on souvent chêne des Grandes-Indes; mais il est supérieur à celui-ci à beaucoup d'égards. Le plus estimé se tire du Pégu, où il paroît qu'il forme de grandes forêts. Cet arbre a été décrit et figuré par Rhéede sous le nom malabare de *theka* (Hort. Malab. 4, p. 57, t. 27), et ensuite par Rumphius sous celui de *iatus* ou *caju iati* (Herb. Amboin. 3, p. 38, t. 18). Linnæus le fils, dans le Supplément qu'il a donné au Systema vegetabilium de son père, en a formé le genre *Tectona*, que Jussieu a placé dans la famille des gattiliers, en conservant le nom de Rhéede, *theka*. On peut douter avec fondement que tout le bois employé sous ce nom de tek provienne de ce seul arbre; il paroît que dans la langue du Malabar c'est un nom collectif. C'est ainsi que Rhéede, à sa suite, en décrit trois autres : les *katou-teka*, *tsjeru-theka* et *ben-teka*, qui n'ont de commun avec lui que la solidité de leur bois. Le teka est du nombre des végétaux intéressans des quatre parties du monde, dont on a enrichi l'Isle-de-France et l'île de Bourbon (la Réunion); il paroît s'y plaire, à en juger par le petit nombre de ceux qui y existent, et qui font regretter qu'onn'ait pas cherché à le multiplier davantage, d'autant plus qu'indépendamment des services qu'il peut rendre, c'est un des plus beaux arbres connus. Voyez TEK. (A.P.)

BOIS TENDRE-A-CAILLOU (*Bot.*), nom donné dans les Antilles à l'acacie en arbre, *mimosa arborea*, à cause de la dureté de son bois, d'autant plus recherché qu'il est incorruptible : il est communément employé pour les poteaux et grosses charpentes sur lesquelles reposent les édifices et qui en font la solidité. Le bois tendre-à-caillou s'élève très-haut : ses folioles sont très-petites ; il est sans épines. Sa gousse est plate, mais garnie en dedans d'une pulpe rouge, sucrée, très-recherchée par les oiseaux.

Nicholson, en nommant cet arbre tendre-à-caillou franc, en désigne une seconde espéce sous le nom de tendre-à-caillou bàtard, qui, selon lui, n'a d'autre différence que d'avoir les feuilles plus grandes et les siliques plus longues : il sert, d't-il, aux mêmes usages, mais son bois est moins estimé. Il nous est impossible de rapporter le tendre-à-caillou bàtard à aucune espéce d'acacie. (P. B.)

BOIS TÊTE-DE-JACOT. (*Bot.*) Voyez Bois de natte.

BOIS DE TEZÉ ou de quinquin (*Bot.*), bois de l'Isle-de-France, très-dur et difficile à entamer avec la hache ; ce qui lui a fait donner par Commerson le nom de *securinega*. Ce genre paroît appartenir à la famille des euphorbiacées, et devoir être placé prés du buis. Voyez Tezé. (J.)

BOIS-TROMPETTE. (*Bot.*) Les habitans des Antilles donnent ce nom à l'ambaïba, *cecropia peltata*, dont le bois est creux et sert à faire des conduits d'eau. Il croît communément dans ce qu'on appelle les *haziers* en terme créole, c'est-à-dire les lieux anciennement cultivés, abandonnés, et où on laisse croître le bois, qui ne vient pour l'ordinaire qu'en buissons entremêlés de quelques grands arbres à bois mou. Voyez Ambaiba. (P. B.)

BOIS-TROMPETTE BATARD (*Bot.*), mal à propos confondu par Nicholson avec le précédent. Voyez Bois-canon. (P. B.)

BOIS VEINÉ (*Entom.*), nom que Geoffroy a donné à une phalène. Voyez Bombyce zig-zag. (C. D.)

BOIS VEINÉ. (*Moll.*) Les marchands donnent ce nom à la volute hébraïque (voyez Volute), espéce d'olive de Lamarck. (Duv.)

BOIS VERDOYANT. (*Bot.*) On désigne ainsi aux Antilles le *laurus chloroxylon*, que l'on nomme plus communément bois jaune ; il présente des nuances qui tirent sur le vert. Browne, qui avoit observé cet arbre à la Jamaïque, avoit cru lui trouver des caractères assez tranchans pour en former un genre nouveau ; il lui avoit donné le nom grec de *chloroxylon*, qui est la traduction du nom vulgaire bois jaune. (A. P.)

BOIS VERT. (*Bot.*) C'est le même arbre que l'on connoît plus communément sous le nom d'ébène verte ou ébène des Antilles. Cette couleur et le beau poli dont il est susceptible le font rechercher. Il est produit par une espèce de bignone, *bignonia leucoxylon*. (A. P.)

BOIS VIOLET. (*Bot.*) Voyez Bois de palixandre.

BOIS-VIOLON. (*Bot.*) A l'Isle-de-France on donne ce nom à un petit arbre remarquable des forêts de l'intérieur : son tronc fournit un bois très-léger, qui ne pèse que trente livres le pied cube ; il sert à faire des planches qu'on emploie à des ouvrages peu recherchés, qui ne demandent pas beaucoup de solidité. Ses feuilles sont très-grandes et ombiliquées, comme celles de l'hernandier ; les fleurs sont petites et dioïques. Du Petit-Thouars lui trouvant des caractères particuliers, en a formé un genre auquel il a réuni trois arbres qu'il a observés à Madagascar. Les habitans de cette île les nomment *macaranga*. Il a cru devoir conserver comme générique ce nom sous lequel il les fera connoître. Voyez Macaranga. (A. P.)

BOITE OSSEUSE (*Rept.*), *Lorica ossea*. Ce nom convient à l'enveloppe osseuse des tortues. Le dessus est la carapace, et le dessous est le plastron.

La carapace, *clypeus*, est formée de la colonne vertébrale, et des côtes, qui sont recouvertes par des pièces osseuses, *tessellœ osseœ*, engrenées ensemble par des sutures ; et la boîte osseuse est garnie en dessus de plaques écailleuses ou d'un cuir. Les écailles, ou plutôt les plaques, *scutellœ*, sont ou marginales ou situées sur le disque de la carapace. Les plaques marginales antérieures sont des plaques collaires, et les autres sont latérales ou postérieures. Les plaques du disque sont vertébrales ou latérales.

Le plastron, *pectorale* ou *sternum*, est plus ou moins

ovale, formé de pièces osseuses, engrenées ensemble ou
réunies par des ligamens ; et sa surface a des plaques minces ou un cuir. Ses plaques, disposées presque toutes par
paires, doivent être désignées d'après la région qu'elles
occupent : ainsi l'on trouve sur le plastron les plaques
collaires, brachiales, pectorales, abdominales, fémorales
et caudales. Le plastron tient à la carapace par deux ailes
latérales ; ses parties antérieure et postérieure sont quelquefois mobiles en forme de battans, *valvæ*. (F. M. D.)

BOITIAPO (*Rept.*), serpent venimeux du Brésil, décrit
par Pison. (C. D.)

BOITOS. (*Ichtyol.*) Il paroît qu'Aristote a désigné sous
ce nom le cotte chabot. Voyez Cotte. (F. M. D.)

BOJOBI. (*Rept.*) Ce nom, donné par les habitans de
Ceilan, ou plutôt par ceux du Brésil, selon Séba, au *boa
canina* de Linnæus, est conservé à ce boa par les naturalistes françois. Voyez Boa. (F. M. D.)

BOKKEN - VISCH. (*Ichtyol.*) Les colons hollandois des
Indes orientales donnent ce nom au chétodon téira. Voyez
Chétodon. (F. M. D.)

BOL. (*Chim.*) Le nom de bol désigne en chimie différentes substances.

Autrefois on nommoit bol ou terre bolaire un oxide métallique mêlé d'alumine et natif, qu'on employoit en médecine comme absorbant. Le nom est presque oublié aujour-
d'hui avec l'usage de la chose.

Le mot bol est encore usité pour désigner, dans l'art de
formuler et en pharmacie, une masse molle formée par
des médicamens en poussière, liés à l'aide du miel, du
sirop, d'un extrait liquide, et qu'on prescrit aux mala-
des d'avaler entière. Cette masse s'allonge et se moule sur
le pharynx et dans l'œsophage, par la déglutition.

Enfin, on donne le nom de bol alimentaire à la masse
des alimens bien mâchés, ramollis, pénétrés de salive,
réduits en pâte, ramassés par la langue, et formés par la
pression du palais en un morceau ductile qui passe aisément dans l'œsophage. Le chimiste voit dans le bol alimentaire une substance déjà changée, et disposée par l'addition de la salive à subir de plus grands changemens

et une dissolution plus ou moins complète dans l'estomac. (F.)

BOL D'ARMÉNIE. (*Minér.*) Voyez ARGILE OCREUSE ROUGE.

BOLA (*Bot.*), nom indien de la myrrhe, suivant Clusius. (J.)

BOLAX. (*Bot.*) Ce nom, qui signifie en grec motte, avoit été donné par Commerson au gommier des îles Malouines, plante très-basse et rassemblée en mottes épaisses qui tapissent la terre. Jussieu avoit adopté le nom et le genre de Commerson ; mais Gærtner, réformant en partie son caractère, l'a réuni avec l'azorelle de Lamarck dans un genre qu'il nomme *chamitis*. Dans des dessins faits par Joseph de Jussieu au Pérou, on trouve le bolax sous le nom d'*yareta;* ce qui prouve que cette plante existe aussi au Pérou. Voyez AZORELLE, CHAMITIS. (J.)

BOLAYE (*Ornith.*), nom que porte chez les nègres Yolofs la pie-grièche gonolek, *lanius barbarus*, L. (Ch. D.)

BOLBONACH. (*Bot.*) Voyez BULBONAC, LUNAIRE.

BOLDU. (*Bot.*) Feuillée, dans ses Observations faites au Chili (p. 11, t. 6), cite et figure sous ce nom un arbre aromatique à feuilles opposées, semblables à celles du laurier thym, et dont les fleurs sont disposées en bouquets terminaux. Il ajoute que ces fleurs ont un calice à six lobes allongés, six pétales blancs plus courts, six étamines, un brou ovoïde renfermant une noix osseuse qui contient une graine. Les habitans du Chili mangent avec délices ce fruit, qui dans sa parfaite maturité est vert-jaunâtre. Ses feuilles, opposées et aromatiques comme celles du cannellier, son calice, ses étamines et son fruit monosperme le rapprochent des laurinées ; mais l'existence des pétales semble l'en éloigner, et l'on est encore indécis sur ses véritables rapports.

Ruiz et Pavon, dans leur Flore du Pérou et du Chili, parlent d'un autre *boldu*, jugé par eux assez important par son organisation pour mériter de former un nouveau genre que Pavon a nommé *ruizia*. Cet arbre est dioïque, c'est-à-dire muni de fleurs mâles et de fleurs femelles portées sur des pieds différens. Le calice des unes et des autres est d'une seule pièce, en godet, à cinq divisions aiguës ; leurs pétales, attachés au calice, sont au nombre de cinq, très-évasés.

Dans les mâles on trouve plus de quarante étamines, dont les anthères courtes sont appliquées contre le sommet des filets, qui ont dans le milieu de leur longueur deux renflemens glanduleux. Les fleurs femelles ont cinq écailles attachées au calice, entourant plusieurs ovaires terminés par des stigmates aigus, et qui deviennent autant de brous de forme ovoïde, remplis par une noix monosperme. Plusieurs de ces fruits avortent, et il n'en subsiste ordinairement que trois à cinq. Ce caractère éloigne beaucoup ce boldu du précédent, et semble le rapprocher de quelques rosacées. Lorsque l'arbre sera mieux connu dans toutes ses parties, on pourra mieux déterminer son analogie. (J.)

BOLET ou Morille (*Bot.*), *Boletus*, genre de la famille des champignons, dont le caractère est d'avoir un chapeau conique, lisse en dessous, sinué et rempli en dessus de cavités plus ou moins profondes, non percé au sommet, et porté **sur** un pédoncule ordinairement plein et quelquefois renflé en bulbe à sa base.

Ce genre est composé de quelques espèces du genre Satyre ou *Phallus* de Linnæus ; *Morchella*, Pers. Ce célèbre naturaliste et la plupart de ses successeurs ont donné le nom *boletus* à un genre de champignons bien différens, parmi lesquels se trouve l'agaric des boutiques, l'agaric amadouvier, et tous ceux qui réunissent le caractère d'avoir la surface inférieure du chapeau couverte de tubes ou pores, soit qu'il soit porté sur un pédoncule, soit que ce chapeau soit sessile, dimidié ou hémisphérique, soit enfin que les pores ou les tuyaux soient réguliers ou irréguliers, continus ou contigus à la chair du chapeau ; caractères qui ont été saisis depuis pour diviser le genre *Boletus*, Linn., qui se trouve surchargé d'un très-grand nombre d'espèces.

Jussieu, frappé de l'inconvenient de changer des noms anciennement connus, a pensé qu'il étoit convenable de rectifier Linnæus à cet égard : il a donc rendu à la morille le nom que Tournefort lui avoit donné, et a restitué en même temps à l'agaric amadouvier et à celui des boutiques le nom qu'ils n'auroient jamais dû perdre et sous lequel ces deux champignons sont connus du vulgaire, et désignés dans tous les livres anciens et dans les différentes pharmacopées. Nous pensons comme Jussieu et nous avons adopté sa synonymie.

Persoon, en séparant la morille du *phallus*, ne pouvoit pas lui rendre le nom de Tournefort, puisqu'il avoit adopté pour l'agaric de Jussieu le nom de Linnæus. C'est pourquoi il l'a appelée morchelle. Voyez AGARIC, GUÉPIER, MICROPORE, DÉDALE, pour les *boletus* de Linnæus, et MORILLE, pour les espéces du genre que nous nommons bolet, *boletus*. Voyez encore SATYRE pour les différences entre ce dernier et la MORILLE, que les modernes ont avec raison séparés en deux genres. (P. B.)

BOLÉTOÏDES (*Bot.*), nom que Persoon a donné à la seconde division de la première classe de sa Méthode sur les champignons : elle comprend deux genres, dont le caractère est d'avoir le chapeau garni en dessous de tubes ou pores réguliers et irréguliers. Voyez CHAMPIGNONS. (P. B.)

BOLHIDA ou BOLHINDA (*Bot.*), herbe parasite de Ceilan, qui croît sur les vieux arbres et les bois pourris ; c'est une espèce d'éphémérine, *tradescantia cristata*, que Linnæus nommoit auparavant *commelina cristata*, et que Burmann (Flor. Ind. 18, t. 7, f. 4), a figurée sous ce dernier nom. (J.)

BOLIDE (*Phys.*) Voyez MÉTHÉOROLITHE.

BOLIMBA (*Bot.*) Voyez BALIMBA.

BOLIN (*Moll.*), nom donné par Adanson à une espèce de rocher, *murex cornutus*, L. Voyez au mot ROCHER. Cette espèce est représentée pl. 8, f. 20, des Coquillages du Sénégal. (D.)

BOLITAINE (*Moll.*), est une dénomination sous laquelle les anciens grecs, ainsi que les modernes, désignent les émanations musquées de certains mollusques dont les cachalots se nourrissent, et qui communiquent à leurs excrémens cette odeur qui leur est particulière. (S. G.)

BOLITOPHAGE. (*Entom.*) *Bolitophagus*. Illiger a donné ce nom à de petits coléoptères qu'il a séparés d'avec les opatres. Ce genre adopté par Fabricius avoit été aussi indiqué par Latreille, qui l'avoit appelé élédone : il appartient à notre famille des mycétobies ou fongivores, puisque les insectes qu'il renferme ont cinq articles aux tarses antérieurs, quatre aux postérieurs, et les antennes en masse.

Ce nom est composé de deux mots grecs, dont l'un βολίτης (*bolites*) signifie bolet ou champignon ; et l'autre est le verbe φάγω (*phago*), je mange. On trouve en effet ces insectes dans les champignons.

Nous exprimons ainsi qu'il suit le caractère du genre :

Caract. gén. Corps ovale, déprimé, convexe en dessus, plat en dessous ; tête engagée, à chaperon saillant, comme enchâssé dans le crâne ; antennes en masse ovale, comprimée, de sept articles, comme arquées ; corselet plus large en travers, échancré en devant ; écusson entre les élytres ; pattes courtes, à cuisses et jambes à peu près d'égale longueur.

Les genres de cette même famille des mycétobies avec lesquels celui qui nous occupe pourroit être confondu, sont ceux, 1.° de la diapère, 2.° de l'anisotome, 3.° de l'hypophlé, et 4.° de l'agathidie. Il diffère du premier par la masse des antennes, qui est moins allongée, et par l'absence du chaperon ; du second, parce qu'il a le corselet arrondi en arrière et moins large que les élytres ; du troisième, parce que son corps est linéaire ; du quatrième enfin, parce que la masse de ses antennes n'a que cinq articles et que ses jambes sont dentelées.

On trouve les bolitophages, ainsi que leurs larves, qui ressemblent à celles de la diapère, dans les champignons qui poussent sur les arbres.

Fabricius les avoit rangés d'abord avec les opatres ; Thunberg avec les hispes ; Linnæus avec les boucliers. Nous n'en avons que quatre espèces décrites : Riche en a apporté plusieurs des Indes orientales, et nous en possédons quelques individus.

1.° **Bolitophage crénelé**, *Bolitophagus crenatus.* Herbst. Col. 5, p. 216, a.° 4, tab. LII, fig. 6. Linn. *Silpha oblonga, reticulata.*

Caract. Noir ; corselet large, à deux pointes antérieures, élytres à sillons crénelés.

Nous avons trouvé cet insecte dans la forêt de Fontainebleau, sur un bolet desséché qui étoit attaché au tronc d'un bouleau.

2.° Bolitophage agaricicole, *Bolitophagus agaricicola.* Oliv. livrais. LVI, tab. I, fig. 11.

Caract. Corselet convexe, à bords infléchis; élytres finement striées.

Cet insecte varie pour la couleur: on en trouve de noirs, de bruns et de ferrugineux : il est très-commun dans l'agaric du noyer lorsqu'il est desséché. Plusieurs auteurs lui ont donné le nom d'agricole, parce qu'il s'est glissé une faute d'impression dans la première description qu'en a donnée Fabricius.

3.° Bolitophage armé, *Bolitophagus armatus.*

Caract. Brun; corselet chiffonné, à bords dentelés; élytres profondément striées, à stries hérissées de pointes.

Le mâle de cette espéce porte deux petites cornes roides sur la tête.

4.° Bolitophage cornu, *Bolitophagus cornutus.*

Caract. Brun; corselet à deux longues cornes dirigées en avant et rapprochées, velues en dessous.

Ce singulier insecte nous a été apporté en France par Bosc, qui l'a trouvé fort communément dans le bolet, dans la Caroline. (C. D.)

BOLONTAS. (*Bot.*) A Java on nomme ainsi la baccante de l'Inde, *baccharis indica*, suivant Burman. (J.)

BOLS. (*Minér.*) On donne ce nom aux terres colorées. Ces terres sont presque toujours mélangées; mais comme les propriétés argileuses y sont dominantes, on en a traité au mot Argile, à l'article *Argile ocreuse.* Voyez ces mots. Voyez aussi Fer oxidé terreux. (B.)

BOLTONE (*Bot.*), *Boltonia*, l'Herit., genre de plantes de la famille des corymbiféres, qui renferme deux espéces vivaces, originaires de l'Amérique septentrionale. Leurs feuilles sont simples, alternes, et leurs fleurs radiées naissent en panicules; elles sont composées de fleurons hermaphrodites, quinquéfides, et de demi-fleurons femelles, fertiles, entiers. Le calice commun est imbriqué d'écailles linéaires, aiguës; les graines sont comprimées, surmontées de deux arêtes roides et persistantes; le réceptacle est alvéolé.

Boltone astéroïde, *Boltonia asteroides*, l'Herit. Sert. Angl. t. 36; *Matricaria asteroides*, Linn. Sa tige est droite, rameuse, haute de deux ou trois pieds; ses feuilles sont sessiles, lancéolées, glabres, bordées d'aspérités. Ses fleurs ressemblent à celles d'un aster; leur disque est jaune, et les demi-fleurons sont d'un blanc rougeâtre.

Boltone a feuilles de pastel, *Boltonia glastifolia*, l'Herit. Sert. t. 35. Ses tiges s'élèvent à la hauteur de cinq à six pieds, et ses feuilles inférieures sont dentées en scie.

On cultive ces deux plantes en pleine terre dans le jardin du Muséum d'Histoire naturelle; elles se multiplient de graines ou de rejetons. (D. P.)

BOM (*Rept.*), nom d'une espèce de serpent du royaume d'Angola, qui semble devoir être rangé dans le genre Boa. (C. D.)

BOMA. (*Rept.*) On trouve dans l'Histoire générale des Voyages un serpent indiqué sous ce nom, comme vivant au Brésil. (C. D.)

BOMAREA (*Bot.*), genre de plantes de la famille des narcissées, établi par Mirbel sur trois espèces d'Alstroémères. Voyez ce mot. Des six espèces de ce premier genre, trois, la *pelegrina*, la *pulchella*, la *ligtu*, ont la tige droite, les trois divisions extérieures du calice renversées, les étamines courbées en arc, et la capsule allongée; trois, la *salsilla*, l'*ovata* et la *multiflora*, ont la tige grimpante, les divisions extérieures du calice droites de même que les étamines, et la capsule arrondie et aplatie de haut en bas. Mirbel conserve au premier groupe le nom d'*alstroemeria*, et donne au second celui de *bomarea*. Ces plantes croissent dans l'Amérique méridionale. Les habitans du Chili emploient le *bomarea salsilla* comme sudorifique; ils font prendre son infusion pour guérir les maladies de la peau. Voyez Alstroémère. (Mas.)

BOMARIN (*Mamm.*), Bœuf de mer. Klein donne ce nom à l'hippopotame. (F. C.)

BOMBA. (*Mamm.*) On trouve dans Labat, sous ce nom et sous celui de capi-vert, une description fort obscure qui paroît se rapporter au cabiai, *cavia capybara*, L.: mais Labat aura sans doute confondu quelque autre animal avec celui-ci; car il assure qu'on le trouve également en Afrique et au Brésil, et ce n'est que dans ce dernier pays que le cabiai existe. (F. C.)

BOMBARDIERS ou Canonniers. (*Entom.*) On a désigné sous ce nom certaines espèces de carabes, qui lancent un acide sous forme de vapeur et avec un petit bruit, lorsqu'ils sont dans le danger. Voyez Brachin pétard, etc. (C. D.)

BOMBÉE. (*Rept.*) C'est le nom donné par Lacépède à notre tortue à gouttelettes, première variété. Voyez Tortue. (F. M. D.)

BOMBEENEN (*Bot.*), nom donné par les Hollandois au *crateva religiosa* sur la côte Malabare. C'est le même arbre que les Malabares nomment *niirvala*, et les Brames *ranabelou*. (J.)

BOMBIATES. (*Chim.*) Les bombiates sont dans la nomenclature chimique les sels formés par l'acide bombique uni à différentes bases alcalines, terreuses ou métalliques. On n'a encore que très-peu examiné ces sels; aucun n'est assez connu pour être traité en particulier: il y a même lieu de croire que les bombiates sont de véritables acétates. (F.)

BOMBICIN. (*Chim.*) On trouve le nom de bombicin désignant l'acide du ver à soie, dans quelques ouvrages de chimie: on lui a substitué le nom d'acide bombique. (F.)

BOMBIQUE. (*Chim.*) Quoiqu'on ait désigné sous le nom d'acide bombique et qu'on ait regardé comme un acide particulier, la liqueur très-aigre qu'on trouve dans une cavité particulière de la larve du bombyce ou dans le ver à soie, il y a lieu de croire que cet acide est de la même nature que l'acide acétique. Voyez les mots Acide acétique, Acide bombique et Acide formique. (F.)

BOMBOS ou Bumbos. (*Rept.*) Les nègres de quelques contrées d'Afrique nomment ainsi le crocodile. (C. D.)

BOMBU, Bohumbu (*Bot.*), c'est-à-dire exotique dans

la langue de Ceilan : c'est un arbre à feuilles dentelées, qui ont à leurs aisselles des petits épis de fleurs. Linnæus, dans sa Fl. Zeyl. n.° 409, paroît le confondre avec celui que Burman (Th. Zeyl. 139, t. 62) a décrit et figuré sous le nom de *laurus*, et que ce dernier croit être le *mendya* de Ceilan. Voyez MENDYA, BOBU, BOMBUÆTHA. (J.)

BOMBUÆTHA. (*Bot.*) C'est dans l'île de Ceilan, suivant Hermann, le même arbre que le *wælmendya*, le même que le *mendya*, suivant Burman (Th. Zeyl.) et Linnæus (Fl. Zeyl.) Voyez MENDYA. (J.)

BOMBYCE. (*Entom.*), *Bombyx*, genre d'insectes lépidoptères qui ont les antennes en forme de fil, le plus souvent pectinées, et que nous avons rangés dans notre famille des nématocères ou filicornes.

Ce mot de *bombyx* est entièrement grec. Nous le trouvons dans Aristote (Hist. des anim. liv. V, ch. 24), et le passage où il en traite est trop curieux pour que nous ne le citions pas ici. Nous emprunterons la traduction de Camus. « Certains bombyces forment avec de la boue, contre une « pierre et autres corps semblables, une sorte de nid ter- « miné en pointe, qu'ils recouvrent d'un enduit ayant « l'apparence de sel, qui est très-épais et très-ferme. On « a de la peine à le percer d'un coup de lance. Ils y dé- « posent ce qui doit les reproduire, etc. » Il y a ici une variante dans la version au sujet de l'enduit : les uns ont écrit οἱ ἁλός (de sel) ; les autres ὕαλον (luisante, transparente). Il est certain que ce passage semble peindre la coque du bombyce paon. Quelques entomologistes ont cru cependant y reconnoître le nid de l'abeille maçonne, parce que le nom de bombyce vient du mot βομβυξ (*bombyx*), qui murmure, qui fait du bruit en volant, et qu'ensuite dans le même paragraphe Aristote vient à parler de la cire.

Quoi qu'il en soit, ce nom de bombyce, donné peut-être à tort par les latins, et en particulier par Pline, à la chenille du mûrier, a été ensuite appliqué à un grand nombre d'espèces voisines par Fabricius, qui en a fait un genre distinct et très-naturel. Linnæus avoit déjà indiqué la nécessité de cette division en établissant des sections parmi les phalènes; il en avoit même indiqué le caractère et le nom de bombyce.

Il faut avouer cependant que, quoique les insectes qu'on réunit ici sous un même nom de genre, aient entre eux le plus grand rapport, principalement par le genre de métamorphose, il est assez difficile d'y rapporter certaines espèces dont les caractères ne sont pas très-prononcés.

Ces caractères consistent en effet plutôt dans la faculté qu'ont les chenilles de ces espèces de se filer un cocon, que dans la forme des antennes, dont les dentelures sont souvent à peine visibles, et dont la tige va quelquefois beaucoup en diminuant vers l'extrémité libre. La langue à la vérité est très-courte, à peine de la longueur de la tête : mais quelques autres genres de lépidoptères sont dans le même cas; tels sont en particulier les genres STYGIE, GALLÉRIE, COSSUS et HÉPIALE. Voyez ces mots.

Au reste, il en est de ce genre comme de presque tous ceux qui, dans les diverses parties de l'Histoire naturelle, ont offert un grand nombre d'espèces, parmi lesquelles on est venu successivement puiser, pour ainsi dire, quelques genres accessoires. Tous les insectes qu'on n'a pas pu en distraire sont restés là, et souvent le genre principal finit par ne plus conserver le nom attribué aux premières espèces. Ici cependant les entomologistes ne sont pas encore arrivés à ce point de perfection : ce genre renferme aujourd'hui près de sept cents espèces, et il eût été bien à désirer qu'on eût pu en séparer au moins les trois quarts. Quand une famille est bien naturelle il est très-difficile de trouver des notes suffisantes pour la diviser en sections, et l'ordre des lépidoptères en particulier paroît de nature à faire échouer toutes les tentatives des auteurs systématiques.

Nous ne nous arrêterons pas ici à décrire l'organisation et les habitudes des larves, que nous ferons connoître en détail et d'une manière générale au mot CHENILLE, que nous prions le lecteur de consulter. Nous renvoyons aussi au mot LÉPIDOPTÈRES pour tout ce qui tient à la partie systématique, et à quelques articles d'espèces particulières, comme à ceux du *Bombyce paon* et du *Bombyce du mûrier*, pour ce qui concerne les mœurs. Afin de donner plus de facilité dans la recherche des espéces, que nous avons, autant que possible, rangées dans l'ordre qui nous a paru le plus naturel, nous avons cru devoir établir sept sections principales dans ce genre. Chacune de ces sections présente, outre les formes diverses que nous indiquons en titre, des particularités dans la manière de vivre et dans les habitudes principales.

Le tableau suivant offre d'un coup d'œil les divisions que nous avons formées dans ce genre.

```
                  ┌ horizontales : les inférieures . . . . . .  ┌ tout-à-fait découvertes . . §. I.
                  │                                             └ cachées en partie . . . . §. II.
BOMBYCES à        │
ailes supérieures │            ┌ aigu : les infé-  ┌ horizontales, dépassant les supérieures. §. III.
                  │            │ rieures . . .     │            ┌ dépassant les supérieures. §. IV.
                  └ en toit    │                   └ en toit, . │ entièrement couvertes . §. VI.
                               │                                │ non plissées . . . . . . §. V.
                               └ arrondi : les inférieures . .  └ plissées en éventail . . §. VII.
```

Voyez la pl. des lépidoptères, 2.ᵉ livr. de l'atlas de ce Dict.

§. I. *Les quatre ailes étendues horizontalement.*

1. BOMBYCE GRAND-PAON, *Bombyx pavonia major.* Geoff. Insect. tom. II, p. 110, 1. Le grand-paon de nuit.

Caract. Ailes grises, à large bande brune, bordées de blanc, avec une tache œillée sur chacune.

C'est le plus grand lépidoptère des environs de Paris. Il a souvent, d'une extrémité de l'aile à l'autre, près de cinq pouces d'étendue. Son corps est gris, avec la tête, la partie moyenne et le dessous du corselet, bruns ; il est couvert de poils très-longs sur le corps et à l'origine des ailes. La partie antérieure du corselet et tout le bord postérieur des ailes sont d'un blanc pur, bordé de brun, qui le rend plus éclatant. Les ailes supérieures ont deux taches brunes, l'une à la base, presque triangulaire, bornée en arrière par une ligne grise, rougeâtre et brune ; l'autre vers le bord postérieur, bordée de blanc en arrière et d'une ligne ondulée plus foncée, puis cendrée, rougeâtre et enfin brune. On voit en outre sur cette même aile une grande tache œillée avec un cercle et une pupille noire, et deux lunules, l'une vers la base, qui est blanche, bordée de rouge ; l'autre testacée, bordée de brun. Les ailes inférieures sont à peu près colorées comme les supérieures, mais elles n'ont pas la tache brune de la base.

La chenille est très-belle et très-grosse ; elle varie beaucoup en couleurs selon les différens âges où on l'observe. A sa dernière mue et sept à huit jours avant qu'elle soit prête à filer sa coque, elle est d'un très-beau vert d'émeraude ; chaque anneau est garni de huit tubercules élevés, de couleur bleu de cobalt et comme vernis, qui supportent des poils allongés, dont quelques-uns sont terminés par une petite masse. Le nombre de ces tubercules varie ; il y en a six sur le premier anneau, huit sur les quatre qui suivent, six sur les suivans, quatre sur l'avant-dernier, et aucun sur le dernier. On trouve cette chenille sur tous les arbres fruitiers, mais principalement sur l'orme. Elle ne vit point en société. Elle éclot vers la mi-Avril, se file, en Août, une coque extrêmement solide, quelle attache sur les arbres ou les pierres, et dont la forme et la texture sont très-singulières. Elle est pointue par l'un des bouts et arrondie par l'autre. Le bout pointu est tellement disposé qu'il forme une sorte de cône, composé de poils roides, dirigés en avant et convergens, de sorte qu'il est impossible d'y pénétrer du dehors, mais que l'insecte qui est au dedans et dont la chrysalide a toujours la tête dirigée dans ce sens peut très-bien sortir par cette ouverture pratiquée d'avance. Les fils qui entrent dans la texture de cette coque sont très-grossiers et ressemblent à une sorte de laine. L'insecte avant de se métamorphoser applique à l'intérieur de la coque une sorte de bave, qui pénètre tous les fils et les colore en brun comme une sorte de vernis.

Le bombyce grand-paon passe l'hiver dans ce cocon. Il éclot sur la fin de Mars ou dans les premiers jours du printemps ; il ne vit que quelques jours, pendant lesquels il s'accouple, pond et meurt. L'accouplement dure une journée entière ; le mâle périt quelques jours après, la femelle ne lui survit que pour pondre. Elle vole le soir et place ses œufs isolément, en les collant sur les jeunes feuilles du rosier, de la ronce, de l'orme, du coudrier, du saule, des poiriers, pruniers, abricotiers et pommiers.

On trouve cet insecte fort communément aux environs de Paris, à l'époque que nous venons d'indiquer. Comme les cocons sont très-gros, on peut se les procurer facilement pendant l'hiver : on les trouve fixés sur les murailles, principalement sur celles qui sont élevées et qui sont terminées par une corniche ; on en trouve aussi sur les arbres.

2. BOMBYCE PETIT-PAON, *Bombyx pavonia minor.* Geoffr. Insect. tom. II, p. 101, n.° 3, pl. XII, fig. 1, 2, 3. Atlas de ce Dict. 2.° livr. Lépidoptères, n.° 1.

Caract. Ailes supérieures rougeâtres, les inférieures jaunâtres : une tache œillée sur chaque ; une autre rouge et blanche à l'angle externe de la supérieure.

Il y a les plus grands rapports pour le dessin des ailes entre cette espèce et la précédente ; mais elle est de moitié plus petite et la chenille est bien différente. Elle varie aussi pour la couleur dans les différens âges : dans son dernier état et quelques jours avant sa métamorphose elle est d'un beau vert de pré. Elle porte aussi des tubercules, mais colorés en rose ou en jaune aurore, et entourés de cercles noirs : quelquefois ces cercles se touchent et forment une bande noire qui occupe le milieu de chacun des anneaux. Aucun de ses poils n'est terminé par une petite masse, comme on le remarque dans ceux de la précédente espèce. Ces tubercules, d'après l'observation de Degéer, que nous avons eu occasion de répéter plusieurs fois même sur de très-jeunes chenilles, laissent exsuder une liqueur fétide lorsqu'on vient à toucher les poils ou à agacer la chenille. Il est probable qu'elle est destinée à éloigner les ichneumons, qui attaquent très-souvent cette espèce. On la trouve assez souvent dans les bois aux environs de Paris, sur l'aubépine et le prunier sauvage. Les individus vivent alors en société, mais ils se séparent quand ils sont plus grands. Ils se métamorphosent dans le même temps de l'année, et sortent de leur chrysalide à la même époque. Leur cocon est semblable à celui du grand-paon, mais la soie est un peu plus fine.

3. BOMBYCE TAU ou HACHETTE, *Bombyx tau*. Ernst, Papill.
d'Europe, tom. IV, p. 67, pl. 129, fig. 175.

Caract. Jaune, avec une tache œillée d'un noir violâtre,
marquée au centre d'un *T* blanc.

Le mâle de cette espèce est beaucoup plus petit que la
femelle : ses couleurs sont plus vives; les ailes sont enca-
drées par une bande flexueuse brune, plus marquée dans
le mâle. La tache œillée noire ne paroît point en dessous
de l'aile inférieure; le *T* est beaucoup plus grand, tracé sur
un fond brun, bordé de blanchâtre.

La chenille est rase, d'un beau vert avec une ligne latérale blanche : elle vit sur le charme, le hêtre, les arbres
fruitiers, mais principalement sur le marceau, *salix caprea*.
Elle se métamorphose sous terre, où elle s'enfonce peu
profondément; elle y file une coque à la mi-Août. On
trouve ce bombyce à la fin du mois de Mai; il vole de jour,
principalement le mâle, qui voltige par bonds comme le
minime.

Dans cette petite division des phalènes, que Linnæus
nommoit *Attici*, terme emprunté des Grecs, il y a de très-
grandes espèces, qui sont toutes étrangères : on pourroit
encore les partager en deux séries, celles qui ont les ailes
inférieures prolongées en une sorte de queue, et celles
qui ont, ainsi que celles que nous venons de décrire, toutes
les ailes à peu près arrondies.

C'est dans la première série qu'on placeroit le *bombyx
semiramis*, dont la chenille vit sur les cannes à sucre, et dont
les ailes sont jaunes avec une tache transparente; le *bombyx luna*, dont la larve se nourrit des feuilles du laurier
sassafras aux Indes, et dont les ailes sont vert d'eau avec
une tache œillée noire et jaune et une pupille transparente.

Dans la seconde série on placeroit, parmi les espèces
étrangères, l'*atlas*, dont les ailes en forme de fer de faux
sont jaunes avec une tache transparente triangulaire; le
bombyx janus, dont les ailes supérieures sont grises, les inférieures rouges avec une tache œillée noire sur chacune.

§. II. *Ailes étendues : les supérieures horizontales, couvrant les inférieures.*

4. Bombyce versicolore, *Bombyx versicolora*. Ernst, Pap. d'Eur. tom. IV, p. 55, pl. 125 et 126, n.° 169.

Caract. Ailes supérieures grises, avec des lignes ondées transverses, noires et blanches ; à base et devant du corselet blancs.

Ce bombyce est très-remarquable par la disposition des couleurs des ailes de dessus : les inférieures sont moins remarquables. La chenille est rase, verte, à points jaunes avec quelques lignes obliques plus pâles, et une sorte de petite corne sur la partie postérieure du dos ; ce qui la fait un peu ressembler à une larve de sphinx : on la trouve sur le bouleau et le hêtre. Elle vit en société lorsqu'elle est toute jeune. Elle fait son cocon en automne : il est composé de fils grossiers, liés avec des feuilles sèches ; on le trouve l'hiver au pied des hêtres. L'insecte parfait se trouve au printemps : le mâle vole le jour et au commencement de la nuit. Cet insecte est rare.

5. Bombyce de la ronce ou Polyphage. *Bombyx rubi.* Esper, tom. III, tab. 9, fig. 1 — 6.

Caract. Ailes jaunes, avec deux lignes moins foncées sur les supérieures.

On pourroit confondre cette espéce avec la suivante, à laquelle elle ressemble beaucoup ; mais les deux lignes de l'aile supérieure suffisent pour la faire distinguer. La chenille qui la produit se trouve sur la ronce, le hêtre, le bouleau, l'aune, le chêne : elle mange toutes sortes de feuilles ; elle est très-grosse, brune, velue. A sa dernière mue les intervalles des anneaux deviennent d'un beau noir velouté : ce n'est qu'à la fin du printemps qu'elle file son cocon, qui est gris, composé d'une soie grossière. Elle se trouve sous l'état parfait en Juin.

6. Bombyce du chéne ou Minime a bandes, *Bombyx quereus.* Geoff. Insect. tom. II, p. 111, n.° 13. Atlas de ce Dict. 2.° livr. Lépid. n.° 2.

Caract. Ailes ferrugineuses, bordées de jaune ; les supérieures avec un point blanc.

Ce bombyce est un des plus communs : le mâle est beaucoup plus petit que la femelle ; il vole avec une vivacité extrême. On le trouve au milieu de l'été. Sa chenille vit sur beaucoup d'arbres et d'arbrisseaux ; elle ressemble à la précédente dans le jeune âge, mais elle ne prend pas la couleur noire du bord des anneaux.

7. BOMBYCE DU TRÈFLE. *Bombyx trifolii.*

Caract. Ailes ferrugineuses, les supérieures avec une large bande et un point blanchâtre.

Il y a les plus grands rapports entre cette espèce et la précédente : la chenille diffère un peu ; elle a derrière la tête une tache rouge en travers, et chaque anneau porte en avant une petite ligne bleuâtre. On la trouve dans le même temps que la précédente, mais dans les prairies.

8. BOMBYCE DU GAZON, *Bombyx dumeti.* Ernst, Pap. d'Europe, tom. V, p. 25, pl. 177, n.° 227.

Caract. Ailes d'une couleur jaune fauve, avec une bande, un point et le bord postérieur moins foncés.

Cet insecte ressemble beaucoup aux deux espèces précédentes : sa chenille vit sur la laitue, le pissenlit ; elle est noire, à poils roux ; elle se métamorphose dans la terre, où elle s'enfonce sur la fin d'Août pour en sortir sous forme d'insecte parfait à la fin de Septembre.

§. III. *Ailes en toit ; les inférieures horizontales, dépassant les supérieures dans l'état de repos.*

° *Palpes très-avancés.*

9. BOMBYCE FEUILLE-DE-CHÊNE OU FEUILLE-MORTE, *Bombyx quercifolia.* Geoff. Insect. tom. II, p. 110, n.° 11. Atlas de ce Dict. 2.° livr. Lépid. n.° 3.

Caract. D'un jaune de feuille morte, à antennes, palpes et jambes noirs.

Cet insecte a été nommé très-bien paquet de feuilles sèches; il ressemble en effet, au premier aperçu, à un paquet de feuilles de poirier qui seroient desséchées. Ses ailes supérieures sont dentelées, avec des lignes transverses ondées, noires.

Sa chenille est très-grosse : elle a deux pouces et demi de long; elle est semi-cylindrique, grise, velue, avec deux taches transversales bleues en arrière de la tête. On la trouve en Septembre sur les arbres fruitiers, auxquels elle fait beaucoup de tort; c'est l'époque où elle est plus volumineuse et prête à se métamorphoser. Elle file une coque lâche, dans la texture de laquelle elle fait entrer ses poils. Elle reste à peu près vingt-quatre à vingt-cinq jours en chrysalide, plus ou moins, suivant la température.

10. BOMBYCE FEUILLE-DE-PEUPLIER, *Bombyx populifolia.* Mérian, Insect. d'Europe, pl. XXXII.

Caract. Ailes testacées, dentelées, avec beaucoup de petites taches brunes en rondache.

L'insecte parfait et la chenille ressemblent beaucoup à la feuille-morte. La chenille vit sur le peuplier : on la trouve dans le même temps de l'année que la précédente.

11. BOMBYCE FEUILLE-D'ILEX, OU FEUILLE-SÈCHE, *Bombyx ilicifolia.* Degéer, tom. I, p, 697, pl. XIV, fig. 7, 8, 9.

Caract. Ailes brunes, testacées, dentelées, avec quatre bandes ondées, transversales.

Cette espèce est de moitié plus petite que les deux précédentes : on voit sur les ailes supérieures, entre les deux raies les plus proches de la base, un espace comme lavé de couleur de chair. La chenille est semblable à celle des deux espèces précédentes. On la trouve sur l'osier : elle a l'habitude de se rouler en cercle lorsqu'on la touche, mais de manière à présenter un arc dont la partie la plus convexe est formée par le ventre, les pattes restant en l'air; elle reste souvent près d'une demi-heure dans cette attitude sans remuer aucunement. Sa coque est semblable

à celle des précédentes ; elle la file entre les feuilles ou
sur le tronc des saules ; elle y fait entrer ses poils et une
matière comme pulvérulente qu'elle dégorge au moment
où elle est prête à se métamorphoser. Elle reste près de
dix mois en chrysalide.

** *A palpes courts.*

12. BOMBYCE DU HÊTRE OU L'ÉCUREUIL, *Bombyx fagi.* Rœs.
Insect. tom. III, pl. XII, fig. 1 — 7.

Caract. Ailes rousses cendrées, avec deux lignes flexueuses,
testacées.

Dans cette espèce, qui est fort rare aux environs de Paris,
les quatre ailes sont en dessous d'une couleur grise ou
jaunâtre, cendrées, sans taches ; les inférieures ont en
dessus des taches irrégulières, jaunes et brunes : mais ce que
cet insecte a de remarquable, c'est sa chenille, dont la
couleur est brun jaunâtre. Chacun des segmens du corps
est profondément marqué ; les deux paires de pattes écailleuses postérieures, articulées comme celles des coléoptères ;
les derniers anneaux sont garnis en dessous de tubercules
qui sont comme dentelés. Elle se nourrit de feuilles de
chêne, de bouleau, de noisetier et de hêtre. Son cocon
est ovale, fort solide, de couleur grise.

13. BOMBYCE DU PRUNIER, *Bombyx pruni.* Schæff. Icon.
insect. tab. 60, fig. 6 et 7.

Caract. Ailes jaunes, ferrugineuses ; les supérieures avec
une bande brune et un point blanc argenté.

Il ressemble un peu au bombyce feuille-morte, mais il est
plus petit et paroît tout-a-fait jaune lorsqu'on les compare :
il a de plus un point blanc sur l'aile. La chenille a quelques
rapports avec celle qui donne le bombyce feuille-morte.
Comme les poils des derniers anneaux sont fort allongés,
quelques auteurs lui ont donné le nom de queue-de-poisson.
Son cocon est semblable à celui des espèces précédentes ;
ses œufs sont blancs. On trouve les chenilles sur différens
arbres fruitiers, et sur le chêne, le bouleau, le tilleul.

14. Bombyce buveur, *Bombyx potatoria.*

Caract. Ailes jaunes, ferrugineuses ; les supérieures à deux
raies transverses brunes, avec deux points argentés,
dont l'un plus petit.

C'est absolument la même forme que dans l'espèce précédente, mais il y a deux points blancs sur l'aile. Goedart,
qui a nourri la chenille un des premiers et qui nous en
a laissé l'histoire, avoit cru remarquer qu'elle aimoit l'eau
sucrée : il dit même l'avoir vue en boire ; de là le nom de
buveuse qui lui a été conservé. Elle porte sur le premier
et le dernier anneau une touffe de poils en aigrette ; elle vit
sur le gramen et dans les lieux un peu aquatiques. On la
trouve vers la mi-Juillet, et un mois après elle a pris la
forme d'insecte parfait, après avoir filé sa coque, qu'elle
fixe entre les tiges des graminées.

15. Bombyce du cerisier, *Bombyx cerasi.*

Caract. Ailes jaunes, ferrugineuses ; les supérieures avec un
point et deux bandes brunes, et un autre point blanc,
bordé de brun, à l'extrémité.

On trouve la chenille de cette espèce sur le cerisier.

§. IV. *Ailes en toit ; les inférieures, aussi en toit,
dépassant les supérieures dans l'état de repos.*

* *Un point blanc ou moins foncé sur les ailes supérieures.*

16. Bombyce laineux, *Bombyx lanestris.*

Caract. Corps et ailes d'un rouge pâle brunâtre, avec une
raie plus pâle ; les supérieures avec deux taches plus
pâles, dont une à la base.

Ces insectes peuvent avoir, surtout les femelles, un pouce
et demi d'envergure ; les mâles sont un peu plus petits
et d'une couleur moins foncée. Leur corps est en général
couvert de poils fort allongés. Leurs chenilles vivent en
société sur plusieurs sortes d'arbres : elles se construisent
une sorte de tente, qu'elles filent aux extrémités des
branches ; elles s'y retirent pendant la nuit. Elles se séparent après leur dernière mue ; elles vivent alors isolé-

ment jusqu'à ce qu'elles filent leur coque. Elles sont noirâtres, avec trois taches blanches sur chaque anneau, placées entre deux autres tubercules rougeâtres que forment des faisceaux de poils. Elles passent l'hiver en chrysalide; on les trouve communément au parc de Saint-Maur près Paris.

17. BOMBYCE DU PEUPLIER, *Bombyx populi.*

Caract. Corps et ailes bruns ; tête, devant du corselet et extrémité de l'aile supérieure, plus clairs; deux raies et un point blanchâtre sur la supérieure.

Il est aussi fort velu : sa couleur est beaucoup plus brune ; les taches blanches sont bordées de rougeâtre. Il paroît qu'il a deux pontes chaque année. Les chenilles varient pour la couleur, vivent en société, paroissent se nourrir de l'écorce de différens arbres.

18. BOMBYCE CATAX, *Bombyx catax.*

Caract. Ailes brunes avec un seul point blanc ; corps fauve, à anus très-brun.

Sa chenille vit sur le chêne : elle est grise, avec deux lignes noires longitudinales, deux points rouge brun sur chaque anneau.

19. BOMBYCE ÉVÉRIE, *Bombyx eueria.*

Caract. Ailes jaunes ou brunes, plus pâles à l'extrémité; les supérieures avec un point blanc.

Les chenilles vivent sur l'aubépine et le prunellier. Elles restent réunies sous une même toile jusqu'à ce qu'elles aient acquis assez de force : elles sont velues, grises, avec un cercle noirâtre à chaque anneau, et deux tubercules bleuâtres, pointillés de jaune. Les œufs dont ils éclosent sont couverts de duvet comme ceux du bombyce disparate.

** *A deux lignes transverses sur l'aile supérieure, sans point.*

20. BOMBYCE DE NEUSTRIE ou LIVRÉE, *Bombyx neustria.*
Atlas de ce Dict. 2.ᵉ livr. n.° 4 des Lépid.

Caract. Ailes grises, jaunâtres, avec une large bande plus brune sur la supérieure.

On trouve la chenille sur toutes sortes d'arbres. Elle vit

en société et fait beaucoup de dégâts. Réaumur lui a donné le nom de livrée, parce que son dos est marqué de lignes longitudinales blanches, bleues et rougeâtres. On la trouve principalement sur l'orme. Ce sont les œufs de cette chenille qu'on trouve souvent autour des branches, disposés en anneaux, comme une peau de serpent. La femelle, pour les pondre et les disposer aussi régulièrement, tourne autour de la branche.

21. BOMBYCE DES CAMPS OU LIVRÉE DES PRÉS, *Bombyx castrensis*.

Caract. Ailes brunes ou jaunes, avec deux bandes plus pâles ou plus foncées.

La chenille de cette espèce vit sur les herbes des prés et non sur les arbres. On la trouve principalement sur le bec-de-grue, la piloselle et même le tithymale. Elle est à bandes comme la précédente, mais les lignes rouges sont parsemées de taches noires.

22. BOMBYCE DU NOISETIER, *Bombyx avellanæ*.

Caract. Ailes cendrées, obscures, avec une bande large, sinuée, plus foncée.

La chenille de cette espèce ne vit pas en société. Elle est brune, avec une bande jaune sur chaque anneau, et une raie dorsale de taches blanches. Elle se métamorphose en terre.

23. BOMBYCE DE L'AUBÉPINE, *Bombyx cratægi*. Degéer, tom. II, p. 300. *Bombyx bicaudata*, tom. I, p. 193, pl. X, fig. 18, 21.

Caract. Ailes cendrées ou noirâtres, avec une bande plus foncée, bordée de brun.

Le mâle de cette espèce a l'anus garni de deux touffes de poils bien distinctes, et ses ailes supérieures sont un peu sinuées. Sa chenille vit sur le saule, l'osier, l'aubépine, le pommier et même le chêne. Leur couleur est noire avec des taches jaunes et des poils roux. La manière dont cet insecte enduit son cocon de terre est une chose fort curieuse. Il file d'abord un tissu lâche, mais cependant assez roide pour que ses parois puissent se soutenir seules. Il sort ensuite et va, souvent assez loin, chercher de la terre à plusieurs reprises, pour en enduire l'enveloppe extérieure, de manière cependant à pouvoir lui donner en dedans le plus beau poli. Il reste à peu près un mois en chrysalide. On le trouve à Paris sous l'état parfait, à la fin de Septembre.

24. Bombyce processionnaire , *Bombyx processionea*. Réaum. tom. II, p. 179, pl. X et XI.

Caract. Gris, avec deux raies transverses plus obscures sur les supérieures, et une sur les inférieures.

Ces insectes, sous l'état parfait, sont peu remarquables : leur couleur est cendrée, le corps couvert de longs poils ; les bandes transverses paroissent un peu plus brunes ; elles sont quelquefois comme effacées.

Le corps des chenilles est gris, couvert de longs poils ; leur dos est plus brun, avec quelques tubercules ferrugineux. Leur manière de vivre est très-curieuse : elles sont toujours réunies en société et se retirent sous une tente commune. On les trouve souvent au bois de Boulogne et dans la forêt de Bondy. Leur nid se fait aisément apercevoir sur le tronc des chênes : c'est une sorte de nasse allongée, ovale, divisée intérieurement par des espèces de cloisons qui toutes aboutissent à une ouverture commune, placée ordinairement à l'extrémité supérieure de la nasse, et par laquelle ces chenilles peuvent entrer et sortir. Mais ce qu'il y a de singulier, c'est que ces chenilles sortent toutes ensemble pour aller manger ; qu'elles rentrent de même, et cela dans l'ordre le plus admirable. L'une d'elles semble conduire la famille ; elle est à la tête, marche lentement, après s'être bien assurée de la nature du plan, qu'elle tâtonne de toutes parts avec la tête, tandis que les pattes postérieures et les intermédiaires continuent de porter le corps en avant. Derrière ce chef vient une autre chenille, puis une troisième, une quatrième, et ainsi elles se suivent toutes à la file. Elles semblent être entraînées machinalement dans la route tracée, de sorte que lorsqu'il y a eu un coude dans la marche, toutes en suivent exactement la sinuosité. Quelquefois, sur la fin de cette procession qui a plus de quarante pieds de long, les rangs se doublent, se triplent, se quadruplent même ; mais les sinuosités sont parfaitement les mêmes pour chaque série.

C'est ordinairement le soir, ou quand le soleil ne se montre pas, qu'on peut observer cette marche vraiment singulière ; mais il faut avoir grand soin de ne pas manier ces chenilles, car les poils qui les revêtent se détachent facilement, et ils sont si grêles et si fragiles qu'ils pénètrent dans les pores de la peau, et y font venir presque subitement des pustules ou petits boutons, avec une douleur analogue à celle que produisent les orties, mais qui dure beaucoup plus long-temps.

Non-seulement ces insectes vivent ainsi en société lorsqu'ils ont la forme de chenilles ; mais ils restent même réunis quand ils se changent en chrysalides. Sous le premier état ils avoient changé plusieurs fois de tente, et dans la construction de ces demeures passagères ils n'avoient pas mis beaucoup de solidité : il n'en est pas de même de celle qui doit les protéger pendant leur engourdissement. Les chenilles filent alors une enveloppe extérieure plus serrée : les cloisons sont plus distinctes. Chacune se construit ensuite un cocon particulier, au dehors duquel elle fixe ses poils, de sorte que toute la masse de ces cocons ressemble à des cellules d'abeilles bourdons. Ces nids sont encore plus dangereux à toucher que les chenilles même : quand on en soulève l'enveloppe, les poils voltigent dans l'air, et bientôt, ainsi que cela nous est arrivé plusieurs fois, l'observateur, attaqué presque subitement d'une sorte d'érysipèle, se repent de son imprudence et de sa téméraire curiosité.

Il paroît cependant que ces poils, qui sont un très-bon moyen de défense que la nature a accordé à ces chenilles, ne les protègent pas contre tous les animaux. Plusieurs fois nous en avons trouvé dans l'estomac de quelques oiseaux, et plus souvent encore nous avons observé parmi elles des larves de calosome sycophante, nommé, ainsi que la larve de dytisque, ver assassin, qui s'en repaissoient sans qu'elles cherchassent à éviter ses cruelles mandibules.

Ces bombyces processionnaires se changent en chrysalides à la mi-Juillet. On les trouve sous l'état parfait dans le courant d'Août, mais elles ne vivent que quelques jours. Les poils qui recouvrent leur corselet produisent les mêmes démangeaisons que ceux des chenilles ; mais la douleur qu'ils produisent n'est pas aussi cuisante, et ordinairement il n'y a pas d'inflammation consécutive.

25. Bombyce pityocampe ou processionnaire du pin, *Bombyx pityocampa*. Réaum. Mém. tom. II, pl. VII, fig. 3, pl. VIII, fig. 1—12.

Caract. Gris : trois raies transverses plus obscures sur les supérieures ; les inférieures blanchâtres, avec un point obscur à l'extrémité.

Cette espèce a les mêmes mœurs que la précédente, à laquelle elle ressemble beaucoup sous l'état de chenille et d'insecte parfait ; mais comme elle vit sur les arbres verts qui ne perdent point leurs feuilles pendant l'hiver, les individus naissent sur la fin de Septembre, filent une tente commune, dans laquelle se retire toute la famille pour y passer la saison des froids dans une sorte d'engourdissement. La soie dont est tissue cette demeure est assez fine ; Réaumur en a fait carder et filer. Comme elle est produite par un trop grand nombre d'individus il est impossible de la dévider, et elle a en outre l'inconvénient de se dissoudre dans l'eau bouillante. Au printemps ces chenilles sortent de leur retraite : elles grossissent bientôt, et vers la fin de Mars elles ont acquis tout leur développement. Elles se séparent alors et s'enfoncent séparément sous la terre, où elles filent une coque légère, dans laquelle elles se métamorphosent pour paroître sous la forme de bombyce vers le commencement de Juillet.

Cet insecte est rare aux environs de Paris. Il est fort commun près de Bordeaux. Dorthès a donné un mémoire sur cette chenille dans le tome XXXIV du Journal de physique, p. 232.

5

26.° Bombyce a soie ou du murier, *Bombyx mori.*

Caract. Blanc; ailes supérieures avec trois bandes transversales presque effacées.

Cet insecte est le plus connu de tous ceux de ce genre,
quoiqu'il soit originaire de la Chine et des parties les plus
méridionales de l'Asie. C'est sa chenille qu'on nomme ver
à soie [1], et qu'on élève en domesticité pour en obtenir le
fil précieux dont la solidité, la finesse extrême et le brillant,
ne peuvent être rendus dans notre langue que par le mot
même de soie.

Les mœurs et la forme de cette chenille sont absolument
les mêmes que celles que nous avons décrites dans les généralités de cet article. Son corps est ras. Sa peau est de
couleur blanchâtre ou bleuâtre, lorsque l'insecte est à la
seconde, troisième et quatrième mues : car dans les dix
premiers jours elle est noire ou obscure, couverte de poils
rares et roides, qui la protègent contre les corps extérieurs
dans ses chutes; et lorsqu'elle est prête à filer, son corps
devient d'un jaune luisant, comme transparent. On voit sur
le dernier anneau un petit tubercule charnu, analogue à la
corne des chenilles de sphinx.

Elle vit naturellement en Asie sur les mûriers. On l'a
apportée en Europe pour l'élever en domesticité et profiter
de la soie qu'elle file autour de sa chrysalide. Il paroît que
ce fut vers 1450 qu'on s'occupa de ce genre d'industrie. En
1480 Louis XI appela en France des ouvriers de Gênes,
de Florence et même de la Grèce. Les premières manufac-
tures de soieries s'établirent à Tours, puis à Lyon. Dans
les premiers temps de cette introduction les étoffes de
soie se vendoient au poids de l'or, tandis que maintenant
la livre de soie écrue ne coûte guères que la douzième partie
d'une livre d'or (dix-huit à vingt francs).

Il est un art particulier pour élever les vers à soie, les
nourrir, les préserver des maladies, leur faire produire

---

1. En Languedoc et dans le comtat d'Avignon on l'appelle *magniau*
ou *magnian ,* nom qui paroît être tiré de l'italien *mignano* ou *mignatto ,*
qui signifie ver à soie.

des cocons d'une soie fine et abondante, en conserver la graine ou les œufs non dégénérés, dévider les cocons, etc. Voyez Soie. C'est une branche considérable d'économie et de commerce.

Lorsque la chenille du bombyce du mûrier est prête à filer, elle fait diète pendant trente-six heures, devient flasque, molle, se vide de tous ses excrémens, et cherche un lieu propre à la construction de sa coque. Elle commence à fixer des fils, d'une manière irrégulière et très-lâche, vers les parties voisines qui lui présentent quelque résistance : elle forme ainsi ce qu'on nomme la bourre, bourrette ou araignée. Elle file ensuite la véritable soie, qui est blanche ou jaune, et dont elle fait son cocon ou *coucon* en collant successivement ses fils en zigzag, à peu près dans une égale épaisseur en tous sens ; enfin la couche la plus intérieure est faite d'une soie si fine et tellement gommeuse qu'il est impossible de la dévider entièrement.

Le ver à soie emploie deux ou trois jours à filer ce cocon, dont Malpighi et Lionnet ont eu la patience de mesurer le fil, auquel ils ont trouvé neuf cents pieds de longueur. Il s'y change en chrysalide, forme qu'il conserve à peu près pendant vingt jours. Au bout de ce temps il sort de la coque en détruisant les fils du côté de la pointe où étoit tournée sa tête, qu'il appuie à cet effet très-fortement et en tournant de manière à faire céder les fils, qui se trouvent ainsi abreuvés de l'humidité dont le corps est couvert. C'est un véritable accouchement, qui fatigue beaucoup l'insecte.

Les mâles sortent ordinairement les premiers. Dans les pays où la température n'est pas assez élevée, les mâles ne volent pas ; ils sont cependant très-vifs et très-alertes. Ils marchent en faisant trémousser leurs ailes, qu'ils agitent avec beaucoup de vivacité. Ils courent très-vîte dès qu'ils aperçoivent ou qu'ils sentent une femelle. Ils s'en approchent avec beaucoup d'ardeur, se placent à ses côtés et parallèlement, et avec la pointe de leur anus et les crochets dont cette partie est armée, ils saisissent l'extrémité du ventre de la femelle et s'y cramponnent ; ils se retournent alors et se placent sur la même ligne, la tête diamétralement opposée à celle de la femelle. Dans cette attitude le mâle agite alternativement ses ailes avec une très-grande vîtesse. L'accouplement dure quelquefois quatre jours ; mais ordinairement il se termine dans la même journée. Le mâle meurt cinq à six heures après l'accouplement, quand il a été fort long. Souvent il s'accouple plusieurs fois et avec des femelles différentes. La femelle, deux ou trois heures après qu'elle est séparée de son mâle, s'occupe de la ponte : elle dépose ses œufs humides et envisqués d'une gomme ou mucosité très-tenace ; elle les fixe sur les corps solides qui l'entourent. Souvent elle pond ainsi plus de cinq cents œufs.

Les œufs éclosent au printemps suivant. Il faut pour leur développement que la température soit élevée au-dessus du seizième degré du thermomètre de Réaumur ; mais ils peuvent supporter jusqu'à vingt-six degrés sans aucun préjudice. Dans beaucoup de pays les femmes portent jour et nuit sur leur corps les œufs de ver à soie pour accélérer leur développement.

§. V. *Les quatre ailes en toit arrondi ; les inférieures non plissées.*

Les DROMADAIRES : *une crête de poils au bord interne des ailes supérieures.*

27. BOMBYCE A MUSEAU , *Bombyx palpina.* Degéer, Mém. tom. I, p. 695, pl. IV, fig. 7, et tom. II, p. 334.

Caract. Ailes blanchâtres, dentelées , à veines noires, et à palpes dirigés en avant.

Les palpes avancés de cette espèce, qui donnent à sa tête une figure très-singulière, analogue à celle du bombyce feuille-morte, la caractérisent très-bien ; les ailes inférieures ont en dessous un point noir.

La chenille dont Degéer a fait connoître les métamorphoses, vit sur le saule et le peuplier. Elle est verte, sans poils, avec des lignes longitudinales blanches ; le devant du corps est marqué de jaune citron. Elle s'enfonce en terre pour y filer sa coque. On l'a vue aussi faire son cocon dans des feuilles et en sortir environ trois semaines après.

28. BOMBYCE CAPUCINE , *Bombyx capucina.* Geoff. Insect.
t. II, pag. 111. La Crête de coq.

Caract. Ailes rousses, ferrugineuses ; les supérieures avec
quelques bandes ondées , plus obscures.

La chenille de cette espèce vit aussi sur le saule ; elle
ressemble à la précédente, mais on voit sur le dernier anneau deux espéces de verrues de couleur pourpre. Elle
présente dans sa métamorphose cette particularité , que lorsqu'elle a acquis toute sa grosseur vers le milieu de l'été,
elle file son cocon dans la feuille, et elle en sort sous la
forme d'insecte parfait environ trois semaines après. Quand
au contraire elle n'a acquis toute sa grosseur qu'en automne,
elle s'enfonce alors en terre pour s'y métamorphoser et n'en
sortir qu'au printemps suivant.

29. BOMBYCE CHAMELLE , *Bombyx camelina.*

Caract. Ailes brunes , roussâtres ; les supérieures avec trois
raies transverses, noires.

La chenille vit sur le tilleul, l'aune et le bouleau ; elle
est rase , d'une couleur vert tendre, semblable à la précédente, mais les boutonnières ou stigmates sont pourpres.

30. BOMBYCE DROMADAIRE, *Bombyx dromedarius.*

Caract. Brun ; ailes supérieures avec des nuances plus obscures , ou jaunâtres.

Sa chenille ressemble à celles des trois espéces précédentes.
Cet insecte est rare aux environs de Paris.

31. BOMBYCE ZIGZAG ou BOIS VEINÉ , *Bombyx ziczac.* Geoff.
Insect. tom. II, p. 124, n.° 29.

Caract. Corps cendré, roussâtre ; ailes supérieures grises ,
avec des lignes ondées , brunes.

La chenille se trouve sur le saule : elle a l'habitude de se
tenir sur les pattes intermédiaires , la tête et la queue relevées ; elle est rase , d'un gris violet ou verdâtre.

32. BOMBYCE DICTÉE ou PORCELAINE , *Bombyx dictœa.*

Caract. Corselet cendré; abdomen brun ; ailes supérieures
brunes , avec une grande tache blanche.

La chenille ressemble beaucoup à toutes celles qui précèdent.

** *Les* LUNULÉES : *une tache en lunule à l'extrémité des ailes*
supérieures.

A) A abdomen droit, non relevé.

33. BOMBYCE BUCÉPHALE OU LUNULE, *Bombyx bucephala.*
Geoff. Insect. tom. II, p. 133, n.° 28.

Caract. Ailes grises, à lignes brunes, lunule jaune.

La chenille est noire, velue, avec des bandes longitudinales jaunes. Dans les premiers temps et avant la dernière
mue ces larves vivent en société, mais elles se dispersent
ensuite. Elles s'enfoncent dans la terre pour s'y métamorphoser ; elles y passent l'hiver sous la forme de chrysalide.

34. BOMBYCE TÊTE BLEUE OU DOUBLE OMÉGA, *Bombyx*
cæruleo - cephala. Geoff. Insect. tom. II, p. 122, n.° 27.

Caract. Tête et milieu du corselet d'une teinte bleuâtre :
    ailes supérieures marquées de deux cercles presque con-
    tigus.

Cet insecte est fort commun aux environs de Paris. Sa
chenille vit sur tous les arbres fruitiers, principalement
sur ceux à noyau : elle est grise, avec trois lignes longitudinales jaunes ; elle ne vit point en société. Elle file son
cocon vers Juillet ; elle en sort sous l'état parfait à la fin
de Septembre : quelquefois elle passe l'hiver sous cette
forme de chrysalide.

B) A extrémité de l'abdomen relevée dans l'état de repos.

35. BOMBYCE ANACHORÈTE, *Bombyx anachoreta.* Degéer,
Mém. tom. II, p. 323. Hausse-queue fourchue, pl. V, fig. 1.

Caract. Ailes grises, avec des bandes blanchâtres ; une tache
    ferrugineuse à l'extrémité de l'aile, coupée par une ligne
    blanche.

Quand ce bombyce est en repos pendant le jour, il porte
la tête baissée sous le corselet, les antennes sous le corps ;
les pattes de devant, qui sont très-velues, sont étendues en
avant. Le corselet est surmonté d'une crête de poils. L'ex-

trémité de l'abdomen est relevée et recourbée en dessus. Cette extrémité du ventre est très-velue, de couleur noire, divisée en deux parties divergentes.

La chenille vit sur le saule ; elle est grise, à poils rares, à tubercules jaunes, avec deux raies noires et deux raies jaunes, latérales, et avec deux points noirs veloutés sur le dos. Elle ne vit pas en société ; elle file son cocon dans les feuilles en automne, et elle sort sous la forme d'insecte parfait au printemps suivant.

36. BOMBYCE RACCOURCI OU HAUSSE-QUEUE, *Bombyx curtula.* Degéer, Mém. tom. II, p. 319, pl. IV, fig. 22 - 26.

Caract. Ailes grises, quelques stries blanchâtres ; lunule rousse ; une losange brune sur le corselet.

Cet insecte a le même port que le précédent. L'extrémité de l'abdomen n'est garnie que d'une seule touffe de poils. Sa chenille est verte, peu velue, avec des tubercules jaunes sur les côtés, et deux taches dorsales noires, veloutées. Elle vit aussi sur le saule.

37. BOMBYCE RECLUS, *Bombyx reclusa.*

Caract. Ailes grises, avec deux raies transverses blanchâtres, unies par deux lignes longitudinales ; tache brune en losange sur le corselet.

On voit par le caractère que nous assignons à cet insecte, qu'il ressemble beaucoup au précédent. Sa chenille vit sur le peuplier, le frêne et le saule. Elle a aussi deux taches dorsales noires, veloutées ; mais l'extrémité du corps est aurore, et il y a dans toute la longueur deux lignes latérales jaunes. Elle éclot vers Juillet, une vingtaine de jours après sa métamorphose.

38. BOMBYCE ANASTOMOSE, *Bombyx anastomosis.*

Caract. Gris, corselet à tache ovale, brune ; ailes supérieures avec trois ou quatre lignes transverses, anastomosées.

C'est principalement par la chenille que cette espèce diffère des deux qui précèdent. Cette larve est brune, avec des tubercules rouges, blancs ou jaunes, et deux lignes jaunes sur le côté.

* * * *Les Écailles : ailes colorées vivement, à taches plus claires ou plus foncées.*

A) A taches plus claires.

39. Bombyce du seneçon , *Bombyx Jacobææ.* Mérian, Europ. tab. 129. Phalène carmin du seneçon, Geoff.

Caract. Ailes supérieures d'un brun foncé , avec une ligne et deux taches rouges : les inférieures rouges, bordées de noir.

La beauté des couleurs de ce lépidoptère le fait aisément reconnoître. Tout le corps est d'un noir brillant, satiné, excepté les ailes. La chenille est deux ans à subir sa métamorphose : on la trouve en automne sur les diverses espèces de seneçon. Elle est noire avec une bande jaune transversale sur chaque anneau. Elle s'enfonce dans la terre pour y filer sa coque, dont le tissu est très-lâche.

40. Bombyce marbré , *Bombyx villica.* L'Écaille marbrée , Geoff. 2 , 106 , 7. Sepp. insect. IV , 16.

Caract. Ailes supérieures brunes , avec huit taches jaunes ; les inférieures jaunes, à taches noires.

Le corps de ce papillon est noir, excepté la poitrine et les côtés du ventre, dont la couleur est rouge ; le dos est aussi de couleur jaune. Il provient d'une chenille très-velue, qui se nourrit de beaucoup de plantes différentes, et qui passe l'hiver sous cette forme. Elle reste peu de temps en chrysalide, et l'on trouve ordinairement l'insecte parfait à l'époque où les chênes se couvrent de feuilles.

41. Bombyce aulique , *Bombyx aulica.* Mérian, Insect. d'Eur. II , t. 8.

Caract. Ailes supérieures brunes , à taches jaunes ; les inférieures fauves , à taches noires.

Cette jolie espèce est fort rare aux environs de Paris. On trouve sa chenille l'hiver sous les feuilles de la cynoglosse. L'insecte parfait ne vit que quelques jours ; il paroit au commencement du printemps.

42. Bombyce damerette, *Bombyx dominula*. Rœs. Insect.
3 , tab. 47. Atlas de ce Dict. 2.ᵉ livr. Lépidoptères, n.° 5.

Caract. Ailes supérieures noires, satinées , à taches jaunes :
les inférieures rouges, à taches noires.

On voit à peu près les mêmes dispositions de couleur
entre cet insecte et celui qui précède, mais la teinte est
différente. La chenille, qui est très-velue , noire, à poils
blanchâtres, porte des taches blanches et jaunes sur le dos
et les flancs. Elle se nourrit de plusieurs plantes ; elle aime
surtout les feuilles de saule.

B) A taches plus foncées.

43. Bombyce hébé, *Bombyx hebe.* L'Écaille couleur de
rose, Geoff. Schæff. Icon. tab. 38 , fig. 1, 2.

Caract. Ailes supérieures d'un blanc jaunâtre, avec des
bandes noires : les inférieures rouges, à taches noires.

44. Bombyce caja, *Bombyx caja.* L'Écaille-martre ou héri-
sonne , Geoff. Sepp. IV, p. 9, tab. 2.

Caract. Ailes supérieures à fond jaune tacheté de brun irrégulièrement ; les inférieures rouges, à taches d'un noir
bleuâtre.

La chenille est très-velue : elle se roule en boule lorsqu'on veut la saisir. Elle se nourrit principalement des
feuilles de l'ortie.

45. Bombyce du plantain , *Bombyx plantaginis.*

Caract. Ailes jaunes avec des taches longitudinales noires :
les inférieures avec des raies et des taches noires.

46. Bombyce lugubre, *Bombyx lugubris.* L'Arlequinette
jaune, Geoff. Schæff. tab. 9 , fig. 14 , 15.

Caract. Ailes supérieures noires, avec des taches jaunes disposées en longueur : les inférieures brunes, à bord blanchâtre.

47. Bombyce ensanglanté , *Bombyx russula.* La Bordure
ensanglantée, Geoff.

Caract. Ailes supérieures d'un jaune pâle, bordé de rouge :
les inférieures avec une tache brune au milieu.

On connoît un très-grand nombre d'autres espèces de cette division, mais celles que nous venons d'indiquer sont les plus communes aux environs de Paris.

§. VI. *Les quatre ailes en toit aigu : les inférieures couvertes dans le repos.*

* *Abdomen à points noirs.*

48. **B**OMBYCE **L**IÈVRE, *Bombyx leporina.* Degéer, Mém. tom. I, pl. XII, fig. 11-17, tom. II, p. 411, n.° 3.

Caract. Ailes blanches, avec quelques taches noires : corps gris, à taches noires.

La chenille se trouve sur le saule. C'est une des plus velues de ce pays ; ses poils sont blancs ou d'un jaune sale, ce qui l'a fait nommer par Degéer flocon de laine. Elle file une coque, dans laquelle elle fait entrer ses poils et quelques corps étrangers, ordinairement sur le tronc même des saules ou des peupliers : elle y passe l'hiver en chrysalide.

49. **B**OMBYCE **M**ENDIANT, *Bombyx mendica.*

Caract. Ailes blanches ou brunes, avec des points noirs ; abdomen à cinq lignes de points noirs.

Les cuisses sont jaunes et les tarses noirs dans l'un et l'autre sexe, quoique la couleur des ailes varie. Le mâle est ordinairement brun. La chenille vit sur beaucoup de plantes, particulièrement sur les borraginées, la laitue, le plantain et la vigne. Elle se métamorphose sous terre, où elle se retire en automne.

50. **B**OMBYCE **DE LA MENTHE SAUVAGE OU TIGRE**, *Bombyx mentastri.* Geoff. Insect. tom. II, p. 118, n.° 21.

Caract. Ailes blanches à points noirs ; dos de l'abdomen jaune : cinq lignes de points noirs sur le ventre.

La chenille, brune avec une ligne dorsale jaune et six taches bleues à chaque anneau, vit sur beaucoup d'arbres et sur quelques plantes.

51. **B**OMBYCE **L**UBRICIPÈDE, *Bombyx lubricipeda.*

Caract. Ailes supérieures d'un jaune pâle, avec des points noirs ; abdomen à cinq rangs de points noirs.

Ces trois espèces ont entre elles les plus grandes analogies ; aussi quelques auteurs les ont-ils confondues. La chenille de celle-ci vit sur l'ortie : elle a la forme de la précédente, mais les couleurs diffèrent. Les tubercules des anneaux, quoique saillans, sont de la même couleur que le reste du corps.

52. Bombyce fuligineux, *Bombyx fuliginosa*.

Caract. D'un rouge brun terne : abdomen avec une ligne dorsale de points noirs.

La chenille est très-velue. Ses poils sont roides, de couleur rousse. La partie écailleuse de la tête et les vraies pattes sont noires. Elle vit sur plusieurs espèces d'arbres et de plantes. Elle passe l'hiver sous la forme de chenille : en Juin elle se file un cocon très-mince, dans lequel ses poils entrent pour beaucoup. Elle ne reste que trois semaines en chrysalide.

** *Abdomen à cercles noirs ou bruns.*

53. Bombyce vinule ou queue fourchue, *Bombyx vinula*. Geoff. Insect. tom. II, p. 104, n.° 5. Degéer, tom. 1, 23, 6. Atlas de ce Dict. 2.ᵉ livr. Lépidoptères, n.° 8.

Caract. Gris : corselet à points noirs ; ailes à bandes et ondes noires en zigzag.

Le mâle est un peu plus petit que la femelle ; les points noirs qui sont sur le corselet de celle - ci imitent assez bien le masque d'un singe. L'insecte est d'un gris tendre, avec quelques petits points noirs sur le corselet et quelques bandes en zône, de même couleur, sur l'abdomen. Ses ailes sont aussi grises, peu écailleuses, avec quelques lignes ondées brunes. On trouve la chenille au printemps sur les saules et les peupliers, principalement sur les jeunes tiges du peuplier noir. Cet insecte est très-remarquable. Sa couleur est un beau vert avec deux taches dorsales brunes, l'une triangulaire et une autre comme losangique, bordées de jaune et de lilas. Le corps se termine par deux tuyaux qui, lorsqu'on les touche, laissent sortir deux appendices membraneux d'une belle couleur rouge ou violette, qui rentrent ensuite dans le corps, comme les tentacules des limaces. Il paroît que ce sont des armes que la nature a données à ces insectes, afin qu'ils se défendent de l'approche des ichneumons. Cela n'empêche pas qu'ils ne soient en danger d'en être dévorés, principalement par les petites espèces qui vivent en famille. Nous avons eu occasion de faire la même observation que Degéer, sur les chrysalides de ce bombyce. Plusieurs sont restés chez nous deux étés consécutifs sous la forme de nymphes, quoique exposées à la même température que d'autres écloses une année plus tôt, mais provenues de la même ponte; ce qui est un phénomène très-curieux et que nous avons eu grand soin de rapporter dans nos leçons, comme pouvant donner lieu à des réflexions importantes pour la physiologie.

54. BOMBYCE PETITE-QUEUE FOURCHUE, *Bombyx furcula.* Degéer, II, pag. 313, pl. IV, fig. 21.

Caract. Corselet d'un gris foncé, rayé de jaune; ailes grises, à raies obliques noires, bordées de jaune.

Cette espèce a les plus grands rapports avec la précédente. Quoique la chenille ait la même forme, elle est constamment beaucoup plus petite, vit toujours sur l'aune, et la tache postérieure du dos est comme découpée sur les bords. Elle unit toujours, dans l'enveloppe extérieure ou dans la bourre de son cocon, des parcelles de bois qu'elle détache des écorces sur lesquelles elle se fixe ordinairement. L'une d'elles, que nous avions enfermée dans un cornet de papier, a construit chez nous un cocon d'une forme extrêmement bizarre par la manière dont les particules du papier, déchiquetées assez régulièrement, se trouvant ensuite réunies, rendent la surface du cocon très-hérissée de pointes.

* * * *A abdomen de la même couleur que les ailes.*

55. BOMBYCE APPARENT OU DU SAULE, *Bombyx salicis.* Rœs. Insecten-Belust. I, phal. 2, tab. 9.

Caract. Toute blanche : pattes annelées de noir ; antennes noires.

C'est l'espèce la plus commune : on la trouve partout

dans les lieux aquatiques. Sa chenille, noire, velue, avec des tubercules jaunes, se nourrit principalement de feuilles de saule, de tremble, de peuplier. Ces larves filent une coque d'un tissu léger, dans lequel elles font entrer une poussière farineuse d'un jaune-citron, dont je ne sache pas qu'aucun auteur ait fait connoître la nature. La chrysalide, noire, est couverte de poils jaunes, flexibles, disposés par paquets comme le duvet des jeunes pigeons. Les insectes parfaits sont très-communs vers la fin de Juin. On s'en sert pour pêcher à la ligne, et les poissons en sont très-friands, surtout les ables et les vandoises.

56. BOMBYCE CHRYSORRHÉE, *Bombyx chrysorrhea.* La Phalène blanche à cul brun, Geoff. II, 117, 20. Réaum. I, t. 16, f. 11.

Caract. Toute blanche, à antennes jaunes.

La femelle de cette espèce de bombyce a l'anus garni d'un gros paquet de poils jaunes, dorés, destinés à recouvrir ses œufs pour les protéger contre la rigueur du froid. Les organes de la génération sont situés au milieu de ce paquet, et un instrument particulier est destiné à arracher ces poils pour en couvrir les œufs au moment où ils sont encore gluans. Les chenilles qui en proviennent vivent en société : elles sont noirâtres, velues, avec deux lignes rougeâtres sur le dos et des taches blanches sur les flancs. Elle fait beaucoup de tort aux arbres.

57. BOMBYCE FLUX D'OR, *Bombyx auriflua.* Rœs. Insect. I, phal. 2, tab. 21.

Caract. Ailes blanches : le bord des supérieures à teinte jaune.

Ce bombyce a les plus grands rapports et pourroit être confondu avec le précédent, s'il ne provenoit d'une chenille tout-à-fait différente, qui a quatre raies rouges et qui vit aussi en famille sur les arbres fruitiers. Elle passe l'hiver sous une tente filée en commun et sur laquelle le grand froid ne produit aucune impression.

§. VII. *Ailes supérieures en toit arrondi, les infé-*
rieures plissées en éventail.

58. Bombyce collier rouge, *Bombyx rubricollis.* La
Veuve, Geoff. tom. II, 148, 79, pl. XII, fig. 6.

Caract. Ailes presque en fourreau, noires, sans taches; le
devant du corselet rouge.

La chenille se nourrit des plantes parasites qui vivent
sur les écorces des arbres. On trouve l'insecte parfait au
printemps, sur la tige des graminées, dans les bois.

59. Bombyce rosette, *Bombyx rosea.* Esper, Papill. d'Eur.
III, pag. 386, pl. 87, f. 1, 2, 3.

Caract. Ailes couleur de rose, avec de petits traits transverses bruns.

60. Bombyce crible, *Bombyx cribrum.* Réaum. tom. I, pl.
38, fig. 7, 8. Atlas de ce Dict. 2.ᵉ livr. Lépidoptères, n.° 7.

Caract. Ailes blanches, avec des rangées transversales de
points noirs.

61. Bombyce obscur, *Bombyx obscura.* La Phalène à qua-
drille, Geoff. tom. II, pag. 168, n.° 114.

Caract. Ailes supérieures brunes, avec des taches ovales
transparentes.

Nous venons d'indiquer quelques traits de l'histoire des
bombyces; mais les bornes naturelles de cet ouvrage ne
nous ont permis de faire connoître que les espèces les plus
faciles à distinguer dans chaque section. Le genre Bombyce
renferme maintenant près de sept cents espèces : on nous
pardonnera sans doute de nous être arrêtés sur une soixan-
taine de ces insectes, dont les couleurs sont admirables et
dont la recherche fait l'amusement d'un très-grand nombre
d'amateurs d'histoire naturelle. (C. D.)

BOMBYLE (*Entom.*), *Bombylius.* Linnæus a nommé ainsi
un genre d'insectes à deux ailes, de la famille des sclérostomes ou haustellés. Ce mot est grec, βομϐύλιος (*bom-*
bylios) : il a été employé par Aristote (Hist. des anim.
livre IX. chap. 40), par Aristophane, par Swammerdam

et même par Ray, pour indiquer une espèce de guêpes ou d'abeilles.

Nous exprimons comme il suit le caractère du genre.

Caract. gén. Corps velu, large, arrondi, ovale, un peu déprimé ; tête arrondie, déprimée, sessile ; yeux gros ; antennes en alêne, très-rapprochées à la base ; suçoir très-long, mince, pointu, porté horizontalement ; corselet large, convexe ; ailes larges, longues, étendues, portées en triangle dans le repos ; pattes longues, grêles, à deux palettes et deux ongles ; abdomen sessile, court, arrondi, aplati.

On distingue très-facilement les bombyles d'avec les genres voisins : d'abord des conops, qui ont l'abdomen pétiolé, comme en masse, et les antennes en fuseau ; des asiles, qui ont aussi l'abdomen pétiolé, la tête sur un cou et le suçoir vertical, ainsi que les empis, les taons, les chrysopsides et hippobosques ; des rhingies et des stomoxes, qui ont le dernier article des antennes en palette, et enfin des myopes qui ont le front et les lèvres renflés, comme vésiculeux.

La trompe ou le suçoir des bombyles est un organe très-remarquable par sa longueur qui égale le plus ordinairement celle du corps, par sa forme extrêmement conique et non coudée, enfin par sa situation tout-à-fait horizontale. Examiné avec quelque attention, ce suçoir présente quatre soies ou pièces longitudinales, dont deux servent de gaîne à celles qui sont situées plus intérieurement : ces quatre soies, de longueur diverse, diminuent successivement de la partie supérieure à l'inférieure.

On ne connoît point du tout la larve des bombyles ; par conséquent on ignore comment et où se fait leur métamorphose. Quoique sous l'état parfait cet insecte paroisse armé de manière à attaquer les animaux et à se nourrir de leur sang, il ne s'alimente cependant que du nectar des fleurs, qu'il pompe en volant, comme le font les sphinx en général et principalement les sésies. Au reste, la direction horizontale de la trompe s'opposeroit à ce que le bombyle pût sucer étant posé ; car il faudroit alors qu'elle se relevât verticalement sur la tête, et sa grande longueur y mettroit bientôt obstacle. Lorsque ces insectes volent, ils produisent beaucoup de bruit par leur bourdonnement, et c'est probablement à cause de cette particularité que Linnæus leur aura donné le nom de bombyle.

Nous ne trouvons aux environs de Paris que cinq ou six espèces de ce joli genre de diptères; telles sont les suivantes.

1. BOMBYLE MAJEUR, *Bombylius major.* Degéer, tom. VI, p. 268, pl. XV, fig. 10, 11. Geoff. tom. II, p. 466. Le Bichon.

Caract. Noir : à duvet roux, fin ; ailes transparentes, à bord brun, large, ondulé.

Les pattes de cet insecte sont excessivement grêles, de couleur rougeàtre, à tarses noirs; la trompe et les yeux sont bruns. Sa longueur varie de six à dix lignes ou du double, en y comprenant la trompe. On le trouve fort souvent aux environs de Paris.

2. BOMBYLE MOYEN, *Bombylius medius.* Degéer, ibid. fig. 12. Bombyle à ailes ponctuées.

Caract. Noir : à duvet fauve, fin ; ailes à demi transparentes en arrière, à points obscurs.

Quoiqu'on ait donné à ce bombyle le nom spécifique de moyen, il est cependant le plus souvent un peu plus allongé que le précédent ; la seule différence consiste dans les points qui couvrent irrégulièrement la partie transparente de l'aile.

3. BOMBYLE PETIT, *Bombylius minor.*

Caract. Noir, à duvet fauve ; ailes transparentes, un peu plus brunes à la base.

4. BOMBYLE CUL-BLANC, *Bombylius analis.*

Caract. Noir, à duvet roux; anus à poils blanchâtres.

5. BOMBYLE DORSAL, *Bombylius dorsalis.*

Caract. Ailes transparentes, brunes à la base ; abdomen brun avec une croix blanche.

6. BOMBYLE NAIN, *Bombylius inimus.*

Caract. Brun, à duvet blanchâtre ; ailes brunes à la base.

7. **Bombyle courte-trompe**, *Bombylius brevirostris.*
Caract. Noir, à duvet roux ; à suçoir de la longueur du corselet au plus. (C. D.)

BOMBYLOPHAGE (*Entom.*), *Bombylophagus.* On a désigné sous ce nom une espèce de larve de coléoptères qui vit dans les nids qu'habitent en société les chenilles du bombyce processionnaire, et qui s'en nourrit : on l'a nommée aussi ver assassin. Voyez CALOSOME SYCOPHANTE. (C. D.)

BOMI (*Bot.*), espèce de liseron de l'île de Ceilan, à feuilles trilobées et velues, suivant Hermann.(J.)

BOMPORROETANG. (*Bot.*) A Java on nomme ainsi, au rapport de Burman (Fl. Ind.), deux plantes, dont l'une est son *corchorus javanicus*, et l'autre son *melochia erecta* ; elles ne sont point mentionnées dans les espèces de Linnæus et de Lamarck. (J.)

BON (*Bot.*), nom égyptien de la graine du café, *coffea arabica*, suivant Prosper Alpin : la boisson qu'on en prépare est nommée *caoua*. (J.)

BONA (*Bot.*), arbre des Philippines assez élevé, qui croît sur les montagnes : ses tiges sont coudées ; ses feuilles composées de deux folioles, grandes, longues et charnues, portées sur un pétiole ailé. (J.)

BONAMIE (*Bot.*), *Bonamia*, nom donné par du Petit-Thouars, dans son premier fascicule des Plantes des îles de l'Afrique australe, à un genre qu'il a formé d'un arbuste de Madagascar. N'ayant pu découvrir le nom que lui donnent les habitans de cette île, il l'a consacré à la mémoire de Bonami, médecin et professeur de botanique à Nantes, qui a publié en 1782 un Prodrome de la flore des environs de cette ville, et y a indiqué plusieurs plantes qu'on ne connoissoit pas encore en France. Voici le caractère essentiel du *bonamia* : calice divisé assez profondément en cinq lobes ; corolle hypogyne, monopétale, campanulée, dont le limbe est à cinq divisions ; cinq étamines insérées vers le milieu du tube de la corolle ; ovaire libre ; style profondément bifide ; fruit capsulaire à deux loges, remplies chacune de deux graines enveloppées d'un arille et attachées par le bas, dont l'une avorte quelquefois. L'embryon est replié, et les cotylédons foliacés.

Il n'y a jusqu'à présent qu'un arbuste qui se rapporte à ce genre : il est d'un port élégant et s'élève à cinq ou six pieds ; les feuilles sont alternes, fermes et ondulées ; les fleurs, réunies en panicule courte et serrée, ont la corolle assez grande et blanche, que le style déborde de moitié ; la capsule, enveloppée à la base par le calice, est un peu aiguë, et l'arille qui recouvre ses graines est pulpeux, coloré en rouge obscur.

On ne connoît point les usages auxquels peut servir cet arbuste. Il semble au premier coup d'œil que ce genre fait partie de la famille des borraginées et de la division des sébestiers ; mais son calice et la forme de son embryon paroissent beaucoup le rapprocher des liserons. D'un autre côté, le sébestier, par cette même structure d'embryon, s'écarte beaucoup des *tournefortia* et autres borraginées à fruit en baie. Pour plus de détails à ce sujet consultez les premier et second numéros des Plantes des îles de l'Afrique australe. (A. P.)

BONANA. (*Ornith.*) Ce nom et celui de banana paroissent avoir été donnés, sans distinction, par divers auteurs, à deux oiseaux différens. Albin a décrit et figuré sous le nom de banana (t. 2, p. 27, n.° 40) un oiseau de la grosseur de l'étourneau, dont le bec est long et pointu, et dont le plumage offre un mélange de noir et de jaune. C'est le troupiale proprement dit, *oriolus icterus* de Linnæus et de Latham. La dénomination de bonana a été appliquée par Sloane, Brisson et Montbeillard, à un oiseau qui n'est pas plus gros que le tarin, dont le bec, fort court, est épais et arrondi, et le plumage mélangé de bleu, de vert et de jaune : c'est le pinson de la Jamaïque, *fringilla jamaica* de Linnæus et de Latham.

L'inexactitude dans l'orthographe et le double emploi dans l'application des mots banana et bonana ne sont pas ici les seules choses à observer. Il paroît que les deux espèces différentes d'oiseaux n'ont été ainsi appelées que d'après leur habitude de se percher sur le même arbre et d'en manger les fruits : or cet arbre ne se nomme ni banana ni bonana, mais conana ; c'est le palmiste épineux de Barrère (Hist. nat. de la France équinoxiale, p. 88), le *cocos guineensis* de Linnæus, et l'*avoira* ou *aouara* de Guinée, qu'on appelle à Caïenne *avoira-canne*, et à Tabago palmier-canne. (Ch. D.)

BONASE. (*Mamm.*) Voyez Bonasus.

BONASIA. (*Ornith.*) Ce nom, sous lequel Albert-le-Grand parle de la gelinotte proprement dite, a été choisi par Linnæus pour épithète du *tetrao bonasia*. (Ch. D.)

BONASUS. (*Mamm.*) Aristote parle sous ce nom d'un bœuf de Paonie, qui paroît être notre aurochs. Voyez Bœuf. (F. C.)

BONDA-CALO (*Bot.*), nom brame du *katu-gasturi* des Malabares (Hort. Malab. 2, p. 71, t. 38), qui est le ketmie abelmosc, *hibiscus abelmoschus*. (J.)

BONDA-GARÇON (*Bot.*), nom caraïbe de la liane à boutons, selon Nicholson. (J.)

BONDELLE. (*Ichtyol.*) On donne ce nom en Suisse, et principalement sur les bords du lac de Neuchâtel, aux jeunes palées, que le naturaliste Lacépède regarde comme une variété du corégone lavaret. Voyez Corégone. (F. M. D.)

BONDRÉE. (*Ornith.*) Cette espèce de buse est le *falco apivorus*, L. Voyez Buse. (Ch. D.)

BONDUC (*Bot.*), *Guilandina*, Linn., Juss., Lam. Illust. pl. 336, genre de plantes de la deuxième section des légumineuses. On connoît cinq à six espèces de bonducs : ce sont des arbres ou des arbrisseaux épineux, à feuilles deux fois ailées et opposées. Les fleurs sont disposées en épis ou en panicules axillaires et terminales ; elles ont un calice en coupe, à cinq divisions profondes et presque égales. La corolle est à cinq pétales à peu près de la même grandeur. Les étamines, au nombre de dix, ont des filamens courts et laineux à leur base. L'ovaire est placé supérieurement au calice ; il est surmonté d'un style filiforme. Le fruit est une gousse, ou légume ovoïde, ventru et comprimé ; il renferme une à trois semences osseuses, presque globuleuses et luisantes.

Le Bonduc ordinaire, vulgairement Cniquier, Œil-de-chat, *Guilandina bonduc*, Linn., Rumph. Amb. 5, p. 89, t. 48, est un arbrisseau épineux, garni de rameaux longs et comme épineux. Ses feuilles sont deux fois ailées sans

impaire ; les folioles sont ovales, glabres, et chaque paire
est munie d'un aiguillon à sa base. Ses graines ont une
vertu astringente ; et quelques habitans d'Amboine, qui se
destinent au métier de la guerre, croient qu'en mangeant,
pendant plusieurs jours de suite, quarante de ces fruits,
ils seront plus aguerris et même invulnérables. On sème
ses graines autour des monastères, parce qu'il croît très-
vite et qu'on l'élève de manière à former des allées très-
obscures, qu'on taille pour qu'il reste touffu. Les graines
servent dans un jeu du pays, nommé *tsjoucka*.

Le Bonduc rampant, *Guilandina bonducella*, Linn.,
Rumph. Amb. 5, p. 92, t. 49, f. 1, est un arbrisseau
épineux, rampant et assez ressemblant au précédent; mais
il est plus petit : ses tiges sont étalées comme nos ronces;
ses feuilles sont deux fois ailées, sans impaire ; ses folioles
sont opposées, nombreuses, et chaque paire est munie à
sa base de deux aiguillons crochus. Les habitans de la
côte de Malabar emploient l'écorce et la racine contre les
hernies; ils en pilent les feuilles et en composent un
emplâtre qu'ils appliquent sur l'endroit malade : ils réduisent en poudre les fruits lorsqu'ils sont secs, et cette poudre, délayée dans du vin , leur sert à guérir la colique, à
fortifier l'estomac et à provoquer les mois chez les femmes.
Ils l'emploient aussi à dissoudre les calculs de la vessie.
Les graines de ces deux espèces sont fort dures, et restent,
dit Miller, plusieurs années dans la terre avant de germer,
si on ne les trempe pas dans l'eau pendant deux ou trois
jours, et si on ne les met pas pendant autant de temps
dans la couche de la serre chaude, au-dessous des pots,
pour amollir leurs enveloppes. En général on ne cultive
ces deux arbres que dans les jardins de botanique, attendu
qu'ils offrent peu d'agrémens et qu'ils sont incommodes
dans les serres chaudes. Voyez Bankaretti, Cniquier.

Le nom générique de *guilandina* est celui d'un professeur
de botanique à Padoue. (J. S. H.)

BONGA. (*Bot.*) Ce mot, souvent changé en ponga, veut
dire, dans les langues malaise et madecasse, fleur ; dans
cette dernière il est plus souvent prononcé *voang*. Sous
ces différentes formes il entre dans la composition de

plusieurs noms de plantes de ces pays, de celles surtout de la famille des orchidées. (A. P.)

BONGA-MANOOR (*Bot.*), nom malais du sambac ou mogori, *mogorium sambac*. (J.)

BONGA-PENJATON (*Bot.*), nom donné dans l'île de Java à l'*ovieda mitis* des botanistes, qui est la même plante que le *siphonanthus indica*. (J.)

BONGA-TANJONG-LAUT (*Bot.*), nom malais d'un mimusope, *mimusops elengi*, genre de plantes de la famille des sapotées. (J.)

BONGLE. (*Bot.*) Voyez ABABANGAY.

BON-HENRI (*Bot.*), nom vulgaire d'une espèce d'anserine, *chenopodium bonus henricus*. (J.)

BON-HOMME (*Bot.*), nom vulgaire du bouillon-blanc ou molène ordinaire, *verbascum thapsus*. (J.)

BONHOMME-MISÈRE (*Ornith.*), un des noms vulgaires du rouge-gorge, *motacilla rubecula*, L. (Ch. D.)

BONIANA (*Bot.*), nom caraïbe de l'ananas, selon Nicholson. (J.)

BONIFACIA. (*Bot.*) Voyez BISLINGUA, FRAGON.

BONITE. (*Ichtyol.*) Ce nom est donné par les marins françois à plusieurs espèces de scombres, et les naturalistes ne l'emploient que pour une seule espèce de ce genre. Voyez SCOMBRE.

On a aussi appelé bonite le scombéromore plumier, et petite bonite le scombéroïde sauteur. Voyez SCOMBÉROMORE et SCOMBÉROÏDE. (F. M. D.)

BONITON (*Ichtyol.*), nom donné par quelques pêcheurs du midi de la France au scombre sarde. Voyez SCOMBRE. (F. M. D.)

BONJOUR-COMMANDEUR. (*Ornith.*) Il reste des incertitudes sur le pays natal et le classement de cet oiseau. Buffon l'a figuré sous le nom de bruant du cap de Bonne-Espérance, et il a été considéré par Linnæus et Latham comme une variété de leur *emberiza capensis*: mais, suivant Sonnini et Mauduyt, il est naturel de Caïenne, et le dernier de ces naturalistes, qui ne lui a point trouvé de tubercule dans l'intérieur du bec, ni les portions de mandibules rentrant en dedans, le rapporte au genre Moineau, *fringilla*, et pense même, d'après ses habitudes, qu'il n'est que le moineau franc, avec les changemens produits par la différence des climats. Voyez néanmoins sa description au mot Bruant, sous la dénomination de bruant de Caïenne. (Ch. D.)

BONKOM ou Bockème. (*Bot.*) On nomme ainsi dans l'Arabie une espéce de morelle à tige ligneuse, dont les feuilles sont très-épineuses; c'est le *solanum armatum* de Forskal. (J.)

BONKOSE. (*Ichtyol.*) C'est ainsi que les Arabes nomment un poisson rangé parmi les sciènes par Forskal, et reporté parmi les labres par Lacépède. Voyez Labre. (F. M. D.)

BONNE-DAME (*Bot.*), nom vulgaire de l'arroche cultivée, *atriplex hortensis*. (J.)

BONNET. (*Ichtyol.*) C'est le scombre bonite. Voyez Scombre. (F. M. D.)

BONNET-CHINOIS (*Mamm.*), nom que l'on donne à une espéce de singe de la famille des macaques, à cause des poils qui garnissent le sommet de sa tête; ils sont disposés comme des rayons et forment une sorte de calotte ressemblante un peu aux bonnets des Chinois. Voyez Singe. (F. C.)

BONNET-CHINOIS. (*Moll.*) Les marchands connoissent sous ce nom une espéce de patelle; c'est la *patella chinensis*, L. Voyez Patelle. (Duv.)

BONNET-DE-DRAGON (*Moll.*), nom vulgaire d'une espéce de patelle de Linnæus, *patella ungarica*, L., qui doit être rapportée au genre Calyptrée de Lamarck. Voyez Calyptrée. Elle est représentée dans Favanne, pl. 4, E—2. (Duv.)

BONNET-D'ÉLECTEUR et Bonnet-de-prêtre (*Bot.*), noms donnés à certains pépons, dont la contraction générale dans la végétation procure aux fruits, quelquefois quatre, ordinairement cinq côtes, refendues en deux et relevées en couronne autour de la sommité du fruit. Ils appartiennent à l'espèce ou variété nommée pastisson. Voy. Courge. (D. de *V.*)

BONNET-DE-NEPTUNE. (*Moll.*) Ce nom désigne, dans l'ouvrage de Favanne, une espéce de calyptrée : elle est représentée dans l'ouvrage cité, pl. IV, f. B—3. Voyez au mot CALYPTRÉE. C'est la *patella equestris*, L. (Duv.)

BONNET - D'OR. (*Ornith.*) Camus a ainsi traduit le χρυσομίτρις (*chrysomitris*) d'Aristote ; mais la version de Gaza, *auri vittis*, semble préférable, et au lieu de mitre ou bonnet d'or il est plutôt question de bande ou ceinture d'or. C'est donc très - probablement le chardonneret, *fringilla carduelis*, L., qu'Aristote a voulu désigner par cette expression. La raison tirée du genre de nourriture, que Camus oppose à cette application, n'est pas meilleure, car aucun oiseau ne se nourrit d'épines proprement dites, et Aristote n'a sans doute voulu exprimer que le goût du chardonneret pour la graine de chardon, laquelle est toujours entourée de piquans. Les observations de ce traducteur sur le θραυπις (*thraupis*) et l'ἀχανθίς (*acanthis*) d'Aristote, qu'il traduit par BRISEUR et ÉPINIER, ne paroissent pas plus justes. On verra, sous ces deux mots, que le premier désigne très - vraisemblablement le tarin, et le second la linotte. (Ch. D.)

BONNET-NOIR. (*Ornith.*) Cette dénomination, sous laquelle la Chesnaye Desbois décrit, sans indiquer aucun synonyme, l'oiseau figuré par Albin, tom. III, pl. 58, n'est que la traduction du mot anglois *blackcap*, qui s'applique à plusieurs espèces de genres différens. Celle dont parle Albin est la fauvette à tête noire, *motacilla atricapilla*, L. ; mais les Anglois appellent aussi *blackcap*, la grosse mésange, la petite mésange charbonnière et la mouette rieuse. (Ch. D.)

BONNET-DE-POLOGNE (*Moll.*), nom vulgaire , parmi les marchands, d'une espèce de casque de Bruguières, *buccinum testiculus*, L. Voyez au mot BUCCIN. (Duv.)

BONNET-DE-PRÊTRE (*Bot.*), nom vulgaire donné au fusain, *evonymus*, probablement à cause de la forme carrée de son fruit. Le même motif a encore fait donner ce nom au fruit de quelques pépons ou courges. (J.)

BONPLANDIE (*Bot.*), *Bonplandia*, plante herbacée de la Nouvelle - Espagne, dont Cavanilles a formé un genre nouveau dans son grand ouvrage, vol. VI, p. 21, t. 552. Il lui a donné le nom de Bonpland, jeune botaniste très-. recommandable , qui a accompagné le célèbre Humboldt dans son grand voyage en Amérique, et en a rapporté un herbier très-considérable, qui sera déposé au Muséum d'histoire naturelle. Cavanilles assigne à ce genre pour caractères un calice tubulé à cinq dents; une corolle monopétale, également tubulée, insérée sous l'ovaire, divisée par le haut en cinq lobes allongés et échancrés, dont deux supérieurs droits et rapprochés, trois inférieurs rabaissés et écartés; cinq étamines insérées au tube de la corolle, qu'ils débordent; un ovaire libre, surmonté d'un style simple terminé par trois stigmates; une capsule à trois angles et trois loges monospermes, s'ouvrant en trois valves, dont chacune porte sur son milieu une cloison qui s'applique contre un réceptacle central; les graines de forme elliptique. Cette plante s'élève à un pied; elle a des feuilles alternes, pétiolées, lancéolées et dentelées. Les fleurs, de couleur rouge tirant sur le violet, naissent par paires aux aisselles des feuilles supérieures; les capsules sont de la grosseur d'un petit pois. En examinant le caractère de cette plante on croit reconnoître qu'elle doit appartenir à la famille des polémoniacées, et qu'elle diffère de ses congénères par ses loges remplies d'une seule graine. (J.)

BONTE-LAERTJE (*Ichtyol.*), nom donné par les Hollandois, selon Lacépède, au gal verdâtre. Voyez GAL. (F. M. D.)

BONTI (*Bot.*), un des noms indiens de la racine de squine, suivant Clusius. (J.)

BONTOU (*Bot.*), arbre de l'Inde, dont la racine teint en jaune, au rapport de Rochon : il croît sur le bord de l'eau; ses feuilles sont épaisses et opposées. On présume que c'est une espèce d'*ambora*. (J.)

BONUK. (*Ichtyol.*) C'est le nom d'une espèce d'argentine trouvée par Forskal dans la mer d'Arabie. Voyez ARGENTINE. (F. M. D.)

BONVARO (*Bot.*), nom brame de l'arbre que les Malabares nomment CUMBULU. Voyez ce mot. (J.)

BOOBOOK (*Ornith.*), nom que porte, à la Nouvelle-Hollande, un oiseau de nuit, de la taille de la grande chouette, *strix boobook*, Lath. (Ch. D.)

BOOBY. (*Ornith.*) Voyez BOUBIE.

BOODTI. (*Rept.*) C'est le même reptile que la CÆCILIE
IBIARE. Voyez ce mot. (C. D.)

BOOGOC. (*Mamm.*) Voyez BOGGO.

BOOLLU-CORY. (*Ornith.*) Voyez ANGOLI.

BOOM-UPAS. (*Bot.*) Voyez UPAS.

BOO-ONK. (*Ornith.*) L'oiseau auquel, suivant Shaw, les
Arabes donnent ce nom, qui signifie long cou ou père du
cou, est le héron blongios, *ardea minuta*, L. (Ch. D.)

BOOPE. (*Ichtyol.*) Ce nom sert à désigner le spare bogue
dans quelques îles de la Grèce et sur plusieurs côtes de
l'Archipel. Voyez SPARE. (F. M. D.)

BOOPIS (*Bot.*), genre de plantes de la famille des cinarocéphales, et voisin de l'échinope, établi par Jussieu dans
les Annales du Muséum d'histoire naturelle, vol. II, p. 350,
t. 58, f. 2. Son caractère consiste dans un grand nombre
de calices uniflores, à cinq découpures, rassemblés en tête
hémisphérique sur un petit réceptacle chargé de paillettes
linéaires et entouré d'un calice commun, simple, divisé en
plusieurs parties. Chaque calice particulier renferme un
seul fleuron hermaphrodite à cinq divisions, dont les anthères sont réunies en tube, et dont l'ovaire est inférieur,
surmonté d'un seul style et d'un stigmate simple. La graine,
adhérente au calice, est couronnée par ses découpures.

Ce genre contient deux espèces herbacées, très-rameuses,
à feuilles alternes et à fleurs terminales. La première, recueillie par Commerson aux environs de Buenos - Ayrès, a
les feuilles linéaires pinnatifides et le port d'une camomille ;
ce qui l'a fait nommer *boopis anthemoides*. La seconde, décrite et figurée dans la Flore du Pérou, vol. IV, p. 49,
t. 76, sous le nom de *scabiosa sympaganthera*, appartient
évidemment au nouveau genre, et se distingue par ses feuilles
en forme de spatules, comme celles du *balsamita* : on l'a
nommée pour cette raison *boopis balsamitæfolia*. (J.)

BOOPS. (*Ichtyol.*) Ce nom, tiré du grec, signifie œil de
bœuf ou grand œil ; Linnæus l'a donné à un labre que
Lacépède a placé dans son genre Cheilodiptère, et au spare
bogue. Voyez CHEILODIPTÈRE et SPARE. (F. M. D.)

BOORA - MORANG. (*Ornith.*) Les auteurs du nouveau
Dictionnaire d'histoire naturelle écrivent par erreur boora-

marang. Ils donnent ce mot comme le nom de pays du secrétaire de la Nouvelle-Hollande, et ils renvoient au mot Secrétaire, où il n'en est point question. Latham, qui le premier a fait connoître cet oiseau, le place, en effet, dans le deuxième supplément du Synopsis, entre le secrétaire et le vautour oricou de Levaillant, sous le nom particulier de *vulture bold*, qui s'applique au *vultur audax*, vautour hardi de son Supplément à l'Index ornithologicus; mais cet auteur ne dit rien qui puisse faire regarder l'oiseau comme analogue à l'espèce du secrétaire, et le contraire résulte de sa description. Il a en effet les jambes emplumées jusqu'aux doigts, et vraisemblablement bien plus courtes que celles de l'oiseau d'Afrique : les mœurs de ces deux oiseaux n'offrent pas moins de différences, puisque le boora-morang attaque les mammifères, tandis que l'autre vit de serpens. D'un autre côté, malgré la place nue dans la région de l'œil, qui a déterminé Latham à ranger le boora-morang parmi les vautours, si, comme il le dit lui-même', cet oiseau est assez intrépide pour résister à l'homme, ce courage annonceroit plutôt un des caractères appartenans à l'aigle. (Ch. D.)

BOORONG - CAMBING ou Booring - oolar. (*Ornith.*) Voyez Argala.

BOOSCHRATTE ou Boschrat (*Mamm.*), nom hollandois qui signifie rat des bois, et par lequel on désigne dans les colonies hollandoises une sarigue, peut-être le manicou. (F. C.)

BOR, Bori (*Bot.*), noms indiens d'un jujubier de l'Inde, *ziziphus jujuba*. Voyez Ber, Jujubier. (J.)

BORA (*Rept.*), nom donné par les naturels du Bengale, selon Russel, à une espèce de python. Voyez Python. (F. M. D.)

BORACIQUE. (*Chim.*) C'est le nom qu'on donne à l'acide concret et foible qu'on connoît dans le borax et qu'on en extrait par les acides plus forts. On sait que cet acide existe dissous naturellement dans les eaux de quelques lacs de Toscane. Voyez Acide boracique. (F.)

BORACITE (*Minér.*), nom donné par Werner à la Magnésie boratée. Voyez ce mot. (B.)

BORAMETZ (*Bot.*) Voyez Barometz.

BORATE DE MAGNÉSIE. (*Chim.*) Ce sel naturel a été connu pendant plusieurs années sous le nom de quartz cubique. On en traitera à l'article MAGNÉSIE : je n'en parle ici que pour faire remarquer qu'une dernière analyse chimique, faite sur ce fossile par Vauquelin, a montré que dans son état de pureté et de transparence il n'est formé que d'acide boracique et de magnésie, qu'il ne s'y trouve de chaux, comme dans l'état de carbonate, que lorsque le sel est opaque et grenu dans son intérieur, et que par conséquent l'analyse qu'en a donnée d'abord Vestrumb ne peut être appliquée qu'aux cristaux impurs, inégaux dans leur surface, sans transparence, etc. Ainsi on ne connoît point encore de borate de chaux dans la nature. (F.)

BORATE MAGNESIO - CALCAIRE. (*Minér.*) On avoit nommé ainsi la pierre que nous nommons magnésie boratée, parce qu'on croyoit que la chaux étoit une de ses parties constituantes. Voyez MAGNÉSIE BORATÉE. (B.)

BORATE SURSATURÉ DE SOUDE. (*Chim.*) C'est le nom méthodique que porte aujourd'hui le borax usuel, si employé dans les arts métallurgiques, et qui n'est en effet qu'une combinaison d'acide boracique et de soude en excès.

Ce sel est tiré de la Perse, de la Chine, du Japon. On ignore encore sa véritable origine. Il paroît que c'est au fond de quelques lacs, réduits à sec dans quelques saisons, qu'on le recueille. Il arrive par le commerce sous la forme de cristaux plus ou moins gros, ou de prismes hexaèdres comprimés, d'un gris verdâtre, opaques, sales et gras, enveloppés d'une boue ou terre brune, grasse, qui a été reconnue pour un savon de soude. On purifie ce sel par la dissolution, la filtration et la cristallisation ; on emploie dans quelques purifications de la terre glaise et de la soude.

Le sel purifié est blanc, en cristaux irréguliers, un peu opaques, d'une saveur douceâtre, légèrement astringente. Il verdit le sirop de violettes. Il se fond et se dessèche promptement par la chaleur : il éprouve à un plus grand feu la fusion ignée ; il coule et se fige en masse transparente et glaceuse comme du verre.

Il perd un peu d'eau de cristallisation et s'effleurit légèrement à l'air.

Il est dissoluble dans huit ou dix parties d'eau froide et dans moitié moins d'eau bouillante ; il cristallise par le refroidissement réuni à l'évaporation.

Sa dissolution est précipitée. par celles de baryte, de strontiane et de chaux : elle est décomposée par tous les acides, excepté le carbonique. L'acide boracique, séparé par ces corps, se dépose par le refroidissement en petites paillettes brillantes.

Il est décomposé par le plus grand nombre des sels métalliques solubles, qui forment, dans la dissolution, des borates pulvérulens et presque toujours indissolubles ; il absorbe la moitié de son poids d'acide boracique pour saturer l'excès de soude qu'il contient.

Les usages du borate de soude ou borax sont assez multipliés. Dans les fontes de l'or il sert à rendre sa couleur plus jaune et, dans ce sens, à l'aviver. Il est employé pour la soudure des petites pièces d'argent et d'or qui servent à fabriquer les bijous. On le fait entrer dans beaucoup de vitrifications pour l'essai des mines. En chimie on l'emploie pour extraire et obtenir l'acide boracique, pour favoriser la fusion de beaucoup de substances.

On assure qu'on prépare le borax artificiellement dans quelques ateliers, mais il n'y a aucune certitude à cet égard. On pourroit en préparer de grandes quantités, en Toscane, avec les eaux des lacs chargées d'acide boracique, et on créeroit ainsi pour l'Europe un produit d'une grande importance. (F.)

BORATES. (*Chim.*) C'est le nom d'un genre de sels formés par l'acide boracique et les différentes bases terreuses, alcalines et métalliques. Ces sels, qu'on ne connoît presque pas encore et dont il n'y a qu'une espèce employée dans les arts, et une autre espèce trouvée jusqu'ici parmi les fossiles ou les productions minérales, n'ont point été assez étudiés pour qu'il soit possible de leur reconnoître des propriétés génériques, des caractères communs à tout le genre. Cependant les borates qu'on a préparés dans les laboratoires et qu'on a commencé à examiner, présentent en général une fusibilité vitreuse, et la propriété d'être facilement et fortement colorés par les oxides métalliques à l'aide de la vitrification. On les reconnoît de plus à la précipitation ou séparation de leur acide boracique en paillettes brillantes, soit lorsqu'on verse dans leur dissolution, soit lorsqu'on jette sur leur poussière, les acides sulfurique, nitrique, muriatique, phosphorique, fluorique, etc.

Quant à l'histoire des espèces en particulier, quand on auroit une connoissance suffisante de chacune d'elles on ne devroit en traiter que dans un ouvrage ex-professo sur la chimie. Mais outre que ces détails, quand ils existeroient dans la science, seroient déplacés dans un dictionnaire spécialement consacré à l'histoire naturelle, la chimie possède encore si peu de faits sur les borates, qu'il suffit de donner ici quelques notions générales sur l'ensemble de quelques espèces, et de renvoyer à deux articles séparés sur deux de ces espèces, ou très-utiles, ou existant dans la nature.

1.° Il y a des borates qu'on n'a point encore préparés ni examinés en aucune manière, et sur lesquels l'ouvrage de chimie le plus profond garderoit encore un silence forcé. Tels sont les borates d'alumine, d'antimoine, d'arsenic, de bismuth, de chrome, de colombium, de glucine, de manganèse, de molybdène, de tantale, de tellure, de titane, de tungstène, d'urane, de zircone et d'yttria. Ainsi près de la moitié des sels possibles formés par l'acide boracique sont entièrement inconnus.

2.° Parmi les borates qu'on a commencé à préparer et à examiner dans quelques-unes de leurs propriétés, il faut compter quelques borates terreux, surtout ceux de chaux et de magnésie, et deux alcalins, ceux de baryte et de strontiane. On sait qu'ils sont difficiles à former, peu ou point solubles, pulvérulens, insipides, et point ou au moins très-peu décomposables par la potasse et la soude.

5.° Il faut à peu près ranger dans le même ordre les notions qu'on a sur le plus grand nombre des borates métalliques qu'on a commencé à préparer; on ne les forme que par des attractions doubles, en mêlant des sulfates ou nitrates métalliques avec des solutions de borate, de potasse ou de soude : ils se déposent en poussières colorées, peu ou point solubles, quelquefois en feuillets, quoique rarement. Tels sont les borates d'argent, de cuivre, de fer, de mercure, de zinc, de nickel, d'or et de platine.

4.° Quelques borates, quoique non employés, présentent un peu plus d'intérêt que les précédens, parce qu'ils ont été plus souvent préparés dans les laboratoires, et parce qu'ils présentent des propriétés ou des faits chimiques assez remarquables. Tel est le borate de potasse, qui est formé artificiellement, soit par l'union immédiate de l'acide boracique et de la potasse, soit par la décomposition du borate de soude par la potasse, soit en décomposant du nitre par l'acide boracique à l'aide d'une haute température. Ce sel, bien soluble, cristallisable avec un excès de potasse, très-fusible, peut remplacer le borax dans les arts.

Tel est aussi le borate d'ammoniaque, qui cristallise facilement, qui perd son alcali volatil par l'action du feu, qui s'unit en sel triple avec la magnésie, qui est décomposable par presque toutes les autres bases, et qui se forme facilement par l'union immédiate de l'acide boracique et de l'ammoniaque.

Tel est enfin le borate de silice, qu'on obtient par la fusion de l'acide boracique et de la silice dans un creuset d'argent, qui se fond en verre et qui est néanmoins soluble dans l'eau.

5.° Enfin, il y a deux espèces de borates qui méritent d'avoir des articles particuliers à cause de leur importance, soit en raison de l'emploi très-fréquent de l'un des deux dans les arts, soit à cause de l'existence de l'autre dans la nature ; ce sont les borates de magnésie et de soude, dont il a été question dans les deux articles précédens. (F.)

BORAX. (*Chim.*) C'est le nom de pays, et qui est reçu généralement en Europe, du borate avec excès de soude. Voyez Borate de soude. (F.)

BORAX. (*Minér.*) On fera l'histoire de ce sel sous son nom de genre, à l'artice Soude boratée. Voyez ce mot. (B.)

BORBOCHA. (*Ichtyol.*) Olaus Magnus a nommé ainsi la lotte. Voyez Gade. (F. M. D.)

BORBONIA (*Bot.*), espèce de laurier d'Amérique. Voyez Laurier. (J.)

BORBONIA (*Bot.*), Linn., Juss., Lam. Illust. pl. 619, genre de plantes de la cinquième section des légumineuses, consacré à la mémoire de Gaston, fils de Henri IV, et fondateur du jardin de botanique de Blois. C'est lui qui fit commencer cette belle collection de figures de plantes sur vélin, que l'on continue encore au Muséum d'histoire naturelle. On compte douze à quinze espèces de borbonia, remarquables par leurs feuilles simples, sessiles, nerveuses et fort rapprochées par leur aspect. Les fleurs sont portées sur des pédoncules axillaires ou terminaux; elles ont un calice en cloche, à cinq découpures aiguës, roides, presque égales. La carène est à deux divisions, conniventes à leur sommet. Le stigmate est échancré. Le fruit est oblong, comprimé, et renferme un petit nombre de semences.

Ce genre se rapproche des genets, des aspalats et des *liparia*. Il comprend des arbrisseaux observés au cap de Bonne-Espérance : on les multiplie de graines tirées de ce pays et semées aussitôt après leur arrivée. Si c'est au printemps, on met de suite dans une couche et sous châssis les pots ou terrines qui les contiennent; et lorsque les jeunes plants sont levés, on les conduit comme toutes les plantes d'orangerie. On les cultive peu dans nos jardins. (J. S. H.)

BORBOTHA (*Ichtyol.*), c'est le gade lotte. Voyez Gade. (F. M. D.)

BORD (*Entom.*), *Margo*. En entomologie on nomme ainsi toute ligne qui forme ou avoisine les limites d'une partie du corps. On a donné indifféremment ce nom à des lignes colorées et à des lignes solides : ainsi on dit le bord des ailes pour indiquer leur terminaison, qui est tantôt prolongée en queue, tantôt dentée, ciliée; on dit de même des ailes bordées de jaune, de rouge, de vert, etc., pour indiquer qu'elles ont une ligne colorée. Le bord de l'abdomen, du corselet, du front, des élytres, présente aussi cette double considération : mais quand les auteurs emploient l'expression de rebord ou de rebordé, ils veulent exprimer la présence d'une ligne saillante qui se trouve sur la marge de la partie qu'ils décrivent. L'opposé de bord, de bordé. est échancrure, échancré, *emarginatus.* (C. D.)

BORDE (*Ichtyol.*), nom donné dans quelques contrées de France au cyprin able. Voyez CYPRIN. (F. M. D.)

BORDÉE (*Rept.*), nom d'une espèce de tortue terrestre, confondue par erreur avec la grecque. Voyez TORTUE. (F. M. D.)

BORDELIÈRE. (*Ichtyol.*) Rondelet et ensuite Bloch ont donné ce nom au cyprin large ; Daubenton, Bonnaterre et Valmont-Bomare, l'ont ensuite donné au cyprin sope. Voyez CYPRIN. (F. M. D.)

BORD-EN-SCIE (*Ichtyol.*), nom d'une émyde de la Caroline. Voyez sa description au mot ÉMYDE. (F. M. D.)

BORGNE (*Ornith.*), un des noms vulgaires de la mésange charbonnière, *parus ater*, L. (Ch. D.)

BORIN. (*Ornith.*) La fauvette passerinette, *motacilla passerina*, L., porte, dans le pays de Gènes, ce nom sous lequel en parlent Aldrovande, Jonston et d'autres auteurs. (Ch. D.)

BORITI (*Bot.*), nom brachmane du toddali, arbrisseau épineux de la côte Malabare. Voyez TODDALI. (J.)

BORONIE (*Bot.*), *Boronia*, genre de plantes de la famille des rutacées, établi par Smith sur un arbuste de la Nouvelle-Hollande. Il a pour caractère un calice à quatre divisions profondes ; quatre pétales insérés sous un disque qui supporte l'ovaire ; huit étamines attachées au même point, et ayant leurs filets recourbés en dedans, leurs anthères surmontées d'une petite glande ; un ovaire central, marqué de quatre sillons, porté sur un disque glanduleux, et surmonté de quatre styles rapprochés et d'autant de stigmates. Le fruit paroît être composé de quatre capsules à une seule loge. Une espèce est nommée *boronia pinnata.* C'est un arbuste dont les rameaux sont opposés ainsi que les feuilles, qui sont de plus pinnées, à folioles lancéolées, presque linéaires, au nombre de cinq. De l'aisselle des feuilles supérieures sortent des pédoncules solitaires, munis vers leur milieu de deux petites écailles, et terminés chacun par une seule fleur de couleur rose, d'une odeur agréable, et grande comme celle de la rue. Ventenat en a donné la description, avec une très-belle figure, dans son ouvrage sur les plantes du jardin de la Malmaison, t. 38.

Une autre espèce du même pays, qui est le *boronia serrulata*, Smith, se distingue de la précédente par ses feuilles simples, petites, arrondies, terminées en pointes, et finement dentelées dans leur contour ; par ses fleurs presque sessiles, de couleur pâle, rassemblées en petits bouquets aux extrémités des tiges. (J.)

BORRAGINÉES (*Bot.*), famille de plantes de la série des dicotylédones hypo-corollées, c'est-à-dire, de celles qui ont une corolle monopétale, insérée sous le pistil et portant les étamines, et dont l'embryon est dicotylédon. Ces caractères principaux appartiennent à toutes les familles de la même classe. Les caractères secondaires de celle-ci sont un calice à cinq divisions et persistant ; une corolle ordinairement régulière, à cinq lobes ; cinq étamines ; un ovaire surmonté d'un style et d'un stigmate simple ou bifurqué. Cet ovaire est tantôt à quatre lobes et se change en quatre graines nues, tantôt simple et devient une baie ou une capsule contenant ordinairement quatre graines, rarement plus ou moins : l'embryon est sans périsperme ; la tige est ligneuse ou herbacée ; les feuilles sont alternes, souvent chargées d'aspérités.

Cette famille tire son nom de la bourrache, *borrago*, l'un de ses principaux genres ; elle se divise en deux grandes sections, distinguées surtout par le fruit, et dont quelques auteurs ont formé deux familles séparées. La première est caractérisée par le fruit, en baie dans une soudivision qui comprend les genres Carmone, Sébestier, Cabrillet, Ménaïs, Mont-joli, Pittone ; ou en capsule dans une autre soudivision à laquelle se rapportent l'*hydrophyllum*, le *phacelia*, l'ellise, l'arguse, le mélinet. La seconde section, qui est celle des borraginées proprement dites, a toujours les quatre graines nues, appliquées sur le côté de la base du style, et recouvertes chacune par une membrane ou enveloppe propre ; la tige est communément herbacée, les feuilles chargées d'aspérités, les fleurs souvent portées d'un seul côté sur un épi recourbé en forme de queue de scorpion : l'ouverture de la corolle est nue dans le *coldenia*, l'héliotrope, la vipérine, le gremil, la pulmonaire, l'onosme ; elle est garnie de cinq écailles dans la consoude, le *lycopsis*, la buglose, la bourrache, la rapette, la cinoglose. Ces écailles, placées au-dessous des lobes de la corolle, sont des espèces de sacs ou cavités qui s'ouvrent en dehors.

Les borraginées forment une série très-naturelle, facile à distinguer par sa corolle régulière, ses étamines au nombre de cinq, et surtout par ses graines en nombre déterminé et dont l'embryon est sans périsperme. Elles diffèrent par ces deux derniers caractères des solanées, qui ont beaucoup de graines et un périsperme charnu. (J.)

BORRE - FIÆRT. (*Ornith.*) Voyez Bœfiær.

BORSTELFIN (*Ichtyol.*), nom donné par les marins hollandois au clupanodon cailleu-tassart. Les Allemands nomment ce même poisson *Borstenflosser*. Voyez Clupanodon. (F. M. D.)

BORSTLING. (*Ichtyol.*) Voyez Bars.

BORSUC (*Mamm.*), nom polonois du blaireau. (F. C.)

BORTING (*Ichtyol.*), nom donné dans quelques parties de la Suède à la truite saumonée. Voyez l'article Salmone. (F. M. D.)

BORTUM ou Bortom (*Bot.*), petit arbrisseau d'Arabie, que Forskal nomme *acalypha fruticosa* et qui est l'*acalypha betulina*, Vahl. Symb. 1, p. 77. L'eau dans laquelle on a fait macérer ses feuilles est employée, suivant Forskal, pour laver les enfans qui ont des pustules. (J.)

BOSAYA (*Bot.*), nom brame d'une espèce de fougère de la côte Malabare, figurée dans le Hort. Malab. 12, t. 15, dont le feuillage bipenné se couvre en dessous de poussières disposées en lignes obliques, qui sont les vraies graines de la plante, puisque, jetées sur la terre ou sur l'écorce des arbres, elles y germent et produisent de nouveaux pieds de la même plante. Il paroît qu'elle doit être rapprochée du genre de la doradille. (J.)

BOSCH - BOCK (*Mamm.*), espèce d'antilope, *antilope sylvatica*; cornes à arêtes en spirale. Voyez Antilope. (F. C.)

BOSCH - CAYMAN. (*Rept.*) C'est ainsi que plusieurs colons hollandois appellent l'iguane ordinaire. Ce nom signifie caïman des bois. Voyez Iguane. (F. M. D.)

BOSCIE (*Bot.*), *Boscia*. Thunberg, dans son Prodromus, a donné ce nom à un arbuste du cap de Bonne-Espérance : c'est un hommage qu'il a rendu au zèle et aux connoissances du naturaliste françois Bosc. Le caractère de ce genre est d'avoir un calice à quatre dents, une corolle à quatre pétales, quatre étamines, un ovaire terminé par trois styles, et une capsule à quatre loges. L'arbuste a les feuilles opposées, lancéolées, ondulées, et porte le nom de *boscia undulata*. Trois styles et quatre loges dans le fruit, paroissent physiologiquement impossibles : il doit y avoir une méprise dans la description de Thunberg ; et il paroît qu'il l'a reconnue, puisque depuis il a supprimé lui-même ce genre.

Lamarck, dans ses Illustrations, pl. 395, a figuré sous ce même nom de *boscia* un autre arbuste d'Afrique, qui paroît très-voisin des câpriers. Ses feuilles, alternes, elliptiques, entières et coriaces, sont longues de deux à trois pouces, et fortement réticulées. Les fleurs, très-petites et disposées en panicule au sommet des rameaux, ont un calice à quatre folioles, douze étamines, et un ovaire élevé sur un support et terminé par un stigmate sessile et pointu. Le fruit est une coque ronde et ridée, qui contient une seule graine et qui ne s'ouvre point. Les nègres mangent, dit-on, l'amande du fruit, et peut-être le fruit lui-même avant la maturité. Ce genre diffère du câprier, parce qu'il n'a qu'une graine dans son fruit, et de plus parce que sa fleur paroît dépourvue de corolle. Ce dernier caractère n'est peut-être pas vrai, et on pourroit croire, ou que les pétales tombent de très-bonne heure, ou qu'ils sont extrêmement petits ; ce qui fait qu'on ne les a pas vus sur des individus secs. (Mas.)

BOSCOTE (*Ornith.*), nom vulgaire du rouge-gorge, *motacilla rubecula*, L. (Ch. D.)

BOSÉE (*Bot.*), *Bosea*, Linn., Juss., Lam. Illust. pl. 182, genre de plantes auparavant nommé *bosia* par Linnæus, de Gaspard Bose, professeur de botanique à Leipsic, dans le jardin duquel la plante qui a servi de base à ce genre a été observée pour la première fois. Il doit être placé dans la famille des atriplicées. Deux arbrisseaux le composent : l'un des Canaries, qu'on cultive dans les jardins de botanique :

l'autre de la Cochinchine, où il a été observé par Loureiro. Ils ont les feuilles simples et alternes, et les fleurs petites, disposées en grappe à leur aisselle. Chaque fleur a un calice à cinq divisions, cinq étamines, un ovaire libre, terminé par deux stigmates, et devenant une baie globuleuse qui ne contient qu'une graine. Le *bosea* des Canaries, nommé *bosea yervamora*, est élevé de quatre à cinq pieds; il a les feuilles semblables à celles du lilas, mais plus petites, et les grappes de fleurs rougeâtres et peu serrées : c'est un arbrisseau de peu d'agrément, que l'on cultive seulement dans les collections de plantes étrangères. Le *bosea* de la Chine, auquel Loureiro a donné le nom de *bosea cannabina*, est plus élevé, à petites feuilles lancéolées, et à fleurs blanches, en grappes courtes, placées deux ensemble aux aisselles des feuilles. On réduit l'écorce de cet arbrisseau en fils dont la ténacité est extrême, et avec lesquels on fait des nattes. (Mas.)

BOSIA. (*Bot.*) Voyez Bosée.

BOSON. (*Moll.*) C'est le *turbo muricatus* de Linnæus qu'Adanson a rangé parmi ses toupies, pl. 12, fig. 2, Coquil. du Sénégal. Voyez au mot Sabot. (Duv.)

BOSOTE (*Ornith.*), nom vulgaire du rouge-queue, *motacilla erithacus*, L. (Ch. D.)

BOSQUIEN. (*Ichtyol.*) Ce nom a été donné par Lacépède à deux poissons, et par moi à une espèce de lézard, afin de témoigner notre reconnoissance au naturaliste Bosc pour les nombreux services qu'il a déjà rendus à la science par ses recherches et ses écrits. Voyez les mots Blennie, Piméleptère et Lézard. Lacépède a aussi décrit un autre poisson sous le nom de gobie bosc. Voyez Gobie. (F. M. D.)

BOSSAC (*Bot.*), nom que les habitans de Madagascar donnent à une espèce de lobélie rampante, à tiges triangulaires, qui croît communément sur les pelouses. Les oies domestiques, qu'on nomme *guiches* dans la langue du pays, la recherchent avec avidité quand elles pâturent. (A. P.)

BOSSE ou Basse. (*Ichtyol.*) Ces deux noms sont donnés par les Anglois, selon Lacépède, au centropome loup. Voyez Centropome. (F. M. D.)

BOSSU. (*Ichtyol.*) On désigne ainsi plusieurs espèces de

poissons, à cause de la convexité de leur dos en forme de bosse. On en connoît dans six genres différens. Voyez les mots THORACIN, CYPRIN, OSTRACION, LABRE, LUTJAN et HOLOCENTRE.

Le nom de bossu a aussi été donné au kurte blochien, ainsi que le nom générique l'indique. Voyez KURTE. (F. M. D.)

BOSSUE. (*Moll.*) On trouve sous ce nom chez les marchands l'ovule verruqueuse, *verrucosa*, L. Voyez OVULE. (Duv.)

BOSSY (*Bot.*), arbre qui croît dans le pays de Quoja, voisin de la côte Malaguette en Afrique. Son fruit a la forme d'une prune longue, jaune, d'un goût amer, mais sain. Il est mentionné dans l'Histoire générale des Voyages. (J.)

BOSTRICHE (*Entom.*), *Bostrichus*, genre d'insectes coléoptères qui ont quatre articles à tous les tarses, les antennes en masse, le corps semi-cylindrique, et qui sont rangés dans notre famille des gongyloïdes ou térétiformes.

Ce nom, donné par Geoffroy à quelques espèces voisines ou qui ont la même forme, est entièrement grec, βόστρυχος (*bostrychos*), et signifie frisure, boucle de cheveux. Il paroît qu'Aristote désignoit par ce nom le lampyre.

Fabricius, en adoptant ce nom, a établi la plus grande confusion. En effet, il a donné à l'espèce principale de Geoffroy, qui étoit le prototype du genre, le nom d'apate, et celui d'hylésine à la seconde espèce, décrite par Fourcroy ; de sorte qu'aucune espèce du genre de Geoffroy ne porte le nom de bostriche. Il est donné maintenant à l'insecte que ce même auteur avoit nommé scolyte, dénomination qui elle-même a été transportée à une espèce de carabe aquatique, que nous décrirons au mot OMOPHRON. Linnæus avoit placé les bostriches parmi les dermestes, et Degéer dans le genre Ips.

Le caractère du genre peut être ainsi exprimé.

Caract. gén. Corps semi-cylindrique, court, comme tronqué en arrière ; tête petite, rentrant dans le corselet, à yeux globuleux ; antennes courtes, en masse comprimée ; corselet convexe, globuleux, en capuchon, souvent denté en devant ; abdomen arrondi, couvert par des élytres comme tronquées ; pattes courtes ; jambes aplaties, triangulaires ; tarses à quatre articles.

Les genres avec lesquels celui qui nous occupe ont le plus de rapport, sont les apates, les hylésines et les scolytes. On le distingue du premier, parce que les antennes de celui-ci sont en masse perfoliée; des hylésines, qui ont les antennes en masse globuleuse et solide; et des scolytes enfin, qui ont la tête grosse en arrière, de la largeur du corselet, et la bouche au bout d'un museau ou d'une sorte de bec.

Les bostriches vivent dans l'aubier des arbres et dans quelques espèces de bolets ligneux, sous l'état de larve et d'insecte parfait. Dans le premier état la forme de leur corps est semblable à celle des scarabées. Leur peau est très-molle, courbée en arc, composée d'une douzaine d'anneaux très-obtus en arrière; garnie en devant d'une tête cornée, armée de deux fortes mandibules; portant trois paires de pattes écailleuses, courtes, terminées par un seul crochet. Ce sont ces larves qui produisent, avec celles des vrillettes, ces sinuosités, ces espèces de labyrinthes qu'on observe très-souvent sous les écorces des arbres. Ordinairement ces traces sinueuses sont remplies d'une poussière semblable à la sciure de bois, et qui provient des excrémens de leurs larves. Celles-ci conservent leur forme près de deux années. Elles se filent au commencement de l'hiver une coque grossière à laquelle elles agglutinent la poussière du bois : elles y restent immobiles et engourdies pendant toute la mauvaise saison; mais au printemps elles en sortent sous l'état parfait. On trouve alors les bostriches au dehors, se portant sur les écorces pour s'y accoupler ou y pondre leurs œufs. On ne les rencontre jamais sur les fleurs.

Nous ne connoissons qu'une douzaine d'espèces de bostriches dans ce pays.

1. BOSTRICHE CYLINDRE, *Bostrichus cylindrus*, Panz. F. G. Fasc. XV, tab. 1.

Caract. Noir : à pattes pâles; élytres striées, à pattes testacées ou rougeâtres.

C'est une assez grande espèce, qu'on trouve sous l'écorce des chênes, et que nous avons rencontrée en très-grande quantité dans la forêt de Fontainebleau, en Juillet.

2. BOSTRICHE IMPRIMEUR, *Bostrichus typographus*, Degéer, tom. V, tab. VI, fig. 1 et 2, *Ips.*

Caract. Rougeâtre ou testacé, à duvet court; élytres tronquées, dentées en arrière.

C'est l'espèce qui fait le plus de tort aux bois de marine : car non-seulement elle attaque les bois et les sapins, lorsqu'ils sont abattus et dans les chantiers, en s'introduisant sous l'aubier ; mais elle pénètre même sous les écorces des arbres vivans. Cet insecte varie beaucoup pour la taille et le ton de couleur. Il est fort rare aux environs de Paris.

3. BOSTRICHE DU LARIX, *Bostrichus laricis.*

Caract. Noir : à pattes brunes; à élytres tronquées, dentées.

4. BOSTRICHE CHALCOGRAPHE, *Bostrichus calchographus.*

Caract. Noir; à élytres rousses, dentées, tronquées à l'extrémité.

5. BOSTRICHE POLYGRAPHE, *Bostrichus polygraphus.*

Caract. Noir; à élytres verdâtres, couvertes d'une poussière cendrée.

6. BOSTRICHE MONOGRAPHE, *Bostrichus monographus.*

Caract. Noirâtre ; à corselet roux ; à élytres tronquées, dentées.

7. BOSTRICHE MICROGRAPHE, *Bostrichus micrographus.*

Caract. Ferrugineux ; à élytres entières, testacées.

8. BOSTRICHE DEUX-DENTS, *Bostrichus bidens.*

Caract. Brun ; à élytres tronquées à l'extrémité, avec une petite pointe sur chacune.

On trouve toutes ces espèces sous les écorces des arbres. (C. D.)

BOSTRYCHE. (*Ichtyol.*) Ce nom, tiré du mot grec *bostrychos*, qui signifie barbillon, filament, a été employé par le savant Lacépède pour désigner un nouveau genre de poissons osseux, figurés sur les vélins peints à la Chine qui sont dans la bibliothèque du Muséum d'histoire naturelle. Lacépède leur croit des nageoires sous le corps; aussi les a-t-il placés parmi les thoracins, après le pogonias, dans le même ordre que les gobies : mais s'ils n'ont pas de nageoires inférieures ils doivent être placés auprès des murènes, parmi les apodes.

Caract. gén. Ils ont le corps allongé, anguilliforme ; deux nageoires dorsales, dont la seconde séparée de la caudale ; deux barbillons à la mâchoire supérieure ; les yeux assez grands et sans voile.

Il n'y a que deux espèces dans ce genre.

1. BOSTRYCHE CHINOIS, *Bostrychus sinensis.* Il est brun et a la queue lancéolée.

2. BOSTRYCHE TACHETÉ, *Bostrychus maculatus.* On voit de très-petites taches vertes sur tout son corps. (F. M. D.)

BOSTRYCHOÏDE. (*Ichtyol.*) Ce genre, figuré avec les deux poissons précédens, est aussi mal connu ; car on ne sait pas s'il est de l'ordre des apodes ou de celui des thoracins.

Caract. gén. Il ne diffère des bostryches que par sa nageoire dorsale, unique et non réunie avec celle de la queue.

BOSTRYCHOÏDE ŒILLÉ, *Bostrychoides oculatus.* Il a la nageoire anale basse et longue ; celle du dos basse et très-longue, avec une tache verte, entourée d'un cercle rouge, de chaque côté de la queue. (F. M. D.)

BOT (*Ichtyol.*), nom donné par les colons de Surinam à la sole, et par les Hollandois des Moluques à la plie. En Hollande on nomme aussi *bot* et *fey-bot*, le flez. Voyez PLEURONECTE. (F. M. D.)

BOTABOTA (*Ornith.*), un des noms que porte dans l'île de Luçon l'hirondelle salangane, *hirundo esculenta*, L. (Ch. D.)

BOTANIQUE, science qui fait partie de l'histoire naturelle : elle a pour objet le règne végétal ; recherchant la nature des plantes, elle détermine les différentes modifications de leurs organes, examine leur action réciproque, et tire de ces observations, ou les lois générales auxquelles leur existence est soumise quand elle les considère d'une manière philosophique, ou seulement des caractères certains qui puissent distinguer sûrement les espèces des unes des autres. Son nom vient de *botanê*, qui en grec veut dire herbe.

Si l'on réduisoit un dictionnaire au strict nécessaire, une pareille définition suffiroit, et passant successivement aux différens mots qui la composent, on trouveroit de nouvelles définitions, qui, se rattachant les unes aux autres, finiroient par donner toutes les connoissances que l'on peut désirer : mais cette marche, vraiment encyclopédique, rebute la plupart des esprits par sa sécheresse ; il faut nécessairement de temps en temps des tableaux qui lient les connoissances acquises avec celles que l'on veut acquérir. Ici donc on s'attend à trouver réuni sous un seul point de vue l'ensemble de la botanique : 1.° les limites qui la séparent des autres sciences, et les relations qu'elle conserve avec elles ; 2.° son objet ; 3.° son utilité.

Liaison de la botanique avec les autres sciences.

Parmi cette foule innombrable d'êtres qui couvrent la surface de notre globe, l'homme seul s'est trouvé doué d'une intelligence supérieure à l'instinct qui guide le reste des animaux. Ceux-ci sont aveuglément esclaves de leurs besoins : lui seul, ne recevant de lois que de sa volonté, peut s'examiner lui-même, observer les ressorts qui le font agir, reporter les yeux à l'extérieur, et jouir du magnifique spectacle qui l'environne. La forme variée, l'ensemble imposant de tant d'objets qui partagent avec lui l'existence, lui offrent un sujet d'admiration : mais il ne s'en tient pas là ; il étudie leurs caractères, combine leurs rapports, et, profitant des connoissances qu'il acquiert, il sait s'entourer de ceux qui peuvent lui être de quelque utilité, tandis qu'il écarte les autres, dont il auroit à craindre quelque dommage. C'est déjà beaucoup ; il se montre bien supérieur à ces animaux qu'il a domptés, ou qu'il a forcés de fuir à son aspect : un sentiment plus noble est venu mettre le comble à sa grandeur ; il s'élève, par la contemplation, à l'auteur de tant de merveilles, et pénétré de reconnoissance il lui offre le tribut de ses hommages. Dieu, l'intelligence et l'univers, voilà les sujets des méditations de l'homme : mais s'il vouloit les embrasser d'un seul coup d'œil et en saisir l'ensemble, le sentiment de sa foiblesse succéderoit, et son esprit se trouveroit accablé sous le fardeau qu'il auroit voulu soulever. Il a fallu le partager. Par le moyen de l'analyse, fruit de l'observation, les connoissances se sont trouvées divisées en différentes branches, qui ont pris le nom de sciences : leur domaine s'est trouvé circonscrit ; mais elles ne se sont isolées que pour se porter mutuellement des secours plus efficaces.

D'un côté cette intelligence et ces facultés ont donné naissance aux sciences intellectuelles ou morales : de l'autre, tous les êtres qui tombent sous les sens, la nature, en un mot, sont l'objet des sciences naturelles ou physiques ; et ces dernières présentent trois rameaux principaux, la Physique, la Chimie et l'Histoire naturelle. Le physicien cherche à découvrir les propriétés de la matière en général : le chimiste s'applique à déterminer l'action de ses élémens ; et le naturaliste s'occupe des phénomènes des corps en particulier.

Les premiers veulent pénétrer les causes générales, celui-ci se borne à des causes moins étendues. Il sembleroit d'après cela que le naturaliste, simple observateur, dût rarement s'écarter de l'objet de ses recherches ; tandis que le physicien, entouré de ses instrumens, le chimiste, employant ses réactifs, peuvent quelquefois s'égarer, et, ne connoissant pas toujours l'influence des intermèdes qu'ils emploient, attribuer leurs effets aux corps mêmes qu'ils examinent. Mais peut-être les divisions et soudivisions, auxquelles le naturaliste sera forcé de recourir par la même foiblesse qui a donné naissance aux sciences, entraîneront-elles autant d'inconvéniens que les moyens dont la physique et la chimie se sont servies. Effectivement, si après s'être occupé des objets en particulier il veut juger de leurs rapports et voir leur enchaînement, il se perd bientôt : cet immense tableau ne peut être saisi que par la sagesse infinie qui l'a ordonné. Il est donc obligé, pour le mettre à sa portée, de le soudiviser. La nature elle-même semble le favoriser et condescendre pour ainsi dire à notre petitesse ; car tandis qu'elle lie des êtres par les rapports les plus frappans, elle en isole d'autres : le naturaliste cherche à profiter de ces intervalles, et part de là pour former la base des classifications.

La première coupe qui se présente est celle des trois règnes. Rien ne paroît au premier coup d'œil mieux prononcé. Une matière brute compose le règne minéral : elle ne s'augmente qué par la juxta-position des substances qui concourent à sa formation. Les végétaux sont pourvus d'organes ; par leurs moyens ils s'assimilent et font servir à leur développement les corps qui les environnent : mais, fixés au même lieu, ils n'ont d'autres mouvemens que ceux de leur organisation propre, ou ceux qui leur sont communiqués par les corps environnans ; tandis que les animaux, ayant les mêmes développemens, produits pareillement par des organes, jouissent du sentiment, qui leur fait distinguer leurs alimens, et de la faculté de se mouvoir, qui leur donne le moyen de s'en approcher.

Voilà donc déjà trois parties qu'on peut considérer séparément; on peut même ne s'attacher qu'à une seule. Le minéralogiste descendra dans les entrailles de la terre, suivra les différentes veines qui la partagent : le botaniste, moissonnant à la surface, décrira les végétaux qui la couvrent; tandis que le zoologiste observera les mœurs des animaux qui viennent animer la scène.

Quoiqu'ils semblent avoir des districts bien séparés, ces observateurs ne se rencontreront-ils point dans quelques parties? ne trouveront-ils point des êtres qu'ils pourroient également revendiquer? Déjà de ces trois règnes deux commencent à se rapprocher beaucoup, l'animal et le végétal; ils ont l'un et l'autre la faculté de se reproduire : aussi plusieurs physiciens les ont confondus sous le nom d'êtres organiques, tandis que celui d'inorganiques a été donné aux minéraux. Le règne minéral semble être la source et le résidu des autres : c'est dans son sein qu'ils puisent leur substance ; c'est là que se confondent leurs dépouilles. Les végétaux sont cependant les seuls qui paroissent directement tirer de ce vaste dépôt ; il faut, pour ainsi dire, qu'ils donnent une première vie à la matière avant qu'elle ne puisse convenir aux animaux : voilà une espèce de démarcation entre ces deux règnes. Mais transportons-nous à leurs limites ; c'est là que nous nous assurerons si elle est bien marquée , si aucun être ne l'a franchie.

La spéculation imaginoit depuis long-temps de ces êtres mitoyens, lorsque le polype s'offrit aux yeux de Trembley : il sembloit venir joindre deux règnes. Son étonnante reproduction , ses embranchemens, le rapprochoient des plantes : mais bientôt ses mouvemens spontanés et sa façon de vivre le fixèrent parmi les animaux. Une autre classe de productions avoit occasioné de plus grands embarras , celle des zoophytes, que leur forme a fait connoître sous le nom de plantes marines ; tels que les coraux, les madrépores , les sertulaires, etc. : aussi ont-elles éprouvé de grandes variations. Les anciens les regardoient comme des espèces de pierres qui végétoient. Marsigli crut apercevoir des fleurs qui s'épanouissoient; d'après cela il les rangea parmi les plantes : mais Peyssonel et, bien long-temps avant lui, un italien nommé Imperato, reconnurent leur animalité. Les polypes vinrent mettre le sceau à cette découverte. Les fleurs aperçues par Marsigli, sous la loupe de Bernard de Jussieu se changèrent en animalcules, et ces plantes devinrent des polypiers. Depuis, presque tous les savans ont adopté le système de leur animalité, en le modifiant pourtant ; et leurs différentes opinions prouvent que la nature de ces substances n'est pas encore bien connue : l'élément qu'elles habitent et la petitesse de leurs parties sont des obstacles presque insurmontables. Il paroît cependant qu'elles possèdent au moindre degré les qualités qui distinguent les animaux ; elles doivent par conséquent nous mener sur les confins du règne végétal.

Ici se présente un problème important à résoudre : il s'agit de déterminer quelle est la plante qui aura le plus de rapport avec le règne animal. Il est probable que de long - temps on ne sera en état de le résoudre que par approximation. Si nous voulons prendre pour guides ceux qui de leur cabinet ont voulu régler la nature, et suivre l'échelle des êtres qu'ils ont esquissée, aux derniers termes de l'animal doit correspondre la plante la plus parfaite, et en suivant les dégradations du règne végétal, son dernier terme répondra au premier des minéraux. Mais l'embarras sera de trouver cette plante parfaite. Si nous écoutons encore ces auteurs, nous choisirons la sensitive ; le mouvement particulier dont elle est douée semble la faire participer aux qualités des animaux. A ce premier rang se trouvera aussi la Dionée attrape-mouche, dont les feuilles, en se serrant, renferment les insectes qui ont l'imprudence de se poser dessus. L'*hedysarum gyrans* présente un phénomène plus étonnant : les deux plantes dont nous venons de parler ont besoin d'un corps étranger pour développer leurs mouvemens ; celle-ci en a de vraiment spontanés. Néanmoins, si nous rapprochons ces plantes des polypes, toute ressemblance s'évanouira ; l'organisation de la plante nous paroîtra aussi compliquée que celle du polype sera simple : en un mot et sans entrer dans des détails qui deviendroient fastidieux, aucune plante réputée parfaite ne pourroit venir se lier avec la série des animaux. Ce ne sera qu'en redescendant que nous rencontrerons quelque analogie ; et si nous nous arrêtons aux conferves et aux *byssus*, qui occupent les derniers rangs, ils nous fourniront quelques traits de ressemblance. Leur fructification est absolument inconnue ; ils ne paroissent se multiplier que par leurs rameaux et les parties qui s'en détachent : et la simplicité de leur construction cadre parfaitement avec celle des polypes. Cependant les deux règnes sont encore loin de se toucher : ils forment deux séries convergentes dont il nous manque bien des termes, et dont le dernier, de part et d'autre, est la matière brute et inorganisée ; ainsi elles nous mènent l'une et l'autre dans le règne minéral. En s'éloignant également de ce point, et par conséquent de ces deux règnes, il faudroit peut-être placer au dernier rang les minéraux les plus parfaits, tels que ces belles mines d'argent arborisées, qu'on regarde communément comme destinées à former le passage aux végétaux.

Cette idée demanderoit à être approfondie : mais pour la suivre avec détail combien ne faudroit-il pas d'observations délicates ? et comme les objets finiroient par échapper aux sens, elle ne pourroit être discutée que par la métaphysique la plus abstraite. Il faut donc laisser le soin de chercher le triple nœud qui peut réunir ces trois parties, à des mains plus habiles, et se contenter de l'indiquer.

Mais ces conferves sont-elles bien du domaine de la botanique? Depuis long-temps déjà le célèbre Adanson avoit remarqué des mouvemens spontanés dans quelques espéces; on vient de jeter plus de doute sur cet objet. Il faut apprendre du temps et de l'expérience ce qu'il faut en penser, et si leur animalité est constatée les reléguer, parmi les animaux, à côté des madrépores; mais il est à présumer qu'on ne trouvera pas de ces êtres ambigus qu'on a cru long-temps participer également de l'animal et du végétal.

Les Champignons ont aussi présenté d'autres difficultés. Quelques naturalistes ont fait naître des doutes sur la place qui leur convenoit : quelques-uns même, dans ces derniers temps, entraînés par l'exemple des madrépores, en ont voulu faire des espéces de polypiers; les autres les ont comparés aux minéraux, et ont regardé leur croissance comme une espéce de cristallisation. Pour concilier ces opinions, quelques-uns ont été tentés d'en faire un quatriéme règne; mais ce ne seroit qu'une difficulté de plus : on ne peut les séparer raisonnablement des lichens, ni ceux-ci des *fucus* ou varecs; et quels seroient les animaux ou les minéraux dont on pourroit les rapprocher?

Jusqu'à présent on peut donc regarder les limites de la botanique comme assurées : il n'est aucun être, d'après les connoissances que nous avons, qui raisonnablement puisse causer quelque embarras. Il nous reste maintenant à comparer ses procédés avec ceux des deux autres parties d'histoire naturelle.

D'abord l'absence des organes dans les minéraux met beaucoup de différence dans leur étude. L'observation seule des qualités extérieures suffit à peine pour distinguer les espéces; il faut absolument y joindre l'analyse chimique, qui seule en a tracé les coupes. C'est elle seule aussi qui peut faire connoître la nature et la proportion des substances qui entrent dans la composition des différens individus, seul moyen de les distinguer sûrement.

La botanique, parvenue la première à un certain degré de perfection, a servi de modéle à la zoologie; mais celle-ci en a tellement profité qu'elle l'a dévancée à son tour en plusieurs points : c'est ainsi, par exemple, que la classification dans les animaux, calquée sur celle des plantes, s'est trouvée assise dans son ensemble d'une manière presque invariable, presque tout de suite ; tandis que celle de la botanique a éprouvé une fluctuation à peine terminée. C'est dans cette dernière science que se sont développés les systèmes et les méthodes , se succédant rapidement et se formant des débris les uns des autres. On peut en trouver facilement la raison. Parmi les animaux les coupes ont paru se présenter sans efforts ; si elles se sont augmentées, ce n'a été que par de nouvelles découpures, qui n'ont point dérangé la série générale. Au contraire parmi les végétaux il a fallu tâtonner et chercher ; et quoiqu'ils soient plus nombreux une plus grande uniformité paroît régner parmi eux. C'est sur les différens organes du mouvement et de la nutrition que sont fondées les principales divisions des animaux. Parmi les plantes le repos est absolu. La bouche , cet organe nourricier et essentiel des animaux, a fourni encore aux zoologistes d'amples moyens de soudivision : on sait qu'elle ne se retrouve pas parmi les plantes, et que ce n'est qu'à l'extrémité des tubes capillaires de leurs racines que la nature a placé les pores imperceptibles par où elles puisent dans le sein de la terre les sucs nourriciers, tandis qu'elle en a mis d'autres sur leurs feuilles pour aspirer dans l'air les principes qui s'y trouvent dissous.

Déjà l'étude de toutes ces parties essentielles des animaux et de leurs autres organes étoit le but d'une science en apparence bien différente, l'anatomie : mais la zoologie non-seulement s'est emparé de son travail ; elle a de plus revendiqué la science elle-même comme une de ses dépendances. Long-temps l'anatomie n'avoit été regardée que comme une partie de la médecine. Elle avoit cela de commun avec la botanique et la chimie : mais elle paroissoit avoir moins de droits que les deux autres à s'en séparer, car long-temps elle ne parut être qu'un flambeau pour la médecine, l'éclairant seulement sur l'intérieur du corps humain , lui indiquant quelquefois le siége des maladies , et lui

montrant le chemin pour y porter plus directement ses secours. Si elle avoit porté son scalpel dans le sein des autres
animaux, ce n'étoit que dans l'espérance de faciliter ses
expériences et de diriger vers son objet principal les faits
observés. Mais admise dans l'Académie des sciences, dès
son berceau, comme science particulière, elle se mit à·
étudier l'intérieur des différens animaux, dans le but uniquement de mieux connoître leur nature ; elle se distingua
alors de la partie médicale par le nom d'anatomie comparée.
L'examen des organes privés de vie eût procuré des connoissances bien stériles ; il falloit en même temps découvrir leur jeu et leur action réciproque : de là la physiologie.
Les deux réunies représentoient à cette époque la zoologie :
aussi celle-ci n'eut-elle besoin que de se revêtir de l'extérieur
de la botanique, en lui empruntant ses méthodes, pour occuper dans l'histoire naturelle la place qui lui convenoit. La
botanique à son tour apprit, par cet exemple, à pénétrer
l'organisation intérieure, et insensiblement se formèrent
l'anatomie et la physiologie végétales. Ces sciences n'avoient
pas eu de peine à descendre de l'homme aux autres animaux,
et ce ne fut pas sans acquérir de grandes connoissances
que, suivant les modifications des organes, on les vit diminuer et s'évanouir dans les derniers termes de l'échelle ; ce
dictionnaire prouvera en beaucoup d'occasions tout le parti
qu'a tiré de ces observations un de ses principaux rédac-
teurs : leur introduction dans la botanique ne fut pas si
facile. On aperçut bien en gros de grands rapports, et
l'on sentit bien l'analogie qui existoit entre l'économie animale et la végétale : mais quand on voulut en venir aux
détails, on a éprouvé tant d'obstacles qu'il a été plus commode de s'ouvrir une route nouvelle ; et ce n'a été que
de loin en loin que ces deux sciences ont eu quelques
points de réunion. On peut voir par là que la botanique
diffère autant de la zoologie par sa marche que par son
objet.

Peut-être cette considération a-t-elle fait conserver le nom
de botanique à cette science, tandis que l'uniformité et l'analogie sembloient demander qu'on lui préférât celui de phy-
thologie, qui cadroit avec ceux de zoologie et de minéralogie.

Objet de la botanique.

Nous voici donc parvenus à la botanique proprement
dite : c'est ici que nous devons voir le but où elle tend et
les moyens qu'elle emploie pour y parvenir. Par la définition de cette science nous avons appris qu'elle avoit pour
objet la connoissance des plantes, c'est-à-dire de leurs phénomènes et des moyens de les distinguer sûrement les unes
des autres. Pour remplir cette tâche il faut commencer par
examiner, 1.º les plantes dans les rapports qu'elles ont les
unes avec les autres ; 2.º les plantes dans leurs rapports
avec l'homme.

Des plantes considérées en elles-mêmes.

Quoique la division des trois règnes ait soustrait deux
parties du tableau de la nature, celle qui est sous nos yeux
nous présente encore un horizon immense, qui de tous les
côtés nous offre des objets dignes de remarque. Effectivement, sur quelque point de la terre que nous portions nos
regards, nous le trouverons décoré de quelque végétal
particulier. Confondant ensemble leurs feuillages, entrela-
çant leurs tiges, leurs formes variées semblent destinées à
ne laisser aucun espace vide : les sables les plus mobiles,
les marais les plus fangeux, les roches mêmes les plus
dures, toute la surface du globe, tendent par le moyen des
plantes à se revêtir de verdure.

Sans nous étonner de cette immense variété, attachons-
nous d'abord à une seule de ces plantes ; la plus commune
pourra nous servir et fournir toute l'instruction qu'on peut
désirer. Après avoir reconnu ses parties extérieures ou
ses organes, examinons son intérieur ; cherchons à découvrir la manière dont ils concourent à son existence.
La comparant ensuite successivement avec d'autres plantes,
nous pourrons déterminer ce qu'elle a de commun avec
elles et ce qu'elle a de particulier ; ce qui constitue son
essence et sa différence.

Ainsi une plante, presque prise au hasard entre mille,
est attachée au sol par une Racine qui s'enfonce plus ou
moins dans la terre ; tandis qu'un tronc ou une tige tend à
s'élever dans l'air. Cette partie est garnie de distance en dis-

tance de Feuilles remarquables par leur peu d'épaisseur et leur verdure. Près du point où elles sortent de la tige se trouve un corps qui la perce pareillement. D'abord informe, il se développe graduellement et donne des feuilles semblables aux premières; s'écartant les unes des autres progressivement, elles finissent par former une tige secondaire : c'est une Branche. Chacune de ces nouvelles feuilles se retrouvant garnie d'un corps pareil, ou Bourgeon, redonne de nouvelles branches, à moins que quelques causes accidentelles ne s'y opposent. Voilà donc le moyen par lequel la plante soumise à notre examen prend des accroissemens en longueur et en différens sens : mais les changemens qu'elle éprouve de cette manière influent peu sur son ensemble; seulement elle est plus ou moins grande. Il vient une époque plus remarquable. Des boutons d'un autre genre que ceux qui ont produit les nouvelles parties, paroissent; ils grossissent insensiblement, et à une époque fixe les parties délicates qu'ils contiennent font effort : ils s'ouvrent, et des Fleurs sont épanouies. Ce n'est plus ce vert monotone; une couleur vive et brillante les décore : mais elle s'éclipse rapidement. De toutes les parties qui composent cette fleur une seule lui survit; elle occupoit le centre : c'est le Pistil. Tout le reste est fané; lui seul prend une nouvelle vie, et par une maturation graduée devient un fruit complet : il contient des corps qui se séparent sans effort et d'eux-mêmes; ce sont les Graines.

Chacune de ces graines, confiée à la terre et soumise à l'action du temps et des circonstances, subit la Germination, c'est-à-dire que, pompant l'humidité par des points imperceptibles, elle se gonfle jusqu'au point de rompre son enveloppe extérieure. Un nouveau corps paroît; c'est l'Embryon, ou la Plantule : elle se trouve composée d'un corps cylindrique, oblong, et de deux espèces de feuilles appliquées l'une contre l'autre. Le corps cylindrique cherche à gagner la terre, et, quelle que soit sa position par la manière dont la graine est couchée, il finit par se contourner et y parvenir; il pénètre la terre et s'y enfonce, et devient une véritable racine : de là le nom de Radicule, donné à cette partie. Les deux feuilles s'écartent l'une de l'autre et deviennent horizontales : ce sont les Cotylédons. A leur centre on découvre une espèce de bourgeon ; c'est la Plumule : il s'en développe des feuilles véritables, d'abord un peu différentes de celles de la plante qui l'a produite : elles finissent par être identiques, et l'on retrouve enfin une plante semblable à celle d'où provient la graine, et qui parcourt les mêmes périodes.

Ayant ainsi passé en revue l'extérieur, nous devons nous occuper de l'intérieur. Pour y parvenir, il faut s'attacher à cette plantule que nous avons vue sortir de la graine. Dans son état d'enfance et de réclusion, ce cylindre (la radicule), coupé en travers, ne présente qu'une substance succulente et homogène. Est-elle plus avancée, a-t-elle touché la terre et développé quelques racines? si on la rompt en travers, elle sera partagée en deux parties distinctes; un cylindre intérieur un peu plus ferme, recouvert d'un tuyau qui paroît s'en détacher dans tous les points. Si la plante a pris plus de développemens et produit de nouveaux rameaux, ceux-ci présenteront la même coupe, c'est-à-dire qu'à leur première apparition ils seront pleins et succulens, et ensuite ils paroîtront composés d'un cylindre plein et d'un tuyau extérieur. Lorsque toutes ces parties sont parvenues à un plus grand accroissement, elles font apercevoir une nouvelle différence. La coupe transversale présente alors deux cercles concentriques : l'intérieur renferme un cylindre spongieux et un peu sec; le second forme un tuyau plus ferme et blanchâtre. Enfin se trouve le tuyau détaché que nous avons remarqué dans le premier développement; il est blanchâtre du côté intérieur, mais l'extérieur est toujours succulent et vert. La racine seule ne présentera que les deux premières parties, qui sont toujours blanches ou d'une autre couleur, mais jamais vertes.

Voilà trois parties qui paroissent bien distinctes : celle du centre est la Moelle; le tuyau qui l'enveloppe est le Corps ligneux ou Bois, et enfin l'extérieur est l'Écorce. Mais sont-elles aussi distinctes que l'œil paroît le faire voir? Dans l'enfance de la plante nous les avons vues confondues ensemble; comment se sont-elles séparées ?

Au moment même où elles paroissent si distinctes, que l'on examine cette moelle à l'aide d'un verre lenticulaire :

on s'apercevra qu'elle est composée d'une suite de petits vases ou utricules, dont la coupe tient plus ou moins de l'hexagone, et qui forment des polyèdres dont chaque paroi ou face est commune à deux de ces utricules. Des pores laissent un passage de l'un à l'autre. En les suivant avec soin, on découvre que, traversant par des prolongemens horizontaux le corps ligneux, quelques-uns pénètrent de plus l'écorce même ; et si on n'en aperçoit pas de traces lorsqu'on dépouille le corps ligneux, c'est que par leur peu de consistance elles cèdent sans faire éprouver de résistance : si on les suit dans l'écorce, on les voit venir se confondre dans la partie extérieure de cette écorce et y former une couche continue ; c'est elle qui conserve encore cette couleur verte qui reste à l'extérieur.

Toute la différence qui existe entre ces deux parties, c'est que le centre a épuisé tous les sucs qu'il contenoit, et que l'extérieur les conserve : dans cet état il prend le nom de Parenchyme. Mais, si foible en apparence, comment peut-il traverser ce corps ligneux qui paroît si solide ? Un premier examen suffit pour s'en rendre raison. On s'aperçoit aisément que le bois est composé de fibres allongées, qui se croisent pour former un réseau continu ; c'est à travers les mailles qu'il forme que le parenchyme, ou la partie médullaire, gagne l'écorce. Il y trouve un second réseau plus flexible que le premier, qui compose toute la partie intérieure de l'écorce ; c'est le Liber.

Cette écorce a encore une troisième partie essentielle ; c'est l'Épiderme : sa présence est facile à découvrir. Toutes les parties intérieures d'une plante paroissent imbibées, à la vue et au toucher, de sucs glutineux, tandis qu'elle est sèche à l'extérieur ; elle doit cet état de sécheresse à l'épiderme, qui consiste en une membrane extérieure contenant toutes les parties solides et fluides : existant déjà dans la plantule renfermée dans la graine, elle recouvre sans aucune interruption toutes les parties, en sorte que celles même qui composent ces feuilles si minces sont contenues entre deux lames réunies de cet épiderme ; la dilatation qu'elles y éprouvent les met en évidence, et donne des facilités pour leur examen.

La partie par laquelle cette feuille s'attache à la tige, et qu'on nomme le Pétiole, paroît composée d'un faisceau de fibres. Le pétiole se prolonge d'un bout à l'autre de la feuille et la partage en deux parties presque égales : on voit qu'il va en diminuant, parce que de distance en distance il s'en détache des rameaux; ces rameaux se subdivisent encore, et puis, se croisant et se réunissant, ils forment un réseau continu.

Le hasard, les insectes, un instrument très-tranchant, peuvent soulever ou enlever l'épiderme. Il paroît sous la forme d'une pellicule très-mince et parfaitement transparente, en sorte que la couleur verte ne lui appartient pas : elle provient d'une substance succulente interposée dans les mailles du réseau. Il n'est pas difficile d'y reconnoître le parenchyme dans son état de végétation; car il paroît que la couleur verte est l'apanage de cet état, et que par ce moyen on peut le reconnoître partout où il existe.

Les fibres qui forment le réseau de la feuille sortent du pétiole; mais d'où part-il lui-même ? Il semble prendre son origine dans l'écorce même : ne seroit-il alors que le réseau même du liber développé? mais avec plus d'attention on le voit traverser cette écorce et sortir du corps ligneux lui-même. Il est facile de s'apercevoir que c'en est une partie qui s'est détachée, en sorte que les dernières ramifications des nervures descendent sans interruption jusqu'à l'extrémité des racines.

Ce qui s'est passé au moment de la germination s'est renouvelé à chaque feuille qui s'est développée. Les cotylédons ont donné naissance à des fibres qui ont gagné la terre par le moyen des racines : chaque feuille a pareillement cherché à établir une communication entre la terre et elle par le moyen des fibres. De là vient une autre manière d'accroissement auquel nous n'avons pas fait attention, celui en épaisseur. Une tige qui, au moment de la germination étoit à peine de l'épaisseur d'une épingle, parvient successivement à la grosseur du pouce; il sera facile de s'apercevoir que c'est un faisceau qui s'est augmenté successivement, d'abord par le développement de chaque feuille, ensuite par celui du bourgeon qui en dépendoit.

Celui-ci se manifeste d'abord par un point vert qui part des couches intérieures du corps ligneux ; il le traverse et pénètre l'écorce : peu de temps après son apparition on voit qu'il porte sur une portion cylindrique ligneuse ; celle-ci tend par son extension à envelopper l'ancienne, et à former dessus une nouvelle couche. Son existence est facile à vérifier ; car, comme nous l'avons dit, les fibres qui composent les feuilles se détachoient de la superficie même du corps ligneux, au lieu que les bourgeons, lorsqu'ils sont entièrement développés, semblent sortir de l'intérieur et en traversent une partie. Toutes les parties produites par le bourgeon s'identifient tellement avec les anciennes en vieillissant, qu'elles ne laissent apercevoir aucune trace de séparation.

Nous venons de suivre les accroissemens de cette plante : où a-t-elle puisé la substance qu'elle s'est assimilée ? Les racines qui pénètrent la terre doivent y contribuer beaucoup, et long-temps on a cru qu'elles enlevoient cette terre même : mais des expériences multipliées ont prouvé depuis long-temps que ce n'est que l'humidité qu'elle contient qui est puisée par les racines. Il faut qu'elle parvienne aux parties qui se développent. Dans le coup d'œil rapide que nous avons jeté sur l'intérieur, nous n'avons vu dans le corps ligneux et le liber de l'écorce que des fibres allongées qui se croisent en réseau. Avec un peu de soin, il ne s'agit pour s'en convaincre que d'examiner contre le jour, avec un verre lenticulaire, une tranche très-mince d'un rameau : on le trouvera criblé de trous de différentes formes et grandeurs ; ce sont les extrémités d'autant de tubes continus. On trouvera les différentes espèces de ces tubes décrites dans cet ouvrage par le savant auteur des articles de physiologie végétale : nous nous contenterons d'en faire connoître une espèce, parce qu'elle est facile à observer. Que l'on casse, en la tordant et sans secousse, une jeune branche ou pousse, on verra les deux parties retenues ensemble par des filamens très-minces. Si on les observe convenablement, on s'apercevra que chacun d'eux est un filament simple, roulé d'une manière admirable sur lui-même en façon de tire-bouchon, de manière que, les spires se touchant, il est continu : on les retrouve dans les feuilles, dont les nervures, cassées avec précaution, les laissent apercevoir. On a cru long-temps voir dans ces parties une preuve frappante d'analogie entre les animaux et les plantes ; on compara, avec fondement en apparence, cette partie avec les trachées des insectes, configurées de la même manière, et de là on présuma que c'étoit l'organe respirateur des plantes, et on les nomma trachées spirales : mais l'expérience n'a point confirmé cette destination. Cependant l'air joue certainement un grand rôle dans la végétation, et c'est par les feuilles qu'il fait sentir son influence. Elles ont une communication établie avec les racines, et tous les tubes intermédiaires vont y aboutir ; on aperçoit plus ou moins facilement les pores qui les terminent. Ainsi l'humidité puisée dans la terre s'élève et forme ce qu'on appelle la Séve, déposant successivement ce qui est nécessaire au développement et à la réparation des parties qu'elle parcourt. Parvenue aux feuilles, une partie s'échappe par la transpiration; l'autre redescend, mais chargée de nouveaux principes, que les feuilles ont aspirés dans l'air qui les environne. Les feuilles contribuent donc à l'accroissement de la plante. Ce mouvement une fois établi s'augmente : il paroît que la force superflue acquise décide le développement des bourgeons et ensuite des fleurs. Mais quelle est la cause de ce mouvement ? Il en est une assez évidente. La chaleur du jour dilatant les parties supérieures qui sont soumises à son action, y occasionne un vide ; les liquides inférieurs montent pour le remplir : au contraire la nuit le sommet se refroidit plus promptement, et l'équilibre précipite en bas de nouveau les liquides. Ce jeu mécanique, comparable aux pompes aspirantes et foulantes, peut satisfaire ceux qui se bornent à observer la superficie des objets ; mais il est difficile de résoudre par là toutes les difficultés, et surtout d'expliquer cette première tendance qu'a eue la radicule pour gagner la terre : il faut qu'elle ait un principe intérieur de vie qui se manifeste dans cette occasion et qui, l'accompagnant pendant toute son existence, se communiquera aux nouveaux individus. C'est une première impulsion qu'elle a reçue dans son principe, qui s'est étendue à ses différentes parties, et qui a passé de là dans ses graines. C'est cette première impression créatrice qui lui donne la faculté de s'assimiler les différentes molécules de la matière et de se les approprier : c'est par elle que l'on voit les racines s'étendre du côté qui leur promet une nourriture plus abondante ; que les feuilles dirigent leur superficie supérieure vers la lumière ; qu'elles prennent pendant la nuit une position particulière que l'on a comparée au sommeil des animaux ; c'est elle enfin qui donne naissance aux différens phénomènes que présentent les plantes, qui semblent s'écarter des lois générales de la physique.

Ce seroit peut-être ici l'occasion de rechercher quel peut être le rapport de cette force vitale avec la vie que nous sentons en nous-mêmes et que nous voyons descendre en s'affoiblissant dans les autres animaux, dont en général elle paroît être l'attribut : mais comme le raisonnement seul peut guider dans ce dédale, cette question sort du domaine des sciences naturelles pour entrer dans celui de la métaphysique.

Il est encore plusieurs points d'instruction que nous pourrions tirer de l'observation d'une seule plante ; mais nous y arriverons plus facilement en la comparant avec d'autres, et en nous assurant par là si toutes sont composées des mêmes parties et subissent les mêmes développemens.

Un des contrastes les plus frappans que présente le règne végétal, c'est de voir, d'un côté, ces herbes qui, développant rapidement leurs feuilles, leurs fleurs et leurs fruits, ne subsistent que l'espace de quelques mois ; de l'autre, ces arbres qui, portant majestueusement leur tête dans les airs, voient paroître et disparoître pendant des siècles entiers, non-seulement ces herbes fugaces, mais les générations des hommes. Si quelque chose dénote une différence d'organisation, ce sont sûrement ces deux états, de permanence ou de courte durée. Effectivement, lorsque l'on voit un de ces colosses que l'effort des vents ou de la cognée a jeté sur le sol qu'il a si long-temps ombragé, tout son intérieur se trouve composé d'une substance qui paroît homogène et compacte, et qui ne paroît point avoir d'analogue dans la plante annuelle ; cependant, avec un peu d'attention, on voit que sa tranche est marquée de cercles concentriques. Pour découvrir leur origine il faut encore recourir aux graines que cet arbre produit souvent en si grande abondance. Il est aisé de les apercevoir au moment où elles germent. Nous y découvrirons les mêmes parties que dans la plante annuelle (du moins dans le plus grand nombre); deux cotylédons, un cylindre qui tend à s'enfoncer en terre par des racines, enfin un bourgeon intermédiaire. L'impulsion est donnée; avec d'aussi foibles moyens en apparence, si les accidens ne viennent à la traverse, par le moyen des années et des siècles il deviendra semblable à celui qui l'a produit. Des feuilles et des bourgeons, voilà les sources de sa grandeur. Les premières éprouvant, d'un côté, le besoin de se mettre en contact avec l'air, et, de l'autre, celui de communiquer avec la terre, établissent la végétation. La première année tout se passe comme dans la plante annuelle, excepté que l'arbre se développe plus lentement et que les bourgeons ne présentent qu'un cône renfermé par des écailles. L'hiver vient : la plante annuelle a disparu; l'arbre n'a perdu que ses feuilles. Dès que le temps s'est radouci, la végétation qui paroissoit engourdie se fait sentir : les bourgeons peu à peu s'épanouissent, et de nouvelles feuilles redonnent une nouvelle vie à la plante; chacune d'elles est accompagnée de son bourgeon. Ainsi chaque saison nouvelle, produisant une masse de feuilles qui augmentent en nombre par une progression géométrique rapide et autant de bourgeons nouveaux, détermine une nouvelle masse de corps ligneux, qui enveloppe l'ancien, en conservant toujours des points de liaisons entre lui et l'écorce, et forme une espèce de cône.

Tout le corps ligneux se trouve donc composé de ces cônes successifs. Ils sont aisés à apercevoir dans un grand nombre d'arbres; ce sont eux qui forment ces cercles concentriques que l'on remarque sur un tronc d'arbre coupé en travers : chacun d'eux, occasioné par l'accroissement que détermine chaque saison nouvelle, devient un témoin assuré de l'âge de ces plantes.

La plupart des arbres de nos climats présenteront les

mêmes développemens. Les bourgeons seront plus ou moins apparens : les écailles qui les renferment seront plus ou moins nombreuses ; elles paroissent multipliées en raison que le dépôt qui leur est confié est plus ou moins sensible au froid. Pour le garantir encore mieux, elles sont enduites de sucs glutineux plus ou moins épais. Ce n'est pas à cela que se bornent les soins de la nature : des fourrures épaisses sont encore interposées pendant l'hiver ; elles seules paroissent et garnissent les rameaux. A leur base on voit la place qu'occupoit la feuille. .

Par ce moyen les bourgeons seuls persistent sur le rameau. On en remarque ordinairement un qui le termine, et qui l'année suivante continuera dans la même direction et en paroîtra la prolongation : tous les autres étoient à l'aisselle des feuilles ; d'où peut provenir celui-ci? Si l'on observe ces rameaux à la fin de l'été on aura facilement la réponse à cette question. On verra que la rigueur de l'hiver ne s'est pas bornée aux feuilles. Le sommet du rameau en a été atteint et désorganisé ; par cette cause il s'est détaché : le bourgeon, qui étoit à l'abri du ravage, a seul persisté. Ordinairement il ne se trouve qu'un seul bourgeon, mais quelquefois on en aperçoit deux ; tel est le lilas.[1] Il est aisé de remonter à la source de cette différence ; elle provient de la disposition des feuilles. Nous avons vu que les cotylédons partoient deux à deux du même point, les feuilles qui suivent observent souvent le même ordre ; mais d'autres fois elles s'écartent les unes des autres. Les premières sont opposées, les secondes sont alternes. Les bourgeons et les rameaux suivent le même ordre.

Les arbres présentent plusieurs particularités qu'ils doivent à leur état ligneux. C'est ainsi que la moelle, qui occupe le centre des jeunes plantes, finit par disparoître dans celui des arbres. Il faut qu'outre la croissance extérieure il se fasse un

---

1. Ceci n'a lieu que pour certains arbres; mais dans d'autres il paroît que le bourgeon n'a qu'un nombre déterminé de feuilles à produire pendant le temps de la végétation, en sorte que sa pousse étant terminée par un bourgeon indépendant des feuilles, il s'y en trouve trois, comme on peut le remarquer sur le marronier d'Inde et l'érable.

travail particulier dans l'intérieur, et que des couches solides pressent tellement cette substance désorganisée qu'elle laisse à peine des traces. Autour se conserve long-temps la végétation, indiquée par une teinte verte : des tubes plus larges et plus prononcés que dans les autres parties forment ce qu'on appelle l'*étui médullaire*, qui paroît être un des grands mobiles de la végétation.

Le bois n'acquiert pas tout de suite toute la solidité dont il est susceptible ; il n'y vient que par degrés, du centre à la circonférence : ainsi les couches extérieures sont moins foncées en couleur et moins compactes ; on les distingue par le nom d'Aubier.

L'écorce subit encore avec le temps de grands changemens. Les premiers rameaux sont verts comme les feuilles ; ils doivent cette couleur à la transparence de l'épiderme, qui laisse paroître le tissu cellulaire ou le parenchyme. Petit à petit cet épiderme s'épaissit ; il prend une couleur foncée : c'est ainsi qu'il se présente pendant l'hiver. Si on l'enlève, on aperçoit encore dessous la couleur verte du parenchyme. Il faut que l'épiderme cède à l'effort gradué de l'accroissement ; il se fend en réseau, et est remplacé par un autre : insensiblement de nouvelles couches se forment et se gercent en différens sens. Prenant un caractère particulier suivant les espèces, l'épiderme forme cette croûte raboteuse et désorganisée qu'on appelle écorce dans le sens le plus usité : dans quelques arbres elle s'enlève par lanières sèches à mesure qu'elle se forme.

Il paroît que l'écorce, dans les premiers développemens des bourgeons, remplit le même office que les feuilles ; d'autant que l'on voit quelques plantes qui ne présentent jamais de traces de feuilles, parcourir cependant les mêmes périodes que les autres : telles sont les cierges, quelques euphorbes et apocinées. On peut comparer l'écorce à une feuille qui n'auroit qu'une surface.

Nous avons vu les moyens que la nature emploie pour mettre les bourgeons à l'abri des rigueurs de l'hiver ; mais ils deviennent inutiles dans les pays où elles ne se font pas sentir : aussi voit-on disparoître ces écailles petit à petit à mesure que l'on avance vers les tropiques. Dans les arbres qui ombragent les pays qui y sont situés, les bourgeons se développent tout de suite en feuilles et en rameaux, sans attendre l'ordre des saisons. Par cette observation s'est anéantie la distinction naturelle qui paroissoit partager le règne végétal en arbres et en herbes.

Ainsi l'on peut monter par des nuances insensibles de ces herbes qui rampent sur la terre à celles qui, toujours annuelles, sont droites. D'autres ont une durée de deux ans. Les tiges de quelques-unes périssent tous les ans, mais leurs racines persistent plusieurs années. Des sous-arbustes se soulèvent à peine de terre; cependant leurs tiges grêles sont formées de substances fermes et ligneuses. Viennent ensuite les arbustes dont les tiges, rameuses dès la base, ne forment que des buissons; enfin ces arbres qui ont un tronc simple, d'abord dépassant à peine la taille de l'homme, enfin s'élevant graduellement pour former les géans des forêts.

Nous avons assigné pour cause de l'accroissement des plantes la communication qui s'établit entre l'air et la terre par le moyen des feuilles et des racines. Cette tendance réciproque de ces deux organes est telle que si un rameau détaché d'un arbre ou d'une plante est confié à la terre, si son organisation est assez robuste pour supporter cette lésion, il tend à réparer ce qu'il a perdu: il ne tarde pas à reformer des racines, et voilà une nouvelle plante. On sait tout le parti qu'on tire de cette propriété pour multiplier les plantes utiles par les marcottes et les boutures. Ce n'est pas tout; un bourgeon, enlevé et inséré entre l'écorce et le bois d'un autre arbre, semble recueillir une succession en s'adaptant aux anciennes branches: de là les greffes et toutes leurs différentes espèces.

On peut voir par là que la vie d'une plante n'est qu'une suite de plusieurs vies, et que les parties qui survivent deviennent de simples intermédiaires qui ne servent plus qu'à établir la communication. Si l'on voit des arbres céder aux ravages du temps, ce n'est que par la destruction du corps ligneux intermédiaire et par l'obstruction des canaux: car au moment où il va périr il peut encore fournir des greffes ou des marcottes, qui donneront de nouveaux arbres dans toute la vigueur de la jeunesse.

Ces bourgeons apparens sont loin d'épuiser les ressources de la nature : il existe dans toute la plante une force expansive qui, suivant les circonstances, tend à faire son effet. D'abord, des bourgeons qui ne se sont pas développés au moment qui sembloit leur être assigné, ne se sont pas évanouis pour cela ; quelquefois, long-temps après le temps qui leur étoit assigné, ils remplissent leur destination : mais en outre on en voit paroître dans des parties qui n'en avoient pas donné de traces ; et quoiqu'il y ait un point qui semble être un centre de végétation, celui où d'un côté descend la racine et où de l'autre monte la tige, point très - marqué dans certaine plante et qui forme ce que l'on nomme le collet, il arrive cependant que, lorsque les racines sentent l'influence de l'air, elles donnent elles - mêmes naissance à des bourgeons. Les feuilles même sont susceptibles dans certaines circonstances de produire des bourgeons, et par là de nouvelles plantes.

Ce mouvement intérieur, établi depuis les feuilles jusqu'aux racines, est donc la cause de l'accroissement des plantes : mais comment s'opère - t - il ? C'est le problème qu'ont cherché à résoudre tous ceux qui ont travaillé sur la physiologie végétale. On verra leurs différentes solutions développées successivement dans cet ouvrage, aux articles qui traitent de cette partie intéressante de la botanique, tels que ceux Arbre, Bois : l'on y verra de plus la manière neuve dont leur jeune et savant auteur a envisagé cet objet. Mais nous avouons que tout en reconnoissant la vérité de ses observations, nous n'avons pas encore trouvé dans leur explication la simplicité qui caractérise les opérations de la nature, et que nous avons cru entrevoir.

Malgré les faits nombreux que nous avons recueillis sur cette matière importante, nous avons encore besoin d'expériences nouvelles pour les lier ensemble et donner une idée complète de la Végétation ; nous réservons donc pour l'article dont cette fonction importante fera le sujet, le développement entier de notre manière d'envisager cet objet.

Malgré toutes ces différences que présentent les parties des arbres, ils se rapprochent les uns des autres par des nuances insensibles : en même temps ils conservent dans leur ensemble des caractères particuliers, une physionomie, ce qu'on appelle le port, qui font qu'à de grandes distances ils peuvent être distingués les uns des autres, mais seulement par des yeux exercés plutôt par la routine et la pratique que par la théorie.

Les pays chauds sont décorés d'une espèce d'arbres dont les différences sont plus tranchées ; ce n'est que là que l'on voit ces beaux PALMIERS qui, s'élançant en colonne, portent dans les airs un panache ondulant. Ce ne sont plus ces rameaux qui se soudivisent à l'infini, auxquels l'œil est accoutumé ; c'est un tronc de la plus grande simplicité, hérissé d'écailles ou marqué de cercles espacés. Si l'observateur est à portée d'en voir plusieurs à la fois, il remarquera que ceux qui sont plus élevés ressemblent parfaitement aux autres qui le sont moins ; ils offrent la même quantité de feuilles, et ne diffèrent qu'en élévation, le tronc des uns et des autres étant du même diamètre. Poussant plus loin son examen, il voit que ce tronc n'est point formé de couches concentriques, mais que ce n'est qu'un assemblage de fibres qui, partant de la racine, s'étendent jusqu'au sommet, et dont chacune est venue successivement paroître dans les feuilles : il ne trouve point au centre de trace de moelle, ni d'écorce et de liber au pourtour ; mais tout le corps parenchymateux ou utriculaire se trouve jeté entre les fibres.

Pour se rendre raison de ce nouveau mode de croissance, il faut encore avoir recours à la germination et à la graine. Celle-ci ne sera pas difficile à observer ; celle des palmiers étant au nombre des plus grosses connues. Cependant la partie destinée à la reproduction, l'embryon, n'y forme qu'un point en comparaison du reste ; il se trouve caché dans un corps particulier beaucoup plus gros, que l'on nomme périsperme.

Cet embryon est oblong, et ne laisse à aucune de ses extrémités apercevoir de traces de division. Lorsque le moment de la germination est arrivé, l'extrémité extérieure s'allonge plus ou moins ; cette extrémité s'entr'ouvre, forme une espèce de gaîne, de la base de laquelle descend une racine, et dont l'autre extrémité reste toujours engagée dans le périsperme. Cette gaîne en emboîte une seconde un peu plus longue : une troisième paroît ; elle s'allonge de plus en plus : un des côtés de la suivante se prolonge en feuille plissée. Se succédant toujours du centre les unes des autres, ce n'est que par degrés qu'elles acquièrent la forme des feuilles des arbres adultes ; elles ne diffèrent que du plus petit au plus grand. Leurs parties, grossissant toujours, tendent à écarter et rejettent en dehors les écailles ou feuilles qui ont paru les premières ; par cette expansion centrifuge une espèce de plateau s'établit, qui ne gagne qu'en largeur. Les racines se multiplient en dessous. Enfin lorsqu'un empâtement beaucoup plus large que ne doit être le tronc, ou Stipe, a été établi, celui-ci s'élance par des accroissemens réguliers, parce qu'ils sont produits par le développement successif des feuilles : emboîtées les unes dans les autres d'une manière admirable, elles forment un bourgeon d'une espèce particulière. Chacune d'elle tend à s'écarter en hauteur, d'un espace déterminé, de celle qui la contenoit ; les anciennes, à mesure qu'elles ont rempli leurs fonctions, se détachent et tombent. Suivant les différentes espèces, la gaîne que forme leur base autour de la tige, cédant à l'effort des suivantes, s'est fendue ou bien est restée entière. Lorsque ce stipe est parvenu à une certaine élévation, des grappes de fleurs paroissent dans les aisselles : elles s'épanouissent entre les feuilles lorsque les gaînes se sont fendues, comme dans le cocotier et le dattier ; mais elles ne peuvent paroître qu'après leur chute dans les autres, comme dans l'arequier. Quoiqu'elles ne paroissent qu'à une certaine époque, elles existent long-temps auparavant : on peut dans les premières feuilles du stipe apercevoir leurs vestiges ; mais la végétation, attirée trop fortement par le sommet, ne peut leur donner le temps de se développer.

Nous avons vu que la coupe d'un arbre dicotylédon donnoit par ses cercles concentriques l'histoire de sa vie ; les entailles ou les écailles des palmiers peuvent fournir une chronologie aussi sûre de leur existence passée : mais si l'on pénètre l'intérieur de leur bourgeon terminal, que dans quelques espèces on nomme le chou, et qui est recherché comme un des alimens les plus délicats, on y trouve l'avenir qui lui étoit réservé; et l'on découvre, sans aucun secours de l'optique, des fleurs déjà bien formées, qui ne devoient s'épanouir que plusieurs années après. [1]

Voilà donc un mode de germination et de développement bien différent de celui des premières plantes que nous avons observées. Il n'est pas particulier aux palmiers; il se retrouve, ou au moins un mode analogue, dans une nombreuse suite de végétaux, dont plusieurs habitent nos climats, mais qui tous sont herbacés. Il n'y a que les pays chauds qui offrent encore d'autres arbres, qui tous se distinguent par un port singulier. Par ce moyen se trouvent établies deux grandes divisions dans le règne végétal. On donne le nom de DICOTYLÉDONES, en raison du nombre de leurs lobes ou cotylédons, à celle que nous avons examinée la première, et celui de MONOCOTYLÉDONES à la dernière. Si pour les distinguer des autres on avoit besoin de recourir à la germination, elle seroit d'une bien foible ressource, peu de personnes ayant la patience et l'occasion de suivre des semis; mais heureusement cette division paroissant fondée sur la nature, bien d'autres caractères la confirment. Avant de les faire connoître nous allons citer encore deux exemples qui seront faciles à vérifier.

Le premier est l'ognon commun. Sa graine, comme celle du palmier, mais en petit, offrira de même un embryon allongé, mais recourbé, logé dans un périsperme. Son extrémité, sortant de même par la germination, s'allonge. Un bout en est renflé et gagne la terre; de là sort une racine:

---

1. On peut, par exemple, reconnoître les fleurs huit ans avant leur épanouissement, dans une espèce de palmiste, ou *euterpe*, de Bourbon (la Réunion). Sa cime est formée de douze feuilles; chacune d'elles est accompagnée de sa grappe de fleurs, ou spadice, bien formée: mais trois feuilles seulement se détachant chaque année, ce ne sera qu'au bout de quatre ans que les dernières fleurs pourront s'épanouir. On peut facilement dans le bourgeon ou chou développer douze autres feuilles et autant de spadices, dont les dernières ne sont appelées à paroître au grand jour que quatre autres années après.

l'autre bout s'élève, restant toujours engagé dans la graine; il prend une teinte verte, de manière qu'on ne peut plus méconnoître une véritable feuille. Un peu au-dessus de la racine on aperçoit une fente : une seconde feuille sort de là ; une troisième paroît, et successivement un plus grand nombre. Emboîtées comme celles du palmier, elles travaillent de même à former un empâtement; le renflement de la racine augmente par ce moyen : le centre faisant toujours céder l'extérieur, il parvient à former un véritable ognon. Les feuilles se desséchant à mesure qu'elles ont rempli leurs fonctions, il ne reste plus que les gaînes charnues, dont les extérieures, se desséchant aussi, ne présentent qu'une membrane aride. Lorsque le moment de la fructification est arrivé, du centre il s'élève une tige simple, sans feuilles, qui seroit le terme de la durée de la plante si entre ces feuilles écailleuses il ne se trouvoit des espèces de bourgeons qui donnent naissance à des caïeux.

Le second exemple, aussi facile à trouver, sera celui du blé. Cette graine si utile est encore, comme celle du palmier et de l'ognon, formée en partie par un périsperme, et c'est lui qui fournit la farine : à sa base se trouve appliqué, d'une manière particulière, l'embryon. Il est de forme un peu différente des deux autres, mais il donne pareillement naissance à une gaîne d'où il en sort d'autres successivement, et ensuite les feuilles : mais cette gaîne n'est point entière ; elle est fendue en long. A la base intérieure de chaque gaîne, ou feuille, se trouve un bourgeon ; il se développe vers le bas de la plante et cause par là le tallement qu'éprouve le blé : mais lorsque sa floraison approche, une tige d'un genre particulier s'élève. Chaque feuille se trouve séparée de celle qui la suit par un espace assez considérable : ces espaces sont ordinairement creux, et séparés les uns des autres par une cloison particulière. Cette espèce de tiges prend le nom de CHAUME. On peut saisir entre ces différentes manières de croître quelque chose de particulier qui les distingue déjà de celle des dicotylédones : les feuilles présentent des caractères plus faciles à reconnoître. Nous avons vu que dans celles-ci des fibres distribuées en nervure y formoient une espèce de réseau : ici les fibres

affectent la ligne droite et parcourent la feuille d'un bout
à l'autre : c'est-à-dire que celles qui sont plus près de la
nervure principale la suivent parallèlement presque jusqu'à son extrémité, où elles se perdent dans le bord ;
les autres viennent successivement s'y rendre. De là naît
la forme allongée presque générale de ces feuilles, qui
imitent en quelque sorte une lame d'épée, étant plus larges
à la base et finissant en pointe : on n'y remarque point
ces dentelures et ces lobes qui mettent tant de différence
dans les feuilles des dicotylédones.

Les fleurs viennent ajouter de nouveaux moyens de séparation. Le nombre de leurs parties, qui paroît si variable et
n'avoir aucune base fixe dans la nature, devient constant
dans ces plantes. Toutes les parties de leur fructification
sont en nombre ternaire, simple ou doublé. Les dicotylédones sont moins constantes; cependant le nombre cinq,
simple ou multiple, y est plus souvent employé que les autres. Il est bien difficile d'assigner la cause de cette espèce
de conformité; peut-être la trouvera-t-on dans la manière
dont les fibres se partagent dès les premiers développemens de l'embryon.

Nous venons donc de parcourir une partie des différences que présentent entre eux les végétaux. Toutes peuvent
concourir à distinguer les espèces : les racines, suivant leur
manière de s'étendre en filamens, ou de se ramasser en
digitations, ou de s'épaissir en tubercules; les tiges, par
leur plus ou moins de ramifications, leur élévation, leur
rigidité ou leur mollesse; les feuilles, par la distribution
de leurs nervures, dernier terme de la végétation, leurs
découpures ou leurs dentelures, leur épaisseur même. Il y
a encore d'autres parties, moins essentielles puisqu'elles
n'appartiennent qu'à certaines espèces, comme les écailles,
qui accompagnent les bourgeons; les feuilles secondaires,
auxquelles on donne le nom de stipules; les vrilles ou les
mains, qui servent de soutien aux tiges foibles; les épines
et les aiguillons, qui en arment d'autres; les poils enfin,
différemment configurés et les glandes, qui couvrent différentes parties. L'intérieur offre encore des distinctions.
La séve n'est pas le seul liquide qui y circule; il s'en sé-

pare, suivant les espèces, dans des tubes particuliers, des sucs différemment colorés, blancs comme du lait dans un grand nombre, plus ou moins âcres, et qui se manifestent souvent au dehors sous la forme de gomme ou de résine : de là provient donc une grande multitude de points de rapprochement et de différence entre les plantes.

Mais il est une autre partie que nous n'avons fait qu'entrevoir jusqu'à présent, et qui par elle seule fournit encore plus de moyens de distinguer les plantes, c'est la Fleur : les couleurs brillantes dont elle est peinte, l'élégance de sa forme, les doux parfums que souvent elle exhale, tout attire vers elle les regards et l'admiration.

Après avoir examiné son ensemble, il faut la décomposer et tâcher de découvrir l'usage d'un organe où la nature déploie ses richesses avec tant de magnificence. Sa base, ordinairement verte, sert de première enveloppe ; c'est le Calice : une seconde, plus remarquable, puisque c'est en elle que résident ces brillantes couleurs qui frappent les regards, forme la Corolle. Viennent ensuite les Étamines ; ce sont ordinairement des filamens minces, terminés par un renflement particulier : le Pistil, qui est composé de la partie qui doit devenir le fruit, c'est l'Ovaire, et d'un organe particulier qui est le Stigmate. Souvent toutes ces parties, existant ensemble, forment une fleur complète : mais chacune d'elles étant susceptible de variations, soit en elle-même, dans la forme et le nombre, soit dans ses rapports avec les autres, dans la proportion et la situation, elles donnent lieu à des combinaisons infinies.

La plus facile à observer est la corolle : elle est composée d'une ou de plusieurs pièces, que l'on nomme Pétales ; de là elle est monopétale ou polypétale. Les pétales de la corolle, ou ses divisions, sont tous pareils, ou différens, dans leur forme ou leur place ; ce qui produit des corolles régulières ou irrégulières.

Les étamines paroissent avoir des rapports directs avec la corolle par leur position ; ainsi dans presque toutes les fleurs monopétales elles naissent de la corolle même, au lieu que dans les autres elles sortent d'un autre point : mais elles conservent presque toujours des rapports numériques avec elle ; ainsi elles sont en nombre égal, double ou multiple. Le calice conserve encore plus de rapports avec la corolle, dont les découpures ou parties sont presque toujours en nombre égal avec les siennes, surtout quand elle prend naissance sur lui. Il arrive plus souvent qu'elle tire son origine d'un point particulier, que l'on nomme Réceptacle. Ces trois parties ont donc une grande analogie ; en sorte que l'une ne varie pas dans le nombre de ses divisions, par exemple, sans que ce changement n'influe sur les deux autres : mais elles sont subordonnées elles - mêmes au pistil.

Il n'existe ordinairement qu'un pistil dans une fleur, plus rarement deux et plusieurs ; mais ces variations en nombre sont indépendantes des autres parties. Le pistil par son ovaire a plus de rapports avec elles dans sa position : occupant presque toujours le centre de la fleur, il n'est attaché que par sa base à son fond ; ou bien, enveloppé plus ou moins par le calice, il finit par y être tellement engagé qu'il semble porter toute la fleur. De là suit une considération importante, qui a été exprimée différemment par les auteurs, celle d'ovaire inférieur ou engagé, et d'ovaire supérieur ou libre.

La corolle disparoît dans plusieurs fleurs : dans d'autres, au contraire, il paroît que c'est le calice. A cette occasion s'est élevée une discussion à peine terminée. Dans certains cas il est difficile de décider quel nom on doit donner à l'enveloppe quand elle est seule : mais cette enveloppe, quelque nom qu'on lui donne, présente les mêmes rapports avec les étamines et le pistil que les deux quand elles sont réunies ; elle disparoît elle-même, et l'on trouve, dans un petit nombre de cas à la vérité, des fleurs qui ne contiennent que les étamines et le pistil.

Le calice et la corolle existant ensemble, ou l'un d'eux seulement, une autre partie s'évanouit ; ce sont les étamines, et alors le pistil se trouve seul au centre : mais dans ce cas on ne manque pas de trouver sur le même pied, ou même sur un individu différent, une autre espèce de fleur qui ne présente que des étamines. Quelquefois l'un et l'autre organe se trouve absolument seul, sans aucune enveloppe.

Quelque séparées que soient ces deux espèces de fleurs, elles paroissent toujours à la même époque ; et depuis qu'on observe les plantes avec soin, on n'en a encore trouvé aucune qui n'ait présenté que l'une des deux.

Il paroît donc par cette observation et beaucoup d'autres que l'on peut multiplier, que les étamines et le pistil sont les deux seules parties essentielles de la fleur ; ce qui n'est pas étonnant pour le pistil, puisque nous avons vu qu'il contenoit le germe du fruit et des graines. Mais quelle peut être l'influence des étamines ? En les examinant dans toutes les fleurs qui nous tomberont sous la main, nous leur trouverons une forme assez analogue. La partie qui en paroît la plus essentielle est une espèce de sac que l'on nomme ANTHÈRE ; il est presque toujours composé de deux loges, qui varient un peu par la manière de s'ouvrir, et il contient une poussière plus souvent jaune que d'une autre couleur. Les grains qui la composent, observés à la loupe, présentent des formes déterminées suivant les espèces, en sorte qu'avec un peu de pratique on pourroit par là seulement parvenir à les distinguer les unes des autres. Mise dans l'eau, elle se gonfle et s'ouvre au bout d'un temps déterminé, encore suivant les espèces, et laisse échapper une vapeur ; on lui a donné le nom de POLLEN.

En réunissant toutes ces observations, une découverte importante se manifeste : on aperçoit que ces voiles de pourpre ou d'azur cachoient un lit nuptial, à l'ombre duquel s'accomplissoit le mystère de la génération. Les sexes reparoissent donc dans les plantes ; leur influence y paroît absolument nécessaire. Dans la plupart des animaux ils sont séparés : mais on les voit se confondre dans les vers, et finir par s'évanouir ; le défaut de mouvement a semblé prescrire la réunion des deux dans les mêmes individus. Le repos est encore plus absolu dans les plantes ; aussi voyons-nous les sexes plus souvent réunis dans la même fleur : mais comme les ressources de la nature sont sans bornes, elle les a séparés dans d'autres ; alors ce sont les vents qui sont chargés de répandre la poussière fécondante et d'en imprégner le pistil.

Les rapports des étamines et du pistil fournissent donc

des considérations majeures. Quand ils sont réunis ils forment des fleurs hermaphrodites ; les plantes sont DICLINES dans le cas contraire : elles sont MONOÏQUES quand les fleurs mâles sont sur les mêmes individus que les femelles, et DIOÏQUES quand elles sont séparées. Quelques plantes ont l'une ou l'autre de ces deux espèces de fleurs, et de plus des hermaphrodites ; alors elles sont POLYGAMIQUES.

Le pistil à lui seul présente une foule de caractères importans. Son ovaire est terminé par un ou plusieurs styles, et chacun d'eux a aussi un ou plusieurs stigmates. L'ovaire ne contient qu'un embryon de graine (ovule), ou plusieurs; elles sont dans une seule loge, ou dans plusieurs.

Le fruit, qui en est la suite nécessaire, lui est ordinairement conforme pour le nombre des parties ; l'avortement de quelques-unes peut seulement le faire différer en moins. La forme, la consistance et le volume de ce fruit, donnent lieu à une infinité de différences. Ainsi l'on voit, d'un côté, ces fruits pulpeux, remarquables par leur mollesse ; de l'autre, ces amandes, dont la coque est plus solide que le bois même. La manière dont les graines y sont attachées varie encore beaucoup ; car elles peuvent partir d'un réceptacle particulier, ou des parois mêmes du fruit. Ce point d'attache est très-important; car d'un côté il faut qu'il reçoive, par le moyen du stigmate, les effluves des étamines, et que de l'autre il tire de la plante les sucs nécessaires au développement de l'embryon : il est comparable au cordon ombilical dans les animaux.

La position même de l'embryon, comparée à celle du fruit, donne encore lieu à beaucoup de remarques. Ainsi l'axe de la graine peut être parallèle à celui du fruit, son attache étant à la base ; ce qui est la position la plus naturelle : alors cette graine est droite. Cet axe s'incline et finit par devenir horizontal; alors la graine est couchée : enfin, descendant du sommet, elle devient renversée ou pendante. Ces graines peuvent être considérées comme formant chacune un tout isolé, puisque la nature les a destinées à se séparer sans effort de la plante qui les a produites : elles fournissent assez de caractères pour qu'on puisse les distinguer sûrement les unes des autres, d'abord par leur extérieur. Outre

les variations de forme, de couleur et de volume, auxquelles
elles sont sujettes, quelques-unes ont des accessoires
remarquables; ce sont ordinairement des moyens pour remplir le vœu de la nature, qui est de les répandre au loin :
telles sont les aigrettes et les ailes, qui les rendent le jouet
des vents. Leur intérieur est encore plus digne d'attention,
d'abord par ses enveloppes ou tégumens plus ou moins
multipliés, ensuite par l'absence ou la présence du périsperme, dont nous avons déjà parlé : il est corné, charnu,
huileux ou farineux, suivant les espèces; l'embryon y est
renfermé sans y adhérer. Cet embryon lui-même est une
source inépuisable d'observations, par sa forme et la manière dont il est disposé.

Voilà encore un problème de la végétation important à
résoudre : d'où proviennent ces fleurs? Le célèbre Linnæus
en avoit donné une solution qui lui paroissoit répondre à
toutes les difficultés; il l'avoit empruntée de Césalpin, qui
par ses connoissances avoit dévancé de beaucoup son siècle.
Suivant ces deux auteurs, la fleur n'est que la manifestation des parties intérieures de la plante : l'épiderme
et la cuticule donnent naissance au calice, le liber à la
corolle, le corps ligneux aux étamines, et la moelle au
pistil; cette dernière partie est la plus essentielle et le
centre de la végétation; les autres n'en sont que les accessoires.

Mais cette idée brillante, comme tant d'autres hypothèses,
n'a pu soutenir un examen approfondi. La nature de la
moelle, mieux connue, a prouvé que, loin d'être un organe
créateur, elle n'étoit qu'un corps désorganisé. Un fait a
achevé de détruire tout cet édifice; c'est la connoissance
plus intime que l'on a eue de l'intérieur des palmiers et
des autres plantes monocotylédones : suivant la manière
dont les corps médullaires ou ligneux sont entremêlés,
leurs fleurs ne devroient plus avoir la forme circulaire,
ni leurs parties conserver entre elles le même ordre.

Il paroît bien certain que, malgré toutes les différences
bien tranchées que présentent les parties de la fleur, elles
ont la même origine : ce que dénote la propension qu'elles
ont, suivant les circonstances, à se changer les unes dans

les autres. On peut le voir surtout dans les fleurs qui se trouvent altérées par l'effet de la culture. Ainsi le calice prend la forme des pétales ; les étamines revêtent la même apparence : de là viennent toutes ces fleurs doubles ou pleines qui font le charme des fleuristes. Mais un changement moins fréquent est celui des étamines en pistil. Nous n'en connoissons jusqu'à présent qu'un seul exemple, que nous ne croyons pas encore publié ; nous l'observâmes d'abord, il y a plusieurs années, sur un pied de joubarbe de montagne, et ensuite sur celle des toits. Sur tous les individus en fleurs que nous fûmes à portée de voir, les étamines formoient un rang extérieur de pistils : quelques-uns conservoient encore une partie de l'anthère ; nous ne pûmes en trouver aucune qui fût dans son état naturel. Enfin, les pistils se changent eux-mêmes en véritables feuilles, dans le merisier à fleurs doubles.

Il paroît qu'on peut regarder une fleur comme la concentration d'un ou de plusieurs bourgeons. La même somme de fibres qui cherchoit à s'épanouir dans les feuilles, tend à se réunir en cornet ou en cylindre, pour donner naissance au calice ou à la corolle. Mais qui décide ces métamorphoses, et d'où proviennent les étamines et ensuite le pistil ? Nous sommes obligés d'avouer que jusqu'à présent nous ne l'entrevoyons qu'à travers un nuage épais, et nous ne savons si nous serons jamais assez heureux pour le dissiper totalement.

Ce n'est donc que dans la fleur et le fruit qui en provient que l'on a pu trouver une physionomie qui distinguât avec précision les plantes les unes des autres : aussi les combinaisons de leurs différentes parties ont-elles fourni la base des méthodes et des systèmes dont nous nous occuperons bientôt. Mais se trouvent-elles dans toutes les plantes ? Des étamines et un pistil, réunis ou séparés, paroissent nécessaires pour constituer une fleur ; ils sont faciles à observer dans un grand nombre de végétaux, quelque petits qu'ils soient : mais il en est d'autres, les Fougères, par exemple, qui ne présentent rien qui ait l'air de fleur. Sur leur dos on aperçoit des points noirs, différemment espacés, composés de grains de poussière. En

les examinant avec un verre grossissant, on découvre que
chaque grain est lui-même une enveloppe, qui contient une
poussière d'une ténuité extrême. On pouvoit espérer que
si jamais l'on rencontroit de plus grandes espèces, on tire-
roit de leur observation plus de lumières : on en a trouvé
dans les pays chauds qui disputoient de taille et de forme
avec les palmiers ; malgré cela les parties qui composent
leur fructification sont aussi menues que dans les autres.
Enfin, dans toutes elles le sont à un point que ce n'est que
dans ces derniers temps que l'on s'est assuré, par des
expériences suivies, que chaque atome de poussière étoit
une graine, qui, par la germination, donnoit une plante
semblable à celle qui l'avoit produite.

Cette graine s'étend elle-même en une très-petite feuille
d'une nature particulière, qui donne successivement naissance à d'autres, qui parviennent à la taille et à la forme
des plantes adultes. Une espèce de tronc ou stipe, semblable
à celui des palmiers, rampe dans l'intérieur de la terre ou
à sa superficie, ou bien s'élève plus ou moins : il produit
des feuilles espacées ou resserrées en rosette. Son organisation intérieure s'éloigne autant de celle des monocotylédones que de celle des dicotylédones. Elle ressemble cependant au premier coup d'œil à celle des premières : on
aperçoit, comme dans ceux-ci, sur la tranche, des points
détachés, jetés dans une masse parenchymateuse. Ces points,
variés dans leur forme presque autant que les espèces, sont
la coupe d'un corps particulier, divisé à la base, mais souvent réuni au sommet, qui ne peut être comparé, pour la
contexture, qu'avec le liber des dicotylédones : il est enveloppé d'un fourreau plus ou moins apparent et coloré,
qui semble analogue au corps ligneux, d'autant que c'est
sa prolongation qui forme, dans le stipe des espèces arbo-
rescentes, la partie solide. L'un et l'autre se distribuent
en nervures dans les feuilles, qui sont simples, ramifiées
ou réticulées, suivant les espèces : elles remplissent une
fonction encore plus importante que dans les autres plantes,
puisqu'elles donnent naissance aux fructifications. D'après
cela, une fougère peut être considérée comme une plante
dont les parties intérieures sont dans un ordre inverse.

Les Mousses présentent encore une espèce de fructification ; c'est une boîte en manière d'urne antique, qui, fermée artistement par un opercule, contient une poussière qui paroît propre à les reproduire. Linnæus, qui avoit fondé son système ou son arrangement des plantes sur les étamines et le pistil, crut retrouver ces parties dans ces plantes, et il donna le nom d'étamine et d'anthère à l'urne, et celui de pistil à d'autres parties plus difficiles à observer, qui se trouvent entre les feuilles : il fut cependant si peu convaincu lui-même de cette hypothèse, qu'il forma de ces plantes, des fougères, et de quelques autres que nous allons examiner, sa classe des Cryptogames, qui est fondée, comme son nom l'indique, sur l'occultation des parties sexuelles. Quelque temps après, un allemand, Hedwig, détruisit le système de Linnæus, en donnant le nom de pistil et de fruit à ce que Linnæus avoit nommé étamine, et réciproquement. Enfin, le savant naturaliste qui s'est chargé des articles qui concernent ces plantes dans cet ouvrage, a cru découvrir les deux organes dans la capsule même ; et elles lui ont paru si évidentes qu'il a trouvé que le nom de cryptogamie exprimoit trop peu : d'après cela il l'a changé en celui d'Ethæogamie, qui ne présente qu'une nuance dans sa signification. Nous croyons avec ces deux botanistes que l'urne des mousses contient les graines : mais l'existence des étamines nous paroit encore très-problématique.

Près d'elles viennent se ranger les Hépatiques. Les feuilles dans le plus grand nombre ne paroissent être que des découpures d'une lame rampante ; différentes parties s'en détachent, qui semblent porter des graines.

Les premières plantes que nous avons examinées nous ont donc donné des fleurs manifestes, que nous n'avons pas retrouvées dans celles-ci. Cette considération produit deux grandes divisions dans le règne végétal : cependant elles ont encore un point de réunion, qui, quoiqu'il puisse paroître de peu d'importance à bien des personnes, est le plus constant. Nous avons vu avec étonnement le nombre se fixer dans les fleurs des monocotylédones. Dans cette série de végétaux, la qualité la plus constante c'est la couleur ; tous, à un petit nombre d'exceptions près, présentent la verdure , qui paroît y être le signe caractéristique de la végétation : mais nous la voyons disparoître avant d'être parvenus aux extrémités du règne végétal.

Les Lichens, que l'on confond souvent avec les mousses , mais qui diffèrent par un grand nombre de caractères extérieurs, sont en général formés de croûtes ou d'espèces de feuilles ramifiées, qui présentent pour l'ordinaire toute autre couleur que la verte; et si quelques espèces offrent celle-ci dans toute son intensité, elle n'est qu'extérieure et ne paroît pas due à la végétation : cependant les espèces les plus informes, au moment où on les entame, en laissent apercevoir dans leur intérieur une teinte plus ou moins foncée, qui ne tarde pas à disparoître. On a aussi reconnu, dans cet intérieur, des traces de fibres qui ont quelques rapports avec le corps ligneux. Nous n'apercevons plus ces capsules et ces urnes des fougères et des mousses : des tubercules et des écussons portent des grains de poussière qui présentent une organisation informe, et qui paroissent bien destinés à les reproduire, mais plutôt à la manière des bourgeons que comme de véritables graines.

Le fond de la mer renferme encore une autre tribu nombreuse de plantes, qui se rapprochent des autres par leur ramification, les Varecs ou fucus. Des vessies et des tubercules glutineux paroissent contenir leur fructification; tout leur tissu n'est composé que d'utricules, suivant les dernières observations de Decandolle. Près d'eux doivent venir les Conferves. C'est ici que l'on doit multiplier les observations qui déterminent avec précision leur nature. La verdure avoit disparu, et elle reparoît de la manière la plus intense dans ces plantes; elle est aussi très-marquée dans quelques ulves, qui d'un autre côté semblent présenter l'organisation la plus simple qui se trouve dans les végétaux. Viennent enfin les Champignons. On a cru encore y reconnoître des étamines, des pistils et des graines ; il est certain que l'on semble reproduire à volonté une espèce que l'usage dans les cuisines fait rechercher. Mais une circonstance, qui paroît bien constatée, semble écarter toute analogie ; c'est que dans toutes les véritables germinations observées dans les plantes plus parfaites, une graine donne naissance à une plante : ici il paroît que plusieurs grains ou molécules séparés se réunissent pour former une seule plante. Comme dans les fucus, tout l'intérieur des champignons ne paroît composé que d'utricules. Toutes ces plantes diffèrent donc bien essentiellement de celles qui nous ont présenté de véritables fleurs ; mais elles diffèrent entre elles par des caractères assez prononcés pour autoriser une coupe nouvelle. Nous conserverons donc aux premières, qui se distinguent des autres par un fruit bien constaté et par leur verdure, le nom de CRYPTOGAMES. Les autres, dont la fructification est plus obscure, porteront celui d'AGAMES : tandis que par celui de PHANÉROGAMES nous distinguerons, avec Ventenat, les plantes qui ont des étamines et des pistils manifestes ; ce sont les phanerantes de Wachendorf. Jusqu'à présent nous regardons ces trois mots comme primitifs et distinguant trois grandes classes de plantes, dont la différence peut être plus aisément sentie que définie strictement.

Si on les compare ensemble, on trouvera que les coupes qu'elles forment sont fort inégales, quant à l'importance et au nombre d'espèces que renferme chacune d'elles : mais aussi que de moyens de division nous offrent les phanérogames ? Les cotylédons nous en ont présenté une bien importante : elle a paru si majeure que Jussieu en a fait la base de la savante méthode qu'il a établie si heureusement, et qui sera développée à l'article MÉTHODE NATURELLE. Il a voulu l'étendre à toutes les plantes : en conséquence il a donné le nom d'ACOTYLÉDONES à la troisième division du règne végétal, qui comprend toute la cryptogamie de Linnæus, supposant que les plantes qui la composent n'ont pas de vrais cotylédons. On a élevé des doutes à ce sujet : on a cru reconnoître des cotylédons dans celles qu'on a pu distinctement voir germer ; et la première croissance des autres est si obscure qu'elle ne peut servir de fondement à un ordre systématique. La manifestation ou l'occultation des fleurs paroît plus solide et plus facile à observer.

Des plantes dans leurs rapports avec l'homme.

Nous venons de parcourir rapidement les différentes combinaisons d'organes par lesquelles les plantes peuvent dif-

férer les unes des autres ; il nous reste à les considérer dans
leurs rapports avec l'homme. Le plus intéressant pour lui
se trouve dans les usages auxquels il les fait servir à son
existence : on sait qu'ils sont innombrables ; presque tous les
articles de cet ouvrage en donneront des preuves. Ce n'est
pas ici le lieu de s'appesantir sur cet objet, quelque important qu'il soit ; nous nous contenterons d'observer que chacune des parties ou des organes que nous avons examinés,
présente en général une façon particulière de nous être utile.
C'est ainsi que les racines fournissent des alimens également salubres et savoureux : les graines, plus substantielles
encore, font la base habituelle de la nourriture de presque
tous les peuples : l'écorce et le liber, par leurs fibres liantes
et souples, donnent la matière de ces tissus légers qui servent
à nous défendre des injures de l'air. Le bois, cette substance légère et solide, dont les Indiens ont fait un cinquième élément, nous procure encore de plus grands moyens :
par la construction des maisons, il nous met à l'abri des
intempéries des saisons, et par celle des vaisseaux il nous
soumet un élément qui nous sembloit interdit par la nature.
Les sucs particuliers qui circulent dans les feuilles et les
autres parties nous servent de différentes manières : ce sont
eux surtout qui nous fournissent des armes puissantes pour
repousser les maladies auxquelles nous sommes sujets. Le
plus souvent il faut acheter ces services par une préparation
quelconque. Il en est un petit nombre que la nature nous
fait plus gratuitement, tels sont les fruits, dont la pulpe
savoureuse flatte agréablement notre palais ; mais, en général peu nourrissans, ils semblent plutôt faits pour notre agrément que pour satisfaire à nos besoins. Les fleurs nous sont
encore moins utiles : un sentiment de plaisir seulement nous
les fait rechercher ; ce n'est que pour récréer notre vue
par leurs brillantes couleurs, ou pour flatter notre odorat
par leurs parfums, que nous cherchons à nous les procurer.
Cet attrait que nous éprouvons pour un plaisir indépendant de nos besoins, suffiroit pour nous distinguer des autres animaux : une foule d'autres traits établissent d'une
manière évidente la supériorité que nous donne sur eux
notre intelligence. Chaque espèce d'entre eux n'a de rap-

port qu'avec un petit nombre de plantes ; l'animal, conduit par son appétit, s'approche de celles qui peuvent le satisfaire, et s'éloigne de celles qui lui seroient nuisibles : tout le reste lui est indifférent, et tout de suite en broutant l'herbe ou en rongeant le fruit qui lui convient, il le fait servir à son usage. L'homme seul, planant sur l'ensemble, prévoit de loin ce qui pourra lui être nécessaire, le met à sa portée long-temps avant que la nécessité le lui commande. Ce n'est pas tout : nous avons déjà dit que, quelques fruits exceptés, il falloit qu'il fît subir une préparation aux objets dont il veut faire usage ; il faut qu'il se les approprie par son in-dustrie et leur donne pour ainsi dire une seconde exis-tence. Cet effet de la puissance de l'homme se distingue par le nom général d'Art. L'art n'est point, comme on paroît le croire assez généralement, l'opposé de la nature ; il n'en est que la suite et pour ainsi dire le complément. Fruit des méditations de l'homme, il ne tend que par des progrès plus ou moins lents vers la perfection ; il diffère surtout en cela de la nature, qui a été le produit instantané d'une volonté toute-puissante. Aussi est-il par cette raison plus facile à développer : il suffit de tracer son histoire, suivant l'ordre des temps, en remontant à sa source ; on le trouvera simple vers son origine, et ce n'est que successive-ment qu'il se complique. C'est surtout par l'exemple de ses semblables que l'homme peut faire quelques progrès : tel est le résultat de la société ; par elle tous les efforts de chacun en particulier se réunissent vers un seul but. Mais il faut un point de communication : l'homme l'a reçu dans la parole. Elle est son plus bel attribut ; elle seule l'a rendu sociable par excellence. Chaque objet de la nature qui a frappé l'attention des premiers observateurs a été désigné par un nom particulier ; ce nom prononcé rappelle sur-le-champ, non-seulement l'objet comme s'il étoit présent, mais de plus toutes ses propriétés. Par ce moyen la nomen-clature est devenue la base de toute connoissance, de l'his-toire naturelle surtout ; celle-ci même paroît avoir été la source de toutes les langues : aussi l'historien sacré, Moïse, nous apprend que le premier homme prit possession de l'empire qui lui étoit accordé sur la nature entière, en

donnant des noms caractéristiques aux différens animaux
qui passèrent en revue devant lui par les ordres du créateur.

Il n'est pas étonnant, d'après cela, que chez tous les peuples les plantes, du moins celles qui sont le plus en usage,
aient reçu chacune un nom qui la distingue : on peut même
remarquer que ces noms sont plus nombreux et peut-être
plus expressifs chez les peuples les plus éloignés de la civilisation, ceux que nous nommons sauvages, que chez les autres
qui se vantent de plus de lumières. Comme tous les autres
noms, ils se transmettent par tradition ; comme eux aussi,
c'est dans l'enfance que le plus grand nombre s'acquiert. Ce
n'est qu'un son ; mais dès qu'il est prononcé il réveille une
foule d'idées qui lui étoient attachées : dans un clin d'œil
la mémoire présente un tableau fidèle de ce qui lui avoit
été confié. Malgré l'émail qui tapisse une prairie, ce n'est
que de l'herbe pour celui qui la traverse ; mais dès qu'il
applique à chaque fleur un nom, l'intérêt croît à chaque
pas. Voilà de la pervenche encore en fleur, s'écrie Jean-
Jacques, et tout de suite ses premières années repassent
dans sa mémoire.

Quelque vives que soient les impressions que cause par
ce moyen un nom, elles sont susceptibles de s'altérer ;
plusieurs causes peuvent y contribuer et les effacer même
tout-à-fait. Heureusement que, par l'invention de l'écriture, ou la peinture des mots, on a trouvé le moyen de les
fixer et de les mettre à l'abri des variations, quoique ce
ne soit pas encore d'une manière inaltérable.

En effet, nous avons vu la civilisation rétrograder
par l'invasion des peuples du Nord, qui renversèrent
l'Empire romain. Mais l'état de barbarie dans lequel
il fut plongé étoit bien différent de celui des peuples que
nous regardons comme sauvages : le feu de la science
n'étoit pas en nous détruit à sa source ; une étincelle suffi-
soit pour le rallumer. Aussi l'irruption des Turcs, plus terrible que celles des peuples du Nord, ayant fait refluer en
Italie le petit nombre de savans qui conservoient encore
sous le beau ciel de la Grèce cette étincelle sacrée, le goût
des lettres et des sciences se ranima tout à coup vers le mi-

lieu du quinzième siècle. On retira de la poussière les monumens historiques qui, par le moyen de l'écriture, avoient
échappé aux ravages du temps : l'on chercha par ces modèles
à retourner au point d'où l'on étoit déchu ; chaque science,
chaque art, travailla de son côté à le regagner. La
botanique fut du nombre. Théophraste et Dioscoride chez
les Grecs, Pline chez les Latins, furent les principaux
guides que l'on se proposa de suivre : on avoit eu tant
d'occasions de reconnoître la supériorité de cette vénérable
antiquité, que l'on ne crut pouvoir mieux faire que de l'i-
miter aveuglément. On mit donc toute son ambition à
reconnoître les plantes dont ces auteurs avoient parlé : on vit
s'établir par là deux espèces de noms, ceux de la langue
vulgaire, et ceux des Grecs et des Latins. Mais malheureusement ces auteurs dans leurs écrits n'avoient pensé qu'à
leurs contemporains : ils avoient cru les noms suffisans
pour désigner les plantes dont ils parloient ; les descriptions
qu'ils avoient ajoutées étoient trop vagues pour les faire
distinguer. Le fil de la tradition étant rompu, chacun travailla de son côté à le renouer, et appliqua ces noms anti-
ques, comme bon lui sembloit, aux plantes qui l'entouroient ;
de là résulta une confusion dont il fut difficile de se tirer.
L'imprimerie et la gravure, qui avoient été comme les pré-
curseurs de cette époque brillante, en augmentant la communication des lumières, remédièrent en partie à cet inconvénient. Par leur moyen les ouvrages multipliés offrirent
des descriptions et des figures qui du moins pouvoient
donner une idée des objets que chaque auteur avoit en
vue. La langue latine, qui fut adoptée par les savans de
toutes les nations européennes, devint encore un lien qui
servit beaucoup à propager les lumières.

Tout en conservant de la vénération pour l'antiquité,
on s'accoutuma à observer directement la nature ; c'est à
son étude que sont dus les travaux des Fuchsius, des
Clusius, des Dodonées et de plusieurs autres. Mais tous
ne furent pas aussi habiles ; et les ouvrages augmentant
en raison de la facilité qu'on avoit acquise pour leur publication, on se trouva pour ainsi dire accablé sous le
poids des richesses. Le désordre s'augmenta de plus en plus ;

il étoit à son comble lorsque deux frères entreprirent, chacun de son côté, d'y mettre un terme en réunissant toutes les connoissances acquises. L'un d'eux, Caspar Bauhin, employa quarante années de sa vie à comparer entre eux les différens noms qui avoient été donnés aux plantes par les auteurs précédens : par l'examen scrupuleux qu'il en fit, il reconnut que si, d'un côté, les fausses interprétations des auteurs primitifs avoient fait qu'une même plante portoit plusieurs noms, de l'autre le même nom se trouvoit appartenir à des plantes très-différentes. Ce fut donc à démêler ces erreurs que fut employé son travail : il en résulta l'ouvrage qu'il intitula Pinax, et qu'il publia en 1596. Cet ouvrage n'est, comme son nom grec l'exprime, que la table de celui qu'il méditoit : il ne consiste que dans une simple énumération des plantes qui étoient venues à sa connoissance. Elles sont distribuées, par des considérations vagues, en douze livres, et chaque livre en six sections. Chacune de ces sections contient un certain nombre d'articles, qui portent un nom particulier et renferment une notice très-courte sur l'étymologie de ce nom et les auteurs anciens qui l'ont employé ; suivent après un certain nombre de plantes distinguées entre elles par des numéros, qui portent toutes le nom qui sert de titre, non pas, comme précédemment, par de fausses interprétations, mais pour procurer une simplification qui étoit devenue indispensable. Il étoit resulté de la comparaison des auteurs, et surtout de l'observation de la nature, qu'il existoit beaucoup plus de plantes que les anciens n'en avoient indiquées. On n'avoit pas tardé à s'apercevoir que si l'on donnoit des noms à toutes, ils se multiplieroient au point d'excéder de beaucoup les bornes de la mémoire. Pour en diminuer le nombre, on rassembla les plantes qui avoient beaucoup de ressemblance entre elles, et l'on en forma des groupes qui portèrent un même nom : une épithète servit à distinguer les unes des autres. Les Grecs et les Romains, dont on suivoit avec tant de respect les traces, avoient quelquefois usé de ce moyen. Bauhin, rassemblant un plus grand nombre de plantes que ses prédécesseurs, ne crut pas qu'un seul mot fût capable de les distinguer avec assez de netteté ;

il voulut exprimer par une phrase entière quelques-unes de leurs qualités. Quelque incomplet que fût cet ouvrage, il se trouva d'une si grande utilité qu'il devint le guide universel de tous les botanistes, et l'on ne put nommer le moindre brin d'herbe sans citer Bauhin et sa phrase, quelle que fût son étendue : par la faculté qu'il procura de comparer les différens auteurs, il étendit beaucoup la science.

Jusques-là on ne pouvoit apprendre la botanique que par un enseignement direct ; il falloit que celui aux connoissances de qui l'on se fioit, en vous montrant une plante, vous indiquât son nom : ce n'étoit qu'après avoir connu un assez grand nombre de plantes par une tradition orale, que l'on pouvoit espérer de reconnoître dans les auteurs une plante que l'on rencontroit pour la première fois ; et quelque parfaites que fussent les descriptions et les figures que l'on pouvoit consulter, ce n'étoit qu'au risque d'en examiner beaucoup que l'on parvenoit à celle qui convenoit. Cependant quand on fait attention au profond savoir d'un grand nombre de botanistes de ce temps, à la quantité d'espèces qu'ils avoient déjà réunies, et à la sagacité de leurs critiques, on doit penser que chacun d'eux finissoit, en son particulier, par se créer une espèce de méthode. En outre les herbiers, ou collections de plantes sèches, qui paroissent d'un usage très-ancien dans la botanique, fournissoient de grands moyens de communication. Ce fut par leur secours que les Bauhin et les autres purent parvenir à concilier ensemble tous les synonymes. Les figures en bois, dont l'usage étoit si commun à cette époque, procurèrent encore de grandes facilités pour reconnoître les plantes, parce que la plupart présentoient le port ou l'ensemble avec beaucoup de fidélité, malgré la rudesse de leurs traits ; et en second lieu, passant facilement d'un ouvrage dans un autre, et leur solidité secondant la bonne intelligence qui régnoit parmi les auteurs, elles servoient à établir une synonymie complète.

Le nombre des plantes augmentant donc prodigieusement par les voyages qui se succédoient dans les différens points du globe, on sentit la nécessité de découvrir un moyen sûr par lequel on pût parvenir, de l'objet que présentoît la nature, à son nom, et par là à la connoissance complète de ses propriétés.

Personne n'avoit pu jeter les yeux sur les plantes sans y apercevoir des traits de ressemblance. Gesner et Césalpin, avant Bauhin, s'étoient déjà aperçus que les parties de la fructification en présentoient de plus constantes et de plus tranchées que les autres. Césalpin avoit profité de ces observations pour ranger les plantes d'après la seule considération des fruits et des graines ; mais son génie lui avoit fait franchir un si grand espace que ses comtemporains ne furent pas en état d'en profiter. Ce ne fut que long-temps après que Morison revint à cette idée : après avoir examiné soigneusement les associations de plantes, que les Bauhin avoient exécutées, il reconnut que plusieurs d'entre elles contrarioient la nature ; il chercha à suivre ses traces avec plus d'exactitude, et publia enfin, en 1680, une méthode complète, fondée principalement sur l'examen du fruit. On peut bien penser qu'une tentative de ce genre ne parvint pas tout d'un coup à sa perfection ; mais elle attira l'attention, et indiqua la route qu'il falloit suivre : elle ne fut plus abandonnée par la suite.

Son compatriote Ray l'y suivit de près, en publiant une méthode qui ajouta quelques améliorations. Knaut et Hermann firent aussi des tentatives, chacun de son côté. Tous cherchoient les traces de la nature : s'ils l'abandonnoient souvent, c'étoit parce que les observations n'étoient pas encore assez nombreuses pour les faire reconnoître.

Rivin, en 1690, s'ouvrit une autre route : il s'attacha à la fleur ; et prenant sa partie la plus brillante, la corolle, pour base de sa classification, il considéra sa présence ou son absence. Par le nombre de ses pétales ou de ses divisions, il traça des espèces de cases dans lesquelles il fallût que toutes les plantes vinssent se ranger, indépendamment de toute autre considération : ainsi, par exemple, les arbres et les herbes, qui formoient la première coupe des méthodistes précédens, se confondirent ensemble. Une mort prématurée l'empêcha de perfectionner son ouvrage ; mais il fut continué par d'autres, et depuis sa simplicité apparente a séduit un grand nombre de naturalistes, qui ont cherché, mais inutilement, à le perfectionner.

A cette époque parut Tournefort. Une vaste érudition l'avoit mis au courant de ce qui avoit été exécuté par ses prédécesseurs : son expérience, guidée par un esprit aussi sage que pénétrant, lui indiqua une partie de ce qui restoit à faire pour la perfection de la science ; il le développa dans ses Élémens de botanique, qui parurent en 1694. Dès lors la botanique, prenant une marche réglée et s'appuyant sur des principes fixes, put être comptée parmi les sciences. C'est en profitant des idées de ses prédécesseurs et en les combinant ensemble, que Tournefort produisit sa méthode : plus systématique que celle de Morison et de Ray, mais moins absolue que celle de Rivin, elle tint un juste milieu, conserva plus de rapports naturels, et en même temps devint plus facile.

Des considérations entièrement prises dans l'observation de la nature, divisèrent le règne végétal en vingt-deux classes, partagées elles-mêmes en cent vingt-deux sections ou ordres, et en sept cents genres. Ainsi toutes les plantes qui se trouvoient avoir une conformité dans la fleur formèrent une classe : celles qui en avoient dans le fruit, surtout dans sa situation par rapport à la fleur, furent rangées dans la même section : enfin, une ressemblance complète dans toutes les parties de la fructification constitua le genre ; ce dernier groupe se trouva distingué des autres par un nom particulier, qui devint commun à toutes les espèces. Craignant de rebuter les esprits par de trop grandes innovations, Tournefort conserva autant qu'il put les anciens noms, surtout ceux des Bauhin, en sorte que ses genres correspondirent souvent avec les dernières divisions du Pinax : seulement, cherchant à les appuyer sur l'observation de la nature, il leur donna une base qui paroissoit invariable. Quelquefois même il dévia de ses principes en formant des genres de second ordre, qui n'étoient fondés que sur des considérations étrangères à la fructification, dans le seul but de conserver des noms consacrés par l'usage.

Par ce travail l'étude de la botanique se trouva facilitée

au point qu'avec un peu d'attention l'amateur le plus isolé
put, sans autre guide, par l'examen de la corolle, rapportée
à un petit nombre de formes, parvenir à une classe ; la
figure et la position du fruit conduisoient à une section ;
une notice courte des caractères des genres et une figure
qui les représentoit fidèlement, les faisoient distinguer. Mais
après cela les secours manquent pour descendre aux espèces : toutes celles qui étoient venues à la connoissance de
Tournefort sont rapportées, pêle-mêle avec les variétés,
sans ordre apparent. Il adopta pour cette partie le travail
des Bauhin, changeant seulement les noms quand ils ne
cadroient pas avec celui qu'il avoit choisi pour le genre : il
en composa de nouveaux, mais de même nature, pour les
espèces qui n'avoient point été connues des Bauhin ; en
sorte que, par un scrupule qu'il porta presque à l'excès, il
prit à tâche de changer le moins possible la nomenclature
reçue. Quand des plantes inconnues jusqu'à lui le mirent
dans la nécessité de créer de nouveaux genres, il chercha
à les rapprocher de ceux avec qui ils avoient quelques
points de ressemblance, en distinguant seulement leur nom
par la terminaison. Quelquefois il en fit des monumens de sa
reconnoissance, en leur faisant porter le nom des botanistes
célèbres qui l'avoient précédé, ou de ceux qui par leur
protection avoient favorisé ses travaux. On trouve des
traces de cet usage chez les anciens. Un des zélés partisans
de Tournefort, Plumier, fut plus souvent à même d'employer
ce moyen. Transporté en Amérique, il se trouva au milieu
d'une moisson abondante qui lui fournit une grande quantité de genres nouveaux : comme ils n'avoient pas encore
de noms, ceux qu'il choisit furent consacrés à la mémoire de
tous ceux qui par leurs travaux s'étoient distingués dans
la botanique ; il retint pour les autres les noms vulgaires qu'il
trouva établis dans les pays qu'il parcouroit. Il faut avouer
que ceux-ci n'étoient pas toujours harmonieux, et sembloient contraster avec ceux des Grecs et des Latins ; mais
d'un autre côté, par cette bizarrerie même, ils rappeloient
leur origine étrangère. Il ajouta de cette manière une
centaine de genres aux précédens.

Un autre disciple de Tournefort, moins enthousiaste et

peut-être même jaloux de sa gloire, comme semble le prouver l'amertume de ses critiques, Vaillant, fit une autre tentative pour la nomenclature. Projetant une réforme générale de l'ouvrage de son maître, il ne l'exécuta que dans une partie et par l'établissement de quelques genres nouveaux. Il essaya, par les noms qu'il leur donnoit et qu'il tiroit du grec, d'exprimer leur caractère générique; ce qui se trouvoit facile dans quelques cas, mais ne l'étoit pas dans beaucoup d'autres : de plus ces noms, beaucoup trop longs, devenoient difficiles à prononcer et désagréables à l'oreille. Tournefort vouloit, au contraire, qu'on laissât de côté la signification précédente des noms qu'il avoit adoptés, et qu'on les regardât comme des noms primitifs.

La méthode de Tournefort changea, par son apparition, la marche de la science : adoptée par un grand nombre d'excellens esprits, elle servit de modèle à beaucoup d'autres. Ray entre autres revint sur ses pas et corrigea la première méthode qu'il avoit publiée. Des imitateurs moins habiles tournèrent et retournèrent les idées de Tournefort sans faire faire de progrès sensibles à la science ; au contraire elle parut rétrograder. Les genres, qui devoient être la base des connoissances, ne furent pas toujours à l'abri des variations : ils en entraînèrent par suite dans la nomenclature. En outre les voyageurs continuoient à apporter de tous les coins du globe d'abondantes récoltes d'objets nouveaux.

D'un côté cette fluctuation, et de l'autre cette surabondance, tendoient à faire rentrer la botanique dans le chaos ; elle en fut préservée par l'apparition d'un génie supérieur : ce fut Linnæus qui vint arrêter les progrès du désordre. Doué d'un esprit vaste, il n'eut pas de peine à découvrir toute l'étendue du mal : il crut qu'on ne pouvoit y remédier que par l'autorité; il se revêtit d'une espèce de dictature. Profitant d'une découverte qui venoit de paroître ou plutôt de se confirmer, le sexe des plantes, il se l'appropria, et déclara que toute l'essence de la fructification consistoit dans les étamines et les pistils. De la considération de ces deux seuls organes il forma son système sexuel, qu'il publia en 1735. Plus absolu encore que Rivin, il voulut que toutes les plantes vinssent se ranger dans les classes suivant le nombre et la proportion des étamines, et dans les ordres suivant ceux des pistils.

Les genres n'auroient pas pu toujours se prêter à ces divisions. Il voulut les mettre à l'abri de nouveaux changemens en les plaçant sous une sauvegarde respectable : il prononça qu'ils étoient l'ouvrage de la nature, et lança une espèce d'anathème contre quiconque tenteroit de les diviser. Il donna l'exemple de la soumission à cette loi dans son système : la place d'une espèce déterminée entraîna avec elle tout le genre, quoiqu'il arrivât souvent que les autres contrarioient le caractère de la classe; des individus même présentoient quelquefois des fleurs appartenant à des classes différentes. Il examina les genres avec plus de soin que n'avoit pu le faire Tournefort, et les refondit en réduisant leur description à une formule générale, qu'il nomma caractère naturel, et qui devoit être indépendante de toutes les méthodes. Croyant avoir mis par ces moyens la nomenclature à l'abri des changemens, il voulut la perfectionner. Pour y parvenir, il soumit à un examen sévère tous les noms de Tournefort et de ses prédécesseurs, et les réforma suivant des lois qu'il établit. C'est ainsi qu'il proscrivit tous ceux qui n'étoient pas d'origine grecque ou romaine : les déclarant barbares, il les remplaça tant qu'il put par d'anciens noms de Théophraste ou de Dioscoride, qu'il regardoit comme vacans, soit parce que les plantes que ces noms désignoient en avoient pris d'autres par l'établissement des genres, soit parce qu'on n'avoit pu reconnoître celles que ces auteurs avoient en vue. De plus, il étendit à tous les botanistes connus l'honneur de voir leurs noms attachés à une plante : par là il trouva le moyen de désigner les nouveaux genres qu'il forma, car il en augmenta beaucoup le nombre, quoiqu'il eût supprimé tous ceux de Tournefort qui n'étoient pas fondés sur la fructification. Il les porta successivement à treize cents.

Il ne s'arrêta pas aux genres; il étendit sa réforme aux espèces : il chercha des règles sûres pour les distinguer entre elles et poser les limites qui les séparoient des variétés.

Son travail dans cette partie fut entièrement neuf et man-
quoit à la botanique. Ce n'est pas que Tournefort ne paroisse
avoir eu des idées très-saines sur cet objet; mais sa mort
prématurée l'empêcha de les faire paroître : c'est un des points
sur lesquels on a le plus cherché à le déprécier. On a répété
nombre de fois qu'il avoit confondu les espèces avec les
variétés. On a fondé ce reproche sur ses Institutiones rei
herbariæ, où les unes et les autres sont effectivement confondues. On n'a pas fait attention que dans cet ouvrage la
seule partie qui fût terminée consistoit dans la méthode
et les genres : les phrases rapportées n'étoient qu'une simple
table, comme dans le Pinax de Bauhin. Cet ouvrage seul,
lu avec un peu d'attention, démontre que son auteur
savoit distinguer parfaitement les espèces des variétés. Ce
n'est pas ici le lieu de faire voir qu'il avoit peut-être des
idées plus profondes sur ce point important que Linnæus
lui-même : je me contenterai de faire remarquer que dans
plusieurs occasions, au *butomus* entre autres, il s'exprime
ainsi : « Je n'en connois qu'une seule espèce, dont les varié-
« tés sont .... » Mais, comme nous avons dit, une mort
prématurée l'arrêta.

Linnæus, pour distinguer les espèces, remplaça les
phrases de Bauhin, qui étoient le plus souvent très-vagues,
par une espèce de définition très - courte, qui exprime les
caractères par lesquels chaque plante diffère des autres du
même genre. Il soumit aussi sa construction à des lois très-
sages en général, en cherchant surtout les moyens de la
rendre la plus courte possible : mais, quelle que fût la précision qu'il y mit, ses phrases étoient toujours plus ou moins
longues, et l'on sentoit déjà depuis long-temps un grand
inconvénient à ne pouvoir nommer une plante sans y employer une suite de mots souvent étrangers à l'oreille.
Une espèce d'inspiration lui fit rencontrer ce qu'il appela
nom trivial : c'étoit un mot, le plus souvent une simple
épithète, ajouté au nom générique, qui servoit à désigner
chaque espèce. Par ce moyen le nom de chaque plante se
trouva réduit à deux mots. Il n'eut pas l'air de mettre
beaucoup d'importance à cette innovation : cependant c'est
celle qui a été le plus généralement approuvée. Dans le

fond eette idée n'est pas neuve ; car c'est la nomenclature des prédécesseurs de Bauhin, qu'il a rétablie le plus souvent dans les mêmes termes.

Réformateur hardi, Linnæus porta ses vues sur toutes les parties de la botanique ; dans toutes il dicta des lois. Ce fut avec une précision admirable que, dans son corps de doctrine qui porte le nom de Philosophia botanica, il essaya de réduire toute la science en axiomes. Il est certain que dans cet ouvrage il y a un grand nombre de principes qui méritent ce nom ; mais outre qu'ils ne sont pas tous de la même importance, il y en a d'autres que les connoissances acquises depuis ont fait ranger au nombre des erreurs.

Non content d'être législateur en botanique, il étendit son esprit systématique sur toutes les autres parties de l'histoire naturelle : dans son Système de la nature il établit un enchaînement général, fondé sur des principes analogues, qui lioit ensemble tous les êtres connus. Les trois règnes se trouvèrent distribués en classes, ordres, genres, espèces et variétés.

On s'est beaucoup récrié sur les disparates que présente le système sexuel, de trouver, par exemple, la pimprenelle à côté du chêne. Mais Linnæus, dans ses associations, n'a jamais prétendu suivre la nature : il a si bien regardé son système, ainsi que les autres méthodes, comme les effets de l'art, que dans un ouvrage où il donne l'esquisse de toutes celles qui ont précédé la sienne (Classes plantarum), il publia, sous le titre de Fragmens de méthode naturelle, la suite des genres, disposés en groupes qu'il regardoit comme naturels, mais qui n'avoient aucune liaison entre eux. Il avoit fait le premier pas en établissant les genres ; mais il ne crut pas que les connoissances acquises fussent encore suffisantes pour mener à des ordres et à des classes : il promit de s'en occuper le reste de sa vie. Effectivement, il reproduisit ses fragmens, à plusieurs reprises, dans le Philosophia entre autres : mais il y fit peu d'améliorations, et il sembloit détruire d'une main ce qu'il élevoit d'une autre ; car tandis qu'il déclaroit que la méthode naturelle devoit être le but de tout botaniste sensé, il y faisoit voir tant d'obstacles qu'il sembloit prendre à tâche de détourner de sa recherche. Aussi parmi ses nombreux disciples aucun. n'a fait faire de progrès dans cette partie essentielle de la science.

Linnæus éprouva le sort attaché aux grands talens : personne ne fut indifférent sur son compte. Tandis qu'il excitoit l'admiration d'un côté, l'envie se déchaînoit contre lui de l'autre : les uns adoptèrent avec enthousiasme, presque sans examen, toutes ses idées ; les autres, attachés à d'anciens principes, le critiquèrent avec amertume. Un plus petit nombre, appréciant avec plus de sang froid ses opinions, les jugea avec plus d'équité, et sut y faire un choix, en n'adoptant que ce qui parut réellement tendre à la perfection de la science. De ce nombre furent Royen, Haller et Wachendorf, qui proposèrent chacun une nouvelle méthode. Ils crurent conserver davantage les rapports naturels ; mais, en gagnant effectivement quelque chose de ce côté, ils perdirent de la simplicité dans la marche, et le système sexuel continua à être le guide le plus universellement suivi.

Au moment où l'admiration pour Linnæus étoit à son comble, et que ses principes paroissoient être la règle générale, un adversaire redoutable tenta d'ébranler son édifice ; ce fut Adanson. Par ses Familles des plantes, publiées en 1763, il voulut affranchir la botanique de tous les liens systématiques, et ne suivre que les indications mêmes de la nature. Il rassembla, dans deux volumes seulement, des connoissances immenses : après avoir, dans le premier, discuté les opinions de ses prédécesseurs et établi les règles qui lui paroissent les plus convenables, il présente, dans le second, cinquante-huit groupes que, sous le nom de Familles, il regarde comme des séparations indiquées par la nature elle-même, qui, selon lui, tend autant à séparer les êtres qu'à les lier. Ces familles comprennent seize cent quinze genres, qui sont de secondes lignes de séparation. Il pensa encore suivre, dans l'ordre suivant lequel il les rangea, les indications de la nature, et crut que pour l'ordinaire les genres qui commençoient une famille avoient du rapport avec les derniers de la précédente, tandis que ceux qui la terminoient en avoient avec la suivante. D'après cela, il jugea qu'on ne pouvoit les lier ensemble systématiquement : mais il espéra qu'en présentant à la tête de chaque famille un tableau concis, mais exact, de ce qu'elle avoit de particulier, ce seroit un moyen suffisant pour les distinguer les unes des autres ; il fit porter à chacune d'elles le nom du genre le plus remarquable qui en faisoit partie. Pour les genres, il rangea par colonnes leurs caractères distinctifs, qu'il ne borna pas aux parties de la fructification : par là il les rendit faciles à saisir d'un seul coup d'œil ; il les abrégea beaucoup en supprimant tout ce qui étoit commun à toute la famille.

Adanson prit à tâche de venger Tournefort des inculpations qu'on avoit dirigées contre lui ; il chercha surtout à établir que c'avoit été souvent au détriment de la science qu'on s'étoit écarté des principes de ce botaniste. Il revint entre autres à sa nomenclature, et la rétablit en partie, ainsi que celle de Plumier : il bannit surtout tous les noms des anciens qui avoient été transportés à des genres nouveaux, trouvant absurde que des arbres d'Amérique portassent des noms qui avoient appartenu à des herbes de la Grèce. Quand il eut des noms nouveaux à donner, il les forgea entièrement, sans garder aucune analogie avec les autres. Son ouvrage étoit fait pour amener dans la botanique une révolution heureuse, qui la dirigeât entièrement vers l'étude des rapports naturels : mais l'impulsion donnée par Linnæus étoit trop forte ; il ne put la vaincre. On profita de quelques accessoires qui sembloient donner prise aux critiques, et cette excellente production parut tombée dans l'oubli. Cependant que de découvertes présentées tous les jours comme nouvelles s'y trouvent clairement énoncées ! surtout combien de rapprochemens de genres y sont indiqués, dont la vérité n'a été reconnue que long-temps après ! Si l'on ne peut compter ce livre au nombre des élémentaires, il n'est aucun ouvrage qui puisse procurer autant de lumières à ceux qui ont vaincu les premières difficultés ; et plus on le méditera, plus on en retirera de profit. Mais il excite de vifs regrets quand on voit que sa publication date de près de cinquante ans, et que l'on sait que son illustre auteur, le

Nestor de la botanique, aussi laborieux que profond, n'a pas laissé passer de jour sans recueillir et classer de nouvelles idées. Que de richesses sont enfouies dans son cabinet! On peut en prendre une idée dans la notice qu'il présenta à l'Académie des sciences en 1775.

Ainsi, malgré cette grande tentative, les méthodes artificielles prévalurent. Heureusement les botanistes françois se trouvoient en général entraînés vers l'étude des rapports naturels. Magnol avoit fait depuis long-temps un essai de cette méthode, mais qui n'avoit pas eu de succès. Guettard, voulant publier des observations très-intéressantes sur les glandes et les poils des plantes, l'appliqua à une Flore des environs d'Étampe; il préféra de la ranger d'après les fragmens de Linnæus plutôt que sur sa méthode sexuelle. Gerard parut aussi, dans sa Flore de Provence, adopter ces mêmes fragmens de Linnæus : mais il annonce dans sa préface qu'il a suivi pour leur arrangement les indications d'un homme célèbre, celles de Bernard de Jussieu. Ce savant, par un excès de modestie bien rare, se défia trop de ses talens, en sorte qu'il ne publia qu'un petit nombre de mémoires; mais son aménité captivant l'attention des élèves qui se portoient en foule au Jardin du Roi pour profiter de ses leçons, il propagea du moins de vive voix sa doctrine : il répandit par là le goût pour la méthode naturelle, qui étoit l'objet continuel de ses méditations. Croyant ses essais trop imparfaits pour en faire part au public par l'impression, il travailloit en silence à leur perfectionnement; et toujours en défiance sur ses productions, elles fussent restées enfouies si une occasion brillante ne se fût présentée pour l'arracher à sa modestie. Louis XV, au milieu du tumulte suite inévitable de la grandeur, ayant conservé assez de simplicité pour prendre un goût très-vif pour la botanique, désira de se procurer un jardin de plantes à Trianon : Jussieu fut chargé de le diriger, et ce fut sur les ordres naturels qu'il le fit tracer en 1759. Par là parut enfin l'esquisse de ses travaux; mais c'étoit les tracer sur du sable que de les confier à un sol que le voisinage de la cour rendoit si mouvant : effectivement, les vicissitudes qui s'y firent sentir ne tardèrent pas à les faire disparoître. Heureusement qu'il pourvut d'une manière plus efficace à la conservation de ses connoissances, en les transmettant à l'un de ses neveux, qui devint par ce moyen héritier de toutes les connoissances accumulées depuis si long-temps dans cette famille illustre.

Il faudroit être totalement étranger à la botanique et peut-être à toute autre connoissance, pour ignorer que ce précieux dépôt, loin de dépérir dans les mains auxquelles il a été confié, s'est augmenté par de nombreuses observations, et que, pour se montrer digne d'une pareille succession, Antoine-Laurent de Jussieu appela enfin le public à la partager, en rangeant le Jardin des plantes de Paris, le plus riche de l'Europe, suivant une savante méthode qui étoit le fruit de l'heureuse combinaison des découvertes de l'oncle et du neveu. Par ce moyen l'enseignement public qui lui fut confié fut dirigé selon cette méthode, qui étoit le plus près possible de celle de la nature. Ce premier pas fait en entraîna un second : il falloit rendre compte de cet arrangement et développer les bases sur lesquelles il reposoit ; ce qui a donné lieu à l'ouvrage intitulé Genera plantarum, publié en 1789. Il étoit d'une telle importance et attendu avec tant d'impatience par toute l'Europe savante, que l'auteur ne crut pouvoir se dispenser de le publier dans la langue latine ; mais Ventenat, et tout récemment Jaumes S. Hilaire, un des coopérateurs de ce Dictionnaire, l'ont développé en françois.

Jussieu porte dans cet ouvrage le nombre des ordres naturels à cent : ils comprennent environ dix-sept cents genres ; ils sont liés ensemble par une méthode qui les partage en quinze classes. Il se trouve en outre cent trente genres qui, n'ayant pu entrer dans les ordres, sont rejetés à la fin, en sorte qu'il y en a environ six cents de plus que dans les derniers ouvrages de Linnæus. Le plus grand nombre est le fruit des voyages de nos botanistes françois, tels que Joseph de Jussieu, Aublet et Commerson.

Nous ne nous arrêterons pas davantage ici sur cette savante méthode, parce que nous ne pourrions la présenter dans cet article qu'en raccourci, et que d'ailleurs, comme elle est la base de tout le travail botanique de cet ouvrage, elle demande à être développée avec plus d'étendue; ce qui sera exécuté à l'article Méthode naturelle. Nous nous bornerons à dire que jusqu'à présent on n'avoit jamais réuni et développé dans un seul volume autant de connoissances avec une si grande clarté : c'est un abrégé complet de tout ce que l'histoire naturelle des végétaux présente de plus important. Aussi attend-on avec impatience que l'auteur, par une seconde édition, fasse profiter le public des nombreuses additions qu'il n'a cessé de faire depuis la première, soit en y fondant les connoissances acquises depuis cette époque, soit par ses propres observations. Il finiroit par entraîner tous les bons esprits qui cultivent la botanique vers l'étude des rapports naturels, si ses occupations lui permettoient de publier la série des espèces dans l'ordre de sa méthode, et de réunir à celles qui sont déjà connues celles qui s'accumulent depuis près d'un siècle dans son herbier et le rendent un des plus riches qui existent.

On espère encore que, par une méthode secondaire purement artificielle, dans le genre de celle qu'il a esquissée pour les plantes de place incertaine, il aplanira, même pour les commençans, les difficultés que présente la méthode naturelle.

Nous nous proposons d'examiner ces méthodes artificielles avec un peu plus de détail à l'article Classification, et de suivre historiquement leurs progrès, afin de reconnoître ce que la science a gagné positivement par chacune d'elles, et de pouvoir ensuite choisir la plus avantageuse et la plus sûre; mais, quelle que soit celle qu'on adopte, on ne doit la regarder que comme un moyen purement mécanique, qu'il faut bien distinguer des connoissances qu'il nous met à même d'acquérir.

Il n'est aucune méthode artificielle qui ne devienne un guide infidèle quand il s'agit de juger les rapports naturels des plantes. Cependant il y a un certain nombre de séries qui se retrouvent dans toutes, et qui sont absolument semblables : ce n'est que dans la place qu'elles occupent les unes par rapport aux autres, qu'elles éprouvent de la variation. Chaque système leur en assigne une nouvelle. Pour découvrir la cause de cette ressemblance et de cette variation, il faut reporter les yeux sur les plantes elles-mêmes : nous apercevrons alors que plus des trois quarts de celles qui sont connues viennent se grouper en séries plus ou moins étendues. Nous avons parlé des plus importantes, formées par l'absence et la présence des fleurs et le nombre des cotylédons : mais chacune de ces grandes divisions en renferme un certain nombre d'autres secondaires ; ce sont les familles naturelles. Elles sont liées par des rapports si multipliés qu'elles ont échappé à toutes les coupes que l'imagination a pu suggérer ; elles se retrouvent dans toutes les méthodes. La plupart même reparoissent dans le système de Linnæus, quoiqu'il semble affecter de les négliger ; tels sont : les *Mousses*, qui, malgré les frimas, parent encore la terre de la plus riante verdure ; les *Fougères*, qui végètent dans les endroits les plus sombres ; les *Palmiers*, ces arbres si précieux aux habitans des Tropiques, auxquels ils fournissent abondamment le vivre et le couvert ; les *Graminées*, dont les graines dans tous les climats sont la base de la nourriture de l'homme, et les feuilles celle des animaux qu'il rassemble autour de lui, et qui de plus donnent le sucre, présent inestimable ; les brillantes *Liliacées*, qui font les délices des fleuristes ; les *Amomées*, qui n'accordent qu'aux pays chauds les aromates de leurs racines ; les *Orchidées*, qui, s'accommodant de tous les climats, prennent dans chacun une physionomie particulière ; les *Labiées* odorantes, chez qui la singularité des fleurs contraste avec la régularité de leurs tiges·carrées et de leurs feuilles opposées ; les *Borraginées* aqueuses, où souvent l'on voit des tiges et des feuilles, désagréables par la rudesse des poils dont elles sont hérissées, produire les fleurs les plus délicates ; les *Solanées*, qui fournissent des alimens et des poisons ; les *Apocinées* laiteuses ; les *Composées* si nombreuses, dont les fleurs brillantes, modelées sur l'astre brillant du jour, semblent affecter de tourner vers lui·leur disque doré ou pourpré ; les *Rubiacées*, à feuilles étoilées et qui possèdent des vertus tinctoriales dans les pays froids, ou frutescentes et à feuilles opposées dans les pays chauds, et y donnant le café et le quinquina ; les rustiques *Ombellifères*, dont une partie, cultivée dans nos jar-

dins, présente des légumes salutaires et des semences odorantes, tandis que d'autres, habitant les endroits humides,
font craindre des poisons ; les fertiles *Crucifères*, qui remplissent nos champs et nos jardins de denrées précieuses,
fournissent à la médecine de puissans antiscorbutiques, et
offrent aux fleuristes les plus belles décorations des parterres, satisfaisant à la fois la vue et l'odorat ; les *Renon-
cules*, plus éclatantes encore, mais qui sont loin de
participer aux qualités bienfaisantes, car beaucoup recè-
lent des poisons actifs ; les *Caryophyllées*, encore aussi
brillantes que ces deux dernières familles, qui sans être
aussi utiles que les unes, ne renferment du moins aucune
espèce nuisible ; les *Malvacées*, dont les qualités émollientes
sont annoncées par la mollesse de leur port ; les *Rosacées*, qui,
depuis la fraise parfumée qui se cache sous le gazon, là
pêche succulente qui garnit nos espaliers, jusqu'à la poire
fondante qui pend dans nos vergers, fournit nos tables des
fruits les plus délicieux, et de plus nous offre la rose ; les
Légumineuses, qui renversent d'une manière si frappante la
distinction établie entre les arbres et les herbes, aussi remarquables par la structure de leurs fleurs qu'utiles par
leurs graines farineuses et nourrissantes ; les *Euphorbes*, qui
souvent dans le même végétal présentent des alimens, des
remèdes et des poisons ; les *Amentacées* robustes, qui composent nos forêts ; les *Conifères* enfin, qui conservent au
milieu des neiges une éternelle verdure, grâce à leurs
sucs balsamiques.

Voilà les principales familles qui sont répandues dans le
règne végétal : il en est encore d'autres (nous avons vu
Jussieu les porter à cent, nombre qu'il augmentera sans
doute), dont les caractères, quoique bien établis, sont plus
difficiles à saisir, ou qui sont peu étendues. Mais plusieurs
espèces restent isolées et refusent de se ranger parmi
les autres ; ou si, séduit par quelque apparence, on veut
les en rapprocher, elles viennent rompre l'uniformité qui
y régnoît : elles ont reçu le nom d'anomales. Tandis
qu'elles font le désespoir des spéculateurs, par l'embarras
que cause leur classification, elles procurent souvent d'a-
gréables jouissances au botaniste pratique, par la facilité

que leurs traits marqués donnent pour les reconnoître au premier coup d'œil.

Ces anomales ont été regardées comme un des principaux écueils qui ont fait échouer les différentes méthodes qu'on a tentées jusqu'à présent : c'est aux déviations qu'on a été obligé de faire pour les enchaîner avec les autres, qu'on a attribué le défaut d'ensemble qu'on remarque dans toutes. Elles en sont en partie cause : mais je crois que la marche qu'on a suivie jusqu'à présent a encore plus égaré. On a paru partir d'un même principe, qui portoit à croire que l'on pouvoit ranger tous les êtres sur une seule ligne droite, et qu'en partant du premier tous les autres devoient suivre ; que si l'on trouvoit quelque interruption, elle étoit due à ce que le défaut de nos connoissances nous déroboit encore quelques chaînons. La nature paroît loin de suivre une telle marche. On a reproché aux auteurs systématiques de lui prêter leur propre foiblesse ; mais il me semble qu'il y en auroit davantage dans le plan auquel on voudroit l'astreindre.

Parce que nous ne pouvons parvenir à faire une chose qu'après l'avoir essayée, passer à une idée sans y être conduits par une autre, nous croyons la nature obligée de suivre une pareille marche. Certes, elle agit bien plus librement : ses productions sont jetées avec bien plus de variété ; et si elle nous laisse entrevoir quelque chose de ses plans, elle nous en dérobe bien davantage. Si nous jugeons d'après ce peu que nous apercevons, les êtres forment un tissu plus ou moins lâche, composé d'embranchemens qui se soudivisent à l'infini. En effet, si nous portons les yeux sur les animaux, nous verrons les quadrupèdes s'approcher, d'un côté, des oiseaux, de l'autre, des poissons, enfin des quadrupèdes ovipares. Les autres classes nous présenteront de pareils rapports les unes à l'égard des autres. Nous avons vu que les trois règnes eux-mêmes paroissoient tendre vers un seul point : la même chose s'est fait sentir dans les végétaux. Telle est la source des variations que nous avons remarquées ; les familles se sont éloignées ou rapprochées, suivant qu'on les a considérées sous tel et tel rapport.

Il suivroit de là que le moyen de ranger les êtres de la façon la plus conforme à la nature, seroit d'en composer un tableau comparable en quelque sorte à une carte de géographie. *Plantæ omnes utrinque affinitatem monstrant, uti territorium in mappa geographica*, a dit Linnæus, il y a long-temps. Le plus difficile pour exécuter cette idée seroit de trouver deux lois différentes, susceptibles de calcul, qui répondissent aux longitudes et latitudes, et qui serviroient à déterminer, indépendamment des autres espèces, la place que telle ou telle plante doit occuper. Les anomales alors n'embarrasseroient plus ; elles se trouveroient jetées dans une espèce de solitude : si de nouvelles découvertes tendoient à les joindre à d'autres espèces, elles s'y réuniroient sans causer de dérangement. Lamarck, dans sa Flore françoise, a proposé un calcul fort ingénieux pour parvenir à ce but ; Ventenat a tenté de le mettre à exécution, et Giseke, en publiant les Ordines naturales de Linnæus, a donné l'esquisse d'une carte de ce genre : mais il est à craindre que pendant long-temps encore ce ne soit qu'un simple objet de spéculation.

Si l'on pouvoit cependant y parvenir, on auroit fait un grand pas : une simple ligne sembloit suffisante pour suivre le plan de la nature, et là il se trouve dessiné sur une surface. Il y a apparence que l'on approcheroit encore plus du modèle si l'on pouvoit y joindre la troisième dimension, et que les rapports se trouvassent exprimés par un solide ; car si, par exemple, on considéroit cet enchaînement comme formant un arbre dont les branches s'étendent en tout sens, combien n'en déroberoit-on pas à la vue si on se contentoit de le peindre sur une surface ? Il n'en est aucune à rejeter : il faut que, jusqu'à ses dernières feuilles, tout soit présenté dans un jour facile à saisir.

La méthode naturelle doit conserver tous ces embranchemens et n'éviter aucun de ces retours ; mais par là elle devient un labyrinthe inextricable. C'est alors qu'on a besoin, suivant l'expression de Linnæus, du fil d'Ariane, c'est-à-dire, d'une méthode ; mais il faut qu'elle soit la plus exacte possible, et qu'elle laisse de côté l'observation des rapports naturels : ce n'est qu'un échafaud qui ne doit plus subsister lorsque l'édifice sera achevé.

Linnæus distingue deux sortes de méthodes, le système, et l'analyse synoptique. Le premier marche, suivant lui, par une progression géométrique rapide, tel que a 10, b 100, c 1,000, d 10,000, e 100,000 ; au lieu que l'autre ne suit qu'une dichotomie ou bifurcation simple, telle que a 2, b 4, c 8, d 16, e 32, qui arrive bien plus lentement à son but : en sorte que, suivant lui, le système est de beaucoup préférable à l'analyse.

Mais cette distinction ne consiste que dans le mot ; car le système le plus suivi et le plus concis n'est au fond qu'une analyse fondée sur une dichotomie. Le système sexuel lui-même ne présente jamais que deux idées à la fois, comme on peut s'en convaincre en jetant les yeux sur le tableau que l'auteur en a présenté sous le nom de clef : ce n'est que par l'usage que l'on parvient à juger presque tout d'un coup à laquelle des vingt-quatre classes appartient une plante que l'on veut examiner. La même chose a lieu pour l'analyse. C'est ainsi que ceux qui se sont servis de celle que Lamarck a établie d'une manière neuve dans sa Flore françoise, ont éprouvé qu'après un peu d'exercice ils n'avoient plus besoin de recourir, pour faire leurs recherches, au commencement de l'analyse, et qu'ils alloient tout de suite à un groupe particulier.

On peut donc réduire tous ces arrangemens méthodiques à une suite de questions posées de manière qu'à la dernière on ait pour réponse le nom de la plante qui fait l'objet de la recherche. Si ces questions partageoient toujours également la masse des plantes, il n'en faudroit pas quinze pour arriver à la trente-millième, nombre qui excède le nombre des plantes connues jusqu'à présent ; mais elles ne peuvent long-temps conserver cette égalité. On ne tarde pas à rencontrer ces familles naturelles et d'autres coupes qui font changer la marche des questions : ce sont les classes, les ordres et les genres.

Que l'on suppose donc que par le moyen du système de Linnæus on veuille reconnoître le nom d'une plante dont on a une fleur ; que ce soit, par exemple, celle d'un cerisier que l'on ait à la main, sans savoir d'où elle vient. La première question est de savoir si dans cette fleur il y a des pistils et des étamines bien distincts, oui ou non? oui. La seconde : sont-ils dans la même fleur, oui ou non? oui. La troisième : les étamines sont-elles libres ou réunies dans quelques-unes de leurs parties? elles sont réunies. La quatrième : ces étamines sont-elles toutes d'égale longueur, oui ou non? Ici la question a besoin d'être éclaircie; après plusieurs explications on répondra oui. La cinquième : les étamines sont-elles en grand nombre, au-dessus de vingt ou au-dessous? elles sont au-dessus. La sixième : ces étamines prennent-elles naissance du calice, oui ou non? oui. C'est ici que nous arrivons à une classe, et nous apprenons qu'elle se nomme icosandrie. Les questions roulent sur une autre partie; elles paroissent plus directes; car on demande tout de suite, combien a-t-elle de pistils? Ce n'est que pour abréger; car si l'on suivoit la marche strictement analytique, on demanderoit successivement, a-t-elle un ou plusieurs pistils? elle n'en a qu'un. Alors nous sommes arrivés à l'ordre, dont le nom est monogynie. Là, les questions cessent : nous trouvons une douzaine de genres dont il faut examiner successivement les caractères pour trouver celui qui convient. On sent qu'il seroit facile de réduire en questions cet examen, et que par trois ou quatre on parviendroit au genre *Prunus*, Prunier. Ce genre présente une vingtaine d'espèces, qui sont distinguées entre elles par une phrase spécifique. Il est encore aisé de traduire ces phrases en forme de questions, d'autant plus que Linnæus indique lui-même qu'une partie de ces noms sont synoptiques : quant aux autres, qu'il nomme essentiels, il est tout aussi facile de les réduire en questions. Il en faudroit donc encore cinq ou six pour parvenir au *prunus cerasus;* là j'apprends que j'ai entre les mains une fleur de cerisier, et c'est à peine à la seizième question que j'ai pu le découvrir. Ce sera par des moyens analogues que toute autre méthode dirigera vers le même but ; mais l'une y conduira avec plus de promptitude et l'autre avec plus de sûreté.

Parvenu là, on trouve une DESCRIPTION qui, reprenant toutes les parties en détail, fournit des moyens de bien s'assurer par la comparaison que l'on ne s'est point égaré en chemin. Quelquefois ce n'est qu'une simple énumération des noms qu'ont donnés les différens auteurs à la plante qui fait l'objet de la recherche : les volumes, la page, qui la concernent, sont indiqués, ainsi que les FIGURES qui en ont été tracées. Par ce moyen la BIBLIOTHÈQUE BOTANIQUE devient facile à consulter : on peut mettre tout de suite la main sur ce qui convient; et, s'il est nécessaire, vingt volumes peuvent concourir à développer l'histoire d'un seul végétal.

C'est ainsi que, pour l'exemple cité, Pline nous apprend d'abord que le cerisier étoit étranger à l'Italie ; qu'originaire du Pont, il fut apporté par Lucullus, qui le regarda comme la plus belle décoration de son triomphe. Duhamel nous apprend ensuite qu'il a de nombreuses variétés : il donne les moyens de les distinguer ; il indique de plus la culture qui convient à chacune d'elles. Il en sera de même de toute autre plante soumise à un pareil examen.

Voilà donc les moyens que procure la botanique pour parvenir d'une plante à son nom, et de là à toute son histoire. Il est une autre recherche moins difficile, mais qui est souvent utile : c'est de remonter d'un nom connu à l'histoire de l'objet qu'il désigne. Dans la langue parlée, c'est en s'adressant à des personnes instruites qu'on y parvient : on a trouvé, pour la langue écrite, un moyen aussi facile, c'est de ranger les mots suivant l'ordre alphabétique. On sait que les caractères qui servent à l'écriture ont reçu de l'usage et de différentes circonstances dont nous avons perdu la trace, mais qui ne sont pas l'effet du hasard, un ordre invariable dans chaque langue. Comme c'est dans cet ordre qu'on nous donne dans notre enfance les premiers élémens de l'art merveilleux de l'écriture, nous restons familiarisés avec lui le reste de notre vie. Sans effort, les vingt-quatre lettres de l'alphabet se représentent dans notre mémoire, occupant une place fixe par rapport les unes aux autres. On a suivi cet ordre pour ranger les mots; de là sont venus les vocabulaires et les dictionnaires : par la classification la plus simple et en même temps la plus sûre on parvient au mot qui fait le sujet des recherches. **On** sent que cet usage est indispensable pour les langues. Il n'est pas moins utile dans une infinité de circonstances; de là un grand nombre d'autres ouvrages qui ont pris la même forme : leur multiplication prouve leur utilité. Cependant, d'un autre côté, on s'est plaint qu'ils ne procuroient que des connoissances superficielles.

Nous ne pouvons nous arrêter à discuter les raisons qu'on allègue pour et contre ces sortes d'ouvrages : nous nous bornerons à citer un seul fait en leur faveur; c'est que les ouvrages les plus systématiques sont suivis d'une table alphabétique ou d'un vrai dictionnaire. Qu'un botaniste, par exemple, veuille trouver, dans le système qui lui est le plus familier une plante dont il sait le nom; c'est à la table qu'il aura recours : celle-ci, par un chiffre, autre genre de classification encore plus simple, lui indique la page où il trouvera ce dont il a besoin. Mais dans combien d'occasions ne seroit-on pas bien aise de rencontrer sous sa main encore plus promptement des renseignemens? C'est là l'usage d'un dictionnaire : mais il demande à être suivi d'une table systématique, qui remette tous les objets à leur vraie place; par son moyen, cet ouvrage devient absolument l'inverse de la méthode la plus exacte, et permet autant qu'elle d'approfondir les recherches. Pour ne point être exposé à perdre du temps, il faut être sûr que le mot dont on a besoin s'y trouve; et comme nous avons vu que les plantes avoient reçu différens noms, si l'on se fût borné à en insérer un seul dans ce dictionnaire, il n'eût pu servir qu'à ceux qui le connoissoient : il faut donc que tous les synonymes, ou du moins ceux qui sont les plus connus, se trouvent à leur ordre alphabétique. On sent encore que si à chacun d'eux on eût fait l'histoire de l'objet qu'il désigne, il en seroit résulté des répétitions qui n'eussent servi qu'à augmenter le nombre des volumes : on ne donne donc de détails qu'à un seul nom, celui du genre; tous les autres y sont renvoyés. Cependant on ne s'est pas toujours tenu strictement à de simples renvois. D'abord, les genres n'étant point restés à l'abri des changemens, il a fallu, lorsqu'il a été question d'un de ceux qui ont été réunis à d'autres, rendre compte des motifs qui ont déterminé cette réunion ; il a fallu aussi exposer les raisons qui ont engagé à changer un nom adopté plus généralement. De. plus cet ouvrage, par sa nature de dictionnaire, tenant de plus près aux langues, il a paru essentiel de donner une notice de l'origine de chaque mot, et même, lorsqu'il a désigné un objet important, on a cru devoir satisfaire sur-le-champ l'impatience des lecteurs et leur faire connoître les particularités les plus remarquables. Cet ouvrage étant écrit en françois et destiné à procurer des connoissances à toutes les personnes qui voudront le consulter, même à ceux qui n'ont point été à même d'acquérir les principes d'aucune science, on l'a rangé suivant l'ordre des noms françois des genres.

Tournefort avoit appliqué un nom françois à chacun des genres qu'il avoit formés. Bernard de Jussieu, publiant une édition du Genera de Linnæus, en avoit ajouté à tous ceux qui étoient nouveaux. Plusieurs de nos auteurs ont continué ce travail : dans sa Flore française, Lamarck, entre autres, a été dans le cas d'en donner à tous les genres qui croissent en France, et depuis à leur totalité, dans la partie botanique de l'Encyclopédie par ordre de matières, ouvrage qui, grâces à ses soins, est devenu le plus complet qui ait encore paru sur cette science.

Le peu d'importance qu'on a mis en général à ces noms, ne les regardant que comme accessoires, a fait que jusqu'à présent il y a eu beaucoup de vague et d'arbitraire dans leur choix. Nous nous proposons de revenir sur cet objet à l'article NOMENCLATURE ; nous nous contenterons de dire ici que nous croyons que le bien de la science eût demandé que l'on eût considéré les noms génériques comme des noms géographiques qui eussent passé d'une langue dans une autre, sans altération, si ce n'est dans la terminaison. Sans entrer dans aucune discussion à ce sujet, que l'on observe seulement combien de noms de plantes, grecs et latins, se sont introduits sans efforts dans la langue commune, depuis que le goût des jardins anglois s'est propagé parmi nous. La mode, qui étend son empire sur tous les objets, en commandant l'admiration pour certaines plantes exclusivement aux autres, met les noms de *hortensia* et de *rhododendrum*

dans toutes les bouches, sans que les oreilles les plus délicates en soient offensées. Aujourd'hui ces fleurs sont en
faveur ; dans peu l'opinion les remplacera par d'autres, qui
mettront d'autres noms en circulation.

Desfontaines, dans l'ouvrage qu'il vient de publier, dé-
siré depuis long-temps, et beaucoup plus important que son
titre et sa nature ne sembloient le promettre (le Tableau
de l'École de botanique du Musée), vient de donner l'exemple, en ne conservant qu'à un petit nombre de genres des
noms françois, parce que l'usage fréquent de quelques-unes
des plantes qui les composent les a consacrés. C'est donc
sous ce nom, adopté pour le genre, que doit se trouver
son origine, l'histoire même du genre, l'indication du botaniste qui l'a formé, les variations qu'il a éprouvées. Suit
l'exposition succincte de son caractère, la famille ou ordre
naturel auxquels il appartient, sa classification artificielle,
une notice générale sur le nombre d'espèces connues et
les pays qu'elles habitent. On en vient au détail des espèces
les plus remarquables, soit par leur structure, soit par les
usages auxquels on les emploie ; les moyens de les propager
par la culture, sont indiqués ensuite. Chaque article devient un centre duquel on peut étendre ses connoissances
autant qu'on peut le désirer. Les mots techniques ou de
science peuvent, aussi bien que ceux qui désignent des
plantes, devenir l'objet d'une recherche ; c'est ainsi que
cet article en aura pour développement un grand nombre
d'autres. Nous avons désigné les plus importans.

On peut, par le moyen des renvois, pénétrer dans les
autres sciences qui sont du ressort de cet ouvrage. Ainsi,
par exemple, plusieurs articles de chimie donneront une idée
des différens produits des végétaux : on trouvera développés aux mots Gaz, etc., la manière dont les plantes font
servir à leur végétation ces fluides aériformes dont la découverte a tant reculé les bornes de nos connoissances
chimiques. En outre les citations qui accompagnent les
objets importans, donneront les moyens de sortir de l'ouvrage même, de consulter tous les auteurs, et par leur secours de parvenir, si l'on veut, jusqu'aux bornes les plus
reculées de la science.

On peut donc conclure de ce que nous venons d'exposer, que les travaux les plus importans de la botanique ont consisté, 1.º à appliquer des noms convenables aux plantes; 2.º à faciliter la recherche de ces noms. Mais alors, va-t-on s'écrier, mérite-t-elle le nom de science, et vaut-elle la peine que tant de personnes s'en occupent? Des noms seront le résultat du temps qu'ils y auront passé! Les détracteurs de cette belle partie de l'histoire naturelle triompheront de cet aveu, et s'en prévaudront, à leur ordinaire, en la traitant de simple nomenclature. Quelques-uns d'entre eux, le plus petit nombre heureusement, ne cherchent à déprécier les sciences que parce qu'ils ont négligé d'en acquérir aucune : leur aveuglement est volontaire ; en vain on feroit des efforts pour les en tirer. Quant aux hommes de bonne foi, ils ne peuvent tenir ce langage que faute d'avoir pu examiner la question. Nous ne nous adresserons qu'à eux. Nous leur ferons remarquer d'abord, que la botanique, quoiqu'elle semble en dernière analyse se borner à appliquer des noms, n'en doit pas moins être comptée parmi les sciences, puisque toutes, quand on les examine avec soin, se réduisent pareillement à trouver les noms, soit des substances mêmes, soit de leurs qualités, soit de leurs modifications, soit enfin de leurs différentes parties : comme l'a fort bien dit Condillac, il n'en est aucune qui ne soit une langue plus ou moins bien combinée.

De plus, que l'on fasse attention au chemin qu'on est obligé de parcourir avant de parvenir à ce nom, on verra que chaque pas que l'on a fait, ou chaque question, a donné matière à des observations importantes sur l'objet de la recherche. C'est sur chacun des organes dont nous avons vu que les plantes étoient composées, que la route qu'on a suivie a fait porter la vue et dirigé l'attention.

Les questions supposent ces organes connus précédemment, ou bien forcent, par les réponses qu'elles exigent, à les connoître. Chacune d'elles devient par ce moyen l'application d'un mot technique. En dernier résultat le nom s'est trouvé chargé de toutes ces connoissances et doit les rappeler toutes les fois qu'il se présentera : mais quelque important qu'il devienne par là, il ne doit pas être

regardé comme le dernier terme de la botanique ; chacun de
ces noms n'est qu'une route tracée sur la carte qui, comme
nous l'avons dit, peut représenter les rapports des plantes.
On ne mériteroit pas plus le nom de botaniste pour en avoir
parcouru un certain nombre, en se bornant là, qu'on
n'acquerroit la qualité de géographe pour avoir suivi le chemin qui conduit d'une ville à l'autre ; il faut de plus,
pour le mériter, qu'à chaque point où l'on s'arrête l'on
jette les yeux autour de soi pour chercher à s'orienter, et
par là reconnoître si bien les lieux que par la suite on
n'ait plus besoin de guide, non-seulement pour revenir aux
mêmes endroits, mais même pour arriver a d'autres où l'on
n'a jamais été. Il en est de même pour la botanique : ce
n'est pas assez d'être arrivé à la connoissance d'une plante ;
il faut que par son moyen on puisse en reconnoître d'autres.
C'est en examinant son voisinage, ou étudiant ses rapports
naturels, que l'on peut espérer d'y parvenir.

Jean-Jacques, qui dut à la botanique les derniers momens
heureux de sa vie, voulut, par reconnoissance, la défendre
des inculpations qu'on a dirigées contre elle : il y employa
son éloquence ordinaire. Il chercha surtout à repousser
ce reproche qu'on lui a si souvent fait, de n'être qu'une
simple nomenclature, et il a avancé qu'elle consistoit si
peu dans cela, que l'on pouvoit devenir un très-habile botaniste sans connoître un seul nom de plantes. Ce qui sur-
prendra peut-être, après ce que nous venons de dire, c'est
que nous sommes à peu près de son avis : car nous savons
que parmi ceux qui vivent à la campagne, il en est beaucoup qui connoissent un certain nombre de plantes, de
vue seulement, sans savoir leurs noms, et vaguement. Si
l'un d'eux vouloit mettre plus de précision dans ses connoissances, et inventer la botanique à lui tout seul, comme on
dit que Pascal trouva la géométrie, il seroit obligé, d'a-
bord de se rendre raison des différences qu'il aperçoit
entre ces plantes, ensuite, pour se les rappeler plus facilement, d'appliquer à chacune d'elles un signe quelconque. Si cette idée venoit, par exemple, à un sourd et
muet, sorti de l'école intéressante de l'abbé Sicard, il
caractériseroit chaque plante par un geste particulier, et

par ce moyen il pourroit faire part à ses camarades d'in-
fortune des découvertes qu'il auroit faites. Mais il seroit
borné à ses seules lumières; et pour profiter des connoissances des autres, il faudroit qu'il apprit à traduire ses
signes dans ceux qui sont universellement adoptés, ce seroient pour lui les noms écrits.

C'est donc par ce nom, d'abord senti intérieurement, que
l'homme entre en rapport avec la nature entière, avec les
plantes par conséquent; c'est en l'émettant à l'extérieur par
un signe quelconque, qu'il se met en communication avec ses
semblables; c'est par lui qu'il leur fait part de ses découvertes et qu'il participe aux leurs. De plus, c'est dans sa
recherche que se trouve un des plus grands charmes de la
botanique : chaque plante devient par là une énigme ou un
problème dont on cherche la solution; et à peine y est-
on parvenu que l'on brûle du désir d'en faire part à d'autres. Avez-vous vu les étamines de la brunelle ? demandoit
ce même Jean-Jacques à tous ceux qu'il rencontroit, après
qu'il eut reconnu la singularité qu'elles présentent. Par
une foiblesse naturelle à l'humanité, le plaisir le plus vif
qu'éprouve le savant même le plus modeste, est de faire part
de ses découvertes. Tous sont dans le cas de ce philosophe de
bonne foi, qui disoit qu'il refuseroit de Jupiter la faculté
de voyager dans les planètes, si à son retour il ne trouvoit
plus personne à qui raconter les merveilles qu'il auroit vues.
Mais quelque vif que soit le plaisir que fasse éprouver
la botanique par la découverte d'un nom, il pourroit passer
pour un amusement frivole, si une grande partie de l'utilité
de cette science ne reposoit sur cette même découverte.

De l'utilité de la botanique.

Nous croyons que par la manière dont nous venons de
faire envisager la botanique, il nous reste peu de chose à
dire pour prouver son utilité; car elle est une suite nécessaire de son essence. Nous avons établi qu'elle consistoit dans la connoissance des plantes. C'est donc en trouvant le nom d'un végétal et en constatant, pour ainsi dire,
par ce moyen son état, que la botanique met à même d'en
tirer tous les services qu'on peut en attendre; car, à

quelque usage que l'on veuille employer une plante, il est bien essentiel, pour éviter les méprises, de s'assurer que l'on possède réellement celle qui est indiquée. Les connoissances générales qui nous sont transmises et qui se développent par la routine, dès notre enfance, suffisent pour l'ordinaire ; car, par exemple, qui ne connoît pas les végétaux qui servent à nos alimens? Il arrive même, dans quelques circonstances, que cette routine va plus loin que la science même : c'est ainsi qu'un bûcheron reconnoîtra dans un fagot les arbres dont on a tiré les branches qui le composent, tandis que le botaniste, pour le décider, voudra des fleurs et des fruits ; il lui faudra des échelles et des microscopes, suivant l'hyperbole d'un auteur, très-estimable d'ailleurs, qui s'est plu à tirer de son imagination brillante un fantôme auquel il a donné le nom de botanique, et qu'il a attaqué ensuite, avec des armes qui lui ont paru victorieuses. Mais que l'on transporte le bûcheron dans une autre forêt que celle qui l'a vu naître : croit-on qu'il s'y reconnoisse ? Le botaniste, au contraire, à quelque point du globe qu'il arrive, se trouve toujours en pays de connoissance ; et il demande des fleurs, pour faire connoissance avec un végétal la première fois qu'il le rencontre ; il se familiarise assez promptement avec ses autres caractères pour le reconnoître sous telle forme qu'il se présente par la suite. On peut dire encore que dans une infinité d'occasions les erreurs que l'on peut commettre ne sont pas graves. Il en est d'autres où elles deviennent plus importantes ; tels sont les remèdes que la médecine tire du règne végétal. Le moindre inconvénient qui peut résulter d'une méprise seroit qu'au moment où l'on auroit besoin d'une force puissante pour repousser une cause destructive, on n'en employât qu'une foible. Mais que seroit-ce si elle agissoit dans un sens contraire à celui qu'on désire, dans celui de la maladie ? Il est donc nécessaire d'avoir un moyen sûr pour éviter un tel danger ; et c'est la botanique qui le procure. C'est cependant à cette occasion qu'on a fait le plus de reproches à cette science. On répète continuellement qu'elle ne s'occupe que de vaines spéculations, et qu'elle néglige l'essentiel, les Propriétés des plan-

TES. C'est contre la botanique qu'on dirige le plus souvent ces inculpations : on ne fait pas attention que toutes les autres sciences sont dans le même cas, qu'elles sont toutes pures et théoriques dans leur essence, et qu'aucune d'elles n'est directement utile. Ce n'est qu'en se combinant plusieurs ensemble qu'elles deviennent susceptibles de s'appliquer aux besoins de l'homme, et cela par une raison toute simple : chaque science, comme nous l'avons vu, ne considère les substances que sous un seul point de vue, faisant abstraction de toutes ses autres propriétés ; cependant nous ne pouvons en employer aucune qu'avec toutes ses qualités extérieures et intérieures.

Nous avons vu, par exemple, que la chimie, l'anatomie et la botanique, après avoir été regardées comme des parties intégrantes de la médecine, en ont été séparées : il est tout aussi aisé d'en détacher ses autres parties. Il est bien certain que l'état de l'homme, considéré en santé ou en maladie, l'hygiène et la pathologie par conséquent, sont une suite nécessaire de l'anatomie et de la physiologie, et dépendent, comme elles, de l'histoire naturelle de l'homme. Il en est de même des moyens de conserver l'un de ces états et de détruire l'autre, moyens qui consistent dans les médicamens et qui constituent la thérapeutique ; mais l'observation de leur manière d'agir tient encore à l'histoire naturelle et à la chimie. Celle-ci prescrit de plus la manière de les apprêter, et forme la pharmacie ; mais elle puise dans les trois règnes la base de ses travaux, d'où résulte la MATIÈRE MÉDICALE : c'est à proprement parler l'inventaire de l'arsenal où se trouvent déposées les armes propres à combattre les maladies. C'est donc encore un contingent que l'histoire naturelle fournit à la médecine. Il nous seroit facile de trouver une application continuelle de la physique, surtout dans la physiologie : de plus on sait combien il est difficile de la séparer de la chimie. Voilà donc la manière dont les sciences naturelles concourent à la formation de la médecine. On pourroit de même y reconnoître l'application de toutes les sciences morales.

Pour en revenir à la botanique, elle ne tient donc à la médecine que par la portion qu'elle fournit à la matière médicale, et elle ne devroit y être comprise que pour sa quote part : malgré cela on s'est accoutumé à la regarder comme si elle étoit entièrement de son domaine, parce que, d'un côté, le règne animal ne fournit pas à la médecine un grand nombre de substances, et que de l'autre les remèdes puissans tirés du règne minéral ne paroissent qu'en sortant des laboratoires de chimie, plus ou moins dénaturés et composés. On leur oppose, sous le nom de SIMPLES, par ellipse, au lieu de médicamens simples, tous les remèdes tirés du règne végétal ; et on les regarde en général comme moins dangereux que les autres, parce que dit-on ordinairement *s'ils ne font pas de bien, ils ne font pas de mal.* Par là on se fait l'illusion souvent dangereuse, de croire qu'on peut essayer impunément tous les végétaux qui sont indiqués, jusqu'à ce qu'on ait trouvé celui qui convenoit ; en sorte qu'il n'est pas de malade qui ne croie voir dans la récolte d'un botaniste la fin de ses souffrances. Lorsque celui-ci a trompé cet espoir, en avouant avec bonne foi que, l'art de guérir ne faisant pas partie de ses connoissances, il ignore les moyens d'employer au soulagement des infirmités humaines, les végétaux qu'il recherche avec tant de soin, on lui reproche son inutilité, avec une mauvaise humeur qui rejaillit sur la science elle-même.

Cependant le moment où le botaniste paroît dans sa théorie le plus éloigné de songer aux besoins de la société, est souvent celui où il va lui offrir une découverte importante. D'abord, ayant, comme nous l'avons vu, par un nom et sa synonymie, la faculté de consulter tous les livres sur l'objet qu'il examine, il réunit par ce moyen les connoissances de tous les temps et de tous les lieux : en second lieu, si le végétal qu'il observe a jusque-là échappé par sa nouveauté aux recherches de ses prédécesseurs, ses sens qu'il a interrogés le mettent sur la voie pour découvrir à quoi il peut être avantageusement employé. Il trouve encore dans la science qu'il cultive un autre moyen d'interroger la nature ; c'est l'étude des affinités ou des familles naturelles : car l'observation a appris qu'en général les plantes qui avoient des ressemblances extérieures d'orga-

nisation, en conservoient dans les principes immédiats qui
les composent.

Decandolle vient, dans un ouvrage sous le titre modeste
d'Essai, de mettre hors de doute cette importante vérité,
en réunissant les opinions des plus célèbres botanistes,
et l'appliquant ensuite à la série générale des végétaux : il
en résulte que la classification naturelle peut faire présumer les vertus d'une plante nouvelle. Malheureusement
on n'a pas encore poussé bien loin le travail qui pourroit
procurer quelque certitude dans cette étude ; elle demande
pour sa perfection la réunion des connoissances les plus
transcendantes de la botanique et de la chimie. Aussi jusqu'à présent les sens du goût et de l'odorat sont-ils les
seuls guides qui démêlent, dans plusieurs familles très-na-
turelles, un principe commun à chacune d'elles, quoique
produisant des effets presque opposés : nous nous contenterons d'indiquer ici les légumineuses et les ombellifères.

Voilà donc les services essentiels et positifs que rend la
botanique, non-seulement à la médecine, car cette espèce
d'analogie peut s'appliquer à tous les autres usages auxquels on emploie les plantes. Cependant il faut convenir
que jusqu'à présent ces recherches n'ont pas paru être assez
directement le but des travaux des botanistes ; on a été
entraîné par l'attrait de la nouveauté vers la recherche et
la détermination des espèces nouvelles. Il faut espérer
que le moment approche où, les récoltes devenant moins
abondantes, l'activité de l'esprit d'observation pourra se
diriger d'un autre côté et se reployer sur toutes les parties qui paroîtront négligées.

Mais par quelque moyen qu'un simple botaniste parvienne
à découvrir l'efficacité d'une plante comme médicament, il
se gardera bien de l'employer lui-même. Plus elle sera
active, plus il redoutera de s'en servir ; il la remettra en
des mains plus habiles, à celles des médecins, qui, par
une longue suite d'études et d'expériences, ont appris à
venir au secours des maux qui nous affligent.

De même, si elle devient d'une telle importance que l'on
ait besoin de l'avoir souvent à sa disposition, il la confiera
pour sa multiplication à ceux qui, par une longue habitude,

se sont initiés dans l'art de la Culture. Cet art est le complément de l'empire de l'homme sur la nature ; par son moyen il s'est rendu tributaire la surface entière de la terre, et ne la laisse se couvrir que des productions qui lui sont agréables ou utiles. Comme la médecine, l'art de la culture n'est point une science particulière, mais la direction et l'application de toutes les sciences naturelles vers ce seul but.

Cependant on voit par son objet que le règne végétal en est la base, comme l'histoire naturelle de l'homme est la base de la médecine, et il n'est aucune des recherches du botaniste qui soit inutile à l'agriculteur : ainsi, quand il lui confie une plante, il doit l'instruire de la position où elle se trouve plus fréquemment (sa Station), afin qu'on puisse lui choisir un terrain convenable ; du climat qui lui est le plus favorable (sa Géographie) , pour savoir s'il ne faut pas lui en composer un factice par le moyen des serres ; de l'époque de l'année où elle développe ses bourgeons ou ses fleurs (le Calendrier de Flore). Toutes les autres particularités, telles que la durée, le volume, le port en général, deviennent des indications précieuses qui assurent l'existence de la plante.

Mais l'anatomie et la physiologie végétales sont encore des ressources plus puissantes pour l'agriculture ; il semble même qu'elles lui appartiennent plus directement encore qu'à la botanique : aussi le plus grand nombre des auteurs qui se sont exercés sur cet objet important, semblent avoir été cultivateurs plutôt que botanistes. C'est ainsi que nous avons tiré le tableau esquissé de l'organisation végétale, du développement successif d'un petit nombre de plantes. Or les observations de ce genre s'accordent mieux avec les occupations journalières d'un cultivateur qu'avec les courses dans lesquelles entraîne la botanique. C'est ici le cas de rappeler ce que nous avons dit en commençant, les sciences n'ont point de véritables limites entre elles ; celles qu'on y a posées ne sont dues qu'à notre foiblesse, et plus elles empièteront les unes sur les autres, plus elles se rendront de services. Ainsi la culture n'étant en partie qu'un résultat de la botanique, on ne peut à plus forte

raison les séparer strictement l'une de l'autre. En général,
plus un cultivateur s'appliquera à la botanique, plus il y
trouvera de ressources ; et de même, plus un botaniste prati-
quera la culture, plus il acquerra de lumières sur la science,
même considérée dans toute la pureté de la théorie. Ce
n'est point sur le nombre de plantes dont il aura appris
les noms qu'il faut mesurer son savoir, mais bien sur la
certitude qu'il aura mise dans leur connoissance. S'il se
trouvoit quelqu'un doué des talens et de la persévérance de
Lyonet, qui s'attachât à faire l'histoire d'une seule plante,
comme celui-ci a exécuté celle de la chenille du saule, il
mériteroit peut-être mieux le nom de botaniste que celui
qui auroit rassemblé dans un Pinax complet toutes les
plantes connues. (A. P.)

BOTHORMARIE. (*Bot.*) Voyez Buchormarien.

BOTHYA. (*Bot.*) A Ceilan on nomme ainsi un mélastome,
melastoma malabathrica. (J.)

BOTON, Botin, Albotin (*Bot.*), noms arabes du téré-
binthe, suivant Dalechamps. (P. B.)

BOTOR (*Bot.*), nom que les Malais donnent, suivant
Rumphius, à une plante légumineuse qu'il nomme *lobus
quadrangularis*. Linnæus l'a réuni au genre *Dolichos*, avec
l'épithète de *tetragonolobus*. Adanson a cru devoir en
former un genre particulier, auquel il a conservé le nom
de Rumphius; nous croyons, d'après l'examen sur le vivant
de cette plante, qu'il a eu raison, ainsi que dans l'établissement de plusieurs autres genres qu'il a tirés des *dolichos*
de Linnæus. Nous nous proposons de les faire connoître
par la suite. Voici les caractères de celui-ci.

Son calice est urcéolé, à deux lèvres inégales ; le pavillon
de sa corolle est rabattu en dehors, aussi large que long :
à son origine se trouvent deux tubercules cylindriques,
attachés par leur milieu. Les ailes sont de la longueur de la
carêne : leur onglet est long et filiforme ; il est muni d'un
appendice filiforme qui s'emboîte dans les bords latéraux
du pavillon. La carêne est oblongue, remontante, insérée
par des onglets filiformes : les étamines sont diadelphiques :
le pistil est composé d'un ovaire à quatre angles, d'un
style renflé à sa base, recourbé, filiforme, et terminé

par un stygmate logé dans une touffe de poils. Le fruit qui lui succède est un légume oblong, muni de quatre ailes membraneuses, qui contiennent sept à huit graines arrondies, un peu comprimées, lisses, attachées latéralement.

Ce genre nous paroît bien distinct des autres et surtout des *dolichos*, par la forme de ses légumes et l'attache des graines ; les tubercules de son étendard sont très-différens des callosités de quelques *dolichos*.

Nous n'en connoissons jusqu'à présent que deux espèces, l'une cultivée à l'Isle-de-France, et l'autre naturelle à Madagascar. Adanson croit devoir y réunir le *pseudo acacia* de Plumier, ou *piscidia erythrina* de Linnæus (voyez Bois-ivrant) : mais le port de cet arbre suffit pour l'écarter.

On donne le nom de pois carré à celle que l'on cultive à l'Isle-de-France, de la forme de ses légumes ; elle a le port des *dolichos* ou *phaseoles;* ses tiges sont grimpantes, les feuilles sont composées de trois folioles inégales et pubescentes.

Les fleurs viennent en grappes axillaires ; elles partent deux à deux d'un tubercule glanduleux. Leur pédoncule est plus long que le calice. Les fleurs sont bleuâtres et assez grandes : les gousses ou légumes qui leur succèdent ont six à huit pouces de long. Rumphius a décrit et figuré cette plante dans le 5.ᵉ volume de son Herb. Amb., vol. 5, tab. 133.

Quand ces légumes sont tendres, on les mange à la manière des haricots ; ils sont délicats et de bon goût : malgré cela ils ne sont pas d'un usage très-commun.

La plante observée à Madagascar est plus petite dans toutes les parties de la fructification ; peut-être cette différence provient-elle du défaut de culture : elle croît le long des rivières.

On trouvera à l'article Dolic une notice des différens genres que nous croyons devoir en soustraire, et des caractères qui appuient cette division. (A. P.)

BOTRIA (*Bot.*), genre de plantes établi, par Loureiro, sur un arbrisseau qui croît en Afrique sur la côte de Zanguebar. Il a la racine jaune, longue et cylindrique; ses tiges sont nombreuses et grimpantes; ses feuilles sont en cœur, à trois ou cinq lobes, comme dans la vigne. Les fleurs, petites, rougeâtres et presque closes, forment des grappes dont le pédoncule commun est très-long et en vrille. Chaque fleur a un calice en cloche, à cinq dents; cinq pétales charnus, recourbés en dedans à leur pointe; cinq étamines à filamens aplatis et attachés à la base de la corolle, un ovaire libre surmonté d'un stigmate sessile et concave. Les fruits ressemblent à ceux de la vigne, et la plante en a presque tous les caractères. On mange les fruits et on emploie la décoction de la racine comme diurétique. Dans le pays les Portugais la nomment *pareira brava*. Loureiro s'est assuré cependant que cette plante est très-différente du *cissampelos pareira*, qui porte plus généralement le même nom vulgaire de *pareira brava*. (Mas.)

BOTRYLLE. (*Zooph.*) Voyez au mot Hydre.

BOTRYS. (*Bot.*) Deux plantes très-différentes ont porté ce nom, qui leur a été conservé pour la désignation spécifique. L'une appartient au genre de l'anserine; c'est le Chenopodium botrys, l'autre est une germandrée, Teucrium botrys. Voyez ces mots. (J.)

BOTRYTIS (*Bot.*), genre de plante de la famille des champignons, seconde classe, les gymnocarpes, ordre sixième, les nematothèques, soixante-quatrième genre de la méthode de Persoon. Ce genre, que Linnæus auroit sans doute placé parmi son genre *Mucor* (moisissure), a pour caractère les semences nues au sommet d'une substance filiforme et dichotome; elles sont réunies en tête. Persoon en décrit quatre espèces, dont deux sont figurées dans Micheli, tab. 91, fig. 1 et 2. Elles se trouvent sous forme de moisissures rameuses sur les courges, les melons ou autres corps en putréfaction, ou sur des bois à demi pourris, ainsi que sur la paille des graminées. (P. B.)

BOTTATRIA. (*Ichtyol.*) Salvien a indiqué sous ce nom le gade lotte. Voyez Gade. (F. M. D.)

BOTTE et Stein-botte (*Ichtyol.*), noms donnés en Prusse au turbot. Voyez Pleuronecte. (F. M. D.)

BOU (*Bot.*), nom languedocien d'un figuier, *ficus communis caprificus.* (J.)

BOUATI (*Bot.*), *Soulamea.* Lamarck, dans le Dictionnaire encyclopédique, décrit sous ce nom une plante ligneuse dont

Commerson a recueilli des échantillons au port Praslin dans la Nouvelle-Brétagne, une des îles de la mer du Sud, et que ce voyageur n'avoit point nommée. En examinant son fruit avec attention, il a été reconnu pour être le même qui étoit étiqueté dans la collection des graines de Jussieu sous le nom de *bouati* du Bengale, et que celui-ci avoit reconnu pour être le *caju-soulamoë*, décrit et figuré dans l'Herb. Amb. de Rumphius, vol. 2, p. 129, t. 41 : indépendamment du rapport dans la conformation, il a vu de plus que, suivant Rumphius, les fruits de sa plante sont nommés à Amboine *bouhati*, c'est-à-dire fruits en cœur. La comparaison de la plante de Commerson avec celle d'Amboine a achevé de confirmer l'identité. Lamarck en a fait, sous le nom de *soulamea*, un genre dans lequel il a trouvé le caractère suivant : un calice fort petit, à trois découpures; trois pétales, un peu plus grands que le calice et alternes avec ses divisions; six étamines, dont il ne détermine pas l'insertion et dont les filets courts supportent des anthères globuleuses; un ovaire supérieur ou libre, surmonté de deux stigmates, et devenant une capsule en cœur, aplatie, échancrée par le haut, à bords minces et tranchans, qui ne s'ouvre pas et contient deux loges remplies chacune par une seule graine. Quelquefois une des loges avorte. On ajoutera que l'embryon remplit tout l'intérieur de la graine et que sa radicule est dirigée supérieurement. Selon Rumphius c'est un petit arbre ou arbrisseau : ses feuilles sont alternes, entières, ovales, très-lisses; les fleurs extrêmement petites sont disposées en grappes aux aisselles des feuilles. Les caractères énoncés sont insuffisans pour fixer la place de ce genre dans l'ordre naturel. L'amertume de toutes les parties de la plante l'a fait nommer par Rumphius *rex amaroris*, et l'a fait beaucoup employer dans la médecine du pays pour diverses maladies et surtout pour la guérison des fièvres. (J.)

BOUBACH. (*Mamm.*) Voyez Bobac.

BOUBIE. (*Ornith.*) Les oiseaux désignés sous ce nom dans plusieurs relations sont des fous. (Ch. D.)

BOUBIL. (*Ornith.*) Voyez Baniahbou.

BOUBOU. (*Ornith.*) L'oiseau auquel Levaillant a donné

ce nom, d'après son cri, et qu'il a placé parmi les pie-
grièches, est de la même espèce que le merle noir et blanc
d'Abyssinie, Buff. édit. de Sonnini, et le *turdus æthiopicus*,
L. Voyez Boubout. (Ch. D.).

BOUBOUT. (*Ornith.*) Ce mot, qui s'écrit aussi boubou
et bout-bout, désigne dans plusieurs départemens la huppe
commune, *upupa epops*, L. (Ch. D.)

BOUC (*Mamm.*), nom du mâle de la chèvre ; il vient
de l'allemand *Bock*. Voyez Chèvre. (F. C.)

BOUC. (*Ichtyol.*) Le mot *tragos* en grec signifie bouc :
il a été donné par les anciens, selon Lacépède, au gobie
boulerot, sans doute à cause de la ressemblance vague de
ses nageoires thoracines avec une sorte de barbe noire.
Voyez Gobie. (F. M. D.)

BOUC D'AFRIQUE. (*Mamm.*) Buffon reçut sous ce nom
un bouc qu'il a fait graver dans son ouvrage, et qui se distingue par ses cornes très-courtes et très-rabattues, ses
jambes basses à proportion de la longueur de son corps,
ses oreilles droites, etc. C'est une race voisine du bouc de
Juida, de la chèvre mambrine, etc. (F. C.)

BOUC-CERF. (*Mamm.*) C'est une traduction de *tragé-
laphe*, qui dans les anciens désigne un animal encore douteux. Buffon croit que c'est le cerf des Ardennes : il est
possible que ce soit le paseng ou bouc sauvage. (F. C.)

BOUC DAMOISEAU. (*Mamm.*) Vosmaer donne ce nom
à l'antilope grimm, *antilope grimmia*, L. Voyez Antilope.
(F. C.)

BOUC-ESTAIN (*Mamm.*), ancien nom du bouquetin;
il vient de l'allemand *Stein-boek*, bouc de rocher. (F. C.)

BOUC DE HONGRIE. (*Mamm.*) C'est le saïga des naturalistes, espèce de gazelle. Voyez Antilope. (F. C.)

BOUC DE JUIDA (*Mamm.*), race de bouc domestique,
qui se trouve en Afrique et qui nous vient plus généralement du royaume de Juida en Guinée. Voyez Chèvre.
(F. C.)

BOUCAGE (*Bot.*), *Pimpinella*, genre de plantes de la
famille des ombellifères, dont le caractère essentiel est
d'avoir des pétales presque égaux, un peu en cœur et recourbés à leur sommet ; des fruits ovales-oblongs, convexes

en dehors et marqués de trois stries peu saillantes. Les ombelles manquent de collerette; elles sont blanches ou rougeâtres, inclinées avant la floraison. On soupçonne que son nom de *pimpinella* vient de *bipinnula*, qui veut dire à deux ailes, parce qu'elle a les folioles disposées sur deux rangs.

Les espèces sont toutes indigènes de l'Europe ; elles sont peu employées, excepté l'anis qu'on range dans ce genre. On distingue,

1. BOUCAGE A FEUILLES DE PIMPRENELLE, BOUQUETINE DU LANGUEDOC, *Pimpinella saxifraga*, Linn., Barrel. Ic. 73ᵉ. Elle a des feuilles radicales, ailées, à folioles un peu arrondies, quelquefois découpées; les supérieures très-divisées; enfin les dernières ne sont que des gaînes allongées, terminées par deux ou trois folioles linéaires. Les fleurs sont blanches, les tiges grêles et rameuses. Elle vient sur les pelouses arides. C'est un très-bon fourrage pour les bestiaux, dont il augmente le lait. Les racines donnent à l'eau-de-vie une couleur bleuâtre ; elles passent, ainsi que toute la plante, pour incisives, diurétiques, résolutives. On les dit bonnes pour dissoudre la pierre de la vessie, lever les obstructions et exciter l'urine.

2. BOUCAGE A FEUILLES DE BERLE, *Pimpinella magna*, Linn., Lob. Ic. 720. Celle-ci est plus grande; toutes ses folioles sont lobées, incisées; la dernière a presque toujours trois lobes. Ses fleurs sont blanches ou rougeâtres. On la trouve dans les bois; on lui attribue les mêmes propriétés qu'à la précédente. Le boucage d'Italie, *Pimpinella peregrina*, L., est très-voisin de cette espèce : les feuilles radicales ont les folioles ailées et crénelées; celles des feuilles supérieures à découpures cunéiformes.

3. BOUCAGE ANIS, *Pimpinella anisum*, Linn., Moris. Hist. 3, §. 9, t. 9, f. 1. Cette espèce, intéressante par l'odeur agréable de ses semences et les usages que l'on en fait, a une racine blanche, fibreuse, d'où s'élève une tige ramifiée, d'une hauteur médiocre; les feuilles radicales sont arrondies, incisées, à longs pétioles; les inférieures se divisent en trois folioles cunéiformes, les supérieures sont ailées, profondément incisées. Les fleurs sont blanches, munies

souvent d'une ou de deux folioles linéaires pour collerette ;
les fruits sont ovoïdes, très-aromatiques. Cette plante croît
en Sicile, en Italie et dans le Levant : on la cultive en
France. Ses semences sont un objet de commerce ; elles
entrent dans la composition de plusieurs ratafias et de
quelques pâtisseries. Les confiseurs les renferment dans une
pâte sucrée, et en font de petites dragées qui facilitent la
digestion, chassent les vents, et adoucissent la mauvaise
haleine. Ces semences sont digestives, stomachiques et cordiales ; elles s'emploient avec succès dans la toux, l'en-
rouement, la difficulté de respirer, ainsi que pour les
tranchées des enfans occasionées par une pituite épaisse
et visqueuse. On en obtient, par la distillation et l'expression, une huile verdâtre, agréable au goût, très-odorante,
que l'on emploie extérieurement pour les contusions des
parties nerveuses.

4. Boucage a feuilles d'angélique, *Pimpinella angelicæ-
folia*, Lam. Dict., Lob. Ic. 700. Cette plante est décrite
dans Linnæus sous le nom *d'ægopodium podagraria*. Elle a
tous les caractères des boucages ; mais elle en diffère par
les feuilles beaucoup plus grandes, les supérieures ternées,
les inférieures biternées : les fleurs sont blanches. Elle pas-
soit autrefois pour guérir de la goutte, ce qui lui avoit
fait donner le nom de *podagraire*. Quelques habitans du
Nord la mangent au printemps comme herbe potagère. Elle
plaît aux bestiaux. On la trouve dans les bois.

On en cite une espèce dioïque, une autre de couleur
glauque : Desfontaines en a décrit une du Mont-Atlas à
fleurs jaunes. (Poir.)

BOUCCANÈGRE. (*Ichtyol.*) C'est ainsi qu'on appelle aux
Antilles, selon Plumier, le spare pagel. Voy. Spare. (F.M.D.)

BOUCHAOMIBI. (*Bot.*) Voyez Boucomibi.

BOUCHARI (*Ornith.*), un des noms vulgaires de la
pie-grièche grise, *lanius excubitor*, L. On écrit aussi pouchari.
(Ch. D.)

BOUCHE D'ARGENT (*Moll.*), nom sous lequel les marchands désignent une espèce de coquille du genre Sabot ;
c'est le *turbo argyrostomus*, L. Voyez Sabot. (Duv.)

BOUCHE DOUBLE (*Moll.*), espèce de coquille nommée

encore *retan* par Adanson : elle appartient au genre Tou*rie*. Voyez ce mot. C'est le *trochus labio*, L. (Duv.)

BOUCHE dans les insectes (Éntom.), *Os*, *Instrumenta cibaria*. Toutes les fonctions sont liées dans les êtres vivans ; aussi remarquons - nous chez les animaux, que le moindre changement qui survient dans un organe important entraîne nécessairement avec lui des modifications évidentes dans d'autres parties qui paroissent très-éloignées, lorsqu'on ne saisit pas les rapports qui les font nécessairement coopérer au même but, la conservation de l'espéce. Entre plusieurs exemples frappans que nous pourrions produire à l'appui de cette vérité, citons-en un qui puisse facilement être conçu par tous nos lecteurs.

Le chat est un animal fait pour se nourrir de chair ; toute son organisation le démontre. Supposons cet animal, dont les pattes, dans l'état sauvage, sont terminées par des ongles crochus, rétractiles et distincts, se trouvant tout à coup avoir toutes les griffes réunies et enveloppées dans une seule pièce de corne, arrondie en devant, tronquée en arrière, en un mot dans un véritable sabot, semblable à celui du cheval. Bien certainement ce malheureux animal, lorsqu'il aura faim, courra, par instinct ou par un désir dépendant de la nature même de son organisation, sur les animaux vivans, dans le dessein de se nourrir de leur chair : mais arrivé près d'eux, prêt à les dévorer, comment va - t - il s'y prendre pour les attaquer ? Sa masse n'est pas assez considérable, ni la longueur de ses membres assez étendue pour que d'un coup de pied ou de ruade il puisse exterminer sa victime. D'un autre côté, pourra-t-il attaquer directement, et sans danger pour lui - même, des animaux, comme des belettes, qui chercheront à défendre leur vie ? Non sans doute, puisque son museau court et arrondi ne porte que des dents incisives et laniaires, trop foibles et trop peu allongées pour qu'elles agissent puissamment. Voilà donc cet animal forcé de périr parce qu'il n'a pu saisir ou entamer sa nourriture.

Supposons maintenant que cet animal se résigne cependant à retirer des végétaux les sucs qui peuvent servir à sa conservation, au développement ou à la réparation de ses organes. D'abord ses lèvres ne sont point assez longues pour saisir la sommité des herbes ; il faudra qu'il mange la bouche de côté : puis ses dents incisives sont trop foibles et point assez solides pour les arracher ; enfin ses molaires ne peuvent servir qu'à couper très-grossièrement les végétaux et non à les réduire en pâte. Accordons cependant que cette nourriture peu succulente parvienne dans son estomac, et voyons si elle suffira à ses besoins. Les herbivores ont en général une panse énorme ; le plus souvent ils ont quatre estomacs : or dans l'herbivore de notre façon le tube intestinal est très-resserré ; sa capacité peut contenir à peine, proportion gardée, le dixième du volume des alimens que mange un cheval, par exemple. Il n'est donc pas plus heureux sous le rapport des organes de la digestion que sous celui de la locomotion ; il faut nécessairement qu'il périsse : ou plutôt, il est absolument et physiquement impossible qu'il existe un être vivant organisé de cette manière.

Linnæus paroissoit avoir bien réfléchi sur cet objet, lorsqu'il proposa sa classification des mammifères, établie sur la présence, le nombre et la forme des dents. Cette méthode a rapproché les genres d'une manière très-naturelle, et a été très-utile aux progrès de la science, puisqu'elle a servi à établir des familles ou des ordres bien distincts, comme les carnassiers, les rongeurs, les ruminans, etc.

Frappés de l'avantage de cette étude, les naturalistes qui sont venus après Linnæus ont dû chercher à appliquer ces principes à d'autres classes du règne animal. Fabricius, digne élève de Linnæus, s'est spécialement occupé de ce genre de travail, relativement aux insectes. Il publia, dès 1775, un ouvrage latin sous le titre de Système d'entomologie, qui étoit entièrement établi sur la considération des parties de la bouche. Degéer avoit, il est vrai, commencé à publier dès 1752 un ouvrage très-savant, dans lequel l'étude des parties de la bouche avoit déterminé la majeure partie de ses quatorze classes ; et Scopoli, en 1763, avoit aussi employé des caractères tirés des organes de la bouche pour établir plusieurs ordres et un très-grand nombre de genres, surtout parmi les insectes qui n'ont que deux ailes ou qui en sont privés.

Il n'est point en effet d'organe qui exerce une influence plus directe sur l'économie animale, que ceux de la bouche. Aussi l'entomologiste de Kiel, en examinant ces parties dans beaucoup d'espèces que Linnæus avoit rangées dans le même genre, a-t-il eu occasion d'y établir des divisions très-bonnes et bien tranchées. Mais entraîné par ce faux précepte de son maitre, que dans tout système d'histoire naturelle il falloit tirer les caractères d'une seule et même partie, il a porté cette étude à un point extrême de recherches fines et trop minutieuses, qui lui ont fait perdre tout le mérite qu'elle avoit véritablement pour l'établissement des divisions premières d'un système. En effet on a poussé si loin cette recherche de forme dans des parties très-petites en elles-mêmes, qu'on a saisi les moindres variétés qu'elles offroient pour en former des caractères qu'il étoit impossible de comparer, puisque les genres qui sembloient le plus se rapprocher par les parties de la bouche, étoient cependant fort éloignés par la forme du corps, par celle des membres, des antennes, et surtout, ce qui est la pierre de touche de toute bonne méthode, par la manière de vivre. Que le lecteur veuille bien comparer avec le système des éleuthérates, les caractères tirés des parties de la bouche dans les genres Brontes, Trichie et Bruche, et dans ceux de l'ips et de l'hydrophile, il appréciera bientôt la justesse de nos observations.

Comme ce n'est point ici que nous devons faire la critique raisonnée du système dont nous venons de parler, nous renvoyons à l'article Entomologie, cette partie de la science que nous nous proposons de discuter en traitant des méthodes : nous allons indiquer seulement sous quel point de vue les organes de la bouche doivent être étudiés.

Nous avons fait connoître plus haut de quelle importance étoit la considération des organes de la bouche dans les insectes; c'est le premier instrument de la digestion : nous devons donc, pour ainsi dire, y trouver inscrit le genre de vie de l'animal. Celui destiné à manger des solides, a dû être pourvu des armes propres à les entamer; au contraire,

pour celui qui est réduit à humer des liquides, il ne faut
qu'un simple tube avec les moyens propres à y faire pénétrer les humeurs dont il doit se nourrir. De là deux divisions principales parmi les insectes, et sous ce rapport il
y a des insectes mâcheurs et des insectes suceurs. Cependant il est une troisième classe d'insectes chez lesquels nous
observons en même temps réunis les organes de la mastication et ceux de la succion, et qui paroissent par conséquent être mixtes.

Parmi les insectes mâcheurs seront rangés sans exception
tous les coléoptères, orthoptères, névroptères et presque tous
les aptères, à l'exception de deux familles. C'est au rang
des suceurs que seront placés les hémiptères, lépidoptères,
diptères et la famille des rhinaptères. Enfin dans la classe
des mixtes nous mettrons les hyménoptères et les aranéides.

La bouche des insectes mâcheurs est en général composée à
peu près des mêmes parties. En dessus une LÈVRE supérieure
supportée par une portion avancée du front, nommée CHAPE-
RON ; puis deux mâchoires supérieures, appelées MANDIBULES ;
au-dessous de celles-ci deux autres mâchoires, dites inférieures
ou simplement MACHOIRES, garnies extérieurement d'un ou
de deux filets articulés, mobiles, nommés ANTENNULES, et
mieux PALPES SUPÉRIEURS ou maxillaires ; enfin, au-dessous
des mâchoires on observe une autre partie unique, qu'on
nomme LÈVRE INFÉRIEURE, LANGUETTE, qui porte aussi
deux filets articulés, qu'on a appelés PALPES LABIAUX ou
inférieurs. Cette lèvre est elle-même supportée ou cachée
par une avance cornée du dessous de la tête, qu'on nomme
MENTON ou GANACHE. Dans quelques insectes mâcheurs,
comme chez tous les orthoptères et quelques névroptères,
les mâchoires sont recouvertes d'une sorte de palpe d'un
seul article, souvent concave, qu'on a désigné par le nom
de CASQUE ou de GALETTE.

Chacune de ces parties varie, ainsi qu'on le verra à son
article, auquel nous renvoyons pour ne pas nous répéter
inutilement ; c'est sur cette variation que Fabricius a fondé
les ordres et établi les caractères des genres de son système :
mais toutes remplissent à peu près les mêmes fonctions.
Les palpes paroissent destinés à tâtonner l'aliment, à le

toucher en tous sens, à reconnoître ses qualités; aussi les voit-on continuellement en action lorsque l'insecte mange. Dans beaucoup d'espéces ils servent évidemment à redresser l'aliment pour le faire mieux saisir par les mandibules, dont l'office est d'agir comme les dents incisives et laniaires dans les mammifères. C'est avec les mandibules que l'insecte coupe, arrache ou retient les alimens, tandis que les mâchoires recoupent, broient ou écrasent la partie qui se trouve comprise entre leurs efforts. Ces mâchoires et ces mandibules se meuvent de dedans en dehors ou lateralement, et non de haut en bas ou verticalement, comme dans les animaux vertébrés. Les deux lèvres ne paroissent destinées qu'à fermer la bouche, à en couvrir l'ouverture, ou à s'opposer à la sortie des portions d'alimens déjà broyées et réduites à de petits fragmens. Elles se meuvent toutes deux de devant en arrière et verticalement.

La bouche des insectes suceurs nous offrira beaucoup plus de différences ; car souvent dans le même ordre elle présente une toute autre forme, et prend alors un nom différent. On en distingue de quatre sortes : la langue, le bec, le suçoir, la trompe.

La Langue est propre aux insectes de l'ordre des lépidoptères. C'est un instrument composé de deux filets allongés, adossés et engrenés l'un dans l'autre, convexes au dehors, concaves et creusés intérieurement pour y laisser monter les liquides. Elle se roule ordinairement en spirale sur elle-même en dessous, et se déroule à la volonté de l'insecte ; le plus souvent elle est accompagnée de deux palpes à la base.

Le Bec appartient aux hémiptères : il consiste en un tube conique, composé le plus ordinairement de trois ou quatre pièces, creusées en dessous d'une rainure qui loge trois petites soies roides, très-aiguës. On voit à la base une petite lame qui paroît tenir lieu de lèvre supérieure.

Le Suçoir ne se remarque que dans les insectes à deux ailes, de notre famille des sclérostomes ou haustellés. Il consiste en une soie ou gaîne, presque toujours d'une seule pièce, souvent coudée, dans laquelle sont renfermées des soies roides, analogues à celles du bec. On voit aussi quelquefois vers la base deux rudimens de palpes.

Enfin la Trompe est une sorte de suçoir ou de gaîne charnue et rétractile, terminée ordinairement par une partie plus large, et comme divisée en deux lèvres.

Ces bouches d'insectes suceurs n'agissent point, comme on pourroit se l'imaginer d'après le nom, par une sorte de succion. Il faudroit pour cela que ces animaux pussent faire le vide, ou qu'ils respirassent par la bouche, ce qui n'est pas. L'ascension du liquide dans l'œsophage se fait d'une toute autre manière, ainsi que nous le dirons à chacun de ces mots ; elle est produite essentiellement par un mouvement rapide, imprimé successivement aux diverses parties du canal dans lequel elle doit s'opérer.

Quant à la bouche des insectes mixtes, entre les mâcheurs et les suceurs, elle se réduit à peu près aux mêmes parties que celle des mâcheurs ou des insectes à langues, nommés glossates par Fabricius, pour les hyménoptères. Les aranéides ont les crochets de leurs mandibules creusés par des canaux, qui deviennent ainsi l'orifice de deux œsophages qui bientôt se réunissent en un seul.

La méthode de Fabricius, basée entièrement sur les organes de la bouche, sera présentée à l'article Entomologie. On pourra voir, à chacun des noms des parties de la bouche, les détails qui les concernent, et les généralités en seront rappelées aux articles où nous exposerons les ordres. (C. D.)

BOUCHE D'OR (*Moll.*), espèce de sabot, *turbo chrysostomus.* Voyez Sabot. (Duv.)

BOUCHE SANGLANTE (*Moll.*), espèce du genre Bulime de Lamarck. C'est le *bulimus hæmastomus*, appelé encore la fausse oreille de Midas, *helix hæmastomus.* L. (Duv.)

BOUCHEFOUR (*Ornith.*), un des noms vulgaires du pouillot ou chantre, *motacilla trochilus*, L. (Ch. D.)

BOUCHROMIBI. (*Bot.*) Voyez Boucomibi.

BOUCLE DE CHEVEUX. (*Entom.*) Quelques auteurs ont traduit ainsi le mot bostriche dans Aristote. (C. D.)

BOUCLÉE. (*Ichtyol.*) C'est une espèce particulière de raie, qui est armée de gros aiguillons qu'on a comparés à des clous ; aussi est-elle nommée raie clouée, *raja clavata*, par quelques naturalistes, d'après Linnæus. Voyez Raie.

On donne aussi ce nom pour le même motif à un squale. Voyez Squale. (F. M. D.)

BOUCLIER. (*Ichtyol.*) Daubenton et quelques autres naturalistes ont donné ce nom à un genre de poissons que nous ferons connoître, à l'exemple de Linnæus, sous le nom de cycloptère. Voyez Cycloptère.

Le spare dorade est appelé petit bouclier par quelques auteurs. Voyez Spare.

Le bouclier porte-écuelle est le lépadogastère gouan. Voy. Lépadogastère.

La bécasse-bouclier de Bloch est le centrisque cuirassé. Voyez Centrisque. (F. M. D.)

BOUCLIER (*Entom.*), *Clypeus*, nom d'une partie de la tête de l'insecte, qu'on nomme aussi chaperon. Il ne faut pas confondre le bouclier avec l'écusson, *scutellum*, petite pièce cornée qui se remarque principalement dans les coléoptères, à la base de la suture et entre les élytres. On nomme enfin bouclier ou en bouclier, *clypeatus*, certaines parties du corps qui ont une forme arrondie : c'est ainsi que les cassides ont le corps en bouclier ; que les silphes ont le corselet ou la partie supérieure du corselet configurés de la même manière. L'un des articles des tarses a aussi la forme d'un bouclier dans certaines espèces de crabrons, dans les mâles des dytisques, des hydrophiles. Voyez Chaperon. (C. D.)

BOUCLIER. (*Moll.*) Ce nom désigne, dans l'ouvrage de Favanne, plusieurs espèces de patelles. Voyez Patelle. (Duv.)

BOUCLIER (*Entom.*), *Peltis*, nom d'un genre d'insectes coléoptères, à cinq articles aux tarses, voisin des silphes et de notre famille des hélocères ou clavicornes.

Ce nom de bouclier, introduit d'abord dans la science par Geoffroi, adopté ensuite par Degéer et Olivier, étoit généralement appliqué aux cassides des premières éditions de Linnæus, dont ensuite on a fait les silphes, les nécrophores, les boucliers et les nitidules. Quant à la dénomination de *peltis*, il est probable qu'elle est tirée du mot grec

Πελτη (*pelté*), dont les latins ont fait *pelta*, qui signifie bouclier.

Fabricius a compris les boucliers dans le genre Silphe : Latreille en a fait un sous-genre, et nous avons cru devoir les séparer, en leur donnant le caractère suivant :

Caract. Corps aplati, à élytres beaucoup plus courtes que le ventre, sans rebords à l'extrémité : masse des antennes allongée, perfoliée ; tête dégagée, à yeux saillans, et rainure sur la nuque.

Les boucliers ainsi caractérisés diffèrent, par la forme aplatie du corps, des sphéridies, qui sont hémisphériques ; des scaphidies, des byrrhes, qui sont ovés, et des hydrophyles, parnes et dermestes, qui ont le dos très-convexe : on les distingue ensuite des élophores, silphes et nitidules, qui ont les élytres longues, couvrant le ventre : enfin on les sépare d'avec les nécrophores, qui ont la masse des antennes globuleuse. Voyez Hélocères.

Les mœurs des boucliers sont absolument les mêmes que celles des Silphes (voyez ce mot). On ne les rencontre que dans les cadavres humides et en pleine corruption. Lorsqu'on les saisit, ils vomissent une bave noirâtre : ils exhalent aussi une odeur très-désagréable, qui paroît provenir des excrémens qu'ils abandonnent aussitôt qu'ils se voient dans le danger. Ces animaux paroissent au reste remplir une fonction très-importante dans la nature, celle de détruire très-promptement les restes des animaux qui infecteroient l'air par les émanations fétides qui se dégagent dans la putréfaction.

Les larves des boucliers ressemblent à des blattes : leur corps est allongé, couvert de plaques embriquées formant un rebord saillant sur les côtés. Elles sont très-vives, courent avec vitesse, et s'enfouissent dans la terre, où elles subissent leurs métamorphoses.

Nous ne connoissons qu'une seule espèce de bouclier en France, les autres sont étrangères.

1. Bouclier des rivages, *Peltis littoralis* (voyez la 2.ᵉ livr. de l'Atlas, Hélocères, n.º 4). Le bouclier à boutons roux, Degéer, tom. IV, 176. Le bouclier à bosses, Geoff., tom. I, 120, n.º 3.

Caract. Tout noir : masse des antennes rousse ; élytres à
trois lignes élevées, courbes.

On trouve cet insecte dans les cadavres des gros animaux,
principalement sous ceux qui, après avoir été noyés, sont
rejetés par les flots sur les bords des rivières.

2. BOUCLIER AMÉRICAIN, *Peltis americana.*

Caract. Brun rougeâtre, à élytres raboteuses ; rebords des
élytres et disque du corselet jaunes.

3. BOUCLIER DE SURINAM, *Peltis Surinamensis.*

Caract. Noir, élytres à trois lignes élevées : une bande
ondée vers l'extrémité. (C. D.)

BOUCOMIBI, BOUCHAOMIBI (*Bot.*), noms caraïbes de la
liane à crabes, espèce de bignone. (J.)

BOUCRAIE (*Ornith.*), nom que porte à Malte et en
d'autres pays l'engoulevent ou crapaud volant, *caprimulgus europœus*, L. On écrit aussi bouchraie. (Ch. D.)

BOUCRIOLLE ou BOUQUERIOLLE. (*Ornith.*) Voyez BEC-
QUEROLLE.

BOUEN RIBLÉ. (*Bot.*) Le marrube blanc est ainsi nommé en Provence. (J.)

BOUENNO BRUISSO (*Bot.*), nom provençal de la crapaudine ordinaire. (J.)

BOUENS HOMÉS. (*Bot.*) Suivant Garidel, on nomme
ainsi en Provence une espèce d'ormin réuni par Linnæus
au genre de la sauge, *salvia verbenaca*. (J.)

BOUES. (*Chim.*) La boue des rues et des chemins n'a
point occupé les chimistes, et ce n'est pas de ce *detritus*
ferrugineux d'une foule de corps qu'il doit être question
dans cet article ; c'est de la boue déposée au fond des eaux
minérales chaudes que je veux parler ici. On dit ordinairement les boues minérales : cette matière qu'on regarde
comme très-importante pour le traitement et la guérison
des maladies de la peau, est composée de terre argileuse,
de soufre, d'oxide de fer hydrosulfuré, et souvent de quelques composés animaux ou végétaux. La chimie moderne
n'a point encore fait sur cet objet tout ce qu'elle promet
de faire lorsqu'elle voudra s'en occuper. Vauquelin a déjà

trouvé dans quelques eaux qui précipitent des boues, une matière animale particulière, qui doit contribuer à la formation de ces boues : mais d'où vient cette matière, quelle est son origine, quelle est sa différence ou sa ressemblance avec les autres matières animales ? tout cela mérite de nouvelles recherches et appelle l'attention des chimistes. (F.)

BOUFFE (*Mamm.*), race secondaire de chien, à poils fins, longs et frisés, provenant du mélange du barbet et du grand-épagneul. Voyez Chien. (F. C.)

BOUGAINVILLÉE (*Bot.*), *Buginvillea*, Commers., Juss., Lam. Ill. pl. 294, genre de plante de la famille des nyctaginées établi sur un arbrisseau découvert au Brésil par Commerson pendant son voyage autour du monde avec M. de Bougainville. Il est armé de fortes épines recourbées, toujours vert et toujours en fleurs : ses feuilles, ovales et pétiolées, sont disposées alternativement sur les rameaux, et les fleurs terminent ces derniers en forme de panicule ; elles sont rassemblées trois par trois, et attachées chacune sur la côte moyenne d'une grande bractée arrondie. Leur calice est un tube à quatre dents, coloré comme une corolle, mais qui se dessèche sans tomber. Il entoure huit étamines fixées sur un disque qui ceint la base de l'ovaire ; celui-ci est terminé par un style et un stigmate simple, et devient un fruit à une graine. (Mas.)

BOUGAINVILLIEN (*Ichtyol.*), nom spécifique du poisson qui constitue le genre Triure. Voyez ce mot. (F. M. D.)

BOUGIR. (*Ornith.*) Le pétrel puffin, *procellaria puffinus*, L., porte ce nom à S. Kilda. (Ch. D.)

BOUI. (*Bot.*) Voyez Baobab.

BOUILLARD. (*Bot.*) Voyez Bouleau.

BOUILLEUR DE CANARI. (*Ornith.*) Ce nom a été donné par les créoles de Caïenne aux anis, *crotophaga*, L., à cause de leur gazouillement qui imite le bruit de l'eau bouillante dans une marmite appelée canari en jargon créole. (Ch. D.)

BOUILLON. (*Bot.*) Ce nom est donné avec un adjectif à diverses plantes : on nomme bouillon blanc la molène, *verbascum* ; bouillon mitier ou herbe aux mites, les espèces de molène auparavant séparées dans un genre distinct sous le nom de blattaires ; bouillon sauvage une espèce de phlomide, *phlomis fruticosa*, qui a le feuillage de la molène. (J.)

BOUILLON. (*Chim.*) Le bouillon fait dans les ménages par la cuisson de la viande est une dissolution de deux ou trois matières animales, gélatineuse, extractive et colorante, avec un assez grand nombre de matières salines, et surtout de muriate de soude, de phosphate de soude, de phosphate de potasse, de phosphate d'ammoniaque, de phosphate de magnésie et de phosphate de chaux. Ainsi le bouillon est un composé chimique très-compliqué, dans lequel on montre les diverses matières indiquées par l'évaporation, le tannin, l'alcool, la cristallisation, l'eau de chaux, l'ammoniaque, la potasse, les dissolutions métalliques. Les bouillons diffèrent entre eux, suivant la nature et la proportion des chairs employées pour les préparer, par la quantité des matières animales et salines tenues en dissolution dans l'eau. On voit par là comment le bouillon est nourrissant, irritant, échauffant, suivant sa nature. (F.)

BOUIS (*Bot.*), surnom que portent dans les Antilles, suivant Jacquin, deux espèces de caïmitier, *chrysophyllum*. On appelle gros-bouis le *chrysophyllum cæruleum*, et bouis le *chrysophyllum argenteum*, que l'on surnomme aussi quelquefois caïmite maronne. (P. B.)

BOUIS. (*Ornith.*) Le canard à longue queue, *anas acuta*, L., porte ce nom en Provence (département des Bouches du Rhône, etc.). (Ch. D.)

BOUKA-KELY (*Bot.*), nom malabare sous lequel Rhéede a décrit et figuré (Hort. Malab. tom. XII, p. 45, t. 33) une plante qui doit se rapporter à la famille des orchidées, et y former un genre nouveau, dont plusieurs espèces sont confondues par Lamarck, dans l'Encyclopédie méthodique, sous le nom d'angrec stérile : elles sont remarquables par leurs feuilles solitaires ou binées, renflées en bulbe à la base ; quand elles se trouvent dans des positions qui leur conviennent, elles fleurissent tous les ans et à des époques à peu près précises. (A. P.)

BOULAR. (*Ornith.*) Cotgrave désigne sous ce nom la mésange à longue queue, *parus caudatus*. L. (Ch. D.)

BOULATABOI (*Bot.*), nom caraïbe d'une espéce d'eupatoire, *eupatorium punctatum*. (J.)

BOULBOUL (*Ornith.*), pie-grièche de l'Inde, *lanius boulboul*, Lath. (Ch. D.)

BOULE DE NEIGE (*Bot.*), nom vulgaire d'une variété de la viorne obier, *viburnum opulus*, dont les fleurs blanches et toutes stériles sont rassemblées en boule. Voyez VIORNE, OBIER. (J.)

BOULEAU (*Bot.*), *Betula*, genre d'arbres de la section la plus nombreuse des amentacées, qui comprend les monoïques. En n'y comptant pas les aunes, que Linnæus avoit cru devoir y réunir, on ne trouve que quatorze à quinze espéces du genre Bouleau. D'après Gærtner elles présentent pour caractère, dans les chatons mâles, des étamines au nombre de douze (et non de quatre comme dans les fleurs de l'aune), lesquelles naissent immédiatement de la plus grande des trois-écailles qui tiennent lieu d'un vrai calice. Dans les chatons femelles, les écailles trilobées portent à leur sommet deux ou trois fleurs également nues, qui ne consistent qu'en un très-petit ovaire surmonté de deux styles persistans et à stigmates simples. Cet ovaire, comprimé et entouré d'une aile membraneuse, est à deux loges ; mais dans la maturité il ne subsiste généralement qu'une seule loge et une seule graine. La forme de l'écaille qui les porte varie dans les espèces : en forme de cœur dans le bouleau commun, en forme d'ancre dans le bouleau noir, et simplement allongée dans les autres.

Les chatons sont axillaires et portés sur des pédoncules simples et non rameux comme dans l'aune : ils s'allongent en forme de cylindre dans le bouleau commun ; mais dans les deux espèces d'Amérique ils sont arrondis, presque comme ceux de l'aune.

On compte sept à huit espèces ou variétés de bouleau, et toutes sont naturelles aux contrées septentrionales de l'ancien et du nouveau monde ; savoir :

Le BOULEAU ou BOUILLARD, indigène dans toute la France, *Betula alba*, Linn., Duham. t. 39, qui varie beaucoup de hauteur, suivant le terrain et le climat, et qui mérite bien le nom de bouleau blanc, par le blanc de neige dont brille son épiderme jusqu'à la décrépitude. Le tronc se trouve marqué, seulement vers le bas, de grandes gerçures noirâtres ; ses branches sont grêles et pendantes, sa verdure grisâtre, ses feuilles petites, deltoïdes, à dents de scie et glabres. Il fleurit en Juillet ; ses graines sont mûres en automne : les chatons sont grêles et pendans, surtout les mâles.

Le Bouleau a feuilles de peuplier, *Betula populifolia*, variété américaine, indiquée par Aïton, et dont les feuilles sont terminées par de plus longues pointes et inégalement dentées.

Le Bouleau noir ou Bouleau a canot, *Betula nigra*, Linn. ; *Betula virginiana*, Pluk. : plus élevé, à feuilles plus larges, ovales, rhomboïdales, doublement et inégalement dentées, pubescentes en dessous.

Le Bouleau a papier, *Betula papyracea*, soupçonné une espèce américaine, qui seroit en même temps un bouleau à sucre.

Le Bouleau mérisier, *Betula lenta*, nommé au Canada le mérisier, très-bel arbre à rameaux lians, et qui par ses feuilles ressemble au cerisier sauvage, d'où lui vient son surnom.

Le Bouleau élevé, *Betula excelsa*, à feuilles pointues et dentées ; pétioles longs et pubescens.

Le Bouleau marceau ou a feuilles de marceau, *Betula pumila*, Linn. ; Jacq. Hort. t. 122 : naturel à l'Amérique, et haut seulement de deux mètres ; il fleurit en Avril. -

Le Bouleau nain, *Betula nana*, Linn., figuré dans le 9.ᵉ vol. des Mémoires de Pétersbourg, dans le Flora danica, et aussi par Pallas : il a les feuilles très-petites, orbiculaires, crénelées, fermes, lisses en dessous. Il est moins grand que le précédent, et ne s'élève jamais jusqu'à un mètre. Il se trouve sur les montagnes et dans le nord de l'Europe, où il fleurit en Mai.

Le bouleau nain sert par ses graines de nourriture aux lémings, si abondans dans le Nord. On peut retirer de ses chatons une espèce de cire, comme des graines de *myrica*, et par le même procédé.

Les feuilles du bouleau noir de la Laponie, bouillies avec

les laines, leur donnent une belle couleur jaune. Linder indique un moyen d'extraire, même du bouleau commun, une couleur jaune-pourpre utile à la peinture.

Le bouleau mérisier fournit dans le Canada un beau et bon bois pour la menuiserie, et qui a une odeur aromatique assez agréable, ainsi que le bouleau blanc des Kamtchadales.

Le bouleau à canot est dans le nord de l'Amérique d'une bien plus grande utilité : de son écorce, qui est presque incorruptible, on fait de grands canots ou pirogues qui durent fort long-temps. Il croît aussi en Laponie, où ses feuilles fournissent surtout une couleur jaune employée à la peinture.

Toutes les autres espéces et même ces trois dernières paroissent plus ou moins analogues à notre bouleau commun, tant pour la culture que pour les usages.

En France ce bouleau forme souvent une grande partie des bois taillis : c'est un des arbres les plus faciles à élever, soit pris dans les bois, où il se reproduit de lui-même, ou, mieux, semé dès l'automne et replanté à l'âge de deux à trois ans. Il s'éléve jusqu'à quinze mètres et plus dans un sol gras et un peu frais ; mais il s'accommode des mauvais terrains, et est propre à garnir les coteaux les plus stériles, sur lesquels il devient cependant plus rare à raison de leur température : il diminue tellement sur les montagnes et au Nord que, de part et d'autre, en approchant des dernières limites de la végétation, il n'existe plus que petit et tortu ; c'est ainsi qu'il forme seul les bois du Groenland. Il est cependant de la plus grande utilité en Laponie et en Suède : son écorce, qui souvent survit long-temps à la destruction complète de l'intérieur de l'arbre, sert à la couverture des cabanes ; on en fait des corbeilles, des chaussures nattées, des cordes, des bouteilles et d'autres vases propres à contenir des liquides et même à faire cuire le poisson. Enfin, lorsqu'elle est encore remplie de ses sucs à demi résineux, elle est employée en torches qui éclairent fort bien. L'écorce extérieure n'est composée que de plusieurs épidermes accumulés qui se lèvent par feuillets, les premiers blancs, les autres rougeâtres, lesquels, dans le Nord, servent

encore de papier, comme ils en servirent jadis plus généralement. On voit chez des curieux, de petites estampes
imprimées sur ce canepin ou papier naturel.

L'écorce de nos bouleaux est quelquefois employée, comme
celle du tilleul, pour faire des cordes à puits : sur les bords
des grands lacs de la Russie, on en fait des filets et même
des voiles pour les barques. L'intérieure est épaisse, rouge
et solide : broyée et bouillie avec de la cendre, elle teint
en rouge les filets des pêcheurs ; une simple décoction de
cette écorce fraîche rend moins susceptibles d'humidité
les peaux dépouillées de poils, qu'on y plonge à plusieurs
reprises. Elle sert aussi au tannage.

On en retire, dans des fourneaux ou dans des creux faits
dans la terre, une huile qui se précipite et qu'on nomme
dioggot, c'est-à-dire huile ou goudron de bouleau. Cette
huile est employée à la préparation des cuirs de Russie,
qui lui doivent leur bonne qualité et l'odeur qui les distingue.

Les Kamtchadales font usage de l'écorce pour la nourriture, en la mêlant avec le caviar : pour cela ils la pressent encore verte et la coupent même comme du vermicelle,
avec des haches de pierre ou d'os ; c'est une grande occu-
pation pour les femmes de toute la péninsule. En la faisant fermenter avec la séve du même arbre, ils se procurent une boisson qui est fort de leur goût.

Le bois du bouleau des montagnes n'est pas aussi dur
que celui du Nord : le nôtre l'est encore moins ; il est
cependant employé au charronnage, où sa flexibilité le rend
propre à faire des jantes de roue d'une seule pièce. On
en fait aussi des jougs, des sabots et divers ustensiles. Sa
couleur est d'un blanc rougeâtre ; son grain ni fin ni grossier ;
sa pesanteur spécifique, qui est de vingt-quatre kilogrammes
(48 liv. 2 onc. 5 gr.), le place entre le pommier sauvage
et le tilleul. Nos taillis fournissent aussi des cerceaux
de cuves et de futailles. Pour le chauffage, la rapidité de
sa combustion le rend convenable seulement au service des
fours.

On fait un grand usage des extrémités de ses rameaux
pour faire des balais.

Les vaniers l'emploient beaucoup, soit avec son écorce, soit dépouillé.

Le bouleau est plus noueux en Russie qu'en France ; et ses nœuds ou excroissances, qui y portent le nom de *cap*, fournissent un bois excellent pour faire des cuillers, des tasses, et même des assiettes.

Le charbon du bouleau est assez employé : il est un de ceux qu'on admet dans la fabrication de la poudre à canon. Les dessinateurs l'emploient aussi au défaut du fusain.

Un petit bâton de bouleau, de la grosseur d'une plume à écrire, est, à raison du très-petit trou à moelle qui s'y trouve, propre à emmancher le bout des aiguilles dont on fait les piquoirs.

La séve du bouleau est fort abondante au printemps, et on la récolte par des incisions. Elle est vulnéraire, détersive, bonne, dit-on, contre la gale, le scorbut, et aussi contre la pierre et les graviers, la colique néphrétique et la jaunisse, et surtout pour enlever les taches du visage, en s'en lavant plusieurs fois sans s'essuyer.

Cette liqueur est acide et agréable à boire : les bergers s'en désaltèrent souvent dans les premiers hâles du printemps, car elle n'est plus bonne dès que les feuilles paroissent. Un seul rameau distille quelquefois jusqu'à cinq kilogrammes dans un jour.

Van Helmont avertit que la liqueur est d'autant moins claire et d'autant plus sucrée, que le trou a pénétré plus avant dans l'intérieur du tronc. D'acide elle devient vineuse et forme une boisson qui se garde près d'un an ; elle est en usage en Suède. Il est probable que concentrée elle fourniroit du sucre, moins sans doute que l'espèce qui en donne en Amérique, aussi bien que l'érable. (D. de *V.*)

BOULEOLA (*Bot.*), nom caraïbe d'une aristoloche des Antilles, *aristolochia trilobata*. (J.)

BOULEREAU. (*Ichtyol.*) C'est le gobie boulerot. Voyez GOBIE. (F. M. D.)

BOULEROT. (*Ichtyol.*) On désigne sous ce nom, dans diverses contrées du midi de la France, plusieurs espèces de gobies. Le boulerot de Rondelet est notre gobie paganel ;

son boulerot noir est le gobie boulerot; et le boulerot blanc est le gobie jozo. Voyez Gobie. (F. M. D.)

BOULES DE MARS. (*Chim.*) On appelle boules de Mars, d'acier, des Chartreux de Molsheim, ou de Nancy, une préparation pharmaceutique composée de tartrite de potasse et de fer, mêlée d'alcool, évaporée en consistance d'extrait, et pétrie sous la forme de sphère, qu'elle conserve par la dessiccation. Ce sel ferrugineux est employé dans les plaies et les blessures. On le fait tremper dans de l'eau-de-vie, qui en dissout une portion et qui se colore en rouge brun; c'est là ce qu'on nomme de l'eau de boule : on y plonge des compresses qu'on applique sur la peau dans les cas cités. Voyez les mots Fer et Tartrites. (F.)

BOULES DE MERCURE. (*Chim.*) On se servoit autrefois d'un amalgame d'étain coulé dans un moule, qui lui donnoit la forme d'une sphère, pour clarifier l'eau. On suspendoit ces boules dans l'eau trouble. On n'emploie plus ce procédé depuis plus d'un demi-siècle. Voyez les articles Étain et Mercure. (F.)

BOULÉSIE (*Bot.*), *Bowlesia*, genre de plantes de la famille des ombellifères, établi sur une plante herbacée du Pérou, dont on ne connoît encore que les caractères génériques, figurée par Ruiz et Pavon dans le Prodr. de la Flore du Pérou et du Chili, pl. 25. Les fleurs ont, comme toutes celles des autres plantes de la famille, un calice à cinq dents, adhérent à l'ovaire, cinq pétales, cinq étamines, deux styles et deux stigmates, et un ovaire qui devient un fruit composé de deux graines : mais les ombelles n'ont pas d'involucre et sont composées seulement de trois fleurs sessiles; les pétales sont égaux entre eux, les styles sont déliés, le fruit est rude, un peu pyramidal, et les graines sont creusées d'un sillon sur le dos. Ruiz et Pavon ont dédié ce genre à G. Bowles, savant espagnol, auteur d'une introduction à l'histoire naturelle de l'Espagne et à sa géographie physique. (Mas.)

BOULET DE CANON. (*Bot.*) On nomme ainsi à Caïenne le couroupite, parce que son fruit a la forme et le volume d'un boulet. Voyez Couroupite. (J.)

BOULETS (*Bot.*), nom dérivé du latin *boletus*, sous le-

quel les Provençaux et les Languedociens désignent le
champignon ordinaire ou champignon des couches. (J.)

BOULETTE (*Bot.*), nom donné par quelques auteurs à
l'échinope, parce que ses fleurs sont disposées en tête. On
l'a donné aussi pour la même raison à la GLOBULAIRE et
au SPHÉRANTHE. Voyez ces mots. (J.)

BOULIGOULOU. (*Bot.*) Les paysans de la Provence donnent ce nom à la chanterelle, *cantarellus*, espèce de champignon bon à manger. (J.)

BOULOU, BULU. (*Bot.*) Ce mot chez les habitans des
îles Malaises, signifie poil, cheveux, plumes, *pilus*, *vellus*. +
Il se retrouve aussi dans la langue de Madagascar ; mais
plus ordinairement changé en *voulou*. Chez ces deux peuples il signifie de plus les bambous, qui sont semblables
à des panaches. A Madagascar, ces singuliers végétaux
couvrent presque exclusivement une surface considérable
de terrain occupé par les montagnes secondaires qui se
trouvent entre le bord de la mer et les grandes élévations
du centre. Cette bande de pays est la plus propre à la
culture ; c'est là aussi que les habitans font des défriche-
mens pour semer du riz dans la saison des pluies : de là
ce canton a pris le nom d'*Ambani-vouli*, c'est-à-dire pays
sous les bambous. Ceux qui sont adonnés principalement
à cette culture portent aussi ce même nom.

Les autres endroits cultivés et les jardins prennent le
nom de *boulé*. Voyez AHETS BOULE.

Les Madecasses, comme les peuples de l'Inde, tirent
grand parti des bambous, dont ils ont plusieurs espèces
distinctes. La plus utile est la plus commune : elle acquiert
un diamètre considérable, de la grosseur de la cuisse à peu
près, et a les parois très-minces ; en sorte qu'en faisant
sauter les cloisons on a, à peu de frais, des vases très-légers.
Il paroît que c'est l'espèce décrite par Rumphius sous le nom
d'*arundo vasaria*. Il est étonnant qu'on ne l'ait pas encore
apportée à l'Isle-de-France.

Les habitans en forment un instrument de musique des
plus simples. A cet effet ils prennent un de ses entre-nœuds,
long d'un pied à peu près. Ils détachent dans toute la
longueur quatre lanières minces, qui restent attachées à

chaque bout ; ce sont des espéces de cordes , qu'ils accordent en plaçant sous chacune un petit morceau de bois en façon de chevalet : c'est une espéce de guitarre. Une corde casse-t-elle ? on découpe à côté une autre lanière : ainsi de suite , jusqu'à ce que toute la surface soit employée. (A. P.)

BOUQUETIN (*Mamm.*), espéce du genre Chèvre , *Capra ibex*, L. Voyez Chèvre. (F. C.)

BOUQUETIN BATARD. (*Mamm.*) Brown donne ce nom à une race de chèvre introduite à la Jamaïque par les Espagnols. (F. C.)

BOUQUETINE. (*Bot.*) C'est dans le Languedoc la même plante que le boucage. (J.)

BOUQUIN (*Mamm.*), nom du lièvre mâle. (F. C.)

BOURASAHA (*Bot.*), nom que les habitans de Madagascar donnent à un arbuste grimpant de leur pays. Il doit former un genre nouveau dont voici les caractéres. Les fleurs sont dioïques, c'est - à - dire, mâles et femelles sur deux pieds différens, composées dans les deux sexes d'un calice à six folioles, de six pétales hipogynes. Dans les fleurs mâles il y a six étamines, dont les filets sont réunis à la base et les anthères adnées aux filamens. Il se trouve pareillement dans les fleurs femelles six étamines , mais qui paroissent stériles ; trois ovaires , auxquels succèdent autant de baies ovales , monospermes : chacune contient une seule graine hérissée de papilles singulières, entre lesquelles réside une humeur visqueuse très-abondante ; ce qui la rend très-difficile à manier. Elle est marquée sur le côté intérieur d'un sillon profond. Cette graine est remplie par un périsperme charnu , à la base duquel se trouve un embryon, dont les cotylédons sont larges , écartés l'un de l'autre et séparés par une membrane très-mince.

Jusqu'à présent on ne connoît qu'une espèce : c'est un arbuste foible , s'appuyant sur les végétaux voisins. Ses feuilles sont alternes et un peu écartées ; elles sont pétiolées et composées de trois folioles ovales , longues de trois pouces , larges de deux et d'un vert sombre et lisse. Les fleurs sont petites, verdâtres, et viennent aux aisselles des feuilles supérieures en grappe composée.

On peut juger par ces caractéres que cet arbuste vient

se ranger dans l'ordre naturel près des anones. On pourroit présumer qu'il doit faire partie de l'ordre des ménispermées : mais la forme de son embryon et de son périsperme le distingue fortement du genre Caapeba ou *Cissampelos* et du ménisperme, dans lesquels ces parties sont différemment conformées, du moins dans quelques espèces bien observées. Du Petit-Thouars se propose d'éclaircir ce point, en publiant de plus grands détails et une figure complète de ce genre, dans la suite de l'ouvrage qu'il a commencé sur les plantes de Madagascar : il n'a pu découvrir si les habitans de cette île en tiroient quelque service. L'abondance singulière du mucilage dans les fruits peut mettre sur la voie pour rechercher les moyens de le rendre utile. (A. P.)

BOURBEUSE (*Rept.*), nom d'une émyde, espèce de tortue, qui vit dans la bourbe des marais du midi de l'Europe, et principalement dans la Grèce. La bourbeuse de Pensylvanie, d'Edwards, est la tortue rougeâtre. Voyez EMYDE. (F. M. D.)

BOURDAINE, BOURGÈNE, (*Bot.*), noms françois du *frangula*, dont les anciens botanistes formoient un genre distinct du nerprun, *rhamnus.* Tournefort n'apercevant pas dans celui-ci les pétales, qui sont très-petits, prenoit son calice pour une corolle et la disoit monopétale, en ajoutant que la baie contenoit quatre graines. Dans le *frangula* au contraire, il admettoit une fleur rosacée, composée de plusieurs pétales, parce qu'ils étoient plus apparens ; et ce qu'il prenoit ailleurs pour corolle redevenoit ici calice : de plus il ne voyoit que deux graines dans le fruit du *frangula.* Linnæus retrouvant une organisation à peu près conforme dans les deux genres, ainsi que dans l'alaterne, le jujubier et le paliure, les avoit tous rapportés au nerprun, en indiquant les pétales sous le nom d'écailles, et le calice sous celui de corolle. Depuis on a détaché les deux derniers genres, suffisamment distincts ; mais la bourdaine est restée confondue avec le nerprun, dont elle diffère seulement par le nombre des pétales et des étamines, porté à cinq au lieu de quatre.

Il y a plusieurs espèces de bourdaines proprement dites,

et surtout l'espèce commune dans tous nos bois, remarquable par ses feuilles très-entières, connue encore sous
le nom d'aune noir. Son bois brûlé donne un charbon
employé pour la fabrication de la poudre à canon. Voyez
Nerprun. (J.)

BOURDON. (*Entom.*) Ce sont les abeilles velues de
notre seconde division. Quelques auteurs en ont fait un
genre sous le nom de brème; d'autres un sous-genre. Voyez
Abeille.

On a aussi donné le nom de bourdon, de faux-bourdon,
au mâle de l'abeille à miel. (C. D.)

BOURDONNEMENT (*Entom.*), bruit que font les insectes
en volant. Les hyménoptères, les sphinges et plusieurs
diptères, sont remarquables par ce genre de voix. Plusieurs
auteurs ont attribué le bourdonnement au battement des
ailes les unes sur les autres, ou au mouvement du balan-
cier sur le cuilleron des diptères. Nous avons dit, en parlant des ailes des abeilles, que nous présumions que ce
bruit étoit le produit de la sortie ou de l'expulsion subite de
l'air par les stigmates. Parmi les diptères, quelques espèces
de syrphes produisent un genre de bourdonnement particulier lorsqu'ils sont saisis : c'est une sorte de plainte ou
de murmure prolongé, très-singulier; tel est entre autres
le syrphe criard, *pipiens*. (C. D.)

BOURDONNEUR. (*Ornith.*) Ce nom, et ceux de bourdon
et bourdonnant, ont été donnés aux oiseaux-mouches et
aux colibris à cause du bruit qu'ils font en volant. (Ch. D.)

BOUREAU. (*Ichtyol.*) Selon Lacépède on donne ce nom
à la trigle lyre sur les rivages voisins des Pyrénées occidentales. Voyez Trigle. (F. M. D.)

BOURGÈNE. (*Bot.*) Voyez Bourdaine.

BOURGEON. (*Physiol. végét.*) Ce mot indique le bouton
développé, ou, si l'on veut, la branche dans son enfance.

Le bouton ne passe pas subitement à l'état de branche
dure et ligneuse. A l'époque où il se développe, il se gonfle,
il repousse ses écailles, et donne naissance à un petit cône
allongé, blanchâtre, garni de quelques feuilles. Alors, ce
n'est plus un bouton; ce n'est pas encore une branche :
c'est un bourgeon.

Dans les arbres, il arrive quelquefois que le bourgeon se forme tout à coup sans s'être montré d'abord sous la forme d'un bouton. Ce phénomène a lieu ordinairement lorsqu'on étête un arbre au temps de la séve.

Il en est de même dans les arbrisseaux.

Dans les herbes, il n'y a point de boutons; la nouvelle pousse est un bourgeon.

Si, malgré les écailles qui recouvrent un bouton, le cultivateur reconnoît d'avance ce que ce bouton devra produire, il lui est plus facile encore de reconnoître quelle production donnera un bourgeon; car on y aperçoit ordinairement les jeunes feuilles et les fleurs qui se développeront par la suite. On peut donc distinguer les bourgeons à bois des bourgeons à fruits, et sur cette connoissance est fondé l'art d'ébourgeonner les arbres. Voyez les mots Bouton et Ébourgeonnement. (B. M.)

BOURGEONNIER. (*Ornith.*) Ce nom et celui d'ébourgeonneur ont été donnés au bouvreuil, *loxia pyrrhula*, L., à cause de l'habitude qu'il a d'ébourgeonner les arbres. (Ch. D.)

BOURGMESTRE. (*Ornith.*) On a donné ce nom au goéland à manteau gris-brun, *larus fuscus*, L., à cause de sa démarche grave. (Ch. D.)

BOURGONI (*Bot.*), nom galibi d'une espèce d'acacie de la Guiane, *mimosa bourgoni*, décrite et figurée par Aublet (p. 941, t. 358), dont les fleurs sont en épis et les feuilles simplement pinnées, comme celles du *mimosa fagifolia*, avec lequel cette plante a beaucoup de rapport. (J.)

BOURGUÉPINE (*Bot.*), nom donné par le traducteur de Dalechamps à deux plantes d'un genre et d'une famille différens. L'une est le nerprun, *rhamnus*; l'autre est le *phyllirea*, que Dalechamps nomme *apharca* ou bourguépine de Montpellier, ou épine de Bourgogne. Dalechamps lui-même est en doute de savoir si la plante qu'il désigne sous le nom de bourguépine de Montpellier est l'*apharca* ou le *phyllirea* de Théophraste : il paroît pencher pour cette dernière version, avec d'autant plus de raison que la figure qu'il en donne est celle du *phyllirea latifolia*, L. Voyez Apharca, Filaria. (P. B.)

BOURICHON (*Ornith.*), nom vulgaire du troglodyte, *motacilla troglodytes*, L., qu'on appelle aussi burichon, beurichon. (Ch. D.)

BOURONG. (*Bot.*) Ce mot veut dire oiseau dans la langue malaise : avec une épithète ou une qualification, il désigne beaucoup d'espèces particulières. Il entre aussi dans plusieurs noms de plantes. Les habitans de Madagascar, qui le prononcent *vourong*, le font servir aux mêmes usages. (A. P.)

BOURRACHE (*Bot.*), *Borago*, Linn., genre de plantes qui a donné son nom à la famille des borraginées, et qui appartient en effet à la section la plus nombreuse et la mieux caractérisée, tant par ses fruits qui semblent quatre graines nues au fond du calice, que par les cinq écailles qui ferment la gorge de la corolle : toutes ont d'ailleurs sur leurs feuilles ces aspérités d'après lesquelles les botanistes qui reconnurent les premiers cette réunion très-naturelle, donnèrent aux plantes qui la composent le nom d'*asperifoliæ*.

A l'égard de la forme de la corolle, qui est très-variée dans les différens genres, régulière ou non, à tube plus ou moins long et plus ou moins évasé : dans les bourraches elle est en roue, c'est-à-dire, à tube entièrement évasé, à cinq divisions profondes et anguleuses ; le tube très-court, à peine sensible ; les écailles de la gorge obtuses et échancrées ; ses quatre graines sont chargées d'aspérités, et le calice se referme dessus.

Dans la bourrache commune les étamines sont conniventes, et les anthères oblongues, appliquées aux filets : les divisions du calice sont très-ouvertes.

La Bourrache de Constantinople, *Borago orientalis*, se distingue par son calice renflé en vessie. Cette espèce, décrite et figurée dans le Voyage du Levant par Tournefort, et depuis par Buxbaums (5. t. 3o) et par Miller (Ic. 88), est la seule vivace, et se multiplie assez facilement dans nos jardins : elle fleurit pendant tout le printemps.

On connoît six ou sept autres espèces de bourraches annuelles, toutes des contrées plus ou moins chaudes de l'Asie et de l'Afrique : elles présentent peu d'intérêt. Ven-

tenat en a décrit et figuré une dans son bel ouvrage sur
le jardin de Cels.

La BOURRACHE COMMUNE, *Borago officinalis*, Linn.,
nommée Buglose à larges feuilles par les anciens botanistes,
est figurée partout et généralement connue. Originaire du
Levant, et cultivée dans les jardins, soit comme plante
potagère, soit comme une des plantes médicinales du plus
grand usage. Elle y croît spontanément, et est même devenue sauvage en quelques cantons, et dans toute l'Europe,
notamment en Normandie. On en cultive sur couche aux
environs des grandes villes, pour en avoir des feuilles
fraîches pendant tout l'hiver. Les herboristes vendent cependant beaucoup de bourrache séchée en fleur.

Les borraginées sont connues des chimistes comme contenant du nitre (nitrate de potasse). Il abonde surtout
dans la bourrache commune, et s'y décèle en pétillant
lorsqu'on la brûle. Quelques médecins ont donné ce nitre
pour cause des grandes vertus attribuées à la bourrache :
on répond que le nitre pur et dosé est véritablement préférable.

La bourrache a en outre été mise au rang des quatre ou
cinq principales plantes cordiales ; mais n'ayant ni odeur
ni saveur aromatiques, on ne peut la croire capable de ra-
nimer les forces. Il ne lui reste que son nom, qu'on prétend
dénaturé de *corrago* (animant le cœur), qu'on dit avoir été
d'usage en Lucanie.

Les vertus si vantées de la bourrache se trouvent presque
toutes contestées ; cependant le suc visqueux et fade de sa
racine et de ses feuilles fraîches, donné en nature ou en
sirop, est prescrit dans la pleurésie et les autres maladies
où les remèdes chauds sont défendus. Sous ce point de vue
c'est un sudorifique très-recommandable et en effet très-
employé.

En Angleterre on en prépare une boisson fraîche pendant les chaleurs de l'été, au dire de Miller, qui la nomme
cool taukards.

La plante jeune entre dans les potages et dans les herbes
hachées, dans l'Italie et dans le midi de la France : on
emploie ses fleurs à décorer les salades. Elles naissent

blanches, rougissent en s'ouvrant, et ne tardent pas à devenir d'un bleu céleste assez vif. Il y en a des variétés dont les fleurs restent d'un rose sale, et d'autres blanches ; ce qui a lieu dans toute la famille. (D. de *V.*)

BOURRA - COURRA. (*Bot.*) Dans la Guiane hollandoise on nomme ainsi, au rapport de Stedman, l'arbre appelé dans la Guiane françoise BOIS-DE-LETTRES, décrit par Aublet sous le nom de PIRATINERA. Voyez ces mots. (J.)

BOURRE. (*Ornith.*) La femelle du canard domestique s'appelle ainsi en Normandie (département de la Seine inférieure, etc.), où le petit se nomme bourret. (Ch. D.)

BOURREAU DES ARBRES (*Bot.*), nom donné à un célastre, *celastrus scandens*, dont la tige grimpante embrasse les troncs des arbres, et les serre tellement qu'elle les étouffe et les fait périr. Voyez CÉLASTRE. (J.)

BOURRÉE. (*Ornith.*) On nomme ainsi la chasse qu'on fait aux cailles avec le filet appelé hallier ou trainail, qui, sur la fin des moissons, se tend au travers des sillons non encore récoltés ; et ce nom, assez impropre, vient de ce qu'on bourre le gibier en le contraignant à se jeter dans les halliers opposés à son passage. Pour réussir dans cette chasse, on traque à pas lents, depuis l'extrémité des sillons, en jetant du sable et de la terre à droite et à gauche ; on parvient ainsi à amener le gibier au piége, où se prennent non-seulement des cailles, qui se déterminent difficilement à s'envoler lorsqu'elles sont grasses, mais des perdreaux, et surtout des râles, habitués à fuir en courant. (Ch. D.)

BOURREL (*Ornith.*), nom vulgaire de la buse commune, *falco buteo*, L., qui, suivant Le Duchat, vient de ce que cet oiseau est regardé comme le bourreau de la volaille. (Ch. D.)

BOURRELET ou VARICE (*Moll.*), excroissance ou renflement qui se remarque dans certaines coquilles à leur bord et sur leur face externe. Voyez COQUILLES. (Duv.)

BOURRELET. (*Physiol. végét.*) C'est une grosseur ou un renflement visible à la superficie d'une plante.

Nous distinguerons les bourrelets naturels des bourrelets accidentels.

Très-souvent à l'endroit où se développe sur le végétal une nouvelle production, telle qu'une branche, une feuille ou une fleur, on observe un léger renflement : voilà le bourrelet naturel.

Quand des tiges ou des branches ligneuses éprouvent une pression violente et continue, ou que leur écorce est déchirée ou coupée dans quelque partie par le choc d'un corps dur ou par un instrument tranchant, il se forme, suivant la nature du végétal, un renflement plus ou moins considérable, qui recouvre insensiblement la partie lésée : voilà le bourrelet accidentel.

Le bourrelet naturel indique l'endroit où s'opère la séparation des organes élémentaires pour donner naissance à la nouvelle production. L'anatomiste y découvre une masse de tissu cellulaire, traversée par plusieurs faisceaux de vaisseaux qui s'écartent du tronc commun et se rendent vers la branche, ou la feuille, ou la fleur, qui se développent : ces vaisseaux sont presque toujours des fausses trachées et des vaisseaux en chapelet.

Le bourrelet accidentel doit son origine au liber, développé par l'affluence des sucs qui se portent vers la plaie ou vers l'étranglement. On y voit, comme dans le bourrelet naturel, beaucoup de tissu cellulaire, de fausses trachées et de vaisseaux en chapelet. Ces vaisseaux y sont croisés, contournés et roulés en différens sens. Cette complication des organes élémentaires rend l'anatomie du bourrelet très-difficile et très-délicate.

Lorsque l'on greffe un végétal sur un autre, au point de jonction il se forme un bourrelet qui consolide et unit les deux parties étrangères.

Lorsqu'une plante grimpante et ligneuse s'élève en s'appuyant sur le tronc d'un arbre et l'enveloppe dans ses replis, la séve descendante n'ayant plus un libre cours, il se forme encore un bourrelet au-dessus de chaque circonvolution de la plante grimpante.

Il n'est pas rare que des boutons se développent sur des bourrelets accidentels, parce que la marche de la séve est plus lente dans les vaisseaux courbés en différens sens et dans les vaisseaux coupés par des diaphragmes, que dans ceux dont la direction est en ligne droite et dont le tube est ouvert dans toute sa longueur.

Les mêmes causes ralentissent la marche de la séve dans les bourrelets naturels.

Or, l'expérience prouve que lorsque ce fluide nourricier circule avec rapidité, il produit beaucoup de bois et de feuilles et peu de fleurs, et que l'inverse a lieu lorsque, au contraire, il circule avec lenteur. On voit d'après ces faits pourquoi les bourrelets et les nœuds occasionés par la taille favorisent le développement des fruits.

Dans les arbres dont l'écorce a été blessée, les bourrelets accidentels doivent leur formation à des mamelons gélatineux, qui percent sur les lèvres de la plaie, à peu près comme les bourgeons charnus sur les plaies des animaux.

Ces mamelons se montrent d'abord à la partie supérieure de la blessure ; ils y produisent un renflement beaucoup plus considérable que sur les côtés et surtout qu'à la partie inférieure. Ce fait et quelques autres dont nous aurons occasion de parler par la suite, prouvent que les bourrelets sont nourris par la séve descendante.

Si la blessure a mis le bois à découvert, les nouvelles couches ligneuses qui s'organisent ne contractent en cet endroit aucune adhérence avec les anciennes.

Les bourrelets naturels existent dans beaucoup de plantes monocotylédones et dicotylédones : mais les bourrelets accidentels ne se forment que dans les arbres et les arbrisseaux dicotylédons, parce qu'eux seuls ont un liber.

On favorise quelquefois l'*enracinement* des boutures et des marcottes en y faisant des ligatures ou des incisions qui déterminent la formation d'un bourrelet. (B. M.)

BOURSE. (*Ichtyol.*) On appelle ainsi à la Martinique le baliste vieille. Sonnerat a donné ce nom à un baliste indien. On a aussi désigné sous ce nom le scombre thon. Voyez BALISTE et SCOMBRE. (F. M. D.)

BOURSE (*Bot.*), membrane qui enveloppe quelques espèces de champignons avant leur développement, se déchire par le haut pour leur laisser prendre leur croissance, et dont le débris subsiste autour de leur base. (J.)

BOURSE A BERGER (*Bot.*), nom vulgaire d'un thlaspi,

thlaspi bursa pastoris, dont la silicule, de forme triangulaire et semblable à une bourse, la distingue de toutes ses congénères. Césalpin la nommoit *capsella*, et l'on pourroit en faire un genre séparé. Cette plante, commune dans l'Europe, et surtout aux environs de Paris, varie beaucoup dans la forme et la grandeur de ses feuilles ; on la nomme encore boursette, tabouret et mallette. (J.)

BOURSETTE. (*Bot.*) Voyez BOURSE A BERGER.

BOURTOULAIGA (*Bot.*), nom languedocien du pourpier : on le donne à l'espèce d'arroche qui lui ressemble, *atriplex portulacoides*. (J.)

BOUSANT. (*Ornith.*) Ce nom et celui de bousat sont donnés en Savoie (département du Mont-Blanc) à la buse commune, *falco buteo*, L. (Ch. D.)

BOUSCARLE. (*Ornith.*) L'oiseau qu'on nomme ainsi en Provence (département des Bouches-du-Rhône, etc.) est, suivant Salerne, le traquet, *motacilla rubicola*, L., et, suivant Buffon, la fauvette grise, *motacilla sylvia*, L. Mauduyt écrit par erreur bouscarole, et les auteurs du nouveau Dictionnaire d'histoire naturelle, bouscarde. (Ch. D.)

BOUSIER (*Entom.*), *Copris*, nom d'un genre d'insectes coléoptères qui ont cinq articles à tous les tarses, les antennes en masse lamellée, et qui appartiennent en conséquence à notre famille des pétalocères ou lamellicornes.

Geoffroi est le premier auteur qui ait employé ce mot de copris, tiré du grec κοπρος (*copros*), qui signifie bouse, fumier, excrément. Il avoit réuni sous ce nom certaines espèces du genre nombreux des scarabées de Linnæus, qui n'avoient point d'écusson entre les élytres et qui toutes se trouvoient dans les bouses.

Ce genre Scarabée de Linnæus a été tellement subdivisé par les auteurs, qu'il forme maintenant à lui seul une famille très-nombreuse d'insectes, composée de neuf genres bien distincts. Voyez PÉTALOCÈRES.

On reconnoît les bousiers aux caractères suivans :

Caract. gén. Corps large, en ovale, très-convexe ; tête large, demi-circulaire en devant, armée souvent de cornes ou de tubercules, à antennes en masse, de trois articles lamelleux ; corselet plus large que long, ou arrondi ;

point d'écusson ; poitrine grande ; pattes à hanches larges, ovales ; cuisses fortes, à facette articulaire latérale ; jambes dentelées ou épineuses ; tarses très-petits.

La forme du chaperon ou de la partie cornée du front, qui est toujours demi-circulaire, cachant la bouche, suffit pour distinguer les bousiers d'avec les trox et les scarabées, qui ont cette partie très-courte ; des géotrupes, chez lesquels elle est rhomboïdale, et des cétoines, trichies et hannetons, qui l'ont presque carrée. L'absence de l'écusson vient enfin les séparer d'avec les aphodies, qui ont de plus le corps oblong et non arrondi.

Dans ces derniers temps Fabricius a proposé de partager ce genre en trois autres. Il a conservé le premier nom aux espèces qui ont le plus souvent le chaperon seulement échancré, le corselet cornu ou tuberculeux, ainsi que la tête. Sous le nom d'*ateuchus*, donné d'abord par Weber, et qui signifie non armé, Ατευχης (*aleychès*), il a décrit les bousiers dont le chaperon est ordinairement dentelé, le corselet toujours sans cornes, les élytres plus courtes que l'abdomen, et qui sont souvent sans tarses aux pattes de devant. Enfin, son genre *Onitis* est composé des espèces dont le chaperon est entier, le corselet à quatre points enfoncés, les élytres presque planes.

Ces divisions ne nous ont pas paru assez tranchées et surtout la manière de vivre pas assez différente, pour en faire des genres particuliers : nous pensons de même à l'égard de celui que Latreille a proposé sous le nom d'*onthophage*, qui signifie mangeur d'excrément, et dont les caractères, même ceux tirés des organes de la bouche, ne sont certainement point assez tranchés.

Tous les bousiers se trouvent dans les excrémens, et leur manière de vivre est la même que celle des géotrupes et des aphodies. Ils paroissent être attirés par les odeurs qui s'exhalent de ces matières ; car à peine sont-elles déposées qu'on entend arriver de toutes parts, en bourdonnant, ces insectes, qui paroissent venir de fort loin. Ils volent principalement au jour tombant. Quelques espèces, surtout celles du second sous-genre, ramassent des portions d'excrémens, qu'ils roulent en boule après y avoir déposé un œuf : ils traînent cette boule, qui ressemble à une pilule, ce qui leur a fait donner le nom de pilulaires, jusqu'à ce qu'elle soit parfaitement arrondie et qu'elle ait acquis par la dessiccation une assez grande consistance. Les pattes de derrière de l'insecte semblent avoir reçu une forme toute particulière pour cet usage ; elles sont ordinairement allongées, souvent dentées : les jambes sont arquées, et les articles des tarses longs et grêles. Ils marchent presque toujours à reculons et font souvent des culbutes. On les trouve ordinairement sur les coteaux exposés aux plus grandes chaleurs du midi, quatre ou cinq occupés à rouler une même boule, et de manière à ce qu'il soit impossible de reconnoître quel est entre eux celui dont l'œuf est provenu. Ils semblent ne pas connoître la boule qu'ils ont formée, car ils roulent indifféremment la première qu'ils rencontrent, et ils abandonnent sans difficulté celle à laquelle ils sont occupés, quand ils se voient réunis en trop grand nombre. Le petit ver, ou mieux la larve qui donne les bousiers, est absolument semblable à celle des pétalocères et des priocères. Son corps est mou, gros, lent, plié en arc, avec l'anus obtus, saillant ; la tête est écailleuse ; les mâchoires, les mandibules, sont bien distinctes. Les pattes sont au nombre de six, courtes, écailleuses à un seul crochet.

Nous établissons trois sous-genres dans celui-ci, qui correspondent à peu près aux genres de Fabricius.

§. I. Bousiers à chaperon sans ou avec une seule échancrure, tête ou corselet cornus : les coprides.

§. II. Bousier à chaperon le plus souvent dentelé ; tête et corselet sans cornes : les ateuches.

§. III. Bousier à chaperon entier, corselet à quatre points enfoncés : les onites.

§. I. *Les Coprides* : à tête ou corselet cornus.

* A corselet cornu.

1. Bousier lunaire, *Copris lunaris.* Oliv. Entom. Pl. V, fig. 36. — Geoff. Insect. tom. I, p. 88. Bousier capucin.

Caract. Noir : corselet à trois cornes, celle du milieu plus grosse ; comme fendue ; avec une corne dressée, entière, sur le chaperon.

Sa grosseur est celle du stercoraire ; son corselet est comme tronqué en devant ; les élytres ont huit sillons sur leur longueur. Il est fort commun aux environs de Paris dans les crottins de cheval et dans les lieux sablonneux, surtout au bois de Vincennes. Les caractères sont moins prononcés dans la femelle.

2. BOUSIER ÉCHANCRÉ, *Copris emarginatus*. Degéer, tom. IV, p. 257, n.° 2, pl. X, fig. 1.

Caract. Semblable au précédent, mais la corne de la tête fendue à l'extrémité.

Cette espèce paroît une variété de la première, mais elle est constante ? toutes deux ont la poitrine si longue et l'abdomen si court que les pattes postérieures semblent articulées près de l'anus.

3. BOUSIER MAKI, *Copris lemur*. Oliv. Entom. Pl. XXI, fig. 191.

Caract. Noir, à élytres testacées ; corselet cuivreux, à quatre dents ; chaperon avec une ligne saillante transversale en arrière.

4. BOUSIER CHAMEAU, *Copris camelus*.

Caract. Noir : corselet à quatre dents ; chaperon à deux cornes en arrière, très-courtes.

** *A corselet sans cornes.*

5. BOUSIER TAUREAU, *Copris taurus*. Panz. F. G. 12, 3.

Caract. Noir : corselet tronqué en devant, à bords arrondis ; chaperon à deux cornes arquées dans le mâle, ou à deux lignes élevées transverses dans la femelle.

6. BOUSIER VACHE, *Copris vacca*. Geoff. Insect. I, 90, n.° 5. Bousier à deux cornes.

Caract. A reflet cuivreux : chaperon foiblement échancré ; élytres jaunes, à points verts.

Le mâle de cette espèce porte sur le chaperon une épine

recourbée, dentée de chaque côté; la femelle n'y a que deux lignes saillantes transverses.

7. BOUSIER CÉNOBITE, *Copris cœnobita.*

Caract. Tête et corselet à reflet cuivreux; élytres jaunes.

On pourroit prendre pour deux espèces le mâle et la femelle, si on considéroit la forme du corselet; car dans le premier il est tronqué pour recevoir la corne, qui est large à la base, dressée et recourbée en devant, tandis que dans la femelle le corselet est un peu saillant antérieurement et que le chaperon n'a que deux lignes transverses.

8. BOUSIER NUCHICORNE, *Copris nuchicornis.* Geoff. Insect. tom. I, p. 89, n.ᵒˢ 3 et 4.

Caract. D'un noir cuivreux : élytres jaunes, à points noirs comme aspergés.

Il en est de cette espèce comme de toutes celles qui sont voisines; le mâle a une corne saillante, tandis que dans la femelle on n'aperçoit que des tubercules : celle-ci en outre varie beaucoup pour la couleur des élytres et pour la forme de la corne. Il paroît qu'on en a fait plusieurs espèces différentes.

9. BOUSIER PENCHANT, *Copris nutans.*

Caract. Noir : chaperon entier; bords du corselet sinués en devant.

On peut sur cette espèce faire la même remarque que sur le mâle et la femelle de la précédente, dont elle ne diffère que par la couleur.

10. BOUSIER FOURCHU, *Copris furcatus.*

Caract. Noir; trois cornes rapprochées sur le chaperon arrondi, l'intermédiaire plus courte.

Telles sont les principales espèces du pays dans cette première section : mais il en est quelques étrangères, dont les couleurs brillantes ou les formes singulières peuvent intéresser beaucoup; telles sont :

11. Le BOUSIER ÉLÉGANT, *Copris festivus.*

Caract. Tête et élytres d'un rouge de cuivre brillant, tout le dessous et la tête noirs.

Il se trouve à Caïenne.

12. BOUSIER PORTE-LANCE, *Copris lancifer.*

Caract. D'un noir violet, plus foncé en dessous ? une corne anguleuse sur la tête; élytres sillonnées.

Il vient du Brésil.

13. BOUSIER MIMAS, *Copris mimas.*

Caract. D'un vert doré, brillant, surtout au devant du corselet, qui est tronqué, anguleux; tête à deux cornes courtes.

Il vient le plus souvent de Surinam.

14. BOUSIER BOURREAU, *Copris carnifex.*

Caract. Cuivreux doré : dos du corselet plat, en lunule; rouge doré; une longue corne, courbée en arrière, sur la tête.

De la Caroline.

§. II. *Les Ateuches :* tête et corselet sans cornes, chaperon dentelé.

15. BOUSIER SACRÉ, *Copris sacer.* Degéer, Insect. tom. VII, pl. XLVII, fig. 8, p. 268, n.° 36.

Caract. Noir : chaperon à six dents, bords du corselet crénelés, élytres presque lisses.

C'est l'insecte dont a parlé Aristote, livre V, chap. 19, et que Pline le naturaliste, lib. XXX, chap. 11, a dit être adoré par les Égyptiens. On le reconnoît en effet sur les monumens et dans les pierres sigillaires. La forme du chaperon, du corselet, des pattes, est parfaitement saisie. On le trouve dans les parties méridionales de la France, à Montpellier: en Égypte, en Barbarie et dans presque toute l'Afrique.

16. BOUSIER HOTTENTOT, *Copris hottentota.*

Caract. Noir: chaperon à six dents, élytres sillonnées.

Il est rare aux environs de Paris : on le trouve dans le milieu de l'été; il forme des boules qu'il traîne très-lentement. On le trouve aussi en Chine.

17. BOUSIER VARIOLÉ, *Copris variolosus.*

Caract. Noir : chaperon à six dents ; corselet et élytres à
points enfoncés, irréguliers.

Il est très-rare en France ; on le trouve en Hongrie.

18. BOUSIER FLAGELLÉ, *Copris flagellatus.*

Caract. Noir : chaperon à une seule échancrure, avec deux
lignes saillantes en chevron ; corselet et élytres rugueux.

Cette espèce ne se trouve que dans les excrémens humains desséchés. On la rencontre quelquefois dans la plaine
de Grenelle, au mois de Mai.

19. BOUSIER ARAIGNÉE OU DE SCHÆFFER, *Copris Schœfferi.*

Caract. Noir : chaperon à une seule échancrure, large ;
corselet arrondi ; élytres triangulaires ; cuisses de derrière en masse et à une dent.

Cette espèce est une des plus communes en France, et
celle que l'on voit plus communément occupée à former les
boules de fiente dont nous avons parlé dans l'histoire
générale qui précède. On la trouve le plus souvent sur les
coteaux secs et arides.

20. BOUSIER PILULAIRE, *Copris pilularius.* Geoff. Insect.
tom. I, p. 91, n.° 8. Bousier à couture.

Caract. Noir : chaperon à peine échancré ; élytres lisses,
bordées et sinuées extérieurement.

21. BOUSIER A POINTS ROUGES OU DE SCHREBER, *Copris
Schreberi.*

Caract. Noir lisse : élytres à deux taches, et pattes rouges.

22. BOUSIER A PATTES JAUNES, *Copris flavipes.*

Caract. Fauve : à tête noire, cuivreuse ; une petite tache
brune sur chaque côté du corselet.

23. BOUSIER OVÉ, *Copris ovatus.*

Caract. Noirâtre, à duvet fin ; chaperon à deux lignes en
chevron.

On trouve fort souvent ces espèces et une quinzaine
d'autres voisines, dans les bouses, et principalement dans
celles de cheval qui commencent un peu à se sécher.

§. III. *Les Onites :* à chaperon entier, corselet à quatre points enfoncés, latéraux.

24. BOUSIER BISON, *Copris bison.*

Caract. Noir : corselet à excavation antérieure, surmonté d'une pointe ; deux cornes en croissant sur le chaperon.

Cet insecte est à peu près de la grosseur du stercoraire : ses élytres sont à côtes saillantes ; on voit une petite carène sur le corselet. La femelle a trois cornes plus petites sur la tête, au lieu de deux. On le trouve dans le Midi de la France.

25. BOUSIER SPHINX, *Copris sphinx.*

Caract. Noir opaque, lisse : cuisses très-grosses ; un tubercule sur la tête.

Nous ne citons cette espèce qu'à cause de la forme allongée de son corps, qui la rapproche des hannetons. Elle vient des Indes. (C. D.)

BOUSIN ou BOUZIN. (*Minér.*) On donne ce nom aux couches peu épaisses d'une pierre extrêmement tendre, même friable, qui se trouve entre les bancs horizontaux de chaux carbonatée grossière, aux environs de Paris et probablement ailleurs.

On appelle aussi de ce nom une tourbe de mauvaise qualité. (B.)

BOUSSEROLE. (*Bot.*) Voyez BUSSEROLE.

BOUT. (*Ichtyol.*) Dans quelques parties de l'Espagne on appelle ainsi le tétrodon lune. Voyez TÉTRODON. (F. M. D.)

BOUTARGUE (*Ichtyol.*), nom sous lequel on connoît en Italie et dans les contrées méridionales de la France le caviar formé avec les œufs du muge céphale. Voyez CA-VIAR. (F. M. D.)

BOUT-DE-PETUN ou BOUT-DE-TABAC. (*Ornith.*) Les deux espèces d'anis, *crotophaga*, sont connues sous cette dénomination dans les colonies françoises. Voyez ANIS. (Ch. D.)

BOUTE-EN-TRAIN (*Ornith.*), nom vulgaire de la petite linotte rouge ou cabaret, donné par Linnæus comme une variété du *fringilla montium*, L. (Ch. D.)

BOUTEILLAOU (*Bot.*), nom languedocien de l'olivier. (J.)

BOUTEILLE. (*Bot.*) Voyez les *Courges-bouteilles* au mot Courge. (D. de *V.*)

BOUTE-QUELON (*Ornith.*), nom de la grive mauvis, *turdus iliacus*, L., dans les environs de Montbar. (Ch. D.)

BOUTIS (*Véner.*), lieu où les sangliers ont remué la terre avec leur boutoir. (F. C.)

BOUTON. (*Chim.*) On nomme bouton le petit culot métallique, convexe à sa surface, que l'on obtient dans le traitement des mines ou dans l'essai des masses d'argent ou d'or. (F.)

BOUTON. (*Ornith.*) Lorsque l'oiseau se perche à la cime des arbres, on dit, en terme de fauconnerie, qu'il prend le bouton. (Ch. D.)

BOUTON. (*Physiol. végét.*) On peut, en général, définir le bouton, un petit corps rond, ou ovale, ou conique, revêtu d'écailles ou de feuilles se recouvrant mutuellement et contenant les branches et les fleurs avant leur développement.

Le bouton naît sur les tiges et les branches de la plupart des arbres et des arbrisseaux qui perdent leurs feuilles en hiver.

Les feuilles, exposées à l'influence de la lumière et de la chaleur, transpirent abondamment durant le jour; elles pompent les fluides contenus dans le végétal et déterminent leur direction vers leur point d'attache. Les tubes qui servent de canaux à ces liqueurs, les élaborent : le cambium se forme insensiblement; il se dépose autour de la racine des feuilles, et donne naissance à de nouveaux tubes qui s'allongent vers l'écorce, et s'efforcent de la percer.

Le printemps est l'époque la plus favorable aux développemens. C'est alors qu'on voit paroître l'œil du bouton dans l'aisselle des feuilles des arbrisseaux et des arbres. L'œil grossit et devient bouton vers le solstice, continue de se développer en automne, demeure dans une espèce d'engourdissement pendant l'hiver, s'épanouit en bourgeon au printemps suivant, et se change dans l'été en rameau chargé de feuilles et de fleurs.

On ne doit point appeler boutons les petits cônes qui paroissent dans l'aisselle des feuilles des plantes herbacées,
et se changent en rameaux dans l'espace de quelques jours.
Ce qui distingue essentiellement les boutons, c'est la propriété de résister aux froids, et de se conserver, comme la
graine, pendant une ou plusieurs années dans un état de
stagnation tel qu'ils n'éprouvent aucun changement apparent, et qu'ils se développent aussitôt que les circonstances
favorisent leur accroissement. Ainsi, quoique l'ognon des
aulx, des lis et de plusieurs autres plantes monocotylédones, ne naisse point dans l'aisselle des feuilles, puisque
les feuilles périssent chaque année avec les tiges, qui sont
herbacées, on n'en doit pas moins considérer l'ognon
comme un bouton, puisqu'il en remplit les fonctions. C'est
pour cette raison que, malgré l'usage reçu, nous ne parlerons que légèrement de cet organe quand nous traiterons
des racines. L'ognon est composé d'un faisceau de feuilles
appliquées les unes sur les autres, étiolées, épaisses, au
milieu desquelles est logé l'embryon de la tige, des feuilles
et des fleurs. Ce faisceau de feuilles repose sur un plateau
charnu, véritable collet de la plante, d'où s'échappe une
racine fibreuse.

Il y a, comme on le voit, plusieurs espèces de boutons.
Les uns sont les *turions* et les ognons, connus sous le nom
de bulbes ; ils sortent de racines vivaces, et produisent
des tiges annuelles. Ces tiges ne portent point de boutons ;
ils deviendroient inutiles, puisque la destruction des tiges
entraîneroit infailliblement la leur. Les autres sont les
boutons proprement dits ; ils naissent sur les tiges et les
branches des arbres et des arbrisseaux, et produisent des
rejetons vivaces. Il y a aussi des espèces de bulbes qui
naissent dans l'aisselle des feuilles et les enveloppes des
fleurs de quelques plantes herbacées, et que l'on peut encore
ranger parmi les boutons. Voyez les mots BULBES, OGNON,
TURION.

Nous avons dit plus haut que les boutons produisent des
branches à feuilles ou à fleurs ; nous devons ajouter qu'il
y en a de mixtes, c'est-à-dire, qui portent à la fois des
feuilles et des fleurs. Les agriculteurs reconnoissent à leur

forme le genre de production qu'ils donneront. Les boutons à feuilles sont minces, allongés, pointus ; les boutons
à fleurs sont gros, courts, arrondis ; les boutons mixtes
tiennent le milieu entre les deux autres espèces. On a
encore observé que le bouton à feuilles, mis dans la terre,
pouvoit jeter quelques racines et même se développer
comme les ognons ; mais que le bouton à fleurs y périssoit
toujours. Les uns et les autres sont susceptibles d'être
greffés. On détache un bouton sans l'offenser ; on le subs-
titue au bouton d'un arbre qui, par sa nature, a beaucoup de rapport avec le premier : le cambium se dépose
dans la plaie, et unit les deux parties étrangères ; il se
forme autour un bourrelet de tissu cellulaire et de tubes,
qui consolide cette union , et le bouton se développe
comme sur le végétal qui l'a produit, sans qu'il en résulte
d'autre modification que celle qui dépend de la greffe.

Les enveloppes des graines mettent les germes à l'abri de
l'intempérie des saisons ; les enveloppes des boutons protègent les jeunes pousses contre la rigueur des hivers. Les
boutons des arbres des climats septentrionaux sont presque
toujours revêtus d'écailles ou de duvet. Dessous ces langes,
ils bravent les froids excessifs, les chaleurs trop vives et
les brouillards épais, dont l'influence est toujours nuisible
à la végétation.

Les écailles sont de petites lames coriaces, creusées en
cuillère, et composées de tissu cellulaire et de petits
tubes ; elles sont placées les unes sur les autres, et forment
une espèce d'étui conique, au centre duquel est logé le
jeune rejeton. Les écailles extérieures, éprouvant l'action
de la lumière, sont fermes et sèches ; les écailles intérieures, garanties par les autres, sont molles et succulentes.
Quelquefois les unes et les autres sont garnies extérieurement et intérieurement d'un duvet cotonneux plus ou moins
épais ; et presque toujours la superficie du bouton est en-
duite d'un suc résineux, qui unit les écailles entre elles,
et ferme toute. issue à l'humidité extérieure. Des boutons
résineux, détachés de l'arbre, couverts de cire à leur base
et plongés dans l'eau durant des années, n'ont point subi
la moindre altération apparente. Toutes ces précautions de

la nature expliquent très-bien comment les bourgeons se développent malgré les vicissitudes des saisons.

Dans les climats où l'on ne connoît point d'hiver, où le soleil est toujours ardent et le ciel toujours pur, où les végétaux aspirent et rejettent sans cesse les fluides d'une terre qui ne se repose jamais, les boutons n'ont point d'écailles et n'en ont pas besoin. S'il est quelques exceptions à cette règle, elle n'existe que pour les arbres dont la nature est telle qu'ils peuvent croître indifféremment dans les pays septentrionaux ou méridionaux.

Les écailles sont des feuilles avortées. Cet avortement a lieu à l'époque du ralentissement de la séve. Si sa marche étoit absolument suspendue, ou si elle étoit trop rapide, les écailles ne se formeroient pas : dans le premier cas, il n'y auroit aucune production nouvelle ; dans le second, les boutons, sans enveloppes, ne tarderoient pas à s'allonger en bourgeons. C'est ce qu'on observe pour quelques arbres des pays froids, et pour ceux des pays chauds : dans les premiers, la végétation, très - prompte d'abord, mais très-lente bientôt après, ne permet pas la formation des écailles ; et dans les seconds la végétation est toujours trop rapide pour qu'elles puissent se développer. La même chose a lieu lorsqu'on coupe les sommités d'un arbre avant l'épanouissement des boutons ; ceux qui se développent après cette opération sont privés d'écailles.

Les boutons diffèrent dans chaque espèce. Ils sont courts et arrondis dans le noyer, longs et pointus dans le charme, velus dans la viorne, lisses dans le cerisier, petits dans le chêne, gros dans le marronier, etc.

Dessous les écailles on trouve la jeune branche et les petites feuilles plissées sur elles - mêmes de manière à ne tenir que le moins d'espace possible.

Il y a des boutons qui, quoique dépourvus d'écailles, n'en sont pas moins à l'abri de l'intempérie des saisons. Le *clusia rosea*, arbre dicotylédon de la famille des guttifères, a les feuilles opposées. Les pétioles des deux feuilles situées à l'extrémité des rameaux, sont serrés l'un contre l'autre à leur base : c'est là que le bouton est enfermé comme dans une boîte. En se gonflant, il écarte les pétioles et sort de sa prison.

Les boutons des plantes de la famille des polygonées sont également situés à l'extrémité des rameaux. Une membrane, prolongement de la partie la plus extérieure de l'écorce, les recouvre absolument. Le bouton crève cette membrane qui, restant attachée à la base interne de la feuille, forme l'espéce de stipule en anneau que l'on remarque dans toutes les polygonées. Voyez, pour exemple, les coccoloba que nous cultivons dans nos serres.

Dans le sumac le pétiole se creuse intérieurement à sa base pour recevoir le bouton ; celui-ci, aux approches de l'arrière-saison, chasse devant lui la feuille qui se détache, et l'on voit alors au milieu de la cicatrice qu'elle laisse sur l'arbre, ce même bouton sous la forme d'un petit cône.

L'organisation intérieure du bouton ne diffère point de celle de la plumule renfermée dans la graine ; celle-ci est la tige, et celle-là le rameau dans son enfance : le rameau et la tige ont la même organisation ; la plumule et le bourgeon doivent donc être absolument semblables.

Dans les arbres dicotylédons, un filet médullaire se prolonge de la base du bouton à son sommet ; un cylindre de grands tubes l'environne, et jette çà et là quelques ramifications, dont les prolongemens composent les nervures des feuilles, et une couche de tissu cellulaire forme l'enveloppe extérieure ou l'écorce. Dans les arbres monocotylédons, de grands tubes sont répandus avec plus ou moins de symétrie dans le tissu cellulaire ; il n'y a ni écorce ni tissu cellulaire distincts.

La partie de la plante où naît le bouton forme toujours un petit bourrelet. Les feuilles, en attirant les sucs vers ce point, favorisent le gonflement du bourrelet, qui ne peut se dilater sans écarter les écailles et donner plus de liberté à ce nouveau rejeton : car il est évident que le moindre écartement à la base du bouton doit en produire un très-apparent au sommet ; et c'est par ce moyen que le rejeton, trop foible pour repousser lui-même ses enveloppes, en est enfin débarrassé, et recevant le contact de la lumière, acquiert insensiblement plus de vigueur et se prolonge sous la forme d'une branche ligneuse.

On peut suivre le développement du bouton durant plusieurs années, en l'observant depuis l'instant où il perce l'écorce jusqu'à celui où il se change en bourgeon. Quelquefois cinq ans suffisent à peine à ce développement. Au reste, le temps que la nature emploie à ce travail dépend souvent de circonstances purement accidentelles ; et, par exemple, lorsque les feuilles qui accompagnent les boutons viennent à périr, ils prennent tout à coup un accroissement considérable, et l'automne voit croître souvent des branches, des fleurs et des feuilles, qui n'auroient paru que le printemps suivant si tout fût resté dans l'ordre accoutumé : mais ces productions hâtives sont détruites par les premières gelées.

Comme tous les boutons d'un arbre ne sont pas également exposés à l'action de l'air et de la lumière, tous ne se développent pas en même temps. En général, ceux qui sont situés à l'extrémité des rameaux s'épanouissent les premiers.

La disposition des boutons sur les tiges, les branches et les rameaux, est la même que celle des feuilles. Nous n'en parlerons pas ici, pour éviter une répétition fastidieuse. (B. M.)

BOUTON D'OR (*Bot.*), espèce de renoncule, *ranunculus acris*, dont la fleur jaune double aisément par la culture, et qui fait alors un des ornemens des parterres. Une autre espèce, *ranunculus platanifolius*, à fleurs blanches et doubles, également cultivée, porte le nom de bouton d'argent. (J.)

BOUTON ROUGE. (*Bot.*) Dans le Canada on nomme ainsi l'espèce de gaínier qui y est indigène, *cercis canadensis*. (J.)

BOUTONNIÈRES. (*Entom.*) On a ainsi nommé dans la chenille les ouvertures qui se voient de chaque côté du corps et qui servent à la respiration. Voy. STIGMATES. (C. D.)

BOUTSALLICK. (*Ornith.*) Cet oiseau est le coucou tacheté du Bengale, de Brisson, et le *cuculus scolopaceus*, L. (Ch. D.)

BOUTTON (*Ichtyol.*), nom d'un holocentre découvert par Commerson dans le détroit de Boutton près des îles Moluques. Voyez HOLOCENTRE. (F. M. D.)

BOUTURE (*Agric.*), branche d'un arbre ou d'une plante vivace, que l'on sépare de la tige et que l'on confie à la terre, à dessein de lui faire prendre racine et d'en former un nouvel individu. Voyez Arbre. (T.)

BOUVÉRET. (*Ornith.*) L'espèce de bouvreuil ainsi nommée par Buffon est le *loxia aurantia*, L. (Ch. D.)

BOUVERON. (*Ornith.*) Buffon a ainsi nommé le petit bouvreuil noir d'Afrique, de Brisson, *loxia lineola*, L. (Ch. D.)

BOUVIER. (*Ornith.*) Salerne applique ce nom au gobe-mouche ordinaire, *muscicapa grisola*, L., et les auteurs du nouveau Dictionnaire d'histoire naturelle ont adopté cette application : mais, d'une part, le gobe-mouche ne suit pas les bœufs et n'habite même point les prairies ; et, d'une autre, le mot bouvier est dans Aldrovande synonyme du boarina, qu'ils ont, avec Linnæus, rapporté au *motacilla nævia*, tandis que le gobe-mouche proprement dit est appelé par Aldrovande *grisola*. Voyez Boarina.

Le mot bouvier est aussi un des noms vulgaires du bouvreuil commun, *loxia pyrrhula*, L. (Ch. D.)

BOUVIÈRE (*Ichtyol.*), espèce de Cyprin. Voyez ce mot. (F. M. D.)

BOUVREUIL. (*Ornith.*) Linnæus a compris dans son genre *Loxia* les bouvreuils et d'autres oiseaux, dont les becs offrent des différences suffisantes pour en composer des genres particuliers. Celui du bouvreuil a déjà été établi par Brisson sous le nom de *pyrrhula*, et il forme le 36.° de la méthode de Lacépède. Le bec aux deux mandibules convexes de notre bouvreuil présente, en effet, un caractère qu'on ne trouve point dans la plupart des autres loxies du naturaliste suédois ; mais il n'est pas aussi arrondi que chez les becs-ronds de Montbeillard, et la mandibule supérieure a une pointe saillante et recourbée, tandis que dans ces derniers elle ne dépasse pas l'inférieure. La conformation du bec n'est d'ailleurs pas la même dans toutes les espèces placées parmi les bouvreuils proprement dits ; et jusqu'à ce qu'on puisse les classer avec assez de précision, l'on croit devoir se borner à en faire une section du genre Loxie. Le groupe sera ainsi conservé, et de nouvelles observations mettront un jour à portée de l'isoler entièrement. (Ch. D.)

BOUVREUX (*Ornith.*), nom vulgaire du bouvreuil commun, *loxia pyrrhula*, L. (Ch. **D.**)

BOUZAH. (*Bot.*) Dans le voyage d'Afrique de Horneman il *est* fait mention d'un breuvage de ce nom, que l'on fait à Mourzouk avec des dattes et avec lequel on peut s'enivrer. (J.)

BOVATTI (*Bot.*), nom brachmane d'une espèce de bignone, *bignonia chelonoides*, figurée dans le Hort. Malab. (v. 6, p. 47, t. 26) sous celui de *padri* des Malabares. Voyez PADRI, BIGNONE. (J.)

BOVI-CERVUS. (*Mamm.*) Caïus décrit sous ce nom le bubale, qu'il nomme encore *buselaphus;* ce qui en grec signifie également bœuf-cerf. (F. C.)

BOVISTE (*Bot.*), *Bovista*, nom d'un genre de plantes de la famille des champignons, de la première classe, les angiocarpes, ordre troisième, les dermatocarpes, quinzième genre de la méthode de Persoon, et formé d'une division des vesseloups, *lycoperdon*, L.

Le *bovista* est un champignon sessile, dont la masse arrondie est lisse, irrégulièrement percée à son sommet, recouverte par un épiderme extérieur (*volva*, Pers.?), se déchirant par portions. Elle est remplie intérieurement d'une poussière (séminale, Pers.) fécondante (Voyez CHAMPIGNON), extérieurement et au-dessous, dans une cloison particulière dont l'ouverture correspond à celle ci-dessus, d'une poussière plus fine, dispersée dans un réseau membraneux (les semences ?). Persoon distingue quatre espèces de *bovista*, dont une seule a été figurée par Bulliard.

BOVISTA ARDOISÉ, *Bovista plumbea*, petit, presque globuleux, d'une couleur d'ardoise.

Bulliard l'a représenté venant sur un tronc d'arbre; Persoon assure qu'il ne se trouve que dans les prés et les lieux montueux. (P. B.)

BOX (*Bot.*), nom anglois du buis. (J.)

BOX. (*Ichtyol.*) Ce nom grec paroît avoir été donné par Pline et Oppien au spare bogue. Voyez SPARE. (F. M. **D.**)

BOYAU DE CHAT. (*Bot.*) On donne ce nom à une

espèce d'ulve, *ulva intestinalis*, qui est tubulée, en forme
d'intestin. (J.)

BOYAUX DU DIABLE (*Bot.*), nom donné dans les Antilles à quelques espèces de salsepareille, *smilax*. (J.)

BOYCININGA. (*Rept.*) C'est le même serpent que le crotale boiquira du Brésil. Voyez CROTALE. (C. D.)

BOYGLOTTON. (*Ichtyol.*) Des anciens auteurs grecs ont
ainsi appelé la sole. Voyez BOGLOSSA et PLEURONECTE.
(F. M. D.)

BOYUNA (*Rept.*), nom d'un serpent du Brésil, décrit
par Ray et par Séba. (C. D.) .

BRABEI (*Bot.*), *Brabeium* , Linn. , Juss. , genre de
plantes de la famille des protées. Ce genre n'a qu'une
espèce, qui porte le nom de brabei à feuilles en étoile,
brabeium stellatum : c'est un arbrisseau du cap de Bonne-Espérance , dont les rameaux sont noueux et garnis autour
de chaque nœud de cinq ou six feuilles en fer de lance,
bordées de dents écartées, et ayant à leur aisselle des épis
couverts d'écailles dont chacune accompagne trois fleurs.
Leur calice, petit et d'abord fermé, s'ouvre en quatre ou
cinq parties qui se roulent en dehors et portent chacune
à leur base une étamine. L'ovaire, terminé par un style et
un ou deux stigmates, avorte dans une partie des fleurs,
et devient dans les autres un petit fruit sec et velu, connu
dans le pays sous le nom de châtaigne sauvage, et rempli
par une amande très-recherchée par les sangliers. (Mas.)

BRABRA (*Bot.*), nom du pourpier ordinaire dans l'Arabie ; c'est le *ridjle* des Égyptiens. (J.)

BRAC. (*Ornith.*) Cette espèce de calao est le *buceros africanus*, L. (Ch. D.)

BRACELETS. (*Bot.*) Suivant Plumier on donne ce nom
dans les Antilles aux gousses d'une espèce d'acacie, *mimosa
unguis cati*, qui sont contournées en forme de bracelets.
Dans les mêmes îles on nomme le jacquinier, BOIS-BRACE
LET. Voyez ce mot. (J.)

BRACHÉLYTRES (*Entom.*), *Brevipennia*, famille d'insectes coléoptères qui ont cinq articles à tous les tarses,
les élytres dures, courtes, les antennes moniliformes, et
qui comprend les staphylins de Linnæus.

Ce nom est formé de deux mots grecs, dont l'un, ϐραχὺς (*brachys*), signifie courte, et l'autre ελὐτρὸν (*elytron*) gaîne ou aile supérieure ; ce que nous avons cherché à rendre dans notre langue par ce mot latin francisé, brévipennes.

Cette famille de coléoptères est une des plus connues et sur laquelle on a le plus écrit : tous les auteurs systématiques en ont parlé. Nous avons en outre deux monographies de ces insectes : l'une est de Paykull, qui l'a publiée en 1789 ; l'autre est beaucoup plus récente. Elle a paru en 1802, et contient l'histoire de tous les coléoptères microptères des environs de Brunswick, et d'un très-grand nombre d'espèces étrangères. Schæffer en avoit fait une classe particulière dans ses Élémens entomologiques, sous ce même nom de microptères : nous avons préféré le mot qui fait l'objet de cet article, parce qu'il exprime beaucoup mieux le caractère naturel des insectes compris dans cette famille, qui ont des ailes longues, mais des élytres comme raccourcies.

Le corps des brachélytres est toujours plus long que large ; la partie de l'abdomen qui est libre au-delà des élytres forme, le plus souvent, au moins le tiers de la longueur totale. Chacune des articulations principales du corps présente dans presque toutes les espèces des étranglemens sensibles. Leur tête est convexe en dessus, plate en dessous, mais elle varie beaucoup pour la forme ; le plus souvent elle est arrondie. Sa largeur, comparée à celle du corselet, paroît varier dans les sexes. Les antennes sont formées de douze articles, dont le second est ordinairement le plus long. Elles sont le plus souvent filiformes, comme grenues ; quelquefois elles grossissent insensiblement à l'extrémité ou vers le milieu : leur longueur varie beaucoup, et cela dépend principalement des sexes.

Le corselet est en général bordé, surtout en arrière, d'une petite ligne relevée ; il est convexe en dessus, excepté dans les espèces très-aplaties. Sa longueur et sa largeur respectives varient beaucoup : il en est de circulaires, d'ovales, de transverses, de carrés, de globuleux, et même en forme de cœur et de fuseau.

Les élytres présentent aussi beaucoup de variétés : en

général elles sont quadrilatères ; mais leur largeur excède rarement leur longueur. Le plus souvent le bord de la suture est moins long que l'externe, qui est toujours replié en dessous et qui embrasse la poitrine. Les ailes sont longues et larges, mais repliées entièrement sous le corselet. Elles ont trois veines longitudinales.

L'abdomen est allongé, convexe sur ses deux faces, composé de sept segmens ; le dernier est quelquefois mousse, quelquefois pointu. Dans un très-grand nombre d'espèces il sort pendant la vie, par l'ouverture de l'anus, deux glandes ou tubercules dont la couleur varie du blanc au jaune aurore, qui laissent exhaler une vapeur ou un liquide d'une odeur très-variée, le plus souvent acide.

Les pattes de devant sont toujours plus courtes : celles de derrière plus longues et plus grêles. La hanche est ovale, la cuisse garnie d'un trochanter à la base ; les jambes sont en général un peu courbes, garnies le plus souvent de soies ou d'épines dirigées vers le tarse. Les tarses sont toujours composés de cinq articles, dont le dernier est terminé par deux ongles.

On trouve les brachélytres dans tous les lieux humides, le plus souvent sous les cadavres, dans le fumier, les champignons, en général partout où des corps organisés se décomposent ; quelques espèces seulement se trouvent sur les fleurs. Les larves se rencontrent dans les lieux humides, sous la terre, les pierres, les cadavres, les écorces des arbres. Elles sont formées d'une douzaine de segmens de largeur à peu près égale entre eux. Leur tête ressemble à celle de l'insecte parfait pour la forme générale et celle des parties qui seulement sont moins développées. Le premier anneau qui vient après la tête correspond au corselet, et les deux qui viennent ensuite, à la poitrine ; ils supportent les trois paires de pattes, qui sont courtes et dont les formes sont moins déterminées que celles des parties des membres auxquelles elles correspondent.

La nymphe est à métamorphose incomplète, comme toutes celles des coléoptères.

Gravenhorst a établi douze genres dans cette famille, et voici à peu près le tableau de sa méthode. Il considère d'abord le nombre des articles des palpes de devant, et il obtient deux sections; les genres qui en ont trois, et ceux qui en ont quatre.

La première division a le dernier article des antennes cylindrique ; ce sont les callicères : ou ovale, et alors le dernier article des palpes, s'il est ové, détermine le genre Stène; s'il est pointu, le genre Pœdère.

Dans la seconde division, ou les articles sont inégaux; c'est alors le genre Oxypore : ou ils sont égaux. Ici viennent deux grandes sous-divisions. Dans l'une, les articles sont ovés, et si le corselet est arrondi en arrière, c'est le genre Staphilin : s'il est tronqué, ou bien si les antennes sont filiformes, avec le corselet en cœur, c'est le genre Anthophage ou Lestève de Latreille; ou, s'il est carré, c'est le genre Pinophile. Si les antennes sont plus grosses à l'extrémité ; ce sont deux genres dont l'un a le corselet bordé, Omalie ; l'autre, le corselet non bordé, Tachyn. Enfin, dans la seconde sous-division, les antennes sont ou sécuriformes, comme dans le genre Astrapée; ou grêles, pointues, avec le corselet allongé, comme dans les lathrobies ; ou avec le corselet court et les jambes lisses, le genre Aléochare ; ou les jambes épineuses avec le corselet lisse, Tachypore ; ou enfin le corselet avec un enfoncement, c'est le genre Oxytèle.

Viennent ensuite les caractères de chacun de ces genres, qui, comme on vient de le voir, sont au nombre de quatorze. Nous ne les avons point adoptés, parce que les caractères nous ont paru en général pris dans des parties trop petites. Cependant nous profiterons du travail de Gravenhorst, en traitant des genres, et nous aurons soin de faire connoître les observations curieuses et les notes descriptives dont il a enrichi la science.

Nous ne faisons que six genres dans cette famille. Nous allons en présenter dans un tableau synoptique les principales notes distinctives qui peuvent conduire à la description complète des caractères, que l'on trouvera à chacun des articles qui les concernent.

Nous prévenons cependant qu'une seule espèce de staphilin ne peut pas entrer dans cette division et qu'elle est anomale. Nous n'avons pas cru devoir en faire un genre, à l'exemple de Gravenhorst, qui l'a nommée astrapée, *astrapœus*. Tous les palpes de cette espèce sont en rondache; son corps est noir, lisse; la base des antennes, la bouche, les élytres et le bord de l'avant-dernier anneau de l'abdomen, sont rouges. On l'a trouvée sous l'écorce d'un orme : c'est le staphilin de l'orme de Rossi et d'Olivier.

<pre>
                  (globuleux : tête très-large . . . . III. STÈNE.
BRACHÉLYTRES {   (saillantes, avancées . . . IV. OXYPORE.
  à yeux   (non globuleux : (renflés, à {
              (palpes . . .   (mandibules (courtes : (globuleux. VI. PÉDÈRE.
                                             (corselet . (sessile . . V. FONGIVORE,
                               (simples : élytres cou- (aux trois quarts . II. LESTÈRE.
                               (vrant de l'abdomen,   (à la moitié au plus. I. STAPHILIN.
</pre>

Voyez l'Atlas et chacun des noms de genre. (C. D.)

BRACHIOBOLE (*Bot.*), *Brachiobolus.* Allioni nomme ainsi les sisymbres à silique courte, qui constituent le *radicula* de Haller et le *roripa* de Scopoli. (J.)

BRACHIOGLE (*Bot.*), *Brachioglottis*, Forst., Juss., genre de plantes à fleurs radiées, de la famille des corymbifères, composé de deux espèces encore peu connues; l'une à feuilles ovales et sinuées, l'autre à feuilles entières et arrondies.

Le caractère de ce nouveau genre consiste, selon Forster, en un calice oblong, cylindrique, formé de plusieurs folioles linéaires et égales; plusieurs fleurons hermaphrodites, quinquéfides; un petit nombre de demi-fleurons très-courts et à trois dents. Les graines sont couronnées d'une aigrette plumeuse, sessile, et situées sur un réceptacle nu. (D. P.)

BRACHION. (*Moll.*) Voyez INFUSOIRE (animalcule).

BRACHION. (*Ichtyol.*) C'est une espèce de scorpène. Voyez SCORPÈNE. Ce nom est aussi donné à une nouvelle espèce de spare. Voyez SPARE. (F. M. D.)

BRACHYCÈRE (*Entom.*), *Brachycerus*, genre d'insectes coléoptères qui ont quatre articles à tous les tarses; les antennes en masse non brisées, portées sur une sorte de bec ou de trompe, et que nous avons rangés dans la famille des rhinocères ou rostricornes.

On voit aisément que ce mot est composé de deux autres

tirés du grec. L'uh, βραχὺς (*brachys*), signifie courte, et l'autre, κὲρας (*keras*), corne, antenne. Ces insectes ont en effet leurs antennes fort courtes, lorsqu'on les compare à celles des charançons, parmi lesquels on les avoit d'abord rangés et qu'Olivier en a avec raison séparés.

Nous exprimons comme il suit les caractères de ce genre.

Caract. gén. Corps court, renflé, le plus souvent inégal, raboteux ; tête petite, engagée, prolongée en un bec court, large, obtus, marqué sur le chaperon de crêtes saillantes ; antennes courtes, à dernier article obtus ; élytres soudées, sans ailes, embrassant l'abdomen ; pattes à quatre articles simples.

Il est très-aisé de distinguer ce genre de tous ceux de la même famille : d'abord des brentes, anthribes et bruches, qui n'ont point les antennes en masse. Ensuite des calandres, cossons, charançons, rhynchènes et ramphes, qui ont des antennes en masse, il est vrai, mais comme brisées. Enfin, il est facile encore de les séparer des attélabes et des oxystomes, parce que les articles des tarses des brachycères sont simples, ou parce qu'ils n'ont pas le troisième article bilobé.

Tous les brachycères sont étrangers ; ils viennent tous de l'Afrique ou de la Barbarie : on en a trouvé cependant sur les frontières de l'Italie et de l'Espagne. On en connoît une trentaine d'espèces.

1. Brachycère de Barbarie, *Brachycerus barbarus.*

Caract. Gris ou brun : corselet sillonné, épineux ; élytres rugueuses, à deux crêtes saillantes.

2. Brachycère globuleux, *Brachycerus globosus.*

Caract. Noir ; corselet chiffonné, à cinq sillons ; élytres lisses.

Ces insectes vivent dans les sables ; ils marchent lentement, comme les pimélies. On ne les trouve jamais sur les fleurs ; leurs larves ne sont pas connues. (C. D.)

BRACHYN (*Entom.*), *Brachynus,* nom d'un genre peu nombreux de coléoptères, qui ont cinq articles à tous les tarses, les élytres dures, couvrant le ventre, le corps aplati, les antennes filiformes, non dentées, et qui appartiennent par conséquent à notre famille des créophages ou carnassiers.

Ce nom de brachyn a été imaginé par Weber, et adopté ensuite par Fabricius ; il vient d'un verbe grec βραχύνώ (*brachyno*), qui signifie je raccourcis, parce qu'en effet les élytres de la plupart de ces insectes sont comme tronquées. On les a nommés en françois scarabées canonniers ou bombardiers.

Ces brachyns et presque toute la famille des créophages sont un démembrement, une des divisions établies dans le grand genre des carabes de Linnæus : leur caractère est cependant assez bien tranché, comme on le verra par la suite.

Nous les caractérisons ainsi qu'il suit :

Caract. gén. Corps allongé, plus gros en arrière, très-agile ; tête un peu plus large que le corselet, presque ovale, à yeux globuleux derrière les antennes ; corselet allongé, étranglé en devant et en arrière ; un écusson petit ; élytres plus étroites à la base, comme tronquées, souvent striées, couvrant des ailes ; pattes longues ; tarses à cinq articles ; les jambes de devant toujours échancrées.

Voici comment on peut arriver à la distinction des espèces qui composent ce genre. La forme des tarses les éloigne des hyphydres, dytiques et tourniquets ; la tête étroite, le peu de saillie des yeux, les font aisément distinguer des genres Collyure, Cicindèle et Manticore ; le corselet rétréci aux deux extrémités les éloigne des élaphres, des notiophiles et des scarites, des driptes et des omophrones ; enfin, la tête aussi large que le corselet sert à les distinguer des carabes, calosomes et cychres. Il ne reste plus que les genres Anthie et Galérite avec lesquels on pourroit les confondre ; mais le dernier a la tête portée comme sur un cou, tandis qu'elle est sessile ou presque sessile dans le brachyn. Quant aux anthies, nous ne voyons d'autres caractères pour les distinguer des brachyns que l'impossibilité de voler, produite par la soudure des élytres ou par l'absence des ailes.

Ce genre ne contient dans les auteurs qui l'ont indiqué qu'une douzaine d'espèces, mais on pourroit en rapprocher un très-grand nombre que Fabricius a laissé dans son genre Carabe.

La manière de vivre des brachyns est absolument la même que celle qui est propre aux autres genres de la même famille. Ils se nourrissent d'autres insectes, sous leur état parfait et sous celui de larve. On les trouve ordinairement sous les pierres, dans les endroits humides. Quelques-uns vivent en société de cinquante à quatre-vingts : tels sont particulièrement dans ce pays le pistolet et le crépitant, nommés ainsi à cause du son qu'ils produisent à volonté par une propriété que je vais faire connoître et qui est un véritable moyen de défense.

Quand l'insecte est saisi, ou lorsqu'il se croit en danger de l'être, il fait entendre un petit bruit, et l'on voit sortir au même moment de dessous ses élytres une vapeur blanchâtre ou jaunâtre d'une odeur acide. Souvent ce petit phénomène, produit par un seul insecte pénétré d'une crainte salutaire, détermine tous les petits individus de la même famille à en faire autant. Alors toutes les crevasses des pierres et de la terre dans lesquelles ils se sont blottis, fument et représentent autant de petits volcans : voilà l'arme défensive de ces brachyns. Peut-être s'en servent-ils pour tuer ou étourdir les autres petits animaux dont ils se nourrissent : c'est ce que l'observation n'a pas encore appris.

Il étoit naturel de rechercher quelle étoit la nature de cette vapeur, et c'est ce que nous avons eu occasion de faire. C'est véritablement un acide, que quelques expériences nous ont démontré être d'une nature particulière, et sécrété dans l'intérieur du corps. En ouvrant avec soin l'abdomen, nous l'avons trouvé sous forme liquide, contenu dans deux vésicules transparentes et musculeuses. Ces deux vésicules aboutissent à l'anus, dans une sorte de cloaque, après s'être réunies en un seul canal. Si l'on ouvre ces petits réservoirs, l'humeur qu'ils contiennent entre aussitôt en effervescence, et à peine en contact avec l'atmosphère, après avoir bouillonné comme l'éther dans le vide, elle s'évapore en un instant. Un papier teint de couleurs bleues végétales rougit d'abord, pour jaunir bientôt ; tant est vive l'action de l'acide. Appliquée sur la langue, la vésicule, quand elle n'est pas déchirée, ne produit aucune sensation; mais si elle vient à s'ouvrir, elle répand dans toute la bouche une saveur particulière, assez agréable, et elle fait ressentir à l'endroit même une vive douleur qui provient de sa causticité, et laisse là une tache jaune qu'on ne peut mieux comparer qu'à celle que produiroit une goutte d'acide nitrique.

Quel est donc ce singulier acide ? Renfermé dans des parties animales vivantes, il ne les détruit pas. Y est-il sous un état particulier de combinaison ? ne devient-il acide que par le contact d'un gaz avec l'oxigène de l'air? voilà des questions que nous n'avons pu résoudre, mais qui méritent véritablement l'attention des physiciens et des chimistes.

Nous allons indiquer seulement les espèces de ce pays.

1. BRACHYN CRÉPITANT, *Brachynus crepitans.* Geoff. Insect. tom. I, p. 151, n.° 19; le Bupresse à corselet, tête et pattes rouges, et étuis bleus. Degéer, tom. IV, p. 103 ; Carabe pétard. Pl. III, fig. 18, 19, 20.

Caract. Roux; à étuis d'un ardoisé foncé.

Cette espèce est cantonnée dans certains lieux aux environs de Paris. Nous l'avons trouvée très-communément et presque uniquement, pendant plusieurs hivers, dans les environs de Gentilly, sous les pierres qu'on retire des carrières près des moulins. On le rencontre rarement en été ; il est très-commun en automne, au printemps et dans les belles journées d'hiver.

2. BRACHYN PISTOLET, *Brachynus sclopeta.*

Caract. Roux : à étuis bleus, avec la suture rouge.

Celui-ci se trouve partout sous les pierres pendant l'hiver. Il vit en société plus nombreuse ; mais il est de moitié plus petit que le précédent. La couleur de ses élytres est d'un plus beau bleu, presque métallique : elles sont bordées d'un peu de rougeâtre vers la base de la suture. L'écusson est d'un jaune rouge pendant la vie. Les mâles ont l'abdomen noir, tandis qu'il est roux dans la femelle.

On trouve en Amérique une grande espéce semblable en

tout à la précédente, mais qui est trois fois plus grosse : on l'a nommée fumante. (C. D.)

BRACHYPTÈRES. (*Ornith.*) On appelle ainsi les oiseaux à pieds palmés, qui ont les ailes très-courtes. Leurs jambes sont placées fort en arrière ; et ce mode d'articulation les force à tenir le corps dressé presque verticalement. (Ch. **D.**)

BRACK. (*Ornith.*) On nomme ainsi les canards et les sarcelles en Barbarie. (Ch. **D.**)

BRACTÉES (*Bot.*), petites feuilles qui sont placées au-dessous du point d'insertion des fleurs, et qui les recouvrent avant leur développement. Quand elles ressemblent aux autres feuilles de la tige, on les nomme feuilles florales ; si elles sont différentes et prennent la forme d'écaille, on leur donne le nom de bractées. (J.)

BRADEN (*Ichtyol.*), nom allemand de la brème. Voyez BRASSEN. (F. M. **D.**)

BRADFISCH. (*Ichtyol.*) Quelques pêcheurs autrichiens donnent ce nom au cyprin ide. Le bratfisch est au contraire le cyprin jesse au bout de trois ans. Voyez CYPRIN. (F. M. **D.**)

BRADIPE (*Mamm.*), un des noms des paresseux, dérivé du nom latin de ces animaux, *bradypus.* (F. C.)

BRADLEIA. (*Bot.*) Gærtner a désigné sous ce nom un genre de plantes nommé auparavant *glochidion* par Forster. Quoique le nom de Gærtner ait aussi été adopté par Cavanilles (Icon. Vol. IV, p. 47, t. 371), on croit devoir conserver le premier qui lui a été donné, suivant l'usage adopté par la plupart des botanistes. Voy. GLOCHIDION. (J.)

BRÆXEN (*Ichtyol.*), nom donné en Portugal à la brème. Voyez CYPRIN. (F. M. **D.**)

BRAGALOU (*Bot.*) , nom languedocien de l'aphyllante. (J.)

BRAGANTIE (*Bot.*), *Bragantia.* Loureiro, dans sa Flore de la Cochinchine, indique sous ce nom générique un arbrisseau nommé dans le pays *hoa-den-mouc.* Il s'élève à environ cinq pieds : ses feuilles sont alternes, grandes, lancéolées et entières : ses fleurs sont rouges, en petites grappes axillaires ; elles n'ont qu'un seul périanthe, que Loureiro nomme corolle, et que Jussieu croit être un calice ; il est adhérent à l'ovaire : la portion qui déborde est globuleuse, sillonnée, terminée par un limbe à trois divisions égales et refléchies en dehors. L'ovaire est allongé, surmonté d'un style épais, terminé par un stigmate concave. Six anthères dépourvues de filets sont appliquées sur le contour du style : le fruit, soudé avec le bas du calice, est une capsule longue, à quatre angles, quatre valves et quatre loges remplies de graines triangulaires, disposées sur un seul rang. En examinant ce caractère, Jussieu réunit ce genre à la famille des aristolochiées, avec laquelle ses rapports sont très-marqués.

On trouve sous le même nom *Bragantia*, dans un fascicule de plantes publié en 1771 par Vandelli, une plante du Brésil qui a la tige ligneuse, les feuilles opposées et velues, les fleurs rassemblées en tête à l'extrémité des tiges. Ces têtes sont entourées de huit feuilles verticillées, velues et terminées en pointes aiguës, qui imitent un calice commun. On en retrouve au-dessous deux autres ; l'un de cinq, et le plus extérieur de quatre feuilles semblables. Chaque fleur a un calice propre, divisé profondément en sept parties, dont deux plus extérieures : la corolle est monopétale, cylindrique, à limbe entier ; elle porte quatre ou cinq étamines qui la débordent. L'ovaire libre est surmonté d'un style court, terminé par deux stigmates. Le fruit n'a pas été observé. On ne peut, d'après cette description incomplète, classer cette plante ; et les botanistes modernes ont négligé, probablement pour cette raison, de la mentionner dans leurs recueils. (J. S. H.)

BRAI, (*Bot.*) poix retirée du pin et du sapin. Lorsque le suc résineux extrait de ces arbres est épaissi au feu, on le nomme brai sec. Ces bois brûlés dans un fourneau donnent le goudron, qui est un mélange de séve et de suc résineux, et que l'on nomme aussi brai liquide. Si pour changer les proportions on ajoute dans cette combustion de la poix sèche ou du brai sec, on obtient, selon la manière de diriger le feu, un produit un peu différent, que l'on nomme brai gras. Voyez Pin, Galipot. (J.)

BRAI. (*Ornith.*) Ce piége, composé de deux pièces de bois, avec lequel on prend des pinsons, des mésanges, des rouge-gorges et autres petits oiseaux, est décrit sous le nom de *bâton fendu* au mot BECS - FINS. (Ch. D.)

BRAIETAS (*Bot.*), nom languedocien de l'oreille-d'ours, *primula auricula.* (J.)

BRAIMENT (*Mamm.*), nom du cri bruyant de l'âne. (F. C.)

BRAINVILLIÈRE. (*Bot.*) Ce nom, qui rappelle le nom de la Brainvilliers, condamnée dans le dix-septième siècle pour cause d'empoisonnemens , a été donné pour cette raison, dans les Antilles, à la spigelie, plante regardée comme malfaisante. On lui attribue cependant la propriété de tuer les vers, ce qui l'a fait nommer *spigelia anthelmia.* C'est encore l'*arapabaca* du Brésil, nom qui avoit été adopté par Plumier. Voyez SPIGELIE. (J.)

BRAMBLE. (*Ornith.*) Ce nom et celui de *brambling,* qui désignent spécialement le pinson d'Ardennes, *fringilla montifringilla*, L., ont aussi été appliqués à l'ortolan de montagne, *emberiza montana,* du même auteur. (Ch. D.)

BRAME. (*Mamm.*) C'est ainsi que l'on nomme le cri du cerf. (F. C.)

BRAME. (*Ichtyol.*) Rondelet a décrit la brême sous ce nom. Voyez CYPRIN. (F. M. D.)

BRAMI (*Bot.*), nom malabare sous lequel Rhéede a décrit et figuré (Hort. Malab. tom. X, p. 27, t. 14) une petite plante de l'Inde. Quoique la description de cet auteur ne soit pas aussi précise que celles que l'on fait maintenant, on peut cependant facilement y reconnoître une plante qui a été observée dans plusieurs endroits situés entre les tropiques, notamment à l'Isle-de-France et à Bourbon (la Réunion). Il paroît que c'est la même que Lamarck a eue de l'Inde par le voyageur Sonnerat : il l'a décrite à l'article Bramie de son Dictionnaire de botanique, la regardant comme formant un genre particulier ; mais depuis, au mot Gratiole du même ouvrage, il ne la considère plus que comme une variété de la *gratiola monniera.* Effectivement, en comparant dans les herbiers les échantillons de cette dernière plante, on voit que, se trouvant dans presque tous les endroits maritimes situés entre les tropiques, elle varie beaucoup dans ses dimensions, mais que son identité est toujours reconnoissable; en sorte donc qu'il paroît qu'une seule et unique plante se trouve à la Jamaïque et aux autres endroits de l'Amérique chaude, et dans l'Inde. Ayant été cultivée anciennement au Jardin des plantes, Bernard de Jussieu en forma un genre, qu'il dédia à son illustre confrère le Monnier, et de là il la nomma *monniera*. Brown adopta ce genre et le figura dans ses Plantes de la Jamaïque. Linnæus, ne lui trouvant pas des caractères assez saillans, le réunit aux gratioles. Lamarck, à l'article cité, revient à l'idée de Jussieu et de Brown, et juge assez convenable de rétablir leur genre, en y réunissant les espèces de gratioles qui ont quatre étamines, l'*ambuli* entre autres. Loureiro a pensé de même; car il paroît que son genre *Septas*, qu'il a observé dans les faubourgs de Canton, est encore le brami de Rhèede. Vahl séparoit aussi cette plante des gratioles, car elle n'est pas comprise parmi les trente-une espèces qui sont rapportées dans le volume qui, par sa publication, vient d'augmenter les regrets sur la fin prématurée de cet illustre botaniste.

En attendant que par un examen approfondi de plusieurs plantes congénères de l'Inde on ait fixé leur place, on croit convenable de regarder celle-ci comme un genre particulier et de lui conserver son nom indien, puisque le nom de *monniera* a été donné par Aublet à un autre genre, qui a été adopté par plusieurs botanistes. (A. P.)

BRAMIE (*Bot.*), *Bramia*, *Monniera*, Juss., Brown; *Septas*, Loureiro : genre voisin de la gratiole, dans la famille des scrofulaires. Son caractère consiste en un calice découpé profondément en cinq découpures inégales, accompagnées de deux plus petites, extérieures (c'est de ce caractère que Loureiro a tiré le nom de *septas*); ce qui le fait paroître de sept folioles à une corolle infundibuliforme; limbe ouvert, partagé en cinq découpures un peu irrégulières et arrondies; quatre étamines, dont deux un peu plus courtes; un ovaire prolongé en un style menu et terminé par un stigmate foliacé. Le fruit est une capsule conique, accompagnée du calice; elle est composée de deux valves, dont les bords se réunissant avec le réceptacle, forment une cloison peu apparente qui partage l'intérieur en deux loges. Ce réceptacle est charnu et remplit presque tout l'extérieur ; il est couvert de petites graines nichées dans sa substance.

Ce caractère convient à deux plantes que l'on peut distinguer, par la couleur de leur fleur, en bramie bleuâtre et bramie rougeâtre.

La bramie bleuâtre ou le brami de Rhéede a été figurée en outre par Sloane, dans son Histoire de la Jamaïque (p. 203, tab. 129, f. 1), sous le nom d'*anagallis*, etc., et par Ehret (pict. t. 14, f. 2), sous celui de *monniera*. C'est une petite plante ayant l'aspect du glaux maritime, rampante et radicante, qui forme des gazons très-serrés. Ses feuilles sont opposées, succulentes, ovales, très-rapprochées; elles ont trois à quatre lignes de long, la moitié environ de large. Les fleurs sont solitaires, partant des aisselles supérieures, disposées sur un pédoncule plus long que les entre-nœuds, et qui se rabat vers la tige après la floraison. La corolle est d'un bleu tendre; elle a environ six lignes de long et trois de diamètre à son ouverture.

On fait, avec sa décoction dans le lait, et du beurre frais, un liniment dont on bassine les tempes en cas de délire ; broyée, avec du poivre, de l'*acorus* et des mirobolans, dans de l'eau de riz, et prise en breuvage, elle rend la voix sonore. Ces usages auxquels Rhéede dit qu'on l'emploie sont peu importans en eux-mêmes ; en outre ils demanderoient à être confirmés par l'expérience. Il seroit plus utile de vérifier ce que dit le même auteur, qu'elle procure beaucoup de lait aux vaches qui sont à même de la brouter : en effet, la bramie croissant dans des endroits souvent stériles, on pourroit essayer de la multiplier artificiellement dans les climats qui lui conviennent ; ce qui procureroit l'agréable et l'utile, car elle forme des gazons d'une verdure inaltérable, émaillés par des fleurs qui se succèdent toute l'année, et qui, s'épanouissant vers les neuf heures du matin, se flétrissent dans l'après-midi.

La bramie rougeâtre se distingue de celle-ci par ses tiges presque droites, toutes ses parties plus grandes et ses fleurs qui sont rougeâtres. Elle croît dans les marais de Madagascar, où elle a été recueillie par Commerson et depuis par du Petit-Thouars. (A. P.)

BRANC-URSINE ou Branche-ursine (*Bot.*), noms vulgaires de l'acante ordinaire. On donne celui de fausse branc-ursine à la berce. (J.)

BRANCHE-URSINE (*Bot.*), nom donné par les anciens à plusieurs plantes très-différentes entre elles, savoir :

1.° La Branche-ursine cultivée, de Matthiol, qui est l'acante, *acanthus mollis.*

2.° La Branche-ursine sauvage ou Chardon des prés, de Tragus, *cnicus oleraceus*, aussi appelé chou des prés, parce qu'au printemps on mange ses petites feuilles tendres.

3.° Une autre Branche-ursine sauvage, de Dalechamps, qui est le *carduus tuberosus*, espèce de chardon.

4.° Enfin la Branche-ursine piquante, de Lobel, qui est l'acante épineuse, *acanthus spinosus.* Voyez Acante, Chardon. (P. B.)

BRANCHES. (*Physiol. végét.*) Ce sont les divisions supérieures de la tige. Elles ne diffèrent de celle - ci que parce qu'elles sont plus foibles, et que leur base, au lieu d'être plongée dans la terre, repose dans le végétal même.

On appelle rameaux les subdivisions des branches.

Mettez un gland dans la terre ; il produira une tige surmontée de quelques feuilles. Aux approches de l'hiver ces feuilles se dessécheront ; mais au-dessus du point où chacune d'elles s'attache à la tige par cette espèce de queue que l'on nomme pétiole, naît un petit bouton conique. Pendant l'hiver la croissance de ce bouton est insensible ; au retour du printemps il se gonfle, écarte ses écailles et donne naissance au bourgeon, qui constitue la branche quand il est parfaitement développé.

La branche porte des feuilles : celles-ci se dessèchent à leur tour ; au-dessus de leur point d'attache paroissent de nouveaux boutons, qui produisent les rameaux.

Ainsi, nous le répétons, les branches sont engendrées par le tronc principal, et les rameaux par les branches : mais ces expressions de branches et de rameaux ne sont rigoureuses que lorsqu'il s'agit des arbres ; car, dans les arbrisseaux, les arbustes et les herbes, on se sert indifféremment de l'un et de l'autre mot pour désigner les premières divisions des tiges.

5   20

On peut considérer les branches comme des végétaux dont les racines seroient fixées dans un sol ligneux. Cela paroît ainsi en prenant surtout pour exemple les arbres à couches concentriques. On y observe en effet que la partie inférieure des branches, engagée dans la tige, forme un cône semblable à une racine pivotante ; que le sommet du cône regarde le centre du végétal, et que sa base aboutit à l'écorce ; que la partie supérieure de la branche offre également ment un cône dont la base est opposée à la base du cône inférieur, et qui répond parfaitement à celui que forme la tige sur la racine.

Ces espèces de racines coniques qui attachent les branches sur la tige et les rameaux sur les branches, produisent ces nœuds compactes qui rendent les bois, même les plus moux, quelquefois si difficiles à travailler.

Les tubes vasculaires, dont ces nœuds sont composés, s'éloignent de la direction longitudinale pour se porter vers l'écorce, et font toujours avec les vaisseaux de la tige un angle plus ou moins ouvert.

Dans les plantes qui n'ont qu'un cotylédon, un ou plusieurs faisceaux de tubes, suivant une route diagonale, passent entre les autres faisceaux, traversent l'épiderme et produisent la branche.

Dans les plantes pourvues de plusieurs cotylédons, la formation de la branche est due à la divergence d'une partie des tubes qui composent le liber.

Les branches des arbres monocotylédons acquièrent plus de force et de longueur par le développement de nouveaux faisceaux ligneux dans leur tissu cellulaire.

Les branches des arbres dicotylédons grossissent et s'allongent par les nouvelles couches de liber qui s'étendent incessamment de la tige mère sur les rejetons.

Fendez un arbre à deux cotylédons, et par conséquent formé de couches concentriques, de telle façon que votre section suive le canal médullaire ; alors vous apercevrez facilement les cônes ou nœuds dont nous avons parlé plus haut. Ceux qui prennent naissance sur les couches ligneuses les plus internes vous montrent l'origine des plus anciennes branches ; ceux, au contraire, qui reposent sur les couches les plus externes vous indiquent les branches de nouvelle formation.

On conçoit bien que le sommet de chaque cône est attaché nécessairement à la couche concentrique qui a produit le bouton, origine de la branche.

Les branches et les rameaux n'étant qu'une extension du tronc, ont une organisation et des développemens semblables aux siens.

L'aspect du végétal, que les botanistes ont appelé le port (*habitus* en latin), dépend principalement de la disposition et de la direction des branches ; elles naissent en spirale, opposées, verticillées, éparses, distiques, comme les feuilles, et forment avec la tige un angle plus ou moins aigu ou obtus. Les unes, témoins celles du peuplier, du thuya, etc., se redressent vers le ciel ; d'autres s'étendent horizontalement, comme on l'observe dans le cèdre du liban ; beaucoup se courbent vers la terre : on en a l'exemple dans le bouleau et le saule pleureur. Mais, indépendamment de cette direction, qui tient à la nature même des espèces, on a remarqué que la lumière et l'air agissent puissamment sur les branches et les rameaux, et leur font prendre des directions particulières. Personne n'ignore que les pousses récentes fuient l'ombre et cherchent la clarté du jour ; qu'un végétal se penche pour s'écarter d'un abri ; que les feuilles et les jeunes rameaux des plantes renfermées dans une serre, se tournent vers les vitraux et s'en approchent autant que leur flexibilité le permet. Ce même besoin de la lumière et de l'air se manifeste dans les plantes dont les développemens n'éprouvent aucun obstacle ; les branches les plus voisines de la terre s'allongent horizontalement pour éviter l'ombre des branches supérieures, et celles-ci forment avec la tige un angle d'autant plus aigu qu'elles approchent plus de la cime. Les rameaux ont à peu près la même direction par rapport aux branches.

Il est encore d'autres causes qui déterminent la direction des branches et des rameaux. « Les branches inférieures « des arbres qui les étendent horizontalement, dit Thouin, « sont toujours parallèles au terrain, soit que ce terrain « soit de niveau, soit qu'il soit en pente. Il est très-pro-

« bable que cet effet est dû à la circulation de l'air et à
« l'évaporation de l'eau contenue dans le sol; mais il n'a
« pas encore été expliqué d'une manière complétement
« satisfaisante. » ...... « Ordinairement les angles aigus
« que forment les branches sur la tige, dit encore le
« célèbre cultivateur que nous venons de citer, s'agrandis-
« sent chaque année, probablement par l'effet du poids
« que ces branches portent à leur extrémité lorsqu'elles se
« chargent de feuilles et de fruits, et ce, jusqu'à devenir
« droits et même obtus. On a indiqué ce moyen, ajoute-t-il,
« comme pouvant servir à déterminer exactement l'âge où
« il falloit couper les chênes de réserve; mais il est fautif,
« attendu que de très-jeunes chênes ont quelquefois leurs
« branches inférieures perpendiculaires sur le tronc, tandis
« que de très-vieux les ont encore relevées. »

Selon Schabol, on peut distinguer dans les arbres fruitiers cinq différentes espèces de branches. 1.° Celles dont
la surface est lisse, qui plient sans se rompre nettement et
ne donnent que du bois : on les nomme branches à bois.
2.° Celles dont la base est ridée et criblée de trous, comme
un dé à coudre; ce sont les branches à fruits; elles portent
en effet les boutons à fleurs; elles se rompent nettement
quand on les plie. 3.° Il est des branches qui ressemblent
beaucoup à celles à bois, et qui cependant ne durent
guère, parce qu'elles n'ont point leurs racines dans le bois,
mais seulement dans l'écorce : on les appelle branches à
faux bois. 4.° D'autres ont leur base fort large; leur écorce
est brune, raboteuse; leurs boutons sont noirs et clair-
semés; elles ont, comme les précédentes, leurs racines dans
l'écorce; elles se nourrissent aux dépens des branches utiles;
elles se développent promptement et périssent de même :
on les nomme branches gourmandes. 5.° Viennent enfin
celles qu'on a nommées branches chiffonnes : elles sont
inutiles aux arbres vigoureux, et nuisibles aux arbres
foibles; elles attirent à elles les sucs, et fatiguent le végétal
sur lequel elles prennent naissance; elles n'ont pas plus de
durée que les branches gourmandes.

Les cultivateurs remarquent encore dans les arbres
fruitiers, les brindilles, les lambourdes et les bourses.

Les brindilles ou brindelles sont des branches très-courtes, placées ordinairement sur le devant des arbres en espalier : elles portent un bouquet de feuilles, au centre duquel on observe toujours un ou plusieurs boutons à fruit, qui doivent se développer l'année suivante.

Les lambourdes naissent sur le vieux bois : elles sont grêles, lisses, luisantes et d'un beau vert ; elles ne s'élèvent point verticalement, mais s'allongent dans une direction latérale ; elles sont couvertes d'yeux rapprochés, gros, noirâtres, et leur extrémité supérieure est terminée par un groupe de boutons, dont un seul est à bois. Les lambourdes des arbres à fruit à noyaux donnent du fruit l'année même de leur développement ; celles des arbres à fruits à pepins ne sont fertiles qu'au bout de trois ans. Dans le pêcher cette espèce de branche est plus courte que dans les autres arbres, et produit dans la première année seulement.

Les branches à bourses sont particulières aux poiriers et aux pommiers : elles viennent à l'extrémité des branches à fruit. Elles s'y montrent dans l'origine sous la forme d'une loupe charnue ; cette loupe se couvre d'yeux, d'où s'échappent des boutons à fruit qui se développent durant la seconde année : à cette époque la première bourse est remplacée par une autre, qui produit également des fleurs fécondes au bout de deux ans. La branche s'allonge ainsi successivement, et elle est marquée dans sa longueur de rides en anneaux, par le moyen desquelles on peut compter le nombre des bourses qu'elle a données. Il est bien rare que les bourses à fruits produisent des branches à bois.

La connoissance physiologique des branches jette un grand jour sur la théorie de la taille des arbres et sur leur multiplication par boutures et par greffes.

La taille consiste à supprimer des branches ou des bourgeons, ou même quelquefois la tige principale, pour contraindre l'arbre à prendre une forme quelconque, et à porter, suivant l'intention du cultivateur, des branches à bois ou des branches à fruits.

Il est un fait que prouve l'expérience : plus la tige ou les branches se rapprochent de la verticale, plus aussi la marche de la séve est rapide ; de la grande rapidité de la

séve résultent la production de branches à feuilles et le dé-
nûment de fleurs et de fruits. Le contraire a lieu quand
ce fluide marche lentement. Le moyen de ralentir sa course
est d'écarter les branches de la verticale, et de multiplier,
par la taille, les nœuds, les bourrelets, les coudes, etc.;
ce sont autant d'obstacles opposés au mouvement direct
de la séve. Ce fluide alors, au lieu de se porter avec vélocité
vers les feuilles, et de ne produire ainsi qu'un tissu ligneux,
s'élève insensiblement, s'élabore, s'accumule dans des places
déterminées, et donne naissance aux fleurs dont les organes
précieux sont dus certainement à une séve perfectionnée.

La taille offre encore un autre avantage. La séve, quand
on abandonne l'arbre à sa végétation naturelle, emportée
dans une multitude de branches et de rameaux, est trop
divisée, et les fruits sont nécessairement mal nourris : mais
en supprimant une partie de ces branches nuisibles, les
fruits reçoivent des sucs plus abondans et prennent plus
de volume et plus de saveur ; ils se colorent aussi davantage, parce que le végétal étant dégarni de feuilles, ils
sont exposés à l'action continue des rayons solaires.

Quoi qu'il en soit, l'art de tailler les arbres, si nécessaire
en ne considérant que nos besoins, est réellement très-
nuisible à la végétation. Ces plaies, ces nœuds, ces angles
multipliés dont les branches sont surchargées; ces fruits
nombreux et superbes dont le parfum et la saveur flattent
notre sensualité, sont la source de mille infirmités qui as-
siégent les arbres soumis à la culture. Ajoutons que l'on
ne peut retrancher les branches sans que les racines ne se
ressentent de cette suppression. La séve aérienne devient
moins abondante ; et la transpiration des parties supérieures
se ralentissant par le défaut de feuilles et de jeunes rameaux, les racines ne pompent plus les sucs de la terre
avec la même activité : de là, le desséchement, l'amaigris-
sement et la mort prématurée du végétal.

Nous venons d'exposer la théorie bien simple sur laquelle
est fondé l'art de tailler les arbres : la pratique n'est pas
aussi facile à saisir ; elle exige une profonde connoissance
de la culture. Consultez à ce sujet l'article Arbre (*Agric.*)
et l'article Taille des arbres.

On donne le nom de bouture à la branche que le cultivateur détache d'une plante ligneuse, et qu'il met en terre pour lui faire jeter des racines et reproduire la plante mère.

On choisit ordinairement, pour faire les boutures, des branches d'un ou deux ans : plus vieilles elles ne reprendroient pas, ou reprendroient difficilement, à moins qu'elles n'eussent été détachées d'un arbre à bois mou, tel que le saule ou le peuplier. On choisit un terrain analogue à celui que demandent les espèces d'arbres que l'on veut propager; on rend la terre aussi meuble qu'il est possible. Les boutures sont mises en terre par leur base : on coupe leur sommet à quelques pouces au-dessus du sol; mais on a soin de laisser plusieurs boutons sur la partie exposée à l'air. Il faut ensuite garantir les boutons des grandes chaleurs qui pourroient les dessécher. Avec ces précautions et quelques autres que la pratique enseigne, on peut propager une multitude d'espèces.

La multiplication des plantes par boutures est due à l'extrême simplicité de l'organisation végétale. Une branche et une tige dans la même espèce ne présentent aucune différence d'organisation : c'est le même tissu, le même arrangement dans les vaisseaux, ce sont les mêmes fluides; en un mot, il n'y a de dissemblance que dans la situation respective de la tige et de la branche. La première tient à la terre par ses racines, la seconde est attachée par sa base sur la tige.

Il suit de cette disposition que la terre nourrit la tige, et que celle-ci nourrit la branche. Mais si l'on détache la branche, il semble d'abord qu'elle doive périr, car elle ne reçoit plus de nourriture et n'a point de racine pour en puiser dans la terre, et cependant elle ne tarde pas à végéter si le cultivateur en prend soin.

Voici comme on peut rendre raison de ce phénomène. Quelque temps après qu'elle a été détachée, la branche est encore pleine de vie; elle transpire par ses pores les fluides qu'elle contient : que sa base alors soit plongée dans un terrain convenable, elle attirera l'humidité du sol, qui, s'élaborant dans les vaisseaux, développera le tissu organique. De là, une croissance plus ou moins sensible dans toutes les parties et la reproduction d'une racine.

On voit tous les jours des boutons de fleurs s'épanouir sur des rameaux plongés dans une carafe. La végétation n'est certainement pas anéantie dans ces rameaux; ils puisent dans l'atmosphère et dans l'eau des molécules qui servent à leur nutrition. Si ce reste de vie étoit assez puissant pour développer des racines, ces rameaux, au lieu de se flétrir, reverdiroient et reproduiroient des végétaux semblables à ceux dont on les a détachés; en un mot, ils seroient de véritables boutures.

Il faut, comme il a été dit plus haut, pour que les boutures réussissent, que les branches soient jeunes : elles ont dans leur jeunesse un liber plus abondant, relativement à leur volume, que dans un âge plus avancé ; et c'est le liber seul qui peut donner des racines. On appelle liber une couche verte placée sous l'épiderme. Cette couche se change en bois et se renouvelle sans cesse; elle seule végète, le bois parfait ne change plus de nature. Aussi lorsqu'on dépouille de son écorce et de son liber la branche dont on veut faire une bouture, le bois ne pouvant s'enraciner, la bouture se fane et périt : mais si la branche est revêtue de son écorce, il se forme entre le bois et l'épiderme de petits mamelons, qui sont l'origine des racines. Les mamelons sont produits par le liber ; ils font autour de la tige un bourrelet d'où s'échappe une multitude de radicules. Nous observerons que lorsqu'une graine d'arbre germe, sa radicule s'allonge et forme presque toujours un pivot principal ; mais que, dans les boutures, il se développe des racines latérales, et qu'il n'y a point de pivot. Cette différence, dont on aperçoit facilement la cause, fait que les arbres venus de boutures n'ont point d'ordinaire une aussi belle tige que les arbres venus de semences, et sont plus sujets à tracer.

Il faut que la terre soit bien divisée, qu'elle ne soit pas surtout trop pressée autour des boutures ; car les radicules, foibles encore, ne pourroient s'allonger et seroient privées de l'influence de l'air, dont le contact bien ménagé favorise la végétation.

Il faut choisir un terrain analogue à celui que demandent les végétaux qu'on veut multiplier. Cela est évident, puisque la branche est organisée comme la plante mère, et qu'elle a par conséquent les mêmes besoins.

Il faut enfin, et ceci est presque aussi indispensable que la présence du liber, il faut que les boutures portent des boutons. Dans ce moment de crise la force de la végétation suffit encore pour développer ceux qui existent déjà; mais elle est insuffisante pour en créer de nouveaux. Une conséquence de ceci, c'est qu'un grand nombre de boutons est souvent un obstacle aussi puissant à la reprise des boutures que leur absence totale. Ce sont autant de branches qui demandent à se développer et qui se partagent les sucs nourriciers ; mais comme les boutures ne peuvent suffire à une aussi grande dépense, chaque partie souffre et meurt avant de pouvoir travailler à la conservation des autres. Voyez, pour la pratique, l'article Bouture (*Agric.*).

La greffe est une nouvelle preuve de la simplicité d'organisation dans les plantes. La greffe consiste à souder ou à planter, pour ainsi dire, une branche d'un végétal dans le liber d'un autre végétal, de telle manière qu'il en résulte l'union des deux parties étrangères et une végétation commune. Le but de la greffe est de multiplier certaines espèces ou variétés à l'aide de certaines autres : il résulte de là que les racines d'un arbre ou d'un arbrisseau portent et nourrissent les branches et les rameaux d'un ou de plusieurs autres végétaux ligneux.

Ce peu de mots ne suffit pas sans doute pour mettre dans tout son jour la théorie de cet admirable phénomène : mais ce n'est pas ici la place de la développer ; nous y reviendrons en traitant du Liber. Voyez ce mot. Voyez aussi, pour la pratique, l'article Greffe (*Agric.*). (B. M.)

BRANCHIE (*Ichtyol.*), organe qui sert à respirer par le moyen de l'eau (voyez Respiration); il consiste en feuilles, en panaches ou en filamens, sur la surface desquels rampent les vaisseaux sanguins, et entre lesquels passe l'eau, qui doit agir sur le sang au travers des parois de ces vaisseaux.

On trouve des branchies dans les larves de quelques

reptiles, dans les poissons, dans les mollusques, dans les vers et dans les crustacés : il y a des organes d'une forme semblable, mais d'une autre structure interne, dans quelques larves aquatiques d'insectes.

Il n'y a que les grenouilles et les salamandres dont les larves, nommées têtards, aient des branchies, et cela pendant leurs premiers jours seulement. Ce sont des panaches attachés aux côtés du cou, dans lesquels il est très-agréable de voir circuler le sang avec un microscope, à cause de leur transparence.

Dans les poissons les branchies sont situées aux côtés du cou, dans ces fentes vulgairement nommées ouies. Il y en a quatre principales de chaque côté ; chacune d'elles est attachée à un arc osseux, composé au moins de deux pièces, et articulé, d'une part, à la base du crâne, et, de l'autre, à l'os qui soutient la langue.

La branchie elle-même consiste en une nombreuse série de lames placées à la suite les unes des autres, comme les dents d'un peigne. L'artère branchiale qui sort du cœur donne, en se portant en avant, une branche vis-à-vis de chaque arc osseux : cette branche rampe tout du long de cet arc, et donne un rameau à chaque petite lame. Ce rameau suit le milieu de la lame, en donnant de chaque côté une quantité innombrable de petits ramuscules, qui se changent en autant de vénules, lesquelles aboutissent dans un rameau veineux qui remonte de chaque côté le long du bord de la lame ; et ces deux rameaux, qui viennent de chaque lame, aboutissent eux-mêmes à une grande branche veineuse, qui rampe le long de l'arc parallèlement à l'artère, mais se dirigeant vers le dos, tandis que l'artère venoit du côté du ventre. Les huit veines branchiales se réunissent ensuite en un tronc, qui, redevenant artériel, porte le sang dans tout le corps.

L'eau qui est entrée dans la bouche du poisson, sort librement par des ouvertures percées entre les arcs des branchies, et se rend hors du corps par la grande fente appelée l'ouie ; c'est dans ce passage qu'elle couvre toutes les petites ramifications sanguines dont nous venons de parler, et qu'elle agit sur elles.

Des lames osseuses, qu'on appelle opercules ou couvercles des branchies, s'ouvrent et se ferment sans cesse pour faire suivre ce mouvement à l'eau. Ils sont pour cet effet articulés avec la tête et le col, et munis de plusieurs muscles : leur bord inférieur est encore garni d'une membrane qui se plisse comme un soufflet, et qui est soutenue par quelques rayons osseux ; on la nomme branchiostège.

Quelques poissons manquent d'opercules ; d'autres de membranes. Voyez BRANCHIOSTÈGES (*Poissons*).

Une classe particulière, les chondroptérygiens, n'a point la grande ouverture des ouies ; mais le bout externe des lames des branchies est adhérent à la face interne de la peau, et celle-ci est seulement percée d'ouvertures plus ou moins nombreuses pour le passage de l'eau. Voyez CHONDROPTÉRYGIENS (*Poiss.*).

Les formes des branchies des mollusques sont beaucoup plus variables que celles des poissons. Dans les sèches ce sont deux pyramides situées de chaque côté dans le sac du corps, et composées de feuillets très-compliqués : parmi les mollusques nus, les aplysies les ont en forme de feuilles compliquées, et recouvertes par un opercule ; les doris les ont nus et formant autour de l'anus une fleur radiée ; les tritonies les portent en panaches, tout autour du dos ; les scyllées, comme des ailes, disposées sur deux lignes et par paires sur le dos ; les phyllidies, comme une multitude de petites lames sous les rebords du manteau ; les ascidies, comme un réseau très-fin, formant un énorme sac, enveloppé dans le grand sac gélatineux du corps, et au travers duquel il faut que passe toute l'eau qui va à la bouche ; enfin les limaces ont un simple réseau, qui garnit une grande cavité située vers la tête, et où l'air entre par un trou percé au côté droit.

Parmi les mollusques univalves, les patelles et les oscabrions ont des branchies comme les phyllidies ; les escargots terrestres, comme les limaces : les autres genres marins les ont bien dans une cavité comme les limaces, mais elles y sont en forme de lames réunies en une ou plusieurs séries.

Dans toutes les bivalves, les branchies représentent

quatre lames où les vaisseaux sont disposés comme des dents de peigne. Les térébratules et les lingules les ont en forme de beaucoup de petites lames triangulaires, rangées comme un cordon tout autour du manteau. Dans les anatifes ce sont de petits feuillets attachés à la base de leurs pieds.

Dans tous ces mollusques le sang va des branchies immédiatement au cœur, ce qui est le contraire des poissons.

Dans les crustacés, les branchies sont des pyramides situées sur les bases des pieds, recouvertes par les rebords du corselet, et composées de lames dans les crabes, et de tubes dans les écrevisses. Quelques genres, comme les squilles, les ont en panaches sous la queue. Les aselles les ont aussi sous la queue, mais en lames simples. Il y a lieu de croire que les lames analogues, situées sous la queue des cloportes, sont aussi des espèces de branchies aériennes.

Les cloportes portent leurs petits entre ces lames : dans les coquillages bivalves les œufs séjournent long-temps dans l'épaisseur des branchies, et c'est là qu'ils éclosent.

Les vers marins ont pour branchies de petits panaches ou de petites lames rangées le long de leur dos. Je n'en trouve point aux vers d'eau douce, aux naïdes, aux sangsues, ni aux lombrics : apparemment que leur peau même leur tient lieu d'organe respiratoire.

Les vers intestins n'en ont aucune.

Les larves de quelques insectes, comme des éphémères, et de quelques autres genres, ont des espèces de fausses branchies. Ce sont des lames ou des panaches dans l'épaisseur desquelles on voit ramper des trachées ou des vaisseaux aériens ; elles ont pour fonction de séparer de l'eau une certaine quantité d'air, qu'elles portent dans le système des trachées. Voyez TRACHÉES et INSECTES.

Les étoiles-de-mer et les oursins paroissent aussi avoir des organes particuliers pour la respiration, mais nous ne les connoissons pas encore bien.

Les autres zoophytes n'en ont encore fait voir aucun. (C.)

BRANCHIELLE (*Bot.*), nom que Bridel a donné à un genre de mousses, les Hypnes, *hypnum.* Voyez ce mot. (P. B.)

BRANCHIES DES REPTILES BATRACIENS. (*Rept.*) Ce sont des rameaux frangés, mobiles, disposés ordinairement au nombre de trois sur chaque côté du cou. Elles s'effacent, s'oblitèrent dans les rainettes, les grenouilles, les crapauds et les salamandres, lorsque ces animaux achèvent leur dernière métamorphose ; tandis qu'elles paroissent être persistantes chez le protée anguillard et la sirène lacertine. Voyez Batraciens. (F. M. D.)

BRANCHIOSTÈGES. (*Ichtyol.*) Quelques naturalistes ont réuni sous ce nom, dans un ordre particulier, tous les poissons à branchies libres, à squelette cartilagineux, sans côtes ni arêtes.

1.° Les uns ont la bouche sous le museau et sans dents ; tels sont les Esturgeons, les Pégases. Voyez ces mots.

2.° D'autres ont la bouche au bout du museau et sans dents ; tels sont les Syngnathes, les Centrisques. Voyez ces mots.

3.° Quelques-uns ont la bouche au bout du museau et armée de dents ; tels sont les Balistes, les Ostracions ou Coffres. Voyez ces mots.

4.° Plusieurs ont la bouche au bout du museau, et les os des mâchoires nus, tenant lieu de dents ; tels sont les Tétrodons, les Moles, les Diodons. Voyez ces mots.

5.° Enfin, les autres ont une grande bouche, avec les rayons de la membrane branchiostège nombreux ; tels sont les Baudroies ou Lophies, et les Cycloptères. Voyez ces mots.

C'est au professeur Cuvier qu'on doit ces cinq divisions des poissons branchiostèges. Voyez Cartilagineux. (F. M. D.)

BRAND-HIRSCH (*Mamm.*), nom allemand du cerf des Ardennes. Buffon écrit mal à propos *Brand-hirtz.* (F. C.)

BRANDÉRIENNE (*Ichtyol.*), nom spécifique donné à un poisson aveugle trouvé sur les côtes de Barbarie par Brander. Linnæus l'a placé parmi les murènes, *muræna cœca* ; Lacépède s'en est ensuite servi pour constituer son genre Cécilie : mais comme il y a déjà un genre de serpens appelé cécilie, je ferai connoître la brandérienne sous le nom générique de TYPHLE. Voyez ce mot. (F. M. **D.**)

BRANLE - QUEUE. (*Ornith.*) Dans le département de la Côte - d'or on nomme ainsi la bergeronnette lavandière, *motacilla alba*, L. (Ch. D.)

BRAQUE ou BRAC (*Mamm.*), race primitive de chien, très-bonne pour la chasse. Voyez CHIEN. (F. C.)

BRAS (*Bot.*), nom malais du riz : par le changement ordinaire du B en V qu'éprouvent les mots, en passant de cette langue dans celle des habitans de Madagascar, il devient *vari*. Tous ces peuples, qui font leur principale nourriture de ce grain en distinguent un grand nombre de variétés par des noms particuliers. (A. P.)

BRASEM (*Ichtyol.*), nom donné, en Danemarck, à la brème. Voyez BRASSEN. (F. M. **D.**)

BRASEN. (*Ichtyol.*) C'est le nom norwégien du cyprin large. Voyez CYPRIN. (F. M. **D.**)

BRASENIE. (*Bot.*) Nous ne connoissons ce genre de plantes que par la description qu'en donne Schreber dans son édition du Genera plantarum de Linnæus. Il le rapporte à la polyandrie décagynie, et lui assigne les caractères suivans : un calice d'une seule pièce, coloré et persistant, à six divisions profondes, dont les trois alternes intérieures sont plus longues et plus étroites ; dix-huit à vingt-cinq étamines, attachées au réceptacle et plus courtes que le calice ; cinq à dix ovaires comprimés, surmontés chacun d'un style et d'un stigmate, et devenant autant de capsules un peu charnues, oblongues, aiguës, comprimées, qui ne s'ouvrent pas et contiennent dans une seule loge deux ou trois graines. Schreber ajoute que cette plante a de l'affinité avec son *nectris*, qui est le *cabomba* d'Aublet. Cette indication et l'ensemble des caractères font présumer que la brasenie est une plante aquatique et qu'elle doit, dans l'ordre naturel, se rapprocher de l'alisme et du butome. (J.)

BRASQUE. (*Chim.*) La brasque est un enduit charbonneux, dont on couvre la surface des creusets dans lesquels on réduit les mines. On fait une pâte de charbon en poudre et d'eau ; on l'étend avec un pinceau, en couches plus ou moins épaisses, sur les creusets : on les laisse sécher pour les employer aux expériences auxquelles on les destine. Quelquefois on tasse du charbon en poudre dans un creuset; on y pratique une cavité qui sert de véritable creuset et dans laquelle on fait les fusions. Cette pratique, qu'on appelle brasquer, creuset brasqué, est faite dans l'intention de recueillir le calorique dans le centre et de l'empêcher de se dissiper. (F.)

BRASSEN (*Ichtyol.*), nom allemand de la brème. Voyez Braxen. (F. M. D.)

BRASSICAIRES (*Entom.*), *Brassicarii.* Geoffroy avoit donné ce nom à un sous-genre de papillons, dont les chenilles vivent sur les plantes crucifères, et particulièrement sur les choux : ils correspondent aux danaïdes blanches de Fabricius. Voyez Papillon. (C. D.)

BRASSLE (*Ichtyol.*), nom saxon de la brème. Voyez Brassen. (F. M. D.)

BRATHYS. (*Bot.*) Mutis avoit établi sous ce nom un genre de plantes adopté depuis par Linnæus fils dans son Supplément; mais il a paru tellement voisin du millepertuis, que Smith et d'autres ont cru devoir le réunir à ce genre, faute d'un caractère assez saillant pour le distinguer. Il se rapproche surtout des millepertuis dont la fleur a cinq styles, et qui pourront dans la suite former un genre distinct. Voyez Millepertuis. (J.)

BRAUNSPATH ou Spath brunissant. (*Minér.*) Voyez Chaux carbonatée ferrifère.

BRAX (*Ichtyol.*), nom donné par les Suédois à la brème. Voyez Braxen. (F. M. D.)

BRAXEN. (*Ichtyol.*) On nomme ainsi en Autriche le cyprin hamburge. Les *braxen - blicca*, *braxen - flin* et *braxenpanka* des Suédois, sont le cyprin sope. Voyez Cyprin. (F. M. D.)

BREAM (*Ichtyol.*), nom anglois de la brème. Voyez Cyprin. (F. M. D.)

BRÉAN ou Bréant (*Ornith.*), nom vulgaire du bruant commun, *emberiza citrinella*, L. (Ch. D.)

BREBIS (*Mamm.*), femelle du belier. Voyez Mouton. (F. C.)

BREBIS DE GUINÉE (*Mamm.*), race de moutons, couverte de poils rudes et courts, semblables à ceux des chiens. Elles se trouvent surtout dans les parties chaudes de l'Afrique. Voyez Mouton. (F. C.)

BREBIS D'ISLANDE (*Mamm.*), race de brebis à plusieurs cornes, à queue courte, à laine dure et épaisse, au-dessous de laquelle se trouve un second poil beaucoup plus court, plus frisé et surtout plus fin. Voyez Mouton. (F. C.)

BREBIS A LARGE QUEUE (*Mamm.*), race de moutons originaire d'Afrique, dont la queue prend un très-gros volume par l'accumulation de la graisse. Elle se trouve en Perse, dans l'Inde, à l'Isle-de-France, etc. Voyez Mouton. (F. C.)

BREBIS A LONGUE QUEUE *Mamm.*), race de brebis originaire des pays chauds, et remarquable par la longueur de sa queue, la hauteur de ses jambes, la forme de sa tête, etc. Voyez Mouton. (F. C.)

BRÈCHE. (*Minér.*) Les brèches sont des pierres composées, reconnoissables par leur structure. Cette structure, souvent différente de celles des autres roches, et qui est le résultat d'une formation particulière, est le caractère essentiel de cette sorte de roche. La nature des pierres qui composent une brèche ne doit influer en aucune manière sur l'idée qu'on attache à ce mot.

Les brèches sont essentiellement composées de fragmens anguleux, non arrondis, tout au plus émoussés, et disséminés sans ordre dans une pâte. Pour distinguer facilement les brèches de certaines roches formées par cristallisation confuse et qui ont aussi un ciment pour base, on remarquera que les fragmens des brèches ont rarement l'aspect cristallin dans leur cassure, et ne l'ont jamais dans leur forme ; qu'ils ont au contraire la structure compacte, la cassure terne, et les formes les plus irrégulières. On remarquera surtout que les fragmens ne se pénètrent jamais, qu'ils ont toujours leurs contours nets ; et cette observation suffira pour les faire distinguer des porphyres et des autres roches à pâte, dont les cristaux semblent se pénétrer mutuellement.

On observe dans la formation des brèches une autre différence importante : il paroît certain que la pâte et les fragmens qui composent ces roches n'ont pas la même origine et n'ont pas été formés dans le même moment; les fragmens sont évidemment des parties de pierres déjà formées, qui ont été brisées par des causes inconnues. Ces débris ont été réunis par un ciment naturel qui s'est infiltré entre eux, ou par une matière pâteuse dans laquelle ils sont tombés. Ils ont donc précédé la formation du ciment qui les réunit, ou au moins son état de solidité. L'observation prouve que les porphyres se sont formés d'une manière absolument différente ; que leur pâte et leurs cristaux sont d'une formation contemporaine ou à peu près, comme nous le développerons en parlant de ces roches.

Les pierres mélangées avec lesquelles les brèches ont réellement de grands rapports, ce sont les pouddings. Leur formation est à peu près la même ; ce sont dans l'une et l'autre pierre des fragmens réunis par un ciment : mais dans les pouddings les fragmens ont voyagé et ont été transportés au loin avant d'être réunis par un ciment d'une formation toujours très-différente de la leur; leurs angles sont émoussés, ils ont même été arrondis complétement dans ces transports que n'ont point éprouvés les fragmens des brèches.

Les espèces géologiques et les roches sont toutes dans le cas de ces deux sortes de pierres; elles se distinguent plutôt par leur mode de formation que par leur nature chimique. La formation des porphyres, des brèches et des pouddings est assez différente pour que l'on fasse de ces trois roches autant d'espèces géologiques distinctes. Quoiqu'on n'ait point été précisément témoin de la formation de ces pierres, on doit remarquer que l'observation la plus facile à faire, la moins susceptible d'erreur, l'indique si évidemment qu'il faudroit pousser la haine des hypothèses jusqu'à l'exagération, pour rejeter l'explication que les minéralogistes donnent de la formation de ces roches.

Tous les minéralogistes ne sont cependant pas d'accord sur ce sujet ; mais cette différence d'opinions n'a jamais existé que sur les détails, et n'infirme pas ce que nous avons dit. D'ailleurs, quelle est la question de physique qui ait été résolue unanimement de la même manière ? exiger cette unanimité dans ces sortes de questions, ce seroit vouloir n'admettre que des principes géométriques.

Ainsi, quoique tous les géologistes modernes, tous ceux enfin dont l'opinion peut être de quelque poids, aient regardé les porphyres, les pouddings et les brèches, comme des roches d'une formation différente, ils n'ont pas tous la même opinion sur le mode particulier de la formation des dernières. Les uns, tels que Galitzin, ont voulu restreindre le nom de brèche aux seules roches calcaires ; d'autres ont dit que ces fragmens et leur gluten n'étoient que les débris de la même masse qui étoit encore dans un état de mollesse. Wallerius paroît être de ce sentiment ; du moins il croit que la réunion des fragmens des brèches a été faite dans le temps où les fragmens étoient encore mous. Il me semble que ces opinions, et surtout la dernière, n'ont d'autre défaut que d'être trop généralisées, ainsi que le prouveront les faits que je vais rapporter.

La définition et les caractères comparés que nous avons donnés des brèches au commencement de cet article, indiquent presque entièrement la manière dont elles ont été formées. Il nous reste à exposer quelques particularités de cette formation.

Il est vrai que la plupart des brèches sont calcaires, mais la pâte diffère presque toujours des fragmens qu'elle enveloppe, par sa couleur et par sa texture. Il est vrai aussi que cette pâte pénètre quelquefois dans des fissures de ces fragmens ; ce qui doit faire supposer qu'ils n'étoient pas encore parfaitement desséchés quand ils ont été enveloppés par ce ciment : ils ont donc pu prendre une retraite, qui a donné naissance aux fissures dans lesquelles ce ciment encore liquide a pénétré.

Mais ce cas n'est pas le plus ordinaire. Les fragmens de beaucoup de brèches ont leurs contours parfaitement limités : dans d'autres les fragmens sont d'une nature entièrement différente de celle de la pâte ; et cette particularité nous donnera le moyen d'établir quelques divisions dans les nombreuses variétés des brèches.

1. Brèche siliceuse. Les fragmens et la pâte sont siliceux et appartiennent ordinairement à la variété que nous

désignons sous le nom général de silex agate. Nous citerons comme exemple de cette variété,

a) La belle brèche d'agate de Cunnersdorff, près Dresde
en Saxe : elle est composée d'une multitude de fragmens
d'agate rubanée, dont les angles et les arêtes sont vifs, et
qui sont réunis par une pâte homogène et translucide de silex
agate.

b) Une brèche d'agate dont les fragmens appartiennent
aux variétés de silex agate que l'on nomme calcédoine et
sardoine. J'ai trouvé cette brèche dans un filon de la mine
de plomb qui est exploitée dans l'enceinte même de Vienne,
département de l'Isère. Elle renferme, çà et là, des cubes
de plomb sulfuré; le filon qui la contient traverse un
schiste talqueux.

c) La brèche de fragmens de jaspe de diverses couleurs
dans une pâte de jaspe. On en trouve en Italie, et en
France, près de Fréjus. Il y en a de grandes urnes au
Musée des arts.

Dolomieu cite une brèche composée de fragmens de pétrosilex des montagnes de la vallée de Giromagny dans
les Vosges.

Patrin en a vu de semblables dans la montagne de Rev-
novaïa sopka, près la mine d'argent de Zméof en Sibérie.

Nous n'osons ajouter ici les brèches siliceuses données
par de Born, parce que nous soupçonnons que les unes
sont des pouddings et les autres des roches produites par
la cristallisation.

2. Brèche siliceo-calcaire. C'est une variété assez remarquable ; elle est composée de fragmens anguleux de
craie durcie, réunis par un silex pyromaque voisin du silex
agate par sa translucidité : quelquefois les espaces entre
les fragmens calcaires n'ont pas été remplis complétement
par le silex, qui enduit seulement leur surface et se présente
alors sous forme de stalactite.

J'ai trouvé cette brèche dans les fentes perpendiculaires
des bancs de craie de la côte S. Catherine, près de Rouen.

Saussure nous donne un autre exemple de cette brèche.
Elle est aussi composée de fragmens anguleux de chaux carbonatée, disséminés dans une pâte siliceuse, qu'il nommoit

alors pétrosilex. Les fragmens calcaires se décomposent par l'action de l'air. Il a trouvé cette brèche sur le bord du lac de Genève.

3. Brèche calcaire. C'est la variété la plus commune; on doit y rapporter tous les marbres nommés brèche. Il est souvent difficile de distinguer les marbres qui sont sillonnés d'un grand nombre de veines, dirigées dans toutes sortes de sens, des véritables brèches. C'est à quelques variétés de brèches calcaires que s'applique assez bien l'opinion des minéralogistes qui veulent que les fragmens des brèches et leur pâte soient contemporains, et que les premiers aient été enveloppés et pénétrés même par leur pâte dans le temps où ils étoient encore mous : il est certain que plusieurs marbres nommés brèches présentent une structure qui rend cette explication très-vraisemblable. Les exemples les plus connus de cette variété de brèches sont :

La brèche d'Alep ou plutôt d'Alet, de Toronet, à quatre kilomètres (une lieue) d'Aix : c'est un marbre composé de gros fragmens gris ou brun jaune, disséminés dans une pâte jaunâtre, veinée de blanc ou pointillée de noir.

La brèche violette : les fragmens blancs et violets qui la composent sont de la grandeur de la main. Il y en a une très-belle table de plus de quatre mètres (12 pieds) de long dans la galerie d'Apollon au Musée des arts.

La brèche coraline d'Espagne, qui a de grandes taches blanches avec de plus petites jaunes, brunes et violettes.

La brèche brocatelle : c'est un marbre précieux, dont la couleur générale est le jaune doré. Les fragmens sont petits et à peu près de la même couleur que le fond, mais ils sont moins foncés : elle se trouve à Tortose en Andalousie.

La brèche verte. On l'a nommée très-improprement vert d'Égypte, à cause de sa ressemblance avec le marbre vert antique qui venoit de ce pays. Ses taches sont blanches, grises, d'un vert foncé. On la trouve près de Carrare.

4. Brèche granitique. Elle est composée de fragmens de granit, même de porphyre, ou d'autres roches dues à la cristallisation; on peut la regarder comme une roche d'aggrégation primitive. Les exemples peu nombreux de cette

variété offrent des pierres souvent très-belles et d'un très-grand prix.

La plus connue est la brèche dure d'Égypte, composée de fragmens de pétrosilex, de porphyre, de granit et de marbre.

Celle des fonds baptismaux de Capoue, citée par Breyslack, appartient à cette variété : elle est composée de granit, de jaspe et d'une pierre verte qui ressemble à de la serpentine.

5. Brèche schisteuse. Elle est formée de fragmens anguleux de divers schistes agglutinés par un ciment à peine visible.

Elle se trouve quelquefois dans le voisinage des mines de houille. Wallerius la cite à Hunberg en Westro-Gothie. De Born décrit une brèche schisteuse de la Carniole, dont les fragmens sont réunis par un ciment quartzeux blanc. Je l'ai trouvée en bancs interposés au milieu d'autres bancs de schiste sur le bord de la mer, près S. Jean-de-Luz, département des Basses-Pyrénées.

On voit aisément que les variétés de brèches peuvent être beaucoup plus nombreuses que celles que nous venons d'offrir en exemple, et qu'il peut y en avoir autant qu'il y a de roches simples dont les fragmens soient susceptibles d'être réunis.

Les brèches se trouvent dans toutes sortes de terrains, ainsi que le font voir les exemples que l'on vient de rapporter. Elles sont ordinairement au pied ou sur le penchant des montagnes d'où sortent les fragmens qui la composent.

Les brèches calcaires et les brèches granitiques sont les seules qui jouent par leur masse un rôle de quelque importance dans la nature. Les autres y sont non - seulement plus rares, mais ne se trouvent jamais en grandes masses.

Enfin il paroît que les brèches sont d'une formation assez ancienne, car on ne les trouve guère que dans les montagnes de transition ; et si quelques - unes renferment des débris de corps organisés, les exemples en sont rares. (B.)

BREDEMEYERA. (Bot.) Wildenow, dans son édition des Species plantarum de Linnæus (vol. 3, p. 898), cite sous ce nom un genre nouveau de plantes légumineuses, dont il a donné le caractère détaillé dans les Actes de la Société d'histoire naturelle de Berlin (vol. 3 , p. 412 , t. 6). Il se distingue des autres de la même classe par un calice à trois divisions profondes, une corolle dont l'étendart est de deux pièces, et un fruit qui est une noix à deux loges, recouverte d'un brou. L'auteur ajoute que c'est un arbrisseau de cinq à huit pieds de hauteur, qui croît aux environs de Caracas dans l'Amérique méridionale. Ses feuilles sont alternes, lancéolées, lisses, entières, longues de deux à trois pouces et portées sur de courts pétioles. Les fleurs sont petites, jaunes, nombreuses, disposées en panicule terminale très-rameuse, munies chacune d'une petite bractée linéaire à la base de leur pédoncule particulier. (J.)

BREDES ou BRETTE. (*Bot.*) Ce mot est le portugais *bredos*, qui lui-même est une altération du grec βλιτον et du latin *blitum*, blette : l'*l* se changeant fréquemment en *r* et le *t* en *d*, surtout en portugais, où l'on dit *nobre* pour noble. Ce nom a désigné chez les anciens une plante fade, qui étoit en usage dans leur cuisine : aussi les botanistes modernes l'ont-ils appliqué successivement à un grand nombre de plantes, qui, toutes, à raison de leur saveur fade, peuvent être mangées moyennant l'assaisonnement, telles que plusieurs anserines, *chenopodium*, arroches, *atriplex*, et amarantes, *amaranthus*. Linnæus a enfin borné le *blitum* aux plantes connues sous le nom d'épinard fraise. Voyez BLETTE. Le plus grand nombre des Européens qui arrivent pour la première fois à l'Isle-de-France ou dans l'Inde, regardent comme une chose extraordinaire l'habitude où on est d'y manger beaucoup de plantes herbacées, cuites sans beaucoup d'apprêt, comprises sous ce nom collectif de brèdes : cet usage est pourtant de tous les pays et de tous les temps ; il paroît cependant encore plus répandu dans les Indes, principalement chez toutes les nations chez qui le riz fait la base de la nourriture. Tous ces peuples, plus sobres que nous, tirent des végétaux la plus grande partie de leurs alimens : pour en corriger la fadeur naturelle et donner du ton à l'estomac, ils y mêlent plusieurs épiceries, qui pour eux ne sont pas un luxe, puisqu'elles croissent pour ainsi dire sous leur main, et presque sans culture : telles sont les différentes espèces de *capsicum* (piment), les *curcuma* (safran des Indes), l'*amomum zingiber* (le gingembre), le *piper* (poivre), etc.

Ces mets simples étoient pareillement des plus communs chez les Grecs et les Romains : c'est ce que ces derniers nommoient *olus*, mot que nous traduisons par légume, en lui donnant beaucoup plus d'extension. Le mot *olus* n'appartenoit qu'aux légumineuses des botanistes, qui viennent dans des gousses, telles que les pois, les haricots, etc. : nous appliquons le mot légumes à presque tous les végétaux que nous tirons des potagers pour l'usage de la cuisine. Le raffinement que celle-ci a éprouvé en a banni tous les alimens simples ; ils ont fait place presque exclusivement aux épinards (on peut consulter à ce sujet une dissertation curieuse des Amœnitates de Linnæus, intitulée *Culina mutata*). Ce mets demandant beaucoup d'assaisonnement pour corriger sa fadeur, ne peut paroître que sur la table des riches ; en sorte qu'il est négligé par le peuple, et ainsi le mets qu'il a remplacé n'est pas connu dans la plupart des provinces. Il n'en est pas de même à Paris, où une partie de ses habitans vit sans jouir de la verdure : un instinct naturel les y ramène, en sorte que les plus pauvres achètent chez les revendeuses, sous le nom d'épinards, des herbes cuites ; c'est pour l'ordinaire un mélange des herbes les plus communes, telles que les mauves, les arroches et même les orties. Cet ensemble forme peut-être un aliment plus sain et plus savoureux que l'épinard lui-même : c'est le véritable *olus* des Latins, et on le nommeroit *brèdes* à l'Isle-de-France.

On ne sera pas étonné de voir une longue liste de plantes qui portent ce nom : peut-être seroit-il facile de la doubler, parce que les noirs mangent souvent presque sans choix un grand nombre d'herbes, pourvu qu'elles soient tendres. Leur nom collectif dans la langue malaise est Sajor, que Rumphius traduit par *olus*, et Anga, Anghive à Madagascar. Voyez ces mots. Les différentes langues de l'Inde ont sûrement aussi un nom particulier pour les désigner.

Il paroît que le *calalou* des créoles des Antilles est un

mets de la même nature ; il ne doit pas être confondu avec le *calo*, qui est le fruit du gombaut, *hibiscus esculentus*. (A. P.)

BRÈDES-D'ANGOLE (*Bot.*), altération du mot malais GANDOLE. Voyez ce mot et BRÈDES-GANDOLE. (A. P.)

BRÈDES-DU-BENGALE. (*Bot.*) C'est une espèce de *chenopodium*, qui a été apporté depuis peu, et qu'on appelle aussi épinard de Chine. (A. P.)

BRÈDES-CHEVRETTE. (*Bot.*) On donne ce nom à l'*illecebrum sessile*, *L.*, l'*alternanthera* de Forskal. Les Malais le nomment *sajor-oran*, que Rumphius a traduit par *olus squillarum*. (A P.)

BRÈDES-CHOU-CARAÏBE. (*Bot.*) Ce sont les jeunes feuilles de l'*arum colocasia* ou *caladium*. Quand elles sont très-jeunes, elles n'ont pas encore l'âcreté des aroïdes et sont très-bonnes : on les accommode quelquefois en friture ; mais il faut bien les choisir, autrement le gosier s'en ressentiroit. (A. P.)

BRÈDES-CHOU-DE-CHINE. (*Bot.*) C'est effectivement une espèce de chou, que l'on cultive et dont on mange les feuilles tendres : c'est un des meilleurs légumes de ce genre ; mais il réussit difficilement dans certains cantons, parce qu'il est rongé par la larve d'une petite phalène qui se multiplie extraordinairement. (A.P.)

BRÈDES-CRESSON. (*Bot.*) C'est le cresson commun, *sisymbrium nasturtium*, *L.* Transporté depuis long-temps dans nos îles africaines, il s'y est très-bien naturalisé ; et dans quelques recoins des rivières, il acquiert une taille prodigieuse. On donne aussi quelquefois le même nom au *spilanthus acmella*, qu'on connoît plus ordinairement sous le nom de brèdes malgache ou brèdes piquante. (A. P.)

BRÈDES-DE-FRANCE. (*Bot.*) Ce sont les épinards que les noirs désignent ainsi. (A. P.)

BRÈDES-GANDOLE. (*Bot.*) C'est le *basella rubra*, dont le nom malais, retenu par Rumphius, est *gandole*. Beaucoup de personnes le nomment brèdes d'Angole, se persuadant qu'il a été apporté de la côte d'Afrique d'Angola. Voyez BASELLE. (A. P.)

BRÈDES-GIRAUMON. (*Bot.*) Ce sont les jeunes pousses

des citrouilles, qui forment un mets très-agréable : quelquefois cependant elles ont une odeur de musc qui ne plaît pas à tout le monde. (A. P.)

BRÈDES-GLACIALE. (*Bot.*) On cultive depuis longtemps le ficoïde glaciale, *mesembryanthemum crystallinum*, à Bourbon (la Réunion), pour l'usage de ses feuilles : c'est un des meilleurs légumes de ce genre. (A. P.)

BRÈDES-MALABARE. (*Bot.*) On confond sous ce nom plusieurs espèces de plantes : d'abord les amarantes, le *spinosus*, qui croît sans culture, et quelques autres, comme le *cruentus*, que l'on cultive dans quelques jardins ; de plus le *corchorus olitorius*, Corette. Il paroît qu'on ne fait pas grand cas de ce dernier; car on n'en trouve plus que quelques pieds égarés. (A. P.)

BRÈDES-MALGACHE. (*Bot.*) C'est le *spilanthus acmella*, ou plutôt une espèce voisine. Quand on est fait à sa saveur âcre et piquante, on le mange avec plaisir. On le nomme aussi brèdes-cresson et brèdes piquante : on donne quelquefois le nom de brèdes-malgache à la brèdes-morelle. (A. P.)

BRÈDES-MARTIN. (*Bot.*) On nomme ainsi à Bourbon (la Réunion) la brèdes-morelle, qui vient sans culture sur les habitations, et semée par les excrémens de l'oiseau appelé martin. (A. P.)

BRÈDES-MORELLE. (*Bot.*) C'est la brèdes par excellence, qui fait la base de la nourriture du plus grand nombre des créoles, depuis le dernier noir jusqu'au plus somptueux habitant. Les Européens nouvellement débarqués voient cet aliment avec répugnance, surtout ceux qui ont quelque teinture de botanique, en apprenant que c'est une espèce de *solanum*, au moins très-voisine du *solanum nigrum*, qui passe en France pour un poison ; mais on s'y fait très-promptement ; alors on partage le goût général, et ce mets devient un de ceux dont on se lasse le moins. Son accommodage est très-simple, ainsi que celui de toutes les espèces de brèdes. Pour les noirs il suffit de les faire bouillir, d'y mettre un peu de sel, plus ou moins de baies du piment : les habitans y ajoutent un peu de saindoux, qui tient lieu de beurre dans la cuisine du pays. Quelques-uns y mettent du gingembre; dans cet état la brèdes-morelle paroît au déjeûner, dont elle fait le fond, avec un morceau de viande salée ou du poisson. Elle reparoît au dîner, où elle se mêle au *carris;* enfin, avec un poisson frit, elle forme le souper du plus grand nombre des habitans. Dans tous ces repas on la mange avec le riz cuit à l'eau. On peut juger d'après cela de la consommation journalière de ce légume : aussi est-il la denrée la plus commune du *bazaz* ou marché. A l'Isle-de-France cependant on ne fait usage que de celle qui croît naturellement sur les habitations; mais on est plus industrieux à Bourbon (la Réunion), où on la sème dans les jardins, où on la repique en planche, où on la soigne comme tous les autres légumes, et où elle prend un accroissement qui la rend méconnoissable. Sa saveur est beaucoup plus douce; ce qui n'est pas regardé comme une qualité par plusieurs créoles, qui préfèrent faire ramasser celle qui croît sur les habitations et qui est plus amère; on l'appelle Brèdes-martin. Voyez ce mot. Il est à remarquer que plus on monte, plus elle a d'amertume, ce qu'il faut attribuer à la température. On peut expliquer par là comment la même plante seroit dangereuse sous la zône tempérée, et ne le seroit pas sous les tropiques, où le principe vireux seroit évaporé par la chaleur. Il paroît que la morelle noire n'est pas aussi dangereuse en France qu'on le pense communément; car beaucoup de créoles venus ici, l'apercevant dans leurs promenades, en ont voulu manger malgré les représentations qu'on leur a faites, et n'en ont éprouvé aucun accident : malgré cela elle a une odeur vireuse que n'a point celle des îles, et il est prudent de jeter la première eau dans laquelle elle a bouilli.

Ce mets n'est point particulier à l'Isle-de-France : il est usité dans l'Inde, où il a sûrement un nom particulier; dans les îles malaises, sous le nom de Sajor; à Madagascar, sous celui d'Anghive (voyez ces mots), et dans nos colonies américaines, où il porte le nom de *laman.* (A. P.)

BRÈDES-MORONGUES. (*Bot.*) Ce sont les jeunes pousses du ben, *moringa,* Juss., *guilandina moringa,* L.; elles sont très-estimées. La racine, râpée, a le goût du cran, *cochlearia armoracia* ; elle est employée de la même manière dans toute l'Inde. On ne s'en sert point ainsi dans nos îles africaines. (A. P.)

BRÈDES-MOUTARDE. (*Bot.*) Ce sont les pousses d'un sinapi qui paroît être le *sinapis indica.* (A. P.)

BRÈDES-PIMENT. (*Bot.*) Ce sont les pousses du piment, *capsicum ;* elles n'ont rien de l'àcreté du fruit de cet arbuste. (A. P.)

BRÈDES-PUANTE. (*Bot.*) C'est le mozambé, *cleome pentaphylla :* son odeur, des plus désagréables, qui lui a fait donner aussi le nom de brèdes pissat de chat, sembleroit l'exclure du nombre des alimens ; mais elle la perd par l'ébullition, et devient alors très-bonne. (A. P.)

BRED - NEB (*Ornith.*), dénomination norwégienne de la spatule blanche, *platalea leucorodia*, L. (Ch. D.)

BREDOL DE RIO. (*Bot.*) Les Portugais nomment ainsi le *phytolacca* ordinaire. (J.)

BREDO - TALI (*Bot.*), nom portugais de la baselle. (J.)

BREET (*Ichtyol.*), nom donné par les Anglois au turbot. Voyez Pleuronecte. (F. M. D.)

BREHAIGNE. (*Véner.*) En termes de chasse c'est le nom de la vieille biche qui ne porte plus. (F. C.)

BREHÈME ou Beringène (*Bot.*), noms de la melongène à S. Domingue. (J.)

BREHIS. (*Mamm.*) On trouve ce mot dans l'ancienne Encyclopédie, avec la description suivante : « Animal de l'île « de Madagascar, de la grandeur de la chèvre, qui n'a « qu'une corne sur le front, et qui est fort sauvage. » (F. C.)

BRÈME (*Ichtyol.*), espèce de cyprin. Voyez Cyprin. (F. M. D.)

BRÈME DE MER. (*Ichtyol.*) Quelques pêcheurs des côtes de France donnent ce nom au spare brème. Daubenton a aussi appelé brème de mer, d'après Garden, le spare rhomboïde. Voyez Spare. (F. M. D.)

BRENOUD. (*Ornith.*) Buffon rapporte cet oiseau, que Commerson a trouvé dans l'île de Bourbon (la Réunion), à la grande veuve, *emberiza vidua*, L. (Ch. D.)

BRENTA. (*Ornith.*) L'oiseau décrit sous ce nom par Willughby, Charleton, etc., est le cravant, *anas bernicla*,

L.; et celui auquel Aldrovande, Gesner, etc., donnent le nom de *brenthus*, est la bernache, *anas erythropus*, *L.* Voyez BRINTHE. (Ch. D.)

BRENTE (*Entom.*), *Brentus*, genre d'insectes coléoptères de notre famille des rhinocères ou rostricornes, dont le caractère consiste dans la présence de quatre articles à tous les tarses et des antennes portées sur un bec.

Ce nom de genre a été donné par Fabricius, qui l'a emprunté d'Aristote : βρενθος (*brenthos*) est le nom sous lequel cet auteur indiquoit probablement un grèbe (Hist. des anim. liv. 9, chap. 1.ᵉʳ). C'est une division des charançons de Linnæus.

Ces insectes sont remarquables par leur forme allongée presque linéaire. On ne connoît point leurs larves; on les trouve dans les pays très-chauds, principalement en Amérique et en Afrique, sur les fleurs.

Nous caractérisons ce genre comme il suit :

Caract. gén. Corps allongé, cylindrique ; tête excessivement allongée, non inclinée, plus grosse à l'endroit des yeux ; antennes courtes, droites, non brisées, grossissant le plus souvent d'une manière insensible, ou moniliformes ; corselet arrondi, un peu évasé au milieu, souvent cannelé sur sa longueur, et plus étroit en devant ; élytres plus longues que l'abdomen, allongées, linéaires.

On sépare ce genre de toutes les espèces à antennes en masse, parce qu'il les a filiformes ou moniliformes. Ainsi on ne peut le confondre avec les calendres, cossones, charançons, rynchènes, rhamphes, brachycères, attélabes et oxystones : il ne reste que les bruches et les anthribes, dont il diffère par l'allongement excessif du bec, qui est très-court dans ces deux derniers genres.

Fabricius a fait deux sections dans ce genre : dans l'une sont comprises les espèces qui ont les cuisses dentées ; dans l'autre sont rangées celles qui ont les cuisses simples.

SECTION 1.ʳᵉ *Brentes à cuisses simples.*

1. BRENTE DENT-COURBE, *Brentus curvidens.*

Caract. Noir : corselet raboteux ; élytres à extrémité recourbée en pointe.

On trouve cette espèce dans l'Amérique méridionale. Les antennes sont absolument filiformes : le corselet ne porte pas la ligne enfoncée, longitudinale : les élytres sont à lignes renfoncées par stries ; elles portent deux lignes jaunes.

2. BRENTE CELLULEUX, *Brentus foveatus.*

Caract. Roux : élytres à trois bandes noires ; corselet à deux enfoncemens en dessous.

On trouve aussi cette espèce, qui est petite, dans la partie méridionale de l'Amérique. La tête est noire à ses deux extrémités : le corselet porte une ligne noire au milieu ; il n'est point canaliculé en dessus.

SECTION II. *Brentes à cuisses dentées.*

3. BRENTE BÉCARD, *Brentus anchorago.*

Caract. Noir ; extrêmement allongé ; élytres sillonnées avec des lignes longitudinales, rouges ou jaunes foncé, alternes.

Cet insecte a près d'un pouce de long et pas deux·lignes de large, ce qui lui donne un port très-singulier ; les antennes vont en grossissant insensiblement ; les élytres sont prolongées et comme tronquées à l'extrémité.

On le trouve à Surinam.

4. BRENTE CYLINDRICORNE, *Brentus cylindricornis.*

Caract. Brun rougeàtre ; corselet bossu, cuivreux, épineux ; élytres striées à six bandes transverses jaunes.

Ce brente est très-remarquable par la forme de son corselet. Ses quatre cuisses sont garnies d'une dent ; sa tête est cylindrique, excepté à la base, où sont placés les yeux ; les antennes sont aussi longues que la tête, et filiformes.

Il a été rapporté de l'île de la Trinité par Mauger. (C. D.)

BRESAGUE. (*Ornith.*) En Gascogne (département de la haute Garonne) on donne ce nom et celui de fresaco à l'effraie, *strix flammea*, L. (Ch. D.)

BRÉSILIENNE. (*Minér.*) Saussure a proposé de désigner

par ce nom la topaze du Brésil, qui se rapporte aux variétés qu'Haüy a nommées dioctaèdre et soustractive. Saussure regardoit cette pierre comme d'une espèce différente de celle de la topaze. Galitzin est de ce sentiment et veut la rapporter aux schorls : il faudroit dire auparavant ce que c'est qu'un schorl ; ce nom a été donné à tant de substances différentes qu'on sera fort embarrassé de les réunir par le caractère commun le plus artificiel. (B.)

BRÉSILLET (*Bot.*), *Cæsalpinia*, Linn., Juss., Lam. Illust. pl. 355 ; genre de plantes de la deuxième section des légumineuses. Les arbres et les arbrisseaux qu'il comprend se rapprochent beaucoup des poincillades, mais les étamines de leurs fleurs sont plus longues, et leur calice est plus profondément divisé. Les fleurs des brésillets sont disposées en grappes simples, ou en panicules axillaires et terminales ; elles ont un calice en coupe, à cinq divisions, dont l'inférieure est plus longue ; la corolle est composée de cinq pétales presque égaux. Les étamines sont au nombre de dix : leurs filets, velus à leur base, sont un peu plus longs que les pétales ; l'ovaire est oblong et placé supérieurement au calice. Il se change en une gousse comprimée, oblongue, à deux valves polyspermes, munie quelquefois à son sommet d'une pointe oblique.

Le Brésillet de Fernambouc, vulgairement le Bois de Brésil, Bois de Fernambouc, *Cæsalpinia echinata*,· Lam. ; *Ibirapitanga*, Pis. Bras., p. 164, Ic., est un arbre fort gros et fort grand, armé de piquans. Ses feuilles sont alternes, deux fois ailées, et portent des folioles semblables aux feuilles du buis. On trouve cet arbre parmi les rochers du Brésil. Il est ordinairement tortu et raboteux ; il est plein de nœuds, à peu près comme l'épine blanche, quoiqu'il soit très-gros. L'aubier qui couvre le bois est si épais que, lorsqu'on l'a enlevé, le tronc, auparavant de la grosseur du corps d'un homme, est réduit à celle d'une de ses jambes. Il est pesant, fort sec, et pétille beaucoup dans le feu, où il ne fait presque point de fumée à cause de sa grande sécheresse. On l'emploie à faire des meubles ; il est propre aux usages du tour et prend bien le poli. Son principal usage est dans la teinture : on en tire une couleur rouge :

c'est néanmoins une fausse couleur, qui s'évapore aisément et qu'on ne peut employer sans l'alun et le tartre. On en tire aussi une espèce de carmin, qui sert à faire de la laque liquide pour la miniature. On teint avec ce bois les racines de guimauve pour nettoyer les dents : lorsqu'on le mâche, il laisse dans la bouche un goût sucré.

Le Brésillet de Bahama, *Cæsalpinia bahamensis*, Lam., Catesb., Carol. 2, p. 5i, t. 5i, est un arbre de médiocre grandeur ; ses feuilles sont deux fois ailées, et composées de folioles ovoïdes et échancrées en cœur à leur sommet. On le trouve dans les îles de Bahama et à la Jamaïque. Catesby dit qu'autrefois il étoit très-commun dans ces îles, et que leurs habitans gagnoient leur vie à en couper pour le faire passer en Europe.

Le Brésillet des Indes, vulgairement le Bois de Sapan, *Cæsalpinia sappan*, Linn., Rhèed. Malab. 6, p. 5, t. 2, est un petit arbre de dix à quinze pieds de hauteur : son bois est assez dur et d'un rouge pâle ; ses feuilles, deux fois ailées, ont dix à quinze paires de pinnules chargées de folioles nombreuses, fort rapprochées, oblongues, obtuses et attachées par un des côtés de leur base. On trouve cet arbre à Siam, et à Amboine, où, suivant Rumphius, on l'emploie à teindre en rouge : on le fait bouillir dans de l'eau ; il donne une teinture noirâtre, mais qui devient rouge lorsqu'on y mêle de l'alun. On en fait aussi de jolis meubles. Les médecins l'emploient en décoction dans les contusions, pour dissoudre le sang épaissi et extravasé.

Tous les brésillets, originaires des contrées équatoriales des deux mondes, ne peuvent se cultiver en Europe que dans des serres chaudes ; ils aiment la grande chaleur et craignent l'humidité trop prolongée. On sème leurs graines dans une terre riche et légère : elles lèvent au bout de quelques jours, et on les transplante lorsque les jeunes pieds ont acquis trois ou quatre pouces de hauteur. On ne doit les arroser que légèrement en hiver, et leur donner la place la plus chaude de la tannée. Lorsqu'on les change de pots, il ne faut pas toucher à leurs racines. Pendant la belle saison on les traite comme les plantes les plus délicates de serre chaude.

Le nom de *cæsalpinia* est celui d'un célèbre botaniste italien (J. S. H.)

BRÉSILLET DE S. DOMINGUE. (*Bot.*) On donne le nom de brésillet dans cette colonie à des végétaux d'un genre différent. On appelle brésillet, sans épithète, les deux espèces de *comocladia* ; mais ce nom est plus généralement attribué au *comocladia aculeata*, qui est plus commun, dont le bois est plus rouge et plus dur. Ce bois est pesant et pourroit servir à bâtir, mais il ne s'élève pas généralement à une grande hauteur ; du moins nous n'en avons jamais rencontré qui eut plus de quinze à seize pieds de haut et quatre a cinq pouces de circonférence. Ces deux espèces de *comocladia* se distinguent par un surnom pris de la nature des folioles : l'une se nomme brésillet épineux, et l'autre brésillet non épineux.

L'autre arbuste, connu sous le nom vulgaire de brésillet bâtard, est le *trichilia spondioides*, connu aussi dans certains quartiers sous le nom de raisin des perroquets, soit parce que ces oiseaux sont friands des graines de cet arbuste, soit parce que ces graines, d'un beau rouge vermillon tranchant fortement avec la couleur verte des valves qui les enveloppent, imitent les deux couleurs dont est chargé le plumage de quelques espèces de perroquets. Nicholson dit qu'on retire du bois de cet arbuste une couleur plus brune que rouge, et attribue à son écorce une vertu astringente.

Nous devons observer, en terminant cet article, que les auteurs ne sont pas d'accord sur la plante que l'on nomme brésillet bâtard. Celle à laquelle Nicholson rapporte ce nom, et qu'il nomme *spondias*, paroît être incontestablement le *trichilia spondioides* ; mais, d'après la description de Pouppée-Desportes (vol. 3, page 46), nous ne pouvons douter qu'il n'ait eu en vue une espèce de *comocladia*, ayant trois étamines et un fruit mou, de la figure d'une olive, aigrelet, contenant un noyau oblong qui renferme une amande. Ces caractères ne peuvent pas convenir au *trichilia*, et sont plus conformes à l'organisation du *comocladia*. (P. B.)

BRÉSILLOT. (*Bot.*) Lamarck, dans l'Encyclopédie méthodique, désigne sous ce nom deux arbrisseaux d'Amérique, dont le premier est le *pseudo-brasilium* de Plumier, ou faux brésillet d'Amérique, et doit se rapporter au genre *Comocladia;* le second, qui étoit le *pseudo-brasilium* du Jardin des plantes, est évidemment le même que le *picramnia antidesma* de Swartz, d'après des échantillons de celui-ci envoyés par Vahl. Voyez Comoclade, Picramnie. (J.)

BRESLINGE (*Bot.*), espèce de Fraisier. Voyez ce mot. (J.)

BRESSDIUR, Brestdiur. (*Mamm.*) Wormius, dans la description de son cabinet, désigne sous le nom de gresdiur sa première espèce d'ours, qui est notre grand ours brun. Buffon et beaucoup d'auteurs après lui ont mal à propos écrit bressdiur ou brestdiur. (F. C.)

BRESSMEN (*Ichtyol.*), nom prussien de la brème. Voyez Brassen et Cyprin. (F. M. D.)

BRETTE. (*Bot.*) Voyez Anga, Brèdes.

BRETTE. (*Bot.*) Au cap de Bonne-Espérance on mange, sous ce nom, l'*amaranthus oleraceus*. Voyez Brèdes. (A. P.)

BREVE. (*Ornith.*) Les oiseaux des Indes que Montbeillard a désignés par le nom de brèves, n'offrent pas dans les caractères génériques des différences assez considérables pour les séparer entièrement des merles; mais néanmoins, comme ils ont le bec plus épais, les jambes plus longues, la queue et les ailes plus courtes, ils y forment une section particulière, et le nom de brèves leur est d'autant plus convenable que leur haute stature et la brièveté de leurs ailes font paroître leur corps plus court et plus ramassé. (Ch. D.)

BRÉVIPEDES. (*Ornith.*) Scopoli a distingué par cette dénomination les oiseaux qui forment le troisième ordre de sa seconde famille, et qui ont en effet les pieds très-courts et impropres à marcher. Ce sont les hirondelles, les martinets, les engoulevens. (Ch. D.)

BRÉVIPENNES. (*Ornith.*) Cuvier a distingué par ce terme les oiseaux gallinacés dont les ailes sont trop courtes pour le vol, tels que l'autruche, le cheuque, le casoar, le dronte, des oiseaux du même ordre qui peuvent voler et qu'il nomme alectrides. (Ch. D.)

BRÉVIPENNES (*Entom.*), nom d'une famille d'insectes

coléoptères qui ont cinq articles aux tarses; les élytres courtes, dures, les antennes moniliformes, et à laquelle appartiennent les staphylins. Voyez BRACHÉLYTRES. (C. D.)

BRÉVIROSTRES. (*Ornith.*) Cette expression, qui ne signifie que bec court, a été employée particulièrement par Cuvier pour caractériser les oiseaux échassiers, dont le bec est court et gros, tels que l'agami, le camichi, le savacou, le flammant. (Ch. D.)

BRIBRI. (*Ornith.*) On nomme ainsi en Normandie (département de la Seine inférieure, etc.) le bruant de haie, *emberiza cirlus*, L. (Ch. D.)

BRIDÉ. (*Ichtyol.*) Cette épithète sert à désigner les poissons qui ont une tache ou un demi-anneau en forme de bride à la tête. On rencontre une espèce de ce nom dans plusieurs genres. Voyez BALISTE, CHÉTODON, SCARE et SPARE. (F. M. D.)

BRICKE. (*Ichtyol.*) Ce nom est donné dans diverses parties de l'Allemagne au pétromyzon pricka. Voyez l'ÉTROMYZON. (F. M. D.)

BRIGNE. (*Ichtyol.*) Les pêcheurs qui sont à l'embouchure de la Loire et de la Garonne, appellent ainsi le centropome loup. Voyez BAR et CENTROPOME. (F. M. D.)

BRIGNE BATARDE (*Ichtyol.*), nom donné à Bordeaux au cyprin double. Voyez CYPRIN. (F. M. D.)

BRIGNOLIER. (*Bot.*) Pouppée-Desportes et Nicholson parlent de deux espèces de brignolier, le jaune et le violet, noms qui leur ont été donnés d'après la couleur de leurs fruits : ce sont, disent-ils, des arbres qui ont des feuilles semblables à celles des poiriers, mais plus aiguës et plus longues; les fleurs sont blanches et le fruit en forme de corne. D'après une telle description il nous est impossible de rapporter le brignolier à aucun genre connu. (P. B.)

BRIGNON. (*Bot.*) Voyez BRUGNON.

BRIGOULA (*Bot.*), nom languedocien de l'artichaut. (J.)

BRILLANT. (*Chim.*) On appelle brillant l'éclat particulier dont brillent les métaux; c'est le brillant ou l'éclat métallique. Il y a quelques pierres, comme les micas, qui ont cette espèce d'éclat : mais on distingue ce brillant pierreux de celui des métaux, en ce que les lames les plus brillantes des pierres sont transparentes lorsqu'elles sont minces, tandis que les feuilles les plus fines des métaux sont constamment opaques. (F.)

BRILLE-FUGL (*Ornith.*), dénomination norwégienne du grand pingouin, *alca impennis*, L. (Ch. D.)

BRIMDUFA (*Ornith.*), nom islandois du canard à collier de Terre-neuve, Buff., *anas histrionica*, L., qu'on appelle aussi brimdue ou brimduc. (Ch. D.)

BRIN-D'AMOUR. (*Bot.*) C'est un des noms populaires donnés au moureiller piquant, *malpighia urens*, dont les fruits, suivant Nicholson, excitent à l'amour. Ce nom pourroit aussi lui avoir été donné parce que ses feuilles sont couvertes en dessous d'aiguillons, dont la piqûre est douloureuse et excite une démangeaison qui dure plusieurs heures. (J.)

BRIN-BLANC (*Ornith.*), espèce de colibri, nommée par Linnæus *trochilus superciliosus*, L. (Ch. D.)

BRIN-BLEU. (*Ornith.*) C'est le *trochilus cyanurus*, L. (Ch. D.)

BRINDAONIER. (*Bot.*) Voyez Brindonier.

BRINDEIRA. (*Bot.*) Voyez Brindonier.

BRINDONIER, Brindaones (*Bot.*), *Brindera*, *Brindonia*. Les anciens voyageurs dans l'Inde, tels que Linscot, ont parlé sous ces noms d'un arbre utile de ce pays; mais les botanistes plus récens l'ont laissé de côté, ainsi qu'un grand nombre de végétaux aussi intéressans, parce qu'ils ne connoissoient pas les caractères de leur fructification. Il paroîtroit cependant qu'ils en ont fait mention, mais sous un autre nom; car, suivant Lamarck, cet arbre est le même que le *mangostana celebica* de Rumphius, qui est devenu le *garcinia celebica* de Linnæus. Par l'examen de la description et de la figure de l'Herbier d'Amboine, on trouve des différences assez notables : mais il est aisé de s'apercevoir que ces deux arbres sont très-voisins et qu'ils doivent être placés dans le même genre, non dans celui du mangostan, mais dans un genre voisin, distingué par des caractères assez tranchans. Ils appartiennent tous deux à celui que Loureiro, dans sa Flore de la Cochinchine, a désigné sous le nom d'*oxicarpus*, et dont il décrit une seule espèce différente des deux premières ; d'où il résulte que ce genre a maintenant trois espèces connues.

Dans ce genre les fleurs sont polygamiques dioïques, les mâles étant séparés des hermaphrodites sur des pieds différens. Les fleurs mâles sont composées d'un calice à quatre folioles, de quatre pétales, d'étamines nombreuses, réunies en un faisceau central. Les fleurs hermaphrodites ont le calice et la corolle comme les mâles ; les étamines sont hypogynes, au nombre de vingt environ, réunies en quatre faisceaux distincts ; l'ovaire est surmonté de six styles cylindriques et courts. Le fruit est une baie qui contient des graines en nombre égal aux styles ; elles sont arillées : les cotylédons sont réunis en une seule masse solide.

Ce genre, comme on le voit, diffère de celui du mangostan, 1.° par l'existence de deux sortes de fleurs ; 2.° par la polyadelphie des étamines ; 3.° par la forme des styles et stigmates. Dans la réforme que quelques naturalistes ont fait subir au système sexuel de Linnæus, comme Thunberg, ce genre est difficile à placer ; car par les fleurs mâles il appartient à la monadelphie, et par les hermaphrodites à la polyadelphie. Dans l'ordre naturel il vient, comme on l'a dit, à côté du mangostan, dans la famille des guttifères. On ne voit aucune raison pour changer le nom de brindones, *brindonia*, sous lequel cet arbre est connu depuis long-temps , et qui n'a rien de choquant pour l'oreille.

BRINDONIER DE L'INDE, *Brindonia indica*, Brindones, J. Bauh. 1, p. 89 ; Ray, Hist. p. 1831 ; *Brindoyn*, Linscot ; *fructus indicus tinctoribus expetitus*, C. Bauh. p. 434. Cet arbre est de moyenne taille, d'un bel aspect, de forme pyramidale comme le giroflier, auquel il ressemble de loin : ses rameaux sont opposés, ainsi que les feuilles, qui sont ovales, acuminées, d'un vert foncé luisant quand elles sont développées, mais nuancées de rose quand elles sont jeunes ; les nervures latérales sont en petit nombre et peu marquées, traversées par d'autres très-fines, comme dans le mangostan. Les fleurs sont terminales, peu apparentes ; les mâles sont fasciculées au nombre de quatre ou cinq, dont une centrale et verticale, et les autres sont horizontales et divergentes. Les fleurs hermaphrodites , portées sur des arbres différens, sont solitaires et pareillement terminales; leur pédoncule est plus court et plus renflé. Il leur succède une baie sphérique, de la grosseur et de la forme d'une petite pomme d'api, d'un rouge obscur tirant sur la couleur de la lie de vin : elle contient cinq à six graines comprimées, réniformes, entourées d'un arille pulpeux, rempli d'un suc rouge et acide. Toutes ses parties, surtout quand elles sont jeunes, donnent, étant entamées, un suc jaune, qui s'épaissit en une espèce de gomme-gutte. Le fruit de cet arbre est très-estimé dans l'Inde, où l'on en fait des gelées, et des sirops très-recommandés dans les fièvres aiguës; son acidité s'oppose à ce qu'on le mange cru.

Les Portugais, suivant Garcias, qui est un des premiers auteurs qui en ait parlé, apportoient en Europe l'écorce du fruit pour faire du vinaigre; il paroît aussi qu'il sert dans la teinture. Cet arbre est cultivé à l'Isle-de-France et à Bourbon (la Réunion); mais ce n'est jusqu'à présent qu'un objet de curiosité. Quelques colons zélés ont essayé, d'après les indications de l'auteur de cet article, de greffer dessus, par approche, le mangostan, qui croît très-lentement; mais à son départ des îles ils n'avoient pas encore réussi. Ce procédé avoit été employé avec beaucoup de succès par Hubert pour les muscadiers et les manguiers.

BRINDONIER DE COCHINCHINE, *Brindonia cochinchinensis*, *oxycarpus cochinchinensis* Lour. Coch., *Cay-bua* en cochin-chinois, *Folium acidum*, Rumph. Herb. Amb., tom. 3, tab. 32; grand arbre à tronc droit, rameaux ouverts, feuilles ovales, allongées, glabres, lisses, luisantes, vert foncé, opposées, pétiolées; fleurs blanches, latérales, presque sessiles, ramassées trois ou quatre; baie de deux pouces de diamètre, charnue, rouge jaunâtre, acide et bonne à manger.

BRINDONIER DE CÉLÈBES, *Brindonia celebica*, *mangostana celebica*, Rumph. Amb. tom. 1, p. 135, f. 44; *Garcinia celebica*, Linn. La description et la figure de Rumphius sont trop vagues pour en tirer une phrase spécifique. Le bois de cet arbre, par une préparation particulière qui consiste à l'enfouir avec une pâte de riz, acquiert, comme celui du bois de corne ou mangostan corné, une dureté et une transparence comparables à celles de la corne. (A. P.)

BRINGARASI (*Bot.*), nom brame d'une plante à fleur radiée, décrite et figurée par Rhéede (Hort. Malab. tom. X, p. 83, t. 42) sous celui de *pée-cajoni* : on l'a rapportée au *verbesina calendulacea*. (A. P.)

BRINTHE. (*Ornith.*) On a vu , sous le mot Brenta, que l'oiseau appelé *brenthus* par Aldrovande et Gesner, est la bernache, dont Aristote paroît en effet avoir parlé (liv. 9, chap. I) sous la dénomination de *brenthos;* mais, au chap. XI du même livre , il appelle βρίνθος, un oiseau chanteur qu'il dit habiter les forêts et les montagnes ; et quoique ce mot ne diffère que par une lettre du terme βρενθος, employé pour désigner la bernache, il ne peut être question du même oiseau dans les deux endroits. Scaliger soupçonne que le second oiseau est le passereau solitaire : Hésyche croit aussi qu'il est question d'une espèce de merle ; et en effet, dans le Bugey (département de l'Ain), on nomme passereau solitaire le merle de roche, que Gmelin et Latham ont placé parmi les pie-grièches, *lanius infaustus.* (Ch. D.)

BRISÉES. (*Véner.*) Les brisées sont des marques qui servent à indiquer la route qu'a prise un animal que l'on chasse. On se sert ordinairement de branches d'arbres , que l'on dispose de manière que le gros bout soit du côté par où fuit l'animal : sans cette précaution on fait de fausses brisées. (F. C.)

BRISE - MOTTE (*Ornith.*), nom vulgaire du motteux commun , *motacilla œnanthe*, L. (Ch. D.)

BRISE - OS. (*Ornith.*) C'est en vieux françois l'aigle orfraie, *falco ossifragus*, L. (Ch. D.)

BRISE - PIERRE DES ANGLOIS (*Bot.*), *Saxifraga Anglorum* , Dalech., nom que le traducteur de Dalechamps donne au *peucedanum silaus.* Les Anglois ont nommé cette plante brise-pierre, parce qu'elle a une efficacité singulière, dit le même traducteur, pour briser la pierre de la vessie. Au reste, il ne faut pas la confondre avec la perce-pierre du même auteur, *aphanes arvensis*, L., autre plante d'une famille différente, à laquelle Dalechamps attribue une vertu diurétique, et dont les femmes, dit-il, font communément usage en Angleterre. Voyez Peucedan. (P. B.)

BRISEUR. (*Ornith.*) Ce mot est la traduction de θραυπίς, un des trois oiseaux qu'Aristote dit se nourrir d'épines. Gaza a pensé qu'il s'agissoit ici du chardonneret, et d'autres auteurs ont appliqué cette expression au tarin. Ce qui porte Camus à ne pas être de l'avis de ces derniers, c'est que le tarin vit plus particulièrement de graines d'aune et de bouleau : mais on a déjà observé, sous le mot BONNET-D'OR, ce qu'il convient d'entendre par le terme d'épines ; et comme le tarin mange aussi les graines du chardon, tout porte à croire que c'est lui qui a été désigné par Aristote. (Ch. D.)

BRISEUR D'OS (*Ornith.*), traduction de *quebrantahuessos*, nom donné par les Espagnols au grand pétrel, *procellaria gigantea*, sans doute à cause de la force du bec de cet oiseau. (Ch. D.)

BRISLING (*Ichtyol.*), nom donné dans quelques contrées de la Norwège au hareng. C'est aussi sous ce nom que l'alose est connue en Danemarck. Voyez CHYRÉE. (F. M. D.)

BRIZE (*Bot.*), *Briza*, genre de plantes de la famille des graminées, dont le caractère est d'avoir une ou deux valves concaves, obtuses, renfermant plusieurs fleurs dont chacune a les valves du calice inégales, ventrues, arrondies à leur sommet. Ces fleurs sont disposées en panicule ouverte, lâche, ayant des pédoncules filiformes, très-mobiles, qui soutiennent des épillets obtus et point comprimés. Il y a trois étamines et deux styles dans des fleurs hermaphrodites. Ce genre ne contient que peu d'espèces, qu'on trouve presque toutes en Europe et même en France. Il devient un genre très-naturel en renvoyant aux *poa* le *briza eragrostis*, et en n'y réunissant point les *uniola*.

1. BRIZE A GROS ÉPILLETS, *Briza maxima*, Linn., Moris. Hist. 3, §. 8, t. 6, f. 48. C'est une des plus belles espèces de ce genre, par la grosseur de ses épillets, moins nombreux que dans les autres espèces ; ils sont soutenus par des pédoncules presque simples, filiformes, rapprochés de la tige. Les fleurs, d'un jaune luisant, sont pendantes, au nombre de quinze à vingt dans chaque glume ; les feuilles sont pleines, à peine velues. Cette plante croît dans la France méridionale, en Barbarie, en Espagne, etc.

2. Brize amourette, *Briza media*, Linn., Moris. Hist. 5, §. 8, t. 6, f. 45. Cette jolie graminée, si commune sur les pelouses et dans les prés secs, a toujours fixé les regards par l'élégance de son port, par ses épillets souvent teints de pourpre, toujours tremblans sur leurs pédoncules capillaires et divisés en rameaux ondulés : les valves de la glume sont plus courtes que les fleurs, au nombre de sept environ; le bord des écailles est scarieux et luisant. C'est, ainsi que l'espèce suivante, un excellent pâturage pour les troupeaux. Qui ne se rappelle à la vue de cette espèce les jeux innocens de son enfance? Quelques personnes soupçonnent que son nom d'amourette est une altération de celui de mouvette, et qu'on la nommoit la mouvette parce qu'au moindre vent ses épillets sont toujours en mouvement.

3. Brize a petite panicule, *Briza minor*, Linn., Moris. Hist. 5, §. 8, t. 6, f. 47. Ses épillets, plus petits que dans l'espèce précédente, ont une forme triangulaire, et ne contiennent que quatre à six fleurs, plus courtes que les valves de la glume. Le *briza virens* de Linnæus ne paroît être qu'une variété de cette espèce, et n'en diffère que par sa panicule plus garnie.

4. Brize éragroste, *Briza eragrostis*, Linn., Moris. Hist. 3, §. 8, t. 6, f. 52. Elle se rapproche des paturins (*poa*). Ses tiges sont un peu coudées à leurs articulations ; sa panicule est oblongue, composée de rameaux alternes; les épillets sont comprimés, ovales, lancéolés, contenant douze à vingt fleurs. Les semences sont réticulées et ridées. Elle croît dans les lieux stériles et sablonneux. Elle est bonne pour les bestiaux. (*Poir.*)

BROCARD (*Véner.*), nom du chevreuil mâle qui a passé deux ans : ce terme ne s'emploie qu'en vénerie. (F. C.)

BROCATELLE (*Minér.*), variété de Brèche. Voyez ce mot. (B.)

BROCATELLE D'ARGENT, d'or, brune (*Entom.*), noms sous lesquels Geoffroy a décrit plusieurs petites Phalènes. Voyez ce mot. (C. D.)

BROCHE. (*Ichtyol.*) Bloch a donné ce nom à une espèce de lutjan, que Lacépède a décrit sous le nom de lutjan pique. (F. M. D.)

BROCHET. (*Ichtyol.*) Ce poisson, le requin des eaux douces, est connu dans toute l'Europe. Voyez ÉSOCE. (F. M. D.)

BROCHET DE TERRE. (*Rept.*) C'est un lézard du genre des scinques. Voyez SCINQUE MABOUIA. (C. D.)

BROCHET VOLANT. (*Ichtyol.*) C'est l'istiophore porte-glaive. Voyez ISTIOPHORE. (F. M. D.)

BROCOLI (*Agr.*), espéce de choux. Voyez CHOUX. (T.)

BRODAME. (*Ichtyol.*) Ce poisson, découvert par Olaffen et Muller dans la mer du Danemarck, est un cotte, selon ces auteurs, mais le naturaliste Lacépéde le croit semblable à l'aspidophore armé. Voyez ASPIDOPHORE. (F. M. D.)

BRODERIE. (*Rept.*) C'est ainsi que plusieurs naturalistes françois désignent le *boa hortulana* de Linnæus. Voyez BOA. (F. M. D.)

BROME (*Bot.*), *Bromus*, genre de plantes de la famille des graminées, très-voisin des fétuques : il offre pour caractère essentiel une glume multiflore, à deux valves ; des épillets oblongs, acuminés, tous munis de barbes droites, insérés un peu au-dessous du sommet des valves ; trois étamines et deux styles. Les fleurs sont assez généralement disposées en panicule.

Ce genre est très-nombreux en espéces, qui la plupart appartiennent à l'Europe. Plusieurs fournissent de bons pâturages pour les bestiaux, et leurs semences peuvent être utiles aux oiseaux de basse-cour et à d'autres usages économiques, comme nous aurons occasion de le remarquer en parcourant quelques-unes des espèces les plus importantes. *Bromus* est un mot grec qui signifie nourriture.

1. BROME SEGLIN, vulgairement la Droue, *Bromus secalinus*, Linn., Moris. Hist. 3, §. 8, t. 7, f. 17. Il a une tige droite, garnie de quelques feuilles un peu roides, à peine velues : ses fleurs forment une panicule médiocrement penchée : les épillets sont glabres, presque arrondis, portés sur de longs pédoncules rameux. Le brome velu, *bromus mollis*, L., ne paroit être qu'une variété de cette espéce, entre lesquelles il y a beaucoup d'intermédiaires. Ses feuilles sont molles et velues ; ses épillets pubescens, comprimés ; sa panicule redressée. Ces plantes croissent partout dans

les champs, sur les bords des chemins : elles offrent aux troupeaux une assez bonne nourriture. Leur panicule fournit une couleur verte, et dans des temps de disette on peut mêler la farine de ses graines à celle du froment, pourvu qu'elles aient été auparavant exposées à la chaleur du four. Elles sont bonnes aussi pour les volailles.

2. BROME A GROS ÉPILLETS, *Bromus grossus*, Desf., J. B. Hist. 2, p. 438, ic.; *Gramen grosmontbelgardensium*, Vaill. Par. 94, n.° 84. Il est bon de mentionner ici cette espèce, afin qu'elle ne soit pas confondue, comme elle l'a été par quelques botanistes, avec le *bromus squarrosus*, L., qui ne croît que dans les départemens méridionaux, tandis que celle-ci vient dans les environs de Paris. Ses tiges sont droites, munies de feuilles courtes, velues. Ses fleurs forment une panicule pendante, composée d'épillets renflés, ovales-oblongs, soutenus par des pédoncules simples, solitaires ou deux à deux, filiformes, un peu flexueux. La valve extérieure de la corolle est terminée par une barbe fine, longue, droite; les semences sont étroites, adhérentes à la corolle.

3. BROME A BARBES DIVERGENTES, *Bromus squarrosus*, Linn., Scheuchz. Gram. 251, t. 5, f. 11. Ses panicules sont peu penchées; ses épillets épais, cylindriques, munis de barbes divergentes; les feuilles velues, particulièrement sur leur gaîne; les tiges roides et droites. Elle croît dans la France méridionale et en Barbarie.

Brome cathartique, *Bromus purgans*, Linn.

Brome mutique, *Bromus inermis*, Linn., Scheuchz. Gram. 97, t. 13.

Brome des buissons, *Bromus dumetorum*, Lam. Ill., Moris. Hist. 3, §. 8, t. 7, f. 27.

Brome stérile, *Bromus sterilis*, Linn., Moris. Hist. 3, §. 8, t. 7, f. 11.

Brome des toits, *Bromus tectorum*, Linn., Lob. Ic. 33.

Brome géant, *Bromus giganteus*, Linn., Vaill. Par. t. 18, f. 3.

4. BROME DES PRÉS, *Bromus pratensis*, Lam. Ill., Vaill. Par. t. 18, f. 2. Cette espèce se distingue par ses panicules droites, presque simples, par ses épillets oblongs, à huit

ou dix fleurs panachées de vert et de pourpre, terminées par des barbes droites, plus courtes que les balles. Les feuilles inférieures sont légèrement velues, ainsi que les tiges, dans les prés secs et les champs. Elle produit un assez bon fourrage.

5. BROME DES CHAMPS, *Bromus arvensis*, Lam. Ill.; Leers, Herbor. t. 10, fig. 1. Selon Lamarck, c'est à tort que Leers rapporte au brome géant la figure que je viens de citer. Elle convient parfaitement à l'espèce dont il est ici question. Ses feuilles sont velues, plus courtes que les tiges. La panicule est rameuse, un peu penchée, les épillets panachés de blanc et de vert, de six à dix fleurs glabres, munies de barbes longues. Elle est commune dans les champs, et fournit aux troupeaux une bonne nourriture.

Brome rougeâtre, *Bromus rubens*, Linn.

Brome queue-de-renard, *Bromus alopecuros*, Poir. Voy. en Barbar.; Desf. Fl. atl. t. 25.

6. BROME COMPRIMÉ, *Bromus distachyos*, Linn., Ger. Gall. pr. t. 3, f. 1. Cette espèce approche des fromens; elle est composée de deux à six épillets sessiles, comprimés, droits; la tige est flexueuse à sa base; les feuilles ciliées. Elle croît dans la France méridionale, ainsi qu'à Fontainebleau et à Montmorenci. C'est un bon pâturage pour les moutons.

7. BROME CORNICULÉ, *Bromus pinnatus*, Linn., Barrel. Ic. 25. Cette plante, commune dans les champs et sur les collines sèches, a ses épillets alternes, presque sessiles, glabres, cylindriques, courbés en manière de cornes, les barbes courtes, les feuilles glabres. Les troupeaux la mangent. Le brome des bois, *bromus sylvaticus*, Lam. (Dict.), ne diffère de cette espèce que par ses barbes un peu plus longues et ses épillets velus.

Brome stipoïde, *Bromus stipoides*, Linn.

Parmi les autres espèces de brome, les unes appartiennent aux fétuques ou aux fromens, les autres sont encore peu connues. (Poir.)

BROMELIACÉES (*Bot.*), famille de plantes monocotylédones, sans corolle, à étamines attachées au calice, dont tous les genres appartiennent à la classe des liliacées de Tournefort et à l'hexandrie de Linnæus. Le calice, qui tantôt fait corps avec l'ovaire et tantôt ne lui adhére pas, est toujours à six divisions, plus ou moins profondes, dont trois sont quelquefois plus longues. Les étamines sont insérées au sommet de ce calice quand il est adhérent, et plus bas quand il ne l'est pas. L'ovaire est simple, surmonté d'un seul style, qui se divise par le haut en trois stigmates. Le fruit, adhérent ou libre, est toujours à trois loges remplies d'une ou de plusieurs graines ; il est, ou une baie qui ne s'ouvre pas, ou une capsule qui se sépare en trois valves garnies d'une cloison dans leur milieu.

Les feuilles sont toujours alternes et engaînées à leur base ; les fleurs, qui varient dans leur disposition, sont toujours accompagnées de bractées.

Cette famille, qui tire son nom de son genre le plus connu, se divise naturellement en deux sections, d'après la disposition respective de l'ovaire et du calice. Dans la première sont réunies la burmanne et la tillandsie, qui ont l'ovaire libre ; on range dans la seconde le xérophyte, la bromelie, l'agavé et la furcrée, dont l'ovaire est adhérent. L'ananas, si connu dans les pays chauds et cultivé dans nos serres, fait partie du genre Bromelie. (J.)

BROMÉLIE. (*Bot.*) Voyez Ananas.

BRONCHINI. (*Ichtyol.*) Les pêcheurs de Venise appellent ainsi le centropome loup. Voyez Centropome. (F. M. D.)

BRONCO (*Ichtyol.*), nom que l'on donne dans quelques parties de l'Italie au congre. Voyez Murène. (F. M. D.)

BRONGNIARTIEN (*Rept.*), nom donné par moi à un lézard nouveau, assez voisin du lézard gris des murailles, afin de rappeler tous les services rendus à l'histoire naturelle des reptiles par Alexandre Brongniart, qui a établi une nouvelle distribution très-parfaite de ces animaux en quatre ordres. Voyez Lézard. (F. M. D.)

BRONTE (*Entom.*), *Brontes*, genre d'insectes coléoptères qui ont quatre articles aux tarses, les antennes filiformes très-longues, à articles cylindriques, le corps excessivement aplati, de même largeur partout, et que nous n'avons pu ranger encore, ainsi que les cucujes, dans aucune famille, quoique par les mœurs et par la forme du corps ces

deux genres semblent se rapprocher des omaloïdes ou pla-
niformes, tels que les ips, lyctes, trogossites, dont les antennes sont en masse.

Latreille avoit fait le premier la distinction des espèces
de ce genre, que Fabricius avoit confondues avec les cucujes. Il lui avoit donné le nom d'uléiote, tiré du grec
υλήιοτες (*yléiotes*), et qui signifie bucheron, coupeur de
bois. Fabricius, en adoptant ce genre, lui a donné le nom
sous lequel nous le décrivons, et qui, dans la mythologie,
désigne l'un des ministres de Vulcain, fabricateur de la
foudre. Il sera fort curieux un jour de savoir pourquoi
Fabricius a préféré ce nom, assez bon, à l'autre, qui, à la
vérité, ne laisse rien à la mémoire : on ne voit pas comment il pourra rappeler l'analogie d'un insecte qui vit sous
le bois, avec l'un des fabricateurs de la foudre.

Il n'y a encore que cinq espèces comprises dans ce genre,
dont trois sont du pays.

1. BRONTE PATTES-JAUNES, *Brontes flavipes.*

Caract. Brun ou rougeâtre ; à corselet dentelé ; pattes et antennes pâles.

Cet insecte est extrêmement plat : les antennes sont cylindriques, à articles coniques, nombreux ; elles forment la
moitié de sa longueur. Nous l'avons trouvé une seule fois
dans la forêt de Fontainebleau, en Juillet, sous l'écorce d'un
vieux chêne abattu par un ouragan.

2. BRONTE PALISSANT, *Brontes pallens.*

Caract. Brun : à antennes, abdomen et pattes testacés ;
corselet dentelé.

3. BRONTE TESTACÉ, *Brontes testaceus.*

Caract. Testacé ; à corselet presque carré, sans dentelure.

On l'a trouvé sous l'écorce d'un bouleau. (C. D.)

BRONZE. (*Chim.*) Le bronze est un alliage de cuivre et
d'étain, qu'on fait à différentes proportions, qui, en donnant au cuivre plus de dureté, de résistance et de qualité
sonore, le rendent propre à fabriquer des canons, des sta-
tues, des cloches, etc. Voyez l'article CUIVRE.

On nomme aussi bronze un mélange de poussières colorées, qu'on applique, sur un mordant et avec un pinceau sec, pour bronzer les bois, les pierres, les stucs, les plâtres, les cartons, etc. Ce mélange ou bronze des peintres est fait avec de la terre verte de Véronne ou du bleu de Prusse, avec de l'orpiment ou de l'or mussif. On frotte pour donner le brillant. On fait dominer l'un ou l'autre ingrédient, suivant la couleur verte ou cuivrée, suivant le ton et la teinte qu'on veut donner à la surface bronzée. (F.)

BRONZÉ. (*Entom.*) C'est le nom que Geoffroy a donné à un papillon voisin de celui de la verge-d'or. Voyez Hespérie. (C. D.)

BRONZE NATIF. (*Minér.*) Molina est le seul qui ait parlé d'une mine de cuivre cendré et contenant de l'étain : il dit qu'on la trouve dans la province de Coquimbo au Chili. On sait que ce jésuite a décrit beaucoup d'animaux qu'on n'a pas retrouvés depuis. Il pourroit en être de même pour les minéraux. (B.)

BROOM. (*Bot.*) Ce nom, qui signifie balai en anglois, est donné, dans quelques colonies de l'Amérique, au dodoné, *dodonæa viscosa*, au rapport de Pluckenet, qui le figure t. 141, f. 1. (J.)

BROQUIN (*Bot.*), nom péruvien, suivant Ruiz et Pavon, d'une espèce d'acena, *acæna argentea*, qui se retrouve, dans le Voyage de Feuillée au Chili, sous le nom de proquin. (J.)

BROSIME (*Bot.*), *Brosimum*, genre de plantes observé par Swartz à la Jamaïque. Il a les fleurs dioïques, c'est-à-dire, mâles sur un pied et femelles sur un autre. Elles sont rassemblées en chatons allongés, ou en têtes sphériques, de la grosseur d'un pois : ces chatons sont couverts d'écailles orbiculaires et élargies par le haut, dont trois plus grandes forment une espèce d'involucre qui entoure l'assemblage des fleurs et tient lieu de calice. Les fleurs mâles ont entre chaque écaille un filet terminé par une seule anthère, conformée en plateau, qui s'ouvre dans son contour. Au sommet du chaton, entre les écailles supérieures, est un ovaire avorté, surmonté d'un style et de deux stigmates. Les chatons femelles ont un ovaire disposé de même, mais fertile, qui devient une graine recouverte par les écailles charnues, dont l'assemblage forme un fruit

succulent. Swartz, qui a observé deux espéces de ce genre,
dit que ce sont des arbres laiteux, à feuilles alternes et entières, dont les chatons sont pédonculés et axillaires. L'une
de ces espèces est l'*alicastrum* de Brown, *brosimum alicastrum*, Sw., distincte par ses chatons globuleux et solitaires,
son fruit sec, ses stipules et son feuillage disposés comme
dans le figuier. Dans l'autre espèce, *brosimum spurium*, Sw.,
les chatons sont deux ensemble, de forme ovale, et le fruit
est mou. (J.)

BROSME. (*Ichtyol.*) C'est ainsi qu'on appelle en Norwège
une espèce particulière de gade. Voyez Gade. (F. M. D.)

BROSME TOUPÉE. (*Ichtyol.*) Ascagne a décrit sous ce
nom le blennie coquillade. Voyez Blennie et Tangbrosme.
(F. M. D.)

BROSSÉE (*Bot.*), *Brossœa*, genre de plantes des Antilles,
nommé ainsi par Plumier, en mémoire de Gui de la Brosse,
fondateur du jardin des plantes de Paris. Le caractère de
ce genre que Plumier a tracé et que Linnæus a perfec-
tionné, consiste dans un calice à cinq divisions allongées ;
une corolle monopétale, de forme presque conique, de la
longueur du calice, rétrécie et comme tronquée par le haut,
et presque entière à son limbe ; cinq étamines ; un ovaire
surmonté d'un style terminé par un stigmate simple ; une
capsule à cinq côtes et cinq loges polyspermes, recouverte
par le calice, dont les divisions rapprochées laissent entre
elles cinq fentes ou interstices.

Plumier, et après lui les autres botanistes, ne citent
qu'une espèce de ce genre, qui est la brossée écarlate,
brossea coccinea, L., Plum. ic. 64, f. 2. C'est un arbrisseau
de la hauteur d'un ciste, à tige rameuse ; à feuilles alternes, ovales, lisses et légèrement dentées ; à fleurs terminales d'un rouge d'écarlate, dont les pédoncules sont garnis de deux bractées. Elle n'est connue que par la description
et la figure de Plumier, et ses caractères n'ont pu être
vérifiés, ni sur le vivant, ni sur des individus secs qui manquent dans la plupart des herbiers ; ce qui a même fait
naître des doutes sur l'existence de cette plante, que quelques botanistes soupçonnent être l'*epigœa cordifolia* de
Swartz, ou le *gaultheria sphagnicola* de Richard. (J.)

BROSSES. (*Entom.*) On a nommé ainsi certains faisceaux de poils roides qu'on observe sur le corps de quelques chenilles, ou à l'extrémité de l'abdomen de quelques larves. On appelle chenilles à brosses celles des bombices étoilées, pudibondes, etc. On a aussi nommé brosses les houppes soyeuses ou veloutées qu'on remarque sous les articles des tarses dans quelques coléoptères et dans un grand nombre de diptères. Voyez PELOTES. (C. ·D.)

BROTÈRE (*Bot.*), *Brotera*, Cav., genre de plantes de la famille des liliacées, placé dans la première section de cette famille, près du *waltheria*, et distinct de tous les genres de la section qui ont, comme lui, les étamines réunies, par la forme des filets, dont cinq sont stériles et plus grands que les autres. Il réunit deux plantes herbacées, l'une de la Nouvelle-Espagne, toute couverte d'un coton blanc, l'autre de l'Inde, remarquable par ses belles fleurs rouges. Son caractère générique est d'avoir deux calices, l'extérieur à trois folioles, l'intérieur à cinq divisions profondes ; une corolle à cinq pétales ; dix à vingt filets d'étamines, dont cinq alternes plus grands, réunis tous ensemble par la base en un anneau qui ceint l'ovaire et. sert de point d'attache à la corolle ; cinq styles et autant de stigmates ; une capsule ovale, à cinq sillons, s'ouvrant à cinq valves, divisée en cinq loges par des cloisons attachées sur le milieu des valves, et contenant plusieurs graines attachées à un axe central. La brotère ovale, *brotera ovata*, Cav. (ic. t. 453), a les feuilles ovales, dentées, et des pédoncules axillaires, dont les fleurs, au nombre de deux ou trois, sont petites et n'ont que cinq étamines fertiles. La brotère de l'Inde, *dombeya phœnicea*, Cav. (Monadelph. ic. 43 , f. 1), a de longues feuilles, et de jolies fleurs rouges, qui méritent qu'on la cultive pour l'ornement des serres. (Mass.)

Cavanilles distingue son genre *Brotera* de son *Dombeya* par le fruit unicapsulaire à plusieurs loges ; et croyant trouver dans le *dombeya phœnicea* le caractère indiqué, il annonce lui-même qu'il doit être rapproché du *brotera*. Wildenow sépare aussi du genre *Dombeya* le *dombeya phœnicea*, et le rétablit, d'après Gærtner, comme genre particulier, sous le nom de *pentapetes phœnicea* ; mais il ne dit point

que cette espèce soit congénère du *brotera* de Cavanilles,
dont il ne fait nulle mention. Il applique même ce dernier nom à un nouveau genre de plantes composées de la
famille des cinarocéphales, qu'il vient d'établir. C'est sous
ce nom de *brotera* qu'il désigne le *carthamus corymbosus*, L.,
qui a, comme l'échinope, des calices particuliers, uniflores
et écailleux, mais seulement au nombre de six ou huit
dans la même tête ou dans le même calice commun. (J.)

BROU. (*Bot.*) Ce nom, donné primitivement à l'enveloppe
demi-charnue qui recouvre le fruit du noyer, a été depuis
employé par les botanistes pour exprimer les enveloppes
charnues ou pulpeuses qui entourent un noyau solitaire et
osseux, comme dans l'amandier, le pêcher, l'abricotier,
le prunier, le cerisier. Cette enveloppe porte en latin le
nom de *drupa*, qu'on traduit souvent en françois par celui
de drupe, qui maintenant commence à être adopté de
préférence à celui de brou, pour exprimer ce genre de
fruit. (J.)

BROU DE NOIX. (*Chim.*) Le brou de noix est une matière
dont les propriétés pour la teinture, et l'altération par l'air,
ainsi que par différens réactifs, méritent toute l'attention
des chimistes. On sait que ce brou brunit à l'air, par l'a-
cide muriatique oxigéné, par les oxides métalliques; qu'il
a une saveur acerbe; qu'il précipite la colle, etc. Il est
employé pour teindre les bois, et quelquefois les fils et les
tissus, en fauve, en brunâtre. Il peut servir à la fabrication
de l'encre, de la teinture noire; à faire des fonds pour
les teintures. Il a du rapport avec la noix de galle, le
sumac, le tan, quoiqu'il ne soit pas exactement de la
même nature. Sa couleur est très-solide.

Bertholet en a fait une histoire intéressante dans son
Traité de la teinture. (F.)

BROUALLE (*Bot.*), *Browallia*. C'est Linnæus qui a fait
porter le nom d'un botaniste suédois à ce genre de la famille
des personées, composé de quelques plantes annuelles, originaires d'Amérique, et qui, élevées sur couche, fleurissent
dans la serre chaude. Elles ont pour caractères génériques
un calice tubuleux à cinq dents; la corolle en entonnoir,
à tube plus long que le calice, formant un cylindre dont

5   23

l'orifice est en partie fermé par un repli : son limbe a cinq lobes, le supérieur un peu plus grand ; le stigmate a quatre lobes. La capsule oblongue, recouverte par le calice, s'ouvre au sommet en quatre parties. Les fleurs sont placées hors des aisselles des feuilles : c'est un des points par lesquels ce genre à fleur irrégulière peut se rapprocher de la famille des solanées, autant que de celle des personées, quoique ses étamines soient didynames.

L'espèce figurée dans le Hort. Cliff. t. 17 (*browallia demissa*, L., Sabb. Hort. R. t. 100) est à tiges basses, à fleurs solitaires, dont le limbe est assez large et d'un violet bleuâtre : elle est naturelle aux environs de Panama.

Une seconde espèce, du double plus haute, qui croît au Pérou, est la broualle élevée, *browallia elata*, dont les fleurs, d'un beau bleu, ont un long tube ; elles sont assez nombreuses aux sommités des rameaux. (D. de *V*.)

BROUILLARD. (*Phys.*) Voyez MÉTÉORES.

BROUNE. (*Bot.*) Voyez BROWNEA.

BROUSSIN (*Physiol. végét.*), maladie des arbres. Voyez LOUPE. (B. M.)

BROUSSONNET. (*Ichtyol.*) Ce nom spécifique est donné par Lacépède à un gobioïde, en l'honneur de son savant confrère Broussonnet, qui a publié, entre autres ouvrages utiles, une Description de plusieurs poissons des mers d'Otaïti, avec des gravures très - soignées de ces animaux. Voyez GOBIOÏDE. (F. M. D.)

BROUSSONETIA. (*Bot.*) L'Héritier nomme ainsi le mûrier de la Chine, devenu genre sous le nom de PAPIRIER. Voyez ce mot. (J.)

BROVOYEL (*Ornith.*), nom islandois d'un oiseau aquatique appartenant au genre Canard. (Ch. D.)

BROWNEA (*Bot.*), Linn., Juss., Lam. Illust. 575, genre de plantes très-voisin de la famille des légumineuses, qui contient trois ou quatre espèces, dont la plus connue est le brownea rouge, *brownea coccinea*, L. (Jacq. Am. pl. 121), que Lamarck et d'autres nomment broune. C'est un arbre de moyenne grandeur, à feuilles ailées sans impaire, et composées de folioles opposées sur deux ou trois rangs, très-entières, glabres, à pétioles courts et ovales. Les fleurs, grandes et d'un aspect agréable, sortent par petits paquets des bourgeons axillaires : elles ont un calice double, l'extérieur est bifide, l'intérieur est en forme d'entonnoir et à cinq divisions. La corolle est à cinq pétales, insérés sur le tube du calice intérieur, onguiculés et presque égaux. Les étamines sont au nombre de dix à onze, et ont la même insertion que la corolle ; leurs filamens sont subulés, droits, alternativement plus courts, réunis à leur base en une gaîne fendue sur un côté; les anthères sont oblongues et vacillantes. L'ovaire est libre, oblong, et porté sur un petit pivot ; il est surmonté d'un style droit et d'un stigmate simple. Le fruit est une gousse oblongue, pointue, comprimée, à deux valves uniloculaires et polyspermes. On trouve cet arbre en Amérique, où il fleurit au mois de Juillet. (J. S. H.)

BRUANT (*Ornith.*), *Emberiza*. Linnæus a réuni en un seul et même genre, sous la dénomination d'*emberiza*, les bruans, le proyer et les ortolans, qui sont des oiseaux de l'ordre des passereaux de Cuvier.

Les caractères distinctifs et communs à tout le genre des bruans se tirent de la forme de leur bec, qui est médiocrement gros, conique et pointu ; de sa mandibule supérieure, qui est plus étroite que l'inférieure ; des bords de l'une et de l'autre, qui sont rentrans en dedans de la ligne qui les sépare et qui est courbe ; et enfin, d'une petite éminence, ou grain osseux et saillant, qui se trouve dans tous, et qui est placée en dedans de la mandibule supérieure.

Les uns et les autres ont quatre doigts, dont les trois antérieurs sont séparés sans aucune apparence de membrane, avec un pouce en arrière, et des ongles qui ne sont nullement crochus.

Tout en suivant la même marche distributive de Linnæus à l'égard de ces oiseaux, on a pensé qu'il convenoit, ne fût-ce même, que pour la commodité des lecteurs, de partager ce genre en trois sections : dans la première on trouvera les bruans ; dans la seconde, les proyers, et dans la troisième, les ortolans.

. SECTION i.^{re} *Les bruans proprement dits.* Emberizæ.

Caract. part. Bords supérieurs du bec échancrés près de la pointe; langue divisée en filets déliés par le bout, et ongle postérieur plus long que les autres.

Toutes les espèces de bruans sont à peu près de la taille du pinson ordinaire : leur plumage en général n'offre rien de bien remarquable dans l'ensemble ou le mélange de ses couleurs ; l'olive, le jaune, le marron, le gris et le noir, distribués de différentes manières, en forment les teintes principales. Le chant de ces oiseaux est assez monotone ; il a même quelque chose de fort aigu dans celui de quelques espèces.

Les bruans sont des oiseaux peu défians, qui donnent inconsidérément dans tous les piéges qu'on leur tend : néanmoins il faut en excepter la pipée ; car il est généralement reconnu qu'on n'en prend jamais ou presque jamais à cette chasse.

La chair des bruans, lorsqu'elle a atteint un certain degré de graisse, passe pour être un mets aussi délicat que celle des ortolans : néanmoins, dans les pays surtout où les rouge-gorges abondent, on dédaigne ces oiseaux, parce qu'on est persuadé que tous ceux en général qui, comme la plupart des passereaux, ont le bec assez fort pour casser et triturer des grains, ont beaucoup d'amertume dans leur chair. On en excepte cependant les ortolans, qui sont du même genre et qui se nourrissent, ainsi que les bruans, de graines et en même temps d'insectes et de vers. Le nombre des bruans connus aujourd'hui est fort considérable, puisqu'on en compte près de cinquante espèces ou variétés : nous avons cru ne devoir signaler ici que les principales..

BRUANT COMMUN OU DE FRANCE, *Emberiza citrinella*, Linn. ; Buff. pl. enlum. n.° 3o, fig. 1. Le bruant commun est, comme nous l'avons déjà dit, de la taille à peu près du pinson ordinaire; il a, de l'extrémité du bec à celle de la queue, un décimètre six centimètres (six pouces trois lignes) de longueur, et deux décimètres quatre. centimètres (neuf pouces deux lignes) de vol : lorsque ses

ailes sont ployées, elles s'étendent un peu au-delà du tiers
de la longueur de sa queue.

En général, le mâle a le sommet de la tête, les joues et
la gorge, d'un jaune fort éclatant ; la partie supérieure du
cou, olivâtre ; les plumes scapulaires et les couvertures supérieures des ailes, d'un vert noirâtre, bordées de roussâtre
et terminées de gris : celles qui recouvrent le croupion sont
d'un marron clair, terminées de grisâtre. Les pennes des
ailes sont brunes, bordées les unes de jaunâtre et les
autres de gris. Des douze pennes qui composent sa queue,
qui est un peu fourchue, les dix intermédiaires sont brunes,
bordées de gris blanc, et la plus extérieure de chaque côté,
qui est la plus longue, est de même couleur, mais elle
est bordée de blanc pur ; la poitrine et les flancs sont
variés de marron clair et de jaune. Les couvertures du
dessous des ailes sont de cette dernière couleur, ainsi que
le reste du dessous du ventre, où cette teinte cependant
est beaucoup plus pâle que partout ailleurs. L'iris des yeux
de cet oiseau est de couleur de noisette ; ses pieds sont
jaunâtres, et ses ongles, ainsi que son bec, sont bruns. La
femelle ne diffère du mâle qu'en ce que ses couleurs sont
moins vives. Dans l'espèce du bruant ordinaire on rencontre même assez souvent, ainsi que dans plusieurs autres
oiseaux, des teintes et des nuances dans les couleurs du
plumage, qui ne manqueroient pas de les faire regarder
comme des espèces distinctes ou du moins comme des variétés constantes de la même espèce, si on ignoroit que
ces accidens ne sont dus qu'à la différence du climat, à
l'âge de l'individu, ou bien à son sexe.

Le bruant commun est répandu dans toute l'Europe,
depuis la Suède jusqu'en Italie. Il établit son nid à terre
sous une motte, dans un buisson ou dans une touffe d'herbes. Ce nid est ordinairement construit fort négligemment ;
cependant l'oiseau y apporte un peu plus de soin lorsqu'il le place sur les branches basses de quelques arbustes :
dans tous les cas, l'extérieur est composé de mousse, de
feuilles et de chaumes secs ; il est garni en dedans de crins
et de laine, et c'est sur ce petit matelas que la femelle
pond, plusieurs fois par an, quatre ou cinq œufs d'un blanc

sale, tachetés de différentes nuances de brun. Cette mère a tant d'affection pour sa progéniture, qu'il arrive assez souvent qu'elle se laisse prendre a la main sur ses œufs, plutôt que de les abandonner.

Au printemps et durant l'été, les Lruans se tiennent sur la lisière des bois, le long des haies, dans les bosquets, les taillis, et rarement ils s'enfoncent dans l'épaisseur de la forêt. En automne, ces oiseaux, qui semblent se diriger vers les régions du Midi, passent en abondance, mais toujours par bandes peu nombreuses ; on les prend alors aux filets ou aux gluaux, au moyen d'un appelant, comme on le fait aussi au printemps.

BRUANT BLEU ou L'AZUROUX, *Emberiza cœrulea*, Linn. Brisson est le premier auteur qui, dans son Ornithologie, tom. III, p. 298, a signalé ce bruant originaire du Canada, et qui se trouve également à la Nouvelle-Angleterre, où il arrive à chaque printemps, y niche, pour en disparoître aux approches de l'hiver.

Buffon a appliqué à cet oiseau le nom d'azuroux qui présente à l'esprit l'idée des principales couleurs de son plumage. En effet, il a le sommet de sa tête d'un roux obscur ; tout le dessus de son corps, à partir du haut de son cou, est de cette même couleur variée de bleu ; les couvertures du dessus de ses ailes sont d'un roux plus clair, et les grandes pennes de ces parties sont brunes, bordées extérieurement de bleu : celles de la queue, au nombre de douze, sont également brunes, mais elles sont bordées en dehors d'un bleu presque gris.

Ce bruant, dont la longueur, prise du bout du bec à l'extrémité de la queue, est d'un décimètre (quatre pouces deux lignes), a un décimètre huit centimètres (sept pouces) de vol. L'iris de ses yeux est bleuâtre, et son bec, ses pieds, ainsi que ses ongles, sont d'un gris brun.

BRUANT DE CANADA ou LE CUL-ROUSSET, *Emberiza cinerea*, Linn. C'est encore à Brisson que l'on est redevable de la connoissance de ce bruant qu'il avoit reçu du Canada, et qu'il a décrit dans le tom. III de son Ornithologie, p. 296.

Néanmoins cet oiseau n'est pas constamment sédentaire dans ces contrées de l'Amérique septentrionale ; chaque année, au mois de Mars, il les quitte pour se transporter dans la province de New-Yorck, où il se tient, jusqu'aux approches de l'hiver, dans les genévriers qui couvrent le sol de ce pays.

Si Buffon a appliqué à ce bruant le nom de cul-rousset, c'est qu'en effet le trait le plus caractéristique de cet oiseau consiste dans la couleur roussâtre des couvertures du dessus et du dessous de sa queue. Du reste, tout le dessus de son corps, depuis et y compris le sommet de sa tête, jusqu'au croupion exclusivement, est un mélange de brun et de marron, amalgamés avec du gris sur le dessus du cou, sur le dos et sur les couvertures des ailes; le croupion est d'un gris pur, et les pennes des ailes, ainsi que celles de la queue, sont brunes, bordées de gris marron. La gorge et le dessous du corps sont d'un blanc sale, semés de taches roussâtres, qui s'éteignent insensiblement à mesure qu'elles approchent du bas-ventre. Ce bruant, qui est à peu près de la grosseur du nôtre, a le bec, les pieds et les ongles, d'un gris brun.

Bruant de haie ou le Zizi, *Emberiza cirlus*, Linn. L'oiseau dont nous parlons ici est le même que celui que Bélon, dans son Histoire naturelle des oiseaux, p. 356, a désigné sous le nom de verdier de haie; c'est le *chic* des Provençaux, selon Guys.

Quoique les contrées méridionales de l'Europe paroissent être le pays exclusivement propre au zizi, qui y niche, néanmoins on voit quelques individus chaque année, au printemps et en automne, dans les environs de Paris, et beaucoup plus dans la partie montueuse des Vosges, où ils se tiennent dans les sapinières, constamment mêlés avec des mésanges et des pinsons d'Ardennes, et là ils forment ensemble des bandes quelquefois très-nombreuses.

Le bruant de haie est un oiseau peu défiant, qui donne assez volontiers dans toutes les espèces de piéges qu'on lui tend à l'arrière saison. On ne lui fait cependant la chasse que dans le seul dessein d'en garnir des volières, dans lesquelles on le nourrit avec du chènevis et de la navette, et il vit ainsi en captivité cinq et quelquefois six ans.

Son ramage, quoiqu'un peu monotone, a néanmoins

quelque chose d'agréable, lorsque surtout il fait chorus avec les autres bons musiciens emplumés de la même volière.

Dans leur état de liberté on voit les bruans de haie courant plus souvent par terre que perchés sur les arbres : c'est particulièrement dans les champs nouvellement ensemencés et qui sont bordés de haies (de là sans doute ils ont pris leur nom), qu'on les aperçoit filant à petits pas comme des souris, pour saisir les vers et les insectes mous, dont ils sont très-friands, et qu'ils aperçoivent de fort loin dans les sillons.

Outre que le plumage de cet oiseau est différent dans les divers individus, il se trouve encore une différence sensible entre celui du mâle et celui de la femelle.

Le premier a le sommet de la tête de couleur d'olive mouchetée de noirâtre, et les joues jaunes, coupées dans leur milieu par un trait noir qui se dirige au-dessus des yeux : la femelle n'a ni les joues jaunes, ni ce trait noir qui les traverse ; sa gorge, ainsi que le haut de sa poitrine, ne sont pas bruns comme dans le mâle, qui a de plus qu'elle encore une espèce de collier jaune au bas de la gorge. L'un et l'autre d'ailleurs ont le dessus du cou et du dos varié de roux et de brun foncé ; les grandes pennes des ailes brunes, bordées extérieurement de vert olivâtre ; le croupion d'un roux teint de ce même vert, et les couvertures supérieures de la queue d'un roux pur. Les douze pennes qui composent leur queue sont brunes, et il n'y a entre elles d'autre différence sinon que les deux du milieu sont bordées de gris roussâtre ; la plus extérieure de chaque côté l'est de blanc, et les intermédiaires le sont de gris olivâtre : dans toutes ces pennes la bordure n'est qu'extérieure. Tout le reste du dessous du corps est d'un jaune qui se dégrade par des nuances qui deviennent insensiblement plus foibles à mesure qu'elles approchent davantage du dessous de la queue ; les côtés du corps sont mouchetés de brun.

Le mâle et la femelle ont l'iris brun, le bec cendré obscur, les pieds et les ongles jaunâtres ; ils ont tous deux à peu près un décimètre six centimètres (six pouces trois lignes) de longueur, de l'extrémité du bec à celle de la queue, qui est un peu fourchue : leur vol est de deux décimètres cinq centimètres (neuf pouces six lignes), et, lorsque leurs ailes sont ployées, elles atteignent à peu près la moitié de la longueur de la queue.

section ii. *Les Bruans proyers*, Emberizæ.

Caract. part. Mandibule supérieure fort élevée en dessus ; les deux pièces du bec mobiles et unies ensemble par un angle très-marqué et saillant, qui, vers le tiers de la longueur de la pièce d'en bas, est reçu dans un angle rentrant de la mandibule supérieure ; langue épaisse et effilée à son extrémité en manière de cure-dent ; narines recouvertes à leur base par une petite membrane en forme de croissant ; pieds pendans dans le vol.

Proyer de France, *Emberiza miliaria*, Linn. ; Buffon, pl. enlum. n.° 233. Cet oiseau, qui, chaque année périodiquement, au printemps, nous arrive des régions du Midi, un peu après les hirondelles, nous abandonne absolument, sans qu'il en reste aucun individu parmi nous, au commencement de l'automne, pour repasser dans les contrées d'où il nous étoit venu.

A son arrivée, il s'établit dans nos prairies, dans nos champs ensemencés d'avoine ou de luzerne ; il choisit particulièrement ceux dans le voisinage desquels il se trouve quelques arbres. Là, juché d'une manière immobile au sommet de la branche la plus élevée, le mâle ne cesse de faire entendre un cri aigre, monotone, et d'autant plus désagréable qu'il ne l'interrompt pas un instant, depuis son arrivée jusqu'au mois d'A ût, du moment que le soleil se lève jusqu'à ce qu'il quitte notre horizon. Ce cri consiste dans ces monosyllabes *tri, tri*, qu'il allonge sur la fin en les terminant par cette consonnance, *tiritz* : on ne peut mieux comparer cette chanson ennuyeuse qu'aux cris que font entendre dans les prairies, pendant l'été, les sauterelles et les criquets.

C'est toujours au commencement du mois de Mai que le proyer construit son nid dans les lieux qu'il fréquente et que nous venons d'indiquer ; il le place à un décimètre,

ou un décimètre trois centimètres (quatre ou cinq pouces),
au-dessus de la terre, dans quelque touffe des plus gros
herbages : ce nid est ordinairement composé en dehors
d'une certaine épaisseur d'herbes sèches, entrelacées avec
des racines menues de quelques graminées ; le dedans est
garni d'un peu de laine sur une certaine épaisseur de crin,
où la femelle pond quatre ou cinq œufs d'un blanc roussàtre, marqués de taches et de lignes sinueuses de couleur brune noirâtre.

Pendant les seize ou dix-sept jours que dure l'incuba-
tion, le mâle, perché toujours sur la plus haute branche
de l'arbre, de l'arbuste ou du panais sauvage, qui se
trouve le plus à portée de son nid, redouble d'ardeur
pour chanter.

Lorsque l'on désire de connoître le nid de cet oiseau,
il suffit de s'approcher de l'endroit où on le voit perché, et
de rôder dans les environs : aussitôt qu'il s'aperçoit qu'on
est près du dépôt précieux qui est le fruit de ses amours, il
voltige au-dessus de la tête de la personne, et semble avertir
par ses cris de détresse que là il a placé son nid : il fait
découvrir de la même manière ses petits, qui, peu de temps
après leur naissance, courent dans l'herbe. Quand ces petits
sont en état de voler, ils se répandent, en compagnies
quelquefois fort nombreuses, surtout à la fin de l'été, dans
les champs d'avoine et dans ceux de pois ; d'où ils disparoissent entièrement pour passer dans des régions plus
chaudes, peu de temps après les hirondelles.

C'est à ce moment, où ils sont chargés de beaucoup de
graisse, que les oiseleurs en prennent une grande quantité
et de la même manière qu'ils attrapent les bruans. La
chair du proyer passe alors pour être un mets fort délicat :
aussi, au rapport de Valmont-Bomare, les Romains en-
graissoient-ils autrefois cet oiseau qu'ils appeloient *miliaris*,
avec du millet, et ils le servoient dans leurs festins.

Le proyer est plus gros que l'alouette ordinaire ; il a de
longueur totale, mesurée de l'extrémité du bec à celle de
la queue, un décimètre neuf centimètres (sept pouces et
demi), et deux décimètres neuf centimètres (onze pouces
deux lignes) de vol : lorsque ses ailes sont ployées, elles

atteignent la moitié de la longueur de sa queue, qui est un peu fourchue.

Toutes les plumes qui recouvrent le dessus de son corps, depuis le sommet de la tête jusqu'au croupion, sont d'un brun foncé dans leur milieu et bordées de roussâtre tout autour; les couvertures supérieures des ailes sont du même brun, avec cette différence que les grandes sont bordées de roussâtre et les petites de gris fauve; les grandes pennes de ces parties sont aussi brunes, bordées de fauve; celles de la queue sont de même couleur et bordées de même. La gorge, ainsi que le tour des yeux, sont d'un bai fauve; la poitrine et tout le reste du dessous du corps sont d'un blanc sale, lavé de roussâtre, avec cette seule différence que les plumes qui revêtent la poitrine et les flancs sont marquées, dans leur milieu, d'un trait brun longitudinal, qui n'existe pas sur celles du reste du dessous du corps.

La femelle se distingue du mâle par son croupion, qui est gris, lavé de roux, et par les couleurs du reste de son plumage, qui sont moins vives : l'un et l'autre ont l'iris couleur de noisette; le bec, les pieds et les ongles, d'un gris brun.

Proyer de Surinam, *Emberiza surinamensis*, Linn. Linnæus parle, dans son Systema naturæ, d'un proyer qu'il dit être beaucoup plus grand que le nôtre, et qui, selon lui, ne se rencontre qu'à Surinam; il le signale dans ce peu de mots : « Son plumage est en dessus du corps d'un « gris brun, semblable à celui de l'alouette; en dessous, « il est d'un blanc jaunâtre, varié de taches noires et « oblongues sur la poitrine. »

Picot-la-Peyrouse, dans ses Tables méthodiques, p. 23, parle aussi d'un proyer qui ne fréquente que le sommet des montagnes des Pyrénées, et dont le plumage est entièrement blanc : ne pourroit-on pas regarder cette variété comme un produit accidentel de la maladie albine ? d'ailleurs nous voyons, et même assez fréquemment, des individus de l'espèce de notre proyer, qui sont, les uns, presque blancs ou d'un jaune blanchâtre, et les autres, d'un brun presque noir.

SECTION III. *Les Bruans ortolans*, Emberizæ.

Caract. part. Les deux mandibules du bec mobiles ; une grosseur notable sur la supérieure ; l'ongle du pouce le plus fort de tous.

On connoît quinze ou seize espèces d'ortolans, soit indigènes, soit exotiques.

ORTOLAN ORDINAIRE, *Emberiza ortulanus*, Linn. ; Buff. pl. enlum. n.° 247, fig. 1. Cet oiseau, dont la chair passe pour un mets fort délicat, et qui pour cette raison est très-recherché, paroît confiné dans les contrées méridionales de l'Europe, où on le trouve en tout temps. Néanmoins tous les individus de l'espèce n'y sont pas constamment sédentaires toute l'année : il se trouve parmi eux des voyageurs qui, au printemps, quittent ces contrées enchanteresses pour se répandre dans celles qui sont intermédiaires entre le Nord et le Midi. Cependant ils ne s'arrêtent pas indifféremment dans toutes pour y propager leur espèce : on dit même qu'ils ne nichent qu'en Allemagne, dans nos départemens méridionaux, en Lorraine et en Bourgogne, et en fort peu d'autres cantons de la France. C'est ordinairement sur les ceps que, dans les pays de vignobles, ils placent leur nid, qu'ils composent assez négligemment d'herbes sèches et d'un peu de crin ; la femelle y pond, deux fois par an, quatre ou cinq œufs grisâtres : en Lorraine ils font leur nid à terre, et ordinairement dans les champs de blé.

C'est presque toujours vers le mois de Mai, à peu près dans le temps que les cailles reviennent parmi nous, que les ortolans arrivent des contrées méridionales dans l'intérieur de la France ; ils en repartent en Septembre pour le pays d'où ils nous étoient venus.

Dans le temps de ce double passage annuel, qui n'est qu'instantané pour nos départemens intermédiaires, que ces oiseaux ne font que traverser, ne s'y arrêtant que le temps nécessaire pour pourvoir à leur subsistance, on en prend un petit nombre, soit à l'abreuvoir, soit avec le filet d'alouettes, entre les nappes duquel on a répandu des grains

de millet, et attaché par le pied avec une petite ficelle
quelques individus de leur espèce.

A leur passage d'automne les ortolans sont chargés de
beaucoup de graisse; ils demeurent jusqu'à ce que les premiers froids se fassent sentir, et c'est alors que les tendeurs
aux sauterelles en prennent quelques-uns.

A leur arrivée au printemps ces oiseaux ne sont rien
moins que gras, soit à raison des fatigues du voyage qu'ils
viennent de terminer, soit à cause du défaut de nourriture
convenable, soit enfin parce qu'alors ils sont en amour Mais
les oiseleurs, surtout ceux de Paris, ont le talent de les
engraisser en très-peu de temps, et au point qu'ils ne
sont plus qu'une petite pelote de graisse savoureuse et
délicate, dont cependant on ne pourroit, sans courir les
risques de s'incommoder, faire un usage abusif.

On réussit à engraisser les ortolans de deux manières :
la première, en les enfermant dans une chambre parfaitement obscure et seulement éclairée par une lanterne, autour de laquelle on a répandu une grande quantité d'avoine
et de millet. La seconde manière consiste à les enfermer
seulement dans des cages entièrement couvertes d'une serge
verte, à l'exception de l'auget à graines qui reste éclairé.
C'est ainsi qu'en peu de temps ces oiseaux, qui ne dis-
continuent pour ainsi dire pas de manger, deviennent si
gras que si l'on ne se hâtoit de les tuer ils courroient
risque d'étouffer dans leur graisse.

L'ortolan ordinaire est de la grosseur à peu près de
notre linotte de vigne ; il a de longueur totale, de l'extrémité du bec à celle de la queue, un décimètre six
centimètres (six pouces trois lignes), et deux décimètres
quatre centimètres (neuf pouces) de vol : lorsque ses ailes
sont ployées, elles s'étendent au tiers à peu près de la
longueur de sa queue.

Le sommet de la tête de cet oiseau, ainsi que le haut
du derrière de son cou, sont d'un olivâtre cendré; son
dos et ses plumes scapulaires sont un mélange de roux
brun et de noirâtre; son croupion, de même que les couvertures du dessus de sa queue, sont d'un brun marron.
Les grandes couvertures de ses ailes sont brunes, bordées

de gris en dehors et terminées de même ; les moyennes
sont d'un brun noirâtre, terminées de fauve, et les petites
sont brunes dans leur entier : toutes les pennes des ailes
sont de cette dernière couleur, avec cette différence que
les grandes sont bordées en dehors de gris cendré, et les
moyennes de roussâtre. Celles de la queue, au nombre de
douze, sont également brunes, mais d'un brun plus foncé,
bordées extérieurement de roussâtre ; la plus extérieure de
chaque côté l'est en dehors de blanc sale. Il a le tour des
yeux et la gorge d'un jaune de paille ; cette dernière
partie est bordée de chaque côté par une ligne longitudinale d'un gris cendré : la poitrine et tout le reste du
dessous du corps sont d'un jaune - aurore, qui se dégrade
insensiblement en une nuance plus claire à mesure qu'elle
approche des couvertures du dessous de la queue ; celles
du dessous des ailes sont d'un beau jaune soufré.

La femelle, de même taille que le mâle, n'en diffère
qu'en ce qu'elle a le sommet de la tête et le cou d'un
gris plus foncé, et marqués de petits traits longitudinaux
d'un brun noirâtre : l'un et l'autre ont l'iris couleur de
noisette ; le bec, les pieds, ainsi que les ongles, d'un blanc
sale, lavé de jaunâtre. Cependant on trouve de très-grandes
variations dans le plumage de cet oiseau : les uns sont
presque entièrement jaunes, d'autres n'ont que la gorge de
cette couleur : on en trouve de pies et même de tout blancs.
Dans quelques - uns la couleur dominante est le brun noirâtre ; dans d'autres, la poitrine est grise et le ventre roux.
Quelques ornithologistes ont fait des variétés constantes de
quelques-uns de ces individus.

Ortolan a ventre jaune, du cap de Bonne-Espérance,
Emberiza subtus flava, Linn. ; Buff. pl. enlum. n.° 664, fig. 2.
Cet oiseau, l'un des plus beaux de la famille des ortolans,
a été apporté du cap de Bonne-Espérance en France par
Sonnerat : il est particulièrement remarquable par le beau
blanc qui recouvre le sommet de sa tête, de même que ses
joues, dont l'éclat est relevé par une raie d'un noir de
velours qui encadre de toute part ces dernières ; un trait
de même couleur, partant du sommet de cet encadrement,
se prolonge jusque sous l'œil. Chacune des plumes qui

revêtent le dos de cet oiseau, est d'un brun fauve, bordé
tout autour d'un fauve plus clair ; son croupion est gris.
Les grandes couvertures du dessus de ses ailes sont brunes, les
moyennes blanches et les petites cendrées, toutes bordées
de roussâtre. Les grandes pennes de ses ailes sont noirâtres,
bordées de blanc sale du côté extérieur ; et toutes les autres
sont de même couleur, mais elles sont bordées en dehors
de roussâtre : celles de sa queue sont aussi noirâtres, bordées et terminées de blanc. Ce joli ortolan a la gorge, le
devant du cou et tout le dessous du corps, d'un jaune
pâle, à l'exception néanmoins de la poitrine, qui est d'un
jaune orangé.

La longueur de cet oiseau, mesuré de l'extrémité du bec
à celle de la queue, est d'un décimètre six centimètres
(six pouces trois lignes) ; il a l'iris couleur de noisette,
le bec et les ongles brunâtres, et les pieds rougeâtres.

ORTOLAN DE LA CAROLINE, *Emberiza ryzivora*, Linn. ;
Buff. pl. enlum. n.° 388, fig. 1. De tous les ortolans celui-
ci passe pour avoir le ramage le plus agréable : ces
oiseaux voyagent, chaque année au mois de Septembre,
pendant la nuit, et en bandes assez nombreuses, se dirigeant de l'île de Cuba, où le riz en maturité commence
à durcir, passant par la Caroline, où cette graine est
encore tendre, pour se rendre ensuite dans les contrées
du Nord, jusqu'au Canada, où ils cherchent comme partout
ailleurs des grains de riz, dont ils sont très-friands ; ce qui
a fourni l'occasion de les nommer dans quelques endroits
ortolans de riz. Ils portent aussi ailleurs le nom d'agripenne,
parce que toutes les pennes de leur queue sont taillées en
une pointe fort aiguë.

L'ortolan de la Caroline est à peu près de la grosseur de
notre moineau franc ; il a un décimètre huit centimètres
(six pouces neuf lignes) de longueur, du bout du bec à
celui de la queue, et deux décimètres neuf centimètres
(dix pouces dix lignes) de vol : lorsque ses ailes sont
ployées, elles atteignent les deux tiers de la longueur de
sa queue. Le sommet de sa tête, le haut de son cou en
dessus, celui de son dos, ainsi que sa gorge, sont revêtus de
plumes noires terminées de roussâtre ; le reste du dessus

du dos, jusques et y compris le croupion, est d'un gris lavé d'olivâtre. Les grandes couvertures de ses ailes sont noires, et les petites d'un blanc sale. Toutes les pennes de ces parties sont d'un noir varié de gris et de jaune ; cette dernière couleur forme en dehors de chaque penne une petite bordure : celles de la queue sont aussi noires en dessus et brunes en dessous ; elles sont toutes terminées de brun et bordées extérieurement de jaunâtre. Le bas du cou, la poitrine, ainsi que tout le reste du dessous du corps, sont noirs.

La femelle de cet oiseau diffère essentiellement de son mâle par la couleur de son plumage, qui est roussâtre sur toutes les parties du dessus du corps : l'un et l'autre ont l'iris brun, le bec, les pieds et les ongles, de couleur plombée.

Ortolan de la Louisiane, *Emberiza ludovicia*, Linn. ; Buff. pl. enlum. n.° 158, fig. 1. De la grosseur à peu près de notre verdier, cette espèce d'ortolan d'Amérique a de longueur totale de l'extrémité du bec à celle de la queue, un décimètre trois centimètres (cinq pouces trois lignes), et deux décimètres quatre centimètres (neuf pouces) de vol ; il est particulièrement remarquable par les pennes de sa queue, qui, au lieu d'être un peu fourchue comme dans les autres ortolans, est au contraire étagée en pointe du centre sur les côtés. Sur le sommet de sa tête, qui est roussâtre, on voit un fer à cheval noir, dont la convexité est tournée en arrière, et dont les deux branches, en passant au-dessus des yeux, viennent aboutir jusque sur les narines ; ses joues sont bordées en dessous par une autre ligne noire, qui s'élève de chaque côté de la tête et qui va aboutir derrière l'œil ; le haut du derrière de son cou, ainsi que son dos et ses plumes scapulaires, sont un mélange de roux et de noir. Son croupion est de noir pur : les grandes couvertures du dessus de ses ailes sont de cette même couleur, mais elles sont bordées de roux ; leurs pennes, ainsi que celles de la queue, sont d'un noir sans mélange. Il a la gorge et le devant du cou roussâtres, la poitrine et les côtés roux, le ventre et les couvertures du dessous de la queue d'un blanc roussâtre. L'iris de ses yeux est brun ;

son bec est roussâtre, piqueté de taches d'un brun noirâtre ;
ses pieds et ses ongles sont d'un gris cendré.

ORTOLAN DE LORRAINE, *Emberiza lotharingica*, Linn. ;
Buff. pl. enlum. n.° 511, fig. 1 et 2. Cet oiseau porte assez
généralement en Lorraine le nom impropre de becfigue :
à l'arrière saison, il se réunit en bandes assez nombreuses
dans les champs nouvellement moissonnés, qui avoisinent
les bois ; son plumage à teintes sombres et sa manière
de se blottir à l'approche du chasseur ou de son chien,
le rendent très-difficile à apercevoir : lorsqu'enfin on le
fait lever, il jette à plusieurs reprises un cri, que les
monosyllabes *trou-lé* expriment assez bien, et il va de
suite se percher et se blottir, de même qu'à terre, sur un
arbre de la forêt voisine.

L'ortolan de Lorraine a un décimètre sept centimètres
(six pouces et demi) de longueur, de l'extrémité du bec
à celle de la queue ; ses ailes, lorsqu'elles sont ployées,
s'étendent à peu près jusqu'à moitié de la longueur de sa
queue.

Tout le dessus du corps du mâle, depuis le sommet de
la tête jusqu'au croupion inclusivement, est d'un marron
clair, moucheté de noir. Les grandes et les moyennes couvertures du dessus de ses ailes sont variées de roux et de
noir ; les petites sont d'un gris cendré uniforme : toutes les
pennes de ses ailes sont noires ; seulement les plus grandes,
qui sont les plus éloignées du corps, sont bordées en dehors
de gris de perle, et toutes les autres le sont de roux. Des
douze pennes qui composent sa queue, les deux du milieu
sont rousses, bordées de gris : toutes les collatérales sont
noires dans leur première moitié, et blanches dans le reste
de leur longueur ; la plus extérieure de chaque côté est
presque entièrement blanche. Le tour de ses yeux est d'un
roux clair ; ils sont surmontés d'un trait noir qui y forme
une espèce de sourcil. Il a la gorge, le devant du cou,
ainsi que la poitrine, d'un cendré clair, moucheté de noir ;
tout le reste du dessous du corps est d'un roux brun.

La femelle diffère du mâle en ce que le sommet de sa
tête est varié de roux, de noir et de blanc ; ses joues sont
d'un roux brun : elle porte sur le bas du cou une espèce

de demi-collier, qui est un mélange de roux et de brun ; tout le reste du dessous de son corps est d'un blanc roussâtre, et elle ressemble d'ailleurs à son mâle. L'un et l'autre ont l'iris brun, le bec jaune à sa base et noir à sa pointe ; les pieds et les ongles sont de cette dernière couleur. (S.G.)

BRUBRU. (*Ornith.*) Levaillant a donné ce nom à une petite pie-grièche d'Afrique, dont le cri se compose de la syllabe *bru*, répétée deux ou trois fois de suite. On trouve la figure du mâle et de la femelle dans l'Histoire naturelle des oiseaux d'Afrique, pl. 71. (Ch. D.)

BRUC (*Bot.*), nom languedocien d'une bruyère, *erica scoparia.* (J.)

BRUCCHO. (*Ichtyol.*) Ce nom sert à Rome pour désigner la raie pastenaque, selon Lacépède. Voyez RAIE. (F. M. D.)

BRUCÉ. (*Bot.*) Voyez BRUCEA.

BRUCEA (*Bot.*), Mill., Juss., genre de plantes de la troisième section de la famille des térébintacées, qui comprend un arbrisseau observé par le chevalier Bruce dans l'Abissinie. Les fleurs sont dioïques : on trouve les mâles agglomerées le long d'un épi situé aux aisselles des feuilles. Elles ont un calice à quatre divisions, une corolle à quatre pétales insérés sur le réceptacle. La fleur mâle a une glande à quatre lobes (ovaire avorté ? Juss.) au centre et au fond de la fleur. Les étamines sont au nombre de quatre, implantées sur le réceptacle, et alternes avec les lobes de la glande. La fleur femelle a quatre filets d'étamines stériles ; les ovaires, les styles, les stigmates et les capsules, sont au nombre de quatre. Les feuilles sont ailées avec impaire, et presque fasciculées au sommet des rameaux ; les folioles sont opposées.

Le BRUCEA FERRUGINEUX, *Brucea ferruginea*, l'Hérit. Stirp. nov. Fasc. 1, p. 19, t. 10, que Lamarck nomme brucé, est un arbrisseau assez ressemblant à un petit noyer, et de cinq ou six pieds de hauteur. Les feuilles sont grandes et forment de belles rosettes terminales ; les folioles sont disposées sur six rangs, ovales, lancéolées, pointues, entières, vertes et glabres ; leurs bords seulement et les pétioles sont chargés de poils courts et roussâtres. Le chevalier Bruce qui l'a apporté en Europe, où il fleurit tous les ans, assure que les habitans du pays où il croît se servent de ses feuilles pour guérir de la dyssenterie : il en a fait usage lui - même avec le plus grand succès. On réduit en poudre la seconde écorce, et on la met dans du lait ou une autre liqueur adoucissante, pour la faire prendre au malade, qui n'éprouve qu'une très-grande soif.

On cultive cet arbrisseau en serre chaude, mais il peut passer en serre tempérée. Il aime une terre substantielle, un peu légère, et des arrosemens fréquens en été. On le multiplie par ses drageons et par les boutures faites en hiver, en pot et dans la tannée de serre chaude.

Il porte le nom du voyageur qui l'a fait connoître.

Suivant Jussieu, le genre de la Cochinchine que Loureiro a établi sous le nom de *tetradium*, paroît n'être qu'une espèce de brucea. Voyez TETRADIUM. (J. S. H.)

BRUCHE (*Entom.*), genre d'insectes coléoptères, de la famille des rhinocères ou rostricornes, qui ont quatre articles à tous les tarses ; les antennes grossissant insensiblement, portées sur un bec ou prolongement du front.

Ce nom a été donné par Linnæus, qui l'a emprunté des Grecs ; car *bruchos* signifie une sorte d'insectes qui mange les graines, du verbe Βρύκῶ (*brucho*), je ronge. C'est en effet dans les semences des végétaux que ces insectes se développent, particulièrement dans celles des plantes légumineuses, comme les pois, les lentilles, les haricots, la vesse, et dans les fruits des cacaoyers, des mimoses.

Geoffroy a reconnu nécessaire la formation de ce genre : mais il l'a nommé *mylabre*, nom que Fabricius a ensuite appliqué à une division des *meloe* de Linnæus ; et comme il a remarqué que ce nom de bruche pourroit très - bien s'appliquer à d'autres insectes rongeurs, il l'a donné à un petit genre voisin des vrillettes. Il est arrivé de là que les bruches de Geoffroy ont repris le nom de *ptinus*, que Linnæus leur avoit donné précédemment, et que ses mylabres sont le genre que nous décrivons. Scopoli en a décrit aussi quelques espèces dans son genre *Laria*.

Degéer remarque avec raison que ce genre semble tenir le milieu entre certaines espèces de chrysomèles, les clytres ou les sagres, par exemple, et la famille des charançons.

En effet, le museau ou le bec est peu avancé; les antennes sont presque moniliformes, en scie, absolument droites; et les cuisses de derrière sont ordinairement grosses et dentées, quoique l'insecte ne saute point.

Les larves ressemblent à celles du charançon qu'on trouve dans les noisettes : leur corps est mou, blanc ou jaunâtre; les anneaux en sont courts, rapprochés, au nombre de douze, peu distincts. La tête seule est cornée, garnie de fortes mandibules écailleuses, qui lui servent à détacher sa nourriture. L'œuf déposé par la mère dans la gousse ou capsule qui contient le fruit, et souvent dans la petite semence encore molle, ne tarde pas à éclore ; à peine née elle s'introduit par un trou excessivement petit dans l'intérieur du cotylédon. Elle le détruit presque en entier ; et ce qu'il y a de très-singulier, c'est que beaucoup de ces graines conservent encore la propriété de germer. C'est dans l'hiver qu'on trouve cette larve dans les pois de ce pays. Au printemps ou vers la fin de l'hiver, lorsqu'elles ont acquis toute leur croissance, elles s'y changent en nymphes, après avoir eu cependant la précaution de se pratiquer une issue pour sortir lorsqu'elles auront subi leur métamorphose, parce qu'à cette époque leurs dents ne seront plus assez tranchantes pour entamer la peau de la semence de la lentille, de la vesce, du haricot ou du pois, qui est ordinairement très-dure. Cette issue est très-curieuse à connoître. L'insecte a pratiqué en dedans un sillon presque circulaire, qui, excepté dans un seul point, ne tient que par l'épiderme. On ne peut remarquer au dehors la présence de la nymphe que, lorsqu'on en a pris l'habitude, par un petit point noirâtre et une convexité peu saillante qui répond à la coque. Lorsque les membres de la bruche ont pris assez de consistance, le simple effort qu'elle fait du dedans au dehors suffit pour déchirer l'épiderme et lui procurer une sortie comme sous une trappe, qui se rabaisse le plus souvent lorsque l'insecte a quitté son berceau, mais qui . au moindre frottement, se réduit en poussière et laisse à découvert le ravage fait par ce petit animal.

On ne croiroit pas que les bruches, qu'on trouve ordinairement sur les fleurs. aient cette manière de vivre, si on n'avoit bien observé leurs larves. Le seul moyen de les détruire est de faire passer la graine, qu'on ne destine point à la semence, dans un four dont la température est élevée à 40 ou 42' du thermomètre de Réaumur. Ces insectes sont maintenant en France un fléau pour l'agriculture. Il est des années où presque toutes les lentilles sont attaquées. Il paroît qu'on n'en trouve point dans le Nord ; car Degéer, qui connoissoit leurs mœurs et qui observoit très-bien, n'a jamais pu s'en procurer de vivans en Hollande.

Nous donnons à ce genre les caractères suivans :

Car. gén. Corps ovale, comme bossu, plat et courbé en dessus, carené en dessous ; tête verticale ou fléchie en dessous, ovale, aplatie, portée sur un col ; antennes filiformes, droites ; articles grossissant insensiblement, en collier ou en scie ; corselet transverse, plus étroit en devant ; élytres comme tronquées en arrière ; abdomen pointu ; cuisses postérieures renflées ; tarses à quatre articles, l'avant-dernier bilobé.

Il est facile de distinguer ce genre de tous ceux de la même famille ; d'abord des rynchénes, charançons, brachycéres, attélabes, oxystomes, ramphes, cossones et brachycéres, parce qu'il n'a pas les antennes en masse. On le sépare ensuite facilement d'avec les brentes, qui ont le museau plus long que le corselet, et des anthribes, qui ont la tête sessile, le corselet carré, et les cuisses non renflées.

'Il y a beaucoup d'espèces étrangères ; ce sont les plus grosses : nous en indiquerons quelques-unes à la fin de l'article. Celles de ce pays sont petites et au nombre de six ou sept seulement ; telles sont :

· 1. BRUCHE DES POIS , *Bruchus pisi.* Geoff. Insect. tom. I, p. 297, n.° 1, Mylabre à croix blanche, pl. IV, fig. 9. Degéer, tom. IV, pag. 278, n.° 1, pl. 16, fig. 3, 4-6.

Caract. Brun, à taches d'un duvet blanc sale, une tache blanche en croix sur l'abdomen avec deux points noirs mats.

C'est l'espèce la plus commune en France ; elle se trouve aussi en Pensylvanie et dans toute la partie nord de l'Amérique. Les jambes et tarses des pattes antérieures, ainsi

que la base des antennes, sont roux. On voit sur la partie
du corselet qui répond à l'écusson une petite tache blanche ou brune, qu'on remarque aussi dans plusieurs autres
espèces.

2. BRUCHE MARGINEL, *Bruchus marginellus.*

Caract. Noir, à pointe de l'abdomen avec une tache triangulaire blanche ; élytres grises, avec trois taches marginales noires, réunies sur le bord externe.

Elle est de moitié plus petite que la précédente. Sa couleur est noire, à duvet chatoyant, blanchâtre. On la trouve
sur les fleurs : on ignore dans quelle semence elle se développe.

3. BRUCHE DEUX-POINTS , *Bruchus bipunctatus.*

Caract. Cendré : à élytres brunes, marquées d'un point noir
circulaire à la base.

4. BRUCHE DES SEMENCES , *Bruchus seminarius.*

Caract. Noir : à base des antennes, jambes et tarses de
devant, rougeâtres.

5. BRUCHE DU CISTE, *Bruchus cisti.*

Caract. Entièrement noir lisse, brillant.

Il est quatre fois plus petit que celui des pois. Les cuisses
de derrière sont peu renflées.

6. BRUCHE VELU , *Bruchus villosus.*

Caract. Noir : à duvet cendré, sans taches.

C'est une des plus petites espèces de ce pays. On ne connoît pas l'histoire de sa larve ni celle des précédentes. On
les trouve toutes sur les fleurs ou sur les herbes en fauchant
avec la nasse vers le milieu de l'été.

Parmi les espèces étrangères nous citerons :

L'épineux, qui se trouve à la Jamaïque, dont la couleur
est grise, le corselet et les élytres épineux. Le pectini-
corne, qui vient de la Chine, qui est roux, avec des antennes pectinées plus longues que le corps. Celui du robinia,
qui se trouve dans l'Amérique septentrionale, qui est gris,
avec des élytres qui recouvrent presque tout l'abdomen,
et dont les antennes sont filiformes simples. Elles sont toutes
trois grosses comme quatre individus de l'espèce qui vit
dans les pois. (C. D.)

BRUGNON (*Bot.*), variété du pêcher, que l'on nomme aussi *brignon*, par corruption, et que les botanistes réunissent au genre AMANDIER. Voyez ce mot. (J.)

BRUGUET. (*Bot.*) Dans quelques cantons de la France on nomme ainsi le cèpe, *suillus*, Juss., espèce de champignon bonne à manger, et qui est le *boletus esculentus*, L. Voyez BOLET. (J.)

BRUGUIERE (*Bot.*), *Bruguiera*. Lamarck jugeant avec raison que le genre *Rizophora* de Linnæus, dont on avoit déjà détaché deux, le pégapat et l'égicère, contenoit encore des espèces qui ne lui appartenoient pas, crut pouvoir consacrer à la mémoire de Bruguières, célèbre naturaliste voyageur, le nouveau genre qu'il en formoit. Cet honneur étoit d'autant mieux mérité, que ce savant voyageur est un des premiers qui aient donné des notions justes sur ces plantes singulières, comme le témoigne Jussieu dans son Gener. plant. p. 213. Lorsque Lamarck fit l'examen des espèces détachées du genre Rhizophore, son dictionnaire se trouvoit déjà bien avancé, et pour y faire paroître le genre qu'il venoit de former, il lui appliqua en françois la dénomination de palétuvier, donnée par les anciens voyageurs, et ne donna le nom de *bruguiera* que comme le synonyme latin. Ainsi l'hommage rendu à la mémoire du naturaliste étoit illusoire, puisqu'il n'avoit pas lieu dans la langue de ses compatriotes. Nous croyons essentiel, lorsque l'on donne à un genre le nom d'un botaniste, qu'il n'y ait pas d'ancien nom en concurrence avec le nouveau, et que celui-ci passe dans les autres langues comme les noms géographiques.

Nous conservons donc au genre *Bruguiera* de Lamarck le nom de palétuvier, qui passera dans le latin par un simple changement de terminaison : et voulant témoigner toute notre vénération pour la mémoire de Bruguières, nous lui consacrons un des genres que nous avons rapporté de Madagascar, ayant les habitudes du manglier et habitant les bords de la mer. Cet arbre rappellera ainsi le théâtre des premiers voyages du naturaliste, et les coquilles, vers lesquelles il a dirigé ses observations.

Voici les caractères botaniques de notre genre *Bruguiera*:

petit arbre garni de feuilles alternes, ovales, lisses, succulentes, rétrécies en pétiole à la base; elles sont longues de trois à quatre pouces, larges des deux tiers. Les fleurs sont petites, blanches; elles viennent en grappes axillaires : elles sont composées, 1.º d'un calice adhérent à l'ovaire, cylindrique, marqué de deux écailles vers son milieu, divisé au sommet en cinq lobes obtus; 2.º de cinq pétales oblongs, lancéolés, ouverts, blancs ; 3.º de dix étamines, dont les filamens, minces, sont de la longueur des pétales, et les anthères blanches ; 4.º d'un ovaire engagé dans le calice, terminé par un style aigu, et contenant quatre ovules pendans. Le fruit est inconnu.

Ce genre est voisin du *combutum*, mais il en diffère par la forme du calice non rétréci au-dessous de son limbe. Les feuilles alternes forment une autre distinction, en attendant que l'observation du fruit en fournisse de nouvelles. Il est assez probable que c'est le *kara handel* de Rhéede. Il ne s'accorde guères avec la description de cet ouvrage, mais on sait qu'à cette époque l'art de décrire les plantes étoit très-imparfait. L'ouvrage de Rhéede en offre ici une preuve frappante, lorsqu'il annonce quatre pétales avec cinq étamines ; c'est une anomalie dont on ne connoît pas d'exemple. (A. P.)

BRUINE. (*Phys.*) Voyez Météores.

BRULER. (*Chim.*) Le mot brûler a dans la chimie une acception beaucoup plus étendue et tout à la fois beaucoup plus précise que dans le langage ordinaire. **Dans le monde** ce mot ne signifie que l'action par laquelle un corps est dévoré par la flamme, exhale de la chaleur et perd sa forme première : dans la chimie, l'inflammation, l'échauffement, ne sont pas nécessaires pour constituer l'action de brûler : ces phénomènes ne sont en quelque sorte que certaines conditions passagères et non inséparables de cette action. Il suffit pour les chimistes qu'un corps s'unisse, se combine à un principe de l'air nommé oxigène, et qui peut se trouver dans beaucoup de substances différentes de l'atmosphère, pour que ce corps soit véritablement brûlé. Cette combinaison peut se faire sans flamme, sans chaleur, sans agitation sensible, ou elle peut se faire avec ces phénomènes :

mais dans tous les cas il faut qu'il y ait union de l'oxigène avec le corps pour que celui-ci ait brûlé ; en sorte que l'action de brûler consiste véritablement dans cette union que l'on nomme en général oxigénation. Voyez, pour plus exacte connoissance de ce phénomène, les mots AIR, COMBUSTION, DÉBRULER, DÉCOMBUSTION, OXIDATION, OXIGÈNE, OXIGÉNATION. (F.)

BRULERIES. (*Chim.*) On appelle brûleries les ateliers où l'on distille le vin pour en obtenir l'eau-de-vie. On distille dans ces ateliers non-seulement les vins proprement dits, les vins de raisin, mais encore le cidre, le poiré, l'orge fermentée, les pommes de terre cuites et fermentées, le suc de la canne, ou vézou, également fermenté. Voyez les mots BIÈRE, CIDRE, ORGE, FERMENTATION, EAU-DE-VIE, ALCOOL, VIN. (F.)

BRULÉS (CORPS). (*Chim.*) L'action de brûler ou de se combiner avec l'oxigène est si fréquente dans la nature et dans l'art ; elle a lieu pour tant de corps, avec tant de phénomènes et de résultats différens, que dans ma méthode chimique, ou pour l'exposé du système des connoissances chimiques, j'ai cru devoir faire une classe toute entière des corps brûlés. Cette classe est la seconde des corps que j'étudie, les corps combustibles simples formant la première.

Les corps brûlés ou combinés avec l'oxigène sont de deux ordres, ou acides, ou oxides. Tous les corps brûlés qui ne rougissent point des couleurs bleues végétales, et qui n'ont point une saveur aigre, sont des oxides. Voyez les mots ACIDES et OXIDES. (F.)

BRULURE (*Physiol. végét.*), désorganisation opérée dans les arbres en espalier par l'effet alternatif du gel et du dégel.

La brûlure affecte plus particuliérement les pêchers qu'aucune autre espèce.

L'abbé Schabol, qui le premier a recherché la cause de cette maladie, blâme la méthode employée de son temps pour en préserver les arbres, méthode qui ne remédie pas au mal et amène d'autres infirmités. Elle consiste à couvrir les arbres avec de la paille ou des douves de tonneau; ce qui empêche le contact si nécessaire de l'air, occasionne une humidité perpétuelle, et favorise le rassemblement d'insectes nuisibles.

Lorsque le soleil darde ses rayons sur des branches couvertes de neige, de glaçons et de givre, ces frimas fondent, et l'eau s'écoule sur les branches inférieures, où elle se congèle dès que le froid se fait encore sentir. Ces alternatives de chaleur et de froid, fréquemment répétées, causent la désorganisation du tissu végétal et font périr les boutons : c'est ce que les cultivateurs nomment brûlures.

Quand tous les boutons sont détruits, comme il arrive trop souvent, il faut tailler sur vieux bois.

Les cultivateurs donnent aussi le nom de brûlure à la maladie qui affecte quelquefois les extrémités des branches supérieures des arbres : les boutons attaqués noircissent et meurent. On croit que cet accident a lieu quand les racines rencontrent la mauvaise terre; d'où il suit que le remède consisteroit à enlever la partie du sol qui touche aux racines et à y substituer une terre substantielle.

On attribue à la même cause la teinte noirâtre que prend quelquefois l'extrémité des racines, et l'on recommande le même remède. (B. M.)

BRUME. (*Phys.*) Voyez Météores.

BRUN. (*Chim.*) Le brun est une couleur très-connue de tous les hommes, et qui se rapproche plus ou moins du rouge foncé et du noir; c'est pour ainsi dire un mélange de ces deux couleurs.

Les bruns en teinture sont faits avec des racines, des bois, des écorces, des brous de noix, de la galle, un peu de sulfate de fer, etc.

Les bruns dans la peinture sont en général préparés avec les oxides de fer, fortement chauffés, quelques terres ferrugineuses, nommées ocres.

Les bruns dans la porcelaine, la poterie, les verres, les émaux, sont fabriqués tantôt avec des oxides de fer et de manganèse, tantôt avec un oxide de cuivre mêlé d'un fondant très-actif et très-promptement fusible.

Les bruns naturels minéraux sont des oxides de cuivre, de fer, de manganèse, des sulfures de zinc, de mercure, d'étain, des pierres colorées par les premiers de ces métaux.

Les bruns naturels végétaux sont très - nombreux, de nuances très-variées, et ordinairement très-solides. On ignore entièrement leur nature. Voyez les mots COULEUR, PEINTURE, TEINTURE, etc. (F.)

BRUNE ET BLANCHE. (*Ornith.*) Sonnini a décrit sous ce nom, dans ses Supplémens à l'histoire naturelle de Buffon, la linotte géorgienne, *fringilla georgiana*, Lath.; mais, en observant avec raison que la dénomination de l'auteur anglois étoit mauvaise, parce que d'autres espèces de linottes pouvoient se trouver dans la Géorgie, il auroit dû lui-même ne pas se borner à désigner l'oiseau par des épithètes bien plus vagues encore, et qui, par cette raison, n'acquièrent une signification particulière qu'autant qu'elles sont accolées au terme générique.

C'est ainsi qu'on trouve dans Martinet, sous le nom simple de brun, la figure d'un promérops du cap de Bonne-Espérance. Les ouvrages d'histoire naturelle, et les dictionnaires surtout, présenteroient une étrange confusion si l'on étoit obligé d'y décrire des espèces sous des noms adjectifs. (Ch. D.)

BRUNEAU. (*Ornith.*) Vanderstegen de Putte a donné ce nom à l'espèce de bécassine que Linnæus a décrite sous celui de *tringa alpina*. Voyez BRUNETTE. (Ch. D.)

BRUNELLE (*Bot.*), *Brunella*, Tourn., Juss., *Prunella*, Linn., genre de plantes de la famille des labiées, qui a pour caractère un calice dont la lèvre supérieure est plane, tronquée, garnie de trois petites dents, l'inférieure plus étroite et bifide; une corolle tubulée, de la longueur du calice, ayant la lèvre supérieure concave, entière ou à deux lobes, l'inférieure à trois lobes, le lobe moyen plus grand et échancré; quatre étamines, dont deux plus courtes; les filamens bifurqués ou terminés par deux dents, dont l'une supporte l'anthère; un style; un stigmate divisé en deux, quelquefois quadrifide; quatre graines nues, ovoïdes, au fond du calice.

Les tiges sont presque simples; les feuilles opposées. Les fleurs verticillées forment un épi serré et terminal, garni de bractées assez grandes, ciliées ou laciniées. On distingue les espèces suivantes.

1. BRUNELLE COMMUNE, *Prunella vulgaris*, Linn., Lob. ic. 474. Cette plante est commune dans les bois, les prés et sur le bord des chemins. Ses tiges sont droites, quelquefois un peu couchées, légèrement velues ; ses feuilles, ovales, oblongues ; ses fleurs, purpurines, ou blanches, ou bleuâtres. Elles sont très-grandes dans une variété qui croît dans les terrains secs et pierreux, très-petites dans une autre que j'ai rapportée d'Afrique. La brunelle est vulnéraire, détersive, un peu astringente : on l'applique sur les plaies ; on la prend en gargarisme pour les ulcères et les aphthes de la bouche, et en décoction ou en infusion, dans les hémorragies, le cours de ventre, les ulcères du poumon. Chomel, dans ses Plantes usuelles, la nomme indifféremment brunelle et brunette.

2. BRUNELLE LACINIÉE , *Prunella laciniata* , Linn. , Lob. ic. 475. Elle ne diffère de la précédente que par ses feuilles laciniées, surtout celles du haut ; elle est aussi plus velue , et offre quelques variétés. On la trouve sur les pelouses et dans les terrains arides.

3. BRUNELLE A FEUILLES D'HYSSOPE, *Prunella hyssopifolia*, Linn., Moris. Hist. 3, §. 11, t. 5, f. 9. Ses feuilles sont lancéolées, très-entières et sessiles ; ses fleurs grandes, d'un pourpre bleuâtre. Elle croît dans la France méridionale.

Lamarck décrit sous le nom de brunelle odorante le *cleonia lusitanica*, L., qui ne diffère des brunelles que par son stigmate partagé en quatre. Ses fleurs sont grandes, violettes ou bleuâtres ; ses feuilles oblongues, pinnatifides, et ses bractées remarquables par des découpures profondes, étroites et ciliées. Elle croît en Espagne, et en France, dans les contrées méridionales. (Poir.)

BRUNELLIE (*Bot.*), *Brunellia*, genre de plantes dont la famille n'est pas encore déterminée, établi par Ruiz et Pavon sur deux arbres du Pérou, dont ils n'ont encore fait connoître que les caractères distinctifs, qui sont décrits et figurés dans le Prodrome de la Flore du Pérou et du Chili, p. 61, pl. 12. Ils ont, selon les auteurs de cette Flore, un

calice à cinq, six ou sept divisions ; dix à quatorze étamines, dont les filets, attachés sous l'ovaire, alternativement avec un pareil nombre de glandes qui se dessèchent
sans tomber, portent des anthères en cœur, à quatre sillons ; cinq ovaires déliés, terminés chacun par un stigmate
simple, et devenant autant de capsules univalves, disposées
en étoile, s'ouvrant longitudinalement par leur face interne, et contenant chacune deux graines enveloppées dans
un arille calleux. Dans le *brunellia aculeata* les capsules
sont lisses, et dans le *brunellia inermis* elles sont hérissées
de poils rudes. (Mas.)

BRUNET. (*Ornith.*) On peut faire sur ce terme, sur le
précédent et sur celui de brunette, la même observation
que sur le mot brune. Les diminutifs sont susceptibles d'ap-
plications aussi générales que les simples adjectifs, et ils
sont aussi peu propres à particulariser des objets quelcon-
ques et à présenter à l'esprit une idée nette et distincte.
Aussi le mot brunet a-t-il été employé pour désigner des
oiseaux fort différens, puisque tantôt c'est une espèce de
merle, *turdus capensis*, L., et tantôt un pinson, *fringilla
pecoris*, L. Voyez Brunoir. (Ch. D.)

BRUNETTE. (*Bot.*) Voyez Brunelle.

BRUNETTE. (*Ornith.*) Buffon a donné ce nom au dunlin
des Anglois, qui est le *scolopax pusilla*, L. : mais le naturaliste suédois met cette dénomination au rang des synonymes de son *tringa alpina*, qui est le *cinclus torquatus*,
cincle ou alouette de mer à collier, de Brisson ; et Latham
regarde le cincle et la brunette de Buffon comme le même
oiseau. Ces incertitudes doivent, en partie, leur naissance
à l'impropriété du terme brunette, et le mauvais emploi
des mots peut à chaque instant en occasioner de pareilles.
Suivant Cotgrave on appelle aussi en Normandie (département de la Seine inférieure, etc.) brunette ou bunette la
fauvette traîne-buisson, ou fauvette d'hiver, *motacilla modularis*, L.; et un inconvénient de plus résulte dans la circonstance présente, de ce que la brunette est encore une
coquille. (Ch. D.)

BRUNGA. (*Bot.*) espèce de ludwigie, ainsi nommée à
Ceilan ; c'est le *ludwigia oppositifolia*. (J.)

BRUNIA (*Bot.*), Linn., Juss., Lam. Illust. 126, genre de plantes qui paroît avoir des rapports avec la famille des nerprunées. Les fleurs sont aggrégées et disposées en têtes ordinairement globuleuses ; elles ont un calice à cinq divisions droites et velues. La corolle est à cinq pétales allongés, étroits et munis d'un onglet. Les étamines sont au nombre de cinq, insérées à l'onglet des pétales. L'ovaire est placé supérieurement au calice, et surmonté d'un style unique, ou double, ou bifide. Le fruit est un drupe sec, contenant un noyau presque osseux, et à deux loges, qui renferment un petit nombre de semences. On connoît huit ou dix espèces de *brunia ;* ce sont des sous-arbrisseaux exotiques et dont le port ressemble à celui des bruyères et des *protea.* Leurs feuilles sont alternes, linéaires, très-rapprochées et nombreuses. On peut les cultiver en été dans l'orangerie, et en hiver dans les serres. Il leur faut une terre substantielle, franche, ou du terreau de bruyère. On ne peut guères les multiplier que par les graines tirées de leur pays originaire et semées en pot, sur couche et sous châssis, dans une bonne terre légère, et très-peu recouvertes. En général les brunies offrent peu d'intérêt ; leur feuillage néanmoins peut contribuer à l'ornement des serres. Le nom générique de *brunia* vient de celui d'un célèbre voyageur, Corneille Bruyn, né à la Haye. (J. S. H.)

BRUNITURE. (*Chim.*) On donne le nom de bruniture à la teinte foncée, brune, que l'on donne, à l'aide du sulfate de fer et de la noix de galle ou de quelques autres astringens, aux étoffes déjà colorées de diverses nuances. Ce procédé est employé pour faire les couleurs mêlées, qui sont fort recherchées pour les draps et les toiles. Voyez les articles COULEURS et TEINTURES. (F.)

BRUNNICHIE (*Bot.*), *Brunnichia*, genre de plantes de la famille des polygonées, établi par Gærtner sur un arbrisseau de l'Amérique septentrionale, qui grimpe comme la vigne, et qu'on peut naturaliser dans le midi de la France pour servir avec les autres plantes grimpantes à couvrir des tonnelles et des berceaux. Sa tige, grêle et striée, porte, jusqu'au sommet des arbres de médiocre grandeur, ses rameaux couverts d'un épais feuillage et terminés par des vrilles rameuses qui servent à les fixer. Ses feuilles sont glabres, en cœur oblong, pointu ; ses fleurs , verdàtres et pédonculées, forment des grappes sur lesquelles elles sont placées toutes d'un seul côté. Le caractère de ces fleurs est d'avoir un calice ventru, à cinq divisions, contenant huit ou dix étamines, et un ovaire surmonté de trois styles. Cet ovaire devient une capsule qui ne s'ouvre point ; elle est monosperme, recouverte par le calice, devenu plus grand, et portée sur un pédoncule remarquable par une large membrane qui le borde de chaque côté. Cette plante, *brunnichia cirrhosa*, nous est venue de l'île Bahama. Elle est cultivée au jardin du Muséum d'histoire naturelle, où elle passe l'hiver en orangerie et où elle a long-temps passé pour une espèce de sarrasin ; on la nommoit *polygonum claviculatum*. Adanson en avoit fait un genre sous le nom de *fallopia*. Son feuillage est toujours vert. (Mas.)

BRUNOIR. (*Ornith.*) L'oiseau ainsi appelé par Levaillant a été regardé par Montbeillard comme une variété du merle brunet, *turdus capensis*, L. On trouve la figure de l'un et de l'autre dans l'Histoire naturelle des oiseaux d'Afrique, pl. 105 et 106. (Ch. D.)

BRUNOR. (*Ornith.*) Gueneau de Montbeillard a voulu peindre en raccourci par ce terme un très-petit passereau qu'il regarde comme un pinson, et que Linnæus n'a cependant point placé parmi les fringilles : c'est le *loxia bicolor* de ce dernier, la petite pivoine brune d'Edwards, et le bouvreuil brunor de Daudin, qui, par la réunion de ces deux mots, a évité toute équivoque, et assigné une acception précise à un terme qui, seul, étoit purement qualificatif, et applicable à tout objet où, comme chez l'oiseau en question, l'on auroit trouvé un mélange des couleurs brune et orangée. (Ch. D.)

BRUN-ROUGE. (*Minér.*) Cette couleur n'est point une production immédiate de la nature, comme la sanguine, l'ocre jaune, la terre d'ombre, etc.; mais on peut l'obtenir par une calcination ménagée de certaines variétés d'ocre. Voyez au mot ARGILE, l'article *argile ocreuse*. (B.)

BRUNSFEL D'AMÉRIQUE (*Bot.*), *Brunsfelsia americana*, Linn., Juss., Lam. Illust. pl. 548. C'est un arbre de médiocre grandeur, qui croît dans les Antilles, dont les feuilles sont alternes, ovales, oblongues, mucronées, grandes, très-entières, munies de belles fleurs infundibuliformes, dont le tube est très-long, et le limbe à cinq lobes presque égaux, contenant quatre étamines didynames avec le rudiment d'une cinquième, et un pistil dont le stigmate est en forme de massue. Le calice est campanulé, à cinq dents courtes. Le fruit est une baie presque sphérique, de la grosseur d'une noix, d'un rouge orangé, à une ou deux loges, contenant beaucoup de graines placées entre l'écorce et une substance charnue qui forme un placenta central et pulpeux.

Cette espèce est la seule de son genre, et paroît avoir de très-grands rapports avec la famille des solanées. Plumier lui a donné le nom du docteur Brunsfels, médecin et botaniste allemand. (Poir.)

BRUSC. (*Bot.*) Ce nom étoit anciennement donné au fragon, *ruscus*, qui est le *rusco* des Italiens. On le donne encore dans la Provence, suivant Gardel, à une espèce de bruyère (*bruc* des Languedociens), *erica scoparia*, dont on fait des balais appelés *escoubau de brusc*, et suivant Bomare à l'ajonc où genêt épineux, *ulex*.

Le traducteur de Dalechamps donne ce nom au *ruscus aculeatus*, L., que de son temps on appeloit aussi *bruscus;* d'où sans doute est venu le nom de brusc. Les Arabes nomment cette plante *cubebes*, et les Italiens *pougitopi* ou piquesouris, parce que, dit Dalechamps, ce peuple en enveloppe la chair salée, de peur que les rats n'en approchent. Pline et les auteurs anciens attribuoient à cette plante beaucoup de vertus, celle entre autres d'être très-diurétique et bonne pour la maladie de la pierre.

Suivant le même traducteur les anciens se servoient des branches souples du brusc pour lier les vignes. Il tire son autorité d'un vers de Virgile qu'il traduit ainsi en un vers françois.

Du brus l'osier piquant faut cueillir dans les bois. (J.)

BRUSEN (*Ornith.*), nom donné en Norwège à l'imbrim, *colymbus glacialis*, L., que Brunnich désigne par l'épithète de *torquatus*, plus convenable à raison du large collier noir qui distingue particulièrement ce plongeon des mers du Nord. (Ch. D.)

BRUSLURE ou NIELLE (*Bot.*), nom que le traducteur de Dalechamps donne à l'*ustilago*, *rubigo* des anciens. Ceux - ci la regardoient comme une maladie à laquelle sont sujettes les plantes graminées. Quelques modernes ont encore la même opinion ; d'autres pensent que c'est une plante de la famille des champignons, qui se perpétue d'année en année par la poussière dont elle est remplie et qui s'attache, dans les greniers, aux grains qu'on y conserve. Voyez RÉTICULAIRE. (P. B.)

BRUT (*Ichtyol.*), nom donné par les Anglois à la limande. Voyez PLEURONECTE. (F. M. D.)

BRUTE (*Mamm.*), synonyme de BÊTE. Voyez ce mot. (F. C.)

BRUTHIER. (*Ornith.*) Ce nom et celui de buteau désignent, suivant Cotgrave, la buse commune, *falco buteo*, L. (Ch. D.)

BRUUSE. (*Ornith.*) Suivant Olafsen et Povelsen, ce nom est donné dans un district de l'Islande à l'imbrim, *colymbus glacialis*, L. (Ch. D.)

BRUUSHANE. (*Ornith.*) Ce nom est, dans Pontoppidan, synonyme de *ruffe*, qui désigne en Norwége le combattant, *tringa pugnax*, L., dont la femelle se nomme *reeve*. (Ch. D.)

BRUXANELI (*Bot.*), nom sous lequel Rhèede a décrit et figuré (Hort. malab. tom. V, p. 85, t. 42) une plante qui, selon lui, forme un arbre de la taille d'un pommier. Son écorce est astringente et a une odeur forte, ainsi que les feuilles, qui sont ovales, acuminées et opposées suivant la figure : les fleurs sont petites, pourpres, de bonne odeur, et viennent en épis grêles et terminaux; elles sont composées d'un calice supérieur ou adhérent, de quatre pétales et de quatre étamines. Le fruit qui leur succède est une baie à deux ou trois coques monospermes, couronnées des divisions du calice. Cet arbre croît sur les montagnes et dans les endroits sauvages de la côte malabare. On recommande son suc, mêlé avec du beurre, comme un liniment contre les furoncles, *carbunculi*. Son écorce passe pour diurétique, et ses racines sont employées avec succès contre les douleurs de la goutte.

Plusieurs points de cette description pourroient faire croire que cet arbre appartient à la famille des rubiacées, dans la section qui comprend le cafier : mais il ne peut appartenir à cette famille s'il a réellement quatre pétales ; ce dont on peut douter, parce qu'à l'époque où Rhéede a écrit, les botanistes confondoient souvent les divisions de la corolle avec les pétales. (A. P.)

BRUYA (*Ornith.*), femelle de la pie-grièche de Madagascar, *lanius madagascariensis*, L., dont le mâle est connu sous le nom de cali-calic. (Ch. D.)

BRUYANT (*Ornith.*), nom vulgaire du bruant commun, *emberiza citrinella*, L. (Ch. **D.**)

BRUYÈRE (*Bot.*), *Erica*, Linn., Juss., Lam. Illust. t. 287, genre de plantes de la famille qui porte le même nom. Les espèces qui le composent sont en grand nombre. Elles ne se trouvent pas néanmoins dans toutes les parties du globe : sur deux cent cinquante espèces décrites par Salisbury, dans les Mémoires de la Société Linnéenne, douze ou quinze seulement sont originaires de l'Europe; les autres croissent en Afrique. Les premières ont les fleurs petites, au lieu que celles qui nous viennent de l'Afrique sont souvent grandes et revêtues des plus brillantes couleurs : mais on ne parvient à cultiver celles-ci qu'avec beaucoup de peine ; leur culture est même un objet de luxe. La tige des bruyères s'élève depuis quelques pouces jusqu'à plusieurs pieds. Les feuilles sont simples, très-entières, très-rapprochées et presque toujours verticillées, rarement éparses ou opposées. Les fleurs sont situées au sommet des rameaux ou aux aisselles des feuilles ; elles sont disposées en grappes ou en faisceaux. Le calice est à quatre parties, quelquefois double. La corolle est en cloche, ovale ou cylindrique, souvent ventrue, à quatre divisions, et marcescente. Les étamines sont au nombre de huit, saillantes ou renfermées dans la corolle, et terminées par des anthères simplement échancrées, mutiques ou aristées : Salisbury pense que leur nombre varie de quatre à dix. L'ovaire est libre, muni d'un seul style et d'un stigmate tétragone. La capsule est à quatre loges, à quatre valves septifères à leur milieu, et attachées au placenta central. Les graines sont petites et ordinairement très-nombreuses. Suivant Salisbury, tous les auteurs qui se sont occupés de ce genre ont divisé les espèces qui le composent en sections, suivant le nombre des feuilles, la forme des anthères, etc. : mais ces divisions détruisent les rapports naturels, et pour apprécier son travail, qui paroît être ce qu'on a publié de plus complet sur les bruyères, il faut recourir au sixième volume des Mémoires de la Société Linnéenne. Néanmoins, pour faciliter l'étude de ces plantes, il est nécessaire d'offrir des points de repos à la mémoire, et sans donner une description de toutes les espèces connues, cet article contiendra une ou plusieurs espèces de chacune des sections formées par Wildenow.

Anthères aristées.

1. La BRUYÈRE DE FLEURS D'UN ROUGE VERDATRE, *Erica viridipurpurea*, Linn. Cette plante se trouve en Portugal : ses fleurs sont en cloches éparses ; le style est enfermé dans la corolle, et les feuilles sont placées trois à trois sur la tige et les rameaux.

2. La BRUYÈRE EN ARBRE, *Erica arborea*, Linn. Sa tige est droite et s'élève de quatre à six pieds ; les feuilles sont quatre à quatre et très-étroites. Elle a des fleurs blanches, nombreuses, en petites grappes latérales. On la trouve dans la France méridionale.

3. La BRUYÈRE QUATERNÉE, *Erica tetralix*, Linn. Fl. Dan. t. 81. La tige de cette plante est garnie de beaucoup de rameaux ; ses feuilles sont très-ouvertes, ciliées, disposées en croix et un peu glauques. Les fleurs sont rougeâtres et situées au sommet des rameaux. Je l'ai trouvée plusieurs fois à Montmorency près Paris et dans plusieurs parties de la Normandie.

Anthères en crête.

4. La BRUYÈRE COMMUNE, *Erica vulgaris*, Linn. Fl. Dan. t. 627. Cet arbuste s'élève à un ou deux pieds ; ses racines sont profondes ; ses feuilles sont opposées et

semblent disposées sur quatre rangs et imbriquées : il a
ses fleurs situées aux aisselles des feuilles ; leur calice est
double, et l'intérieur est coloré. Cette organisation du calice le distingue de toutes les autres espèces et suffiroit
pour en faire un genre séparé. C'est une des plantes les
plus communes en Europe. Elle couvre souvent d'immenses
contrées et revêt seule la nudité de la terre. Souvent on la
trouve avec l'airelle, la busserole, etc., à l'ombre du pin
sauvage, mais jamais à celle du hêtre. Elle semble fuir
le voisinage de cet arbre ; on la voit disparoître des lieux
où l'on introduit sa culture. On se sert peu de la bruyère
en médecine ; néanmoins elle passe pour avoir des propriétés apéritives, diurétiques et diaphorétiques. Elle est
d'un grand usage en économie domestique. Les bestiaux la
mangent quelquefois lorsqu'elle est encore tendre : elle sert
aussi à faire leur litière. Dans le Midi, on en fait des balais ; dans le Nord on la mêle à l'écorce du chêne pour
tanner les cuirs.

5. La Bruyère a balais, *Erica scoparia*, Linn. Sa tige
s'élève à trois ou quatre pieds. Les rameaux sont grêles,
menus, effilés ; les feuilles sont très-étroites, ouvertes et
pointues. La couleur des fleurs est verdâtre, et la corolle
campanulée. On la trouve en France et dans une partie de
l'Europe.

6. La Bruyère cendrée, *Erica cinerea*, Linn. Fl. Dan.
t. 38. La tige de cet arbuste est grêle et de couleur cendrée ; les feuilles sont glabres, vertes et rassemblées en
petits faisceaux. Les fleurs ont une couleur purpurine ou
blanche. On le trouve dans les lieux secs de la France et
d'une partie de l'Europe.

Anthères mutiques.

7. La Bruyère multiflore, *Erica multiflora*, Linn. Sa
tige s'élève à deux ou trois pieds ; ses feuilles sont ouvertes, linéaires, sillonnées en dessous. Les fleurs, d'un
pourpre léger, forment des grappes courtes et serrées au
sommet des rameaux. J'ai trouvé cette bruyère à S. Léger
près Paris. Elle est une des plus intéressantes. Elle résiste
aux grands froids sans dommage ; vient dans tous les ter-

rains, et y forme de larges touffes, qui dès l'automne se couvrent de fleurs d'abord blanchâtres et qui, dans le mois de Janvier, se colorent d'un joli pourpre rose.

8. La Bruyère herbacée, *Erica herbacea*, Linn. Cette plante forme de larges touffes. Ses feuilles sont linéaires, ouvertes, glabres : les fleurs, d'un pourpre léger, forment des grappes bien garnies au sommet des rameaux. On la trouve dans l'Europe méridionale.

On cultive dans les serres des amateurs un très-grand nombre d'autres bruyères, presque toutes originaires de l'Afrique. Le terreau de bruyère dans lequel elles viennent naturellement, est ce qui leur convient le mieux. On les multiplie par les semis : c'est le moyen le plus sûr, car les marcottes s'enracinent assez difficilement.

Toutes les bruyères sont de très-jolis arbrisseaux. Par leur verdure persistante, dit Dumont - Courset, leur végétation presque continuelle, un petit feuillage léger, les couleurs et l'élégance de leurs fleurs, elles sont bien faites pour décorer nos jardins et nos serres. Les unes parent le triste hiver, en répandant encore quelques rayons de la beauté de la nature ; les autres, en annonçant son réveil, nous préparent à la jouissance des beaux jours.

Le nom générique vient d'un mot grec qui signifie briser, parce que les anciens attribuoient aux bruyères la vertu de briser ou de dissoudre les calculs de la vessie. (J. S. H.)

Le nom de Bruyère, donné au genre de plantes qui l'a conservé jusqu'à nos jours (*erica*), a été encore consacré par Dodon, Mathiole et l'Écluse, à des plantes d'un genre bien différent, telles que l'*helianthemum coridifolium*, L., appelé *chrysanthemos* ou bruyère à fleur couleur d'or, de Dodon ; le *vaccinium oxicoccus*, L., appelé par le même auteur bruyère portant fruit, ou *erica baccifera* ; l'*empetrum album*, L., appelé par Mathiole bruyère portant fruit, ou *erica baccifera* ; enfin l'*empetrum nigrum*, L., appelé par l'Écluse bruyère première ou *erica prima*. (P. B.)

BRY (*Bot.*), nom d'un genre de plantes de la famille des mousses, troisième ordre, les ectopogones, quatorzième genre de ma méthode.

Linnæus a formé son genre *Bryum* de mousses dont l'urne

est terminale et la gaîne nue, privée de périchèse. Depuis que ces plantes ont été mieux observées, d'après une organisation qui avoit échappé aux naturalistes prédécesseurs de Hedwig, ce genre de Linnæus a dû, comme beaucoup d'autres, subir des altérations, et les espèces en être réparties dans différens genres; tels sont la bifurque, l'orthotric, la tordule, la barbule, etc. Hedwig a conservé le mot *bryum* pour un genre de ces plantes, mais il y comprend un plus grand nombre d'espèces de *mnium*. Je n'ai pas cru devoir suivre cette innovation, et j'ai rétabli les genres *Bryum* et *Mnium*, non pas tels que Linnæus les a faits, mais renfermant chacun la plus grande quantité des espèces ainsi appelées par Linnæus. Le genre Bry a donc pour caractères un péristome simple, externe, composé de huit ou seize dents simples, lancéolées; la gaîne nue et sans périchèse : les tiges sont simples ou rameuses. Il diffère du genre *Bryum* de Hedwig, dont le péristome est double.

Ce genre contient trente espèces, divisées en deux sections. Nous parlerons des principales de celles qui croissent aux environs de Paris.

SECTION 1.re *A tiges rameuses.*

1. BRY CRISPÉ, *Bryum cirrhatum*, *Weissia cirrhata*, Hedw., Brid. : tige droite, divisée; feuilles lancéolées, aiguës, marquées d'une côte entière, différemment contournées par la sécheresse ; opercule presque mamillaire, rouge à sa base.

Hedwig a mal à propos confondu cette plante avec le *mnium cirrhatum*, L., qui appartient au genre Tordule.

Elle croit en France, sur les toits.

SECTION II. *A tiges simples.*

2. BRY DES MARAIS, *Bryum paludosum*, Linn., *Weissia paludosa*, Brid. : tige courte, simple ; feuilles lancéolées, subulées; urne droite, oblongue ; opercule aigu.

Il croît aux environs de Paris, dans les lieux arrosés et humides. Sa couleur est d'un vert pâle.

3. BRY DES ROCHERS, *Bryum calcareum*, Dicks., *Weissia calcarea*, Hedw. : tige, feuilles et fleurs, très-menues,

courtes, simples ; feuilles lancéolées , subulées , marquées d'une côte ; urne droite, pyriforme.

Cette mousse croît en France, sur les pierres et les rochers. Elle est une des plus grêles que je connoisse.

4. BRY VERT, *Bryum virens*, *Weissia virens*, Brid. : tige presque simple, droite ; feuilles linéaires, crispées par la sécheresse ; urne ovale, oblongue ; opercule acuminé , oblique.

Il croît en France , dans les bois et les lieux humides, sur la terre.

5. BRY VERDATRE, *Bryum viridulum*, Linn., *Weissia viridula*, Brid. : tiges courtes, presque simples ; feuilles lancéolées , linéaires ; urne presque cylindrique ; opercule courbé.

On le trouve aux environs de Paris, dans les mêmes lieux que l'espéce précédente. (P. B.)

BRYON, BRYUM. (*Bot.*) Voyez BRY.

BRYONE (*Bot.*), *Bryonia*, genre de cucurbitacées , qui contient quinze ou vingt espèces de plantes, la plupart vivaces , et toutes du nombre des plus petites de la famille. Elles portent des fleurs mâles et des fleurs femelles , dont le caractère générique est un calice campanulé, à cinq divisions obtuses, muni extérieurement à sa base de cinq dents tubulées. Dans les fleurs mâles, trois filets d'étamines réunies seulement par la base, et les cinq anthères partagées comme dans la plupart des cucurbitacées , de manière que deux filets portent des anthères doubles et que la troisième en porte une solitaire. Aux fleurs femelles on trouve un style trifide et trois stigmates échancrés , répondant à trois ou six loges, dont souvent une seule subsiste ; ce qui a fait dire le fruit uniloculaire : il s'y trouve un petit nombre de graines. Ce fruit est, dans quelques espèces, sillonné en dehors : il est porté sur des pédoncules courts, aux aisselles des feuilles , qui sont quelquefois plusieurs ensemble. Les fleurs mâles sont moins souvent solitaires.

Les vrilles naissent hors des aisselles ; elles sont simples, et changent trois fois, au septième ou huitième tour, le sens des spires très-régulières qu'elles forment en se contractant.

On cultive dans les jardins de botanique six espèces de bryones vivaces qui n'ont aucun mérite et ne passent l'hiver que dans l'orangerie. Deux sont de serre chaude, et une annuelle est élevée sur couche. Celles-ci sont originaires des Indes orientales; les autres du Cap ou des Canaries.

Une seule croît naturellement en France, et c'est en même temps la seule cucurbitacée grimpante que produise sans culture notre climat tempéré. Cette espèce est la bryone d'Europe, *bryonia alba*. Elle doit probablement le nom de couleuvrée à cette habitude de grimper le long d'un support; ce peut être aussi la raison qui lui fit donner, dès le temps de Dioscoride, celui de vigne blanche, par comparaison de sa verdure pâle et terne avec la verdure brillante et foncée du tamier, qui reçut le nom de vigne noire.

Au reste ces deux plantes grimpantes, à racines très-vivaces, ne conservent point leurs tiges, et mériteroient moins le nom de vignes que la clématite, qui est sarmenteuse, et a aussi été appelée vigne blanche.

La bryone aime la bonne terre et y donne des pousses très-abondantes, ce que désigne en grec son nom *bryonia*, usité depuis Théophraste. Il seroit plus régulier de franciser ce nom par bryoine, comme on lit dans le Dictionnaire de l'Académie : bryone a prévalu par l'usage, comme plus doux à prononcer.

L'épithète *blanche* lui a été conservée par Linnæus (*bryonia alba*) : mais il faut remarquer que les premiers botanistes modernes ont tous indiqué deux espèces ou variétés de bryone, l'une à baies noires, l'autre à baies rouges. Mathiole avertit que Dioscoride ne connoissoit que celleci, qui est celle de France. Linnæus, au contraire, cite seulement celle à fruit noir; et comme en établissant le genre à fleurs mâles et femelles sur le même pied, il a soin de dire que la plante a été vue dioïque à Vienne, par Jacquin, il est à croire que la noire est la seule monoïque, et que la rouge a généralement des individus à fleurs mâles, ou stériles, comme on le disoit autrefois, différens des individus à fleurs fructifiantes, c'est-à-dire femelles. On peut cependant s'étonner que la chose n'ait pas été annoncée par Tournefort ni par aucun autre botaniste avant Lamarck.

Les tiges de la bryone ou couleuvrée commune, sont

abondantes, anguleuses, velues ; les feuilles , palmées , à cinq lobes anguleux, un peu rudes ; les fleurs, petites, d'un jaune sale.

Les racines ont jusqu'à six ou sept décimètres de long sur deux à trois d'épaisseur, sont succulentes, rameuses, d'un blanc jaunâtre ; ce qui les fait nommer en plusieurs campagnes navet sauvage. Leur saveur âcre et amère est désagréable. C'est un purgatif violent, qu'on ne donne que mitigé par l'addition d'un sel végétal ou de poudres aromatiques. On regarde cette substance comme incisive, diurétique et surtout hydragogue. On l'a employée avec succès dans les maladies qui ont pour cause une pituite épaisse et gluante, l'asthme, la paralysie, la goutte, la passion hystérique : mais il y a des exemples nombreux et effrayans d'empoisonnemens résultant de ce remède dangereux. Les vétérinaires en font usage dans les maladies des animaux. Extérieurement c'est un puissant résolutif ; on l'a vue soulager dans la goutte.

Il en est cependant de cette racine comme de celle du manihot : parfaitement purgée de son suc étant fraîche, ce qui reste n'est plus dangereux. Moraud en a fait une vraie cassave ; et Beaumé en retiroit une fécule comme de la pomme de terre. Il la dit très-nourrissante et bonne, quoiqu'on ne puisse lui faire perdre son odeur, mais seulement la faire disparoître par des assaisonnemens relevés. C'est en automne ou en hiver qu'il faut faire cette récolte. Voyez Alfescera, Basnagilli, Bryouino, Kopalam, Hondala. (D. de V.)

BRYOUINO (*Bot.*), nom provençal de la bryone ordinaire. (J.)

BSESIL ou Besesil (*Bot.*), nom arabe de la variété de l'aloès ordinaire, *aloe vera*, à feuilles panachées de vert et de blanc. (J.)

BUAA. (*Bot.*) Voyez Batan.

BUBALE (*Mamm.*), espèce d'antilope à cornes à double courbure, pointe en arrière, *antilope bubalis*, L. Voyez Antilope. (F. C.)

BUBALUS (*Mamm.*), nom latin du bubale. (F. C.)

BUBON (*Bot.*), *Bubon*, genre de plantes de la famille

des ombellifères, qui a pour caractère une collerette à plusieurs folioles, cinq pétales lancéolés, presque égaux, courbés en dedans; des semences ovales, striées, velues dans quelques espèces : les feuilles sont plusieurs fois ailées. On en distingue deux espèces.

1. BUBON DE MACÉDOINE, *Bubon macedonicum*, Lob. ic. 708. C'est une plante dont les feuilles ressemblent beaucoup à celles du persil, et dont les tiges, ainsi que les pétioles, sont couvertes d'un duvet blanchâtre. Les fleurs sont blanches, les fruits velus. Elle croît dans la Macédoine. On l'employoit autrefois pour guérir l'inflammation des aînes. *Bubon* en grec exprime cette partie du corps.

2. BUBON A FEUILLES DE SÉRULES, *Bubo rigidius*, Linn., Barrel. ic. 77. Cette espèce est très-distincte de la précédente, par ses folioles linéaires et roides. Les fleurs sont jaunâtres. Elle croît en Sicile.

3. BUBON GALBANIFÈRE, *Bubon galbaniferum*, Linn., Herm. Parad. t. 163. Cette plante forme un arbrisseau toujours vert, d'une couleur glauque, muni de feuilles alternes, glabres, deux fois ailées, à folioles cunéiformes, incisées. Ses fleurs sont d'un jaune pâle; ses fruits presque cylindriques, glabres et striés, dépourvus de membranes ailées. Elle vient en Afrique.

Il découle, par incision et même naturellement, des nœuds des tiges de trois ou quatre ans un suc visqueux, clair et laiteux, contenu dans toutes les parties de cette plante; il se condense, se durcit en une larme qui forme le *galbanum*, gomme-résine apportée de la Syrie et de la Perse. C'est une substance grasse, ductile, d'une couleur blanchâtre, qui jaunit en vieillissant, d'une odeur forte et puante, d'un goût âcre et amer. Employé extérieurement, il amollit et fait disparoître les bubons et les tumeurs squirreuses : étendu sur une peau de chamois et appliqué ensuite sur l'ombilic, il adoucit les mouvemens spasmodiques des intestins et les convulsions des membres. Pris à l'intérieur, il dissout la pituite opiniâtre, dissipe les vents, purge les lochies, soulage dans les maladies hystériques. Les fumigations en sont utiles dans la suffocation de la matrice. Cependant, comme on a eu souvent lieu de douter des

propriétés qu'on lui attribuoit, il en est résulté le proverbe, *donner du galbanum*, pour signifier payer quelqu'un
de paroles sans effet.

' Le *bubon gummiferum* de Linnæus a beaucoup de rapports avec l'espèce précédente.

Desfontaines décrit une nouvelle espèce d'Afrique, sous
le nom de *bubon tortuosum*. Cels cultive depuis plusieurs
années le *bubon lævigatum* d'Aiton. (J.)

BUBON UPAS (*Bot.*), par corruption, pour bohon-upas.
Voyez Upas. (D. de *V*.)

BUCACZ (*Ornith.*), nom que porte en Illyrie la spatule
proprement dite, *platalea leucorodia*, L. (Ch. D.)

BUCANEPHORON (*Bot.*), nom grec qui signifie porte-
trompette, donné par Pluckenet à la sarrasine, *sarracenia*,
dont les feuilles creuses ont la forme d'une trompette. (J.)

BUCARDE (*Moll.*), *Cardium*, L., vulgairement Cœur,
genre de mollusque acéphale, à manteau ouvert par devant, ayant à l'un des bouts deux tubes très-courts, dont
l'un sert d'issue aux excrémens, et dont l'autre donne passage à l'eau qui va aux branchies. Tous deux sont garnis
à l'extérieur de tentacules plus ou moins nombreux qui
bordent leur orifice. Le pied, d'un beau rouge carmin
dans la plupart des espèces, et de forme très-allongée,
sort par l'ouverture antérieure. Il est coudé en avant, dans
l'état de repos, et creux dès sa base jusqu'à la courbure pour
recevoir une portion de l'ovaire et du canal intestinal;
celui-ci forme un assez grand nombre de circonvolutions,
et sa longueur excède de plus du double celle de l'animal,
dont la bouche, garnie de larges membranes, est placée à
l'opposé des tubes, au-dessous du muscle adducteur du
même côté, et au-dessus de l'origine du pied.

La coquille a généralement la forme d'un cœur, d'où lui
vient le nom vulgaire sous lequel elle est connue. Les deux
valves qui la composent, à peu près d'égale grandeur,
ordinairement très-bombées surtout vers leur sommet, sont
marquées le plus souvent de côtes longitudinales, dont le
nombre, la forme et l'élévation, varient suivant les espèces.
Elles sont hérissées, dans quelques-unes, de pointes ou de
tubercules. Les bords en sont plissés ou dentelés, et la char-

nière est composée de huit dents, dont quatre, rapprochées vers les sommets, se croisent en s'engrénant; les quatre autres sont éloignées sur les côtés.

Presque toutes les bucardes vivent dans la mer; un très-petit nombre d'espèces habitent les eaux douces : quelques-unes se tiennent éloignées des côtes; mais la plupart préfèrent les rivages sablonneux, où elles restent cachées dans le sable à trois ou quatre pouces de profondeur. Elles en sortent, elles y rentrent, elles s'élèvent lestement, avancent ou reculent, au moyen de leur long pédicule charnu, mobile en tous sens et susceptible de se contracter et de s'allonger dans une foule de directions. Veulent-elles s'enfoncer dans le sable ou la vase, elles l'allongent et l'y font pénétrer aussi avant qu'elles peuvent, s'accrochent par son extrémité qu'elles recourbent, le raccourcissent, et forcent la coquille à se rapprocher de sa pointe en coupant le sable de son tranchant. Pour la faire ressortir, elles le courbent en arc, le redressent vivement, et soulèvent ainsi tout leur corps avec agilité. La même manœuvre leur sert à s'élever au-dessus du terrain par une sorte de saut. On conçoit comment, par des manœuvres analogues, il leur devient facile d'avancer ou de reculer.

On trouve des bucardes dans toutes les mers connues : les espèces en sont nombreuses, et les individus extrêmement multipliés et répandus dans des latitudes très-différentes. Dans plusieurs contrées de l'Europe, telles que l'Italie, l'Angleterre, la Hollande, les côtes de France, on en consomme une très-grande quantité, quoique leur chair ne fournisse pas un mets très-délicat; mais leur abondance fait qu'ils sont à très-bon marché. Voici quelques-unes des espèces les plus connues.

1. La Bucarde rustique, *Cardium rusticum*, **L.**, vulgairement le Coq bigarré, Poli, tab. XVI, f. 5 — 9; coquille épaisse, en forme de cœur, très-ventrue, à valves presque équilatérales, marquées de vingt côtes longitudinales élevées, et de stries transverses qui indiquent ses accroissemens successifs. Le bord postérieur est arrondi et chargé ordinairement de verrues qui recouvrent toutes les côtes dans quelques individus. La couleur est le plus souvent fauve

avec des bandes transverses brunes. L'organisation de cette espèce a été bien décrite par Poli, qui l'a trouvée fréquemment sur les bords maritimes des deux Siciles, où elle vit enfoncée dans les sables, recouverts par quinze pieds d'eau. La pêche, qui est défendue en été, se fait avec un râteau de fer, avec lequel on laboure le sable pour les découvrir ; et quoique la chair en soit assez bonne, il n'y a que le peuple qui en mange, avec de l'huile, de la mie de pain, du poivre et des herbes aromatiques. On trouve également cette espèce dans l'Océan d'Europe.

2. La Coque, *Cardium edule*, L.; Poli, tab. XVII, f. 13, 14, 15 : la Bucarde sourdon, coquille en forme de cœur, oblongue, très-bombée, à valves marquées de vingt-six côtes disposées en rayons, finement striées transversalement. Son volume égale ordinairement celui d'une grosse noix : quelquefois elle est le double plus grosse. On en pêche une quantité immense, pendant l'hiver, sur les côtes de la Hollande, de l'Islande et de l'Angleterre, où elles servent d'aliment dans cette saison. Suivant Poli, celles qui se consomment à Naples se trouvent en grande abondance enfoncées dans le limon du lac Fusoza, qu'alimentent en partie les eaux de la mer : leur chair a peu de goût. C'est cette même espèce dont Réaumur a observé les manœuvres sur les côtes du ci-devant Poitou et de l'Aunis. L'animal ressemble au précédent. Le pied, si l'on en doit croire Poli, n'a pas la même couleur dans tous les mois de l'année ; en Octobre il est blanchâtre ; en Décembre et Janvier il jaunit et devient ensuite d'un beau vermillon.

3. La Bucarde épineuse, *Cardium aculeatum*, L.; Poli, t. XVI, f. 1, 2, 3 ; coquille en forme de cœur, ventrue, à valves marquées de seize à dix-huit côtes distantes, creusées d'un sillon, d'où s'élève une rangée de longues épines pyramidales. Cette espèce vit dans l'Océan d'Europe et la Méditerranée.

4. La Bucarde dentée, *Cardium serratum*, L. ; Favan. Conch. tab. LIII, f. L., 1 ; vulg. Cœur allongé de la Méditerranée, où on le pêche, pendant l'été, sur les côtes de la ci-devant Provence et du Languedoc. La forme de la coquille est ovale ; les valves ont des côtes longitudi-

nales, peu sensibles, remplacées, sur la face postérieure, par de simples stries. Le bord antérieur des valves est denté. On trouve aussi cette espèce dans l'Océan d'Europe.

Il en existe encore plusieurs autres, telles que, 1.° la bucarde frangée, *cardium ciliare*, L.; 2.° la bucarde hérissée, *cardium echinatum*, L.; 3.° la bucarde jaune, *cardium flavum*, L.; 4.° la bucarde orangée, *cardium lævigatum*, L.; 5.° la bucarde mofat, *cardium ringens*, L.; le kaman Adans.; *cardium costatum*, L., etc., toutes aussi remarquables et aussi bien connues que les précédentes. Les deux dernières ont été, observées par Adanson sur les côtes occidentales d'Afrique; les autres se trouvent abondamment dans la Méditerranée, l'Océan d'Europe et la Baltique. Nous ne faisons que les indiquer pour ne pas passer les bornes que doit avoir cet article. (Duv.)

BUCCIN (*Moll.*), *Buccinum*, Linn. Linnæus avoit rassemblé sous ce nom générique un grand nombre de coquilles, auxquelles il attribuoit pour caractère commun, d'appartenir à un animal semblable à la limace; d'être uniloculaires, tournées en spirale, ventrues, à ouverture ovale, terminée par un canal tronqué ou par une échancrure oblique, etc. : il les avoit ensuite distribuées en différens groupes, d'après des différences ou des ressemblances qu'il jugeoit moins essentielles. Bruguières a séparé des buccins de Linnæus trois autres genres sous les noms de pourpre, casque et vis. Lamarck a cru, pour la facilité de l'étude et la précision des caractères, devoir démembrer encore des buccins de Bruguières, les nasses, les éburnes, les tonnes et les harpes.

Nous considérerons ces divers genres dans un seul article, comme appartenant peut-être à une même famille. Ce sont des mollusques gastéropodes, dont la coquille est apparente, univalve, tournée en spirale, et dont l'ouverture est terminée par un canal très-court ou par une échancrure. L'un ou l'autre donne passage à un repli du manteau, prolongé en canal, qui s'étend ou se raccourcit au gré du buccin, et au moyen duquel cet animal établit une communication entre ses branchies et le fluide ambiant. La tête est surmontée de deux tentacules coniques, à l'extérieur desquels on aperçoit les yeux, placés à leur base ou un peu au-dessus, et vers le milieu.

La bouche est formée d'une trompe dont l'organisation et le jeu sont extrêmement remarquables : fixée par sa base seulement à l'endroit qui répond à la circonférence de la bouche, dans les gastéropodes où cette trompe n'existe pas, libre dans tout le reste de son étendue, l'animal peut la développer au dehors ou la faire rentrer à volonté. Deux bandes musculaires, fixées, d'un côté, à différens points de ses deux surfaces, de l'autre, aux parois de la cavité qui la reçoit, sont disposées de la manière la plus propre à exécuter ces mouvemens : ils peuvent être justement comparés à ceux d'un doigt de gant, que l'on feroit rentrer en le pressant d'abord par la base, et que l'on retireroit par la pointe. Dans le buccin ondé, d'après lequel nous donnons cet aperçu, en nous servant des dessins et des dissections de Cuvier, la trompe entièrement sortie a au moins la moitié de la longueur de l'animal : elle renferme une grande partie de l'œsophage, dont l'orifice, attaché à son extrémité, est coupé obliquement et répond à la langue. Celle-ci forme un petit corps charnu, affermi par deux bandes cartilagineuses qui l'embrassent dans sa longueur, armé de crochets dirigés en arrière, qui sort par le bout de la trompe et y rentre alternativement au moyen de muscles qui ont leur point fixe aux parois de celle-ci. C'est par ce mécanisme simple que l'animal saisit ses alimens et les amène devant l'orifice de l'œsophage. Aristote, qui connoissoit cette sorte de langue, pensoit qu'elle devoit servir à percer les coquilles ennemies. Avant de s'ouvrir dans l'estomac, l'œsophage éprouve un petit renflement en forme de cul-de-sac, qui pourroit peut-être être considéré comme un premier estomac. L'estomac proprement dit forme un sac globuleux, divisé en deux culs-de-sac de grandeur très-inégale. Le canal intestinal, qui n'a pas la longueur de l'animal, se dilate dans sa seconde moitié en un sac ovale, qui peut être pris pour le rectum; son orifice ou l'anus est situé au côté droit du corps.

Les buccins se distinguent, par le mode de génération, de la plupart des autres gastéropodes. Les sexes sont séparés.

et la verge, dans les mâles, est repliée en une longue spirale dans un appendice musculaire qui se remarque au côté droit du cou.

C'est au-dessus du cou, dans l'épaisseur du manteau, que se trouve l'organe glanduleux qui, dans un grand nombre d'espèces, sépare une matière colorante analogue à la pourpre des anciens. Aristote, qui appelle cette matière la fleur, dit qu'elle est souvent noire, quelquefois rouge et en petite quantité, contenue dans un réservoir semblable à une veine, située au-dessus du cou. On se contente, ajoute-t-il, pour obtenir la fleur, d'écraser l'animal et sa coquille, si celle-ci est petite; ou, si cette coquille est grande, on commence par l'en détacher. Ce passage prouve que les anciens tiroient probablement leur pourpre de plusieurs espèces de mollusques, de genres peut-être très-différens. Voyez au mot ROCHER. Les aplysies, dans lesquelles cette liqueur abonde, comme l'a observé tout récemment Cuvier (voyez au mot APLYSIE), ne leur en fournissoient-elles pas la plus grande partie?

Les animaux de cette famille sont tous munis d'un opercule, à l'exception des vis, où il n'a pas encore été observé : il est de nature cornée, semblable, pour la forme, à l'ouverture de la coquille, qu'il peut boucher exactement, et fixé sur l'extrémité postérieure du pied. Celui-ci, de forme ovale, épais, présente à son bord antérieur un sillon transversal.

On sait peu de chose sur les mœurs des buccins. Les modernes n'ont guères ajouté aux détails que nous donne Aristote. C'est au printemps, suivant lui, à l'époque de la ponte, que l'on pêchoit les buccins pour la teinture : dans la canicule ils disparoissoient entièrement. Tous, à l'exception de deux ou trois espèces, vivent dans la mer : on en trouve à toutes les latitudes, et ils servent d'aliment dans plusieurs contrées maritimes.

Les Buccins proprement dits; Buccinum, *Lam.*

Caract. Coquille ovale ou allongée; l'ouverture oblongue et sans canal sensible, terminée par une échancrure découverte antérieurement. La columelle est pleine et sans aplatissement à sa base.

Ce genre comprend entre autres :

1. Le Buccin ondé, *Buccinum undatum*, Linn.; vulgairement Buccin du Nord, Fabr. Faun. Grœnl. n.° 391 ; Fav.
tabl. 32, f. D : coquille ovale, à stries transverses, saillantes, avec des stries plus fines dans leur intervalle ; d'autres, extrêmement fines, les traversent en se dirigeant
suivant la longueur. Des plis ondés et profonds garnissent
les tours de la spire, à l'exception du dernier, où l'on n'en
remarque pas ordinairement. Le bord droit est en segment
de cercle. La couleur est jaune et quelquefois d'un gris de
fer bleuâtre.

L'animal a un appendice charnu, très-grand, qui est fixé
au côté droit du cou, recourbé à son extrémité, et percé d'un
trou pour donner issue à la verge, qui forme une longue
spire dans son intérieur. Fabricius, qui ne connoissoit pas
sa structure interne, dit qu'il aide beaucoup l'animal à
marcher en s'accrochant aux fucus :. il l'appelle cirre.

Lister a représenté les viscères de cette espèce de buccin
dans ses tables anatomiques, t. 8, f. 1 — 6, mais d'une manière très - incomplète, comme à son ordinaire, et même
inexacte.

On mange le buccin ondé dans plusieurs contrées de
l'Europe.

2. Le Buccin rayé, le Buccin a filets, *Buccinum glans*,
Linn.; Fav. Conch. tab. 33, f. L : coquille ovale ; ouverture
de même forme ; le bord droit denté inférieurement. Le
fond de la couleur est d'un blanc jaunâtre, avec des raies
transverses, brunes. On en connoît deux variétés, dont
l'une vient des grandes Indes : on ignore la patrie de l'autre.

Les Nasses ; Nassa, *Lam.*

Caract. Peu différens des précédens, seulement l'échancrure
remonte obliquement vers le dos de la coquille, et le
bord gauche est calleux et forme sur la columelle, qu'il
recouvre, un pli transverse dans sa partie supérieure ;
sa base est tronquée obliquement.

Ils comprennent la plupart des *buccina callosa* de Linnæus ; entre autres :

1. Le Buccin casquillon, *Buccinum arcularia*, Linn.,

Nassa arcularia, Lam. ; Fav. Conch. tab. 53, f. 3; vulg.
l'Arculaire blanc : coquille ovale, ventrue, à spire composée de sept tours, le dernier très-bombé, garni extérieurement de gros plis longitudinaux, écartés, coupés transversalement par dix stries profondes et parallèles. Un
tubercule conique termine l'extrémité supérieure de chaque
pli. Sa couleur est plus ou moins cendrée, quelquefois
bleuàtre.

2. Le Buccin cordonné, Brug., *Buccinum reticulatum*,
Linn.; le Covet, Adanson, tab. 8, f. 9 : petite coquille
ovale, ventrue, ayant des cannelures longitudinales et
transversales, qui forment un réseau grossier à sa surface.
Le bord droit est plissé et même denté intérieurement.
Elle est très-commune aux îles Açores et aux Canaries,
dans la Méditerranée et dans l'Océan, sur les côtes de
France et d'Angleterre.

L'animal est d'un blanc jaunâtre, suivant Adanson : le
tuyau du manteau est aussi long que les tentacules, et le
pied égale la longueur de la coquille : il est presque carré
et comme frisé tout autour.

Le Buccin crénelé (*Buccinum crenulatum*, Brug.), le Buccin
bombé (*Buccinum gibbum*, du même auteur), le Buccin
bossu (*Buccinum gibbosulum*, L.), appartiennent tous à la
même division. Il faut y joindre encore le Buccin néritoïde,
buccinum neriteum, L., remarquable par la forme orbicu-
laire et aplatie de sa coquille, qui l'écarte par là de toutes
celles de la même famille.

Les Éburnes ; Eburna, *Lam.*

Caract. Coquille ayant le poli de l'émail, ovale ou allongée,
à bord droit, très-entier. L'ouverture est oblongue,
échancrée inférieurement ; la columelle est ombiliquée,
et l'ombilic se prolonge en un petit canal qui s'étend
jusqu'à la base du bord gauche.

1. Le Buccin ivoire, Brug., vulg. la mitre jaune,
Eburna glabrata, Lam., *Buccinum glabratum*, Linn., Fav.
Conch. tab. 31, f. T, 1, est une des espèces les plus remarquables de cette division. La coquille a la couleur et le
poli de l'ivoire ; elle est de forme allongée : les sutures sont

presque effacées, et les tours de la spire peu distincts. L'ouverture a la moitié de la longueur totale. On l'a trouvée dans les deux Indes.

2. Le BUCCIN DE CEILAN, *Buccinum zeylanicum*, Brug.: coquille ovale, bombée, blanche, marbrée de taches roussâtres, à sommet violet. La columelle se prolonge en un large canal, dont l'ouverture est dentée à son bord gauche.

Cette coquille vient des côtes de l'île de Ceilan. Le buccin canaliculé, *buccinum spiratum*, L., appartient au même genre.

Les Tonnes; Dolium, *Lam.*

Caract. Coquille ventrue, presque globuleuse, cerclée de côtes transversales. Le bord droit est denté ou crénelé dans toute sa longueur, l'ouverture oblongue et très-ample, la columelle ombiliquée.

On peut remarquer parmi les espèces de cette division, connues depuis long-temps, sous le nom de tonnes, par les conchyliologistes françois :

1. La TONNE CANNELÉE, *Buccinum galea*, Linn.; Fav. pl. 27, f. B : à coquille mince, ventrue, cerclée d'environ vingt-six côtes, dont les quatorze supérieures sont alternativement plus petites. Elle est ordinairement de couleur fauve, mélangée de taches brunes dans quelques individus, et parvient quelquefois à un volume très-considérable.

2. La TONNE PERDRIX, *Buccinum perdix*, Linn.; le Tesan, Adans. pl. 7, f. 5 : à coquille très-ventrue, plus ovoïde que la précédente, mince, garnie sur le tour inférieur de dix-huit à vingt côtes larges, peu convexes, séparées par des sillons peu profonds. Le bout de la spire est luisant, sans stries et ordinairement d'une couleur incarnat. Le fond de sa couleur est d'un fauve roux, tirant sur le brun et varié de taches blanches en forme de croissant. On trouve cette espèce dans les deux Indes et sur les côtes d'Afrique.

3. La TONNE CORDELÉE, *Buccinum dolium*, Linn.; le Minjac, Adans. pl. 7, f. B. Le nom qu'Adanson a donné à cette coquille est celui qu'elle porte à l'île d'Amboine, suivant Rumphius. Le premier l'a trouvée, avec la précédente,

sur les côtes du Sénégal. Petiver l'indique à l'île de Luçon. Elle se trouve encore dans la Méditerranée, sur les côtes de la Barbarie et de Sicile. Sa forme est très-bombée : environ quatorze côtes convexes, élevées, séparées par des sillons larges, peu profonds, traversent le dernier tour de la spire. Quelques - uns des sillons sont partagés dans leur milieu par une arête peu saillante, qui est parallèle aux côtes : celles-ci sont blanchâtres, comme toute la coquille, et marquées de distance en distance de taches fauves, orangées ou brunes.

Le buccin fascié (*buccinum fasciatum*), Brug.; le buccin pomme (*buccinum pomum*), L. ; le buccin à double côte (*buccinum bicostatum*), Brug., et le buccin cabestan (*buccinum trochlea*) du même auteur, doivent être compris dans ce genre.

Les Harpes; Harpa, *Lam.*

Caract. Coquille moins bombée que dans les tonnes, de forme ovale, munie de côtes longitudinales, parallèles et tranchantes ; la columelle est lisse et terminée en pointe.

Lamarck donne pour type de ce genre celle représentée dans Lister, Conchyl. tab. 99 , f. 55 ; il l'appelle *harpa ventricosa* : c'est la variété C de Bruguières. Cet auteur en distingue cinq autres variétés ; il les rapporte toutes six à la même espèce, *buccinum harpa*, L. Elles viennent des grandes Indes : une seule se trouve fossile à Courtagnon. Dans toutes, les côtes, qui varient de onze à treize, sont armées d'épines à leur extrémité supérieure; l'intervalle est plat, strié longitudinalement et ondulé transversalement de couleurs variées. Le bord droit a un bourrelet de même figure que les côtes.

Les Casques; Cassidea, *Brug.*

Caract. Coquille bombée ; l'ouverture plus longue que large, terminée à sa base par un canal court, recourbé vers le dos de la coquille. Il y a un bourrelet au bord droit, et la columelle est plissée inférieurement.

Cette division comprend entre autres :

1. Le CASQUE TRICOTÉ, *Cassidea cornuta*, Brug. 12 ; *Bucci-*

num cornutum, Linn.; Fav. pl. 25, f. A, 1 ; vulg. Tête de
bœuf ou Fer à repasser : coquille ovale, ventrue, garnie de
fossettes en réseau, et de trois côtes transverses, lisses, tuberculeuses, lorsque la coquille est adulte.

Elle vient de la mer des Indes.

2. Le Casque saburon, F, *Cassidea saburon*, Brug. 4 ;
Adans. pl. 7, f. 8. Cette espèce a été ainsi nommée par
Adanson, qui l'a observée dans les sables de l'île de Gorée :
c'est le cornet de mer de Rondelet, *buccinum parvum*, Pisc.
p. 83, qui l'a trouvé dans la Méditerranée.

La coquille est ovale, garnie de stries transverses ; la
lèvre gauche, ridée : on dit qu'elle se rencontre aussi à
l'état fossile dans la Calabre. Adanson assure que l'animal
ne diffère des autres espèces rangées dans son genre Pourpre, que parce que le manteau déborde davantage le bord
droit.

3. Le Casque tuberculeux, *Cassidea echinophora*, Brug.
19 ; *Buccinum echinophorum*, Linn.; Fav. pl. 26, f. 3 et 70,
p. 1 : coquille ovale. Quatre côtes tuberculeuses ceignent le
dernier tour. Le bord gauche est large et uni ; le bord droit
est aussi sans dents ni rides. L'ouverture est ovale et se
termine en un canal plus marqué que dans les précédentes,
dont les bords ne sont pas déjetés en arrière. Les yeux de
l'animal sont placés à la base externe des tentacules.

C'est une des espèces que l'on prétend exister dans l'état
fossile en Italie. Elle vit dans la Méditerranée.

Les Pourpres ; Purpura, *Lam.*

Caract. Coquille de forme ovale, ventrue, couverte d'épines
ou de tubercules. L'échancrure a au-dessus d'elle un petit
canal qui remonte dans l'ouverture ; la columelle est nue
et aplatie.

Les téntacules de l'animal sont renflés jusques au milieu,
et portent leurs yeux au-dessus du renflement, au côté externe.

Ce genre, établi par Bruguières, comprend des *murex* et
des buccins de Linnæus. On peut remarquer entre autres :

1. La Pourpre sakène, *Purpurea mancinella*, *Murex mancinella*, Linn.; Adans. pl. 2, f. 1 : coquille ovale, à tuber-

cules obtus; l'ouverture sans dents; la columelle striée transversalement. Cette espèce a été observée par Adanson sur les côtes d'Afrique, où les nègres la mangent, cuite sur des charbons. Elle se trouve encore dans la mer des Indes.

2. La POURPRE LABORIN, *Murex hippocastanum*, Linn., Adans. pl. 7, f. 2 : coquille extrêmement épaisse, arrondie, à spire pointue, à tubercule épineux, formant six rangs sur le dernier tour; ouverture d'un beau jaune ; extérieur d'un blanc rougeâtre ; bord droit, finement dentelé. Il y a un commencement de canal étroit; la columelle est très-aplatie.

Elle vient des Indes et de la côte occidentale d'Afrique, où elle se trouve dans la rivière de Gambie, autour de l'île de Jamas, et aux environs d'Abreda, dans les eaux à fonds rocailleux et toujours mêlées de celles de la mer. L'animal de cette espèce ressemble parfaitement au précédent.

3. La POURPRE PAKEL, *Buccinum patulum*, Linn.; Adans. pl. 7, f. 3 : coquille aplatie de devant en arrière ; le dernier tour très-grand, couvert de cinq à sept rangs de tubercules pointus, émoussés dans les vieilles coquilles. Le bord gauche marqué d'un nombre de plis égal à celui des rangs de tubercules, fauve, et le droit violet; le reste est d'un brun violet dans les jeunes, et marbré de brun et de vert dans les vieilles : ces couleurs sont cachées par la croûte qui recouvre la coquille. Le dedans est de couleur d'azur rembruni. L'animal est violet; il rend, lorsqu'on presse l'opercule, une assez grande quantité de liqueur verdâtre, qui devient pourpre foncé en se desséchant.

La pourpre pakel se trouve sur les côtes occidentales d'Afrique et en Amérique.

4. La POURPRE TEINTURIER, *Buccinum lapillus*, Linn. ; le Sadot, Adans. pl. 7, f. 1 : coquille petite, ovale, sans tubercules, cerclée de quinze petites cannelures lisses ou hérissées d'écailles qui se recouvrent; fond blanc avec trois larges bandes brunes ou rousses sur le dernier tour. Cette coquille a le port des buccins; aussi Bruguières l'avoit-il laissée parmi les espèces de ce genre : mais la columelle est

aplatie, comme dans les pourpres. Il y a de plus un commencement de canal bien manifeste. On trouve cette espèce dans toutes les mers d'Europe, sur les côtes d'Afrique et de l'Amérique méridionale; elle a fourni matière à un beau mémoire de Réaumur. [1]

Suivant cet auteur, la substance colorante vient d'un petit sac, long d'une ligne, large de trois, qui entoure le cou de l'animal; elle est d'un beau cramoisi, mais en si petite quantité qu'on ne peut espérer de s'en servir pour remplacer la cochenille.

5. La Pourpre épée, *Murex monoceros*, Lam., *Buccinum monodon*, Linn.: coquille arrondie, de couleur brune, couverte d'écailles imbriquées, relevées par intervalle et formant de distance en distance une suite de cannelures transversales; ouverture ample, ovale, blanche, bord droit plissé; une longue dent à sa partie inférieure.

Les Vis ; Terebra, *Brug.*

Enfin Linnæus avoit réuni à son genre Buccin les vis, qui peuvent en être distinguées à cause de leur forme en cône très-allongé, ou tuniculée, et de la brièveté de l'ouverture, qui est au moins deux fois plus courte que la coquille. La base de la columelle est torse et oblique.

On ignore le pays natal de plusieurs espèces de ce genre qui sont dans les cabinets; quelques-unes habitent les mers des Indes et les côtes d'Afrique : deux espèces, la vis des fleuves, *terebra fluviatilis*, et la vis de Virginie, *terebra virginica*, vivent dans les eaux douces.

Nous remarquerons :

1. La Vis maculée, *Terebra maculata*, *Buccinum maculatum*, Linn. Gm. : coquille de treize à quinze tours de spires très-distincts, partagés par une cannelure qui a la même direction, presque effacée dans les deux derniers; deux rangs de taches brunes, carrées, sur chaque tour; le fonds d'un blanc jaunâtre.

---

1. Sur l'origine d'une nouvelle teinture de pourpre, et diverses expériences pour la comparer avec celle que les anciens tiroient de diverses espèces de coquillages que nous trouvons sur nos côtes de l'Océan. *Mém. de l'Acad. des Sciences de* 1711.

Cette espéce se trouve dans la mer des Indes et sur les côtes d'Afrique.

2.° La Vis subulée, *Terebra subulata*, *Buccinum subulatum*, Linn.; le Faval, Adans. pl. 4, f. 5; vingt-deux à vingt-quatre tours distincts, mais non partagés, excepté ceux du sommet, qui ont une légère cannelure vers le tiers supérieur; fond blanc ou agate, avec un double rang, sur chaque tour, de taches carrées, brunes ou rougeâtres, disposées en échiquier.

Cette espéce a été observée par Adanson sur les côtes du cap Vert : on la trouve également dans la mer des Indes.

5. La Vis partagée, *Terebra dimidiata*, *Buccinum dimidiatum*, Linn. : environ dix-sept tours de spires très-distincts, partagés, vers le tiers de leur largeur, par une cannelure qui suit la même direction et semble en doubler le nombre, comme dans l'espèce première. Les tours du sommet sont marqués de stries longitudinales. Le fond de la couleur est jaune; elle est marbrée de taches blanches.

Elle habite la côte d'Afrique et la mer des Indes.

4. Le Miran, *Terebra vittata*, Brug., *Buccinum vittatum*, Linn.; Adans. pl. 4, f. 1 et 2. Cette espèce n'a pas la forme allongée des précédentes; sa longueur ne surpasse guères qu'une fois et demie sa largeur : dix spires distinctes; les huit premières, coupées par de petites côtes longitudinales. Couleur blanche ou agate dans tous les âges.

Adanson a observé cette coquille avec son animal sur les côtes du Sénégal. La description qu'il en donne n'offre rien de remarquable à ajouter à ce qui a été dit plus haut. (Duv.)

BUCERAS. (*Bot.*) Brown avoit donné le premier ce nom à un arbre de la Jamaïque, que Linnæus a ensuite nommé *bucida*; c'est le grignon des Antilles françoises. Haller, dans ses Stirpes helveticæ, a donné aussi le nom de buceras au fénugrec, *trigonella*; en quoi il a été suivi seulement par Allioni. Voyez Trigonelle. (J.)

BUCEROS. (*Ornith.*) Ce terme, consacré dans le latin moderne pour désigner génériquement le *calao*, est employé, on ne sait pourquoi, dans un sens inverse, par Bonnaterre, qui place cette expression au rang des noms admis en françois, et lui donne pour synonyme latin CALAO. Voyez ce dernier mot. (Ch. D.)

BUCHALE (*Bot.*), nom arabe de la fève de marais, *faba*, suivant Dalechamps. (P. B.)

BUCHAU. (*Bot.*) Voyez BACAU.

BUCHORMARIEN (*Bot.*), nom arabe que l'on trouve dans Dalechamps, rapporté au ciclame ou pain de pourceau, *cyclamen*. Cette plante, suivant le même auteur, se nomme aussi buthermarien ou bothormarie. Voyez CICLAME. (P.B.)

BUCHOZIA. (*Bot.*) L'Héritier avoit donné ce nom à un genre de plantes plus connu sous celui de *serissa*. (J.)

BUCK-BEANS (*Bot.*), nom anglois du ménianthe, au rapport de Ray. (J.)

BUCKLING (*Ichtyol.*), nom donné au hareng dans la Baltique, lorsqu'il est fumé. Voyez CLUPÉE. (F. M. D.)

BUCNÈRE (*Bot.*), *buchnera*, genre de plantes de la famille des rhinantées. Son calice est à cinq divisions ou cinq dents; sa corolle, en tube long et filiforme, divisé à son sommet en cinq lobes, dont les inférieurs sont en cœur; ses étamines, au nombre de quatre, didynames; sa capsule ovale allongé.

Ce genre se rapproche particulièrement des genres Érine et Manulée; et, suivant Lamarck, ils pourroient être réunis. Des deux espèces les plus connues, l'une, *buchnera americana*, avoit été désignée par Gronovius, dans sa Flore de Virginie, comme une espèce de cortuse ou de moléne; alternative qui annonce bien une plante fort anomale.

Une seconde espèce est la bucnère piripe; plante annuelle de la Jamaïque et de la Guiane, figurée et décrite par Aublet sous le nom de *piripea palustris*, t. 253.

Il s'en trouve aujourd'hui un plus grand nombre d'espèces, savoir : une troisième d'Amérique, six du Cap, et six autres de l'Arabie ou de l'Inde : elles réussissent difficilement dans nos jardins.

Le nom *buchnera* est emprunté de celui de deux botanistes allemands. (D. de *V.*)

BUDAMANI. (*Bot.*) Linnæus, dans sa Flore de Ceilan, rapporte ce nom de pays à une variété d'un dolic, *dolichos scarabœoides*. (J.)

BUDD (*Ichtyol.*), nom donné en Suède à l'aphye, espèce de cyprin. Voyez CYPRIN. (F. M. D.)

BUDJEN. (*Ichtyol.*) On croit que le cyprin vaudoise habite en Arabie, et qu'il y est connu sous plusieurs noms, entre autres sous celui de budjen. Voyez CYPRIN. (F. M. D.)

BUDLEIE. (*Bot.*) Voyez BULÉIE.

BUDUGHAS, BOGHAS (*Bot.*), arbre de Ceilan, respecté par les insulaires, parce que leur prophète Budu les rassembloit sous son ombre pour les instruire. Depuis ce temps ils en plantent toujours autour de leurs autels, et le nom qu'ils lui donnent rappelle l'homme dont ils révèrent la mémoire. Il paroit que cet arbre est une espèce de figuier, *ficus religiosa.* (J.)

BUENA. (*Bot.*) Cavanilles, dans ses Icones (vol. 5, p. 50, tab. 571), a formé ce genre de plantes sur un arbrisseau d'Amérique, dont tous les caractères génériques sont les mêmes que ceux du gonzalagunia de Ruiz et Pavon. Voyez GONZALAGUNIA. (Lem.)

BUFALO (*Mamm.*), nom italien du buffle. (F. C.)

BUFFEL (*Mamm.*), nom allemand du buffle. (F. C.)

BUFFLE (*Mamm.*), espèce de bœuf, *bos bubalus*, L. Ce nom a souvent été employé par les voyageurs pour désigner des animaux très-différens qu'ils confondoient. Ainsi le *bos cafer* est nommé buffle du Cap, quoiqu'il fasse une espèce très-distincte. Voyez BŒUF. (F. C.)

BUFFLE. (*Agric.*) Le buffle, qui le plus souvent vit dans l'état sauvage, peut cependant être élevé dans la domesticité et servir à l'agriculture.

Depuis quelque temps on a établi, dans la ferme nationale de Rambouillet, un troupeau de buffles venus d'Italie, avec des vaches de Romanie, et des ânes de Toscane. Ces animaux y ont été aisément domptés et rendus faciles à conduire : ils y vivent bien, y multiplient et y travaillent. Ce troupeau m'a fourni l'occasion de faire les observations suivantes.

Ce genre d'animal est plus craintif, et plus susceptible de s'effaroucher, qu'il n'est méchant. Le mâle surtout paroit très-fort, et sa force est dans sa tête : quelques circonstances nous l'ont prouvé.

On accoutume le buffle, même indompté, à être attaché
à la mangeoire, à se soumettre au joug, et à traîner dès
voitures et des charrues, comme les bœufs. Dans les pays
où les buffles sont indigènes et communs, par exemple,
dans l'Inde, en Égypte, en Italie, on leur met dans les
naseaux des anneaux de fer, dans lesquels on passe des
cordes, pour les maîtriser et les guider. A Rambouillet, on
n'emploie, pour les faire travailler, que la voix et la baguette à aiguillon. Ces animaux, attelés parallèlement,
labourent seuls, ou avec des bœufs.

Le buffle aime à se plonger dans l'eau, et surtout dans
l'eau bourbeuse, vraisemblablement à cause de la sécheresse et de la dureté de sa peau. Quand l'eau commence à
être froide, il n'en approche pas. On a souvent de la peine
à l'en tirer une fois qu'il y est entré : le chien seul vient
à bout de le ramener, en l'attaquant par le mufle, seul
endroit où il le trouve sensible.

On peut donner au buffle le plus mauvais fourrage, sans
qu'il le refuse. Si on lui en donne de bon, il profite davantage.

A Rambouillet, les buffles qu'on élève deviennent plus
hauts et plus gros que leurs pères et mères nés en Italie.

La femelle chaque année donne un petit ; elle porte un
mois de plus que la vache, sa gestation pouvant se prolonger dans la même proportion. Le petit tette toujours sa mère
en se plaçant entre ses jambes de derrière, et point de côté,
comme les veaux de vaches.

Le lait dans la femelle buffle n'est pas abondant ; il est
d'un blanc un peu plus intense que celui de la vache, et
il est de moitié à peu près plus crémeux. Le beurre qu'on
en tire approche de l'état de graisse : quelle que soit la
nourriture qu'on donne à l'animal, il n'est jamais coloré
en jaune ; on peut lui donner artificiellement cette couleur.
Quelques personnes trouvent au lait et au beurre de buffle
un goût un peu sauvage ; d'autres ne les distinguent pas de
ceux de vache. On en fait de bon fromage.

On a dit qu'il étoit impossible de traire une femelle buffle
sans la présence de son petit, même avant que celui-ci ait
commencé à la téter. Cette assertion n'est pas exacte. Quel-

ques femelles buffles, il est vrai, comme quelques vaches, ont de la difficulté à se laisser traire ; mais c'est le plus petit nombre, et on les y accoutume assez facilement.

Ayant le désir de former des métis de deux genres de grands animaux, nous avons cherché à accoupler des buffles mâles avec des vaches, et des taureaux avec des buffles femelles. Jamais nous n'avons pu parvenir à allier un buffle mâle avec une vache ; mais de jeunes taureaux de race de la Romanie, élevés au milieu des buffles, ont couvert bien des fois des femelles buffles : il n'en est rien résulté.

Malgré toute l'utilité dont pourroient être les buffles, je doute qu'on s'occupe en France de les multiplier pour le service de l'agriculture. On est trop accoutumé au profit, plus avantageux sans doute, des vaches et des bœufs, pour adopter un genre d'animal qui n'est utile presque que pour son travail et pour sa peau. Cependant il seroit à désirer qu'on l'introduisît dans les endroits marécageux, où il se plaît, et où il seroit nourri, sans frais, des herbes qui sont habituellement perdues : peut-être même devroit-on, dans quelques pays, en faire des élèves, exprès pour des charrois de matières pesantes, qu'ils traîneroient avec plus de facilité que les bœufs, qui sont bien moins forts. (T.)

BUFONE (*Bot.*), *bufonia*, genre de plantes de la famille des caryophyllées, qui ne contient jusqu'à présent qu'une seule espèce sous le nom de bufone à feuilles menues, *bufonia tenuifolia*, L., Pluck. Alm. 22, t. 75, f. 3. Elle présente pour caractère générique un calice à quatre folioles aiguës, quatre pétales plus courts que le calice, deux à quatre étamines courtes, deux styles ; le fruit est une capsule à une seule loge bivalve, contenant deux semences attachées au fond du placenta par un pédicule court.

Les feuilles sont courtes, très-étroites, aiguës, réunies deux à deux par leur base. Les fleurs sont blanches, disposées en panicules serrées, terminales et latérales, portées sur des pédoncules courts. Cette plante croit dans la France méridionale, en Espagne, en Angleterre, dans les terrains secs et arides. (J.)

BUFONITE. (*Ichtyol.*) On a nommé anciennement bufonites et crapaudines, et l'on appelle encore ainsi, des dents

molaires fossiles de poissons, qu'on a regardées pendant
long-temps, par erreur, comme venant de l'intérieur du
crâne d'un crapaud, mais qui paroissent avoir une si grande
ressemblance avec les molaires de la dorade, qu'on les croit
provenir de cette espèce de spare. Ces noms ont aussi été
donnés aux dents et aux mâchoires fossiles de l'anarhique-
loup. Lacépède a donné le nom de bufonite à une nouvelle
espèce de spare, peu différente de la dorade. Voyez Spare,
Anarhique et Crapaudine. (F. M. D.)

BUGADIEIRA (*Bot.*), nom languedocien d'un liseron,
convolvulus cantabrica. (J.)

BUGÆTHUAWÆL. (*Bot.*) L'hugone, *hugonia mystax*, est
ainsi nommée à Ceylan. (J.)

BUGHUR (*Mamm.*), nom persan du chameau. (F. C.)

BUGLE (*Bot.*), *ajuga*, genre de plantes de la famille
des labiées, très-voisin des germandrées, dont le caractère
est d'avoir un calice court, point renflé à sa base, persistant, à cinq dents presque égales ; une corolle labiée, tubulée, dont la lèvre supérieure n'est marquée que par deux
petites dents très - courtes ; l'inférieure est à trois lobes,
dont celui du milieu est plus grand, échancré en cœur ;
quatre étamines, dont deux plus courtes ; un style divisé
en deux à son sommet ; quatre semences ovales-oblongues,
nues et placées au fond du calice.

Les fleurs sont verticillées, disposées en un épi feuillé et
terminal ; les feuilles sont opposées, et les tiges très - souvent rampantes et stolonifères. On distingue trois espèces.

1. Bugle rampante, *Ajuga reptans*, Linn., Dalech. Hist.
1075. Cette plante est très-commune au printemps dans les
bois et les prés un peu humides. De la base de ses tiges sortent
un grand nombre de rejets rampans. Ses feuilles sont opposées, ovales, munies de quelques dents, presque glabres :
les fleurs bleuâtres, blanches ou rougeâtres, presque sessiles, garnies de bractées, dont les supérieures sont souvent
colorées ; elles forment un bel épi terminal. Elle passe pour
astringente et très-vulnéraire. Elle étoit autrefois tellement
en réputation pour cette dernière propriété, qu'elle a donné
lieu à un vieux proverbe sur ses vertus et celles de la sa-
nicle. On lui attribue surtout la faculté de dissoudre le

sang grumelé, et on la fait boire en décoction aux personnes qui ont fait de grandes chutes.

2. BUGLE PYRAMIDALE, *Ajuga pyramidalis*, Linn., Fl. Dan. t. 185. Cette espèce, un peu moins commune que la précédente, vient dans les bois et sur les collines. Elle n'a point de rejets rampans. Elle est couverte de poils blancs, presque cotonneux. Ses feuilles sont bordées de dents grossières, quelquefois presque à trois lobes à leur sommet, comme dans la bugle de Genève, *ajuga genevensis*, qui n'est qu'une variété de celle-ci. La bugle des Alpes, *ajuga alpina*, L., en est aussi très-voisine. Les fleurs sont bleues ou rougeâtres.

3. BUGLE DU LEVANT, *Ajuga orientalis*, Linn., Sabb. Hort. 3, L. 100. Elle ne diffère de la précédente que par sa grandeur, et surtout par ses fleurs disposées en verticilles axillaires, qui ont la lèvre inférieure de la corolle tournée en haut. Elle croît dans l'Orient.

Wildenow, dans son Species plantarum, a cru devoir réunir à ce genre les espèces de *teucrium* qui ont des rapports avec le *teucrium chamæpitys*, et qui paroissent en effet tenir le milieu entre ces deux genres. (J.)

BUGLOSE (*Bot.*), *Anchusa*, Linn., genre de plantes borraginées : son nom buglose, *buglossum*, dû à la forme des feuilles de la principale espèce, à laquelle les anciens trouvoient la figure d'une langue de bœuf, étoit pour Tournefort celui du genre entier : Linnæus s'est plu à le rejeter pour rappeler celui d'*anchusa*, l'un des nombreux noms qu'on appliquoit à la buglose médicinale dans les diverses contrées de la Grèce, suivant Hippocrate, Théophraste et Dioscoride, mais dont l'étymologie bizarre nous indique, dit-on, une plante propre à suffoquer les moucherons par la décoction de sa racine.

Au reste ce genre, très-voisin de la bourrache, porte pour caractères distinctifs une corolle en entonnoir à divisions ouvertes, mais relevées ; les écailles du haut du tube ovales et saillantes ; le stigmate échancré ; les quatre graines, ou petites noix, gibbeuses et renflées à la base.

Ce genre ne diffère de celui du grémillet que par quelques légères différences dans la forme de la corolle.

On compte une vingtaine d'espèces de bugloses, tant annuelles ou bisannuelles que vivaces, dont douze seulement se trouvent dans les jardins de botanique : nous n'en citerons que six.

1. BUGLOSE OFFICINALE OU MÉDICINALE, *Anchusa officinalis*, Linn., Blackw. t. 500, qui se trouve dans toute l'Europe, sur les bords des chemins, au pied des murs, dans les pierres, mais qui ne vit guère plus de deux ans, lorsqu'on la cultive, à raison de son trop prompt accroissement. Elle est employée comme la bourrache, ou avec elle, et donne également du nitre ; ses vertus n'ont pas été moins contestées. On a soin de la couper fréquemment, pour en avoir des feuilles fraîches. En Italie on la mange cuite comme les choux. Bouillie avec l'alun, on en tire une couleur verte.

2. BUGLOSE A FEUILLES DROITES, *Anchusa angustifolia*, Linn., espèce méridionale, très-peu différente, et dont les fleurs sont plus souvent rougeâtres que bleues.

3. BUGLOSE DE TEINTURE OU ORCANETTE, *Anchusa tinctoria*, Linn., Moris. §. 11, t. 26, fig. 5. Le rouge qui s'annonce dans les fleurs de la plupart des borraginées, et qui se montre avec plus d'intensité dans l'écorce de la racine de quelques espèces du genre des grémils, acquiert dans celle de l'orcanette un degré assez fort pour être employée par les teinturiers : elle l'est surtout dans la pharmacie, pour rougir les huiles et les graisses dont la couleur livide sembleroit peu agréable. On en fait aussi usage dans l'office, pour des compotes et sirops et pour colorer quelques apprêts ; mais l'usage de la cochenille a beaucoup prévalu, comme étant plus commode.

Cette espèce, petite, traînante et velue, ou plutôt laineuse, croît dans les lieux arides des provinces méridionales.

Il y a une orcanette du Levant, qui donne une couleur plus vive, et qu'on présume être aussi une borraginée. Quant au nom d'orcanette, qu'on a aussi prononcé alcanette, il a un rapport évident avec celui de l'alcana ou du henné, plante d'Égypte et du Levant. Voyez ALCANA, ALKANET.

4. BUGLOSE DE VIRGINIE OU PACOON, *Anchusa virginiana*, Linn., figurée par Morison sous le nom de *lithospermum*,

§. 11, t. 28, f. 4. Quoique à fleurs jaunes, comme celles du mélinet, sa racine donne une couleur rouge assez vive pour que les naturels de l'Amérique septentrionale l'aient employée à se peindre le corps. On la cultive en Europe, et elle n'est pas sans agrément.

5. BUGLOSE A LARGES FEUILLES, *Anchusa sempervirens*, Linn., Sabb. Hort. 2, t. 23, qui croît en Espagne et en Italie, et dont les feuilles, presque aussi larges que celles de la bourrache, persistent fraîches pendant l'hiver. Elles sont velues, et en dessous d'un vert blanchâtre, particulièrement en leurs nervures.

6. BUGLOSE DE CANDIE OU EN GAZON, *Anchusa cespitosa*, W., jolie espèce, dont les racines rameuses se terminent par autant de touffes de petites feuilles, très-étroites, velues, et dont la réunion forme un gazon qui se couvre de fleurs bleues, portées, au nombre de quatre ou cinq, sur des tiges basses. Elle avoit été observée par Tournefort dans son Voyage au Levant. (D. de *V*.)

BUGLOSSA et BUGLOSSUS. (*Ichtyol.*) Voyez BOGLOSSA et PLEURONECTE.

BUGLOSSE. (*Bot.*) Les anciens botanistes donnoient indistinctement ce nom à la BUGLOSE, qui l'a conservé jusqu'à présent, à la BOURRACHE et au LYCOPSIS. Voyez ces différens mots. (P. B.)

BUGRANDE. (*Bot.*) Voyez BUGRANE.

BUGRANE (*Bot.*), *Ononis*, Linn., Juss., Lam. Illust. 616, genre de plantes de la cinquième section des légumineuses, qui comprend vingt-huit à trente espèces de sous-arbrisseaux ou d'herbes à feuilles ternées, et composées de folioles presque toujours garnies de dents aiguës. Les pétioles sont munis à leur base de stipules qui leur adhèrent. Les fleurs, de couleur jaune ou pourpre, sont axillaires ou terminales, pédonculées ou quelquefois sessiles ; elles ont un calice en cloche, à cinq découpures linéaires : l'étendard de la corolle est très-grand et strié ; les étamines sont monadelphes à leur base ; le fruit est une gousse renflée, sessile et renfermant un petit nombre de semences.

La BUGRANE A LONGUES ÉPINES, vulgairement Arrête-bœuf, *Ononis antiquorum*, Linn., Lob. ic. 2, p. 28, est une

plante armée de longues épines. Ses fleurs sont toutes solitaires, de couleur purpurine : ses feuilles sont petites, vertes
et presque sessiles ; les inférieures sont ternées, et celles du
sommet sont souvent simples.

La BUGRANE DES CHAMPS, vulgairement l'Arrête - bœuf
des champs, *Ononis arvensis*, Linn. Cette plante, que l'on
nomme aussi bugrande dans quelques lieux, très-commune
dans nos champs, est sans épines dans sa jeunesse ; mais
ses tiges, en vieillissant, deviennent épineuses, dures,
très-rameuses, rougeâtres, et ordinairement couchées et étalées sur la terre. Ses épines sont moins longues et moins
nombreuses que dans l'espèce précédente : elle a des fleurs
dont la couleur varie du pourpre au blanc ; l'étendard de
sa corolle est ample et agréablement rayé. Ces deux espèces
de plantes sont fréquemment employées en médecine ; on
les compte parmi les cinq grandes racines apéritives : elles
résolvent puissamment les humeurs épaisses, et sont fort
utiles dans les obstructions rebelles du foie et de la jaunisse. La décoction de cette racine, appliquée extérieurement, est un bon détersif : en y ajoutant un peu de vinaigre, on fait un gargarisme utile pour le relàchement des
gencives et leur ulcération, aussi bien que dans les douleurs des dents qui proviennent du scorbut. En pharmacie
on la fait entrer dans la composition de plusieurs médicamens.

La BUGRANE PRÉCOCE, *Ononis fruticosa*, Linn., Duham. Arb.
1, p. 57, t. 21, est un joli sous-arbrisseau, digne d'orner
les parterres et les bosquets. Il ne s'élève guère qu'à un
pied et demi de hauteur : ses feuilles sont composées de
trois folioles lancéolées, un peu étroites, vertes, glabres,
dentées en scie et presque sessiles. Les fleurs sont de couleur pourpre, et forment au sommet des tiges de belles
grappes droites et terminales ; elles paroissent dès les premiers jours de Juin, et l'on en voit encore à la fin d'Octobre. Comme son accroissement est assez long, il doit être,
au sortir de son semis, planté séparément en petits pots.
Il est à propos de lui faire passer les deux premières années à couvert pendant les gelées : on le plantera à demeure
au bout de ce temps, quand les jeunes plants seront forti-

fiés. En général les bugranes se plaisent dans des terres extrêmement légères ou même sablonneuses ; on les multiplie de semences, et elles n'exigent aucune espèce de culture particulière. Le nom générique d'*ononis* est formé d'un mot grec qui signifie âne, parce que les ânes recherchent l'arrête-bœuf ordinaire. Voyez Agon. (J. S. H.)

BUHOR (*Ornith.*), nom vulgaire du héron butor, *ardea stellaris*, L. (Ch. D.)

BUI-CUIVALI (*Bot.*), nom brame du *modecca* des Malabares (Hort. Malab 8. p. 59, t. 20), qui appartient à la famille des passiflorées, et y formera peut-être un nouveau genre. (J.)

BUIO (*Rept.*), nom que les habitans de l'Orénoque donnent à un serpent d'une grande longueur, et qui fréquente le bord des marais, selon le rapport de Gumilla. Il paroît être le même que l'aboma. Voyez Boa. (F. M. D.)

BUIS (*Bot.*), *Buxus*, Linn., Juss., genre de la famille des euphorbiacées, qui comprend trois ou quatre espèces d'arbres et d'arbrisseaux toujours verts, dont les rameaux sont opposés et tétragones, munis de feuilles opposées, pétiolées et entières. Les fleurs sont axillaires et aggrégées.

Le Buis ordinaire ou Bouis, *Buxus semper virens*, Linn. Duham. Arb. 2.ᵉ édit., v. 1, tab. 24, est un arbre qui varie de grandeur suivant la latitude des climats où on l'élève. L'écorce de sa tige est jaunâtre, fongueuse et gercée. Ses rameaux sont nombreux, opposés, quadrangulaires. Ses feuilles sont opposées, ovales-oblongues, lisses, coriaces et à une seule nervure. Linnæus a réuni dans cette espèce plusieurs arbrisseaux connus par les cultivateurs sous les noms de buis à feuilles bordées de jaune, de blanc, à feuilles panachées, et le buis nain. Suivant Rozier, ces arbrisseaux, semés de graines, donnent tous le buis ordinaire ; on ne peut les conserver que de marcottes et de boutures : Miller, au contraire, a écrit que ce genre renferme au moins trois espèces originaires de nos climats. Chez les Romains on cultivoit déja le buis pour l'ornement des jardins : on le tondoit pour lui donner toutes sortes de formes, comme on le voit par une lettre de Pline-le-jeune, dans laquelle il fait la description de sa maison et de ses jardins de Toscane. Le bois en étoit consacré à Cérès. Parmi les modernes, ou l'a employé dès long-temps à faire des bordures dans les parterres. Son bois est le plus dur, le plus dense et le plus pesant de tous ceux de l'Europe. Sa pesanteur est telle que, jeté dans l'eau, il ne surnage point, mais tombe au fond. Il ne se gerce et ne se carie jamais. Les tabletiers, les tourneurs, les graveurs en bois, les marchands de peignes, font une grande consommation du bois de cet arbrisseau ; il est jaune, liant et porte bien la vis. La consommation de ce bois, à Saint-Claude et dans les environs, est prodigieuse ; chaque paysan y emploie la saison de l'hiver à tourner : aussi le buis, qui croissoit autrefois jusqu'aux portes de la ville, est-il devenu fort rare aujourd'hui. La racine, ou le broussin, est fort estimé, surtout pour les tabatières, parce qu'il est bien marbré et veiné. Le buis à grandes feuilles, surtout le buis panaché, fait un très-bon effet dans les bosquets d'hiver. On peut aussi en planter dans les remises, où il formera une retraite commode pour le gibier, surtout pendant l'hiver. Lorsqu'il a plu, ces arbrisseaux répandent une odeur peu agréable. Les feuilles et les sommités font un très-bon engrais pour les vignes, et l'on en fait un grand usage dans le Midi. Dans l'Orient, lorsque les chameaux sont pressés par la faim et qu'ils broutent ses sommités, ils périssent promptement. Cet arbrisseau, dit Duhamel, se plaît mieux à l'ombre et sur les coteaux exposés au nord qu'aux endroits brûlés du soleil ; cependant il s'accommode de toutes sortes de terrains. On peut multiplier le buis par sa graine : elle lève dans les bois sans aucun soin. Pour conserver les variétés rares, on en fait des marcottes et des boutures, qui produisent facilement des racines. Le buis indigène à une grande partie de l'Europe a été nommé *pyxos* par Théophraste, et les Grecs appeloient les boîtes *pixides*, parce qu'elles étoient faites de buis. On en connoît trois autres espèces originaires de l'Amérique et de la Cochinchine. (J. S. H.)

BUIS. (*Bot.*) Ce nom est donné dans divers pays à des végétaux qui ont quelques rapports extérieurs avec le buis ordinaire. Ainsi le fragon, *ruscus*, est nommé buis piquant, parce que ses feuilles, qui ont la forme et la durée de

celles du buis, sont de plus terminées par une pointe acé-
rée et piquante. Le buis de la Chine est le *murraya*, genre
de plantes de la famille des hespéridées ou orangers. On
donne, à l'Isle-de-France, le nom de faux buis au *fernelia*
de Commerson, qui est une rubiacée. Le buis de S. Domingue
est le *polygala penœa*. Dans les Antilles, au rapport de
Jacquin, on nomme buis ou bouis, un caïmitier, *chrysophyllum cœruleum*, et gros bouis un autre caïmitier,
chrysophyllum argenteum. Le buis bâtard de la Martinique
est, selon Chanvallon, une espèce de *randia*. (J.)

BUISSON ARDENT. (*Bot.*) On donne en Europe ce nom
à un néflier, *mespilus pyracantha*, dont les fruits, d'un rouge
vif d'écarlate, rassemblés en gros bouquets au milieu d'un
feuillage d'un vert foncé, font paroître l'arbrisseau tout en
feu. Le buisson ardent du Malabar est une espèce d'ixore,
ixora coccinea, à qui ses fleurs, également d'un rouge vif,
donnent le même aspect. (J.)

BUISSON A BAIES DE NEIGE. (*Bot.*) C'est une espèce
de ciocoque, *chiococca racemosa*, dont les baies, rassemblées
en grappes axillaires, sont très-blanches : elle croît à la
Jamaïque, où on la cultive comme un chèvre-feuille, et dans
plusieurs autres îles des Antilles. (J.)

BUI-TOLASSI. (*Bot.*) Le basilic est nommé *tolassi* ou
talassi par les Brames, *tirtava* par les Malabares, et *sulassi*
dans l'île de Java. Les différentes espèces de ce genre sont
distinguées par des noms additionnels, tels que *perim-tolassi*,
rana-tolassi et *bui-tolassi*. L'espéce désignée sous ce dernier
nom, la même que le *soladi-tirtava* (Hort. Malab. 10, p.
173, t. 87), n'est pas nommée par les botanistes. (J.)

BUITRI. (*Ornith.*) Lopez dit, dans son Histoire des
Indes (liv. 1, chap. 3), qu'il y a dans l'île de Tercette des
oiseaux de ce nom dont les ailes ont cinq pieds d'envergure, et qui sont les ennemis du loup, auquel ils crèvent
les yeux. (Ch. D.)

BUJAN-AN-VALLI (*Bot.*), nom brame d'une plante
figurée et décrite par Rhéede sous celui de *kirganelli*
(Hort. Malab. tom. X, p. 29, fig. 15). On l'a rapportée au
phyllanthus niruri; il a de l'affinité avec l'*amvallis* des Malabares, *cieca disticha*, connu sous le nom de cheramelier,

et encore plus avec l'*anvali* des Brames, qui est l'emblique, *emblica* de Gærtner, auparavant réunie par Linnæus au même genre *Phyllanthus.* (A. P.)

BUKKU ou Bocho. (*Bot.*) Les Hottentots saupoudrent leurs cheveux avec la poudre des feuilles desséchées de cette plante, qui est d'un jaune doré et très-odorante. C'est une espèce de diosme, *diosma hirsuta.* (J.)

BULA (*Bot.*), nom malabare sous lequel Rhéede a décrit et figuré (Hort. Malab. tom. X, p. 59), une plante herbacée qui paroît n'avoir que des rapports éloignés avec le *seheru-bula* des Malabares, *achyranthes lanata*, que Jussieu rapporte maintenant au genre *Ærua* de Forskal. Le bula en diffère par sa fleur à quatre divisions, ses étamines au nombre de deux, et sa capsule à deux loges, dont chacune contient deux graines. On ne sait à quelle famille le rapporter. (A. P.)

BULANGAN (*Bot.*), racine envoyée par les Malais sous ce nom à Goa, où elle est employée en médecine. On ne sait à quelle plante elle appartient, à moins qu'une certaine conformité de nom ne fasse présumer qu'elle provient de l'espèce de sterculier qui est nommée, dans l'île de Ceilan, *balanghas* ou *bolanga.* (J.)

BULATMAI (*Ichtyol.*), espèce de cyprin qui vit dans la mer Caspienne. Voyez Cyprin. (F. M. D.)

BULATWŒLA. (*Bot.*) On nomme ainsi à Ceilan le bétel, *piper betle.* (J.)

BULA-VANGA (*Bot.*), nom brame que Rhéede applique à deux plantes différentes. L'une est celle qu'il a décrite et figurée (Hort. Malab. v. 2, p. 89, t. 46) sous le nom de *nir-schulli*, et qui paroît avoir quelques rapports avec le sésame ou la ruellie. L'autre est décrite par le même (p. 95, t. 49) sous le nom malabare de *carambu;* c'est la jussie caryophylloïde de Lamarck. (A. P.)

BULBE. (*Bot.*) Ce nom, consacré pour exprimer les racines de beaucoup de liliacées, formées de plusieurs tuniques ou gaînes qui se recouvrent les unes les autres, étoit donné anciennement à plusieurs plantes qui ont la racine ainsi conformée, telles que des scilles et des jacinthes mentionnées sous cette dénomination par le traducteur de Dalechamps. (P. B.)

BULBE. (*Phys. vég.*) Une bulbe est un corps épais , charnu, arrondi, formé d'écailles placées les unes sur les autres, et situé au sommet d'une racine vivace.

Toutes les plantes bulbeuses sont de la classe des mono-cotylédones. Elles produisent ou des tiges ou des hampes, qui, dans l'espace d'un petit nombre de mois, se développent, portent des fleurs et périssent : mais leur racine, chargée d'une bulbe, reste cachée dans la terre ; et, dès que la température et d'autres circonstances favorables ramènent la végétation, elle donne naissance à une nouvelle tige.

L'ail, la jacinthe, la scille, etc., sont des plantes bulbeuses.

Prenons l'ognon commun pour exemple de la bulbe. Il est formé de lames épaisses, roulées les unes sur les autres : toutes ces lames sont attachées par leur base sur un disque charnu, dont la surface inférieure produit une racine chevelue. Au centre de la bulbe est caché le germe de la tige qui doit se développer.

On voit, d'après cette courte description, qu'une bulbe n'est autre chose qu'un bouton né sur une racine vivace. La véritable racine est le chevelu inférieur ; le disque charnu est le collet de la plante ; les écailles extérieures de la bulbe sont des feuilles avortées. Voyez le mot Bouton.

Souvent autour d'une grosse bulbe il s'en forme de plus petites ; celles-ci prennent le nom de Caïeux. Voyez ce mot.

Une légère humidité suffit pour faire végéter une plante bulbeuse. Quelquefois des ognons de safran, de jacinthe, de narcisse, etc., exposés à l'air, donnent des feuilles, une tige et même des fleurs. Les écailles extérieures de ces ognons attirent fortement l'humidité de l'atmosphère, et abandonnent elles-mêmes, en faveur du germe qu'elles recouvrent, la séve qu'elles contiennent. Dans la terre, l'ognon nourrit également la tige qu'il porte ; il s'épuise pour elle et périt : mais à côté de lui naissent une ou plusieurs autres bulbes qui le remplacent ; ce qui n'a pas lieu lorsque l'ognon est exposé à l'air ou plongé dans l'eau.

Lorsque le corps charnu, situé au bas d'une tige, est d'une substance solide qui ne peut être divisée en lames ou en écailles, ce n'est plus une bulbe, c'est un Tubercule. Voyez ce mot.

Les botanistes donnent souvent le nom de bulbe à des corps charnus qui naissent, soit dans l'aisselle des feuilles, soit dans les enveloppes florales de quelques végétaux, et qui ont la propriété de les reproduire à peu près de la même manière que les graines : de là, la dénomination de plantes bulbifères. Nous parlerons de ce moyen de reproduction au mot Gemme. (B. M.)

BULBINE. (*Bot.*) On trouve sous ce nom, dans Pline et d'autres anciens auteurs, des plantes bulbeuses rapportées par Tournefort à son genre *Muscari*, et que Linnæus a depuis réunies à la jacinthe, *hyacinthus;* ce sont les espèces communes dans les champs, telles que le *hyacinthus comosus, hyacinthus racemosus*, etc. Linnæus s'étoit emparé de ce nom depuis long-temps abandonné, pour désigner deux plantes dont il vouloit faire un genre particulier, qu'il a ensuite détruit lui-même en les réunissant au genre *Anthericum*. Gærtner a voulu faire revivre le même nom en l'appliquant à une autre plante bulbeuse, à ovaire faisant corps avec le calice, connue antérieurement sous celui de *crinum asiaticum*, qu'il séparoit avec raison du genre *Crinum*, établi primitivement par Linnæus sur une espèce à ovaire dégagé du calice, *crinum africanum*. Mais son Bulbine est le même genre que le *cyrtanthus* d'Aitone, qui a prévalu. Quelques auteurs même continuent à nommer *crinum* les espèces à ovaire engagé dans le calice, et ils désignent l'espèce primitive à ovaire libre sous le nom d'*agapanthus*. Voyez Crinum ou Crinole, et Cyrtante. (J.)

BULBOCASTANON (*Bot.*), *Bulbocastanum*. Dalechamps et son traducteur ont distingué trois sortes de *bulbocastanum*, que Linnæus semble avoir réunies en une seule sous le nom de *bunium bulbocastanum*. Ces trois plantes sont le bulbocastanon mâle de Trallian, qui a une racine formée d'un seul tubercule avec de grands nœuds; le bulbocastanon femelle de Dalechamps, dont la racine est composée de plusieurs tubercules ronds plus ou moins allongés; et le bulbocastanon grand, bunion de Dioscoride, plus élevé que les deux autres et à racine tuberculeuse, beaucoup plus grosse et lisse. Il paroît que ce ne sont que de simples variétés de la même espèce, connue en françois sous le nom de TERRE-NOIX. Voyez ce mot (P. B.)

BULBOCÈRE. (*Entom.*) On a donné ce nom à un genre de coléoptères voisin des scarabées stercoraires, mais qui a les antennes en masse tuniquée. Voyez LÈTHRE. (C. D.)

BULBOCODE (*Bot.*), *Bulbocodium*, Linn., Juss., Lam. pl. 230; genre de plantes de la famille des narcissées : il n'a jusqu'à présent qu'une espèce, le bulbocode printanier, *bulbocodium vernum*. Cette petite plante, qui croît sur les montagnes, en France, en Espagne, en Russie, etc., ressemble au safran merendère et aux colchiques, se développe comme eux, et fleurit aux premiers jours du printemps. Elle n'a que deux ou trois pouces. Sa fleur, dont le calice a une couleur purpurine et la forme d'un entonnoir, sort d'une racine bulbeuse entre trois ou quatre feuilles en fer de lance. Les divisions du calice, au nombre de six, sont très-profondes, et rapprochées en un long tube, à la hauteur duquel chacune d'elles porte une étamine. L'ovaire, libre dans le tube et terminé par un style à trois stigmates, devient une capsule à trois angles, divisée en trois loges qui contiennent plusieurs graines. Quelquefois le calice n'a que quatre divisions et quatre étamines.

Le bulbocode n'est pas d'un grand effet dans les jardins, à cause de sa petitesse ; mais les amateurs le cultivent avec les safrans et les colchiques, parce que ces plantes donnent leurs fleurs à des époques où il n'en existe presque aucune autre, et on les voit alors avec plaisir. (Mas.)

BULBONAC, BOLBONACH (*Bot.*), noms de la lunaire. (J.)

BULEF, BHULLES (*Bot.*), noms arabes du saule, suivant Dalechamps. Le même auteur ajoute qu'on le nomme aussi dans l'Arabie *safsaf* ou *chalif*. Ce dernier nom ressemble beaucoup à celui de *chalef*, qu'on donne à l'*elæagnus* ou olivier de Bohème, qui a les feuilles et un peu le port du saule. (J.)

BULEISCH (*Bot.*), nom arabe cité par Dalechamps pour la ronce, *rubus*. Voyez RONCE. (P. B.)

BULEJE (*Bot.*), *Buddleia* ; genre d'arbrisseaux exotiques, que Jussieu a placé, ainsi que la scopaire, dans l'ordre des personnées, et même dans la première section, où les étamines doivent être didynames. Linnæus l'a placé dans sa Tétrandrie, la corolle étant régulière, à quatre divisions droites. Les étamines, qui prennent naissance aux divisions de la corolle, sont très-courtes, ce qui s'oppose à toute disposition inégale. Ce genre est d'ailleurs à feuilles et branches opposées, et semble par le port appartenir aux verbenacées, tandis qu'il s'en éloigne par la capsule à deux valves subdivisées, qui lui donnent l'apparence quadrivalve, et surtout par la pluralité des graines dans cette capsule.

Houston fit porter le nom peu connu d'un de ses compatriotes à ce genre, qu'il créa en 1733 pour l'espèce qui croît aux Antilles sur le bord des torrens, et dont Sloane avoit donné une figure sous une dénomination qui la comparoit seulement à un *verbascum* pour son feuillage. Le nom de bulèje d'Amérique lui est resté par privilége. On a nommé bulèje occidentale une autre espèce qui croît dans l'Amérique méridionale, et que Pluckenet avoit citée comme un *ophioxylum*.

Une troisième espèce américaine avoit été vue au Chili par Feuillée, et indiquée par lui sous le nom de *palquin*, qu'il auroit fallu peut-être lui conserver dans nos jardins, dont elle est un des ornemens; elle est plus connue sous celui de bulèje globuleuse, *buddleia globosa*. C'est un arbrisseau qui s'élève à deux mètres, et même plus, dans les terrains gras et frais, où ses pousses sont fortes et rapides; elles contribuent à sa beauté : mais alors il a besoin des mêmes soins que le figuier, étant également sujet à geler jusqu'à terre. On le conserve mieux dans une terre médiocre, où il est moins vigoureux et moins beau. L'agrément de la bulèje consiste en partie dans la disposition de ses feuilles droites, lancéolées et finement crénelées, dont le vert foncé tranche au moindre vent avec le blanc cotonneux, tant de leur revers, que de l'écorce des rameaux, qui sont tétragones dans leur jeunesse; ce beau feuillage persiste en hiver. L'arbrisseau se charge, vers le solstice, de fleurs abondantes, d'un beau jaune, d'une bonne odeur et agréablement disposées en boules, comme celles du céphalante. On le mul-

tiplie facilement de boutures du bois de l'année précédente ;
le bois nouveau seroit trop tendre. Il réussit en caisse,
dans la terre à orangers ; mais il en est gourmand, et exige
de fréquens rencaissages.

Une quatrième espèce de buléje est le *frutex africanus*,
à feuilles de sauge de Hermann, que Linnæus avoit placé
dans son genre *Lantana*. La grande ressemblance de ses
fleurs avec celles de la buléje de Madagascar a engagé
Lamarck à le placer dans ce genre sous le nom de *buddleia
salvifolia*, quoiqu'il n'en ait pas vu le fruit. L'arbrisseau
croît au Cap et se trouve dans les jardins de botanique ;
ses feuilles sont beaucoup moins allongées que celles de la
buléje globuleuse, et ses fleurs sont blanches, en petits
corymbes cotonneux.

Outre ces quatre espèces, ce genre en contient encore
environ douze autres indiquées par Lamarck, Thunberg,
Vahl, Loureiro, Ruiz et Pavon, qui croissent au Pérou,
dans l'Afrique et l'Asie méridionale, et que l'on ne possède
pas dans les jardins d'Europe : l'une d'elles, la buléje de
Madagascar, observée par Sonnerat et par Commerson, a
été nommée vigne de Malgache à l'Isle-de-France. (**D.** de *V*.)

BULLA-RA-GANG. (*Ornith.*) Ce héron de la Nouvelle-
Hollande est l'*ardea pacifica* de Latham. (**Ch. D.**)

BULL-BIRD. (*Ornith.*) Ce nom anglois, qui signifie oi-
seau-taureau, désigne le héron butor, *ardea stellaris*, L. ;
et, d'après l'Histoire générale des voyages (tom. 4), c'est un
des fétiches des nègres de la Côte-d'or. (**Ch. D.**)

BULLE (*Moll.*), *Bulla*, genre de mollusques gastéropodes,
bien différent aujourd'hui de celui établi par Linnæus,
dont on a détaché successivement les espèces rangées par
Bruguières, Lamarck et Draparnaud, parmi les BULIMES,
les OVULES, les TARIÈRES, les PYRULES, les AMPOULES, les
AGATHINES, les BULLÉES, les PHYSES. Voyez ces mots.
L'animal des bullées de Lamarck et celui des bulles du
même auteur, d'après les observations de Plancus, d'Andan-
son, de Muller, Georges Homphrey, Draparnaud, et surtout
de Cuvier, ne diffèrent pas essentiellement entre eux :
aussi ne pouvons-nous pas nous décider à en séparer la
description. Dans l'un, seulement, la coquille est cachée dans

les chairs, tandis qu'elle est apparente dans l'autre ; mais il y a tant de ressemblance entre elles que Linnæus, qui ne connoissoit pas les animaux du *bulla aperta* et du *bulla lignaria*, avoit cependant rangé leurs coquilles parmi les bulles.

En général, le corps des bulles est oblong, convexe en dessus, concave en dessous ; le disque charnu, qui sert de pied, est partagé en deux par un sillon transverse, qui s'étend également sur le dos de l'animal et sépare la partie postérieure, qui renferme la coquille (bullée) ou lui est adhérente (bulle), de la partie antérieure, qui est libre. La bouche, située en avant, n'est armée, non plus que la tête, d'aucun tentacule ; le bouclier charnu et le pied la débordent en haut et en bas et lui servent de lèvres. Au-dessous de la coquille sont les branchies sous forme de feuillets vasculeux. C'est à ce même endroit, mais dans la cavité du corps, que sont situés le cœur, le foie (dont les lobes cachent en partie les replis du canal intestinal), le testicule, l'ovaire, le sac de la pourpre. L'orifice commun de ces trois derniers organes est un peu au devant de l'anus, à la partie latérale droite et postérieure du corps. Un sillon extérieur, qui se prolonge en avant jusqu'à l'endroit d'où sort la verge, est la seule communication qui existe entre le testicule et cet organe, qui est fort long et replié en dedans sous l'œsophage. Ce dernier canal est garni, à son plancher inférieur, d'un tubercule arrondi, muni de dents semblables à des dents à carder, qui se meuvent par un mouvement ondulatoire, et peuvent saisir les alimens lorsque l'œsophage se déroule au dehors, comme il en a la faculté remarquable : deux paires de muscles servent alors à le faire rentrer. Il aboutit à un estomac musculeux, qui remplit à lui seul une grande partie de la cavité du corps. Trois pièces osseuses, de forme variée suivant les espèces, convexes, en général, à leur face interne, et concaves à celle opposée, arment cette sorte de gésier : il s'ouvre dans un canal membraneux, encore assez renflé pour pouvoir être considéré comme un second estomac, d'autant plus qu'il diminue tout à coup après avoir reçu les canaux biliaires.

L'origine du système nerveux consiste en deux ganglions principaux, situés sur les côtés de l'œsophage, et réunis par un collier de même nature, qui entoure ce canal et d'où partent tous les nerfs du corps.

Tel est le type de l'organisation du genre Bulle : nous l'avons extrait du mémoire de Cuvier sur le *bullæa aperta*, Lam. (Annales du muséum nat. d'hist. natur. n.° 2) ; il est trop intéressant pour qu'on nous sache mauvais gré des détails où nous sommes entrés. Les pièces osseuses de l'estomac de l'oublie, *bulla lignaria*, ont donné lieu à une plaisante erreur, introduite dans la science par Giœni, naturaliste sicilien, et reconnue dernièrement par Draparnaud. Le premier, qui eut occasion de les trouver séparées de l'animal, mais tenant encore à une portion de l'œsophage et du canal intestinal, se hâta d'en faire un nouveau coquillage multivalve, dont il décrivit les deux tubes ; il ajouta même des détails sur les mœurs du nouvel être. Retzius l'appela *tricla*, et d'autres naturalistes consacrèrent ce genre à son historien, sous le nom de *giœnia*. Les François même décorèrent l'espèce prétendue du beau nom de char sicilien : on peut en voir la figure dans l'Encyclopédie, pl. 170.

Toutes les bulles sont marines ; leurs mœurs sont peu connues : elles se nourrissent de petits testacés, que leur estomac digère en partie en les triturant au moyen de ses osselets. Leur corps est beaucoup plus volumineux que la coquille : celle-ci est mince et fragile dans la plupart, bombée, à spire non saillante, et à bord droit, tranchant ; l'ouverture a la même longueur que la coquille. Il n'y a point d'ombilic inférieurement.

Ces caractères sont plus marqués dans

Les Bulles proprement dites, dont la coquille est à l'intérieur, et dont les espèces connues vivent pour la plupart dans les mers étrangères : telle est, 1.° la bulle ampoule, dont la coquille est bombée, opaque, à sommet ombiliqué. On la trouve dans les mers des Indes et sur les côtes d'Afrique : elle est représentée dans Favanne, pl. 27, f. 6.

2.° On trouve à Courtagnon une espèce fossile, de

forme oblongue, cylindrique, striée, blanche, à sommet ombiliqué : c'est la bulle cylindrique de Bosc.

3.° Une troisième espèce, la bulle raboteuse, *bullœa scabra*, Muller, Zool. Danic. t. 71, f. 1, 2, 3, se rencontre sur les côtes du Danemarck. Elle est presque cylindrique, striée transversalement, et garnie de petits points vers sa base. Le sommet est tronqué.

Les Bullées, *Bullœa*, Lam., dont la coquille est cachée dans les chairs. Nous remarquerons, 1.° la *bullœa aperta*, Lam., que Linnæus avoit décrite, sans l'animal, sous le nom de *bulla aperta*. L'ouverture de la coquille est presque aussi large qu'elle-même : on remarque un commencement de spire dans son contour; elle est arrondie, blanche, extrêmement mince et transparente, et ne tient à l'animal par aucun muscle. On trouve cette espèce assez communément sur les côtes de France et d'Angleterre. Le *lobaria* de Muller et de Gmelin n'est pas autre chose.

2.° La bullée oublie, *bulla lignaria*, L., dont la coquille, de couleur de bois, est presque ovale, oblongue, striée transversalement, presque ombiliquée au sommet. On en voit la figure dans Lister, t. 7, II, f. 71. Draparnaud a rencontré dans l'estomac d'un individu de cette espèce le *turbo ungulinus* : l'animal avoit été complétement digéré, quoique la coquille fût conservée entière. Cette observation rend évidente l'action dissolvante des sucs gastriques dans la digestion de cet animal. (Duv.)

BULL-FROG. (*Rept.*) Sous ce nom on trouve décrite, dans quelques voyageurs anglois, la grenouille mugissante. (C. D.)

BULL-HEAD. (*Ichtyol.*) Ce nom anglois, qui signifie grosse tête, sert à désigner le cotte-chabot en Angleterre. Voyez Cotte. (F. M. D.)

BUL-TROUT (*Ichtyol.*), nom donné par Pennant à la truite saumonée. Voyez Salmone. (F. M. D.)

BULU (*Ornith.*) Voyez Boulou.

BUMA (*Ornith.*), nom égyptien du chat-huant roux-brun, *strix noctua*, Gmel. et Lath. (Ch. D.)

BUMALDA (*Bot.*), Thunb., Juss.; genre qui ne comprend qu'un arbrisseau observé par Thunberg au Japon.

Le Bumalda à feuilles ternées, *Bumalda trifolia*, Thun., a des rameaux nombreux et glabres. Ses feuilles sont opposées et trois à trois; les fleurs viennent en grappes qui terminent les rameaux, et ont des pédoncules capillaires. Chacune d'elles a un calice à cinq découpures, une corolle à cinq pétales situés sur l'ovaire. Les étamines sont au nombre de cinq et insérées sur l'onglet des pétales. L'ovaire est situé supérieurement au calice; il est conique, velu, et surmonté de deux styles droits; il se change en une capsule qui paroît à deux loges et à deux pointes, mais que Thunberg n'a point vue dans la maturité. Jussieu a placé ce genre à la suite de la famille des nerprunées, avec lesquelles il a beaucoup d'affinité; mais il pourroit aussi être compris parmi les berbéridées. (J. S. H.)

BUMÉLIE (*Bot.*), *Bumelia*, genre de la famille des plantes sapotées de Jussieu, ou hilospermes de Ventenat. Il a été établi par Swartz, qui a détaché du genre Sidéroxyle les espèces dont le fruit est un drupe contenant une seule graine, et non pas une baie à cinq loges monospermes, comme dans le sidéroxyle. On retrouve d'ailleurs dans les deux genres un calice à cinq divisions, une corolle monopétale à cinq divisions, munie intérieurement de cinq appendices alternes avec ses lobes, et d'autant d'étamines alternes avec les appendices; un ovaire surmonté d'un style terminé par un stigmate simple.

Une des espèces de ce genre est l'arbrisseau des environs de Lima, observé par Dombey sous le nom de manglillo, parce qu'il croît sur les bords de la mer au milieu des mangliers. Jussieu l'avoit conservé comme genre sous le nom de *manglilla*. Ruiz et Pavon en ont fait aussi un genre séparé, qu'ils ont nommé *caballeria*. Lamarck ne lui avoit pas trouvé de caractères suffisans pour le distinguer du sidéroxyle; et plus récemment Wildenow, lui trouvant le caractère du *bumelia*, en a fait son *bumelia manglillo*.

La bumélie soyeuse, *bumelia tenax*, que Jacquin (dans ses Observ. t. 54) nomme *chrysophyllum carolinense*, étoit un autre sidéroxyle, de même que la bumélie fétide, *bumelia fœtidissima*, des montagnes de S. Domingue.

Jacquin (dans ses Collect. 2, t. 17) avoit désigné sous le

nom de *sideroxylum maschiotendrum* une autre bumélie, dont Brown (Hist. Jamaic., t. 17, f. 4) et Linnæus font un sapotillier, que Catesbi, dans ses Plantes de la Caroline (t. 75), nomme cornouiller, et qui maintenant est le *bumelia salicifolia* de Wildenow.

La bumélie nerveuse, *bumelia nervosa*, avoit été regardée par Aublet et Lamarck comme un caïmitier. Le premier l'avoit prise pour l'espèce ordinaire, *chrysophyllum cainito.* Le second, qui la trouvoit différente et surtout à feuilles plus grandes, l'a nommée *chrysophyllum macrophyllum.* Vahl l'a réunie à la bumélie.

Swartz rapporte encore à ce genre d'autres espèces, au nombre de sept ou huit, qu'il a découvertes à la Jamaïque. Il soupçonne de plus que le *sideroxylum lycioides* pourroit aussi en faire partie ; ce qui sera vrai, si son drupe ne contient qu'une graine, comme le disent Lamarck et d'autres après lui. (D. de *V.*)

BUMUM (*Bot.*), *Buncæ,* espèce de haricot de Ceilan, *phaseolus max,* qui est le *mungo* des Perses, le *masc* des Turcs et le *max* des Espagnols. (J.)

BUNA. (*Bot.*) Clusius décrit sous ce nom le fruit du café, qui étoit peu connu de son temps, en 1605, et dont il ne savoit l'usage que d'après des rapports vagues. Il ajoute que Rauvolf le nommoit *bunull,* et le regardoit comme le même que le *buncho* cité par Avicenne et le *bunca* dont parle Rhasès. Voyez Café. (J.)

BUNAPALLA (*Bot.*), nom donné dans les Moluques au macis de la muscade. L'arbre y est appelé *pala* ou *palla.* Voyez Muscadier. (J.)

BUNCA (*Bot.*), *Buncho.* Voyez Buna.

BUNCÆ. (*Bot.*) Voyez Bumum.

BUNCH WHALE. (*Mamm.*) C'est le nom sous lequel les Anglois désignent notre baleine noueuse. Voyez cette espèce au mot Baleine. (S. G.)

BUNDURH ou Agileuz (*Bot.*), noms arabes attribués par Dalechamps au Coudrier ou Noisetier. Voyez ces mots. (P. B.)

BUNE. (*Ornith.*) L'oiseau auquel on donne sur les côtes de Picardie (département de la Somme) ce nom et celui

de bure, est, suivant Buffon, le tourne-pierre, *tringa inter-*
pres, *L.* (Ch. D.)

BUNEREA. (*Bot.*) Voyez BUNIAS.

BUNETTE. (*Ornith.*) Ce terme, vulgairement employé
en Normandie (département de la Seine - inférieure) etc.,
pour désigner une fauvette, est sans doute une corruption
du mot BRUNETTE. (Ch. D.)

BUNGALON DES PHILIPPINES. (*Bot.*) Selon Camelli,
c'est une espèce de manglier remplie d'un suc laiteux, dont
le tronc est formé d'un bois solide : les feuilles sont d'un
vert foncé en dessus et blanchâtres en dessous. Les fleurs,
connues sous le nom de *piapi*, *apiapi*, sont vertes, charnues,
en forme de cœur, et bonnes à manger. Les fruits sont longs,
dit l'auteur, comme de petites chandelles, et ressemblent en
ce point à ceux du manglier ou palétuvier ordinaire. (J.)

BUNGARUM-PARNAH. (*Rept.*) C'est le nom qui sert
aux naturels du Bengale pour désigner le bongare à anneaux.
Voyez BONGARE. (F. M. D.)

BUNGO (*Bot.*), nom malais d'une espèce de carmentine,
justicia, mentionnée dans l'Herb. Amboin. de Rumphius,
vol. 6, p. 52, t. 22, f. 2. (J.)

BUNIADE (*Bot.*), *Bunias.* C'est un genre de plantes de
la famille des crucifères, dont les unes sont exotiques, les
autres indigènes de l'Europe, toutes herbacées, la plupart
annuelles, et dont le caractère distinctif consiste dans une
silique courte, non articulée, un peu sphérique ou à quatre
faces, à deux ou à quatre loges, rugueuse, tuberculée, ou
armée d'environ quatre pointes sur ses angles, à une seule
valve. La corolle est composée de quatre pétales à onglets
droits, allongés ; six étamines, dont deux plus courtes ; un
style à peine sensible.

Lamarck, dans l'Encyclopédie botanique, a fait rentrer
ce genre dans les camélines, *myagrum* ; Gærtner, qui l'a
conservé, l'a réduit à un plus petit nombre d'espèces, en
réunissant sous le nom de *cakile* celles dont les siliques
sont articulées, et sous le genre *Pugionium*, celles dont les
siliques sont transversalement ovales, par conséquent plus
larges que longues, terminées par une sorte de corne aiguë
à leurs deux extrémités.

Les principales espèces conservées parmi les buniades, sont les suivantes.

1. BUNIADE ÉRUCAGE, vulgairement la Masse au bedeau, *Bunias erucago*, Linn., Jacq. Austr. tab. 340, Moris. §. 3, tab. 6, fig. 24. Elle a des feuilles radicales, allongées, découpées en lyre ; celles des tiges, étroites, lancéolées, dentées à leur contour, très-glabres. Les fleurs sont jaunes, disposées en grappes lâches ; les siliques courtes, à quatre faces, hérissées de petites aspérités ; leurs angles divisés en deux crêtes dentées : elles contiennent quatre semences. On leur a donné le nom vulgaire de masse au bedeau, à cause de leur forme courte et ramassée. Cette plante croît dans les départemens méridionaux de la France.

2. BUNIADE D'ORIENT, *Bunias orientalis*, Linn., Houtt. Syst., tab. 60, fig. 2. Ses siliques sont ovales ou un peu globuleuses, verruqueuses, relevées en bosse ; ses fleurs jaunes ; ses feuilles glabres, assez semblables à celles de l'espèce précédente. Elle croît dans le Levant, la Russie, la Sibérie.

3. BUNIADE ÉPINEUSE, *Bunias spinosa*, Linn., Prosp. Alp. Exot. 201, tab. 200. Cette espèce est remarquable par les ramifications supérieures des rameaux, qui deviennent piquantes comme des épines après la floraison, et portent quelques fleurs sessiles, peu nombreuses, d'un blanc violet. Les siliques sont lisses, ovales, subéreuses, aiguës ; elles renferment un noyau à deux loges, dur, globuleux, à six angles, contenant deux semences. On la rencontre dans le Levant, l'Égypte, la Syrie.

4. BUNIADE D'ÉGYPTE, *Bunias ægyptiaca*, Linn., Jacq. Hort., tab. 145. Les feuilles sont pétiolées, fortement roncinées ; leur lobe terminal très-aigu, et comme hasté à sa base ; les fleurs jaunes ; les siliques globuleuses, à quatre faces, verruqueuses, sans pointe, de la grosseur d'un pois. Elle croît en Égypte.

5. BUNIADE des îles Baléares, *Bunias balearica*, Linn., Gouan. Illust., tab. 20, B. 8, Jacq. Hort., tab. 144. Elle se distingue par ses feuilles ailées, divisées en folioles sinuées ou incisées, molles, glabres ; les découpures obtuses. Les fleurs sont jaunes : les siliques globuleuses, hérissées de

pointes très-nombreuses, spinuliformes, terminées par une longue corne droite, subulée.

6. BUNIADE COUCHÉE, *Bunias prostrata*, Desfont. Flor. Atlant., vol. 2, pag. 76, tab. 150. Ses tiges sont nombreuses, couchées, pubescentes ; les feuilles profondément pinnatifides, pubescentes ; leurs découpures obtuses, sinuées, dentées ; les siliques arrondies, un peu comprimées, pubescentes, dentées sur leurs angles, monospermes, terminées par le style persistant.

On distingue encore dans ce genre plusieurs autres espèces, telles que le *bunias aspera*, Retz., dont toutes les feuilles sont lancéolées, les siliques tétragones et dentées ; le *bunias cochlearioides*, Murr. et Barrel. Ic. 894, fig. 2, qui croît en France et en Italie, dont les siliques sont ovales, un peu rugueuses, les feuilles radicales oblongues, les caulinaires amplexicaules et sagittées ; le *bunias latarica*, Wild., à siliques globuleuses, presque hexagones avec une longue pointe subulée, les feuilles lancéolées, obtuses ; le *bunias syriaca*, Gært.; le *bunias myagroides*, Linn., que ses siliques à deux articulations devroient peut-être faire ranger parmi les *cakile*. (Poir.)

BUNION (*Bot.*), *Bunium*. Ce nom a été donné anciennement à différentes plantes, à une espèce d'éthuse, *æthusa bunius*, par Dalechamps ; à l'*erysimum barbarea* par Camerarius ; au terre-noix, *bunium bulbocastanum*, par Dodoens : Linnæus l'a conservé pour nom générique de cette dernière plante. Dioscoride et Lobel nommoient *bunium* et *bunius* le navet commun, qui est le *brassica napus* des botanistes. (J.)

BUNIUS. (*Bot.*) Rumphius, dans son Herb. Amb. 3, p. 204, t. 131, désigne sous ce nom un arbre des Moluques qui est le *bunerea* des Macassars, le *buni* ou *wuni* de Java, et l'*aywune* de quelques cantons d'Amboine. Linnæus en avoit fait un genre sous le nom de *stilago bunius* ; mais Smith assure que cet arbre est une simple espèce du genre Antidesme. (J.)

BUNIVA. (*Ichtyol.*) C'est le nom que le naturaliste Lacépède a donné à une nouvelle espèce de baliste, pêchée dans la mer près de Nice. Buniva est un physicien très-recommandable de l'académie de Turin. Voyez Baliste. (F. M. D.)

BUNKA et Bunke (*Ichtyol.*), noms norwégiens des cyprins large et sopé. Voyez Cyprin. (F. M. D.)

BUNNU. (*Bòt.*) Voyez Buna.

BUNT-BAARSCH (*Ichtyol.*), nom que les Allemands donnent à la perche. Voyez Persèque. (F. M. D.)

BU-PARITI (*Bot.*), nom malabare d'un petit arbre figuré et décrit par Rhéede (Hort. Mal., tom. I, pag. 51, t. 29). Linnæus en a fait *l'hibiscus populneus;* mais il présente des caractères assez distincts pour former un genre particulier. Le nom de pariti sert à désigner plusieurs malvacées remarquables par leurs grandes fleurs. Voyez Pariti. (A. P.)

BUPHAGE. (*Ornith.*) Cette traduction du mot *buphaga* seroit préférable au terme composé pique-bœuf, si elle n'avoit l'inconvénient d'offrir une idée fausse, l'oiseau ne mangeant point la chair du bœuf, mais se contentant de lui percer la peau, sous laquelle vivent les larves d'oestres, dont il fait sa nourriture. D'ailleurs on ne connoît qu'une espèce de ce genre, et la simplification du nom est ici peu essentielle. Voyez Pique-bœuf. (Ch. D.)

BUPHTALME, Œil-de-bœuf (*Bot.*), *Buphtalmum*, Linn., Juss.; genre de plantes de la famille des corymbifères, composé d'une quinzaine d'espèces qui se trouvent dans les parties méridionales de l'Europe, sur les côtes d'Afrique, à la Cochinchine et en Amérique. Ce sont des herbes ou des arbrisseaux à feuilles alternes ou opposées et presque toujours entières. Les fleurs sont jaunes, radiées, le plus souvent terminales et solitaires : elles ont un calice imbriqué de folioles égales ou inégales; des fleurons hermaphrodites, quinquéfides; des demi-fleurons femelles, fertiles, à deux ou trois dents. Les graines, presque membraneuses sur leurs côtés, sont surmontées d'un rebord plus ou moins incisé. Le réceptacle est chargé de paillettes.

On divise les buphtalmes en deux sections : la première comprend les espèces dont les folioles du calice sont égales et plus courtes que les demi-fleurons; on range dans la seconde celles dont les folioles sont inégales et dont les extérieures débordent la fleur en manière d'involucre.

Tournefort en avoit fait deux genres sous les noms d'*asté-roides* et d'*asteriscus*, dont on ne présente ici que les es-pèces principales.

’ *Folioles du calice égales.* (Astéroïdes.)

BUPHTALME A FEUILLES DE LYCHNIS, *Buphtalmum frutes-cens*, Linn.; Dill. Elth. t. 28, f. 44. C'est un arbuste tou-jours vert, originaire des Antilles et de la Virginie ; il est cultivé dans le jardin du Muséum d'histoire naturelle; on le conserve, l'hiver, dans une bonne orangerie, et on le multiplie de boutures ou de drageons enracinés. Sa tige est articulée, haute de trois ou quatre pieds. Ses feuilles sont opposées, en spatule, de couleur glauque. soyeuse, munies à leur base de deux petites dents, et marquées de trois nervures longitudinales.

BUPHTALME A GRANDES FLEURS , *Buphtalmum grandiflo-rum*, Linn.; Mich. Fl. 12 , t. 5. Cette espèce est vivace : elle croit sur les montagnes de la France méridionale, de l'Italie et de l'Autriche. Sa tige, ordinairement simple, est garnie de feuilles alternes, lancéolées, glabres, à peine dentées. Ses fleurs ont près de deux pouces de diamètre et sont d'un aspect agréable. On assure que ses feuilles, ainsi que celles de la suivante, ont le goût du thé , et qu'elles peuvent le remplacer.

BUPHTALME A FEUILLES DE SAULE , *Buphtalmum salicifo-lium*, Linn. ; Jacq. Fl. austr. t. 370. On trouve cette plante dans nos départemens méridionaux, dans la Suisse et l'Autriche ; elle diffère peu de la précédente. Ses tiges sont divisées en deux ou trois rameaux uniflores ; ses feuilles velues. Ses demi-fleurons sont très-étroits.

* ° *Folioles du calice inégales.* (Astériques.)

BUPHTALME ÉPINEUX, *Buphtalmum spinosum*, Linn.; Mill. t. 249, f. 1. C'est une plante annuelle qui croît sur le bord des chemins et dans les champs, en Italie, en Es-pagne, dans la France australe, et en Barbarie. Sa tige est droite, rameuse, haute d'un ou deux pieds ; ses feuilles sont alternes, sessiles, lancéolées, velues et denticulées : les folioles extérieures du calice sont longues, nerveuses. terminées par une épine.

Buphtalme aquatique, *Buphtalmum aquaticum*, Linn. ; Seb. Thes. 1, t. 29, fig. 7. C'est encore une espèce annuelle : on la trouve le long des eaux, dans le Portugal, dans les départemens méridionaux de la France, et aux environs d'Alger. Sa tige est dichotome et s'élève à la hauteur de huit à dix pouces ; elle est garnie de feuilles alternes, sessiles, oblongues, un peu velues, et très-entières en·leurs bords. Les fleurs sont petites, sessiles, et naissent dans la bifurcation des rameaux.

Cette plante, froissée entre les doigts, répand une odeur légèrement aromatique.

Buphtalme maritime, *Buphtalmum maritimum*, Linn. ; Bocc. Mus. 2, t. 129. Ce buphtalme vivace croît en France, sur les bords de la Méditerranée, et sur les côtes de Barbarie. Sa tige est rameuse, haute de six à huit pouces. Les feuilles sont velues, spatulées, alternes, entières et un peu charnues. Les fleurs sont grandes, pédonculées et toutes terminales. Les folioles extérieures de leur calice sont également en spatule et comme pétiolées.

Dans la Flore de la Cochinchine, on trouve la description d'une nouvelle espèce, sous le nom de *buphtalmum oleraceum*. Ses feuilles, au rapport de Loureiro, sont opposées, odorantes, et se mangent comme celles des épinards. (D. P.)

BUPLÈVRE (*Bot.*), *Buplevrum*, genre de plantes de la famille des ombellifères, qui a pour caractère un involucre universel, composé de plusieurs folioles simples et courtes, qui manque dans quelques espèces ; un involucre partiel à cinq grandes folioles, souvent colorées ; cinq pétales égaux et entiers ; des fruits arrondis ou ovoïdes, striés, un peu comprimés. Les espèces de ce genre, glabres dans toutes leurs parties, sont encore remarquables par leurs feuilles simples dans le plus grand nombre ; les principales sont :

1. Buplèvre perce-feuille, *Buplevrum rotundifolium*, Linn., Lob. ic. 396. Cette plante est munie de grandes feuilles ovales, arrondies, la plupart traversées par la tige, les autres simplement amplexicaules. Les ombelles manquent d'involucre universel ; les partiels sont

composés de cinq grandes folioles, plus grandes que les ombellules. On trouve cette plante dans les terrains secs et sablonneux : elle passe pour astringente et vulnéraire ; mais on en fait peu d'usage.

2. BUPLÈVRE ÉTOILÉ, *Buplevrum stellatum*, Linn., Hall. Helv. n.° 771, t. 18, plante de Suisse, dont les involucres partiels sont d'une seule pièce, en forme de bassin, découpés en leurs bords en huit parties. Les feuilles radicales sont graminées, longues, étroites.

3. BUPLÈVRE FAUCILLER, *Buplevrum falcatum*, Linn., Lob. ic. 456, vulgairement Oreille de lièvre. C'est une des espèces les plus communes. Ses feuilles sont longues, étroites, lancéolées, un peu courbées en faucille. Elle a les tiges dures, en zigzag, rameuses. Les fleurs sont jaunâtres ; leur involucre partiel est composé de cinq folioles aiguës, plus courtes que les fleurs. Elle passe pour vulnéraire et fébrifuge. On la trouve sur les rochers.

4. BUPLÈVRE A FEUILLES NERVEUSES, *Buplevrum rigidum*, Linn., Lob. ic. 456. Ses tiges sont hautes, très - rameuses, paniculées, presque nues ; les feuilles inférieures ovales, aiguës, roides, marquées de nervures blanches ; les fleurs petites ; les ombelles souvent divisées en trois. Elle croît dans les terrains pierreux de la France méridionale. On la regarde comme vulnéraire.

5. BUPLÈVRE A TROIS NERVURES, *Buplevrum odontites*, Linn., Jacq. Hort. vind. 3, t. 91 ; espèce remarquable par les involucres en étoiles, amples, à cinq folioles lancéolées, munies de trois nervures saillantes. Ses feuilles sont longues, étroites. Elle croît en Italie et dans le Valais. Le *buplevrum semi-compositum*, L., est très-voisin de cette espèce ; mais ses feuilles sont plus larges, presque spatulées.

6. BUPLÈVRE MENU, *Buplevrum tenuissimum*, Linn., Moris. Hist. 3, §. 9, t. 12, f. 4. Cette espèce et la suivante croissent aux environs de Paris. Ses tiges sont roides, un peu flexueuses, anguleuses ; ses feuilles longues et linéaires ; ses ombelles presque simples, alternes, pauciflores.

7. BUPLÈVRE EFFILÉ, *Buplevrum junceum*, Linn., Moris. Hist. 3, §. 9, t. 12, f. 3. Ses tiges sont droites, paniculées ; ses feuilles linéaires, très-aiguës. Les ombelles sont com-

posées de trois rayons, munies d'involucres à trois folioles subulées, inégales. L'espèce de Gérard, Fl. gallo-prov. p. 233, f. 9, diffère de celle-ci.

La Suisse et les Pyrénées produisent encore quelques autres espèces, telles que les *buplevrum pyrenæum, longifolium, ranunculoides*, etc. , qui ne sont intéressantes que pour les botanistes. Les suivantes ont leurs tiges ligneuses.

8. BUPLÈVRE FRUTESCENT, *Buplevrum frutescens*, Linn., Barrel. ic. 1255. Cette plante croît en Espagne et en Barbarie. Ses feuilles sont roides, étroites, subulées ; ses tiges très-rameuses portent de petites ombelles dont les involucres sont composés de quatre à cinq folioles inégales, courtes. Les fleurs sont d'un jaune pâle.

9. BUPLÈVRE ÉPINEUX, *Buplevrum spinosum*, Linn., Gouan. illust. p. 8, t. 2, f. 3. Elle a des ramifications nombreuses, irrégulières : ses derniers rameaux sont si aigus qu'ils ressemblent à des épines. Les feuilles sont petites, linéaires ; les ombelles n'ont que très-peu de rayons. Cette espèce croît en Espagne.

10. BUPLÈVRE D'ÉTHIOPIE, *Buplevrum fruticosum*, Linn., Lob. ic. 634. Cette espèce, qui croît en Éthiopie, se trouve aussi en France dans les départemens méridionaux. Comme elle ne perd point ses feuilles pendant l'hiver, elle est propre à la décoration des bosquets d'hiver. Ses feuilles sont coriaces, ovales, oblongues, obtuses ; ses fleurs jaunâtres et terminales. Cette plante a une forte odeur de chervi ou de panais. On prétend que ses semences sont bonnes contre les morsures des bêtes venimeuses. On en cultive au Jardin des Plantes du Muséum une espèce sous le nom de buplèvre de Gibraltar, qui paroît n'être qu'une variété de celle-ci.

Desfontaines, dans sa Flore du mont Atlas, a décrit plusieurs espèces nouvelles de buplèvre qu'il a rapportées de Barbarie. (Poir.)

BUPRESTE ou RICHARD (*Entom.*), *Buprestis*, genre de coléoptères qui ont cinq articles à tous les tarses ; les élytres dures, longues ; le corps un peu aplati ; les antennes filiformes, dentées ; le sternum saillant ; et qui appartiennent à notre famille des sternoxes ou thoracicornes.

Ce nom de bupreste est grec et composé de deux mots ϐῦς (*bous*), bœuf, et de πρησης (*prestès*), enflammant; ce qui signifie qui fait enfler, enflammer, le bœuf. Les Romains avoient employé la même expression pour indiquer aussi un insecte qui fait beaucoup de mal aux bœufs; car nous trouvons dans les jurisconsultes : *Si cui temere dederint pityocampas aut buprestes, quæ ambo venenata sunt, teneri pœna legis Corneliæ de sicariis et veneficis;* ce qui signifie qu'il faut appliquer la loi contre les assassins et les empoisonneurs aux hommes qui auront donné témérairement à l'intérieur des pityocampes (chenille d'une espèce de bombice qui vit sur le pin) ou des buprestes, deux espèces· d'insectes qui sont des poisons.

Il paroit que Linnæus s'étoit fait une fausse idée des buprestes des anciens, lorsqu'il a appliqué ce nom à un genre d'insectes qui n'ont point d'analogie avec ceux dont il est question dans les citations que nous venons de faire. Cette dénomination convenoit plutôt à ses carabes. Ceux-ci se trouvent en effet dans les lieux humides; ils sont brillans, et plusieurs espèces ont des qualités malfaisantes, dont l'effet aura pu être exagéré par l'ignorance des premiers observateurs : or c'est ce qu'on ne peut dire du genre qui nous occupe, dont les espèces sont très-rares, et dont les plus remarquables, soit par la taille, soit par les couleurs les plus riches, appartiennent au nouveau continent.

Geoffroy, qui s'aperçut le premier de l'erreur commise par Linnæus, crut devoir la rectifier en restituant le nom de bupreste aux carabes, et en donnant le nom de *cucujus*, en latin, ou de richard, en françois, aux buprestes de Linnæus.

Cependant, comme la dénomination du naturaliste suédois a prévalu, et comme elle se trouve adoptée par tous les auteurs systématiques, nous nous y sommes conformés pour ne point augmenter la confusion; de sorte que les insectes que nous allons décrire sous le nom de bupreste appartiennent au genre Richard de Geoffroy.

Les buprestes appartiennent à une petite famille composée seulement de trois genres. Deux de ces genres sont fort nombreux, et nous n'avons encore pu trouver le moyen de les subdiviser. Voici les caractères que nous lui assignons.

Caract. Corps allongé, déprimé ; tête engagée, arrondie, obtuse ; antennes en scie, insérées sous les yeux ; corselet presque carré ; poitrine à sternum saillant mais n'entrant pas dans une cavité de la poitrine ; élytres voûtées, souvent pointues ou dentelées à la base ; ailes étendues sous les élytres, non pliées en travers, le plus souvent colorées ; pattes courtes, à cinq articles, l'avant-dernier bilobé.

Ces insectes vivent dans le bois : nous y avons trouvé la larve du bupreste manchot. Elle est allongée, beaucoup plus longue que large, un peu aplatie, quoique à peu près cylindrique ; les pattes sont très-courtes ; l'extrémité du corps est garnie de trois épines, courtes mais très-dures, portées sur une même pièce très-résistante elle-même. On voit en outre, sur presque tous les anneaux intermédiaires, des tubercules tant en dessus qu'en dessous, comme dans les larves de leptures et de capricornes. Nous en avons trouvé plus de vingt individus dans une bûche d'orme ; mais il nous a été impossible de suivre leur métamorphose.

Presque toutes les espèces que nous possédons ont été trouvées sur ou sous les écorces des arbres, particulièrement dans la forêt de Fontainebleau. On les rencontre aussi sur les fleurs, et quelques espèces se trouvent sur les feuilles, et principalement sur celles du chêne et du bouleau. Il faut, avant de faire le moindre mouvement pour les saisir, placer sous la branche la nasse ou le chapeau ; car, au plus petit danger, elles se précipitent en contractant leurs membres, et il est alors très-difficile de les retrouver.

Les buprestes diffèrent des trachydes par la forme de leur corps, qui est allongée et non triangulaire, et des taupins, parce qu'ils ne sautent point, et que leur sternum n'est point reçu profondément et caché dans une cavité de la poitrine.

Ce genre est fort nombreux : on en compte maintenant plus de deux cents espèces. La plupart brillent des couleurs métalliques les plus agréables : c'est l'éclat de l'or sur le bleu ; le poli de l'acier le mieux bruni ; le satiné de l'argent sur un fond vert cuivreux, plus brillant que l'émeraude ; le rouge de la laque appliqué sur le blanc et produisant l'effet le plus étincelant : enfin tout ce qu'il y a de plus riche et de plus élégant en couleur semble avoir été appliqué sur le corps de ces coléoptères, qui n'ont aucune odeur désagréable et nul moyen de faire mal.

Ils vivent peu de temps sous l'état d'insectes parfaits ; ils ne paroissent prendre cette dernière forme que pour s'accoupler, pondre et mourir : voilà pourquoi ils sont en général assez rares. A Paris on en trouve plus dans les chantiers pendant les beaux jours d'été que dans les bois des environs : on y en a même pris des espèces étrangères, dont les larves avoient été probablement apportées avec des bois de marqueterie.

Nous allons décrire d'abord quelques espèces du pays ; nous indiquerons ensuite quelques-unes de celles qui sont les plus remarquables parmi les étrangères.

1. BUPRESTE BERLINOIS, *Buprestis berolinensis.* Schæff. Icon. tab. 55, fig. 7.

Caract. Cuivreux, aplati : tète et corselet pointillés ; élytres finement striées, à taches noires.

2. BUPRESTE AUTRICHIEN, *Buprestis austriaca.* Oliv. Insect. II, 32, pl. X, fig. 113.

Caract. Vert cuivreux ; élytres sillonnées d'un vert presque noir.

3. BUPRESTE RUTILANT, *Buprestis rutilans.* Oliv. Insect. tom. II, n.° 32, pl. V, fig. 4.

Caract. Vert cuivreux, à points noirs ; corselet et élytres lavés de bronze doré sur les bords.

C'est sans contredit l'espèce la plus brillante et une des plus grandes de celles qui se trouvent aux environs de Paris : nous l'avons prise à Fontainebleau.

4. BUPRESTE NEUF-TACHES, *Buprestis novem-maculata.*

Caract. Noir cuivreux ; à neuf points jaunes, un sur le front, deux au corselet, et six sur les élytres.

Nous en avons une variété qui n'a que six points.

5. **Bupreste trou-d'or**, *Buprestis chrysostigma*. Geoff. Insect. tom. I, p. 125, n.° 1. Richard à fossettes.

Caract. Cuivreux, très-déprimé et comme voûté ; élytres à deux points enfoncés, dorés.

On le trouve quelquefois dans les chantiers.

6. **Bupreste huit-taches**, *Buprestis octo-guttata*. Degéer, Insect. tom. IV, p. 132, n.° 5. Bupreste à points blancs. pl. IV, fig. 20.

Caract. Vert cuivreux ; élytres à quatre points blancs, enfoncés.

On a trouvé plusieurs fois cette espèce à Meudon.

7. **Bupreste rustique**, *Buprestis rustica*. Geoff. Insect. tom. I, pag. 126, n.° 3. Richard doré à stries.

Caract. Vert doré, brillant ; tête et corselet lisses ; élytres sillonnées.

C'est la plus grande espèce que nous ayons prise dans ce pays ; elle a plus de dix lignes de longueur sur quatre de largeur : nous l'avons trouvée morte dans un hêtre.

8. **Bupreste ondé**, *Buprestis undata*.

Caract. Vert cuivreux ; élytres plus brunes à l'extrémité, à lignes blanches ondées.

Nous avons trouvé cette espèce au bois de Boulogne, à demi dévorée par un oiseau qui lui avoit emporté le ventre et une élytre. On l'a trouvée aussi vivante et entière au mois de Juillet.

9. **Bupreste de la ronce**, *Buprestis rubi*.

Caract. Vert cuivreux, noir en dessous ; élytres à stries ondées, grises.

10. **Bupreste vert**, *Buprestis viridis*. Geoff. Insect. tom. I, p. 127, n.° 5. Richard vert, allongé.

Caract. Vert, allongé, presque cylindrique ; à élytres ponctuées.

11. **Bupreste deux-gouttes**, *Buprestis biguttata*. Geoff. Insect. tom. I, pag. 126, n.° 3. Richard à points blancs.

Caract. Vert doré ; élytres avec un point blanc vers le tiers postérieur.

12. Bupreste noir, *Buprestis ater.*

     Caract. Entièrement noir, allongé.

13. Bupreste échancré, *Buprestis emarginata.*
Caract. Noir, allongé; à tête profondément sillonnée.
On a trouvé cette espèce au bois de Boulogne.

14. Bupreste nitidule, *Buprestis nitidula.*
   Caract. D'un beau vert brillant, à corselet rebordé.
Il est assez commun dans la forêt de S. Germain.

15. Bupreste du saule, *Buprestis salicis.*
   Caract. Vert brillant; élytres dorées, vertes à la base.

16. Bupreste manchot, *Buprestis manca.* Geoff. Insect.
tom. I, p. 127, n.° 4. Richard rubis.
Caract. Corps doré rougeâtre; élytres brunes; corselet doré,
         à deux bandes brunes en long.

Parmi les espèces étrangères nous citerons :

1. Le Bupreste géant, *Buprestis gigantea.* Degéer, Mém.
tom. IV, p. 134.
Caract. Vert doré; élytres rugueuses, à deux dents; corselet lisse, avec deux taches d'un noir bronzé, brillant.

  C'est la plus grande espèce connue; elle a près d'un
pouce et demi de longueur : elle est fort commune dans les
collections. On la trouve à Caïenne, à Surinam.

2. Le Bupreste d'or, *Buprestis chrysis.* Degéer, ibid. p.
136. Bupreste sternicorne.
Caract. Doré; élytres marron, à trois dents, à sternum
         saillant, conique.
Il vient des Indes.

3. Le Bupreste mariane, **Buprestis mariana.**
Caract. Vert cuivreux; élytres à sillons rugueux, avec deux
        taches enfoncées; corselet sillonné.
On le trouve quelquefois en Europe, mais le plus souvent
il vient de la Caroline ou de l'Amérique septentrionale.

4. Le Bupreste a brosse, *Buprestis fascicularis.* Degéer,
Insect. tom. VII, pl. XLVII, fig. 6.
Caract. Vert doré; élytres striées, couvertes de poils rous-
        sâtres en brosses; corps velu en dessous.

Il vient d'Afrique.

Les femelles des buprestes ont l'abdomen armé d'une sorte de tarière pointue, formée de deux lames principales, qui peuvent s'écarter, et entre lesquelles est placée une troisième, canaliculée, le long de laquelle les œufs glissent probablement lorsque la femelle a fait un trou dans l'écorce de l'arbre, sous laquelle elle ne dépose probablement qu'un seul œuf à la fois. (C. D.)

BURAK (*Bot.*), nom égyptien de l'asphodèle fistuleux, *asphodelus fistulosus*, au rapport de Forskal. Dalechamps dit que les Arabes le nomment *birvach* et *bhuntes*. Voyez Asphodèle. (J.)

BURAM-CHADALI. (*Bot.*) Linnæus fils, dans son *Supplementum plantarum*, dit que l'on nomme ainsi au Bengale le sainfoin oscillant, *hedysarum gyrans*, dont les feuilles ternées ont les deux folioles latérales, qui, pendant tout le jour, s'abaissent et se relèvent alternativement par un mouvement oscillatoire, insensible, sans y être déterminées par le contact d'aucun corps étranger. (J.)

BURANG. (*Bot.*) Dans l'île de Banda, une des Moluques, on nomme ainsi un figuier que Rumphius décrit et figure dans son Herb. Amb. vol. 3, p. 115, t. 93, qui est le *gaudal* des Malais et le *birani* des Macassares. (J.)

BURBOT. (*Ichtyol.*) C'est le nom du gade lote en Angleterre. Voyez Gade. (F. M. D.)

BURCARDE (*Bot.*), *Burcardia*. Scopoli et Schreber ont substitué ce nom à celui de *piriqueta*, sous lequel Aublet désigne un genre de plantes de Caïenne, qui a beaucoup d'affinité avec la violette. Voyez Piriquète. (J.)

BURDI. (*Ichtyol.*) Ce poisson de la mer d'Arabie n'est pas une persèque, *perca miniata*, L., comme on l'a cru d'après Forskal ; c'est un pomacentre, suivant Lacépède. Voyez Pomacentre. (F. M. D.)

BURDI ou Berdi (*Bot.*), nom que les Arabes, suivant Dalechamps, donnent à l'espèce de souchet qui est le papyrus d'Égypte, *cyperus papyrus*. Voyez Souchet. (P. B.)

BURE. (*Ornith.*) Voyez Bune.

BURETTE. (*Ornith.*) On appelle ainsi vulgairement, dans les départemens de l'Indre et du Cher (ci-devant Berry), la fauvette d'hiver, *motacilla modularis*, L., qui se nomme aussi busette. (Ch. D.)

BURGAU (*Moll.*), espèce de sabot qui doit être rapporté au *turbo marmoratus*, L. On trouve encore ce nom employé dans Favanne pour désigner le premier genre de sa famille des limaçons, qui comprend des sabots, *turbo* de Linnæus. Voyez au mot SABOT. (Duv.)

BURGOS (*Mamm.*), race secondaire du chien, produite par l'union de l'épagneul et du basset. Voyez CHIEN. (F. C.)

BURI. (*Ichtyol.*) C'est le nom du muge céphale en Arabie, selon Lacépède. Voyez MUGE. (F. M. D.)

BURICHON (*Ornith.*), nom vulgaire du troglodyte, *motacilla troglodytes*, L. (Ch. D.)

BURIOT (*Ornith.*), ancien nom du canard domestique, *anas domestica*, L. (Ch. D.)

BURMANNE (*Bot.*), *Burmannia*, Linn., Juss., Lam. 225 ; genre de plantes de la famille des broméliacées, établi sur trois petites herbes qui se trouvent, l'une dans les marécages de l'île de Ceilan, et les deux autres dans ceux de l'Amérique septentrionale. Leurs feuilles ressemblent à celles des graminées. Leur tige est grêle et haute seulement de quelques pouces : elle est, dans le *burmannia biflora*, terminée par deux fleurs ; dans le *burmannia capitata* (qui est le *tripterella capitata* de Michaux), par une tête de fleurs, et dans le *burmannia distachia*, par deux épis de fleurs. Chaque fleur a un calice coloré ; son tube est à trois angles, et son limbe à six divisions, dont trois intérieures plus petites. Les étamines, au nombre de trois, ont les anthères presque sessiles et séparées chacune en deux parties par le filet qui les porte. L'ovaire, libre dans le calice, devient une capsule que le calice recouvre et qui est remplie de graines menues. Ces petites herbes n'ont aucun usage. (Mas.)

BURO. (*Ichtyol.*) Ce nouveau genre de poissons, établi par Commerson, a été placé par Lacépède immédiatement avant les clupées, et il ne contient qu'une seule espèce. Les buros ont pour caractères génériques un double piquant entre les nageoires ventrales ; une seule nageoire du dos, cette nageoire très-longue ; les écailles très-petites et peu distinctes ; cinq rayons à la membrane branchiale.

Le Buro brun, *Buro brunneus*. Il a treize rayons aiguillonnés à la nageoire dorsale ; sept rayons aiguillonnés à
l'anale ; deux rayons aiguillonnés à chaque ventrale, et la
caudale en croissant. Sa couleur est brune, parsemée de
petites taches blanches.

    D. — 24. P. — 18. V. — 5. A. — 16. C. — 16.

 Ce poisson, long de huit pouces à un pied, a la tête
menue, le museau un peu pointu, avec un seul rang de
dents, très-aiguës et très-petites, à chaque mâchoire : la ligne
latérale, courbée comme le dos, est formée de points un
peu élevés. (F. M. D.)

BURONG-AROU. (*Ornith.*) Ce nom, qui désigne, dans
la nouvelle Guinée, l'oiseau de paradis proprement dit,
paradisea apoda, L., est composé de deux mots, dont le
premier signifie oiseau, et dont le second est le nom des
îles dans lesquelles on le trouve. Il en est de même de
burong-papoua, oiseau des papous. (Ch. D.)

BURRO. (*Bot.*) L'Histoire des Voyages fait mention d'un
arbre de ce nom qui croît en Afrique, dont le feuillage
est très-touffu. Son écorce, couverte d'épines, rend, ainsi
que les feuilles, un suc jaune qui est un violent purgatif.
Cet arbre n'est pas conuu des botanistes. (J.)

BURSAIRE (*Bot.*), *Bursaria*, genre de plantes établi
par Cavanilles (icon. t. 350) sur un petit arbrisseau épineux de la Nouvelle-Hollande, qui a de petites feuilles alternes en forme de coin, des épines feuillées solitaires aux
aisselles des feuilles, de petites fleurs en grappe au sommet
des rameaux, et des capsules semblables pour la forme et
presque pour la grandeur à celles de la bourse à berger,
thlaspi bursa pastoris, ce qui a fait donner au genre le nom
de bursaire. Son caractère est d'avoir un petit calice à cinq
divisions profondes ; une corolle à cinq pétales linéaires,
attachés à un réceptacle conique, un peu saillant au-dessus
du fond du calice; cinq étamines attachées au même point
que les pétales, et alternes avec eux; un ovaire libre, posé
sur le réceptacle, terminé par un style à stigmate simple et
devenant une capsule en cœur aplati, se divisant par le
milieu en deux parties distinctes, représentant chacune la
moitié d'un cœur, terminées par deux filets, et contenant

deux graines attachées à leur partie inférieure au moyen d'un long cordon ombilical. On ne connoît pas encore la famille de ce végétal singulier. L'expédition du capitaine Baudin en a apporté beaucoup de graines en France ; mais elles n'ont pas germé. (Mas.)

BURSTEL. (*Ichtyol.*) C'est le nom que les habitans de la Bavière donnent à la perche. V. PERSÈQUE. (F. M. **D,**)

BURSTNER. (*Ornith.*) On appelle ainsi, dans les environs de Strasbourg, le gobe-mouche de France, *muscicapa grisola*, L. (Ch. **D.**)

BURYNCHOS. (*Ornith.*) Jonston désigne sous ce nom le toucan à ventre rouge, *ramphastos picatus*, *L.* (Ch. D.)

BUSE. (*Ornith.*) Les oiseaux connus sous cette dénomination font partie du genre *Falco* de Linnæus ; ils ont les caractères généraux des accipitres, tels que la tête plate en dessus et garnie de plumes, la base du bec recouverte d'une cire, les doigts armés d'ongles crochus : mais on a déjà observé au mot AIGLE qu'il existait assez de caractères particuliers pour distribuer en plusieurs genres les nombreuses espèces dont celui du naturaliste suédois est composé. La courbure du bec, arqué dès sa base, fait distinguer, au premier coup d'œil, la buse, le faucon, l'épervier, des aigles et des milans, chez lesquels cette courbure ne commence que vers l'extrémité. La différence entre les buses, les faucons et les éperviers, n'est pas aussi saillante ; mais cependant il est facile d'observer que les éperviers ont les ailes bien plus courtes que la queue, tandis que chez les faucons et les buses les ailes sont presque aussi longues et la dépassent même quelquefois. A l'égard des buses et des faucons, le signe auquel on peut les reconnoître n'est pas aussi frappant, et il faut considérer les pennes de l'aile : chez les faucons la première est presque aussi longue que la deuxième, qui excède toutes les autres, tandis que chez les buses la première penne est très-courte, et la troisième ou la quatrième la plus longue.

Il existe aussi dans ce genre un caractère secondaire, qui consiste dans la longueur relative des tarses. Les buses proprement dites les ont gros et courts, et les busards et soubuses, longs et grêles. Les premières ont aussi la tête

plus large, le cou plus court, le corps plus trapu que les
seconds, qui ont en général la taille plus svelte et les
formes plus déliées. Chez les uns et les autres la femelle
est plus grosse que le mâle.

Lacépède a formé un genre particulier des busards et
soubuses, sous le nom de *circus*; mais cette séparation n'est
fondée que sur la hauteur respective des tarses, et l'on
ne sauroit trouver, dans des proportions toujours variables,
des signes distinctifs bien tranchés. Les soubuses comprises dans ce genre, offrent une particularité plus remarquable dans l'espèce d'auréole ou de collerette qui leur
couvre les joues, comme aux oiseaux de nuit; mais, distinguées par là des busards, elles se confondent avec eux
par la dimension des tarses, et leurs habitudes les en rapprochent également. On a donc cru devoir se borner à faire
trois sections, en assignant au genre entier, sous le nom
de buse, *buteo*, le caractère tiré par le même naturaliste
de la longueur absolue des premières pennes de l'aile.

Les buses sont, ainsi que les milans, des oiseaux généralement regardés comme lâches, et les premières sont en
outre considérées comme un emblème de la bêtise. Mais
cette opinion, quoique justifiée en apparence par les faits,
n'est-elle pas un peu exagérée ? La nature, pour conserver
les espèces, a donné à chaque être la connoissance de ses
forces et de ses moyens, et l'on est exposé à porter des
jugemens faux quand on veut apprécier les résultats sans
examiner assez soigneusement les causes. Le milan, bien
proportionné dans sa taille, est doué d'une grande agilité
dans les ailes, et l'on est surpris de le voir fuir à l'aspect
d'oiseaux bien plus petits, auxquels il sembleroit devoir
plutôt livrer combat; mais on ne fait pas attention au peu
de force de son bec, grêle et mince, et à l'extrême foiblesse de ses serres, l'arme principale des rapaces. La buse,
mieux organisée à cet égard, semble aussi manquer de
courage ; mais sa vue est si délicate que les rayons du grand
jour l'éblouissent, et cette circonstance met à portée d'expliquer tout naturellement des mœurs qui ne sauroient
être différentes sans cesser de se trouver en concordance
avec son organisation. L'audace tranquille de la buse, qui

se laisse approcher assez aisément, ne doit donc pas être attribuée au défaut de connoissance du danger ; et si , préférant une guerre d'affût à une attaque ouverte, elle a la patience d'attendre des heures entières, parmi les branches, sa proie, sur laquelle elle fond au passage, c'est parce que sa vue ne lui permettroit pas de la poursuivre avec avantage dans les régions éthérées. Il n'y a de véritable lâcheté que chez les individus qui , avec tous les moyens d'attaque ou de défense, n'osent pas en faire usage ; mais ici c'est le sentiment du danger attaché à un autre genre de vie, qui fait adopter forcément à la buse celui que commande la prudence.

On ne doit pas être étonné, d'après cela, que les fauconniers aient fait de vains efforts pour enseigner à ces oiseaux un art auquel ils n'étaient nullement propres ; et lorsque la foiblesse de leurs yeux les rapproche des accipitres nocturnes, il n'est pas plus surprenant d'observer chez eux l'air hébété et d'autres effets que produit toujours la vue basse.

Les buses proprement dites établissent en général leur domicile dans les terres cultivées et près des habitations, où elles se nourrissent de volailles, de menu gibier, de taupes, de souris, d'autres petits mammifères, et même d'insectes.

Les soubuses ont à peu près les mêmes habitudes.

Les busards, plus sauvages, préfèrent le voisinage des marais, et vivent sur des terrains abandonnés aux eaux, où ils mangent des oiseaux aquatiques, des poissons, des reptiles, etc.

I.re SECTION. *Tarses gros et courts.*

Buses proprement dites.

BUSE COMMUNE, *Buteo vulgaris*, Lacép. ; *Falco buteo*, Linn. ; pl. enlum. de Buffon, n.° 419. Cette espèce, que les Grecs ont nommée *triorches*, d'après l'opinion erronnée qu'elle avoit trois testicules, est un peu plus grosse que le milan royal : elle a environ quatorze décimètres (4 pieds 4 pouces) de vol, et cinq décimètres cinquante-six millimètres (20 pouces et demi) de longueur, depuis le bout du bec jusqu'à l'extrémité de la queue, que ses ailes pliées excèdent d'environ vingt-sept millimètres (1 pouce).

Le plumage de cet oiseau est fort sujet à varier: il diffère dans la plupart des individus, soit par l'intensité des nuances, soit par les proportions plus ou moins grandes dans la blancheur des diverses parties. On en a même vu qui étaient presque entièrement blanches. Il seroit donc impossible d'en donner une description qui convînt à tous; mais voici les couleurs qui s'observent le plus généralement.

La partie supérieure de la tête, le cou, le dos, et les couvertures des ailes et de la queue, sont d'un brun ferrugineux. Des plumes blanches, ayant chacune une tache longitudinale brune, couvrent les côtés de la tête et la gorge; celles du ventre et de la poitrine sont variées de blanc et de brun ferrugineux. La même couleur, mélangée d'un peu de roux, s'étend sur les jambes et sous les ailes. La teinte ferrugineuse s'éclaircit sur les plumes anales. Les grandes plumes de l'aile sont entièrement brunes du côté extérieur, et blanches du côté interne, avec des raies transversales, brunes dans les deux tiers de leur longueur; l'extrémité est noirâtre des deux côtés. Les cinq premières pennes sont d'ailleurs échancrées, et la quatrième est la plus longue. Les pennes de la queue, grisâtres en dessus, sont brunes en dessous, avec des raies transversales plus foncées; leur extrémité est d'un blanc roussâtre. Le bec est de couleur plombée; l'iris, la cire et les pieds, sont jaunes, et les ongles noirs.

Cette espèce est très-répandue en Europe: Poiret l'a aussi vue en Barbarie, et elle se trouve vraisemblablement dans d'autres contrées de l'Afrique. Les cailles, les perdreaux, les levrauts, les lapins, sont, en été, sa proie la plus ordinaire, et dans la même saison elle dévaste les nids des autres oiseaux. Au défaut de cette nourriture, les taupes, les mulots, les grenouilles, les sauterelles et d'autres insectes, assouvissent sa faim. Elle rend, sous ce rapport, des services à l'agriculture; et de jeunes buses, élevées avec de la viande hachée, pourraient aussi être employées à la destruction des vers et des insectes nuisibles dans les jardins, si elles n'attaquaient de même les petits oiseaux qui les égaient par leur chant.

La buse plane quelquefois sans agilité au-dessus des petits taillis pour découvrir le menu gibier; mais dans les champs elle préfère de se poser sur un arbre, un buisson. une motte de terre, où elle attend le moment de se jeter sur la proie qui passe à sa portée. Elle construit sur quelque arbre élevé son aire, qui est composée de petites branches et garnie de laine ou d'autres matières molles : souvent elle s'empare d'un nid de corneille, qu'elle agrandit. Sa ponte est de deux ou trois œufs blanchâtres, avec des taches jaunes, que Lewin a peintes rembrunies, pl. 2, fig. 1. Elle nourrit ses petits plus long-temps que les autres accipitres; et Ray prétend même que si la mère est tuée, le mâle leur continue ses soins jusqu'au moment où ils peuvent s'en passer. Lorsque ceux-ci ont pris leur essor, on les entend jeter sans cesse des cris aigres et plaintifs.

Daudin regarde comme simples variétés de la buse commune., 1.° la grosse buse, *falco gallinarius*, Gmel.; gros busard, Briss.; dont la longueur a quelquefois quatre-vingt-un millimètres (3 pouces) de plus; 2.° la buse tachetée, *falco nævius*, Gmel., et busard varié, Briss., dont la taille n'excède pas celle de notre buse, et qui ne diffère de la précédente que par un plus grand nombre de taches sur les ailes; 3.° la buse blanche, qui est de la même taille que la buse commune, mais sur le plumage de laquelle le blanc domine; 4.° la buse cendrée, ou faucon de la baie d'Hudson, de Brisson et de Buffon; 5.° la buse patue, *falco pennatus*, Gmel., dont les tarses et les doigts sont emplumés.

Il est très-vraisemblable que les trois premières de ces variétés ne forment point des espèces, et peut-être même la grosse buse n'est-elle que la femelle de la buse commune, chez laquelle il étoit naturel d'observer une taille un peu plus forte : mais le genre de la quatrième est encore douteux; et tout porte à croire que la cinquième, rapprochée de la buse gantée de Levaillant, forme avec elle une espèce particulière.

BUSE BONDRÉE, *Buteo apivorus*, Lacép.; *falco apivorus*, Linn.; pl. enlum. de Buff, n.° 420, et pl. 7 de Lewin, dont la figure est plus exacte. Cette espèce, aussi grosse que la buse commune, a quarante-un millimètres (un pouce et demi) de plus de longueur depuis le bout du bec jusqu'à celui de la queue, dont les ailes n'atteignent pas l'extrémité; aussi n'a-t-elle que treize décimètres cinquante-trois millimètres (4 pieds 2 pouces) de vol : mais il existe chez elle une différence dans les proportions, qui n'a pas besoin de mesure pour être aperçue, c'est que la troisième penne de l'aile est la plus longue de toutes, tandis que chez la buse c'est la quatrième. Le dessus de la tête est d'un gris cendré, le manteau d'un brun foncé; la gorge et une partie du cou d'un blanc jaunâtre, avec des lignes étroites de couleur brune. La partie inférieure du cou est d'un brun rougeâtre; la poitrine et le ventre sont traversés de raies alternativement rougeâtres, brunes et blanches; la queue est d'un brun obscur, et marquée d'une raie noirâtre près de son extrémité, et d'une seconde de même couleur vers le milieu. L'iris est d'un jaune de safran; le bec, de couleur de corne foncée, est un peu plus long que celui de la buse; la cire et les pieds sont jaunes.

Cette buse, qui était fort commune en France du temps de Belon, est assez rare aujourd'hui dans les diverses contrées de l'Europe; elle se tient ordinairement en plaine, sur les arbres et sur les buissons. Son vol est bas et de courte durée : on prétend qu'elle piète, sans s'aider de ses ailes, aussi vite que les coqs : et cette faculté lui doit être utile pour la chasse des mulots et des lézards, qui, avec les grenouilles et les insectes, forment sa principale nourriture. Son nid, composé de bûchettes entrelacées, est tapissé intérieurement de laine ou d'autres matières analogues. Elle n'y pond ordinairement que deux œufs, qui, suivant Buffon, sont d'une couleur cendrée et marquetés de petites taches brunes; mais ceux que Lewin a fait peindre, pl. 2, fig. 2, sont de couleur de rouille avec des taches plus foncées. Elle nourrit ses petits de chrysalides et particulièrement de celles de guêpes, circonstance qui a donné lieu à sa dénomination spécifique. Comme cet oiseau, fort gras en hiver, est assez bon à manger, on lui tend des piéges.

Busse patue, *Buteo plumipes.* Cet oiseau, qui paroît être le *falco pennatus* de Gmel., le faucon patu, de Brisson, et que Daudin a regardé comme une simple variété de la buse commune, est de la même taille. Son bec est plus délié, ses pieds plus effilés ; mais ses couleurs, quoique moins foncées en général, ne présentent pas plus de différences qu'on n'en remarque dans certains individus appartenant à la même espèce ; et le caractère particulier qui le distingue est d'avoir les tarses emplumés jusqu'aux doigts. Holandre, qui avoit vu deux individus, dont le premier tué en France et le deuxième dans le ci-devant duché de Deux-Ponts, a fait figurer l'oiseau sous le n.° 1, dans la pl. supplémentaire D de son Abrégé d'histoire naturelle : il dit que les fauconniers lui donnent le nom de buse du Danemarck, et Levaillant croit que c'est le même oiseau qu'il a décrit sous le nom de buse gantée, et figuré pl. 18 de son Ornithologie d'Afrique. Dans cette partie du monde la buse patue vit isolée, et fréquente les pays couverts d'arbres, sur le sommet desquels elle se perche, en donnant la préférence à ceux qui sont morts. Quoiqu'elle se mette en embuscade pour saisir les perdrix au passage, elle vole fort lestement, et elle ne se laisse point poursuivre, comme d'autres buses, par de plus petits oiseaux, tels que les corbeaux, les pie-grièches.

Buse Jean-le-blanc, *Buteo gallicus (falco gallicus,* Linn.), Buff. pl. enlum. 413. Divers auteurs ont mal à propos placé cet oiseau parmi les aigles, dont il n'a pas le principal caractère, son bec étant courbé dès la base. Sa longueur est d'environ soixante-cinq centimètres (2 pieds), et il a seize décimètres (5 pieds) d'envergure. Ses ailes pliées dépassent un peu l'extrémité de la queue. La tête et les parties supérieures du corps sont d'un gris brun. La gorge et la poitrine sont blanches, avec des taches longitudinales d'un brun roussâtre. Les plumes du ventre, du dessous des ailes, du croupion et de la queue, sont de la même couleur, sans autres taches dans le mâle, dont les pennes caudales ont seulement des raies transversales brunes en dessous. L'iris est d'un jaune citron ; la cire d'un blanc sale. Le bec et les ongles sont cendrés ; les tarses et les doigts jaunâtres.

La femelle, presque entièrement grise, a les plumes du croupion d'un blanc sale. La cire et les pieds sont d'un cendré livide chez les jeunes.

Cet oiseau, qui, par sa forme, son attitude et ses mœurs, ressemble bien plus aux buses qu'aux aigles, est plus commun en France que dans les autres contrées de l'Europe. Il approche des lieux habités et y enlève la volaille, au défaut de laquelle il attaque les levrauts, les perdrix et d'autres plus petits oiseaux ; il mange aussi des mulots, des lézards, des grenouilles, mais pas de poisson : il vole bas, et ne chasse que le matin et vers le soir : il fait quelquefois entendre un sifflement aigu et inarticulé. On prétend que son nid est placé tantôt sur des arbres élevés, tantôt près de terre, et dans des lieux couverts de bruyères et de joncs. Sa ponte est ordinairement de trois œufs de couleur d'ardoise.

Buse cendrée, *Buteo cinereus*. Cet oiseau de la baie d'Hudson, que Gmelin désigne sous le nom de *falco cinereus*, et que Latham et Daudin regardent comme une simple variété de la buse commune, a été décrit et figuré par Edwards, Hist., tome 2, pl. 53, sous le nom de buse cendrée. Quoiqu'il ait des rapports avec notre buse par la taille et par le plumage, il en diffère essentiellement par la couleur de la cire et des jambes, qui sont plombées, ainsi que le bec, circonstance d'après laquelle Buffon croyoit convenable de le placer plutôt parmi les faucons, où Brisson l'a en effet rangé. Les plumes du dessus de la tête et du devant du cou sont tachetées de brun sur un fond blanc : ces taches s'élargissent sur la poitrine, et le brun domine sur les côtés et sur le ventre, où l'on remarque seulement des taches blanches, rondes ou ovales. Le dessus du cou, les ailes et la queue, sont d'un cendré foncé. Les pennes caudales ont en outre, dans leur partie supérieure, des raies transversales, étroites, de couleur fauve, et des raies blanches au-dessous. Les tarses sont à moitié couverts de plumes blanches, irrégulièrement tachées de brun.

Les gelinottes blanches sont sa proie la plus ordinaire.

Buse boréale, *Buteo borealis*. Cet oiseau, qui est le

falco borealis de Gmelin et de Latham, est originaire de l'Amérique septentrionale, où il habite principalement la Caroline. De la taille de la buse commune, il a la cire et les pieds jaunâtres, le bec et les ongles noirs comme elle. Les parties supérieures sont d'un fauve terreux, à l'exception du croupion. qui est blanc. Le dessous du corps est blanchâtre, avec des taches noires, de forme triangulaire, sur le ventre. La queue a vers l'extrémité une bande noire, étroite. Cette espèce a quelque rapport avec l'autour, et peut-être appartient-elle au genre Épervier.

Buse rayée, *Buteo lineatus* (*falco lineatus*, Gmel.). Cette espèce, dont la taille est encore celle de la buse commune, et dont la longueur va même jusqu'à six décimètres (22 pouces), a aussi la cire et les pieds jaunes, le bec bleuâtre et les ongles noirs; mais elle se reconnoît aux stries multipliées qui couvrent son plumage. Sur la tête et le cou le fond en est d'un blanc roussâtre, avec des raies d'un brun obscur. Le dos a une teinte terreuse et brunâtre ; les parties inférieures sont rousses, avec des raies blanches et d'autres ferrugineuses ; les pennes de la queue sont brunes et terminées par deux bandes d'un blanc sale.

Cet oiseau a été trouvé sur l'île Longue, prés de la côte de la Nouvelle-Yorck.

Buse de la Jamaïque, *Buteo jamaicensis* (*falco jamaicensis*, Gmel.). Cette buse, qui se trouve à la Jamaïque, où elle est rare, a aussi la taille et le port de la buse commune, la cire, l'iris et les pieds jaunes ; mais le bec est noir, et son plumage, fort joli, est en dessus d'un brun clair tirant sur le jaune et le fauve, avec des taches plus pâles en dessous : on observe des bandes d'un brun sombre sur la queue.

Buse busardet, *Buteo variegatus.* Cette espèce, de l'Amérique septentrionale, que Gmelin a décrite sous les noms de *falco variegatus* et de *falco albidus*, est plus petite que les précédentes. Sa longueur n'excède pas quatre décimètres (15 pouces) ; et quoiqu'elle ait le port de la buse commune, ses jambes plus longues pourroient faire douter si elle n'appartient pas à la section des busards. La tête et le cou sont blanchâtres, avec des raies d'un brun ferrugineux ; le dessus du corps est brun, le dessous blanc avec de grandes taches brunes. La queue est mélangée de bandes brunes et blanchâtres. Les pattes sont jaunes, les ongles et le bec noirs.

Buse jakal ou rounoir, *Buteo jakal* (*falco jakal*, Lath.). On doit la connoissance de cet oiseau à Levaillant, qui l'a figuré pl. 16 de son Histoire naturelle des oiseaux d'Afrique. Le premier des noms que ce voyageur lui a donné vient du rapport de son cri avec celui du renard d'Afrique appelé jakal, et le second des principales couleurs de son plumage, qui sont le roux sur la gorge et la poitrine, et le noir brun sur le manteau. Le ventre et les plumes anales sont noirs avec un mélange de roux. La queue, coupée carrément, est en dessus d'un roux foncé, avec une tache noire vers le bout de chaque plume, et des bandes noirâtres aux deux extérieures; en dessous elle est d'un gris roussâtre. Levaillant dit que les ailes pliées s'étendent presque jusqu'au bout de la queue; mais le dessin est à cet égard fort peu exact, et il sembleroit que le modèle, en mauvais état, était privé des grandes pennes. L'œil est très-grand, et l'iris d'un brun foncé; la cire et les jambes sont d'un jaune terne, le bec et les ongles noirâtres. Les couleurs de la femelle sont moins prononcées.

Cette buse, dont la taille est à peu près égale à celle de la nôtre, mais plus ramassée, vit autour des habitations du cap de Bonne-Espérance, où elle trouve sûreté, parce qu'elle détruit les souris, les taupes et d'autres petits mammifères nuisibles à l'agriculture. Le mâle et la femelle se quittent rarement. Pendant le jour on les voit perchés, dans les terres labourées, sur des mottes élevées ou des buissons, et le soir sur les arbres et les haies qui entourent les parcs des bestiaux. C'est sur ces arbres ou au milieu des buissons qu'ils font un nid composé de petites bûchettes et de mousse, dont l'intérieur est garni de plumes et de laine, et où la femelle pond deux, trois ou quatre œufs. Cette espèce est si foible qu'elle fuit devant les pie-grièches.

Buse rougri ou des Déserts, *Buteo desertorum* (*falco desertorum*, Daud., Lath.). Cette autre buse du cap de Bonne-Espérance, que Levaillant a figurée pl. 17, est moins forte et plus petite que la précédente; son corps est plus effilé, sa queue plus longue et son bec plus foible. A l'exception des pennes de l'aile, qui sont noires, tout le dessus du corps est roux. Le ventre est aussi de la même couleur, dont la teinte est seulement plus claire et mélangée de quelques traits noirâtres. La gorge, la poitrine et le dessous de la queue, sont d'un gris blanchâtre. L'iris est rougeâtre; le bec, qui est fort foible, et les pieds, sont d'un jaune citron.

Levaillant croit que cette buse, qui habite les déserts du Cap, aura été contrainte par la buse sédentaire d'abandonner les terres cultivées de la colonie, où elle auroit pu néanmoins rendre le même service à l'agriculture par la destruction des petits mammifères et des insectes dont elle se nourrit. Le mâle et la femelle ne se quittent pas plus que les buses rounoirs, et ils construisent de même, dans les buissons, un nid où la femelle pond aussi trois et quelquefois quatre œufs; cependant leur espèce est moins nombreuse.

Buse tacharde, *Buteo tachardus* (*falco tachardus*, Daud., Lath.). Levaillant, qui le premier a fait connoître cette espèce, l'a figurée pl. 19 de son Histoire naturelle des oiseaux d'Afrique, en avouant qu'il n'en avoit vu qu'un seul individu, tué sur les bords de la rivière des Lions, et qu'il ne connoissoit aucunement ses mœurs. Cette buse, plus petite que le rounoir et le rougri, a le corps plus svelte et la queue plus longue, et elle en diffère plus visiblement encore par son tarse, dont la moitié est couverte de duvet. Sa tête est d'un brun gris; la gorge et la poitrine blanchâtres, avec quelques taches brunes; le fond des plumes devient roussâtre sur les parties inférieures où les taches s'agrandissent. Le manteau est d'un brun foncé, mais chaque plume est bordée d'une couleur plus foible. La queue, d'un brun foncé en dessus, avec de larges bandes noirâtres, est en dessous d'un gris blanc, qui offre des bandes d'une teinte plus brune, et peu apparentes. L'iris est d'un brun rougeâtre; la mandibule supérieure et la pointe de l'inférieure sont noires; la cire, le surplus de la mâchoire, jusque vers l'extrémité, la partie nue du tarse et les doigts, sont jaunâtres, et les ongles d'un brun cannelle.

Buse criarde, *Buteo vociferus (falco vociferus,* Daud., Lath.). Cette petite buse, que Sonnerat a trouvée sur la côte de Coromandel, n'est pas plus grosse que le pigeon ramier. Son œil est entouré d'une peau nue, de couleur rouge ; ses paupières sont ciliées; l'iris est jaune. Le dessus de la tête, le derrière du cou, le dos, le croupion et la queue, sont d'un gris cendré. Les plumes scapulaires sont noires, les moyennes couvertures d'un gris clair, et les pennes d'un noir grisâtre. La gorge et toutes les parties inférieures sont blanches, les pieds jaunes, les ongles noirs, et celui du doigt intermédiaire tranchant sur son bord intérieur. Cette buse habite les champs de riz qui sont remplis de petites grenouilles : elle jette des cris réitérés aussitôt qu'elle aperçoit quelqu'un, et on l'approche très-difficilement.

Section II. *Tarses longs et grêles, point de collerette.*

Busards.

Busard commun, *Buteo æruginosus (falco æruginosus,* Linn.); pl. enlum. de Buff. n.° 424. Cet oiseau a environ six décimètres (22 pouces) de longueur depuis le bout du bec jusqu'à celui de la queue : ses ailes pliées s'étendent au-delà des trois quarts de la queue. Le bec est noir; la cire est d'un jaune verdâtre, et l'iris couleur de safran. La couleur générale du plumage est d'un brun de chocolat; la tête, dans les vieux mâles, est d'une couleur de buffle jaunâtre, qui, dans quelques individus, s'étend aussi sur le cou et sur les épaules. Les plumes qui couvrent ces parties ont néanmoins la tige brune. Les jambes sont fort longues, menues et jaunes.

Le busard se trouve dans les différentes contrées de l'Europe, sans que l'espèce soit nombreuse nulle part. On lui a donné les noms de busard de marais, de fau-perdrieux et de harpaie à tête blanche. Quoique les lieux marécageux soient son séjour ordinaire, il vit aussi dans les bruyères. Son vol est moins pesant, plus rapide et plus ferme que celui de la buse : il ne se perche pas, comme elle, sur de grands arbres; mais il se tient sur les buissons, sur les

pierres, sur un poteau, et y reste pendant des heures en-
tiéres à guetter sa proie, qui consiste en jeunes lapins,
rats d'eau, oiseaux aquatiques, reptiles, grenouilles et
poissons, qu'il enlève vivans dans ses serres : il est vorace
et courageux ; non-seulement il fait fuir les hobereaux et
les cresserelles, mais il résiste au faucon, et parvient même
à l'abattre si on ne le fait attaquer par plusieurs. Son nid
est placé dans de petits buissons, dans des touffes d'herbes
ou dans les joncs : la femelle y pond deux ou trois œufs
blanchâtres, avec des taches brunes, plus ou moins foncées.
Lewin en donne la fig. pl. 3, n.º 1.

Quoique le busard commun soit regardé comme un oiseau
particulier à l'Europe, Holandre en a rapporté un de
Syrie.

Busard esclavon, *Buteo sclavonicus* (*falco sclavonicus*,
Lath., Daud.). Cet oiseau, que Kramer décrit dans son
Elenchus animalium Austriæ inferioris comme une espèce
particuliére à l'Esclavonie, et qu'on pourroit regarder
comme une simple variété de la précédente si ses jambes
n'étoient garnies de duvet dans toute leur longueur, a la
taille d'un coq, le bec d'un bleu noirâtre, la cire jaune,
et l'iris noirâtre. La tête, le cou et la poitrine, sont d'un
blanc jaunâtre, avec des taches longitudinales noires; le
ventre et les flancs sont entièrement noirs ou seulement
tachés de noir; le dessus du corps est d'un roux sombre,
le croupion et l'anus blanchâtres avec des taches brunes:
les grandes pennes des ailes sont noirâtres; celles de la
queue, blanches dans plus de la moitié de leur longueur,
sont brunes vers l'extrémité, et quelquefois rayées de cinq
bandes noirâtres : ses tarses sont couverts de plumes d'un
rouge brun, mélangées de raies et de taches noires; les
doigts sont jaunes.

Busard bordé, *Buteo marginatus* (*falco marginatus*, Lath.,
Daud.). Cette espèce, de la taille d'une poule, a le bec d'un
vert noirâtre, et la cire bleuâtre. Les parties supérieures
du corps sont couvertes de plumes brunes avec une bordure ferrugineuse, et les parties inférieures de plumes couleur de rouille, ayant au centre des taches longitudinales
et ovales brunes : les pennes des ailes et de la queue sont

brunes, avec des raies plus foncées et une bordure blanchâtre; les pieds sont jaunes.

L'auteur du voyage *per Poseganam*, d'après lequel Latham
et Daudin ont décrit cet oiseau, le donne comme habitant
les forêts et les montagnes de la Dalmatie et de l'Eclavonie;
ce qui annonceroit une espèce différente du busard commun, dont les lieux humides et inondés sont le séjour
habituel. Mais celui auquel les mêmes auteurs ont donné
le nom de *falco rubiginosus*, busard couleur de rouille ou
de chocolat, qui paroît vivre dans les mêmes contrées, ne
présente pas des caractères suffisans pour former aussi une
espèce particulière : il a, suivant eux, la tête d'un jaune
blanchâtre, avec les joues couleur de rouille; le manteau
brun; les couvertures des ailes blanchâtres à leur extrémité;
les parties inférieures d'un jaune pâle, avec une tache irrégulière couleur de rouille sur la poitrine; les pennes
alaires brunes, avec une bordure plus claire, et quatre
bandes blanches en dedans; les pennes caudales également
brunes et rayées, quatre bandes plus foncées. On ne voit
là que des nuances qui, si elles suffisent pour séparer l'oiseau du busard commun, ne semblent au moins désigner
que des différences d'âge ou de sexe entre lui et le busard
bordé, dont la dénomination est même tirée d'un caractère
peu stable dans le plumage des oiseaux, et ne pourroit
déterminer à établir la première espèce sans la différence
dans leurs mœurs qui doit résulter de leur séjour, s'il est
constant et habituel.

Busard harpaie, *Buteo rufus* (*falco rufus*, Gmel.); pl.
enlum. de Buff. 460. Cet oiseau, à peu près de la grosseur
de l'autour, a environ cinquante-quatre centimètres (1 pied
8 pouces) de longueur, et treize décimètres (4 pieds) de
vol. Ses ailes n'atteignent pas tout-à-fait au bout de la
queue. Son bec est noir, à l'exception de la base de la
mandibule inférieure, qui est fauve; la cire est de cette
dernière couleur, et l'iris safrané. Frisch remarque qu'elle
a des sourcils très-avancés. Le roux est la couleur dominante de son plumage; plus clair sur la tête, le cou, la
poitrine et les petites couvertures des ailes, il est plus
foncé sur le ventre, les côtés et l'anus, où l'on remarque

une tache brune, oblongue sur la tige de chaque plume. Le dos, le croupion et les grandes couvertures des ailes, sont de couleur brune. Les grandes pennes sont noirâtres, les moyennes et celles de la queue cendrées. Les tarses et les doigts sont jaunes et les ongles noirs.

Le busard harpaie et assez rare ; on le trouve néanmoins en France et en Allemagne le long des eaux, où il prend les poissons qui font sa nourriture. Les fauconniers le connoissent sous le nom de harpaie-rousseau ; et avant que Buffon eût particulièrement appliqué la dénomination de harpaie à l'oiseau qu'on vient de décrire, on appeloit aussi harpaie à tête blanche le busard commun, et harpaie-épervier la soubuse bleuâtre ou oiseau S. Martin.

Busard grenouillard, *Buteo ranivorus* (*falco ranivorus*, Daud., Lath.). Cet oiseau, que Levaillant a trouvé le long de la côte est d'Afrique, vers le cap des Aiguilles, et qu'il a figuré pl. 23, ressemble à notre busard par la forme svelte du corps et la longueur des tarses ; mais son bec est plus allongé et moins épais à la base. Le plumage est en général d'un brun de terre d'ombre plus ou moins clair. La gorge et les joues sont couvertes de plumes foibles, à barbes désunies, d'une couleur blanchâtre, avec la tige brune. Il y a aussi des taches blanches au haut du cou et aux petites couvertures de l'aile, sur la poitrine et sous le bas-ventre. Les pennes de l'aile et de la queue, brunes en dessus, sont en dessous rayées transversalement de blanc et de brun. Les plumes des cuisses et les plumes anales sont d'un roux ferrugineux, avec une bordure blanchâtre. Les pieds et les doigts sont jaunâtres ; les ongles sont noirs, ainsi que la pointe du bec, dont la base est bleuâtre ; l'iris est d'un gris brun.

La femelle, qui est d'un quart environ plus grosse que le mâle, a dans le plumage quelques teintes plus foibles.

Ce busard, que Levaillant a trouvé en Afrique depuis le cap des Aiguilles jusqu'au pays des Caffres, plane avec grâce et dextérité au-dessus des marais, et se perche sur les arbres ou les buissons qui les avoisinent. Il fait la guerre aux oiseaux aquatiques, surtout lorsqu'ils sont jeunes ; il mange aussi du poisson : mais les grenouilles forment sa

nourriture habituelle ; il fond sur celles qu'il aperçoit et
les dévore dans la place même. Il construit dans les marais,
parmi les roseaux, un nid composé de feuilles de plantes
aquatiques, et y pond trois ou quatre œufs blancs.

Le même naturaliste parle d'un autre oiseau de la taille
du grenouillard, qui avoit été tué dans les environs de la
baie de Lagoa, mais dont la dépouille n'a pas été conservée.
Son plumage étoit d'un brun sombre, à l'exception des
petites couvertures des ailes, et de la plus grande partie
de la tête et des joues, qui étoient d'un blanc roussàtre.
On observoit une teinte jaunàtre sur les pieds et à la base
du bec. Malgré les rapports de cet oiseau avec le grenouillard, Levaillant, qui n'a pas examiné si la queue étoit
étagée ou coupée carrément comme dans celui-ci, ne décide point si c'est une simple variété ou une espèce distincte.

Busard de Java, *Buteo javanicus* (*falco javanicus*, Gmel.).
Cette espèce, dont Vurmb a donné une courte description,
a la cire noire, avec un espace jaune au centre ; les pieds
de cette dernière couleur ; la tête, le cou et la poitrine
chàtains, et le manteau brun. Elle se trouve dans l'île de
Java, et se nourrit de poissons, qu'elle prend sur les bords
de la mer.

Busard buserai, *Buteo busarellus* (*falco busarellus*, Daud.,
Lath.). Cet oiseau, que Mauduyt a décrit sous le nom de
busard roux de Caïenne, et que Levaillant a figuré pl. 20
de son Ornithologie d'Afrique, est de la taille du busard
d'Europe. Ses ailes pliées atteignent l'extrémité de la queue.
Le bec est noir et la cire bleuàtre. Le devant de la tête
et du cou, et la poitrine, sont d'un blanc roussatre ; les taches
longitudinales brunes qui occupent le centre des plumes,
s'élargissent sur le derrière de la tête et du cou. Les grandes
pennes de l'aile sont noiràtres ; les moyennes, les scapulaires et toutes les petites couvertures, sont d'un brun
chàtain avec des raies plus foncées. De son origine à la
moitié de sa longueur la queue est rousse en dessus, avec
des raies noires en zigzag ; l'extrémité est noiràtre. Le
ventre et les jambes, d'un roux clair, présentent des raies
transversales d'un brun foncé, que l'on voit aussi sur les

plumes qui recouvrent le devant des tarses, lesquels sont longs et jaunes, ainsi que les doigts ; les ongles sont noirs.

BUSARD BUSON, *Buteo buson* (*falco buson*, Daud., Lath.). On n'a pas plus de connoissance sur les habitudes de cet oiseau que sur celles du précédent, et l'on sait seulement qu'ils sont tous deux originaires de Caïenne. Levaillant est le premier qui ait fait connoître cette dernière espéce, dont il a donné la fig. pl. 21 ; elle est de la taille de la soubuse d'Europe. Ses ailes, assez courtes, n'atteignent que la moitié de la longueur de la queue, ce qui la distingue surtout du busard buserai, avec lequel elle a d'ailleurs de grands rapports. La cire, bleuâtre chez ce dernier, est jaune dans le buson. Les plumes de la tête et du cou sont blanches à leur base, qui est cachée, et noires dans la partie visible ; le manteau est d'un noir brun, mélangé et bordé de roux ; les grandes pennes de l'aile sont noires, et marbrées de blanc et de roux dans leurs barbes intérieures. La queue, qui est carrée, a aussi les pennes noires, avec une bande transversale blanche dans leur milieu, et un liseré blanc à l'extrémité. Les parties antérieures du corps, le ventre et les plumes tibiales, sont roussâtres, avec une raie transversale noire. Les tarses et les doigts sont jaunes, et les ongles noirâtres.

Le nom de busard a été donné par Brisson à divers oiseaux de proie. Le gros busard de cet auteur est l'autour blond, son busard varié, l'autour blond a ailes tachetées, appartenant tous deux au genre Épervier, et son busard du Brésil est le caracara, espèce de milan.

SECTION III. *Tarses longs et grêles ; plumes étroites et rayonnantes, formant une sorte de collerette totale ou partielle autour de la face.*

Soubuses.

SOUBUSE COMMUNE, *Buteo pygargus* (*falco pygargus*, Linn.). Cette espéce, que Brisson a décrite sous le nom de faucon à collier, a été confondue par plusieurs auteurs avec l'oiseau S. Martin, qu'ils ont regardé comme le mâle ; mais Buffon paroît s'être assuré que ce dernier est une espèce particu-

lière et distincte de la soubuse commune, dont il a figuré
un jeune mâle sous le n.° 480 de ses planches enluminées,
et la femelle sous le n.° 443. Lewin, qui a adopté l'opinion
de Latham, a appelé ravisseur de poules mâle, l'oiseau S.
Martin, pl. 18, et ravisseur de poules femelle, pl. 18 , la
soubuse femelle.

La soubuse mâle est plus petite que la femelle d'environ
un tiers ; celle-ci a quarante-huit centimètres (18 pouces)
de longueur, et un mètre quatorze centimètres (3 pieds 6
pouces) de vol. Ses ailes pliées s'étendent au-delà des trois
quarts de la queue. Tous deux ont le bec et les ongles
noirs, l'iris et les pieds jaunes, la cire d'un jaune ferrugineux, et au-dessus des narines des soies noirâtres, tournées
en devant ; mais il existe d'assez grandes différences dans
leur plumage.

La femelle a autour de la face une auréole ou collerette
de plumes hérissées, brunes dans leur milieu, et roussâtres
à leur extrémité. On remarque une tache blanchâtre sous
les yeux. La tête, le derrière du cou, les couvertures des
ailes, le dos et le croupion, sont d'un brun obscur ; la gorge
est brunâtre ; la partie inférieure du cou, la poitrine et le
ventre, sont d'un blanc roussâtre, avec des raies longitudinales brunes au centre de chaque plume. Les pennes des
ailes, brunes en dehors, ont des barres blanchâtres en
dedans ; celles de la queue, dont le fond est le même, sont
variées de bandes transversales rousses et noirâtres.

Le plumage du mâle a des teintes plus rousses dans son
jeune âge, et ensuite plus foncées ; mais on le distingue
surtout en ce qu'au lieu d'une collerette entière, il ne
porte sous les yeux que de simples faisceaux de ces
plumes oblongues qui donnent à la femelle la figure d'une
chouette.

Ce rapport de la soubuse avec les oiseaux de nuit se
retrouve dans ses mœurs. En France, en Angleterre et dans
les autres contrées du nord de l'Europe et de l'Asie, où
on l'a observée, elle fait, aux approches de la nuit, la
chasse aux mulots, aux campagnols, aux lézards, et elle
s'introduit aussi dans les basses-cours et les colombiers,
d'où elle enlève les poulets et les jeunes pigeons : elle fait

également la guerre au gibier ailé, et comme son vol est
en général bas, elle saisit sa proie plutôt à terre qu'en
l'air ; cependant on la voit dans les beaux jours s'élever
à d'assez grandes hauteurs. Elle perche rarement sur les
arbres, et fait par terre un nid dans lequel elle pond trois
ou quatre œufs roussâtres, avec des taches rondes plus
foncées. Lewin en a donné la figure pl. 4.

Latham a décrit, d'après Bechstein, sous le nom de *falco
subbuteo major*, une soubuse qui habite dans les forêts de
pins de l'Allemagne, et que celui-ci prétend être une espèce particulière ; mais la description offre si peu de différence qu'on est encore en droit d'en douter. Elle n'a en
effet que quarante-huit centimètres (18 pouces) de longueur, comme la soubuse commune, et on ne lui donne
qu'une envergure moindre d'un septième, c'est-à-dire ayant
neuf décimètres soixante-quinze millimètres (3 pouces).
L'iris, le bec, la cire et les pieds, sont de la même couleur.
Le mâle a les joues noires, les parties supérieures d'un
noir bleuâtre, avec des raies mélangées de brun, de gris
et de roux ; les parties inférieures sont roussâtres, avec des
taches ovales d'un brun pâle, et des bandes alternativement brunes et grises sur la queue.

La femelle, du tiers environ plus grosse que le mâle, a
les couleurs plus ternes : ses joues ne sont pas noires ; et
la poitrine, ainsi que la partie supérieure du ventre, sont
d'un blanc sale.

Cette soubuse, qui ne paroît être qu'une variété, fait la
guerre aux levrauts et aux petits oiseaux.

Soubuse bleuatre, *Buteo cyaneus* (*falco cyaneus*. Linn.) ;
pl. enlum. de Buff. n.° 459. Cet oiseau, auquel on a donné
le nom d'oiseau S. Martin, vraisemblablement parce qu'il
reparoît chaque année à l'automne, est aussi connu sous
ceux de faucon-lanier ou lanier cendré, et de harpaie-
épervier ; il est de la même taille que la soubuse commune,
et a les mêmes habitudes : ses narines sont recouvertes de
poils noirs, rudes, touffus, redressés en arrière, et sa collerette de plumes frisées autour de la face est entière. Tout
le dessus du corps est d'un cendré bleuâtre, à l'exception
des plumes occipitales, qui sont brunes et bordées de fauve

clair; les parties inférieures sont blanches. Les grandes pennes des ailes sont noires : un trait blanc termine les moyennes; celles de la queue sont d'un cendré bleuâtre en dessus et blanchâtre en dessous. Le bec et les doigts sont noirs, la cire blanchâtre, l'iris et les tarses jaunes.

Mauduyt a reçu de Caïenne un oiseau qu'il regarde comme une simple variété de l'oiseau S. Martin, parce que son plumage, d'un cendré plus foncé, n'avoit presque d'autre différence que deux bandes transversales, l'une à l'origine, l'autre vers l'extrémité de la queue, et les pieds bruns.

On a aussi adressé à ce naturaliste, de la même contrée et de la Louisiane, plusieurs oiseaux qui ne lui ont paru être que de simples vàriétés de la soubuse commune. Latham est du même avis, et ne donne point la soubuse de Caïenne, *buteo cayennensis* (*falco Buffoni*, Gmel.) comme une espèce véritable; mais Sonnini croit que c'est trop étendre l'acception du mot variété. Sans décider ici la question, pour la solution de laquelle il faudroit être à portée d'examiner un assez grand nombre d'individus, on se bornera à observer que le plumage de cette soubuse est d'un fauve noirâtre avec des teintes rousses en dessous ; que les pennes alaires et caudales ont des bandes brunes, et que les premières sont en outre bordées de blanc; que les yeux sont surmontés d'un arc jaunâtre, et que la cire est bleuâtre et les pieds jaunes.

On trouve dans l'Amérique septentrionale, et plus communément vers la baie d'Hudson, une autre soubuse dont Gerini a donné la figure sous le nom de *falco pygargus canadensis*, et qui a été décrite par Linnæus sous celui de *falco hudsonius*; mais Latham regarde cet oiseau comme une simple variété de la soubuse commune, et Sonnini pense qu'il y a identité entre lui et la soubuse de Caïenne. Long de près de cinq mètres, il a le bec et les ongles noirs, la cire et les pieds jaunes, une collerette autour de la face, les sourcils blancs, les plumes brunes sur le corps, blanches en dessous, avec des taches d'un roux brun, qui, d'après la planche 107 d'Edwards, sont transversales et en forme d'écailles. Le miroir des ailes est bleuâtre et non blanc; il

a des bandes alternativement brunes et blanches au-dessous
des pennes alaires, et des bandes brunes aux pennes caudales, dont plusieurs sont d'un cendré bleuâtre et les deux
intermédiaires ont le bout blanc.

Soubuse de marais, *Buteo uliginosus* (*falco uliginosus*,
Gmel.); Edwards, pl. 291. Cet oiseau a environ six décimètres cinquante millimétres (2 pieds) de longueur. Le bec
est d'un noir bleuâtre, l'iris est châtain, les paupières
jaunes : une ligne noire s'étend de l'angle du bec jusque
derrière les yeux; elle est surmontée par une autre ligne
blanche, qui entoure les joues et se prolonge jusqu'en haut
du cou. La collerette de la face est rousse avec des taches
plus foncées ; la tête, le dessus du corps et les couvertures
des ailes, sont bruns, avec des taches d'un roux clair; les
plumes uropygiales blanches : le dessous du corps est d'un
roux ferrugineux clair, avec des taches longitudinales
brunes au devant du cou, à la poitrine et aux flancs. Les
pennes des ailes, d'un cendré bleuâtre en dessus, ont des
bandes blanches et noirâtres en dessous; celles de la queue
sont brunes en dessus avec quatre bandes cendrées, et
blanches en dessous avec trois bandes brunâtres : ces
pennes et celles des ailes sont bordées de blanc. Les tarses,
gros, courts et robustes, sont, comme la cire, d'un jaune
orangé.

Cette soubuse, qui vit dans les lieux marécageux, se
nourrit de reptiles et de serpens. On la trouve à la Jamaïque, en Pensylvanie, dans la Caroline, et en d'autres
parties de l'Amérique septentrionale. Suivant Daudin, ce
n'est peut-être que la femelle de la soubuse de la baie
d'Hudson, qui est un peu plus petite; et en effet, comme
ces oiseaux sont voyageurs, il est possible que l'espèce
américaine, observée en divers lieux dans ses migrations,
soit identique et qu'elle ne diffère même pas de celle
d'Europe.

Soubuse acoli, *Buteo acoli* (*falco acoli*, Daud, Lath.);
Levaillant, Hist. nat. des ois. d'Afr. pl. 31. Le bec de cet
oiseau est bleuâtre, l'iris et les pieds sont d'un jaune orangé,
les ongles noirs. La femelle est d'un tiers plus forte que le
mâle; la taille et les proportions sont les mêmes que celles

de la soubuse bleuâtre. Il y a aussi de grands rapports dans leur plumage, les parties supérieures de l'acoli étant d'un beau gris-bleu pâle, et les parties inférieures blanchâtres ; mais ce qui les distingue spécialement c'est la couleur de la cire, qui dans celui-ci est rouge, surtout dans le temps des amours, et les raies fines transversales et noirâtres dont le ventre est parsemé. Cette dernière circonstance rapprocheroit l'acoli de l'épervier, quoiqu'il ait les ailes un peu plus longues, et pour être bien certain que c'est une soubuse il faudroit s'assurer de l'existence de la collerette ; car d'ailleurs le corps allongé et svelte, les tarses longs et recouverts en partie par les plumes qui retombent de la jambe, sont des caractères communs aux éperviers.

L'acoli, qui se trouve dans les terres sablonneuses des déserts de l'Afrique, préfère les terres défrichées par les colons du cap de Bonne-Espérance : posé sur quelque éminence, il guette les souris, les mulots, les taupes, les alouettes et les autres petits oiseaux dont il se nourrit ; il n'est pas farouche, et n'a pas le vol élevé, quoiqu'il soit rapide. Le mâle et la femelle se quittent rarement : ils construisent dans les buissons un nid, où celle-ci pond quatre œufs ovales, d'un blanc sale.

Soubuse tchoug, *Buteo melanoleucus* (*falco melanoleucus*, Gmel.). Sonnerat a le premier fait connoître, sous le nom de faucon à collier, cet oiseau du Bengale, où il est appelé tchoug. Sa longueur est de quatre décimètres trente-trois millimètres (1 pied 4 pouces). Le mâle, qui est un peu moins gros que la femelle, a la tête, la gorge, le derrière du cou et le dos, noirs ; la poitrine, le ventre, les cuisses et le croupion, blancs : les couvertures des ailes sont blanches ; les pennes moyennes et celles de la queue d'un gris argenté ; les plus grandes pennes de l'aile noires : le bec est noir, et entouré à sa base de poils roides, de la même couleur, qui, après s'être dirigés en avant, se recourbent par derrière ; l'iris et les tarses sont d'un jaune roussâtre.

Le gris argenté est la couleur dominante de la femelle, qui a plusieurs taches noires, rondes, sur les couvertures des ailes ; les pennes sont noires ; les plumes des flancs, des cuisses et du dessous de la queue, sont blanches, et ont la tige d'un roux mordoré.

Levaillant a donné la figure de cet oiseau pl. 32 de son Ornithologie d'Afrique; mais comme l'individu étoit vraisemblablement un jeune, qui n'avoit pas achevé sa seconde mue, il offre dans le plumage des bigarrures qui le font un peu différer de ceux ci-dessus décrits d'après Sonnerat. Quoique Daudin ait placé le tchoug parmi les éperviers, sous le nom d'épervier-pie, comme, de son aveu, l'individu placé dans les galeries du Muséum avoit une collerette ou auréole autour de la face avant d'avoir été refait plume à plume, il appartient plus naturellement à la section des soubuses. (Ch. D.)

BUSE A FIGURE DE PAON. (*Ornith.*) L'oiseau ainsi nommé par Catesby est le vautour urubu, *vultur aura*, Linn. (Ch. D.)

BUSENNE (*Ornith.*), nom vulgaire de la buse commune, *falco buteo*, L. (Ch. D.)

BUSERAI. (*Ornith.*) Cette espèce de busard est le *falco busarellus*, Lath. Voyez la seconde section du mot Buse. (Ch. D.)

BUSON. (*Ornith.*) Ce busard est décrit au mot Buse sous le nom de busard buson. (Ch. D.)

BUSSENBUDDOO. (*Ornith.*) Cet oiseau, qui n'est peut-être qu'une variété du barbu à couronne rouge, a été décrit au mot Barbu sous le nom de *bucco indicus*. (Ch. D.)

BUSSEROLE ou Bousserole. (*Bot.*) On nomme ainsi, dans les Alpes, une espèce d'arbousier à tige rampante et traçante, *arbutus uva ursi*, dont on a vanté la vertu diurétique. Voyez Arbousier. (J.)

BUTA-BUTA, Buta-vuta. (*Bot.*) Voyez Alipata.

BUTEA, Roxb. (*Bot.*), genre de plantes légumineuses des côtes de Coromandel. Leur calice est d'une seule pièce, presque à deux lèvres. La corolle est polypétale, papilionacée; son étendard est très-grand, lancéolé. Les étamines sont au nombre de dix, dont neuf réunies par leurs filets, et une libre. L'ovaire est libre; il se change en une gousse comprimée, membraneuse, et renfermant une seule graine à son sommet.

Le Butea touffu, *Butea frondosa*, Roxb. Corom. I, p. 21, t. 21. C'est un bel arbre, assez commun sur les montagnes de Coromandel. Ses rameaux sont pubescens, et ses grappes de fleurs courtes et peu étalées. Les folioles sont souvent échancrées à leur sommet. On trouve dans l'ouvrage déjà cité la description et la figure d'une autre espèce, aussi intéressante que celle-ci par la beauté de ses fleurs. Dans le Dictionnaire encyclopédique, on a réuni ce genre au *Rudolphia* établi depuis par Wildenow, et qui en diffère par ses gousses polyspermes. (J. S. H.)

BUTEAU (*Ornith.*), nom vulgaire de la buse commune, *falco buteo*, L. (Ch. D.)

BUTHERMARIEN. (*Bot.*) Voyez Buchormarien.

BUTOME (*Bot.*), *Butomus*, Tourn., Linn., Juss.; Lam. pl. 324 : genre de plantes de la famille des joncées. Il n'a jusqu'à présent qu'une espèce, le butome en ombelle, *butomus umbellatus*. Cette belle plante, qu'on nomme vulgairement le *jonc fleuri*, croît en Europe sur le bord des rivières, avec la sagittaire et le nénuphar ; elle est haute de trois ou quatre pieds : sa tige nue, cylindrique et effilée comme un jonc, s'élève de la racine au milieu d'un faisceau de feuilles en épée moins longues qu'elle, et se termine par vingt à soixante fleurs purpurines, très-ouvertes, larges de plus d'un pouce, portées sur des pédoncules longs de trois ou quatre pouces, et formant par leur ensemble une grande ombelle ceinte d'une collerette de trois folioles. Chaque fleur a un calice à six divisions ovales et semblables à des pétales ; neuf étamines à anthères rouges ; six ovaires à style et à stigmate simples, et autant de capsules pointues, qui s'ouvrent longitudinalement d'un seul côté et contiennent beaucoup de graines.

C'est par le *jonc fleuri* et le nénuphar que l'impératrice commença en 1800 sa collection de Malmaison, maintenant une des plus riches de l'Europe. Ces deux plantes, communes dans la Seine, aux environs de Paris, sont peut-être les plus belles qu'on puisse choisir pour l'ornement des pièces d'eau dans les parcs et les jardins. (Mas.)

BUTOMON. (*Bot.*) On trouve sous ce nom, dans des livres anciens mentionnés par Dodoëns, le sparganion, *sparganium*, genre de plantes qui croissent dans l'eau, et dont les feuilles ressemblent à des lames d'épée : il a été ensuite appliqué à une autre plante aquatique, qui l'a depuis toujours conservé. Voyez SPARGANION, BUTOME. (J.)

BUTONIC (*Bot.*), *Butonica*, Rumph., Juss.; Lam. Illust., pl. 590, 591 : genre de la deuxième section de la famille des myrtacées, et dont on connoît une espèce. Il paroît, d'après l'examen de quelques herbiers, qu'il en existe un plus grand nombre, soit à Madagascar ou aux Indes.

Le BUTONIC de l'Inde, *Butonica indica*, *mammea asiatica*, Linn.; Rumph. Amb. 3, p. 179, tab. 114, est un arbre très-remarquable par la beauté de ses fleurs et de son feuillage. Son tronc est élevé, droit; ses branches fort longues, ouvertes, et feuillées vers leur sommet. Ses feuilles sont grandes, simples, ovales, cunéiformes, élargies supérieurement, très-entières, luisantes et d'un beau vert. Ses fleurs, d'un blanc éclatant, mêlé de pourpre, sont disposées en bouquets de cinq à vingt ensemble : elles ont un calice fort grand, muni de deux à quatre divisions à son sommet; une corolle formée de quatre pétales coriaces et trois fois plus grands que le calice; un grand nombre d'étamines, dont les filamens sont réunis en tube à leur base; un ovaire à quatre loges, surmonté d'un style persistant et à stigmate simple. Le fruit est une grosse noix pyramidale, quadrangulaire, couronnée par le calice, et contenant sous un brou charnu, dur et épais, un noyau ovale, ridé, fibreux à l'extérieur, et à une seule semence.

Le butonic se trouve sur les bords de la mer et près de l'embouchure des fleuves dans les Indes orientales, les Moluques, etc. Les habitans de ces contrées ont soin d'en planter auprès de leurs maisons : ils se servent de ses feuilles pour envelopper leurs vivres, principalement le poisson; ils emploient ses fruits dans les maladies du bas-ventre. Les matelots chinois les mangent avec plaisir pour étancher leur soif, surtout lorsqu'ils sont encore verts; et dans presque toute l'Inde on les jette dans l'eau, avec quelques autres fruits, pour enivrer les poissons et les prendre. Lorsque les fleurs s'épanouissent, l'arbre produit le plus bel effet : sa cime est verte et épaisse : ses bouquets

de fleurs sont d'un blanc éclatant, mais c'est pour un instant;
le lendemain matin, elles tombent d'elles-mêmes; et la
terre, jonchée de leurs étamines, qui sont d'un pourpre vif,
paroît alors comme teinte de sang. *Butonica* est formé
du mot *huttum*, que les habitans d'Amboine lui donnent.
(J. S. H.)

BUTOR. (*Ornith.*) Cette espèce de héron est l'*ardea stellaris*, L., que par corruption l'on appelle, en certains
endroits, *butour*. (Ch. D.)

BUTORDA (*Bot.*), nom languedocien du cerisier ordinaire. (J.)

BUTRON, Butrol. (*Mamm.*) L'abbé Ray dit que ce
nom se donne au bœuf sauvage de la Floride, probablement le bison, *bos americanus*, L. (F. C.)

BUTTA (*Ichtyol.*), nom donné au turbot par les Suédois. Voyez Pleuronecte. (F. M. D.)

BUTTA-GAGERI (*Bot.*), nom brame d'une espèce de
crotalaire, *crotalaria verrucosa*. (J.)

BUTTE et Buttes. (*Ichtyol.*) On donne le premier
nom, en Danemarck et en Livonie, et le second chez les
Lettes, au flez, espèce de Pleuronecte. Voyez ce mot.
(F. M. D.)

BUTTERFISH. (*Ichtyol.*) C'est le nom qu'on donne sur
quelques côtes d'Angleterre au blennie gunnel, selon Lacépède. Voyez Blennie. (F. M. D.)

BUTTERFLY-FISH. (*Ichtyol.*) Ce nom anglois, qui signifie
poisson papillon, est donné au blennie-lièvre, parce qu'il
a des taches ocellées, comme on en voit aux ailes de certains papillons. Voyez Blennie. (F. M. D.)

BUTTON-TRÉE (*Bot.*), nom anglois, signifiant *arbre-
bouton*, donné par les colons de la Jamaïque au conocarpe,
conocarpus erecta. (J.)

BUTUA. (*Bot.*) Ce nom est donné aux mêmes plantes
qui portent celui de pareira-brava. Suivant Aublet, le pareira de Caïenne est son *abuta rufescens*, p. 619, t. 250. Le
pareira, plus généralement connu dans l'usage médical, est
le *cissampelos pareira*. Ces deux plantes appartiennent à la
famille des ménispermées : il ne faut pas les confondre avec
l'*abutua*, que Loureiro décrit dans ses Plantes de la Cochin-

chine, et qui est voisin des urticées. Voyez Abuta, Pareira, Abutua. (J.)

BUTUMBO (*Bot.*), nom brame du *pee - tumba* des Malabares (Hort. Malab. , v. 9 , p. 87 , t. 46), qui est une carmentine, *justicia echioides*, L. (A. P.)

BUTYRIN. (*Ichtyol.*) Ce nouveau genre de poissons, établi par Commerson, et placé par Lacépède après l'amie, a pour caractères génériques les suivans : la tête est dénuée de petites écailles, et elle occupe à peu, près le quart de la longueur totale de l'animal; il n'y a de plus qu'une seule nageoire dorsale.

Le Butyrin banané, *Butyrinus bananus.* La nageoire caudale est fourchue : il a quatre raies longitudinales et ondulées sur chaque côté du dos : la ligne latérale est presque droite.

Commerson n'a pas indiqué la patrie de ce poisson, les dimensions, ni le nombre des rayons de ses nageoires. (F. M. **D.**)

BUUR-HVAL. (*Mamm.*) C'est un des noms sous lequel les Norwégiens connoissent le cachalot macrocéphale. Voyez Cétacé. (S. G.)

BUVADAK. (*Ornith.*) On nomme ainsi en Laponie la barge grise, *scolopax totanus*, L. (Ch. **D.**)

BUXBAUMIA. (*Bot.*) Voyez Saccophore.

BUYONG. (*Bot.*) Voyez Baligarab.

BUYTRE. (*Ornith.*) Le Dictionnaire des voyages indique ce nom comme synonyme de condor, *vultur gryphus*, L. (Ch. **D.**)

BUZ (*Bot.*), nom égyptien du roseau. La grande espèce ordinaire, *arundo donax*, est nommée *Buz-haggni*, suivant Forskal. (J.)

BUZA (*Bot.*), boisson faite dans l'Arabie avec l'orge, au rapport de Forskal. (J.)

BUZEIDEN, Buzidan, Buzeis ou Buzis. (*Bot.*) Dalechamps attribue ce mot arabe à *l'orchis palmata*, aussi nommé *palma christi* par Matthiol, et *satyrium basilicum* par Dodoëns. Voyez Orchis. (P. B.)

BYAS. (*Ornith.*) L'oiseau indiqué par Aristote sous ce nom grec, est le grand duc, *strix bubo*, L. (Ch. **D.**)

BYBO (*Bot.*), nom donné aux Indes, suivant Clusius, à l'acajou des colonies, *cassuvium*, qui est le cajou du Brésil. (P. B.)

BYÉNANÈQUE. (*Ichtyol.*) C'est ainsi que le mulle sur-mulet est nommé dans les Moluques hollandoises. Voyez **Mulle**. (F. M. D.)

BYKLING (*Ichtyol.*), nom que les Danois donnent à l'an-chois. Voyez **Clupée**. (F. M. D.)

BYNNI. (*Ichtyol.*) Voyez **Benni** et **Binny**.

BYRRHE (*Entom.*), nom d'un genre de coléoptères. Voyez **Birrhe**. (C. D.)

BYSSE (*Bot.*), *Byssus*, genre de plantes de la famille des algues, et dont les caractères ne sont pas déterminés d'une manière bien précise. Il en est de filamenteux et de pul-vérulens. Les bysses sont des plantes qui pour la plupart se développent par l'humidité, durent un certain temps et finissent par s'évanouir entièrement; les autres sont plus solides et plus durables : mais ni dans les unes ni dans les autres on n'a encore reconnu aucun organe bien distinct, analogue aux organes de la génération des autres plantes. C'est en quoi ils diffèrent principalement des mucors, qui portent une petite tête arrondie au sommet de filamens simples ou rameux. Peut-être les bysses, qui croissent dans l'humidité, ne sont-ils que des champignons commen-çans. Gmelin en décrit vingt-trois espèces, dont les prin-cipales sont,

1. BYSSE PHOSPHOREUX, *Byssus phosphorea*, Gmel. Subs-tance lanugineuse, violette, croissant sur les bois pourris.

2. BYSSE BLEU, *Byssus cærulea*, P. B. Substance lanugineuse, d'un beau bleu de Prusse, croissant sur les bois pourris.

3. BYSSE SOYEUX, *Byssus velutina*, Gmel. Substance ca-pillacée verte, composée de filamens rameux, croissant sur les troncs d'arbres morts.

4. BYSSE COULEUR D'OR, *Byssus aurea*, Linn. Substance capillacée, pulvérulente, composée de filamens simples et rameux. Ce bysse est un des plus communs. Il croît sur les murs humides et à l'ombre; il vient en touffes rondes, d'un jaune foncé : cette couleur s'évanouit par la dessiccation, et devient d'un vert blanchâtre.

5. BYSSE BLANC, *Byssus candida*, Gmel. Substance blanche, filamenteuse ; filamens rampans, rameux, blancs : il naît sur les troncs d'arbres morts, sous l'écorce, dans les caves et les celliers.

6. BYSSE DES CAVES, *Byssus cryptarum*, Linn. Substance vivace, dabord cendrée, puis brune, composée de filamens entrelassés : elle croît sur les planches, sur les tonneaux, dans les caves et sur les murs, dans les cavernes et les creux de rochers. Lorsque cette plante a atteint plusieurs années, elle se marque de zones comme quelques agarics. (P. B.)

BYSSOIDE (*Bot.*), *Fungi byssoidei*, première division du sixième ordre, seconde classe de la méthode des champignons de Persoon. Ce botaniste a donné ce nom à ses champignons hématothèques, qui ont une forme distincte. (P. B.)

BYSSOLITE. (*Minér.*) Saussure est le premier qui ait fait connoître cette pierre ; il l'a trouvée au Lauteraar et au Mont-Blanc, en filamens vert olive ou jaune isabelle, roides et capillaires, serrés les uns contre les autres, et implantés perpendiculairement sur les roches qui lui servent de bases. On est incertain sur la place que doit occuper cette pierre. Est-ce une variété de l'amianthoïde de Lamétherie, comme nous l'avons supposé à l'article de cette pierre? Seroit-ce une espèce de pierre particulière, différente de l'asbeste dur par le défaut de magnésie ? On n'a point encore assez d'observations pour résoudre ces questions. Voyez AMIANTHOÏDE. (B.)

BYSSUS. (*Moll.*) Il paroît que les anciens ont appliqué ce nom à plusieurs substances du règne végétal, qui servoient à fabriquer des étoffes précieuses par leur finesse, leur couleur et la rareté de la matière dont elles étoient tissées. Le byssus de l'Élide et celui de Judée étoient particuliérement en réputation : ce dernier avoit, selon les historiens qui en parlent, la couleur et l'éclat de l'or; et c'est sans doute à cause de sa ressemblance avec les fils du jambonneau, qui sont d'un beau fauve doré, que les modernes ont désigné ceux-ci de la même manière. Nous ne rechercherons point quels étoient les végétaux d'où les anciens tiroient leur byssus; ce sujet doit faire partie d'un article de botanique ou d'économie rurale. Les conchyliologistes ont transporté le nom de byssus à ces filamens qui servent à fixer un assez grand nombre de mollusques acéphales, tous bivalves, au fond des rivages qu'ils habitent. Un organe musculeux, conique, creusé d'un sillon longitudinal, seule différence qui le distingue du pied de plusieurs autres animaux du même ordre, est l'instrument qu'emploie le mollusque pour tirer en fils la matière des byssus. Il replie, à cet effet, l'extrémité de cette languette musculaire au-dessus de sa base, où se trouve l'orifice du canal excréteur de cette matière, que sépare une glande particulière située au même endroit. Le byssus des jambonneaux appelés aussi pinnes marines, est remarquable par sa longueur et sa finesse. On en pêche sur les côtes de Sicile et du royaume de Naples, pour en tisser des étoffes et pour en faire différens ouvrages de tricot, tels que des bas, des gants, etc., qui se distinguent par le moelleux, la finesse et la solidité. Cette fabrication est au reste très-peu étendue, à cause de la difficulté que l'on éprouve à se procurer la matière première. Cependant ceux qui s'intéressent aux progrès de l'industrie françoise auront vu avec intérêt, à l'exposition de l'an neuf, des draps fabriqués en France par Décretot avec la matière dont nous parlons. Ils étoient d'un brun fauve et se recommandoient par leur souplesse et leur douceur. (Duv.)

BYSTROPOGON (*Bot.*), *Bystropogon*, genre de plantes de la famille des labiées, établi par l'Héritier, adopté par la plupart des botanistes qui ont écrit après lui. Il est composé en partie d'espèces retranchées de quelques autres genres, des *nepeta*, des *mentha*, des *ballota*, etc. Son caractère essentiel consiste dans un calice barbu à son orifice, terminé par cinq dents aristées. La corolle est divisée en deux lèvres; la supérieure bifide, l'inférieure à trois lobes, celui du milieu plus grand que les deux autres : les étamines, au nombre de quatre et didynames, sont écartées entre elles. Il renferme des arbrisseaux, des sous-arbrisseaux et des herbes exotiques à l'Europe, dont les feuilles sont opposées, entières, rarement ponctuées.

On distingue parmi les espèces :

1. BYSTROPOGON PECTINÉ, *Bystropogon pectinatum*, l'Hérit.,
Sert. angl. 19, n.° 1 ; *Nepeta pectinata*, Linn. Sous - arbrisseau médiocrement odorant, à tige rameuse, presque glabre,
haute de cinq à six pieds, dont les feuilles sont ovales,
en cœur, inégalement dentées en scie ; les fleurs disposées
en longs épis interrompus, composés de verticilles pédonculés, garnis de bractées sétacées. La corolle est jaune,
fort petite : son limbe a cinq découpures, dont quatre égales,
aiguës ; la cinquième purpurine et arrondie. Cette plante
croît à la Jamaïque et au Pérou ; elle fleurit pendant l'hiver.

2. BYSTROPOGON ODORANT, *Bystropogon suaveolens*, l'Hérit.
Sert. angl. 19, n.° 3 ; *Ballota suaveolens*, Linn., Plum. Icon.
tab. 163, fig. 1 ; Sloan., Jam., tab. 102, fig. 2. Plante annuelle, d'une odeur très - agréable, à fleurs bleues, dont les
calices sont tronqués et aristés ; les pédoncules axillaires,
solitaires, multiflores. Les feuilles sont en cœur, légèrement sinuées, dentées en scie, pubescentes. Elle croit dans
les contrées méridionales de l'Amérique.

3. BYSTROPOGON PLUMEUX, *Bystropogon plumosum*, l'Hérit.
l. c. ; *Mentha plumosa*, Linn. Suppl. Sous-arbrisseau très-
remarquable par les poils touffus et nombreux qui garnissent l'orifice, les calices ouverts en étoile : la corolle est
bleue, fort petite ; le réceptacle velu ; les feuilles ovales,
entières ou un peu crénelées, blanches en dessous. Il se
trouve aux îles Canaries.

Il est difficile de séparer de cette espèce le *bystropogon
origanifolium*, l'Hérit., qui n'en diffère que par des feuilles
très - entières, d'un blanc de neige en dessous.

Les autres espèces, rapportées à ce genre, sont le *bystropogon sidæfolium*, l'Hérit., *bystropogon canariense*, l'Hérit.,
qui est le *mentha canariensis*, L., dont les feuilles sont ovales,
crénelées, très - velues en dessous ; les fleurs en tête, les
pédoncules trichotomes. Le *bystropogon punctatum*, l'Hérit.,
dont les feuilles sont légèrement ponctuées, les pédoncules
fourchus, les fleurs en tête, les feuilles ovales et dentées,
les découpures du calice point subulées ni aristées.

Jussieu ajoute à ce genre, sous le nom de *bystropogon
marifolium*, 1.° le *nepeta marifolia* de Cavanilles, qui est le
melissa cretica de Lam. (Dict. encycl.) : ses feuilles sont ovales-

oblongues, presque entières, blanchâtres en dessous; les pédoncules axillaires, dichotomes ; les fleurs disposées en petites grappes courtes. 2.° *Bistropogon dentatum*, espèce nouvelle du Pérou, qu'il possède dans son herbier, dont les feuilles sont ovales, velues, dentées en scie; les dents courtes, très-aiguës; les fleurs réunies en verticilles velus, très-serrés. (P.)

BYTTNÈRE (*Bot.*), *Byttneria*, Linn., Juss., genre de plantes très-voisin des ayènes, de la famille des malvacées, et qui comprend sept espèces. Ce sont, à l'exception d'une seule qui est herbacée et originaire de l'Inde, des arbrisseaux naturels à l'Amérique méridionale, le plus souvent armés d'aiguillons. Leurs feuilles sont simples, alternes. Les fleurs axillaires sont composées d'un calice caduc, à cinq découpures très-ouvertes ; de cinq pétales rétrécis en coin et arqués vers leur base, dilatés dans leur partie supérieure, qui est divisée en trois lobes, dont celui du milieu est filiforme et très-long; de dix étamines réunies en un godet court, à dix dents, dont cinq sont stériles, et les cinq autres fertiles portent chacune deux anthères ; d'un ovaire entouré par le godet, surmonté d'un style et d'un stigmate pentagone. Le fruit est globuleux, hérissé de pointes, formé de cinq capsules conniventes et monospermes. L'espèce principale est :

Byttnère ovale, *Byttneria ovata*, Lam., Cav. diss. t. 149, f. 1, arbrisseau qui croît naturellement au Pérou, où il est connu sous le nom de *china-cacha* : on le cultive dans le jardin du Muséum d'histoire naturelle. Sa tige s'élève à la hauteur de quatre ou cinq pieds, et se divise en plusieurs rameaux anguleux, chargés d'aiguillons. Les feuilles sont petites, ovales, dentées, glabres et inclinées sur leur pétiole. Les fleurs naissent au nombre de trois à six ensemble, disposées en petits corymbes. Leurs pétales sont blanchâtres, et leur lobe intermédiaire est de couleur violette. (D. P.)

BYTURE (*Entom.*), *Byturus*, genre d'insectes coléoptères, établi par Latreille dans notre famille des hélocères ou clavicornes, et dans le genre des nitidules, dont il diffère principalement, parce que les bords du corselet ne sont pas relevés. Geoffroy et Olivier avoient rangé ces in-

sectes parmi les anthribes ; Scopoli, dans son genre Laria
et Dermeste ; Herbst, dans son genre Strongyle ; Linnæus
parmi les *silpha* ; Fabricius parmi les nitidules et les sphæ-
ridies. Kugelann les avoit fait connoître monographique-
ment dans le magasin de Schneider, sous lé nom générique
de cychrame. Voyez la seconde section du genre Nitidule.
(C. D.)

FIN DU CINQUIÈME VOLUME.

Strasbourg, de l'imprimerie de F. G. Levrault.

SUPPLÉMENT.

BOARINA. (*Ornith.*) Voyez BOVARINA. (Ch. D.)

BOBARTIA. (*Bot.*) Petiver et Amman ont donné ce nom à la *rudbeckia purpurea*, Linn. (H. CASS.)

BOBAS. (*Bot.*) Nom espagnol de l'*aster oculus Christi*, suivant Clusius. (J.)

BOBOS. (*Erpét.*) C'est le nom d'un boa des îles Philippines, qui atteint jusqu'à cinquante pieds de longueur. Voyez BOA. (H. C.)

BOBRY MORSKI, CASTOR DE MER. (*Mamm.*) Nom que les Russes donnent quelquefois à la loutre de mer (*mustela lutris*, Linn.), à cause de la ressemblance de sa fourrure avec celle du castor, ressemblance qui ne peut guère consister que dans la douceur des poils. (F. C.)

BOB-WHITE. (*Ornith.*) Nom sous lequel est connu, dans l'Etat de Massachusset, le colin colénicui, *tetrao mexicanus*, Linn.; *perdix borealis*, Temm. (Ch. D.)

BOCAMÈLE. (*Mamm.*) Cetti et Azuni, qui ont écrit sur l'histoire naturelle de la Sardaigne, parlent, sous le nom de bocamèle, d'une espèce du genre marte, qu'ils rapportent à l'*ictis* d'Aristote, et qui paroit être notre putois, *must. putorius*. (F. C.)

BOCCAS. (*Ichthyol.*) Nom arabe d'un poisson voisin des maquereaux (*Scomber sansum*, Forsk.), observé dans la mer Rouge, et que M. Cuvier range parmi les caranx. Voyez ce mot. (H. C.)

BOCHO. (*Bot.*) Voyez BUCCO. (J.)

BOCIAN-CZARNI. (*Ornith.*) Nom polonais de la cigogne, *ardea ciconia*, Linn., que l'on appelle aussi *bocian-snidi*. (Ch. D.)

BOCKAR. (*Bot.*) Nom arabe d'une espèce de panis, *panicum turgidum*, de Forskaël. (J.)

BOCKAS. (*Ichthyol.*) Nom arabe. Voyez BOCCAS et CARANX. (H. C.)

BODIAN. (*Ichthyol.*) *Addition à cet art.*, *vol. V*, *pag. 9 de ce Dictionnaire.* Le genre bodian appartient à la famille des poissons holobranches thoraciques acanthopomes de la *Zoologie analytique.* Voyez ces divers mots.

On voit, au Muséum de Paris, une nouvelle espèce de ce genre, laquelle a trois épines aux opercules, et un des rayons mitoyens de la queue prolongé autant que le corps.

M. Cuvier pense que le bodian macrolépidote est un glyphisodon. Voyez ce mot. (H. C.)

BODIANO. (*Ichthyol.*) Nom portugais des poissons du genre bodian. (H. C.)

BODROU-PAM. (*Erpét.*) D'après Russel (*pag.* 13, n°. 9, *pl.* 9), on appelle ainsi, au Vizagapatam, la vipère verte de Daudin. Voyez VIPÈRE. (H. C.)

BODTI. (*Erpét.*) Suivant Marcgrave, on donne ce nom, au Brésil, à un serpent que nous croyons être l'amphisbène enfumé. Voyez AMPHISBÈNE, IBIARA, IBIJARIA. (H. C.)

BODTY et BODETI. (*Erpét.*) Voyez BODTI. (H. C.)

BOÉ. (*Ichthyol.*) Sous le nom d'ICAN BOÉ, Ruysch (*Collec. Pisc. Amboin.*, *pag.* 40) indique un poisson très-estimé à Amboine et aux Moluques, et qu'il rapproche des cyprins. Sa description est trop incomplète pour que nous puissions reconnoître cet animal. (H. C.)

BŒBERA. (*Bot.*) [*Corymbifères*, Juss. *Syngénésie polygamie superflue*, Linn.] Willdenow a établi ce genre, de la famille des synanthérées, sur une plante américaine, très-analogue aux *tagetes*, et décrite en effet par Michaux et par Ventenat, sous le nom de *tagetes pappo$a*. La calathide est radiée, composée de quelques fleurons hermaphrodites, occupant le disque, et de huit demi-fleurons femelles occupant le rayon ; le péricline est double, l'extérieur formé de huit squames un peu ouvertes, l'intérieur de huit squames apprimées, concaves en dedans, bordées d'une membrane rougeâtre. Le clinanthe est nu ; la cypsèle est alongée, subtétragone, pubescente, surmontée d'une aigrette de dix squamellules laminées, planes, alongées, divisées supérieurement et latéralement en lanières filiformes barbellulées.

La bœbère glanduleuse (*bæbera glandulosa*, Persoon; *B. chrysanthemoïdes*, Willd.), est une plante annuelle, de la Caroline, de la Floride et du Mexique, dont les feuilles et surtout le péricline sont criblés de glandes, auxquelles on doit attribuer, sans doute, la forte odeur d'œillet d'Inde qu'exhalent toutes ses parties. Elle est parfaitement glabre, très-ramifiée, formant une sorte de buisson haut d'environ deux pieds et demi. Les tiges, légèrement striées, sont garnies de feuilles opposées, bipinnatifides, à divisions étroites, linéaires, pointues. Les calathides petites, solitaires, axillaires et terminales, sont composées de fleurs jaunes qui s'épanouissent en octobre.

Cette plante est employée chez les Illinois comme vermifuge; elle donne aussi une teinture jaune assez solide. Nous la classons dans notre tribu naturelle des hélianthées, auprès des *tagetes*, *adenophyllum*, *pectis*, *kleinia*, *clomenocoma*, *hymenatherum*, *cryptopetalon*, *arnica*, etc. Ces genres et leurs analogues forment, dans la nombreuse tribu des hélianthées, une section que nous nommons *hélianthées-tagétinées*. (H. Cass.)

BOEHEIMLE. (*Ornith.*) Un des noms allemands du jaseur, *ampelis garrulus*, Linn., que l'on appelle aussi *boehmer*, *boehmische drostel*. (Ch. D.)

BOEHMIAN CHATTERER. (*Ornith.*) Dénomination anglaise du jaseur, *ampelis garrulus*, Linn., autrement appelé *bohemian jay*. (Ch. D.)

BOEJON-KNOPOENIP. (*Bot.*) Nom donné, dans l'île de Java, à une variété de la conyze de Chine, suivant Burmann. (J.)

BOELON - BAWANS. (*Bot.*) A Java, on nomme ainsi, suivant Burmann, l'arbre de suif, *sapium sebiferum*. (J.)

BOEMYCES. (*Bot.*) Dictionn., vol. V, pag. 17. Acharius, dans sa *Lichénographie universelle*, publiée en 1810, ne conserve ce nom qu'aux espèces qui formoient, dans son *Prodrome*, la septième tribu des lichens, celle des *boemyces*, et qui, dans sa *Methodus*, constituoient, sous la dénomination de *podernia*, la première section de cette même tribu, considérablement augmentée. Acharius caractérise ainsi son genre : Expansion (*thallus*) crustacée, uniforme, portant des pédicules (*podetia*) courts, solides, soutenant des conceptacles (*apothecia*) orbiculaires, convexes, sans bords, solides, recouverts d'une lame séminifère colorée, subgélatineuse, striée, et dans laquelle sont éparses les séminules.

Les espèces de ce genre ont été mentionnées dans ce Dictionnaire. Quant à celles qu'Acharius y avoit d'abord réunies, elles forment son genre *cénomyce*. (Voyez ce mot.) Les boemyces d'Acharius répondent à la première section du genre *boemyces* de M. Decandolle (Fl. franç., vol. VI).

Boemyces, du grec βαιος, parvus, μυκης, fungus, *petit champignon*, à cause de l'apparence fongiforme des conceptacles. Ehrhart et Persoon ont les premiers désigné des lichens par ce nom. (Lem.)

BOENAK. (*Ichthyol.*) Nom japonais d'une espèce de bodian. Voyez Bodian Boenak, *pag.* 14, vol. V *du Diction.* (H. C.)

BOENGHA-HAVAN-ZADAD. (*Bot.*) Nom du *pentapetes phœnicea*, Linn., à Java, suivant Burmann. (J.)

BŒSCHASCH. (*Erpét.*) Un des noms arabes du céraste, suivant Forskaël. Voyez Céraste. (H. C.)

BŒTŒN. (*Erpét.*) Nom arabe d'une vipère dont parle Forskaël. (H. C.)

BŒUF. (*Ichthyol.*) Sur quelques-unes de nos côtes, on désigne ainsi, vulgairement, la mourine, ou raie aigle (*myliobatis aquila*, Duméril). Voyez Myliobate et Mourine. (H. C.)

BŒUF DE MER. (*Ichthyol.*) Dans son Voyage en Guinée, le chevalier Beaumarchais donne ce nom à un poisson qu'il ne décrit point, et que nous ne savons à quel genre rapporter.

Les Grecs appeloient aussi, anciennement, de ce nom la saupe. Voyez Bogue.

Ruysch (*Collect. Pisc. Amboin.*, pag. 39) appelle *bos marinus*, ou *zee os*, un poisson qui, autant qu'on en peut juger par la mauvaise figure qu'il en donne, se rapproche des zées ou des chétodons. (H. C.)

BŒUF GALLA, ou Sanga. (*Mamm.*) La plupart des voyageurs qui ont pénétré en Abyssinie, parlent de cette variété de bœuf, remarquable par des cornes très-grandes ; et c'est ce caractère seul qui les avoit frappés. M. Salt ayant donné

une figure de ces animaux, fait voir qu'en effet le sanga est un
bœuf, mais de la variété des bœufs à bosses, des zébus. Leurs
cornes ont environ quatre pieds de long et vingt pouces de
circonférence à leur base. Ils se rencontrent particulièrement
dans les provinces situées au sud et sud-ouest de l'Abyssinie ;
leur taille n'a rien d'extraordinaire, et leur couleur varie ; ils
paroissent assez sauvages. Les femelles ont des cornes aussi
grandes que les mâles ; et c'est dans ces cornes que les Abyssins
renferment leurs vins. En général, elles servent de vases ;
mais on a beaucoup exagéré leurs dimensions. Lobo, par
exemple, dit qu'elles contiennent plus de vingt pintes, et que
quatre, remplies d'eau, font la charge d'un bœuf ordinaire.
C'est sans fondement que Bruce attribue à un état de maladie
le grand développement de ces cornes. (F. C.)

BŒUFS. (*Foss.*) Parmi les débris fossiles de mammifères qui
paroissent cachés en si grand nombre dans le sein de la terre,
il s'en trouve qui ont appartenu à des espèces de bœufs, semblables, à beaucoup d'égards, à quelques-unes de ceux qui
vivent aujourd'hui. Aussi ces débris ne sont-ils point enfouis à
de grandes profondeurs ; ils sont généralement dans des terrains
meubles, et presque à la surface de la terre.

Les naturalistes avoient souvent représenté de ces restes
fossiles de bœufs, et surtout des têtes ; mais ce n'est que depuis
la publication des recherches de M. G. Cuvier sur les ossemens
fossiles de quadrupèdes, qu'on a pu se faire une idée exacte
des animaux auxquels ces restes appartenoient. Il a reconnu
que les têtes fossiles de bœufs, découvertes jusqu'à ce jour, se
rapportoient à quatre espèces : à l'aurochs, au bœuf domestique, au buffle et au bœuf musqué du Canada.

1°. Les débris de têtes d'aurochs se sont trouvés à Bonn, près
de Dantzick, sur les bords de la Vistule, en Hollande, dans les
environs de Cracovie, en Bohème, et dans l'Amérique septentrionale. Ces têtes ont pour caractères, comme celle de notre aurochs, un front bombé, plus large que haut : les cornes sont attachées deux pouces en avant de la ligne qui sépare le front de l'occiput. Ces deux parties font entre elles un angle obtus, et le
plan de l'occiput représente un demi-cercle. Ces têtes ont, en
outre, un volume qui surpasse de beaucoup celui des têtes
d'aurochs vivant aujourd'hui. Mais M. Cuvier pense que,

lorsque ces animaux disposoient à leur gré des vastes forêts et des gras pâturages qui couvroient les plus grandes parties de la France et de l'Allemagne, ils devoient acquérir un développement bien plus grand que celui qu'ils peuvent acquérir aujourd'hui.

2°. Les têtes qui se rapportent au bœuf commun, ont été découvertes en très-grand nombre. On en rencontre fréquemment dans les marais de la Somme. On en a trouvé en Suabe, en Prusse, en Angleterre, en Italie. Elles se distinguent de celles des aurochs par un front plat et même un peu concave, par des cornes attachées aux extrémités de la ligne qui sépare le front de l'occiput, par l'angle aigu que font entre elles ces deux dernières parties, et par la forme quadrangulaire du plan de cet occiput. Mais ces bœufs étoient beaucoup plus grands que les nôtres; et M. Cuvier, considérant que les anciens distinguoient, en Gaule et en Germanie, deux sortes de bœufs sauvages, l'urus et le bison, est porté à croire que l'un des deux, le dernier, pourroit bien avoir été la souche de nos bœufs domestiques.

3°. Les débris du buffle fossile consistent en plusieurs têtes découvertes en Sibérie, sur les bords de l'Ilga, du Jaïk, de l'Istisch, de l'Ob, etc., et décrites par Pallas (*Nov. Comment. Petrop.* XIX, p. 460); mais elles diffèrent des têtes de buffles connus, et paroissent provenir d'une espèce particulière, que M. Cuvier croit avoir été contemporaine des éléphans à longues alvéoles, et des rhinocéros à crânes allongés, si communs dans le nord de la Russie.

4°. Ce n'est que par conjecture qu'on a pensé que la tête de bœuf découverte en Sibérie, sur les bords de l'Ob, et décrite par Pallas (*Nov. Comment. Petrop.* XXI, p. 601), avoit d'assez grands rapports avec celle du bœuf musqué du Canada : cette dernière n'est point encore connue. Celle du bœuf fossile est remarquable par la largeur et le rapprochement de la base des cornes. (*Recherches sur les ossemens fossiles des quadrupèdes*, tome IV.) (F. C.)

BOFU, BUFU. (*Bot.*) Noms japonais du *peucedanum japonicum*, de Thunberg. (J.)

BOFUSS. (*Bot.*) En Suède et en Allemagne, c'est l'un des noms de la vesse-loup des bouviers (*lycoperdon bovista*, Linn.). (LEM.)

BOGA. (*Ichthyol.*) En Ligurie, et dans les îles Baléares, on donne ce nom au bogue ordinaire. Voyez BOGUE. (H. C.)

BOGAN. (*Bot.*) Nom d'une espèce de cytise, dans le royaume de Valence, suivant Clusius. (J.)

BOGMARE. (*Ichthyol.*) Genre de poisson de la famille des péroptères, du sous-ordre des apodes, de l'ordre des holobranches. M. Cuvier le place dans sa première famille des acanthoptérygiens, celle des tœnioïdes. Brunnich l'a, le premier, établi sous le nom de *gymnogaster;* M. Schneider lui a donné celui de *bogmarus,* et M. Cuvier celui de *vogmare.*

Ce nom dérive de l'islandais *vogmar, vogmère* ou *waagmaer,* qui signifie *la jument des golfes.*

Les bogmares n'ont qu'une seule nageoire dorsale, mais elle commence immédiatement derrière la tête et se continue avec celle de la queue; les pectorales sont petites; l'anale et les catopes manquent. Les dents sont tranchantes et pointues.

On les distingue des régalecs, parce que ceux-ci ont deux dorsales, et des filets thoraciques qui semblent remplacer les catopes. Ils diffèrent aussi des gymnètres par cette dernière raison, et des trichiures, parce que dans ceux-ci, au lieu de présenter une nageoire, la queue se termine en un long filet.

On n'en connoît encore qu'une seule espèce; c'est

Le Vogmare, *Bogmarus islandicus,* Schn., pl. 101.

(*Gymnogaster arcticus,* Brünn.)

Caract. Corps ensiforme, argenté, à écailles caduques; ligne latérale sinueûse, armée de petites épines vers la queue. Longueur d'environ quatre pieds.

La tête est obtuse, comprimée; la mâchoire supérieure est armée de six, et l'inférieure de huit dents longues, aiguës, courbées en dedans : le palais et le gosier sont dépourvus de dents; l'opercule des branchies est grand. Les écailles qui forment la ligne latérale sont de petits tubercules, striés en étoiles, avec une petite pointe au centre. La nageoire dorsale a environ deux cents rayons, et la caudale n'en présente que dix.

La couleur argentine générale de ce poisson est coupée par des taches noires entre les yeux, sur la nuque et sur le dos, au-dessus de l'anus.

On le pêche dans l'Océan du Nord, sur les côtes d'Islande. Il est assez rare. Comme les corbeaux dédaignent sa chair, les habitans la croient vénéneuse.

M. Cuvier pense que le *régalec lancéolé*, que M. de Lacépède a décrit d'après des dessins chinois, doit appartenir au genre bogmare.

Voyez Péroptères, Gymnètre, Régalec. (H. C.)

BOG-MOSS. (*Bot.*) Nom anglais des *sphagnum*, genre de la famille des mousses, appelé en français sphaigne et tourbette. (Lem.)

BOGRUSH. (*Ornith.*) Nom sous lequel est désignée, dans la *Zoologie arctique* de Pennant, une fauvette rapportée à la roussette, *motacilla schoenobœnus*, Linn. (Ch. D.)

BOGUE, *Boops.* (*Ichthyol.*) Genre de poisson établi récemment par M. Cuvier aux dépens des spares. Il appartient, comme eux, à la famille des léiopomes de M. Duméril; mais il s'en distingue parce que les dents des poissons qui le composent sont tranchantes, tantôt échancrées, tantôt pointues, et disposées sur un seul rang, au lieu d'être arrondies et semblables à des pavés. Voyez Spare. Il est séparé aussi des picarels (voyez ce mot), parce que ceux-ci ont les mâchoires protractiles.

Le corps des bogues, oblong et comprimé, est couvert d'écailles assez larges.

On en connoit plusieurs espèces.

1". La Saupe, *Boops salpa.*

(*Sparus salpa*, Linn.) Bl. 265.

Caract. Dents supérieures fourchues, inférieures pointues ; nageoire caudale bifide; ligne latérale rapprochée du dos ; anus très-voisin de la nageoire caudale ; corps argenté, rayé de jaune dans le sens de sa longueur.

On pêche ce poisson dans la mer Méditerranée, où il parvient à plus d'un pied de longueur. Il vit en troupes nombreuses dans les profondeurs des eaux en hiver, et sur les côtes en été. C'est en automne qu'il fraye, et il multiplie beaucoup. On amorce ordinairement les hameçons pour le prendre, avec des morceaux de citrouille, qu'il aime beaucoup : il vit surtout de végétaux. Sa chair est peu estimée et abandonnée aux pauvres ; elle est molle, sans saveur, et a souvent une odeur désagréable.

Sous le nom de Σαλπη, Athénée parle de la saupe, qui étoit connue des anciens. Aristote lui attribue une grande finesse d'ouïe ; elle se trouve généralement placée parmi ces poissons que les Grecs nommoient Βόες, parce qu'ils se nourrissent de *fucus* comme les bœufs de foin. (*Athen.*, *lib.* 7.) Rondelet dit qu'elle mange aussi des excrémens.

2°. L'Oblade, *Boops melanurus.*

(*Sparus melanurus*, Linn.)

Caract. Dents moyennes échancrées, latérales ; fines et pointues. Corps d'un gris argenté, rayé de brun dans le sens de
sa longueur : une tache noire de chaque côté de la queue,
qui est fourchue.

Elle a les mêmes mœurs et la même habitation que la saupe. Sa chair n'est point meilleure. On en prend beaucoup surtout dans le lac de Cagliari, en Toscane, et dans la mer Adriatique.

3°. Le Centrodonte, *Boops centrodontus.*

(*Sparus centrodontus*, F. Delaroche.)

Caract. Toutes les dents aiguës et subulées ; le corps élevé,
gris ; une tache irrégulière noire à la naissance de la ligne
latérale ; dos d'un brun rougeâtre ; nageoires dorsale et anale
brunâtres ; catopes d'un gris très-clair ; la queue fourchue.

Une des particularités les plus notables de ce poisson, est la grandeur de ses yeux. L'iris fait, en effet, un douzième environ de la longueur totale de son corps et a une teinte jaune. La pupille est noire. Le pharynx est garni de plaques osseuses, couvertes de dents. Les dents sont disposées sur deux ou trois rangées irrégulières, ce qui semble rapprocher ce bogue des canthères, et ce qui en fait au moins une espèce intermédiaire aux deux genres. Voyez Canthère.

M. Delaroche a le premier décrit cette espèce (*Annales du Muséum*), sur un individu pêché à quelques lieues d'Iviça, dans une profondeur d'environ neuf cents pieds. C'est un poisson qu'on ne trouve qu'à ces profondeurs considérables, et qui est fort rare autour des îles Baléares, mais que les pê-cheurs assurent être plus commun sur les côtes méridionales de l'Espagne. L'estomac contenoit des débris de poissons.

4°. Le Bogue ordinaire, *Boops boops.*

(*Sparus boops*, Linn.)

Caract. Incisives supérieures dentelées, inférieures pointues ; corps d'un gris argenté avec des raies longitudinales brunes et dorées ; ligne latérale jaune. Yeux très grands.

Le bogue habite la mer Méditerranée, et probablement celle du Japon. Il est excessivement abondant aux environs de Nice, où on le nomme *bugo*. Sa chair est fort bonne et estimée. Les anciens en ont parlé, et son nom *boops*, qui, en grec, veut dire, *œil-de-bœuf*, lui a été donné en raison des grandes dimensions de ses yeux. Athénée et Oppien sont les premiers auteurs d'un préjugé qui attribue une voix à ce poisson ; cette assertion est tout-à-fait fausse. Il vit d'algues, de poissons, et de débris de corps organisés, qu'il cherche dans la vase. (H. C.)

BOHAR. (*Ichthyol.*) *Ajoutez à cet article, pag.* 54, que M. Cuvier vient de placer ce poisson dans son genre diacope. Voyez ce mot. (H. C.)

BOHUR. (*Mamm.*) M. Salt, dans son Voyage en Abyssinie, dit que c'est à l'Artebest, *ant. caama*, que les habitans de l'Amhara donnent ce nom. (F. C.)

BOIGA. (*Erpét.*) Nom spécifique d'une couleuvre de Cayenne et de Surinam. Voyez Couleuvre. (H. C.)

BOIQUATRARA. (*Erpét.*) Nom malais, qui signifie *serpent peint*, et que Séba emploie pour désigner une couleuvre d'Amboine. Voyez Bonguatrora. (H. C.)

BOIS D'AINON. (*Bot.*) Voyez Robinier violet. (De. T.)

BOIS-D'ARC. (*Bot.*) Un des noms vulgaires du faux ébénier, ou cytise des Alpes. (J.)

BOIS DE BRÉSIL. (*Chim.*) Lorsqu'on fait infuser le bois de Brésil dans l'eau distillée, on obtient une liqueur colorée en jaune orangé, qui contient, suivant moi, outre le *principe colorant* et une *matière particulière* qui lui est intimement combinée, une *huile volatile* ayant une odeur et une saveur de poivre, de l'acide acétique libre, des acétates de chaux, de potasse et d'ammoniaque, et enfin un atome de sulfate de chaux.

Une goutte d'acide sulfurique, nitrique, hydrochlorique, versée dans l'infusion de bois de Brésil, fait passer la couleur jaune orangé à un jaune citron ; un excés de ces acides la fait passer au rose, et en précipite des flocons d'un rouge brun. L'acide carbonique et les acides végétaux étendus d'eau la jaunissent ; la dissolution concentrée de ceux de ces derniers qui ont de l'énergie, la rosent, mais légèrement. L'acide hydro-sulfurique forme avec elle une combinaison qui est presque incolore. Le peroxide d'étain, agité avec l'infusion, en préci-pite la couleur, et forme avec elle une combinaison d'un beau rose ; il agit donc à la manière des acides.

La potasse, la soude, l'ammoniaque, la baryte, la strontiane, la chaux, forment des combinaisons violettes avec le principe colorant du bois de Brésil. Le massicot, le protoxide d'étain, etc., forment avec lui des combinaisons violettes qui sont tout-à-fait insolubles. L'alumine gélatineuse, agitée avec l'in-fusion, se colore en un rouge cramoisi dont la nuance m'a paru intermédiaire entre celle des combinaisons acides et celle des combinaisons alkalines.

Tous les sels qui sont formés d'une base insoluble ou peu soluble, rosent plus ou moins l'infusion du bois de Brésil ; les sels de potasse et de soude dont l'acide a une grande énergie, ne lui font éprouver aucun changement.

L'infusion du bois de Brésil concentrée a une saveur astrin-gente, amère et ensuite un peu àcre. Quand on la mêle avec la décoction de gélatine, elle la coagule fortement ; le préci-pité contient la plus grande partie de la couleur unie à la gélatine.

Le principe colorant du bois de Brésil m'a paru acide ; car j'ai cru observer qu'il enlevoit la potasse au tournesol.

Voyez à l'article HÉMATINE un parallèle entre ce principe colorant et celui du bois de Brésil.

L'acide nitrique a une action très-vive sur l'extrait sec de bois de Brésil. En faisant chauffer une partie d'extrait dans 4 parties d'acide nitrique à 32°, étendu de deux parties d'eau, jusqu'à ce qu'il n'y ait plus d'action, l'on obtient un résidu qui peut être complétement dissous dans une quantité d'eau suffisante. Cette dissolution contient, 1°. *une matière orangée as-tringente*, peu soluble ; 2°. *une matièreblanche astringente cristal-lisable* et plus soluble que la précédente ; 3°. *de l'acide oxalique*

*libre ; 4°. de l'oxalate de chaux ; 5°. des nitrates de potasse et
d'ammoniaque.*

Voyez pour les propriétés des deux premières matières,
SUBSTANCES ASTRINGENTES ARTIFICIELLES. (CH.)

BOIS DE CAMPÈCHE. (*Chim.*) Il est compacte et a une
odeur de violette assez forte, une saveur sucrée, amère et un
peu astringente. D'après une analyse très-soignée que j'en ai
faite, j'ai trouvé ce bois formé des corps suivans :

1°. *De ligneux,*
2°. *D'hématine,*
3°. *D'une matière brune,*
4°. *D'une matière animale,*
5°. *D'une huile volatile,*
6°. *D'acide acétique,*
7°. *D'une matière résineuse,*
8°. *De chlorure de potassium,*
9°. *D'acétate de potasse,*
10°. *D'acétate de chaux,*
11°. *D'oxalate de chaux,*
12°. *De sulfate de chaux,*
13°. *De phosphate de chaux,*
14°. *D'alumine,*
15°. *D'oxide de fer,*
16°. *D'oxide de manganèse.*

Lorsqu'on applique l'eau bouillante au bois de campêche,
on dissout de 25 à 30 pour 100 de matière soluble qui consiste
en *hématine, matière brune, huile volatile, acide acétique, hydrochlorate de potasse* (1), *acétates de potasse et de chaux, sulfate
de chaux, alumine et oxides de fer et de manganèse.* L'hématine
et la matière brune sont les substances les plus abondantes
de l'extrait aqueux.

L'alcool bouillant enlève au bois qui a été épuisé par l'eau,
de la *matière résineuse,* de *l'hématine* et de la *matière brune.*

L'acide hydrochlorique sépare du bois traité par l'alcool,
de *l'hématine,* de *l'oxalate de chaux* et probablement du *phosphate.*

---

(1) Le chlorure de potassium se convertit en hydrochlorate lorsqu'il
se dissout dans l'eau.

Le bois qui a été épuisé successivement par les dissolvans que je viens de nommer, retient encore de l'hématine et de la matière brune, lesquelles y sont fixées par l'affinité qu'elles ont pour le ligneux, et peut-être encore par un peu de matière animale et un reste de résine qui a échappé à l'action de l'alcool.

La difficulté que l'on éprouve à enlever toute la matière colorante au bois de campêche, m'a conduit à regarder ce bois et la plupart de ceux qui sont colorés, comme des combinaisons de principe colorant et de ligneux, qui se rapprochent de celles que nous formons dans les ateliers de teinture : en effet, on peut considérer la résine, l'oxalate de chaux, la matière animale qui se trouve dans la plupart de ces bois, comme autant de mordans qui fixent la couleur sur le ligneux. Cependant il y a cette différence que le bois de campêche contient un excès de matière colorante, et qu'il n'est pas saturé de sels comme le sont les étoffes que l'on veut teindre.

D'après cette manière de voir, on conçoit comment l'action de l'eau doit s'arrêter sur ce bois, lorsqu'elle a dissous une certaine quantité de matière colorante, puisque la couleur qui reste est retenue par des corps insolubles dans l'eau. Par la même raison, on conçoit comment le ligneux, l'oxalate de chaux, et probablement un peu de matière animale, s'opposent à ce que l'alcool enlève toute la matière colorante avec la résine ; il est probable même que l'affinité des premières substances défend une portion de résine de l'action de l'alcool.

Je dois faire observer ici que, quand on agite de la litharge finement pulvérisée avec l'extrait aqueux de campêche, on en précipite toute l'hématine et la matière brune ; il reste dans le liquide des acétates de potasse de chaux, et, à ce qu'il m'a paru, une trace de matière animale.

J'ai obtenu l'hématine séparée de la matière brune, par le procédé que je vais décrire.

J'ai fait évaporer à siccité une infusion de bois de campêche ; j'ai mis le résidu réduit en poudre dans l'alcool à 36° ; après une macération de quarante-huit heures, j'ai séparé le liquide *d'une matière d'un rouge-marron* : le liquide a été évaporé ; quand il a commencé à s'épaissir, j'y ai versé un peu d'eau ; sur-le-champ il s'est formé une multitude de petits cristaux d'hématine. J'ai fait chauffer légèrement pour évaporer l'alcool, puis j'ai abandonné le liquide à lui-même. Au bout de vingt-quatre heures, jai décanté une *eau mère*, fortement colorée en rouge-orangé ; j'ai mis de l'alcool sur les cristaux, je les ai versés dans un filtre sur lequel j'ai passé de l'alcool, jusqu'à ce que celui-ci ait paru d'une couleur orangée franche. J'ai fait ensuite sécher l'hématine à l'ombre.

Pour compléter l'analyse du bois de Campêche, disons quelques mots de *la matière d'un rouge-marron* et de *l'eau mère.*

Matière d'un rouge-marron. Elle est formée d'hématine et de matière brune. Elle a les plus grands rapports avec les extraits astringens ; comme eux, elle donne à l'eau bouillante la propriété de précipiter la gélatine, etc. Après qu'elle a été lavée avec de l'eau jusqu'à ce qu'elle ne lui cède plus rien, il reste de la matière brune retenant encore de l'hématine, et proportionnellement beaucoup plus d'oxides métalliques insolubles que la partie de l'extrait de campêche qui se dissout dans l'alcool.

Eau mère. Elle est formée d'hématine et de matière brune. Elle a une saveur sucrée, astringente et amère. L'extrait qu'elle donne, après l'évaporation, étant soluble en totalité dans l'alcool, il faut employer, pour l'analyser, l'eau, qui ne le dissout qu'en partie seulement. En faisant macérer 1 partie de cet extrait dans 45 parties d'eau, on obtient, 1°. un liquide qui donne des cristaux d'hématine et une nouvelle eau mère; 2°. un résidu qui ne diffère de la *matière d'un rouge-marron,* qu'en ce qu'il ne contient pas autant d'oxides métalliques insolubles.

On voit, d'après cette analyse, que l'extrait de campêche est principalement formé d'hématine et d'une matière brune qui ne se dissout dans l'eau qu'à la faveur de l'hématine ; que lorsqu'on y applique l'alcool, il se forme deux combinaisons, l'une avec excès d'hématine qui se dissout, l'autre avec excès de matière brune qui ne se dissout pas. Ce qui paroît favoriser cette séparation, c'est l'union des oxides métalliques insolubles avec cette dernière combinaison, et peut-être la présence d'un peu de matière animale. Lorsqu'on vient à évaporer l'alcool qui contient la combinaison avec excès d'hématine, une partie de celle-ci se cristallise, et l'autre reste unie à de la matière brune, sous la forme d'eau mère. Cette dernière combinaison est plus difficile à décomposer que l'extrait de campêche, par la raison que le principe insoluble y est en moindre quantité, et qu'il n'y a plus autant d'oxides insolubles et peut-être de matière animale qui puissent favoriser cette séparation. Pour obtenir de l'hématine de l'eau mère, il faut se servir de réactifs qui aient la moindre action possible sur la matière brune : or, l'eau, qui ne la dissout pas, comme le fait l'alcool, peut être employée avec succès.

Pour les propriétés de l'Hématine, voyez ce mot. (Ch.)

BOIS DE FLÉAU, ou DE FLOT. (*Bot.*) Voyez Ochrome. (De T.)

BOIS DE FRÊNE. (*Bot.*) Voyez Quassie. (De T.)

BOIS DE MAI. (*Bot.*) Un des noms vulgaires de l'aubépine. (J.)

BOIS D'INDE. (*Bot.*) Voyez Mirte acre, *Myrtus acris.* (De T.)

BOIS IMPARFAIT. (*Bot.*) Partie extérieure du corps ligneux, dont le tissu n'a pas encore acquis toute sa densité. Cette partie est désignée par le nom d'Aubier. Voyez ce mot. (Mass.)

BOIS NÉPHRÉTIQUE. (*Bot.*) Voyez Inga griffe de chat. (De T.)

BOIS PELÉ, Bois de Frédoche. (*Bot.*) Voyez Guittarin a cœur noir. (De T.)

BOISQUIRA. (*Erpét.*) Un des noms brésiliens du serpent à sonnettes. Voyez Crotale. (H. C.)

BOIS TENDRE A CAILLOU. (*Bot.*) Voyez Acacie a bois dur. (De T.)

BOITE A SAVONNETTE. (*Bot.*) On désigne quelquefois par ce mot un péricarpe capsulaire bivalve, qui s'ouvre en travers, comme une boîte à savonnette. Ce fruit est nommé, par Linnæus, *capsula circumcisa;* par Ehrhart, *pyxidium;* et par M. Mirbel, pyxide, *pyxis.* On en a des exemples dans la jusquiame, l'*anagallis*, le *lecythis*, le pourpier, etc. Voyez Pyxide. (Mass.)

BOKEE-SORRA. (*Ichthyol.*) Nom qu'on donne, sur la côte de Coromandel, à une espèce de roussette, suivant Russel. Voyez Roussette. (H. C.)

BOKKEN-WISCH. (*Ichthyol.*) Voyez au mot Platax. (H. C.)

BOKULAWA. (*Erpét.*) Rumphius dit qu'on nomme ainsi, sur les bords de la grande baie de Coeloetsjoetsjoe, une couleuvre d'une taille immense, qui vit dans les montagnes voisines, et vomit, assurent les habitans, l'ambre gris sur le bord des fontaines bitumineuses, qui le transportent ainsi à la mer. Les Macassars et les insulaires de Binonco sont persuadés que, parvenu à une extrême vieillesse, ce serpent descend à la mer pour se métamorphoser en baleine. L'existence d'un pareil reptile paroît aussi fabuleuse que le phénomène qu'on lui attribue. (H. C.)

BOLBIDIUM. (*Malacoz.*) Petite espèce de poulpe, qu'Hippocrate recommande, cuite dans l'huile et le vin, dans plusieurs maladies, et entre autres dans l'amenorrhée. (De B.)

BOLBOTINA. (*Malacoz.*) C'est sous ce nom qu'Athénée paroît désigner, peut-être par erreur de copiste, le bolitœna d'Aristote. Voyez Balithæna. (De B.)

BOLET AMADOUVIER. (*Bot.*) Voyez Agaric. Dictionn., vol. I. (Lem.)

BOLET DES ROMAINS. (*Bot.*) C'est l'oronge franche. Voyez Amanite et Oronge. (Lem.)

BOLET TROMPEUR. (*Bot.*) Petit agaric décrit par Paulet ; il est roussâtre, à feuillets blancs. Il n'a rien qui annonce des qualités suspectes ; cependant des expériences faites sur un chien prouvent qu'il est délétère. Il croît dans les bois des environs de Paris, à Sennar. (Lem.)

BOLETITE, *Boletites.* (*Foss.*) Ce nom a été donné, par Aldrovande et par Feuillé, à des alcyons qui ont la forme d'une morille ou d'un mousseron. Aldrov. Mus. met., pag. 494. Feuillé, Observ. physic. III, pag. 387. (D. F.)

BOLITŒNA. (*Malacoz.*) C'est une espèce de poulpe d'Aristote, mais dont il dit trop peu de chose pour qu'on puisse la rapporter à une espèce connue de nos jours. (De B.)

BOLÉTOPHAGE, *Bolitophagus.* (*Entom.*) Nom d'un genre d'insectes coléoptères hétéromères, de la famille des fongivores ou mycétobies, à élytres dures, non soudées ; à antennes grenues, comme brisées, terminées par une masse arrondie et à sept articles.

Ce genre a été formé par Illiger, dans son ouvrage sur les

coléoptères de Prusse, et a été adopté par tous les auteurs qui ont écrit depuis. M. Latreille le nomme *élédone*.

Ce nom est composé de deux mots grecs, βολίτης, *bolet*, espèce de champignon, et de φαγω, je mange. On trouve en effet ces insectes dans les champignons. La plupart des auteurs les avoient rangés dans le genre des *ténébrions* ou des *opatres*.

Les sept articles dont la masse des antennes des bolétophages est formée, les distinguent de tous les autres genres de la famille, excepté de celui des hypophlées, dont les antennes ne sont pas brisées, et qui ont le corps allongé, linéaire.

Il s'éloigne des diapères, dont le corps est arrondi, comme celui des coccinelles, et par le chaperon, qui prolonge considérablement leur tête en avant, des anisotomes, dont le corselet, moins large que les élytres, est arrondi en arrière, et des agathidies, dont la masse des antennes n'a que cinq articles.

Fabricius a rapporté quatre espèces de ce genre. Nous citerons les deux suivantes :

1°. Bolétophage crénelé, *Bolitophagus crenatus ; silpha reticula*, Linn.; *hispa cornuta*, Thunberg ; *opatrum gibbum*, Panzer. Natur. f. 24, 14, 19. tab. 1, fig. 19.

Caractères. Corselet dilaté sur les bords, à angles avancés devant et derrière, à élytres sillonnées par des points enfoncés. On le trouve en France et en Allemagne, dans les champignons.

2°. Bolétophage agaricicole, *Bolitophagus agaricicola*. C'est probablement par une faute typographique que cette espèce porte le nom d'*agricole*. Panzer l'a figurée dans sa Faune d'Allemagne, càh. 43, pl. 9.

Caractères. Corselet convexe lisse, à bords non relevés; élytres striées.

Il se trouve aussi en Europe, dans les champignons. Nous l'avons trouvé dans un hydne desséché de la forêt de Fontainebleau. (C. D.)

BOLETUS. (*Bot.*) Bolet. Dictionn., vol. IV, p. 108. Par ce qui a été dit dans ce Dictionnaire, on voit que M. Beauvois, d'accord avec Tournefort et Adanson, nomme *boletus* les morilles (*phallus*, Linn., voyez ce mot), sans cependant les décrire. Linnæus applique ce nom de *boletus* à des champignons poreux.

5.

caractérisés ainsi qu'il a été dit. Au nombre des espèces se trouvent celles qui sont regardées comme les champignons désignés par les anciens sous le nom d'*agaric*. Beaucoup de botanistes leur avoient, avant Linnæus, conservé ce nom. Linnæus eut donc tort de le transporter à d'autres végétaux, bien qu'il ne fût pas le premier dans ce cas. Cependant, comme depuis lui toutes les espèces de champignons qui rentroient dans ses genres *agaricus* (Voyez FUNGUS) et *boletus*, ont reçu le nom générique qu'il leur a donné, nous croyons devoir suivre sa nomenclature. Nous allons donc revenir ici sur ce genre *boletus* de Linnæus.

Les caractères du genre *boletus* sont ceux exposés vol. V, pag. 108. Toutes les espèces ont le caractère commun d'offrir sur l'une de leurs faces (ordinairement l'inférieure) des tubes ou pores qui contiennent les séminules. Nous nous contenterons de rapporter seulement les divisions de ce genre, avec leurs noms particuliers, nous réservant de revenir à ces noms dans le cours de ce Dictionnaire, les bornes assignées à ce Supplément ne nous permettant pas de faire autrement.

Première section. — FISTULINA, Bull. Tubes libres, entièrement distincts.

Deuxième section. — POLYPORUS, Pers. Tubes disposés sur toute la surface du champignon.

Troisième section. — PORIA, Pers. ; *leptopora*, Rafin.-Sch. ; *mison*, Adans. Tubes disposés sur la face supérieure, par l'effet de la position renversée du champignon.

Quatrième section. — MICROPORUS, Pal.-Beauv. ; *poria* et *polyporus*, Adans. Coriace, charnu, subéreux ; tubes courts, continus avec la chair du champignon.

Cinquième section. — SUILLUS ; cèpe, potiron. Tubes allongés, se détachant facilement du chapeau charnu.

Les sections première et cinquième comprennent les AGARICS, décrits dans ce Dictionnaire, vol. I.

Sixième section. — FAVOLUS, *alveolaria* ; P.-B., *phorima*, Raffin.-Sch. *guépier*. Tubes adhérens et continus entre eux, larges, hexagones. Champignons subéreux.

Septième section. — DÆDALEA. Pers. Champignons subéreux,

marqués en dessous de sinus ou sillons profonds, oblongs, contournés, poreux, et qui peuvent être considérés comme des tubes extrêmement élargis et déformés.

Cette section réunit les boletus aux *agaricus*.

Le nombre des espèces de ce genre, considéré en entier, s'élève à plus de cent quarante. (LEM.)

BOLIGOULE, BOULIGOULE. (*Bot.*) Nom provençal et languedocien de l'*agaricus eryngii* de Decand., que l'on mange dans le Midi de la France. On le nomme aussi *brigoule*. Le mot de *boligoule* est corrompu de BOLUS GULÆ, qu'on pourroit traduire par *délice du palais*. Voyez FUNGUS et OREILLE DE CHARDON. (LEM.)

BOLITES. (*Bot.*) Le champignon nommé ainsi dans Pline, Juvénal, Martial, Suétone, Galien, étoit l'oronge, ou une espèce voisine. Voyez Clusius, Valérius Cordus, et les commentateurs de Dioscoride. (LEM.)

BOLITHAO. (*Bot.*) Nom portugais d'un *fucus* (*fucus divaricatus*). (LEM.)

BOLTONIA. (*Bot.*) Ce genre de plantes, de la famille des synanthérées, appartient à notre tribu naturelle des astérées, où il doit être placé auprès des *bellis*, *bellium*, *bellidiastrum*, *brachyscome*, *lagenifera*. (H. CASS.)

BOLTY. (*Ichthyol.*) Nom arabe d'un poisson du Nil (*labrus niloticus*, Linn.), dont la chair a une saveur délicate. Voyez CHROMIS. (H. C.)

BOLUMBAC. (*Bot.*) Un des noms cités par Caspar Bauhin, et rapportés par le voyageur Linscot, pour désigner un cararambolier, *averrhoa*, nommé ailleurs *bilimbi*. (J.)

BOLUTANG. (*Bot.*) Nom donné, sur les côtes de Norwége, au *fucus vesiculosus*, L. (LEM.)

BOMBA. (*Infus.*) Nom trivial d'une espèce de trichode, le *trichoda bomba* de Linnæus, Gmelin. (DE B.)

BOMBARDE. (*Bot.*) C'est une espèce du genre sphæria, remarquable par sa forme ronde, sa couleur noire, sa grosseur semblable à celle de la grenaille de plomb à chasser, et par sa manière de se rencontrer éparse et comme enfoncée dans le bois mort. C'est le *sphæria bombardica* de Bolton, l'*hypoxylon globulare* de Bulliard, t. 444, f. 2, et une variété du *sphæris byssiseda* de la Fl. franç., n°. 795. Cette espèce est commune en hiver au pied des vieilles souches, dans les bois. (Lem.)

BOMBES (*petites*). (*Bot.*) Nom vulgaire de quelques sphæria et des nœmaspora de Willdenow. Voyez ces mots. (Lem.)

BOMBUS. (*Entom.*) C'est le nom latin d'un genre d'hyménoptères, de la famille des mellites, et qui comprend les espèces d'*abeilles* velues, décrites sous ce nom dans le premier volume de ce Dictionnaire. On l'a rendu en français par le nom de bourdon. Quelques auteurs l'avoient appelé *bremus*, que l'on auroit traduit par *breme*, nom d'un genre de poisson. (C. D.)

BOMBYCILLA. (*Ornith.*) Ce nom, que Schwenckfeld a donné au jaseur, *ampelis garrulus*, Linn., a été adopté par Brisson, qui, sans former un genre particulier des jaseurs de Bohême et de la Caroline, leur a appliqué les dénominations de *bombycilla bohemica* et *bombycilla carolinensis*. M. Vieillot a depuis établi le genre, sous ce nom, que M. Temminck a changé en *bombycivora*. (Ch. D.)

BOMBYCIVORA. (*Ornith.*) Voyez Jaseur. (Ch. D.)

BOME. (*Erpét.*) Il paroit qu'on a quelquefois désigné le boa sous ce nom. Voyez Boa. (H. C.)

BOMOLOCHOS. (*Ornith.*) Nom grec du choucas, *corvus monedula*, Linn. (Ch. D.)

BONA. (*Bot.*) Nom sous lequel Dodoens, ancien botaniste, désigne la fève de marais. (J.)

BONAPARTEA. (*Bot.*) Genre établi par les auteurs de la Flore du Pérou, pour quelques plantes du même pays, et qui paroît devoir être réuni au *tillandsia*, dont il ne diffère que par un calice à deux folioles au lieu de trois, par les pétales roulés sur eux-mêmes, par les cloisons, qui ne s'élèvent que jusque vers le milieu des valves. Voyez Tillandsie. (Poir.)

BONAVERIA. (*Bot.*) Genre établi par Scopoli, adopté par Desvaux (Journ. Bot. 3, pag. 120, tab. 4, fig. 8) pour le *coronilla securidaca*, Linn., qui s'écarte de ce dernier genre par ses gousses très-comprimées, non articulées. Voyez Coronille. (Poir.)

BONDRÉE. (*Ornith.*) On a toujours considéré les bondrées comme des oiseaux appartenant au genre *buse*, dont elles ont les caractères généraux, mais dont elles diffèrent par un caractère particulier, qui est d'avoir l'intervalle entre l'œil et le bec, ou le *lorum*, couvert de plumes très-serrées et coupées en écailles, tandis que chez les buses, et même dans tout le reste du genre *falco*, cet espace est nu et garni seulement de quelques poils. Cette circonstance a paru à M. Cuvier d'une importance assez grande pour le déterminer à former des bondrées un genre auquel il a appliqué le nom de *pernis*, qui, dans Aristote, étoit employé pour désigner un oiseau de proie, qu'on nommoit aussi *pernes*. Le bec des bondrées, foible comme celui des milans, est d'ailleurs courbé dès sa base ; leur queue est égale, leurs ailes sont longues, ainsi que chez les buses et les busards, et elles ont les tarses à demi-emplumés vers le haut, et réticulés.

L'histoire et la description de la bondrée commune se trouvent au tome 3 de ce Dictionnaire, pag. 152. Il en existe quelques autres dans les pays étrangers, notamment la *bondrée huppée de Java*, que M. Leschenaut a rapportée de cette île, et dont le plumage est presque entièrement brun. Une huppe de la même couleur part de l'occiput ; la tête est cendrée, et la queue est noire avec une bande blanchâtre vers le milieu.

M. Vieillot, qui ne fait pas mention de cette espèce, en décrit une autre également huppée, qui paroit avoir été trouvée à la *Nouvelle-Hollande*. Celle-ci a le bec noir, la cire jaune, la tête blanche et brune ; une bande noire traverse l'œil et descend sur les côtés de la gorge, qui est blanche ainsi que les autres parties inférieures, mais sur laquelle se remarquent des taches brunes qui, s'effaçant sur la poitrine, indiquent un jeune individu ; les ailes ont les pennes primaires noires, et celles de la queue sont brunes en dessus et blanchâtres en dessous. Sa taille excède celle de notre balbuzard. (Ch. D.)

BONGA-BIRU. (*Bot.*) Nom malais du *clitoria ternatea*, espèce de liane de la famille des légumineuses. (J.)

BONGA-PENJATON. (*Bot.*) Nom javanais de l'*ovieda mitis*, suivant Burmann. (J.)

BONGARE, *Bungarus*. (*Erpétol.*) Genre de serpens de la famille des hétérodermes, voisin des couleuvres, des vipères et des pseudo-boas.

Russel le premier a employé ce mot, d'origine indienne, dans son admirable ouvrage sur les serpens de Coromandel. Feu Daudin s'en est servi pour désigner un genre qu'il a établi aux dépens des pseudo-boas de Schneider; mais il y a renfermé des espèces à crochets venimeux, et des espèces qui en sont dépourvues. M. Oppel (*Die ordnungen, familien, und gattungen der Reptilien*) ne regarde que ces dernières comme de véritables bongares, et les place dans sa famille des colubrins.

Les caractères qui doivent aujourd'hui essentiellement appartenir à ce genre, sont les suivans :

Une rangée longitudinale de grandes écailles hexagonales sur le dos; pas de crochets à venin; queue sans grelois; anus sans ergots; tête oblongue, triangulaire, à museau obtus; corps très-grêle, très-allongé, comprimé sur les côtés.

Dans les bongares, la tête est couverte de grandes écailles polygonales; les narines sont distinctement ouvertes sur le bout du museau; les yeux sont grands, plus ou moins saillans, suivant les espèces; l'anus est transversal; les écailles latérales sont rhomboïdales, imbriquées, allongées; la queue se termine par une pointe très-aiguë, elle est revêtue d'écailles semblables à celles du dos et des côtés; ses plaques sont disposées sur un double rang, tandis qu'elles sont simples sous le ventre.

On distinguera les bongares des couleuvres, parce que celles-ci ont des écailles rhomboïdales, d'une grandeur égale, sur le dos et sur les côtés; des pseudo-boas et des vipères, par l'absence des crochets à venin; des boas, par le défaut d'ergots à l'anus.

Ils deviennent assez grands et habitent en général les Indes orientales et l'Amérique.

1°. LE CENCO. *Bungarus cencoalt*, Oppel.

(*Coluber cencoalt*, Linn.; *Couleuvre cenco*, Daudin.)

Caract. Tête grosse, arrondie, blanche, panachée de noir, neuf grandes plaques sur le crâne; teinte générale brune, avec des taches blanchâtres ou ferrugineuses en dessus, entrecoupées quelquefois de bandes transversales blanches.

Cet ophidien, remarquable par la grosseur de sa tête, et par le petit diamètre de son corps, qui égale au plus celui d'une plume à écrire, parvient à la taille de quatre pieds, et la queue fait environ le tiers de sa longueur. Séba (tom. II, pl. 16, fig. 2-3) lui assigne le Brésil et le Mexique pour patrie : il se nourrit, dit-on, de vers et de fourmis ; les habitans le nomment *cencoalt* ou *coyuta*.

2°. La Nymphe, *Bungarus nympha.*

(*Couleuvre nymphe*, Daudin.)

Caract. Forme élancée ; tête ovale, oblongue, déprimée, à peine plus large que le cou, et revêtue de neuf grandes plaques, non compris celle du museau. Dos un peu caréné, jaune avec trente-six bandes brunes, larges, ovales, rapprochées ; tête jaune ; ventre d'un blanc jaunâtre.

Russel a décrit et figuré (pl. 36 et 37) deux variétés de ce serpent, que les Indiens appellent, au Bengale, *kalta vyrien*. Sa longueur totale varie de neuf à quatorze pouces.

3°. Le Bongare comprimé, *Bungarus compressus.*

(*Couleuvre comprimée*, Daudin.)

Caract. Cou long, cylindrique, plus mince que la tête ; corps comprimé sur les côtés, assez élevé vers son milieu, analogue à celui des boas ; ventre plat ; couleur de la tête et du ventre blanche ; dessus du cou et extrémité de la queue d'un brun noirâtre uniforme ; environ quarante taches brunes, oblongues, alternes, sur chaque côté du dos.

Daudin a le premier fait connoître cet ophidien, d'après un individu qu'il avoit reçu de Surinam, et qui avoit vingt-trois pouces de longueur sur deux lignes d'épaisseur d'un côté à l'autre, et quatre lignes de hauteur.

4°. Le Bongare veiné, *Bungarus venosus*, Oppel.

(*Coluber venosus*, Linn. ; *Aspis cobella*, Laurenti.)

Caract. Tête un peu allongée ; des veines transversales blanches sur un fond d'un roux cendré.

Ce serpent est fort peu connu ; Séba lui donne l'Amérique pour patrie. (H. C.)

BONGUATRORA. (*Erpét.*) Séba (tom. 2, tab. 82, fig. 1)

nomme ainsi un serpent d'Amboine, que Daudin regarde comme étant la couleuvre *boïga*, quoique celle-ci ne vienne que d'Amérique. (H. C.)

BONIKULAWA et BONKULAWA. (*Erpét.*) Voyez BOKU-LAWA. (H. C.)

BONITOL. (*Ichthyol.*) Suivant M. de la Roche, à Majorque et en Catalogne, on appelle ainsi le *Scomber mediterraneus*, qui appartient au sous-genre des thons de M. Cuvier. (H. C.)

BONITOUN. (*Ichthyol.*) A Nice, d'après M. Risso, c'est le nom de la bonite, *Scomber sarda*. Voyez THON. (H. C.)

BONNARON. (*Bot.*) Nom espagnol du seneçon ordinaire, suivant Dalechamp. (J.)

BONNET. (*Anat.*) Second estomac des ruminans, où les alimens descendent de la panse, pour s'y former en petites pelotes, et remonter ensuite dans la bouche, afin d'y être mâchés une seconde fois. C'est ce passage des alimens du bonnet à la bouche, et leur seconde mastication, qui constituent la rumination. Le *bonnet* se distingue encore des deux autres estomacs, la *panse* et le *feuillet*, par sa structure : toute sa surface interne est revêtue de lames minces, disposées entre elles comme celles qui forment les rayons d'abeilles. (F. C.)

BONNET. (*Bot.*) Divers champignons portent ce nom, avec une épithète particulière. Ce sont :

Le BONNET DE CRAPAUD, espèce de *boletus* qui change de couleur.

Les PETITS BONNETS D'ARGENT. *Agaricus* qui naissent en touffe, et figurés dans Ray (Syn. 3, p. 11, n°. 54, t. 1, f. 2).

Le BONNET DE FOU. Autre *agaricus*, figuré dans Sterbeeck, tab. 25, f. H.

Le BONNET RABATTU ou DE MATELOT. C'est l'*agaricus mammosus*, Linn., aussi nommé *bonnet de vache*. Sa saveur est agréable ; on ne le mange pas.

Le BONNET A LA POLONAISE. Autre *agaricus* blanc, à feuillets gris, figuré dans l'ouvrage de Sterbeeck, tab. 2, n°. 2, f. D.

Le BONNET DE PRÊTRE. Voyez BERRETA DI PRETE.

Le BONNET ROMAIN. Petit *agaricus*, qui naît sur le fumier du cheval, et découvert par Vaillant aux environs de Paris. (Vaill. P. 70, n°. 62 et 71.) Ce champignon, lorsqu'on le mange, n'incommode pas, quoique insipide. (LEM.)

BONNET. (*Ornith.*) Ce terme, en latin *pileus*, désigne la partie supérieure de la tête des oiseaux; ce qui comprend le synciput, le vertex et l'occiput. (Ch. D.)

BONPLANDIE, *Bonplandia.* (*Bot.*) Genre de la famille des *quassies*, qui appartient à la *pentandrie monogynie* de Linnæus, qui a de très-grands rapports avec les *quassia*, dont il diffère par son calice d'une seule pièce, à cinq dents, et non à cinq folioles; par une corolle à cinq pétales réunis en tube à leur partie inférieure, et non libres, étalés ; cinq étamines insérées vers le milieu des pétales ; cinq ovaires supérieurs, adhérens entre eux : de leur centre s'élève un style surmonté de cinq stigmates. Le fruit consiste en cinq capsules rapprochées, bivalves, monospermes.

Cavanilles avoit décrit une plante très-différente de celle-ci, sous le nom de *bonplandia geminiflora*, auquel Willdenow a substitué celui de *coldasia geminiflora* (Voyez CALDASIE), appliquant le nom de *bonplandia* à celle dont il est ici question. On n'en connoit encore qu'une seule espèce, qui est

LA BONPLANDIE A TROIS FOLIOLES, *bonplandia trifoliata*, Humb., et Bonpl. Pl. æquin. 2, p. 49, tab. 57, vulgairement *angusture* ou *cusparé*. Arbre d'un très-beau port, qui s'élève à la hauteur de soixante à quatre-vingts pieds, revêtu d'une écorce mince, grisâtre, le bois d'un jaune clair; les feuilles alternes, persistantes, d'un beau vert, composées de trois folioles, ovales, lancéolées, inégales, glabres, entières, parsemées de points glanduleux, exhalant une odeur aromatique très-agréable. Les fleurs sont disposées en une grappe allongée, terminale, longuement pétiolée ; le calice, ainsi que la corolle, couverts en dehors de faisceaux de poils portés sur autant de petits corps glanduleux : les ovaires entourés de dix petits corps pubescens, écailleux ou glanduleux : un style, cinq stigmates, réunis en un seul corps.

MM. Humboldt et Bonpland ont reconnu que cette plante, qu'ils ont découverte dans les forêts de l'Amérique méridionale, proche la *villa de Upatu*, l'*Arta gracia* et *Copapui*, fournissoit l'écorce de l'*angusture*, attribuée tantôt au *brucea ferruginea*, tantôt au *magnolia glauca*. Cette écorce avoit été répandue en Euro e, pour la première fois, en 1788, par les docteurs Ewer et Williams; médecins à l'île de la Trinité, et annoncée avec enthousiasme, comme possédant des propriétés supérieures à celles du *quinquina*. Sa grande réputation est aujourd'hui un peu diminuée, disent les auteurs de la Flore médicale; plusieurs médecins ont déclaré n'en avoir pas obtenu les effets qu'ils s'en promettoient. " J'ai administré l'*angusture*, dit « le docteur Alibert, en substance, à plusieurs fébricitans : « les effets que j'ai obtenus n'ont répondu ni à la renommée « de cette écorce, ni à mon attente particulière. Je la donnois « à la dose de huit décigrammes, de trois heures en trois « heures, dans l'apyrexie. „ (Poir.)

BONPORROETANG, PULUTAN. (*Bot.*) Noms javanais du *corchorus javanicus* et du *melochia erecta*, de Burmann. (J.)

BONTEBOK. (*Mamm.*) Nom de l'antilope pygargue, au Cap de Bonne-Espérance. Voyez *Antilope*. (F. C.)

BOO. (*Bot.*) Nom japonais du *saccharum spicatum*, suivant Thunberg. (J.)

BOOBA. (*Ichthyol.*) C'est le nom qu'on donne, à Venise, suivant Rondelet, au bogue ordinaire. (H. C.)

BOOM WAREN. (*Bot.*) Nom hollandais des *polypodium*, et spécialement du *polypodium vulgare*. (Lam.)

BOONGO. (*Bot.*) A Sumatra, ce nom désigne une fleur; il est une corruption du mot *bonga*, qui a la même signification dans la langue malaise. Ainsi le *boongo-malloor* est la fleur du nyctanthes; le *boongo-tanjang* celle du *mimusope*. Les femmes de Sumatra aiment beaucoup ces fleurs, et les mêlent dans leurs cheveux, au rapport de Marsden. (J.)

BOOPIDÉES. (*Bot.*) Dans un Mémoire lu à l'Académie des Sciences, le 26 août 1816, nous avons établi une nouvelle famille de plantes, à laquelle nous donnons le nom de boopidées (*boopideæ*), et que nous plaçons entre la famille des synanthérées et celle des dipsacées. Nous rapportons à cette nouvelle famille le genre *calicera* de Cavanilles, et les genres *boopis* et *acicarpha* de M. de Jussieu. Ces trois genres étoient classés par les botanistes dans la famille des synanthérées.

Les caractères les plus remarquables des boopidées, sont: 1°. que chaque lobe de la corolle est muni de trois nervures simples, confluentes au sommet, l'une médiaire, les deux autres submarginales; et qu'en préfloraison, les cinq lobes sont rapprochés par les bords sans se recouvrir; 2°. que les filets des étamines sont greffés non-seulement au tube de la corolle, mais encore à la base du limbe; et que les cinq anthères, dépourvues d'appendices apicilaires, sont entre-greffées par les bords en leur partie inférieure seulement, libres et écartées l'une de l'autre en leur partie supérieure; 3°. que le style est indivis, glabre, terminé au sommet par un stigmate très-simple; 4°. que la cavité du fruit est remplie par une graine ovoïde, pentagone supérieurement, suspendue au sommet de cette cavité par un très-petit funicule qui s'insère à côté de la pointe de la graine; et que cette graine renferme, sous une tunique membraneuse, un albumen charnu, épais, dont l'axe est occupé par un embryon cylindracé, droit, à radicule correspondant à l'ombilic; 5°. que les feuilles sont alternes.

Les fleurs sont disposées en calathide, laquelle est flosculeuse, uniforme, multiflore, munie d'un péricline simple. Le clinanthe est garni de fimbrilles presque filiformes, un peu élargies supérieurement, aiguës au sommet. Chaque petite fleur est hermaphrodite, composée, 1°. d'une corolle monopétale, régulière, épigyne, à tube long et grêle, et à limbe profondément divisé en cinq lobes linéaires; 2°. de cinq étamines, dont le filet a sa partie libre très-courte, sans article anthérifère, et dont l'anthère est linéaire, un peu étrécie de bas en haut, obtuse au sommet, canaliculée, arquée en dedans, ayant un connectif cylindrique, épais, très-saillant sur la face extérieure, et deux loges linéaires, fort étroites; point d'appendices apicilaire ni basilaire; 3°. d'un long style filiforme, terminé par un stigmate très-simple; 4°. d'un ovaire infère, sessile, uniloculaire, uniovulé, muni extérieurement de cinq côtes longitudinales, qui se prolongent au sommet en autant d'appendices formant une sorte de calice épigyne.

Nous ferons remarquer: 1°. que nos boopidées diffèrent principalement des synanthérées par la forme des anthères qui sont privées d'appendice apicilaire, par la conformation du style et du stigmate, l'un et l'autre parfaitement simples et indivis, et par la graine qui est suspendue au sommet de la cavité de l'ovaire, et qui contient un albumen charnu, très-épais; 2°. que cette famille diffère des dipsacées, entre autres caractères, par les nervures submarginales de la corolle, par la connexion des anthères, et par leur adnexion au filet qui s'insère à la base de l'anthère, comme dans les synanthérées, et non pas au milieu du dos comme dans les dipsacées; par les feuilles alternes ; par la disposition des lobes de la corolle en préfloraison, lesquels ne se recouvrent pas comme dans les dipsacées, mais sont seulement rapprochés comme dans les synanthérées ; 5°. que cette même famille participe des synanthérées et des dipsacées, par la nervation mixte de la corolle, qui offre tout à la fois des nervures médiaires et des nervures submarginales ; ainsi que par la disposition des anthères qui sont entre-greffées en leur partie inférieure, libres et même écartées l'une de l'autre dans leur partie supérieure.

Notre nouvelle famille des boopidées forme donc une transition très-naturelle et très-satisfaisante de la famille des synanthérées à celle des dipsacées ; et en confirmant leurs rapports, elle rend cette série tout-à-fait indissoluble.

C'est ici le lieu de prévenir nos lecteurs qu'il y a de graves erreurs dans notre description de l'*acicarpha* (tom. I, Suppl., pag. 52), parce que nous avions adopté, sans les vérifier par nos propres yeux, les caractères génériques donnés par les auteurs. Nous avons reconnu depuis que ces caractères sont tellement fautifs, qu'on ne peut même pas conserver à ce genre son nom primitif. Nous le nommons *cryptocarpha*, et nous ferons connoitre sous ce nom ses vrais caractères. (H. Cass.)

BOOPIS. (*Bot.*) Ce genre de plantes appartient à notre nouvelle famille des boopidées. M. de Jussieu, auteur du genre, l'avoit placé parmi ses cinarocéphales anomales, auprès de l'*echinops*, auquel il le croyoit analogue; et M. Decandolle, partageant cette opinion, l'avoit rangé dans la tribu artificielle des échinopées, formée par lui dans l'ordre des cinarocéphales. Cependant l'affinité des *boopis* avec les dipsacées, avoit été précédemment sentie dans la Flore du Pérou, puisque le *boopis balsamitæfolia* s'y trouve décrit sons le nom de *scabiosa sympaganthera*. Nous croyons avoir irrévocablement fixé la place de ce genre avec celle du *calicera* et du *cryptocarpha*, entre les synanthérées et les dipsacées, dans notre *Mémoire sur les boopidées*, où nous avons fait connoitre les véritables caractères et les rapports naturels de ces plantes remarquables.

Il en résulte que le caractère générique du *boopis*, donné par M. de Jussieu, doit être rectifié de la manière suivante :

Calathide uniforme, hémisphérique, composée de fleurs hermaphrodites nombreuses ; péricline simple, libre, membraneux, divisé profondément en huit lanières inégales, aiguës ; clinanthe très-petit, garni de fimbrilles (ou de squamelles fimbrilliformes) ; ovaire infère, à cinq côtes, portant autour de son sommet cinq appendices foliacés demi-lancéolés, qui forment une sorte de calice épigyne ; style épaissi supérieurement ; stigmate terminal, hémisphérique, papillé.

Le *boopis* diffère du *calicera* en ce que les appendices qui couronnent l'ovaire ne se convertissent point en longues cornes ligneuses ; il diffère du *cryptocarpha* en ce que les ovaires et le péricline sont libres, et que les fimbrilles sont manifestes. (H. Cass.)

BOOPS. (*Ichthyol.*) Nom spécifique d'un poisson du genre sciène, décrit par Schneider.

C'est aussi le nom latin du genre bogue. (H. C.)

BOOPS. (*Mamm.*) Nom spécifique donné par Linnæus à une espèce de baleine. Voyez, au mot baleine, Baleinoptère jubarte. (F. C.)

BOOT-KOPFS. Buts-kopf, Buts-kopper, Buts-kop, Butz-kop, But-kopf, Bots-kop (*Mamm.*), sont le même nom, diversement modifié, par lequel on désigne une espèce de dauphin (*delphinus orca*, Linn.), dans les langues germaniques. Il signifie tête semblable à une chaloupe, à un canot. Voyez, au mot cachalot, l'Hyperoodon. (F. C.)

BOOTSHAAC. (*Ichthyol.*) Ruysch, dans sa collection des poissons d'Amboine (pag. 8, n°. 27), donne ce nom, ou celui d'*harpago*, à un poisson des Moluques, que les aborigènes salent et conservent. Ce poisson a quatre barbillons autour de la bouche, et quatre aiguillons sur le dos. Le naturaliste que nous venons de citer, le rapproche des bagres ; mais sa description est bien incomplète. (H. C.)

BOPYRE. (*Crust.*) C'est le nom d'un genre établi par M. Latreille, et qu'il a rangé tout récemment près des cloportes, dans l'ordre qu'il nomme isopodes, ou à pattes simples.

Cet animal est curieux par le préjugé auquel il a donné naissance, comme nous allons l'indiquer.

Les pêcheurs de nos rivières croient que les anguilles n'ont pas d'œufs, et que ce sont ceux des écrevisses qui produisent les anguilles. Les pêcheurs maritimes croient aussi que les soles, et quelques autres espèces de pleuronectes, sont engendrées par les crevettes, les crangons et les salicoques. Ce qui a donné lieu à ce préjugé est l'observation que l'on a faite de certaines tumeurs qui se remarquent souvent sous le corselet de ces petits crustacés, dont la chair est fort estimée. Quand on ouvre ces tumeurs, on voit en effet qu'elles ont été produites par un animal aplati, incolore, ovale, allongé, sans yeux, ayant à peu près la forme et l'apparence d'une sole du côté plat.

C'est un animal parasite que nous allons décrire dans cet article.

M. Deslandes, commissaire de la marine à Rochefort et à Brest, qui a combattu des préjugés de plus d'un genre, voulant détruire en particulier celui des pêcheurs, sur le mode de propagation des soles, fit quelques essais à ce sujet : après avoir placé des crevettes dans de l'eau de mer, il vit en effet, au bout de quelques jours, dans les vases où il avoit fait ses expériences, de jeunes soles dont il reconnut tous les caractères ; et il en conclut que ce n'étoit pas les crevettes qui donnoient naissance à des soles, mais bien qui nourrissoient les œufs de ces poissons, qui, immédiatement après leur naissance, s'attachoient aux branchies de ces animaux, et s'y développoient, jusqu'à ce qu'ils eussent acquis un accroissecment suffisant pour subvenir par eux-mêmes à leurs besoins. Ce fait est même consigné dans l'Histoire de l'Académie des Sciences de Paris, pour 1722, page 19. Mais en 1772, M. Fougeroux de Bondaroy lut à cette même Académie un Mémoire sur un insecte qui s'attache à la crevette ; des dessins ont été gravés dans la seconde partie de cette même année, pour accompagner le mémoire qui y est imprimé, pages 29 à 54.

Il est resté démontré, par ce Mémoire, que M. Deslandes s'étoit trompé en croyant que les œufs des soles s'attachoient aux crevettes, aux salicoques (*palæmons*); que, peut-être, de petites soles s'étoient trouvées parmi les animaux mis en expérience ; mais que les tumeurs formées sous le corselet étoient déterminées par la présence d'un entomostracé très-singulier, véritablement parasite, et privé, peut-être à cause de cela, d'antennes, d'yeux et de mandibules.

On ne connoît encore qu'une seule espèce de ce genre ; c'est le *monoculus crangorum* de Fabricius.

Son corps est aplati, ovale, terminé en pointe, presque membraneux; les pattes sont très-petites et presque contournées.

On trouve dans le *Traité des Pêches* de Duhamel du Monceau, 2ᵉ. partie, fig. 11, pl. 16, la figure et une très-bonne description d'une espèce qui s'attache aux saumons, et qui paroît appartenir à ce genre. (C. D.)

BOQUEREL. (*Ornith.*) Un des noms vulgaires du friquet, *fringilla montana*, Linn. (Ch. D.)

BORAMETS. (*Bot.*) Voyez Barometz, Dict., t. IV, pag. 85.

BORD, *Margo.* (*Bot.*) Ligne qui dessine le contour, soit des feuilles, des pétales, soit du chapeau des champignons, soit de toute autre partie d'une plante. On observe si le *bord* est uni, calleux, cartilagineux, membraneux, ou velu, cilié, dentelé, épineux; ou roulé, ondulé, frisé, etc. Cet examen fournit des caractères assez constans. C'est un des caractères des synanthérées, par exemple, d'avoir le *bord* des lobes de la corolle garni d'une nervure. (Mass.)

BORD. (*Conch.*) Terme de conchyliologie, indiquant la terminaison inférieure de la coquille, ou ce qui forme son orifice ou le péristome. Voyez Conchyliologie. (De B.)

BORDA. (*Bot.*) Dans quelques lieux, au rapport de Dodoens, cité par C. Bauhin, on nommoit ainsi une anserine, *chenopodium maritimum*, ayant quelques propriétés communes avec la soude, et qu'ils regardoient, pour cette raison, comme une espèce de kali. (J.)

BORDÉ. (*Ichthyol.*) Nom spécifique de plusieurs poissons, comme du *Labrus marginatus*, Linn., d'un chætodon, etc. (H. C.)

BORDELAIS. (*Bot.*) Voyez Bourdelas. (J.)

BORDELIÈRE. (*Ichthyol.*) Au lieu de Cyprin, voyez Brême. (H. C.)

BORE. Corps simple, caractérisé par la propriété de former l'acide borique, lorsqu'il se sature d'oxigène.

Le bore est sous la forme solide; sa couleur est le brun verdâtre; il est insipide et inodore; sa densité est inconnue; on sait cependant qu'elle surpasse celle de l'eau distillée.

Le bore est infusible et parfaitement fixe au feu de nos fourneaux. Il ne conduit pas l'électricité. Comme tous les corps combustibles unis à l'oxigène, il est électro-positif relativement à ce dernier : c'est pourquoi, lorsqu'on électrise l'acide borique avec une forte batterie voltaïque, le bore se rassemble à la surface électrisée négativement.

Aux températures ordinaires de l'atmosphère, le bore ne s'unit point au gaz oxigène; mais si on en élève la température au rouge, en le chauffant par exemple dans un creuset d'argent, et qu'ensuite on plonge ce creuset dans un vase plein d'oxigène, il brûlera en lançant des étincelles enflammées ; la combustion ne sera jamais complète, par la raison que l'acide borique produit enduira le bore, qui n'a point encore pris part à la combustion, d'une couche qui s'opposera tout-à-fait au contact de ce corps avec l'oxigène. L'eau appliquée au résidu de la combustion dissoudra l'acide borique, et laissera une poudre d'une couleur plus foncée que n'étoit le bore avant sa combustion. M. Davy regarde ce résidu comme étant un oxide de bore.

L'eau n'a absolument aucune action sur le bore, même à la température de 100 degrés. On pense qu'à la chaleur rouge, il décomposeroit ce liquide, en se combinant à son oxigène.

On ne connoit de combinaisons de bore que celles qu'il forme avec l'oxigène, le phtore, le fer et le platine. Voyez *borique* (acide), *phtoro borique* (acide); au mot FER, *borure de fer;* au mot PLATINE, *borure de platine.*

On se procure le bore de la manière suivante : on introduit dans un tube de cuivre, fermé à une de ses extrémités, des couches alternatives de potassium et d'acide borique vitreux, parfaitement sec et réduit en poudre : la proportion de ces corps doit être de parties égales. On ferme le tube avec un bouchon percé d'un petit trou; puis on chauffe les matières au rouge léger, pendant vingt minutes environ. Alors le potassium s'empare de l'oxigène de l'acide borique : de la potasse est produite, et du bore est mis à nu. L'acide borique n'est jamais décomposé en totalité; il en reste toujours une portion qui est unie à la potasse. L'opération étant terminée, on laisse refroidir le tube, et on y introduit, à plusieurs reprises, de l'eau bouillante, afin de détacher du tube toute la matière qui y est contenue. L'eau dissout la potasse et l'acide borique non décomposé; le bore reste sous la forme d'une poudre d'un brun verdâtre. On jette le tout dans un verre; on attend que le bore soit déposé, puis on décante le liquide éclairci, et au moyen de l'eau bouillante on enlève au bore toutes les matières étrangères qu'il pourroit retenir. Quand le bore a été complétement lavé, on le fait sécher dans une capsule, puis on le renferme dans un flacon.

M. Davy observa le premier, en 1807, que l'électricité voltaïque réduisoit l'acide borique en une substance brune, combustible, qui apparoissoit au pôle négatif. MM. Gay-Lussac et Thenard, en 1808, décomposèrent l'acide borique au moyen du potassium. Ils décrivirent la plupart des propriétés du bore qui nous sont actuellement connues, et reproduisirent les premiers de l'acide borique, en combinant le bore avec l'oxigène. (Cʜ.)

BORÉE. (*Entom.*) On trouve ce nom dans la partie entomologique, ou le troisième volume de l'ouvrage de M. Cuvier sur la classification des animaux, pour désigner un genre d'insectes névroptères, voisin des panorpes, suivant M. Latreille et la plupart des auteurs depuis Linnæus, qui en ont parlé sous le nom de *panorpa hyemalis.* Cet insecte paroît tenir le milieu entre les névroptères et les orthoptères. La métamorphose n'en est pas connue; on sait seulement que la femelle est aptère, et porte une sorte de tarière, ou d'instrument propre à la ponte ou à déposer les œufs, analogue à l'appendice qui termine l'abdomen des grillons et des locustes; tandis que le mâle a des rudimens d'ailes ou d'élytres plus courtes que l'abdomen, et terminées en pointe, comme celles de quelques forficules. C'est peut-être ce qui l'a fait nommer encore *gryllus proboscideus.*

Ce genre d'insectes, auquel on n'a jusqu'ici rapporté qu'une espèce unique, paroît, au premier aperçu, se rapprocher encore de celui des psoques. L'espèce connue n'est guère plus grosse que le pou du bois. On la trouve en Saxe et sur les Alpes, à la hauteur des neiges, sur des mousses. Panzer a donné les figures du mâle et de la femelle grossies. Les antennes sont en soie, la bouche au bas d'un bec, tout le corps d'un vert cuivreux, à l'exception des pattes qui sont brunes, avec les tarses plus foncés; le corselet est cylindrique, avec une carène. Voyez le mot Pᴀɴᴏʀᴘᴇ. (C. D.)

BORÉLIE. (*Conch.*) Nom français du genre borélis. (Dᴇ B.)

BORÉLIS. (*Conch.*) M. Denys de Montfort établit ce genre pour des corps organisés fossiles, qu'il est fort difficile de placer, d'une manière satisfaisante, dans la série animale. Ce sont de petits corps sphéroïdaux, déprimés vers leurs pôles, marqués à l'extérieur de sillons se portant d'un pôle à l'autre, et les subdivisant en espèces de côtes; l'intérieur est, dit-on, celluleux. On n'en connoit encore qu'à l'état fossile. (DE B.)

BORGNAT. (*Ornith.*) Nom que porte, dans la vallée de Lanzo en Piémont, le roitelet, *motacilla regulus*, Linn. (Ch. D.)

BORGNE. (*Erpétol.*) Nom de l'orvet commun en Lorraine. (H. C.)

BORIDIA. (*Ichthyol.*) Synonyme de Buridia dans Gesner. Voyez ce mot. (H. C.)

BORIQUE. (ACIDE) (*Chim.*) Quand il a été parfaitement privé d'eau, il est sous la forme d'un verre transparent et incolore. Il n'a qu'une légère saveur acide. Sa densité est de 1,803, suivant M. Davy. Il est fusible et parfaitement fixe au feu. Il est décomposé par l'action de l'électricité voltaïque. Quand il est exposé à l'air, il en attire assez puissamment l'humidité; et sa surface devient opaque, parce qu'elle se recouvre d'écailles d'hydrate d'acide borique qui sont pulvérulentes.

L'eau bouillante ne dissout pas $\frac{1}{50}$ de son poids d'acide borique suivant M. Davy. Lorsqu'elle se refroidit, elle en laisse précipiter une partie sous la forme d'écailles blanches, nacrées. Si la solution s'évapore lentement, l'on obtient des cristaux en lames hexagonales. Ces cristaux sont, ainsi que les écailles blanches nacrées, un véritable hydrate d'acide borique. La dissolution d'acide borique rougit le tournesol; elle est sans action sur la teinture de violette; et, ce qu'il y a de bien remarquable, c'est qu'elle se comporte avec l'hématine comme un alcali foible. (Voyez HÉMATINE.) Cette dissolution précipite les eaux de chaux, de strontiane et de baryte.

L'hydrate d'acide borique a une densité de 1,479. Exposé au feu, il se fond, perd son eau : cette eau, en se dégageant, entraîne avec elle une certaine quantité d'hydrate d'acide. Suivant M. Davy, cet hydrate est formé de

Acide borique............ 43 ... 100,00

Eau.................... 57 132,55

L'alcool dissout l'acide borique. Cette solution, enflammée brûle avec une flamme verte.

L'acide borique est décomposé par le potassium. Voyez Bore. Il est encore décomposé lorsqu'on le chauffe au rouge avec le phtorure de calcium. Il arrive alors que le calcium désoxigène une portion de l'acide borique, pour former de la chaux, laquelle se combine à la portion d'acide qui n'est pas décomposée ; et que le phtore, séparé du calcium, s'unit au bore pour former le gaz acide *phtoroborique*.

L'acide borique est formé d'oxigène et de bore (Voyez Bore); mais l'on ne s'accorde pas encore sur la proportion dans laquelle ces principes sont unis. MM. Gay-Lussac et Thenard disent que l'acide borique contiendroit un tiers de son poids d'oxigène, et, suivant M. Davy, il en contiendroit les deux tiers.

Le meilleur procédé pour préparer l'acide borique à l'état de pureté, consiste à décomposer une dissolution de borax par l'acide nitrique ; à laver, avec de l'eau froide, l'hydrate d'acide borique, qui se dépose sous la forme d'écailles nacrées ; puis à fondre, l'hydrate lavé dans un creuset d'argent ou de platine, afin de brûler une matière grasse, qui provient du borax. On peut employer l'acide sulfurique au lieu de l'acide nitrique ; mais alors il peut arriver qu'une portion d'acide sulfurique se combine avec l'acide borique. Suivant MM. Gay-Lussac et Thenard, cette combinaison ne peut être fondue dans un creuset de platine, sans l'attaquer ; c'est pourquoi ils prescrivent de la fondre dans un creuset de terre. (Ch.)

BOROSITIS. (*Ornith.*) Un des noms de la corbine ou corneille noire, *corvus corone*, Linn. (Ch. D.)

BOROVIK ou KOROVIK. (*Bot.*) Les habitans de Mourom, contrée de l'empire russe, donnent ces noms, qui signifient truffe de bœuf, au *boletus bovinus*, champignon qu'ils mangent, ainsi que beaucoup d'autres. (Lem.)

BORRAGINÉES. (*Bot.*) On a déjà donné ailleurs le caractère général de cette famille de plantes, que quelques auteurs ont voulu partager en deux d'après la considération du fruit, en séparant de cette série les sébestiers qui ont le fruit en baie ; mais il seroit difficile d'établir la ligne juste de démarcation entre les deux familles qui doivent rester réunies.

Dans la section des fruits en baie, on ajoutera le *rochefortia*

3.

de Swartz, le *carmona* et le *cortesia* de Cavanilles, le *bonamia* de M. Du Petit-Thouars, le *cerdana* de la Flore du Pérou qui n'est peut-être qu'une espèce de *cordia*.

La section des vraies borraginées s'enrichira du genre *echiochilon* de M. Desfontaines, et de l'*echioïdes* du même, auquel on a donné plus récemment le nom de *nonea*. On sera probablement disposé à réunir à l'*hydrophyllum* le genre *aldea* de la Flore du Pérou, au *borrago* le *pollichia* de Médicus, et au *lithospermum* l'*oskampia* et le *buglossoïdes* de Moench, ainsi que le *batschia* de Gmelin et le *liquilia* de M. Persoon.

Quatre genres, auparavant rapprochés de cette famille, sont reportés à d'autres; le *dichondra* aux convolvulacées, ainsi que le *falkia*, qui n'est qu'un liseron; le *nolana* aux solanées; le *siphonanthus* doit être réuni à l'*ovieda* parmi les verbenacées. (J.)

BORRAIA. (*Bot.*) Nom espagnol de la bourrache. (J.)

BORRERA. (*Bot.*) (Cryptogamie, famille des lichens). Acharius caractérise ainsi ce genre : Expansion (*thallus*) cartilagineuse, rameuse, très-découpée; découpures le plus souvent en forme de canal en-dessous, nues, ordinairement ciliées sur les bords. Conceptacles (*apothecia*) orbiculaires-pédiculés : lame séminifère, formant le disque des conceptacles, entourée par l'expansion du lichen relevé, et contenant de petites vésicules.

Acharius avoit d'abord réuni les espèces de ce genre à celui qu'il avoit nommé *parmelia*. Celles d'entre elles qui se trouvent en France, sont classées avec les *physcies* dans la Flore française par M. Decandolle. Acharius en décrit dix-sept espèces, desquelles huit ou neuf n'ont été trouvées qu'en Amérique ou en Afrique. Parmi celles qui croissent en Europe nous distinguerons les suivantes :

1. BORRERA CILIAIRE ; *B. ciliaris*, Ach., *Lich. univ.*, p.496 ; *Physcia ciliaris*, Decand., Fl. franç., n°. 1073 ; *Lichen ciliaris*, Linn. Hoffm. Lich., t. III, f. 4 ; Vaill. par., t. XX, f. 2. En touffes très-rameuses, d'un gris verdâtre, quelquefois ponctuées de noir ; découpures blanchâtres en-dessous, rameuses, étroites, amincies et ciliées à l'extrémité ; conceptacles presque terminaux, d'abord concaves, puis planes, et d'un noir bleuâtre.

Cette espèce est très-commune sur les troncs d'arbres et les pierres ; elle a deux ou trois pouces, au plus, de hauteur. Il paroît qu'elle donne une couleur pourpre à la teinture, comme la parelle et l'orseille, autres espèces de cette famille. On en connoît cinq ou six variétés.

2. BORRERA FLUETTE ; *B. tenella*, Ach., l. c., p. 498 ; *Physcia tenella*, Decand., Fl. franç., n°. 1072 ; *Lichen tenellus*, Schreb. Hoffm. Lich., t. 3, f. 2-3 ; Vaill. par., t. 20, f. 5. Expansion d'un blanc cendré, nue, de même couleur des deux côtés, rameuse et à découpures embriquées un peu rayonnantes, presque ailées à leur extrémité redressée, dilatée, creuse en-dessous, ciliée ; conceptacles épars, à disques planes d'un noir bleuâtre.

Cette très-petite espèce, la précédente en miniature, est commune sur les troncs des ormes, des chênes, de l'aubépine, des pruniers, etc. Elle croit aussi sur les toits et les poutres.

3. BORRERA LEUCOMELAS, Ach. l. c., p. 499, t. 9, f. 9 ; *Lichen leucomelas*, Linn. ; Swartz, *Obs.* t. 2, f. 2. Expansions très-blanches et pulvérulentes en dessous ; découpures redressées, étroites, amincies à la pointe, très-divisées, ciliées ; conceptacles à disques planes, d'un noir bleu, ciliés sur les bords.

Cette jolie espèce, remarquable par ses conceptacles ciliés, se trouve sur les troncs des arbres en Espagne, en Amérique (Pérou et Caroline), à l'île Bourbon, et sur les côtes orientales de l'Afrique.

4. BORRERA CHRYSOPHTHALME ; *B. chrysophthalma*, Ach., l. c., p. 502 ; *Physcia chrysophthalma*, Dec., Fl. fr., n°. 1085 ; *Lichen chrysophthalmus*, Linn. ; Hoffm. Lich., t. 36, f. 4 ; Dill. Mus., t. 13, f. 17. Expansions d'un jaune fauve, brillant des deux côtés, très-découpées et comme frisottées ; les découpures droites ailées, ciliées à l'extrémité, ainsi que le bord des conceptacles ; ceux-ci d'une belle couleur orange. Ce lichen, l'un des plus jolis d'Europe, se trouve sur les vieux troncs d'arbres, et principalement sur le chêne et le peuplier d'Italie. Il n'est pas rare en France. Autrefois il se trouvoit assez souvent dans nos environs : mais actuellement il est moins commun. Il a rarement plus d'un pouce de hauteur.

Les autres espèces se rapprochent plus ou moins de celles que nous venons de citer.

Ce genre porte le nom de *Borrer*, lichenographe anglais, associé avec M^r. D. Turner pour la publication de la Lichenographie britannique. (Lem.)

BORRICHIA. (*Bot.*) Genre de plantes de la famille des synanthérées, établi par Adanson, et qui paroit correspondre a notre genre *diomedea*. (H. Cass.)

BORSONE. (*Bot.*) Agaric jaune-verdâtre, à chapeau charnu, cité par Micheli. Il est commun en octobre dans les bois aux environs de Florence. (Lem.)

BORTAM. (*Bot.*) Nom arabe de l'*acalypha fruticosa* de Forskaël, plante euphorbiacée dont les feuilles, macérées dans l'eau, sont employées, en Arabie, pour laver les pustules des enfans. (J.)

BORURES. (*Chim.*) C'est la combinaison du bore avec les corps combustibles, et particulièrement les métaux. On ne connoit jusqu'ici que les borures de fer et de platine. Voyez Fer et Platine (*Borure de*). (Ch.)

BORUS. (*Entom.*) Herbst a distingué sous ce nom un genre de coléoptères, voisin des diapères et des ténébrions, dont MM. Latreille et Olivier ont fait le genre *phalène*, et qui comprend les ténébrions cadaverin, pâle, ferrugineux, etc. (C. D.)

BORYA. (*Bot.*) Le genre publié sous ce nom par M. Labillardière doit le conserver. M. Poiret l'a décrit dans l'*Encyclopédie méthodique* sous le nous français de *vincerolle*, sous lequel il reparoîtra dans ce Dictionnaire.

M. Persoon a employé le même nom *borya* pour désigner un genre de la famille des jasminées que Michaux a nommé *adelia*, quoiqu'il existàt déjà dans les euphorbiacées un autre *adelia*, nommé par Linnæus. Pour faire cesser cette confusion, M. Poiret, dans l'*Encyclopédie*, lui a donné le nom de *forestiera*, sous lequel il sera décrit plus bas. (J.)

BOSCAS. (*Ornith.*) Ce terme, dans Gesner, Belon et Aldrovande, désigne la sarcelle commune. *anas querquedula*, Linn. Le mot *boschas* s'applique aussi à diverses espèces ou variétés de canards sauvages. (Ch. D.)

BOSELAPHUS. (*Mamm.*) Nom sous lequel M. de Blainville désigne un des sous-genres dans lesquels il a distribué les antilopes. Ses bosélaphes sont le nylgaut, le gnou, etc.; il leur donne pour caractères : Des cornes simples, non ruguleuses, quelquefois nulles dans la femelle, des pores inguinaux ; une queue longue, terminée par un flocon de longs poils ; quatre mamelles et un mufle ; ils n'ont ni lannière ni brosses. (F. C.)

BOSHOND. (*Mamm.*) Suivant Bosman, on donne ce nom, qui signifie chien méchant, au chacal, *canis aureus*, Linn., dans les établissemens hollandais des côtes occidentales de l'Afrique. (F. C.)

BOSON. (*Malacoz.*) Nom sous lequel Adanson désigne le *Turbo boson* de Linnæus. (De B.)

BOSQUIEN. (*Ichthyol.*) M. de Lacépède a donné ce nom à une espèce de blennie que M. Bosc a découvert en grande quantité dans la baie de Charlestown en Caroline, et que lui-même a appelé *morsitans*, parce que, lorsqu'on veut le saisir, il se défend en mordant comme l'anguille.

Ce blennie (*B. morsitans*, Bosc. ; *B. bosquianus*, Lacép.) est très-voisin du pholis, et appartient à la même division du genre. Voyez Pholis. Ses caractères sont les suivans :
Tête nue, sans crête ni panaches ; écailles peu visibles ; corps d'une teinte verte, mélangée de fauve et de blanc ; extrémité des rayons de la nageoire anale recourbée.

Ce poisson a environ trois pouces et demi de longueur totale. Sa hauteur est d'un pouce, et sa largeur de quatre lignes. (H. C.)

BOSSAI. (*Bot.*) Nom japonais d'un scirpe, *scirpus articulatus*, suivant Thunberg. (J.)

BOSSE, *Gibbus*. (*Bot.*) On trouve à l'entrée du tube de plusieurs corolles, des appendices en forme de petits sacs renversés. M. Mirbel leur donne le nom de *bosses*. La bourrache et la cynoglosse, par exemple, ont leur corolle garnie de cinq de ces petits sacs dont l'ouverture est inférieure. Bosse est aussi employé comme synonyme de renflement. La partie qui porte de véritables bosses, est dite gibbifère, *gibbifera*. La partie qui est simplement renflée est dite bossue, ou gibbeuse, *gibbosa*. Celle qui a plusieurs renflemens est dite bosselée, ou toruleuse, *torulosa*. Voyez ces mots. (Mass.)

BOSSIE, *Bossiæa*. (*Bot.*) Genre de plante légumineuse établi par Ventenat. Son calice est tubulé à deux lèvres, l'une supérieure au cœur, l'autre inférieure trilobée. L'étendard de la corolle a deux glandes à sa base. Les deux ailes et la carène, partagée en deux, sont appendiculées d'un côté. Les étamines sont monadelphes. La gousse, portée sur un support, est allongée, comprimée et polysperme. Ce genre, consacré à la mémoire de Boisseu de la Martinière, botaniste attaché à l'expédition de la Peyrouse, est un arbrisseau de la Nouvelle-Hollande à feuilles alternes, simples et stipulées, à fleurs axillaires et solitaires. Il doit être placé près de la crotalaire. (J.)

BOSSILLONS. (*Bot.*) Petits *agaricus* de couleur rousse ou dorée, à chapeau un peu en bosse. Ils ne sont point vénéneux. (Lem.)

BOSSUE A DEUX BOUTONS. (*Conch.*) Nom marchand de l'ovule verruqueuse, *bulla verrucosa* de Linnæus, type du genre Calpurne de M. Denys de Montfort. (De B.)

BOSSUE SANS DENTS. (*Conch.*) Nom marchand d'une coquille du genre ovule, l'ovule bossue, *bulla gibbosa*, Linn., dont M. Denys de Montfort a fait son genre *ultime*. Voyez ce mot. (De B.)

BOSTRICHITES. (*Min.*) C'est le nom que le D^r. Walker, d'Edimbourg, a donné à la prehnite, dans sa *Classification minéralogique* publiée en 1789. Voyez Prehnite.

On a aussi donné ce nom à quelques variétés d'asbeste. Voyez ce mot. (B.)

BOSTRICHTE, *Bostrichthys*. (*Ichthyol.*) M. Duméril (*Zool. analyt. pag.* 120) propose ce nom pour remplacer celui de bostryche qui a été imposé par M. de Lacépède à un genre de poissons, mais que Geoffroy avoit précédemment appliqué à des insectes coléoptères. (H. C.)

BOSTRYCHE. (*Ichthyol.*) Ce genre et celui du bostrychoïde appartiennent à la famille des pétalosomes de M. Duméril. (H.C.)

BOTAN. (*Bot.*) Nom japonais de la pivoine, suivant Kæmpfer et Thunberg. (J.)

BOTARCHA. (*Ichthyol.*) En Italie on donne ce nom à une préparation faite avec les œufs et le sang du *mugil cephalus*, qu'on sale fortement, après qu'on leur a fait subir un commencement de décomposition; aussi y remarque-t-on généralement la saveur et l'odeur de l'ammoniaque. (H. C.)

BOTARGUE. (*Ichthyol.*) Chez les Provençaux, c'est la même préparation que la botarcha des Italiens. Voyez ce mot. (H. C.)

BOTAURUS. (*Ornith.*) Nom latin du butor, *ardea stellaris*, Linn. (Ch. D.)

BOTCHE. (*Ichthyol.*) Nom d'une espèce de scolopsis de la côte de Coromandel. Voyez Scolopsis. (H. C.)

BOTEIT. (*Ichthyol.*) Nom arabe d'un poisson observé par Forskaël, et que Schneider range avec doute parmi les spares, sous le nom de *Sparus crenidens.* Voyez Spare. (H. C.)

BOTELUA. (*Bot.*) Sous le nom de *botelua racemosa*, Lagasca Varied. cienc. 1805, pag. 14, a décrit la même plante que Michaux avoit nommée *chloris curtipendula*, qui appartient au genre *dinebra* de Jacquin, ou *dineba*, Beauv. Voyez Dinebra. (Poir.)

BOTHUS. (*Ichthyol.*) M. Rafinesque-Schmaltz a donné sous ce nom un genre de la famille des hétérosomes, très-voisin des monochires, mais en différant par la position de ses yeux à gauche, et par la présence de deux nageoires thoraciques. Ce genre n'a point été adopté encore en France. Une des espèces (*Bothus diaphanus*, Raf.) est tout-à-fait transparente, et a une tache rouge sur l'opercule, deux à la base de la queue, et douze autour du corps près des nageoires dorsale et anale; la nageoire dorsale commence sur la bouche. C'est un poisson de la mer de Sicile, long d'un pouce environ, et si mince qu'on peut lire à travers son corps. Voyez Monochire et Pleuronecte. (H. C.)

BOTIS. (*Ichthyol.*) Gesner dit que dans Sophrone il est parlé d'un poisson de ce nom, que nous ne pouvons reconnoître. (H. C.)

BOTLA-PASERIKI. (*Erpétol.*) Suivant Russel, c'est le nom qu'on donne, sur la côte de Coromandel, à la couleuvre nasique du Bengale. Voyez Couleuvre. (H. C.)

BOTLAVOO-CHAMPAH. (*Ichthyol.*) Le long de la côte de Coromandel, on donne ce nom à un poisson décrit par Russel. (*Coromand.* 1. xcix.) C'est le *Diacope sebæ* de M. Cuvier, genre voisin des lutjans. Voyez Diacope. (H. C.)

BOTRYCHIUM (*Bot.*), Lunaire. *Botrypus*, Mich. Amer. (Cryptogamie, fougères). Conceptacles sans anneaux élastiques, sessiles, globuleux, s'ouvrant transversalement en deux valves et uniloculaires, disposés sur deux rangs le long des divisions d'un épi roulé en crosse dans sa jeunesse.

Les espèces de ce genre faisoient partie du genre *osmunda* de Linnæus, dont elles se distinguent par la position sériale de leurs conceptacles sur les côtés de l'épi. Ces espèces, au nombre de dix, sont très-faciles à reconnoître parmi les autres fougères. Leur fructification consiste en un épi rameux, en forme de grappe, porté sur un scape ordinairement garni d'une seule fronde, qui est tantôt simplement ailée, tantôt deux ou trois fois ailée, ou bien ternée et découpée. Les frondes radicales offrent les mêmes variations. On trouve ces plantes principalement en Europe et en Amérique. On en cite une au Japon, une autre à Ceylan et Amboine (*botrychium ternatum* et *zeylanicum*, Willd.). Toutes ces espèces croissent dans les prés secs et montagneux. Nous ne pouvons nous dispenser de faire connoître les suivantes :

1. Botrychium lunaire. *B. lunaria*, Willd.; Decand, Fl. fr., n°. 1457; *Osmunda lunaria*, Linn.; Lamk. ill., t. 865, f. 1, *Lunaria antiquor.* Camer., epit. 643. Simple, haute de trois à quatre pouces; fronde ailée, composée de huit ou dix folioles en forme de croissant; grappe terminale rameuse. Cette fougère remarquable se trouve partout, mais peu communément. Elle aime les prés secs et montueux, voisins des bois. On la cite aux environs de Paris, à Marly et à Montmorency. On la regarde comme vulnéraire et astringente. Les anciens auteurs lui attribuent beaucoup d'autres vertus. Camerarius en figure une variété (épit. 644) très-remarquable par sa tige, garnie de quatre frondes, accompagnées d'autant de grappes de fruits.

2. B. a feuilles de rue, *B. rutaceum*, Willd. (Fl. dan., t. 18, f. 5); elle diffère de la précédente par les frondes deux fois ailées, à lobes émarginés, et à deux ou trois dents. Se trouve en Europe.

3. B. a feuilles de matricaire, *B. matricarioïdes*, Willd.; Decand., Fl. fr., vol. VI, n°. 1437; Fl. dan., t. 18, f. 2. Ses frondes sont radicales, d'abord divisées en trois, puis deux fois ailées, à lobes dentés. Elle est commune dans le nord de l'Europe. On la rencontre aussi dans les Vosges et les Pyrénées.

4. B. de Virginie, *B. Virginicum*, Willd. (Gmel., *Nov. com. Petrop.* 517, tom. 11, f. 1.) Une seule fronde, partagée en trois et subdivisée en trois parties presque deux fois ailées, à folioles obtuses, à trois dents. Elle se trouve sur les lieux montueux au Canada, en Pensylvanie, Virginie, et en Caroline.

Botrychium, d'un mot grec qui veut dire grappe. (Lem.)

BOTRYLLAIRES. (*Malacoz.*) Nom d'un ordre établi par M. de Lamarck, dans sa classe des tuniciers, auquel il assigne pour caractéres : Animaux agglomérés toujours réunis, constituant une masse commune, paroissant quelquefois communiquer entre eux, et dans lequel il met les genres *aplidium*, *encœlium*, *synoïcum*, *sigitllina*, *distomus*, *diazoma*, *polyclinum*, *polycyclus*, *botryllus* et *pyrosoma*. Voyez ces différens mots et celui de Tuniciers. (De B.)

BOTRYLLE. (*Malac.*) Nom français du genre *botryllus*. (De B.)

BOTRYLLUS, (*Malacoz.*) Botrylle. Genre d'animaux appartenant à l'ordre des malacozoaires acéphalophores hétérobranches, famille des ascidiens agrégés (voyez ces différens mots), et dont les caractères sont : Corps claviforme un peu déprimé, à deux ouvertures, dont l'une à l'extrémité atténuée, et l'autre à la face supérieure de la plus large; réuni en nombre variable, au moyen de l'enveloppe extérieure, et disposé horizontalement sur un corps étranger, de manière à imiter, le plus souvent, une espéce d'étoile ou de fleur radiée.

Depuis long-temps on connoissoit, mais fort incomplétement, ces petits animaux. En effet, Rondelet en donne une figure, que Gesner et Jonston paroissent avoir copiée. Borlasse l'observa depuis ; mais c'est à Schlosser que nous devons une description un peu détaillée de ces animaux. Il les regarde comme appartenant au genre alcyon, opinion que Pallas adopta d'abord dans son *Elenchus zoophytorum* ; mais ensuite, sur de nouvelles observations du célèbre carpologiste Gærtner, il admit le genre *botryllus*, établi par celui-ci, en continuant cependant toujours à le regarder comme un zoophyte à plusieurs têtes, quoique Gærtner eût parfaitement décrit et figuré les deux orifices dont sont pourvus ces petits animaux, et qu'il eût fait l'observation que l'un peut se contracter indépendamment de l'autre. Ellis, qui confirma, quelque temps après ces observations, établit enfin l'opinion, assez généralement admise aujourd'hui, que chaque rayon de ce que l'on nommoit l'étoile, devoit être regardé comme un animal distinct. Cependant, jusque tout dernièrement, les plus célèbres zoologistes admirent l'opinion de Pallas, et Bruguières même compara l'espéce de fleur radiée, que forment les botrylles, à la madrépore arborescente de Donati, qui est une véritable caryophillie.

En 1814, MM. Lesueur et Desmarest, devenus plus attentifs par le Mémoire du premier sur la composition du pyrosome, firent de nouvelles observations sur ces animaux, que l'on ne connoissoit même pas dans nos collections, et, tout en confirmant celles de Gærtner et d'Ellis, ils prouvèrent qu'ils devoient être rapprochés des ascidies. M. Savigny, qui dans ce moment étoit occupé de ses recherches sur les alcyons, observa aussi ces animaux, sur des individus que lui avoient donnés MM. Lesueur et Desmarest, et, tout en confirmant la plupart de leurs observations, il persista cependant à les regarder comme des alcyons à double ouverture. MM Cuvier et de Blainville suivirent l'opinion de MM. Lesueur et Desmarest; et M. de Lamarck, admettant le rapprochement établi par ces derniers, les sépara à la fois des mollusques et des zoophytes, pour en former sa classe des tuniciers. Voyez ce mot.

La forme du corps des botrylles, considérée en général, est réellement celle d'une ascidie qui seroit aplatie et adhérente à sa face ventrale, élargie à une extrémité, qui est l'externe ou l'inférieure des ascidies, et appointie, au contraire, à l'autre, que je regarde comme l'analogue du grand siphon de ces dernières; la face dorsale, ou supérieure, est libre. Ces petits corps sont appliqués et retenus dans une sorte de croûte gélatineuse, transparente, analogue à l'enveloppe extérieure des ascidies, et au moyen de laquelle se fait toujours l'adhérence des individus entre eux. Des deux ouvertures, qui forment le caractère principal des hétérobranches, et même des derniers acéphales lamellibranches, l'une, plus petite et, à ce qu'il paroit, très-contractile, est à l'extrémité la plus étroite, qui est ici intérieure, à cause de la disposition en étoile, et par conséquent à l'extrémité du plus long siphon, le plus éloigné de la base du corps; l'autre, plus large et plus béante, est garnie, suivant Gærtner et MM. Lesueur et Desmarest, de huit espèces de petits tentacules, alternativement plus grands; elle est, du reste, située à la face dorsale et supérieure du corps, assez près de la grosse extrémité. Elle paroit ne pas être à l'extrémité d'un siphon; ou du moins il est beaucoup plus court que l'autre.

La structure intérieure de ces animaux, qui ont à peine deux à trois lignes de long, est réellement fort difficile à apercevoir ; cependant MM. Lesueur et Desmarest croient avoir vu que l'ouverture supérieure donne dans une sorte de sac, qu'ils regardent comme l'analogue du sac branchial des ascidies, et au fond duquel ils pensent que doit être la bouche, qu'ils n'ont cependant pas aperçue : ils ont également pu observer le canal intestinal et l'estomac, au fond de cette cavité. Le premier fait deux tours et demi, et se termine par un anus flottant dans l'intérieur du siphon interne. J'avoue franchement que, quelque soin que j'aie mis pour tâcher d'apercevoir quelque chose de l'organisation de ces petits animaux, je n'ai pu rien découvrir de bien certain ; et si j'osois cependant compter sur le peu que j'ai vu, je serois fort porté à penser que la disposition est en général contraire à ce qu'ont observé MM. Lesueur et Desmarest. Ainsi j'ai toujours cru voir le nucleus, c'est-à-dire, probablement l'estomac et le foie, dans une tache brune qui se trouve à l'extrémité renflée du corps, comme cela a lieu dans les ascidies ou les biphores. J'ai également cru apercevoir la cavité branchiale à la suite de l'extrémité interne, et quoique je sois loin de l'affirmer, cela paroîtra d'autant plus probable, que l'on comparera davantage le botrylle à une ascidie dans laquelle le grand siphon abdominal, ou mieux respiratoire, est toujours le plus long et le plus mobile : or il en est ainsi dans les botrylles, comme nous le verrons plus bas, quand nous les aurons considérés groupés.

Ces petits animaux sont en effet le plus souvent groupés, en cercle ou en ellipse, d'une manière quelquefois assez régulière ; mais il arrive aussi d'en trouver qui sont, pour ainsi dire, épars, deux ou trois seulement ensemble. On admet qu'entre le sommet de tous les animaux composans se trouve une cavité séparée en autant de loges qu'il y en a, et que cette cavité a un rebord saillant supérieurement que l'animal général peut étendre à volonté. Voici ce que j'ai vu dans le cas même où le groupe est le plus régulier : le sommet de chaque botrylle, qui est percé à son extrémité, étant adhérent inférieurement à l'enveloppe extérieure ou croûte commune, à droite et à gauche aux animaux voisins, n'a que son quart supérieur qui soit libre, et qui par conséquent puisse s'étendre ; d'où il résulte que, lorsque tous les animaux le font à la fois, ce qui doit arriver presque toujours, les circonstances extérieures étant les mêmes, il en résulte une sorte de bourrelet ayant autant de dentelures qu'il y a de ces animaux dans le groupe.

D'après cela, je serois fort porté à croire, contre l'opinion de Gærtner et de MM. Desmarest et Lesueur, que l'orifice analogue du grand siphon des ascidies seroit plutôt la bouche, et l'autre l'anus, qui correspondroit au petit siphon , quoique même Gærtner et MM. Lesueur et Desmarest aient vu sortir, par l'orifice interne, des globules qu'ils nomment excrémentiels : car, outre qu'il est assez difficile de croire que des animaux si petits puissent se nourrir de corps assez gros pour donner naissance à des excrémens solides aussi visibles, il faut voir, dans l'extension presque continuelle de ce tube, une disposition plus en rapport avec la recherche d'un fluide respiratoire et nourricier, qu'avec une simple excrétion, à peu près comme cela a lieu dans les ascidies.

D'après les détails dans lesquels nous venons d'entrer, nous regardons les botrylles comme une espèce de petites ascidies, qui se disposent d'une manière quelquefois subradiaire, comme cela a lieu dans certaines espèces de ce genre, qui se greffent, pour ainsi dire, entre elles ; mais nous ne pensons pas qu'ils forment un animal véritablement composé.

On ne compte dans ce genre que deux espèces.

La première est le *botryllus stellatus*, le botrylle étoilé, figuré dans le Mémoire de MM. Lesueur et Desmarests, nouveau Bulletin de la Société philomathique.

-C'est sur cette espèce que nous avons fait les observations rapportées plus haut : elle forme des espèces de croûtes composées d'étoiles plus ou moins régulières et d'individus plus ou moins nombreux, de couleur un peu variable, fixées sur des corps sous-marins. Au Havre, dans les bassins, elle se trouve ordinairement recouvrant l'ascidie verdâtre, ou le sac animal de Dicquemare, de manière à la rendre quelquefois presque méconnoissable ; les individus nouveaux naissent sur les anciens, à peu près comme dans tous les animaux fixés, de manière à les étouffer.

Quant à la seconde espèce, que Gærtner a nommée *B. conglomeratus*, le botrylle congloméré, elle a quelques rapports avec le pyrosome, en ce que l'extrémité externe n'a pas de tentacules, et que la réunion des corps composans forme une sorte de cône tronqué, dans la cavité duquel s'ouvrent tous les orifices correspondans au long siphon. Elle est figurée dans Pallas, Sp. Zool. X., tab. IV, fig. 6. (DE B.)

BOTRYOCÉPHALE.(*Entoz.*) Nom français du genre *botryocephalus*. (DE B.)

BOTRYOCEPHALUS. (*Entoz.*) Genre de vers intestinaux, proposé par Zeder, sous le nom de *rhytelminthus* et de *rhytis*, dans lequel il comprenoit les tricuspidaires, et que Rudolphi a cru devoir désigner sous celui de botryocéphale, qui veut dire tête à fossettes.

Ses caractères sont :

Corps mou, allongé, déprimé, subarticulé ; la tête ou renflement, céphalique, subtétragone, munie de deux fossettes ou suçoirs opposés.

Ces animaux, que la plus grande partie des zoologistes a confondus avec les tœnias, paroissent effectivement n'en guère différer. Le corps est également fort allongé, très-déprimé, composé d'espèces d'articulations ayant de chaque côté un pore alternant ; il paroît qu'il n'y a ni bouche, ni canal alimentaire proprement dit, mais que des suçoirs il naît des canaux, comme dans les tœnias ; on ne leur connoît non plus ni anus, ni organes de la génération. Voyez, au mot *tænia*, les détails de l'organisation.

On n'a encore trouvé de ces espèces de vers que dans le canal intestinal, et spécialement dans l'estomac des oiseaux aquatiques et des poissons.

M. Rudolphi, à l'ouvrage duquel nous sommes obligés de renvoyer ceux qui désireroient plus de détails, compte dans ce genre dix-neuf espèces, dont six douteuses. Les treize autres sont partagées en deux sections, d'après la présence ou l'absence d'aiguillons à la tête.

Dans la première section, qu'il désigne sous le nom de *gymnobothria*, nous indiquerons :

1°. BOTRYOCEPHALUS CLAVICEPS , P. le Botryocéphale à tête en massue (Rudolphi.) *Tænia anguillæ* (Enc. méth. tab. 49, fig. 1-3) d'après Goëze. La tête est oblongue, les fossettes latérales, le cou nul ; les articulations antérieures sont très-courtes, les moyennes oblongues, les autres à peu près carrées, avec le bord postérieur épaissi.

Elle atteint quelquefois une longueur de quatre pieds, suivant Goëze ; mais le plus ordinairement elle n'a que deux pouces. Elle se trouve communément dans le canal intestinal de l'anguille (*murœna anguilla*).

2°. Botryocephalus solidus, Rud. *Tœnia solida*, Linn. *Tœnia gasterostea*, Mull. Naturforsch. 18, pag. 22, tab. 3, fig. 1-5. Le corps déprimé, ovale, lancéolé, est sillonné de chaque côté par une ligne médiane ; la tête également déprimée, triangulaire, a ses fossettes divisées en deux par une ligne un peu élevée.

Cette espèce, qui a deux pouces de long, se trouve fréquemment dans le gastérostée épinoche, et passe avec lui dans les intestins d'autres poissons et d'oiseaux aquatiques, qui le mangent avec ce petit ver. Abilgaard a fait à ce sujet des expériences curieuses, dont il sera parlé à l'article général des entozoaires, pour déterminer si un ver intestin peut, pour ainsi dire, être inoculé d'un animal dans un autre ; et il paroît que cela peut avoir lieu. Ce même botryocéphale solide jouit aussi d'une grande ténacité de vie, puisqu'il peut vivre une semaine entière dans de l'eau pure, d'après l'expérience de M. Rudolphi.

Dans la seconde section de ce genre, que Rudolphi nomme *Echinobothria*, et que nous croyons devoir former un genre bien distinct, quoiqu'elle ne contienne que deux, et même peut-être une seule espèce, nous citerons le *B. corollatus* Rudolph. Entoz. tab. 9, fig. 12.

Sa tête est déprimée ; les fossettes sont marginales ; elle est terminée antérieurement par quatre espèces de rostres tétragones, aiguillonnés à peu près comme dans les tétrarhynques ; les articulations du corps sont planes, oblongues, et les pores sont alternes.

Elle a été trouvée dans l'intestin colon de la raie batys et du squale épineux. (De B.)

BOTRYOLITE. C'est une variété concrétionnée de l'espèce de pierre nommée datholite. Voyez ce mot.

BOTRYPUS. (*Bot.*) Micheli nommoit ainsi un genre de fougère connu plus récemment sous le nom de *botrychium.* Voyez ce mot. (J.)

BOTRYTIS. (*Bot.*) Dict., vol. V, p. 243. (Cryptogamie, champignons.) Fugace; pédoncules filamenteux, cloisonnés, portant des grappes rameuses, garnies de conceptacles globuleux, nus et libres. Ces petites fongosités sont ordinairement confondues avec les moisissures. Micheli a donné le premier, à l'une d'elles, le nom de *botrytis.* Linnæus l'avoit rapporté à son genre *mucor.* Bulliard a également placé dans le même genre des espèces qui appartiennent aux *botrytis.* (Voyez Decand., Fl. franç.) En ramenant encore à ce genre toutes les espèces décrites par Link, ou confondues dans d'autres genres, on verra qu'il est composé de quinze espèces. Toutes croissent sur les substances végétales ou animales en fermentation, sur lesquelles elles forment des plaques floconneuses.

Première section. — Pédoncules droits rameux.

1. BOTRYTIS PERCE-BOIS, *B. lignifraga,* Decand., Fl. franç., n°. 176 ; *Mucor lignifragus*, Bull., Champ., t. 504, f. 6. Flocons d'un blanc-verdâtre; conceptacles infiniment petits, et sessiles sur les ramifications d'une grappe portée sur un pédoncule très-fin. Ce botrytis croît sur l'écorce des arbres, dont il détruit le tissu pour former à l'extérieur des boutons blancs ou verts. Cette espèce est commune dans les bois, les chantiers, etc.

Deuxième section. — Pédoncules droits, portant des fibrilles ou filamens couchés.

2. BOTRYTIS OMBRELLE, *B. umbellata,* Decand., Fl. franç., n°. 177 ; Bull., t. 504, f. 8. En touffes d'abord blanches, puis noirâtres; pédoncules grêles, divisés à l'extrémité en cinq ou six rayons, qui portent des conceptacles globuleux, sessiles, épars. Cette espèce est commune sur les fruits sucrés en fermentation et sur les confitures.

BOTRYTIS, d'un mot grec qui signifie *grappe.* (LEM.)

BOTSK. (*Bot.*) Nom lappon de l'angélique, suivant Linn. (J.)

BOTTLENOSE. (*Ornith.*) Un des noms sous lesquels le macareux, *alca arctica,* Linn. est connu dans la partie méridionale du pays de Galles. (Ch. D.)

5. 4

BOTTO. (*Ichthyol.*) Dans le langage des environs de Nice, on nomme ainsi, suivant M. Risso, le chabot commun. (*cottus gobio.*) Voyez Chabot. (H. C.)

BOTTON, BATTON, (*Bot.*) noms malais du panis de l'Inde; suivant Rumph, c'est le *hotton* d'Amboine. (J.)

BOTYS. (*Entom.*) C'est, dans l'ouvrage de M. Latreille sur les insectes, le nom d'un genre qui comprend les espéces de phalènes qui ont quelques rapports avec celle appelée par Geoffroy, à queue jaune ou de l'ortie, *phalena urticata.* Voyez Phalène. (C. D.)

BOUC. (*Ichthyol.*) Suivant La Chenaie des Bois, on nomme ainsi, dans quelques endroits, la mendole, à cause de la mauvaise odeur de sa chair. Voyez Picarel et Smare. (H. C.)

BOUCARDITES. (*Foss.*) C'est le nom que l'on donnoit autrefois aux bucardes, aux isocardes, aux arches, aux tridacnes, et en général aux coquilles bivalves fossiles dont les sommets sont écartés. (D. F.)

BOUCCO-ROUGO. (*Ichthyol.*) M. Risso dit qu'on nomme ainsi à Nice le spare-gros-œil de M. de Lacépède, que M. Cuvier fait entrer dans son genre *Dentex.* Voyez Dentex et Spare. (H. C.)

BOUC DES BOIS. (*Mamm.*) Voyez Cambing-Outang. (F. C.)

BOUCHE. (*Conch.*) Terme de conchyliologie, par lequel plusieurs zoologistes indiquent l'ouverture des coquilles univalves. Voyez Conchyliologie. (De B.)

BOUCHE A DROITE. (*Conch.*) C'est le nom marchand du bulime-citron, ainsi désigné, parce qu'étant ordinairement gauche, il se trouve quelquefois droit ou normal. (De B.)

BOUCHE DE LAIT. (*Conch.*) Nom marchand du buccin ondulé. (De B.)

BOUCHE DE LIÈVRE. (*Bot.*) L'un des noms vulgaires de la chanterelle, espéce de champignon qui se mange. Voyez Merulius. (Lem.)

BOUCHE JAUNE. (*Conch.*) C'est le buccin-hæmastome. (De B.)

BOUCLIER, *Pelta.* (*Bot.*) Sorte de conceptacle (*apothecium*) à surface large et aplatie, qui se développe au bord de la thalle dans certains lichens, par exemple dans le lichen d'Islande, *physcia islandica.* Le *pelta* n'a point de bordure, ou en

a une très-peu apparente ; il est coriace, et, dans l'origine, il
est recouvert d'une substance mucilagineuse qui ne tarde pas
à s'évanouir. (Mass.)

BOUCLIER. (*Bot.*) Petit agaric qui porte aussi le nom de
tortue. Voyez ce mot. (Lem.)

BOUCLIER A DEUX TACHES. (*Ichthyol.*) Bonnaterre appelle ainsi le *Cyclopterus bimaculatus* de Pennant, qui est un
gobiésoce de M. de Lacépède. Voyez Gobiésoce. (H. C.)

BOUCLIER D'ÉCAILLE DE TORTUE. (*Conch.*) On donne
vulgairement ce nom à la patelle écaille de tortue, *Patella
testudinaria*, Linn., parce que, lorsqu'elle a été polie, elle
offre l'aspect de l'écaille. (De B.)

BOUCLIER ÉPINEUX, BOUCLIER MENU, BOUCLIER
VENTRU. (*Ichthyol.*) On nomme ainsi trois espèces de poissons du genre Cycloptère. Voyez ce mot. (H. C.)

BOUCLIER GÉLATINEUX. (*Ichthyol.*) Voyez Cyclogaster
et Liparis. (H. C.)

BOUDÉ. (*Ichthyol.*) Les nègres du Sénégal donnent ce nom
à un poisson qu'on prend dans la vase, et qu'Adanson a rapporté au genre gobiomore. M. Cuvier pense qu'il appartient
au genre éléotris. Il en existe une peau desséchée au Muséum
de Paris. (H. C.)

BOUDIN DE MER. (*Trichop.*) C'est un très-mauvais nom
imaginé par l'abbé Dicquemare, pour désigner un animal fort
singulier qu'il a observé sur la côte du Havre, et dont il a
donné une figure et une description fort incomplète, dans
le Journal de Physique, année 1778, p. 285. Voici l'extrait
de ce qu'il en dit : Cet animal se compose de trois parties principales ; la première, qui a un peu la forme d'un sabre allongé, est terminée en avant par deux crochets, et garnie de
chaque côté de dix petits ailerons pourvus de poils fins,
soyeux, de couleur dorée. Vers le quatrième de ces appendices, il se trouve quelques poils courts, noirs et roides comme
du crin. Un appendice, accompagné de deux grands ailerons,
joint cette première partie à celle du milieu par un étranglement si fin et si délicat, que la séparation du corps se fait
aisément en cet endroit. Cette portion moyenne est composée
d'un canal, le long duquel sont placées, de chaque côté, dix-huit nageoires, de manière que chaque paire forme une

sorte de fourchette. A la partie postérieure on trouve deux poches, bordées d'un feston blanc, que Dicquemare compare, pour la forme, aux godets de certaines machines hydrauliques. Au-delà est un appendice qui a la forme d'une chrysalide, et qui est lui-même pourvu d'autres petits appendices variables.

Toute cette partie, ajoute-t-il, se remplit d'un éthiops plus épais que celui de la sèche. Par éthiops il est probable que l'abbé Dicquemare entend un maga terreux noir, comme il s'en trouve souvent dans le canal intestinal des trichopodes, ou vers à tuyaux. Car nous ne doutons point que cet animal n'appartienne à cette classe des entomozoaires. Et en effet, il a de chaque coté une série d'appendices composés de soies roides, dorées, comme dans les animaux de ce groupe : il est, en outre, contenu dans un tube, ou tuyau mou, d'un pouce de long, de la grosseur du pouce, terminé en pointe obtuse, et déchiqueté à ses extrémités. Sa couleur est d'un blanc sale ; et il est composé de plusieurs membranes assez solides, quoique pliantes.

Il me paroit à peu près impossible de placer cet animal dans un genre connu : celui dont il nous paroit le plus rapproché est l'amphitrite ; mais il en diffère tellement, qu'en admettant que l'abbé Dicquemare n'a pas décrit un animal détérioré, il doit former un genre bien distinct. (De B.)

BOUDIN NOIR ou TRIPAM. (*Bot.*) Nom d'un champignon que l'on mange dans l'Inde, et qui est, dit-on, délicieux. On le rapproche d'une espèce qui croît chez nous, également très-bonne à manger, et que Paulet nomme *mascarille*, et *champignon masqué*. (Lem.)

BOUÉE. (*Conch.*) C'est le cérite-télescope, *cerithium telescopium* de Linn., dont M. Denys de Montfort a fait son genre *telescopium*. Voyez ce mot. (De B.)

BOUH. (*Ornith.*) Nom arabe du hibou d'Egypte, *bubo ascalaphus*, Savigny. (Ch. D.)

BOUILLE. (*Min.*) On donne ce nom, et celui de *brouillard*, dans quelques mines de houille, à des rognons de cette matière, qui se rencontrent dans les espèces de filons de psammite qui coupent les couches de houille, et que l'on nomme généralement faille. Voyez Houille. (B.)

BOUKCH. (*Conch.*) Adanson dit que c'est le nom que les Sénégalais donnent à la clonisse , *Venus verrucosa*, Linn. (De B.)

BOULA. (*Bot.*) Les paysans nomment ainsi les *boletus ungulatus et igniarius* , Bull. Voyez Agaric, vol. Ier. (Lem.)

BOULANG. (*Ichthyol.*) Ruysch (*Collect. pisc. Amb.* pag. 30) appelle *ikan boulang*, un poisson qui semble se rapprocher des balistes , qui a la peau nue , mais assez dure pour résister aux dents des autres poissons, qui est jaune avec des raies bleues , dont la nageoire caudale est semi-lunaire et rouge à l'extrémité , mais dont la description et la figure sont trop inexactes pour nous permettre de le classer. (H. C.)

BOULE DE NEIGE. (*Bot.*) L'on donne ce nom à une variété de l'*agaricus campestris*, Linn. C'est l'*agaricus arvensis*, Schæff., tab. CCCX et CCCXI. Il croît dans les bruyères et les bois, à l'ombre. Sa forme en boule, et sa couleur d'un beau blanc , expliquent pourquoi on lui a donné ce nom. En vieillissant , il jaunit, et ses feuillets noircissent. Il a une saveur de cerfeuil qui le rend plus agréable et plus recherché que les champignons de couche ordinaires (*agaricus edulis* , B., Dec., Fl. fr. 418). On peut même le manger cru sans en être incommodé. Voyez Fungus. (Lem.)

BOULETS. (*Bot.*) Nom qu'on donne, dans quelques-unes de nos provinces méridionales, à l'oronge franche. Voyez Amanite et Oronge. (Lem.)

BOULEVART ou BOULEVERT (*Bot.*), c'est-à-dire *boule verte*. Dans quelques cantons du Nivernois, on donne ce nom à un petit bolet ou cèpe que l'on y mange, et qui n'est peutêtre qu'une variété du *boletus bovinus*, Linn., excellent manger. (Lem.)

BOULOUSSE. (*Erpétol.*) Nom javanais d'une grande espèce de chélonien, rapportée par M. Leschenault. C'est le *Tryonix javanicus* de Schweigger. Voyez Trionyx. (H. C.)

BOUM. (*Ornith.*) Ce mot arabe paroît être un nom générique, applicable à plusieurs espèces d'oiseaux de nuit. On appelle *boumah*, *boumeh* ou *búma*, la chevêche ou petite chouette, *strix passerina*, Linn. (Ch. D.)

BOUNCE. (*Ichthyol.*) Sur les côtes de Cornouailles, on appelle ainsi la roussette, suivant Schneider. Voyez ce mot. (H. C.)

BOUNICOU. (*Ichthyol.*) Dans le patois nicéen, c'est le nom du *Scomber Rochei* de Risso. (H. C.)

BOUQUET, ou Sertule, *Sertulum*. (*Bot.*) M. Richard désigne par le nom de Sertule un assemblage de fleurs dont les pédoncules uniflores partent tous d'un même point, à peu près comme dans l'ombellule. La primevère officinale en offre un exemple. Voyez Ombelle simple. (Mass.)

BOUQUET PARFAIT. (*Bot.*) Les jardiniers nomment ainsi l'œillet de poëte, *dianthus barbatus*, dont les fleurs sont rassemblées en bouquet terminal. (J.)

BOUQUIMBARBE. (*Bot.*) C'est la clavaire coralloïde, champignon que l'on mange dans beaucoup d'endroits. (Lem.)

BOURBONNAISE. (*Bot.*) Nom que porte, dans les jardins, le *lychnis viscaria*, lorsqu'il est à fleurs doubles. (J.)

BOURDELAS, BORDELAIS. (*Bot.*) Noms vulgaires de la vigne verjus. (J.)

BOURDIN. (*Conch.*) Nom marchand de l'haliotide striée, *haliotis striata*, Linn. (De B.)

BOURDON SAINT-JACQUES, BOURDON DE LA CHINE. (*Bot.*) Noms donnés par les jardiniers à des roses trémières, *alcea rosea*. (J.)

BOUREL DE MER. (*Conch.*) M. Bosc dit que c'est le buccin des tritons. (De B.)

BOURGEONNEMENT, *Gemmatio*. (*Bot.*) Époque où les yeux ou boutons se développent pour former les bourgeons ou jeunes pousses. (Mass.)

BOURGOGNE. (*Bot.*) Dans plusieurs provinces méridionales de la France, on nomme ainsi le sainfoin cultivé. (J.)

BOURI. (*Ichthyol.*) Suivant Sonnini, c'est le nom que les Arabes donnent au *Mugil cephalus*, qui remonte dans le Nil. Voyez Muge. (H. C.)

BOURLOTTE. (*Trichop.*) Il paroît, d'après ce qu'en dit M. Bosc, que c'est le nom que les pêcheurs de la Bretagne donnent à un ver blanc qui leur sert à amorcer; mais dont on ignore au juste le genre. (De B.)

BOURNONITE. (*Min.*) On propose de changer le nom de fibrolite en celui de *bournonite*, parce que c'est M. le comte de Bournon qui, le premier, a fait connoître cette espéce minérale. Quelle que soit la valeur de ce motif, nous pensons que les noms imposés les premiers aux substances doivent être respectés : car, en s'écartant de ce principe, on trouvera presque toujours de bonnes raisons pour changer les noms. Dans le but d'en perfectionner la nomenclature, on rendra l'étude de la synonymie tellement longue et compliquée, qu'elle nuira à celle de la science. Nous conservons à la fibrolite le nom que M. de Bournon lui a donné, et que MM. Karsten, de la Métherie, Jameson, etc., etc., ont déjà adopté. Voyez Fibrolite. (B.)

BOURNONITE. (*Min.*) C'est un minerai composé principalement de plomb sulfuré et d'antimoine. Le plomb y étant en proportion dominante, nous devons ranger ce minerai dans le genre Plomb: Voyez Plomb sulfuré, à l'article de ce métal. (B.)

BOURONDOUK. (*Mamm.*) Nom russe de l'écureuil de terre, *sciurus striatus*, Linn., Pallas, voyages. Voyez Ecureuil. (F. C.)

BOURRÉE ou FLEUR DU TAN. (*Bot.*) C'est le *mucor septicus*, Linn., dont Link a fait son genre *aethalium*, qui est le *fuligo* de M. Persoon. Voyez ces mots. (Lem.)

BOURRELET. (*Bot.*) Nous distinguons dans la cypsèle ou le fruit des synanthérées, plusieurs parties auxquelles nous donnons des noms propres. Ainsi le péricarpe de ce fruit offre extérieurement: 1°. une *aréole basilaire*, qui, terminant sa partie inférieure, repose immédiatement sur le clinanthe ; 2°. une *aréole apicilaire*, qui, terminant la partie supérieure, porte les autres organes floraux ; 3°. un *bourrelet basilaire*, sorte de protubérance circulaire entourant l'aréole basilaire ; 4°. un *bourrelet apicilaire* entourant de la même façon l'autre aréole; 5°. le *corps* du péricarpe, compris entre les deux bourrelets quand ils existent, ou entre les deux aréoles, quand il n'y a pas de bourrelets, ce qui arrive souvent.

Nous employons aussi le nom de *bourrelet*, en y joignant l'adjectif *stigmatique*, pour décrire le stigmate d'un grand nombre de synanthérées, chez lesquelles cet organe occupe, sous la forme de deux bandes parallèles, distinctes, demicylindriques, les deux bords de la face intérieure de chacune des deux branches du style. Les bourrelets stigmatiques sont tantôt glabres, tantôt papillés. (H. Cass.)

BOURRELET. (*Conch.*) Terme de conchyliologie, indiquant

un épaississement ou cordon sur les bords ou sur la spire d'une coquille. Voyez Conchyliologie. (De B.)

BOURSE, BOURSETTE. (*Bot.*) Nom vulgaire des *clathrus cancellatus*, *nudus*, *denudatus* et *recutitus*, Linn., nommés aussi champignons à grille et mossettes. Voyez Clathrus, Stemontis. (Lem.)

BOURSE. (*Conch.*) Nom marchand du peigne-gibecière, *ostrea radula*, Linn. (De B.)

BOURSE. (*Ichthyol.*) Bonnaterre (pl. 85 , fig. 351) et M. de Lacépède, ont donné ce nom à une espèce de baliste, et Bloch l'a adopté. Ce baliste, *Balistes bursa*, est tout-à-fait différent de la vieille, *Bal. vetula*. Il appartient à la division de ceux qui ont douze à quinze rangées d'épines courbées de chaque côté de la queue. Son dos est gris ; son ventre est blanc; un croissant noir est placé entre l'œil et la nageoire pectorale, et renferme, immédiatement au-devant de celle-ci, une tache en forme d'*upsilon*. Il habite la mer des Indes. Voyez Baliste au Supplément du 3ᵉ volume.

Bourse est aussi, aux îles de France et de Madagascar, le nom vulgaire des poissons du genre tétrodon. Voyez ce mot. (H. C.)

BOURSOUFLÉES. (feuilles) (*Bot.*) Voyez Bullées. (Mass.)

BOURSOUFLUS. (*Ichthyol.*) Nom vulgaire par lequel les navigateurs désignent en général les poissons des genres diodon et tétrodon, à cause de la facilité qu'ils ont de se distendre considérablement. Voyez Diodon, Tétrodon. (H. C.)

BOURY. (Mamm.) Suivant Flaccourt, c'est le nom que porte à Madagascar une variété de bœuf à bosse ou zébu, qui se distingue par une tête ronde, dépourvue de cornes. (F. C.)

BOUTEILLE A L'ENCRE. (*Bot.*) Sorte de champignon. Voyez Encriers. (Lem.)

BOUTELOUA. Voyez Atheropogon.

BOUTON. (*Conch.*) Nom français du genre *clanculus* de M. Denys de Montfort. Voyez Clanculus. (De B.)

BOUTON D'ARGENT. (*Bot.*) Ce nom vulgaire est appliqué à diverses plantes, dont les fleurs blanches et doubles ornent les jardins ; telles sont les variétés doubles de l'*achillea ptarmica*, et de la *matricaria parthenium*. (H. Cass.)

BOUTON DE CAMISOLE. (*Conch.*) Nom marchand de

trochus labio, Linn., la toupie-bouton, type du genre *clanculus*. Voyez ce mot. (De B.)

BOUTON DE LA CHINE. (*Conch.*) Nom sous lequel les marchands désignent la toupie flambée, *trochus maculatus*, Linn., Gm. (De B.)

BOUTON DE ROSE. (*Conch.*) C'est la bulle banderolle, *bulla amplustra*, Linn., Gm. (De B.)

BOUTON TERRESTRE. (*Conch.*) C'est l'hélix-bouton, *helix rotundata*, Linn. (De B.)

BOUTONS. (*Bot.*) Plusieurs champignons ont reçu ce nom : 1°. le bouton d'or, *agaricus* roussàtre qui ressemble, dans sa jeunesse, à de petites boules ou boutons agglomérés ; 2°. le bouton plateau, *agaricus*, d'un blanc de neige, et en cône déprimé ; 3°. le bouton lilas, très-joli petit *agaricus* de couleur lilas clair, dont les feuillets sont couleur de chair ; 4°. le bouton blanc et roux, *agaricus* à chapeau blanc d'argent en-dessus, avec des feuillets roussàtres ou verdàtres. Tous ces *agaricus* croissent dans les bois, aux environs de Paris ; ils n'ont aucune mauvaise qualité. Peut-être sont-ils mentionnés dans l'ouvrage de Bulliard, et dans ceux de M. Persoon ; mais il est impossible de les y reconnoître, Vaillant n'en ayant pas donné de figures, et celles de M. Paulet n'étant pas encore publiées. (Lem.)

BOUTROUET. (*Ornith.*) Nom sous lequel la mésange à longue queue, *parus caudatus*, Linn., est connue dans le Piémont. (Ch. D.)

BOUVREUIL. (*Ornith.*) Quoiqu'on ait annoncé sous ce mot, au tome V du Dictionnaire, page 289, l'intention de ne faire des bouvreuils qu'une section des gros-becs ou loxies, MM. Cuvier et Vieillot ayant depuis adopté le genre *pyrrhula*, de Brisson, l'on se seroit déterminé à présenter ici la monographie du bouvreuil, si les auteurs étoient plus d'accord sur les espèces qui doivent la constituer ; mais, tandis que M. Cuvier ne regarde comme vrais bouvreuils que les oiseaux qui ont le bec arrondi, renflé et bombé en tout sens, et qu'il se borne à indiquer, comme espèces, les *loxia pyrrhula*, *lineola*, *minuta*, *collaria* et *sibirica*, c'est-à-dire le bouvreuil ordinaire, le bouveron ou bouvreuil à plumes frisées, le bouvreuil à ventre roux, le bouvreuil nonnette (pl. enlum. de Buff., n°. 145, fig. 1 et 2, n°. 519, fig. 1 et 2, n°. 593, f. 3), et le gros-bec ou bouvreuil de Sibérie, M. Vieillot divise le genre *pyrrhula* en trois sections, dont la première, qui est très-nombreuse, a seule les caractères des bouvreuils proprement dits, et dont les deux autres en diffèrent essentiellement, puisque les oiseaux admis dans la seconde n'ont pas le bec bombé en tout sens, mais latéralement comprimé, comme les gros-becs, et que ceux qui forment la troisième ont la mandibule supérieure crénelée vers le milieu sur chaque bord. Si la plupart des oiseaux placés par M. Vieillot dans la première section, et surtout ceux que l'on connoissoit déjà sous la dénomination de *becs-ronds*, appartiennent réellement au genre bouvreuil, quoique ceux-ci n'offrent pas le même prolongement et la même courbure à la mandibule supérieure, les deux autres sections seroient susceptibles d'objections d'un certain poids, et elles nécessitent, dans l'établissement du genre, des alternatives qu'il faut toujours tâcher d'éviter pour le rendre plus naturel et plus exclusif. Sans cette attention, et en employant des caractères trop vagues, on s'expose à de doubles emplois dans l'introduction des espèces. C'est ainsi que l'auteur qui vient d'être cité, et dont l'exactitude est en général si scrupuleuse, a lui-même compris parmi les bouvreuils, sous le nom de *pyrrhula sibirica*, l'oiseau que déjà il avoit décrit sous celui de *bec-croisé de Sibérie*, *loxia sibirica*, lequel a pour synonyme, dans les deux articles, *le cardinal de Sibérie*, de Sonnini.

Dans ces circonstances, il paroit plus prudent de se borner encore à des sections dans le genre *gros-bec;* les erreurs de classemens spécifiques seront ainsi de moindre importance que s'il s'agissoit d'un genre positivement adopté, et d'une distribution proposée d'une manière absolue et définitive. (Ch. D.)

BOUZE DE VACHE, ou Grand pineau. (*Bot.*) C'est un champignon du genre *boletus*, qui est le plus grand de ceux que nous connoissons. Son chapeau, couleur feuille morte et aplati, ressemble à une bouze de vache. Il a quelquefois plus d'un pied de diamètre. Son pédicule n'a pas plus de trois pouces; il est rouge vers le haut. Les tubes sont jaunes. La chair change de couleur, quand on la brise. Ce bolet est suspect, et croît dans les bois des environs de Paris. Il ne faut pas le confondre avec le *boletus edulis* de Bulliard. (Lem.)

BOVARINA. (*Ornith.*) Quoique l'on eût déjà reconnu que le mot *boarula* désignoit la bergeronnette jaune, *motacilla boarula*, Linn., on n'avoit pas encore appliqué les mots *boarina*, *boarola*, *bovarina*, à des oiseaux de la même famille, malgré l'habitude qu'ils ont tous de suivre les troupeaux ; mais la bergeronnette du printemps, *motacilla flava*, Linn., qui a des taches sur la poitrine dans son jeune âge, porte en Italie les noms de *boarina* et *boarola*, et l'on appelle, dans le même pays, *bovarina*, la lavandière, *motacilla alba*, Linn. (Ch. D.)

BOX. (*Bot.*) Nom espagnol du buis. (J.)

BOYAU ou LACET DE MER. (*Bot.*) Nom que l'on donne, dans quelques ports de France baignés par l'Océan, au *fucus filum*, Linn., type du genre *chorda*. Voyez ce mot. (Lem.)

BOYAUX DE CHAT. (*Trichopod.*) Les marchands d'histoire naturelle désignent encore quelquefois sous ce nom la serpule entortillée. (De B.)

BOZZOLO. (*Bot.*) Micheli dit que les Italiens nomment ainsi une espèce de champignon, presque sans chair, et qui semble comme bouffi ; c'est l'*agaricus mitella*, Willdenow, et l'*agaricus porcellaneus*, Schæff., tab. 46. (Lem.)

BRAADSVAMP. (*Bot.*) Nom danois des érinaces (Hydnum). (Lem.)

BRACCA (*Ornith.*) Illiger désigne par ce terme la réunion des plumes dont les jambes de certains oiseaux sont couvertes. (Ch. D.)

BRACHBULZ. (*Bot.*) En Silésie, on donne ce nom à l'agaric comestible, ou champignon de couche, *agaricus edulis*, Dec., Fl. fr. Voyez Fungus. (Lem.)

BRACH-HUN. (*Ornith.*) Les Allemands donnent ce nom et celui de *Brach-vogel*, au courlis, *scolopax arquata*, Linn., et au corlieu, *scolopax phæopus*. Ils désignent par celui de *Brach-lerche*, la spipolette, *alauda spipoletta*, Linn. (Ch. D.)

BRACHIÉS (rameaux). (*Bot.*) Opposés et très-ouverts, comme les bras d'un homme étendus. Les rameaux du caféyer, de l'*hypericum crispum*, du *galeopsis ladanum*, du *melampyrum cristatum*, sont ainsi disposés. (Mass.)

BRACHION. (*Hétérop.*) Nom français du genre *brachionus*. (De B.)

BRACHIONUS. (*Hétéropod.*) Ce nom, d'abord employé par

Hill pour désigner quelques animaux infusoires, fut ensuite donné par Pallas à ceux que Linnæus a appelés vorticelles. C'est Muller qui l'a décidément conservé, pour désigner de petits animaux qu'on ne peut voir le plus souvent qu'au microscope, mais qui ne sont réellement pas des infusoires. Les zoologistes ne paroissent pas encore bien d'accord sur leur véritable place dans la série animale. Nous croyons, d'après des considérations particulières, devoir les regarder comme beaucoup plus élevés dans l'échelle des animaux, et comme fort rapprochés, si même ils en sont distincts, des genres cypris, daphné, etc., c'est-à-dire, que nous pensons qu'ils appartiennent à la classe des entomozoaires, que nous avons désignés sous le nom d'hétéropodes, correspondant à peu près aux entomostracés de Muller. Le corps des brachions est en effet pair ou symétrique ; on ne peut nier qu'il ne soit composé d'articulations, à peu près comme dans les daphnies, couvert, dans sa partie antérieure, comme dans les espèces de ce genre, d'un test univalve ou bivalve, libre en arrière, et formant une sorte de queue articulée, terminée par un double appendice ; la petitesse, et probablement la vitesse des mouvemens des appendices inférieurs, n'ont pas permis de bien les connoître ; mais ce qu'on nomme les organes rotatoires, quand ils existent, ou les filets qui les remplacent, quand il n'y en a pas, les mâchoires qui sont à la base de la trompe, offrent une disposition symétrique ou paire, qui sans doute a beaucoup de rapport avec ce qui a lieu dans quelques entomozoaires hétéropodes; il n'y a pas jusqu'à la place qu'occupent les œufs, au-dessous du bouclier, à la racine de la queue, qui ne soit semblable à ce qu'on sait exister dans les cypris; il paroît même que, dans quelques espèces, ces œufs forment un paquet de chaque côté de la queue, comme dans les cyclopes ; ajoutons à cela que les mœurs et les habitudes sont les mêmes, et qu'on les trouve dans les mêmes lieux.

Les caractères de ce genre pourront être au moins provisoirement ainsi définis : Corps plus ou moins allongé, articulé, couvert, dans sa partie antérieure, d'une espèce de bouclier, de forme un peu variable, d'une ou deux pièces, libre en arrière, et formant, le plus souvent, une sorte de queue, terminée par un double appendice ; un organe pair, symétrique en avant, produisant un mouvement de rotation; une sorte de trompe avec deux mâchoires ou crochets à sa base.

Tous ces animaux, dont la plupart sont si petits qu'on ne peut les voir qu'à l'aide du microscope, vivent dans les eaux douces et salées.

Muller, qui nous a donné leur histoire, en compte vingt-deux espèces, qui, si elles n'appartiennent pas à quelque autre genre d'entomostracés, pourront être subdivisées en trois sections.

Première section.

Espèce qui n'a pas de queue (peut-être, il est vrai, faute d'avoir été aperçue).

1°. *B. quadratus.* Le B. carré : Mull. *Animalc. infus.* tab. 49, fig. 12-13.

Le test est carré, un peu plus long que large, convexe en-dessus, légèrement aplati en-dessous, avec deux pointes droites antérieures, et deux autres en arrière à chaque angle.

Deux organes rotatoires.

Seconde section.

Espèce qui a une queue et un test univalve.

2°. *B. urceolaris.* Le brachion grenade. Mull. tab. 5o, fig. 15-21. Visible à la vue simple; son corps est ovale, échancré postérieurement, et pourvu antérieurement d'un double organe rotifère, garni de poils ou de cils crochus, dont un filet plus long est mobile; la queue est articulée, atténuée, plate et terminée par deux pointes courtes et écartées; la bouche est armée de deux mâchoires; les œufs sont placés au-dessus de la racine de la queue, et quelquefois au nombre de deux, un de chaque côté de son origine.

Les jeunes individus paroissent un peu différer de la mère.

On trouve cette espèce dans les eaux douces des étangs.

3°. *B. cirrhatus.* Le br. cirrheux. Mull. tab. 47, fig. 12.

Visible à la vue simple; son corps est ovale, séparé par une sorte de cou ou de rétrécissement d'une tête conique, pourvue, de chaque côté, d'un petit faisceau de soies et d'un organe rotifère, terminé en arrière par deux épines et par une queue articulée, cylindrique, aussi longue que le corps, et terminée par des soies.

Cette espèce, qui a évidemment les plus grands rapports avec certains calyges, se trouve dans les eaux douces.

TROISIÈME SECTION.

Espèce qui a une queue et un test bivalve.

4°. *B. uncinatus.* Le B. crochet, Mull. *Anim. infus.* tab. 5o, fig. 9.

Corps ovale alongé, couvert par un test bivalve, échancré par-devant, et terminé en arrière par une coupe verticale qui finit en pointe ; armé antérieurement d'un petit crochet placé entre les organes rotatoires, et terminé en arrière par une queue articulée et pourvue de deux soies à l'extrémité.

Elle s'est trouvée dans les eaux douces et salées. (DE B.)

BRACHMÆNNCHEN. (*Bot.*) L'un des noms vulgaires allemands des champignons de couches, *agaricus edulis*, Dec., Fl. fr. Voyez FUNGUS. (LEM.)

BRACHSENFARREN, *brachsenkraut.* (*Bot.*) Noms allemands de l'*isoetes.* (LEM.)

BRACHYELYTRUM. (*Bot.*) Genre de graminées établi par M. de Beauvois, qui a pour type le *mühlenbergia erecta*, Schreb., *seu dilepyrum aristosum*, Mich. Les fleurs sont disposées en un épi simple ; les épillets alternes, pédicellés ; les valves calicinales très-inégales, plus courtes que la corolle ; la valve inférieure de celle-ci terminée par une très-longue soie ; la supérieure bifide ; deux écailles à la base de l'ovaire, ciliées, entières, renflées à leur base ; une fleur stérile représentée par un pédicelle pubescent, en massue. M. de Beauvois ne rapporte à ce genre qu'une seule espèce, *brachyelytrum erectum*, Agrost. p. 39, tab. 9, fig. 11. (POIR.)

BRACHIOPODES, (*Malacoz.*) *brachiopoda.* M. G. Cuvier me semble être le premier zoologiste qui ait établi ce petit groupe de mollusques acéphales pour des animaux à peine connus de Linnæus, et sur l'organisation desquels nous n'avions, avant lui, de détails suffisans que pour le genre orbicule. Ses caractètes sont : Acéphales testacés, sans pied, munis de deux tentacules ciliés, charnus et roulés en spirale. Il comprend les genres térébratule, lingule et orbicule. Voyez ces différens mots et celui de PALLIOBRANCHES, nom sous lequel M. de Blainville a désigné cet ordre, dans sa Classification des malacozoaires, établie sur la considération première des organes de la respiration. (De B.)

BRACHYPODIUM. (*Bot.*) Nouveau genre de plantes établi dans la famille des Graminées par M. Palisot de Beauvois (*Agrost.* 100. tab. 19. f. 3), auquel il rapporte plusieurs *bromus*, *triticum* et *poa*, de Linnæus, Lamarck, et autres auteurs. Les caractères assignés par M. Palisot à son genre brachypodium, sont les suivans : axe florifère articulé, en épi composé de locustes alternes et pédicellées à chaque articulation de l'axe ; glumes (calice, Linn.) 5-15-flores, plus courtes que les fleurettes ; paillettes (corolle, Linn.) entières, l'inférieure portant une soie à son sommet ; écailles ovales, entières, poilues ; style divisé en deux parties, à stigmates plumeux ; graine un peu enveloppée, sillonnée. (L. D.)

BRACHYRHINE. (*Entom.*) M. Latreille a réuni, sous ce nom de genre, les espèces de charansons qui ont la trompe courte et épaisse, à antennes brisées en massue, dont le premier article dépasse en longueur celle de la tête, la trompe y comprise. Tels sont les charansons du poirier, de la livêche, lixe, noir, etc. Voyez Charanson et Rhinocères. (C. D.)

BRACHYSCOME. (*Bot.*) [*Corybmifères*, Juss. *Syngénésie polygamie nécessaire*, Linn.] M. Labillardière a décrit et figuré, parmi ses plantes de la Nouvelle-Hollande, sous le nom de *bellis aculeata*, une plante qui ne peut appartenir au genre *bellis*, parce que les cypsèles sont aigrettées, et que les fleurs du disque sont mâles ; c'est pourquoi nous en avons formé un nouveau genre sous le nom de *brachyscome*, qui exprime la brièveté de l'aigrette.

Ce genre, dont nous ne connoissons que cette seule espèce, appartient à notre tribu naturelle des astérées, dans laquelle on doit le placer auprès de notre *lagenifera*, du *boltonia*, du *bellium*, du *bellis*, de notre *bellidiastrum*, etc.

La brachyscome a la calathide radiée, dont le rayon est occupé par des demi-fleurons femelles, et le disque par des fleurons qui, sur l'échantillon sec que nous avons examiné, nous ont paru être mâles et non pas hermaphrodites. Le péricline est simple, composé de squames égales, longues, linéaires, obtuses, disposées à peu près sur un seul rang. Le clinanthe est conique. Les cypsèles sont comprimées latéralement, obovales, munies, sur chaque arête antérieure et postérieure, d'un rebord membraneux denticulé, et couronnées au sommet par une petite aigrette composée de squamellules filiformes, inégales, très-courtes, simples, grêles, aiguës, amincies de bas en haut, non barbellulées.

La brachyscome de Labillardière (*brachyscôme Billardieri*), est une plante à tige rameuse, garnie de feuilles oblongues, dentées en scie, dont les dents sont éloignées les unes des autres. Elle habite la terre de Van-Leeuwen. (H. Cass.)

BRACHYSEMA. (*Bot.*) Genre de la famille des *légumineuses*, de la diadelphie *décandrie* de Linnæus, établi par Rob. Brown, dans l'*Hortus kewensis* (Ait. ed. nov. 3, pag. 10), pour un arbrisseau de la Nouvelle-Hollande, à feuilles larges et planes, qu'il nomme *brachysema latifolium*. Ses fleurs sont papillionacées; le calice a cinq découpures un peu inégales; son tube ventru; l'étendard comprimé, oblong, en ovale renversé, de la longueur des ailes; dix étamines diadelphes, un ovaire soutenu par un pédicelle entouré à sa base par une petite gaine; le style filiforme, allongé; une gousse ventrue polysperme. (Poir.)

BRACHYSTEME, *Brachystemum*. (*Bot.*) Genre de plante labiée, mentionné dans la *Flore d'Amérique septentrionale* de Michaux. Il ne diffère de son pycnanthème que par la lèvre inférieure de sa corolle plus courte et échancrée, et par ses étamines qui ne débordent pas la corolle. M. Persoon les a confondus ensemble, avec raison, sous ce dernier nom. Voyez Pycnanthème. (J.)

BRACHYSTOMA. (*Bot.*) Nom donné par M. Persoon à la troisième division du genre *sphæria*. (Lem.)

BRACHYURA. (*Ornith.*) On nomme *avis brachyura* l'oiseau qui, comme les plongeons, a la queue plus courte que le tarse. Voyez Queue. (Ch. D.)

BRACHYURES. (*Crust.*) M. Latreille a appelé de ce nom les crustacés à dix pattes, dont la queue est très-courte, comme dans les crabes que nous avons indiqués sous le nom de Carcinoïdes et d'Oxyrinques, pour les distinguer des crustacés Astacoïdes et des Arthrocéphales, dans lesquels la queue est très-longue. (C. D.)

BRACKEN. (*Bot.*) Nom écossais du *polypodium filix mas.* Voyez Polystichum. (Lem.)

BRACON. (*Entom.*) C'est le nom d'un genre d'insectes hyménoptères, de la famille des entomotilles, formé par M. Jurine, et adopté par Fabricius, pour y réunir les espèces d'ichneumon que Linnæus avoit déjà placées dans une même section, comme ayant le corselet de la même couleur que l'écusson, et des anneaux colorés aux antennes. Il leur avoit même assigné des noms qui, par leur terminaison latine, analogue les uns autres, rappeloient cette particularité.

Voici la traduction du caractère naturel que Fabricius a donné aux insectes de ce genre.

Les bracons ont en général le corps petit, allongé, presque cylindrique, lisse, non bordé. Leur tête est arrondie, avancée, de la largeur du corselet, à yeux arrondis, saillans, latéraux. Les antennes sont séparées à leur origine sur le front, plus longues que le corselet, qui est ovale, bossu, prolongé en arrière. L'abdomen est à peine pétiolé, ovale, le plus souvent aplati. Les ailes, à peu près d'égale longueur, sont colorées souvent, et atteignent l'extrémité de l'abdomen. Les pattes sont grêles. La couleur générale varie du roux au noir. Tous ces insectes, comme la plupart des insectirodes, déposent leurs œufs dans les larves et dans les chenilles des autres insectes, dont elles détruisent ainsi un grand nombre.

Fabricius a rapporté quarante espèces à ce genre. Toutes ont leur nom trivial ou spécifique, terminé de la même manière, tels que *initiator*, *urinator*, *denigrator*, *insidiator*, *exspectator*, *armator*, *mercator*, etc., etc.

M. Jurine a distingué ce genre de celui des ichneumons, d'après la seconde cellule cubitale de leurs ailes, qui est grande et carrée dans les bracons, petite et presque ronde dans les autres; et il en a fait graver une espèce à la planche 8 de son ouvrage sur les hyménoptères. Voyez ENTOMOTILLES. (C. D.)

BRACTEEN (STROBILE). (*Bot.*) Les strobiles de l'aulne, du genévrier, du thuya, sont des strobiles *bractéens*, c'est-à-dire, formés par des bractées. Voyez PÉDONCULÉEN. (MASS.)

BRACTÉOLES, *Bracteolæ*. (*Bot.*) Quand, dans un assemblage de fleurs, il y a plusieurs rangs de bractées, les plus extérieures conservent le nom de bractées, et les plus intérieures, celles qui viennent sur les pédicelles ou à leur base, prennent le nom de *Bractéoles*. Voyez Enveloppes accessoires de la fleur. (Mass.)

BRADYPE, *Brapypus.* (*Mamm.*) Voyez Paresseux. (F. C.)

BRAKES. (*Bot.*) Nom anglais du Pteris, et spécialement du *pteris aquilina*, Linn., vulgairement nommé *fougère femelle, fougère impériale.* (Lem.)

BRAKOLA. (*Ornith.*) C'est, en grec moderne, le nom de la calandre, *alauda calandra*, Linn. (Ch. D.)

BRAMA. (*Ichthyol.*) M. Schneider a donné ce nom à un genre de poissons de sa famille des octoptérygiens thoraciques. Ce genre ne comprend que fort peu d'espèces; il n'a point été entièrement adopté par nos ichthyologistes français. M. Cuvier a formé, en le démembrant, son genre *Atropus* et son genre Castagnole. Voyez ces deux mots. (H. C.)

BRAMINE. (*Erpét.*) Nom d'une espèce de couleuvre du Bengale, décrite par Russel. Voyez Couleuvre.

Ce nom est donné aussi à une sorte d'eryx du même pays. Voyez Eryx. (H. C.)

BRANCHIALE. (*Ichthyol.*) Nom spécifique de l'*ammocœte lamproyon.* Voyez ce mot, Supplément du 2ᵉ. vol. (H. C.)

BRANCHIOGASTRES. (*Crust.*) M. Latreille avoit employé ce nom, qui signifie branchies sous le ventre, pour séparer des crustacés les espèces qui ont la tête distincte et articulée sous le corselet, et les branchies à nu, comme les *squilles* ou *mantes de mer*, les chevrettes, etc., que nous avons réunis sous le nom d'Arthrocéphales. (Voyez ce mot.) Dans son dernier ouvrage, formant partie de celui de M. Cuvier, M. Latreille a fait deux ordres particuliers de celui que nous indiquons: dans l'un, sous le nom de *stomapodes*, il a rangé les squilles, et dans l'autre, qu'il nomme *amphipodes*, il a placé les *chevrettes* et autres genres voisins. Voyez, pour plus de détails, l'article Crustacés. (C. D.)

BRANCHIOPE. (*Crust.*) M. de Lamarck a le premier indiqué, sous le nom de branchiopodes, le genre de crustacés qui fait l'objet de cet article; mais il l'avoit rangé parmi les macroures ou écrevisses, c'est-à-dire pédiocles à longue queue. Depuis, M. Latreille, et nous-mêmes, avions cru devoir les rapprocher des entomostracés, dont il a en effet tous les caractères. Il réunit les deux espèces qu'on trouve indiquées dans l'édition du *Systema naturæ* de Linnæus, donnée par Gmelin, sous les noms de *cancer stagnalis* et *paludosus*.

Nous l'avions indiqué, sous le nom de branchiope, dans la Zoologie analytique, comme formant un genre voisin des crustacés ; nous l'avions rapporté à la famille des entomostracés gymnonectes, ou dont le corps entièrement nu présente des articulations distinctes, une tête non confondue avec le corselet, avec deux yeux pédonculés et à réseaux.

M. Latreille, ayant nommé l'un de ses ordres de crustacés branchiopodes, a cru devoir changer le nom du genre en celui de *branchiope*.

Voici en abrégé l'histoire de ce genre, dont le développement dans nos eaux stagnantes est très-digne des observations des naturalistes.

Nous trouvons souvent en été, dans les flaques d'eau qui se forment sur nos grands chemins, surtout dans les bois, et souvent dans les eaux stagnantes des ornières, une énorme quantité d'animaux transparens, mais avec des teintes bleues, rouges ou violacées, qui ressemblent à de petits poissons extrêmement vifs. Lorsqu'on les retire de l'eau, ils se roulent sur eux-mêmes, et la moindre compression les écrase : ce sont les animaux qui nous occupent.

Leur corps, à peu près cylindrique, allongé, est transparent et mou comme une gelée. On y distingue cependant une douzaine d'articulations, dont celles de la queue, qui forment les deux tiers du corps, portent chacune deux branchies composées de trois lames mobiles, bordées de cils, ou de poils, subdivisées en barbules. Cette queue est terminée par deux grandes nageoires, garnies également de barbules, dont l'animal se sert pour se mouvoir dans l'eau, le plus ordinairement dans une position renversée, ou sur le dos. La couleur bleue de l'animal est ordinairement due au sac qui renferme les œufs de la femelle, et le rouge paroît dépendre de l'humeur qui tient lieu de sang. On le voit ainsi dans les vaisseaux, dont les contractions sont même sensibles à l'œil non armé d'une lentille.

L'espèce la plus commune est le

BRANCHIOPE DES ÉTANGS. *B. stagnalis.* Figuré dans les crustacés de Herbst, en allemand, planche 56, depuis le n°. 3 jusqu'à 10.

L'autre est le

BRANCHIOPE DES MARAIS. *B. paludosus.* Figuré dans la Zoologie
    danoise de Müller, pl. 48, fig. 1 à 8.

Il paroit, d'après les observations de Shaw, consignées dans
le premier volume de la Société linnéenne de Londres, que
les branchiopes subissent des métamorphoses, ce qui est déjà
connu pour les *daphnies* et les *lyncées.*

Voyez ENTOMOSTRACÉS et CRUSTACÉS, pour le complément
de cet article. (C. D.)

BRANCHIOPODES. (*Crust.*) Ce nom, dans les ouvrages de
M. Latreille, a été d'abord celui d'un genre de monocles, qui
étoit l'*apus pisciformis* de Schæffer, qu'il a changé ensuite en
celui de branchiopes. (Voyez le mot BRANCHIOPE.) Mais c'est aussi
celui d'une famille de crustacés, correspondant aux entomostracés de Muller, ou aux monocles de Linnæus.

Dans le troisième volume de l'ouvrage de M. Cuvier, portant le titre du Règne animal distribué d'après son organisation, M. Latreille s'exprime ainsi pour caractériser cet ordre :

« Les branchiopodes se rapprochent des isopodes, ou des
espèces de crustacés voisines des cloportes de Linnæus, parce
que leurs mandibules, lorsqu'elles existent, ne portent pas de
palpes. Ils s'en éloignent, soit par l'organisation de la bouche,
soit par les pieds, garnis d'appendices branchiaux, ou de
feuillets propres à la natation.

« Le corps du plus grand nombre est recouvert d'un test
corné, souvent membraneux, sur lequel les yeux, souvent
très-rapprochés, sont implantés et immobiles. La tête est rarement séparée du tronc.

« Ces animaux sont aquatiques, et nagent très-bien. Leurs
organes sexuels masculins sont doubles, variables par leur situation aux antennes, à la partie antérieure de la poitrine, à
l'origine de la queue, place qu'ils occupent toujours dans les
femelles. Les œufs, réunis sous une enveloppe commune,
forment une sorte de grappe où les petits éclosent, et qu'ils
ouvrent pour sortir.

« Ces crustacés éprouvent des transformations, ou des évo-
lutions successives dans leurs parties. Ils muent, et ce n'est
guère qu'après leur cinquième ou sixième mue qu'ils se repro-
duisent.

« On croit que leurs œufs desséchés jouissent long-temps de la faculté de reproduire des animaux semblables à ceux dont ils ont été séparés ; ce qui explique leur développement dans des eaux pluviales, et dans d'autres circonstances, qui a pu donner lieu aux préjugés des générations spontanées. »

Voyez Entomostracés. (C. D.)

BRANCHIURUS. M. Viviani a publié sous ce nom un genre de très-petits animaux, qu'il pense appartenir à la classe des *Trichopodes* ou annelides, mais qui sont si petits qu'il est fort difficile d'assurer que ce ne sont pas des larves, comme M. Cuvier paroît l'avoir soupçonné. Quoi qu'il en soit, les caractères de ce genre, suivant Viviani, sont d'avoir le corps articulé, les branchies sur la queue, les antennes très-courtes, et la bouche pourvue de mandibules couvertes. L'animal qui a servi à son établissement, a trois à quatre lignes de long ; son corps est cylindrique, et formé de quinze segmens presque égaux et rougeâtres. La tête est pourvue de deux yeux, de deux antennes fort courtes, de quatre articulations, et composées de deux mandibules en forme de crochet. Il n'y a que deux paires de pattes ou d'appendices, l'une au second anneau et l'autre au dernier, qui sont très-courtes, cylindriques, non articulées et ciliées à leur bord. Le dernier anneau a, en outre, à la partie supérieure, deux faisceaux pédonculés de filamens rétractiles, rouges, que Viviani regarde comme des branchies.

D'après les formes du corps, celle de la tête, le nombre des anneaux, et surtout la disposition des pieds et des branchies, il pourra paroître douteux que cet animal soit un véritable trichopode.

La seule espèce de ce genre que M. Viviani nomme *B. quadripes*, est figurée dans sa brochure intitulée : *Phosphorescentia maris*, tab. 2, fig. 13 et 14. (De B.)

BRANCHU FEUILLETÉ. (*Bot.*) *Agaricus* figuré dans Micheli. Il est rameux, très-grand, et bon à manger. (Mich., Gen., pag. 190, tom. LXXIX, fig. 1.) (Lem.)

BRANDÉRIENNE. (*Ichthyol.*) *Correction pour cet article*, *pag.* 317. Au lieu de Typhle, voyez Aptérichthe, dans le Supplément du second volume. (H. C.)

BRANDON D'AMOUR. (*Malacoz.*) Nom marchand de l'arrosoir de Java, *Penicillus javanensis*. (De B.)

BRANDONE. (*Bot.*) Imperato nomme ainsi, et *palmifoglio giganteo*, une espèce d'algues qui atteint une grande étendue, et dont la fronde se divise en lanières, qu'il compare à des lames de sabre; c'est sans doute le *fucus palmatus*, Linn. (LEM.)

BRANDT-ENTE. (*Ornith.*) Nom allemand du canard siffleur huppé, *anas rufina*, Linn. (Ch. D.)

BRANDT-MEISS. (*Ornith.*) On appelle ainsi, dans la Saxe, la mésange charbonnière, *parus major*, Linn. (Ch. D.)

BRANTA. (*Ornith.*) Voyez BRENTA. (Ch. D.)

BRASENIA. (*Bot.*) Genre de Pursh, dans sa *Flore amér.* C'est le même que l'*hydropeltis* de Michaux. Voyez ce mot. (POIR.)

BRASLER. (*Ornith.*) Nom que porte en Autriche le proyer, *emberiza milliaria*, Linn. (Ch. D.)

BRASSAVOLA. (*Bot.*) Genre de la famille des *orchidées*, de la *gynandrie diandrie* de Linnæus, établi par Rob. Brown, dans l'*Hortus kewensis*, Ait. ed. nov. pour le *cymbidium cucullatum*, Willd. et pour quelques autres espèces distinguées par une corolle (périanthe simple, M.) irrégulière, cinq pétales distincts, étalés; un sixième en forme de lèvre, rétréci en ongle t à sa base, sans appendice, puis élargi et entier; le pollen divisé en huit paquets et plus. (POIR.)

BRASSAVOLA. (*Bot.*) C'est le nom par lequel Adanson désigne le genre *helenium* de Linnæus. (H. CASS.)

BRASSE, *Brachium.* (*Bot.*) Mesure employée en botanique. Une brasse est la longueur comprise depuis l'aisselle jusqu'à l'extrémité du doigt du milieu, ou environ vingt-quatre pouces. De *brachium* on a fait *brachialis*; de là *caulis brachialis*, *Planta brachialis*, tige, plante, ayant une brasse de long. Voyez MESURES. (MASS.)

BRASSEM. (*Ichthyol.*) Les Hollandais du Cap de Bonne-Espérance nomment ainsi la brême de mer (*Sparus brama*) que M. Cuvier place parmi les canthères. Voyez ce mot.

Ruysch, dans la collection des poissons d'Amboine, applique ce même nom à six ou sept poissons différens. (H. C.)

BRASSIA. (*Bot.*) Genre de la famille des *orchidées*, de la *gynandrie diandrie* de Linnæus, établi par Rob. Brown, dans l'*Hortus kewensis*, Ait. ed. nov., pour une plante de la Jamaïque, *brassia maculata*, dont le caractère essentiel consiste dans une corolle (périanthe simple, M.) irrégulière, à six pétales étalés et distincts ; la lèvre, ou le pétale inférieur, plane, très-entière ; la colonne dépourvue de membrane ailée ; le pollen distribué en deux paquets divisés en deux lobes à leur partie antérieure. (POIR.)

BRASSOLIS. (*Entom.*) C'est, dans la partie du grand ouvrage de Fabricius sur les lépidoptères ou *glossates*, le nom d'un genre de papillons diurnes, qui correspond à la division des *satyres*. Il comprend les espèces qui ont les palpes très-comprimés et fort étroits en devant ; leurs ailes inférieures sont arrondies. Tels sont la *galathée*, l'*hermione*, le *tristan*, le *pamphile*, le *procris*, etc. Voyez PAPILLON. (C. D.)

BRAUN-ENTE. (*Ornith.*) Le millouin, *anas ferina*, Linn. porte ce nom en Silésie, et on lui donne dans d'autres contrées de l'Allemagne celui de *braun koepfichte ente*. (Ch. D.)

BRAUNEA. (*Bot.*) Ce genre de Willdenow n'est qu'une espèce de ménisperme. Voyez ce mot. (J.)

BRAUNE HIRSCHZUNGE. (*Bot.*) Nom bavarois de l'*hydnum imbricatum*, Pers., champignon que nous nommons barbe de bouc et érinace. On le mange. Voyez HYDNUM. (LEM.)

BRÉCHITES, en français BRÉCHITE. (*Foss.*) Corps organisé fossile, dont Guettard a fait un genre qu'il semble rapprocher à tort du genre *penicillus*, et qui nous paroît plus voisin de certains corps qu'on a confondus avec les hippurites. Ses caractères sont : Corps adhérent, de forme cylindroïde, plus étroit inférieurement, composé d'articulations inégales dont la dernière ou supérieure est couverte d'une sorte d'opercule un peu conique et percé de trous.

M. Bosc paroît le regarder comme voisin des alcyons. (DE B.)

BRECHTENFEL. (*Bot.*) Nom allemand de l'*agaricus purpureus* de Schæffer ; *sanguineus*, Bulliard. (LEM.)

BREDHORN. (*Bot.*) Nom donné, en Norwége, à quelques espèces de lichens du genre *physcia*. (LEM.)

BREDIN. (*Malacoz.*) Nom vulgaire de la patelle commune sur les bords de la Manche. (De B.)

BREDTANG (*Bot.*) Le *fucus serratus*, Linn. est ainsi appelé par les Norwégiens. (Lem.)

BREEDENES. (*Bot.*) Dans quelques provinces de l'empire russe, on nomme ainsi l'agaric comestible, *agaricus edulis,* Dec., Fl. fr. Voyez Fungus. (Lem.)

BREGNE et BUJAESKE. (*Bot.*) Noms danois du *pteris aqui-lina* et du *polypodium filix mas.* Voyez Polystichum. (Lem.)

BREH ou BREHIS. (*Mamm.*) C'est de Flaccourt (*Histoire de la grande île de Madagascar*) qu'on a pris ce qui a été dit de cet animal, et ce que nous en avons rapporté à la page 331 de ce volume, d'après l'*Encyclopédie.* Nous ajouterons que le breh, suivant Flaccourt, se trouve dans le pays des Antsianach, situé dans la partie centrale de Madagascar. Mais l'existence d'un ruminant à une seule corne, au milieu du front, n'a rien de vraisemblable. (F. C.)

BREINVOGEL. (*Ornith.*) Nom allemand de la farlouze, *alauda pratensis*, Linn. *anthus pratensis*, Bechstein. (Ch. D.)

BREIT-SCHNABEL. (*Ornith.*) Nom allemand du souchet, *anas clypeata*, Linn. (Ch. D.)

BRÈME, *Abramis.* (*Ichthyol.*) Sous-genre établi par M. Cu-vier, dans le grand genre des cyprins, de la famille des gym-nopomes. Ses caractères essentiels sont les suivans :

Ni épines, ni barbillons ; nageoire dorsale courte, placée en arrière des catopes; nageoire anale longue.

Ainsi les brêmes sont distinguées des carpes et des barbeaux par leurs deux premiers caractères ; des goujons et des tanches, par l'absence des barbillons et par la longueur de la nageoire anale ; des ables par ce dernier caractère aussi.

Le mot *abramis* paroît avoir été employé par Athénée et par Oppien pour désigner la brême commune.

1°. La Brème commune, *Abramis brama.*

(*Cyprinus brama*, Linn. ; Bloch, 13.)

Caract. Corps large, comprimé ; dos arqué ; caréné en devant ; mâchoire supérieure plus longue ; appendice au-dessus des catopes ; toutes les nageoires noirâtres ; vingt-neuf rayons à l'anale.

La tête de la brême est comme tronquée ; ses joues sont bleuâtres, son ventre blanc, son dos obscur. On observe qu'elle a une tache noire semi-lunaire au-dessus des yeux, et quelques points de la même teinte le long de la ligne latérale.

La brême vit au sein des eaux douces de presque toute l'Europe , et est fort abondante dans la mer Caspienne. Les grands lacs et la plupart des rivières la nourrissent.

Ce poisson atteint quelquefois jusqu'à dix-huit pouces de longueur, et peut peser vingt livres. Il fraye au printemps, et multiplie abondamment et avec facilité. Schneider rapporte que les ovaires d'une seule femelle renfermoient 137,000 œufs d'une teinte rougeâtre. Aussi la brême devient-elle l'objet d'une pêche importante en quelques endroits. Dans un grand lac de Suède, voisin de Nordkiœping, on en prit, en 1749, d'un seul coup de filet, environ cinquante mille, qui pesoient ensemble à peu près dix-huit mille livres.

A l'époque où les femelles cherchent, pour frayer, les rivages unis, ou les fonds herbeux des rivières, elles sont souvent suivies chacune par trois ou quatre mâles, et la troupe, en nageant, fait entendre un bruit remarquable. Alors aussi les mâles ont de petits boutons sur les écailles du dos et des côtés. Si, dans le même temps, la saison devient froide tout à coup, les orifices des oviductes se ferment et s'enflamment, le ventre se gonfle, les œufs s'altèrent, et la mort survient.

Les jeunes brêmes ont très-communément dans leurs intestins des vers du genre ligule ; celles qui sont adultes sont plutôt tourmentées par des échinorhynques. Cette remarque est due à Bloch.

On prétend que les plongeons et les grèbes se réunissent quelquefois au nombre de dix ou douze, et chassent ensemble, en plongeant, les jeunes brêmes vers le rivage, où ils les mangent plus facilement. On dit aussi que les buses les recherchent beaucoup, mais que si elles engagent leurs serres dans la charpente osseuse d'une grosse brême, celle-ci les entraîne au fond de l'eau.

Ces poissons craignent beaucoup le bruit ; aussi en Allemagne, à l'époque du frai, on ne sonne point les cloches dans les villages qui sont situés sur le bord des lacs. En hiver on s'en empare très-aisément, en faisant à la glace des trous où elles viennent en foule respirer.

Les brêmes meurent difficilement pendant le froid ; aussi on en peut transporter facilement de vivantes à des distances considérables, en les enveloppant dans de la neige, ou en plaçant dans leur bouche un morceau de pain imbibé d'alcool.

Leur chair est blanche et agréable au goût ; mais elle prend facilement une mauvaise saveur dans les étangs vaseux.

En Allemagne on observe fréquemment à la tête des troupes de brêmes, un poisson un peu différent, que les pêcheurs appellent *Chef des brêmes*. Bloch pense que c'est un mulet provenant de la brême et du *rotengle*, ou de la *bordelière*. Voyez ces mots.

2°. La Bordelière, *Abramis blicca*.

(*Cyprinus blicca*, Bloch.; *C. latus*, Gmelin.)

Caract. Nageoires pectorales et catopes rougeâtres ; vingt-quatre rayons à l'anale ; dos bleuâtre ; ligne latérale marquée de points jaunes ; ventre d'un bleu blanchâtre ; nageoires anale et dorsale brunes, bordées d'azur.

Ce poisson est commun dans les lacs et les rivières d'une grande partie de la France, de l'Allemagne et du nord de l'Europe. Il a beaucoup d'arêtes, et sa chair est peu estimée. Il est vivace, et peut peser jusqu'à une livre. Il fraye, suivant Schneider, en mai et juin. Le même observateur a compté 108,000 œufs dans une seule femelle, et a souvent trouvé, dans la cavité de l'abdomen, distendue par les œufs, la ligule des poissons, perçant les tégumens pour sortir.

Au rapport de Rondelet, ce sont les Lyonnais qui ont assigné à ce poisson le nom de *bordelière*, parce qu'il fréquente beaucoup le rivage.

3°. La Sope, *Abramis ballerus*.

(*Cyprinus ballerus*, Linn.; Bloch, 9.)

Caract. Corps large, comprimé ; tête petite ; mâchoires égales ; ligne latérale droite ; front brun ; iris jaune, avec deux taches noires ; joues et opercules bleues, jaunes et rouges ; couleur générale argentine ; ventre rougeâtre ; dos noirâtre ; bords des nageoires bleus.

La sope peut peser jusqu'à quatre livres. On la trouve particulièrement dans la mer Caspienne, dans les eaux du Have en Poméranie, et du Curisch-Have en Prusse. Elle a peu de chair et beaucoup d'arêtes.

4°. La Vimbe, *Abramis vimba.*

(*Cyprinus vimba*, Linn.; Bloch, 4.)

Caract. Corps comprimé, dos caréné en devant, museau un peu allongé, tête petite, dos bleu, ventre argenté, nageoire anale bleue.

Ce poisson atteint quelquefois jusqu'à dix-huit pouces de longueur. Il habite la mer Baltique, et, vers l'automne, il remonte dans les fleuves de la Prusse, de la Russie, de la Suède et du Danemarck, pour y déposer ses œufs. Sa chair est estimée. (H. C.)

BRÊME DENTÉ. (*Ichthyol.*) L'abbé Bonnaterre appelle ainsi la castagnole (*Brama Raji*). Voyez Castagnole. (H. C.)

BRÊMES GARDONNÉES. (*Ichthyol.*) Nom que les pêcheurs de la Basse-Seine donnent aux brêmes âgées. (H. C.)

BRENT - GOOSE. (*Ornith.*) Nom anglais du cravant, *anas bernicla*, Linn. (Ch. D.)

BREPHOCHTONON. (*Bot.*) L'un des anciens noms de la conyze, cité par Dioscoride. (H. Cass.)

BRESINE. (*Bot.*) Les jardiniers nomment ainsi le zinnia rouge. (J.)

BRISSONIA. Neck. et Desv. (*Bot.*) Ce genre est le même que le *tephrosia* de Persoon, le *reineria* de Mœnck, établi pour les espèces de *galega* dont les gousses sont comprimées et un peu coriaces, au lieu d'être toruleuses, et plus ou moins cylindriques. Voyez Galega. (Poir.)

BRETEUILLIA. (*Bot.*) Buchoz a nommé ainsi le genre de plantes généralement connu des botanistes sous le nom de *didelta* que lui a donné Lhéritier. (H. Cass.)

BRETON. (*Ichthyol.*) Nom spécifique d'un poisson de la famille des spares. C'est le *Sparus britannus* de M. de Lacépède. Voyez Picarel et Smare. (H. C.)

BRÈVE. (*Ornith.*) Les oiseaux que Gueneau de Montbeillard a désignés par le nom de *brèves*, avoient été fort mal placés par Linnæus et par Latham dans le genre *corvus*, et quoiqu'ils eussent le bec et les pieds plus longs que les merles, ils présentoient plus de points de contact avec ces derniers, à la suite desquels Brisson et MM. de Lacépède et Illiger les ont rangés ; mais M. Cuvier leur a trouvé des rapports encore plus marqués avec les fourmiliers; et il n'y auroit pas lieu à hésiter sur l'adoption de ce classement, si, la manière de vivre de ces oiseaux étant encore tout-à-fait inconnue, l'on ne devoit craindre de leur appliquer un nom dont le premier voyageur pourroit faire sentir l'inconvenance, et qui dès-lors ne seroit propre qu'à induire en erreur ou à nécessiter un changement. Cette considération a paru suffisante pour porter à saisir entre eux et les fourmiliers des différences qui, en d'autres cas. n'auroient pu motiver une séparation provisoire, et pour former des brèves un groupe particulier, jusqu'à ce que des renseignemens sur leur genre de vie fassent connoître si elles sont, dans les Indes orientales, des espèces analogues aux fourmiliers d'Amérique, et si elles doivent leur être réunies. Leur bec, plus épais et moins comprimé à la base que celui des fourmiliers, est, comme chez ces derniers, un peu convexe en-dessus, avec une échancrure à l'extrémité de la mandibule supérieure ; mais, tandis que la mandibule inférieure des fourmiliers est entaillée à sa pointe, et recourbée en haut, M. Vieillot a observé qu'elle étoit entière et droite chez les brèves, qui d'ailleurs, avec la queue également courte, ont les ailes plus longues ; et, sans adopter-définitivement la dénomination latine, il leur a appliqué le mot *pitta*, qui fait partie du nom qu'elles portent à Ceylan.

L'Azurin, décrit dans l'*Histoire Naturelle* de Buffon à la suite des merles et avant les brèves, est figuré dans les planches enluminées, n°. 353, sous le nom de *merle de la Guiane. turdus cyanurus*, Lath. et Gmel. , *corvus cyanurus*, Shaw., et *pitta cyanura*, ou brève azurine, Vieill. C'est un oiseau des Indes orientales et non de Caïenne, qui est très-incorrectement dessiné dans la planche 99 de l'édition de Buffon par Sonnini. Un peu plus fort que le merle commun, il a, des deux côtés de la tête, une bande d'un jaune orangé. qui, passant au-dessus des yeux, s'étend jusque derrière le cou, et trois bandes noires occupent le vertex et les tempes : la gorge est d'un jaune pâle. qui, sur le ventre, est traversé par des bandes étroites d'un bleu transparent. La poitrine du mâle offre une large plaque d'un bleu d'azur. Le dessus du corps est d'un brun rougeâtre : l'aile, dont les pennes sont noires, présente deux raies blanches ; l'inférieure est plus étroite : la queue est étagée, et d'un bleu éclatant : le bec et les pieds sont noirs. La femelle se reconnoit à sa queue brune, à son collier noir et très-étroit, à ses sourcils roux et non jaunes comme au mâle, au sommet de la tête et au dessus du corps bruns ; enfin, aux raies noires et rousses qui traversent les parties inférieures.

Il existe entre les individus envoyés en Europe depuis qu'on y a reçu l'espèce décrite par Guéneau de Montbeillard sous le nom de *brève du Bengale*, et figurée dans les planches enluminées de Buffon, n°. 258, sous celui de *merle du Bengale*, de telles ressemblances dans la forme totale et dans les couleurs, que, malgré certaines différences qu'on observe dans leur distribution, on ne sauroit établir des espèces fixes. Après avoir décrit la brève du Bengale, qui a servi de type, on se bornera donc à indiquer succinctement les autres, qui sont regardées comme de simples variétés par les auteurs même auxquels on peut reprocher de multiplier souvent les espèces avec trop de facilité.

La Brève du Bengale, Buff., ou *merle des Moluques*, Br., *corvus brachyurus*, Linn. et Lath., a six pouces et demi de longueur ; son bec est d'un gris brun ; la tête et le cou sont noirs avec une grande bande orangée qui, de chaque côté, part du front, et, passant au-dessus des yeux, se termine à l'occiput : le dos est d'un vert foncé, ainsi que les ailes, dont les premières couvertures sont bleues, et dont les pennes offrent à leur milieu une tache blanche assez large ; les plumes uropygiales sont du même bleu que la partie supérieure de l'aile ; les pennes de la queue sont noires et bordées de vert. Le dessous de l'oiseau est d'un jaune plus foncé sur la poitrine que sur le ventre et sous l'anus ; les pieds sont orangés, et les ongles d'un rouge sale.

La Brève de Ceylan, qu'on nomme aux Indes *ponnunky pitta* et *ponnanduky*, a été figurée par Edwards, dans ses *Glanures*, pl. 324, sous le nom de *pie à courte queue des Indes orientales*. C'est la variété B. du *corvus brachyurus* de Linnæus et de Latham. L'individu d'après lequel la figure et la description ont été faites, avoit sur la tête trois bandes noires, partant de la base du bec, et s'étendant jusqu'au cou. La première étoit au vertex, et les deux autres passoient sous les yeux. Entre ces trois bandes, il y en avoit deux dont la partie supérieure étoit jaune et l'inférieure blanche. La gorge étoit blanche, la poitrine et le ventre jaunes, et les plumes anales de couleur rose. Le dos, les grandes couvertures, et quelques pennes secondaires des ailes, étoient d'un vert foncé ; les petites couvertures des ailes et les plumes uropygiales d'un bleu éclatant ; il y avoit une tache blanche sur le milieu des grandes pennes de l'aile, qui, dans le reste, étoient noires comme celles de la queue, dont la bordure étoit verte. Les pieds étoient d'un jaune rougeâtre.

La variété *A.* du *corvus brachyurus* de Linnæus et de Latham, est la Brève des Philippines, figurée dans les planches enluminées de Buffon sous le n°. 89, et décrite comme, ayant la tête et le cou entièrement noirs, le dos d'un vert foncé, la poitrine et le haut du ventre d'un vert plus clair ; les grandes pennes des ailes noires à leur origine et à leur extrémité, avec une tache blanche au milieu ; les petites couvertures des ailes et les plumes uropygiales bleues ; enfin, les plumes anales couleur de rose, comme dans l'espèce précédente, mais les pennes de la queue entièrement noires, et sans la bordure verte qui termine celles de la brève de Ceylan. Cette différence pourroit avoir la même cause que celle qui a été observée par M. Levaillant, à qui l'on doit la découverte d'une supercherie commise dans l'empaillement de l'individu sur lequel a été faite la planche enluminée de Buffon, n°. 89. Ce savant naturaliste a reconnu qu'on avoit ajusté sur le tronc de l'oiseau, qui probablement étoit arrivé des Indes en mauvais état, la tête et le cou du merle mâle d'Europe. Il est donc très-probable que ces parties auroient offert les mêmes raies que les autres, et il n'y auroit alors eu de différences réelles que dans le dessous du corps de l'oiseau.

La Brève de Madagascar, var. *C.* du *corvus brachyurus* de Linnæus et de Latham, a été peinte, dans les planches enluminées de Buffon, n°. 257, sous le nom de *merle des Moluques.* Sa tête est d'un brun noirâtre, qui prend un peu de jaune par derrière et sur les côtés ; deux bandes noires partent de l'origine du bec sous l'œil, et forment derrière le cou un demi-collier noir ; mais, à l'exception de la différence qui se trouve sur ces parties avec les deux précédentes, différence qui pourroit provenir du sexe ou d'un âge moins avancé, où les couleurs n'auroient pas encore pris leurs teintes définitives, les parties inférieures sont du même jaune qu'à la brève du Bengale, et les ailes et la queue présentent le vert, le bleu, le blanc et le noir, distribués de la même manière.

Dans la Brève de Malaca, var. *D.* de Latham, que Sonnerat a décrite tome II, page 190, et figurée planche 110 de son *Voyage aux Indes orientales*, on retrouve à peu près les mêmes couleurs que dans la précédente, et toujours le dos vert, les petites couvertures des ailes et celles de la queue d'un beau bleu, la tache blanche aux pennes de l'aile, la queue noire avec une bordure verte. Elle a, de plus, les plumes anales d'un rouge de carmin, comme aux brèves des Philippines et de Ceylan.

La Brève de la côte de Malabar, page 191 du même ouvrage, diffère si peu de la précédente, qu'elle n'exige pas une description particulière. C'est la variété *E.* de l'*Index ornithologicus* de Latham.

La Brève de la Chine, que Latham a décrite, d'après un dessin du docteur Fothergill, et dont il a fait sa variété *F.*, ne se distingue de celles de Malaca et du Malabar qu'en ce qu'au milieu du ventre, qui étoit blanc, se trouvoit une tache rouge, pareille à celle de l'anus.

Sparmann a aussi décrit et figuré, dans le *Museum carlscnianum*, fascicule 4, n°. 84, une brève qu'il a nommée *turdus triostegus*; mais cet auteur avoue lui-même qu'au premier aspect on pourroit la prendre pour celle qui est figurée dans la planche 257 de Buffon ; et en effet, la différence la plus remarquable qu'elle présente consiste dans les raies plus marquées sur la tête, où cependant elles ne le sont pas encore autant que dans plusieurs autres, ce qui annonceroit un âge intermédiaire.

Enfin, la Brève d'Angole, *pitta angolensis*, de M. Vieillot, quoique présentée par cet auteur comme une espèce réelle, ne paroît pas avoir plus de titres que les autres à cette dénomination. On voit, dans la première édition du *Nouveau*

Dictionnaire d'Histoire naturelle, que l'oiseau dont il s'agit a été trouvé dans le royaume d'Angole, par le voyageur Perrein, dont il n'est aucunement parlé dans le même article de la seconde édition ; et quoiqu'aucune des variétés ci-dessus décrites ne porte ce nom, M. Cuvier indique comme venant de la même contrée celle dont Edwards a donné la figure planche 324, et dont il est ci-dessus fait mention, sous le nom de *brève de Ceylan*. M. Vieillot, d'un autre côté, reconnoît qu'elle ressemble beaucoup à la brève de la côte de Malabar ; et l'on se bornera, en conséquence, à faire remarquer ici que sa gorge est d'un rouge pâle, et qu'elle a une tache bleue à l'extrémité des deux pennes des ailes, qui sont vertes. (Ch. D.)

BREVER. (*Bot.*) Genre de la famille des mousses, établi par Adanson. Ses caractères sont ceux-ci : Mousses monoïques ou dioïques, *fleur mâle* (femelle, Hedw.), urne solitaire, axillaire, pédiculé, coiffe lisse ; *fleur femelle* (mâle, Hedw.), étoile terminale contenant, dans le centre, un faisceau de quinze à trente poils articulés entre autant d'écailles sétacées. Ce genre, qui n'est pas adopté, comprend les *mnium fontanum* (maintenant *bartramia*), *annotinum*, *pseudo triquetrum*, *palustre et stellare* d'Hedwig, *species*. Voyez BRYUM. (LEM.)

BRÉWERIE, *Breweria*. (*Bot.*) Genre de la famille des *convolvulacées*, appartenant à la *pentandrie monogynie* de Linnæus. Il est très-rapproché du *bonamia* de Petit-Thouars, ainsi que du *porana*. Il s'en distingue par son port, par ses semences non arillées. Son calice est d'une seule pièce, à cinq découpures ; sa corolle plissée, en forme d'entonnoir ; cinq étamines ; un style profondément bifide, deux stigmates en tête ; une capsule renfermée dans le calice, à deux loges ; une semence dans chaque loge. Trois espèces originaires de la Nouvelle-Hollande sont rapportées à ce genre par Rob. Brown. Elles ont des tiges herbacées, diffuses ; les feuilles entières ; les fleurs axillaires, presque solitaires. (POIR.)

BREYNIA. (*Bot.*) Genre de plante établi par Forster sur des arbrisseaux observés par lui dans une île de la mer du Sud. Ils ont un calice à cinq divisions profoudes, et sont dépourvus de corolles. Les étamines, au nombre de cinq, ont leurs anthères presque sessiles, linéaires, rapprochées du style, qui est simple, ainsi que le stigmate. Le fruit est une petite baie sèche ou capsule à trois loges dispermes, recouverte par le calice devenu plus grand, sans lui adhérer. Outre les individus à fleurs hermaphrodites qui ont ce caractère, on en trouve d'autres dont les uns portent uniquement des fleurs mâles, et d'autres qui les ont toutes femelles. Les premieres, dépourvues d'ovaires, ont les anthères arrondies, alternes avec cinq glandes que l'auteur nomme *nectaires*. Dans les secondes, l'ovaire existant est entouré à sa base d'un petit anneau, et surmonté immédiatement de cinq stigmates; il devient une capsule à cinq loges monospermes. Ces arbrisseaux ont le port des phyllanthes avec lesquels ils ont d'ailleurs de l'affinité. Leurs feuilles sont alternes, leurs fleurs axillaires. Tel est le caractère donné par Forster, qui certifie que les trois individus appartiennent à la même espèce. Willdenow est porté à croire que ce genre, non-seulement se rapproche du phyllanthe et du xylophylle, mais qu'il ne doit faire avec eux qu'un même genre. C'est ce que pourront vérifier ceux qui observeront ces végétaux vivans. Scopoli a donné à ce genre le nom de *forsteria*, déjà consacré à un autre genre adopté par Forster lui-même. (J.)

BREYNIA. (*Bot.*) Ce nom, par lequel Plumier, Brown, Royen désignoient certaines espèces du genre *capparis*, a été aussi appliqué par Petiver aux *seriphium*. (H. Cass.)

BRIA. (*Bot.*) Dalechamp dit que le tamaris est ainsi nommé dans l'Achaïe. Brown nomme *brya* une de ses plantes de la Jamaïque, qui est l'*aspalathus ebenus* de Linnæus. (J.)

BRICCANS. (*Ichthyol.*) Ce nom paroit avoir été donné quelquefois à un uranoscope. Voyez ce mot. (H. C.)

BRIER-FINK. (*Ornith.*) Charleton, page 88, dit que ce nom, et ceux de *bramble* et *brambling*, ont été donnés au pirson d'Ardennes, *fringilla montifringilla*, Linn., par allusion à l'habitude qu'il a de se poser sur les buissons. (Ch. D.)

BRIGNE BATARDE. (*Ichthyol.*) Pag. 338, au lieu de cyprin double : lisez cyprin dobule. Voyez, dans le Supplément, Able meunier. (H. C.)

BRIGOULE. (*Bot.*) Voyez Bouligoule. (Lem.)

BRILLANTE (la). (*Conch.*) C'est le nom que Geoffroy donne au *bulime lisse*, *bulimus lubricus*. Voyez Bulime. (De B.)

BRILLEN-NASE. (*Ornith.*) Nom sous lequel Klein parle de

l'espèce de tette-chèvre que Buffon nomme engoulevent à lunettes, ou haleur, *caprimulgus americanus*, Linn. (Ch. D.)

BRIMBALUS. (*Ichtioz.*) Nom sous lequel Olasl., *Ichthyol.* 2, p. 900, désigne l holothuria pentactes. (De B.)

BRIQUETÉ. (*Bot.*) L'*agaricus deliciosus*. Linn., porte ce nom et celui de *rougillon*. Voyez ce mot et Fungus. (Lem.)

BRISE. (*Phys.*) Voyez Vents. (L.)

BRISSI. (*Echinod.*) Davila donne ce nom de genre aux espèces d'oursins qui ont une forme ovale non échancrée, et qui sont très-convexes depuis la bouche jusqu'à l'extrémité tronquée. (De B.)

BRISSOIDES. (*Echinod.*) Ce sont. suivant Klein, les espèces de brisse dont les rayons planes ne sont pas sillonnés. (De B.)

BRISSUS. (*Echinod.*) C'est le nom sous lequel Aristote paroit avoir désigné les espèces d'oursins que nous nommons maintenant *brisse* et *spatangue*. (De B.)

BRISSUS. (*Echinod.*) Klein désigne sous ce nom les espèces d'oursins dont la forme est ovale, l'anus sur le côté, et qui ont le dos entier avec des sillons profonds, crénelés et ponctués, par où elles diffèrent des spatangues. (De B.)

BRISTLE-MOSS. (*Bot.*) Nom anglais des *orthotricum*. (Lem.)

BRITANNICA. (*Bot.*) Ce nom a été donne à diverses plantes ; à la bistorte, par quelques anciens ; par d'autres, au cochléaria. Linnæus en a fait le surnom d'une espèce de patience, *rumex*. Le vrai *britannica* de Gesner, de Dalechamp, et de la plupart des autres auteurs, est une espèce d'inule ou aunée, *inula britannica* de Linnæus. (J.)

BRITT. (*Ichthyol.*) Anderson (*Hist. Nat. de l'Islande*) donne ce nom à un petit poisson dont les sardines se nourrissent. C'est en le poursuivant qu'elles entrent dans les baies ou dans les embouchures des rivières. Nous ne savons à quel genre le rapporter. (H. C.)

BRIZZATINE DE VASI. (*Bot.*) Nom italien d'un petit champignon du genre *agaricus*, Linn., qui croit en Italie sur les limons et les oranges pourries. Il est conique, blanc, tigré de pourpre, et ses lames sont rouges. (Lem.)

BROCARD. (*Conch.*) C'est le nom vulgaire du *bulimus variegatus* de Bruguières. (De B.)

BROCARD DE SOIE. (*Conch.*) Nom marchand du cône géographique. (De B.)

BRODIE. *Brodiæa.* (*Bot.*) Ce genre de plante monocotylédone a un calice tubulé par le bas, divisé par le haut en six parties égales. Il y a six filets d'étamines insérés au tube ; trois sont stériles et plus longs ; les trois fertiles ne débordent pas le calice. L'ovaire libre est surmonté d'un style et de trois stigmates. On ne connoit pas le fruit. Du milieu des feuilles graminées s'élève une hampe terminée par quelques fleurs disposées en ombelle entourée de spathes. Ce genre, établi par M. Smith sous le nom de *brodiæa*, et par M. Salisbury sous celui de *hookera*, est originaire de l'Amérique septentrionale. Il paroit devoir être rapporté dans la section des narcissées à ovaire libre. (J.)

BRODLING, Boedling, Baedling et Bruckling. (*Bot.*) Deux champignons portent ces noms en Allemagne ; le premier est l'*agaricus lactifluus* de Schæff., Fung. Bav., t. 5 (*agaricus testaceus* de Scopoli). Il naît solitaire, dans les bois, en août et septembre. C'est un champignon brun, roussâtre en-dessus, jaunâtre en-dessous, et rempli d'un suc laiteux doux, caractères de beaucoup d'*agaricus* vénéneux ; cependant, les paysans de la Bavière et du nord de l'Italie mangent celui-ci sans en être incommodés ; c'est même un excellent manger. L'autre espèce est l'*agaricus virescens*, Schæff., t. 94 ; *amanita*, Hall., n°. 2373, ζ ; *fungus magnus viridis*, Sterb., th. 67, t. 5, c. C'est un champignon de la grandeur du précédent, ayant deux à trois pouces de diamètre et de hauteur ; d'abord convexe et ombiliqué, puis en forme d'entonnoir ; jaune ou roussâtre dans le milieu, et vert ou verdâtre sur les bords. Les feuillets sont blancs. Il est très-bon à manger, et commun en Allemagne, en France et en Italie. (Lem.)

BROMELIACÉES. (*Bot.*) Cette famille de plantes à laquelle l'ananas *bromelia* donne son nom, a déjà été décrite dans ce Dictionnaire, et depuis cette époque de nouveaux genres lui ont été joints, savoir ; dans la section des ovaires supérieurs ou libres, le *bonapartea* de la Flore du Pérou, et le *puya* de Molina, avec lequel se confondent le *pourretia* et le *gusmannia* de la même Flore ; dans la section des ovaires inférieurs ou adhérens au calice, l'*œchmea* de la même Flore et le *pit-teairnia* de Lhéritier, ou *hepetis* de Swartz. On écartera de cette famille le *burmannia* qui y avoit été rapporté, et, en lui joignant comme congénère le *tripterella* de Michaux, on le placera à la suite des iridées. (J.)

BROMMEISS. (*Ornith.*) Nom allemand du bouvreuil, *loxia pyrrhula*, Linn. (Ch. D.)

BRONTES, en français *Bronte*. (*Conch.*) Ce genre de coquilles univalves, démembré du genre *murex* des conchyliogistes les plus modernes par M. Denys de Montfort, n'en diffère réelle-ment que par la longueur du canal qui les termine antérieure-ment. Tous les autres caractères sont ceux du *murex*. Voyez ce mot.

Le type de ce genre est le *murex haustellum* de Linnæus, Gmel., figuré dans Gualtieri, Test., tab. 26, et que M. Denys de Montfort nomme *brontes haustellum*, le bronte cuiller. (DE B.)

BRONTOLITE. (*Min.*) Un des noms donnés aux pierres tombées du ciel. Voyez MÉTÉORITE. (B.)

BRONZE NATTER. (*Erpét.*) Merrem donne ce nom à un individu de la couleuvre annelée de Daudin, qu'il a reçu d'Amérique. Voyez COULEUVRE. (H. C.)

BRONZITE. (*Min.*) Nom donné par des minéralogistes étran-gers à la diallage métalloïde. Voyez DIALLAGE. (B.)

BROOK-OUZEL. (*Ornith.*) Nom anglais du râle d'eau, *rallus aquaticus*, Linn. (Ch. D.)

BROSME. (*Ichthyol.*) Ce nom a été donné d'abord à une espèce du genre gade, dans la famille des auchénoptères. M. Cuvier vient de l'appliquer à un groupe ou sous-genre du même genre, dont cette espèce fait la base. Son caractère principal est de n'a-voir qu'une seule et longue nageoire dorsale qui s'étend jusqu'au-près de la queue; du reste, il ressemble en tout point aux gades. (Voyez ce mot.) Les poissons qui lui appartiennent habitent les mers du Nord; on n'en connoît que peu d'espèces.

1°. LE BROSME, *Gadus brosme*, Gmelin.

(*Enchelyopus brosme*, Schn.)

Caract. Nageoire de la queue courte, arrondie; anus au mi-lieu du corps; bandes transversales sur les côtés.

Des mers de là Norwége et de l'Islande : ne descend point

plus bas que les Orcades. *Pennant, Brit. Zool.*, pl. 34 ; *Ascagne,
Tab.* 17.

2°. LE LUB , *brosme lub.*

(*Enchelyopus lub*, Schn. ; *Gadus lub* , Euphrasen.)

Caract. Un petit barbillon sous la mâchoire inférieure ; mâchoires, palais et pharynx garnis d'un grand nombre de
dents; corps fauve, anus moyen.

Des mers de l'Islande et du Spitzberg. On le sale, et on le
fait sécher dans le pays, comme le précédent. (H. C.)

BROSSES. (*Mamm.*) Lorsque les mammifères ont des poils
longs, et en forme de manchettes, aux jambes de devant, on dit
qu'ils ont des brosses. Ce caractère se rencontre principalement
dans les ruminans à cornes creuses. (F. C.)

BROTERA. (*Bot.*) Sprengel a décrit dans le Journal de
Botanique de Schrader, sous le nom de *brotera contrayerva,*
une plante de la famille des synanthérées, que Willdenow a
nommée *navenburgia trinervata;* nous la ferons connoître sous
cette dernière dénomination, quoique M. Persoon lui ait conservé, dans son *Enchiridium*, le nom de *brotera*, employé par
Willdenow à désigner le *cardopatium* de Jussieu, et par Cavanilles à désigner un genre de liliacées. (H. CASS.)

BROU. (*Mamm.*) Suivant Marsden, c'est le nom d'une espèce
de singe à Sumatra; mais n'étant pas décrit, il ne peut être
reconnu. (F. C.)

BROU DE NOIX. (*Chim.*) M. Braconnot l'a trouvé formé :
 D'amidon,
 De résine verte,
 D'une matière âcre et amère, qui devient brune par le contact
de l'oxigène,
 De tannin,
 D'acide citrique,
 D'acide malique,
 De potasse,
 D'oxalate de chaux,
 De phosphate de chaux. (CH,)

BROURONG. (*Mamm.*) Marsden dit qu'il se trouve à Sumatra
un ours petit et noir, auquel on donne ce nom. C'est un
animal inconnu des naturalistes. (F. C.)

BROURONG TICOUSE. (*Mamm.*) Nom d'une espèce de roussette à Sumatra, suivant Marsden. (F. C.)

BRUANT. (*Ornith.*) Le tubercule osseux qui doit exister au palais de tous les oiseaux du genre bruant, *emberiza*, Linn., est un caractère si tranchant, qu'il devoit suffire pour faire reconnoître toutes les espèces, et empêcher qu'on ne les confondit avec des gros-becs, *loxia*, ou des fringilles, *fringilla*; mais on a négligé de faire cette vérification sur beaucoup d'oiseaux étrangers, et il en résulte que, malgré ce signe saillant, le genre bruant est un de ceux dont les espèces sont les plus incertaines. L'auteur de l'article *bruant* de ce Dictionnaire, tom. V, pag. 555, n'a décrit que onze de ces espèces, distribuées en trois sections, savoir : 1°. le bruant commun, *emberiza citrinella*, Linn.; le bruant bleu ou azuroux, *emberiza cœrulea*; le bruant du Canada ou cul-rousset, *emberiza cinerea*; 2°. le bruant proyer, *emberiza milliaria*; le proyer de Surinam, *emberiza surinamensis*; 3°. le bruant ortolan, *emb. hortulanus*; le bruant à ventre jaune, du Cap de Bonne-Espérance; *emb. capensis*; le bruant de la Caroline, *emb. oryzivora*; le bruant de la Louisiane, *emb. ludovicia*; le bruant de Lorraine, *emb. lotharingica* : et cependant les travaux ultérieurs des naturalistes ont déjà fait reconnoître des erreurs dans ce petit nombre d'espèces.

LE BRUANT BLEU, *emberiza cœrulea*, Linn. Gm., le même dont Sparman a figuré le mâle et la femelle, pl. 42 et 45 du *Museum carlsonianum*, sous le nom d'*emberiza cyanella*, est du genre gros-bec, *loxia*. L'ortolan à ventre jaune, du Cap de Bonne-Espérance, est une des variétés de l'*emberiza capensis*, Linn. et Lath., qui sont figurées pl. enl. de Buffon, 158, n° 2; 664, n° 1 et 2, et 386, n° 2; et le bruant du Cap lui-même est un moineau, *fringilla*. L'ortolan de la Caroline, ou agripenne, *emberiza oryzivora*, pl. enlum. de Buffon 358, fig. 1, a le bec des linotes, et appartient aussi au même genre. Enfin, l'ortolan de Lorraine, *emberiza lotharingica*, ne diffère pas du bruant fou, *emberiza cia*, qu'on nomme aussi *bruant de passage* ou des prés : le mâle est représenté dans les pl. enl. de Buffon, n° 511, fig. 1, et la femelle, n° 30, fig. 2.

Les espèces de bruant que l'on trouve en Europe, et dont il n'a pas été parlé dans le tome V de ce Dictionnaire, sont le bruant de roseaux et le bruant de neige.

Le premier de ces oiseaux appartient à la division de M. Temminck, qui comprend les bruants dont l'ongle postérieur est court et courbé, et dans laquelle se trouvent aussi le *bruant commun*, le *bruant proyer*, le *bruant ortolan*, le *bruant fou*. Le *bruant de neige*, qui a l'ongle de derrière long et peu arqué, est de la seconde division, dans laquelle le même naturaliste place aussi son bruant éperonnier, *emberiza calcarata*.

LE BRUANT DE ROSEAUX, *emberiza schœniclus*, pl. enlum. de Buffon, n°. 247, fig. 2, et 497, fig. 2, a la tête, la gorge et le devant du cou noirs, avec un trait blanc qui part du bec, et s'étend sur les côtés du cou, dont le bas est blanc, ainsi que la nuque, les côtés de la poitrine et le ventre. Le dos est roux; les pennes des ailes noires avec une bordure rousse; celles de la queue sont de la même couleur, à l'exception des deux latérales, qui sont en partie blanches : le bec est noir et les pieds bruns.

La femelle a la tête variée de brun et de roux-clair; sa gorge est moins noire; elle est privée du collier blanc, et son plumage est en général d'une teinte roussâtre. Avant leur mue, les jeunes ressemblent à la femelle, et dans l'hiver ils ont, ainsi que les vieux, le haut de la tête et les joues d'un roux-brun avec des taches grises, et la gorge d'un noir varié de taches grises. L'*emberiza passerina* et l'*emberiza chlorocephala* sont le même oiseau, le premier dans son plumage d'hiver, et le second dans son état parfait. La *coqueluche* de Gueneau de Montbeillard paroit n'en être qu'une variété accidentelle. M. Wolf croit que l'on doit aussi y joindre l'*emberiza badensis*; mais M. Vieillot regarde ce dernier comme la femelle du *bruant de haie* ou *zizi*. M. Temminck pense qu'on doit aussi rapporter au bruant de roseaux, l'*emberiza provinciális*, ou gavoué de Provence, pl. enlum. 656, fig. 1, et l'*emberiza lesbia*, ou mitilène, pl. *id.* fig. 2; mais, suivant M. Vieillot, le *gavoué de Provence*, autrement nommé *chic gavote* ou *chic moustache*, est une espèce réelle, plus petite que le bruant de roseaux, dont les couleurs sont pendant toute l'année celles que présente la planche enluminée de Buffon, et qui, habitant les lieux cultivés, où elle se perche sur les arbrisseaux, a un genre de vie tout-à-fait différent.

Le même auteur n'est pas plus d'accord avec M. Temminck sur le *bruant mitilène, emberiza lesbia*, qui lui paroit différer, non-seulement du bruant des roseaux, mais du gavoué, en ce que le noir des côtés de la tête ne consiste qu'en trois bandes étroites, séparées par des espaces blancs ; que les couvertures supérieures de la queue sont nuancées de roux, et qu'il y a une bordure blanche à ses pennes latérales. Le bruant mitilène, dont on prétend que les cris répétés avertissent les autres de l'approche des oiseaux de proie, ne commence d'ailleurs à chanter qu'au mois de juin.

Le Bruant de roseaux que l'on trouve depuis les provinces méridionales de l'Italie jusque dans les régions froides de la Suède et de la Russie, habite les bords des lacs, des rivières et des marais. Il attache aux roseaux un nid composé de joncs secs et de mousse, artistement tissu, et garni intérieurement de poils de vache, dans lequel il pond quatre ou cinq œufs d'un gris foncé avec des taches et des raies brunes. Il se nourrit de graines et d'insectes qu'il prend souvent au vol ; on le voit fréquemment se balancer sur les roseaux où ses ailes l'aident à se soutenir. Le mâle fait entendre nuit et jour, au printemps, un gazouillement qui a du rapport avec le chant de la *fauvette effarvatte*, et quoique les lieux humides soient ceux où il se plaît le plus, on le rencontre en automne dans les plaines et sur les hauteurs.

Le Bruant de neige, *emberiza nivalis*, Linn., pl. enlum. de Buffon, 497, fig. 1, est un oiseau dont le plumage est difficile à décrire, parce que le blanc, le noir et le roux, qui en sont les couleurs principales, varient continuellement dans leur passage de la livrée d'été à celle d'hiver. Chez les vieux mâles et dans leur état parfait, la tête, le cou, toutes les parties inférieures, les couvertures des ailes et la moitié supérieure des rémiges sont d'un blanc pur ; le haut du dos, les trois pennes secondaires des ailes les plus proches du corps, l'aile bâtarde et la moitié inférieure des rémiges sont noirs ; les trois pennes latérales de la queue blanches, avec un trait noir sur le bout ; la quatrième est blanche sur le haut de la barbe extérieure, les autres sont noires. Le bec, noir à sa pointe, est jaune à sa base ; les pieds et les ongles sont noirs. La femelle diffère du mâle par sa couleur dominante, qui est

roussâtre, et que le vieux mâle revêt également en hiver. Les
jeunes, qui émigrent en automne, ont à cette époque le haut
de la *tête* de couleur cannelle et une tache blanchâtre au-
dessus des yeux; le surplus de la tête, la gorge et la poitrine
présentent des teintes rousses; les plumes des parties supérieures, noires dans le centre, sont bordées d'un roux cendré;
le milieu de l'aile et les parties inférieures sont d'un blanc pur;
les rémiges et les pennes du milieu de la queue sont noires et
terminées de roux clair; il a une grande tache noire sur les
trois pennes latérales de la queue. C'est alors l'*emberiza mus-
telina et montana* de Gmelin, et l'*emberiza glacialis et montana*
de Latham, et c'est dans cet état que l'oiseau a été peint dans
la planche 511 de Buffon, n°. 2.

Les *ortolans de neige, à collier, à poitrine noire*, sont considérés comme des variétés du bruant de neige, qui se plait
surtout dans les montagnes du Spitz-Berg, dans les Alpes
laponcs, dans le Groënland, à la baie d'Hudson, etc., où la
graine du bouleau, du *polyganum viviparum*, et d'autres plantes
semblables, forme sa principale nourriture. Il fait en mai,
dans des crevasses de rochers, son nid, composé à l'extérieur
d'herbes desséchées, et intérieurement de plumes et de poils
d'isatis. La femelle pond cinq œufs obtus, blanchâtres, tachetés
de brun et de noir. Quoique la chair de ces oiseaux, qu'on
mange desséchée dans le Groënland, n'y soit pas fort estimée,
on leur fait la chasse avec de petits arcs, et on les prend avec
des lacets dans la saison des brouillards, quand ils descendent
des montagnes vers les côtes, et se disposent à passer dans des
contrées plus méridionales. On en voit moins en France qu'en
Allemagne et en Angleterre; ils ne s'avancent que très-rarement en Italie et dans l'Amérique; ils ne dépassent pas ordinairement la Virginie.

L'espèce que M. Temminck a formée sous le nom de bruant
éperonnier, *emberiza calcarata*, et chez laquelle il a vraisemblablement reconnu le caractère essentiel du genre, est l'oiseau
décrit sous le nom de *fringilla laponica* par Gmelin, de
fringilla calcarata par Pallas, et de *grand montain* par Buffon.
Le mâle a le haut de la tête, la gorge et le devant du cou
noirs, avec une bande blanche au-dessus des yeux; tout le
dessous de son corps est blanc; les ailes sont d'un brun foncé,

avec des bandes transversales blanches ; les parties supérieures
sont d'un brun mêlé de roux ; la queue, un peu fourchue,
est d'un brun foncé. Le haut de la tête, le cou et le dos de la
femelle, sont d'un cendré roux avec des taches noires ; la bande
qui passe au-dessus des yeux, est d'un blanc roussâtre ; la gorge
est blanche et bordée latéralement de brun ; le haut de la
poitrine présente des taches grises et noires, et les parties inférieures sont blanches avec des taches longitudinales sur les
flancs.

Cet oiseau habite les régions boréales. Les plantes alpestres
et les insectes forment sa nourriture ; il niche à terre dans les
champs marécageux, et il pond des œufs d'un jaune roussâtre
avec des ondes brunes.

Outre les erreurs déjà signalées dans la nomenclature des
oiseaux qu'on a rangés parmi les bruants, il y a beaucoup
d'autres espèces qui n'appartiennent pas à ce genre, ou qui
forment double emploi.

L'oiseau décrit par Sparmann, n°. 21 du premier fascicule du
Museum carlsonianum, sous le nom d'*emberiza maclbyensis*, n'est
qu'un jeune bruant ortolan mâle.

L'*emberiza brumalis* est le même oiseau que le venturon de
Buffon, pl. enl. 658, fig. 2, *fringilla citrinella*, Linn.

L'*emberiza rubra* est le *fringilla erythrocephala*, dont le mâle
et la femelle sont représentés dans les planches enluminées de
Buffon, n°. 665, sous le nom de *moineau de l'Ile de France*.

L'*emberiza cyanopis*, Linn., ou *toupet bleu* de Buffon, représenté tome III de Brisson, pl. 7, fig. 4, sous le nom de *verdier
de Java*, est du genre gros-bec.

Il en est de même de l'*emberiza quadricolor*, pl. enlum. de
Buffon, n°. 1, fig. 2, et des *emberiza angolensis* et *chrys-
optera*.

L'*emberiza quelea* ou moineau du Sénégal, pl. enl. de Buffon,
n°. 223, fig. 1, l'*emberiza borbonica* ou mordoré, et l'*emberiza
brasiliensis* ou guirnegat, mêmes planches, n°. 321, fig. 1 et 2,
sont des moineaux.

L'*emberiza ciris*, pl. enl. 158, est une linote.

Les *emberiza psittacea*, *paradisea*, *serena*, *vidua*, *principalis*,
regia, *longicauda*, *panayensis*, sont des *veuves*, qui n'ont pas les
caractères des bruants, et doivent également en être distraites.

L'absence du tubercule, signe caractéristique, a été reconnue chez plusieurs autres espèces dont le bec néanmoins se rapproche de celui des bruants sous d'autres rapports, et que M. Vieillot a placées dans son genre *passerine*. Tels sont le bruant bleu du Canada, le bruant noir, le bruant à tête noire, le bruant d'Unalaska.

L'oiseau que Sonnini avoit décrit, d'après M. Vieillot, sous le nom de bruant *multicolor*, a depuis été reconnu comme devant appartenir au genre *tangara*: le bruant tisserand, *emberiza textrix*, est le *worabée*, espèce de moineau; et le *bonjour commandeur*, *emberiza strepera*, Lacép., pl. enl. 386, n°. 2, paroît aussi être du même genre.

Ces remarques seroient susceptibles d'une bien plus grande extension. En effet, on a placé dans le genre *bruant* beaucoup d'oiseaux chez lesquels l'existence du tubercule osseux à la mandibule supérieure n'a pas été suffisamment constatée. Tels sont :

1°. L'EMBÉRIZA AMAZONA, ou *amazone*, Linn. et Lath., oiseau de Surinam, de la grosseur d'une mésange, qui a le dessus de la tête fauve, et les parties inférieures blanchâtres.

2°. L'EMBÉRIZA ASIATICA, Lath., qui habite les Indes orientales, où on le nomme *gaur*, et dont le plumage cendré est plus terne sur les parties inférieures, le bec couleur de rose et les pieds bleuâtres.

3°. L'EMBÉRIZA AUREOLA ou *auréole*, Gmel. et Lath., qui se trouve en Silésie dans les saussaies, et dont les joues et la gorge sont noires, les parties supérieures rousses, les parties inférieures jaunâtres, avec une bande transversale brune à la poitrine. Cet oiseau, dont le chant ressemble à celui du bruant de roseaux, a encore d'autres rapports avec la même espèce.

4°. L'EMBÉRIZA CALFAT de Gmelin et de Latham, le calfat de Buffon, qu'on trouve à l'Ile de France, où il vit en troupes, dont la couleur dominante est un cendré bleuâtre sur les parties supérieures, une couleur vineuse au-dessous du corps, et qui a, de plus, la tête et la gorge noires avec une tache blanche sur les joues, et un espace nu, de couleur rose autour des yeux.

5°. L'EMBÉRIZA CHRYSOPHYS ou *Bruant à sourcils jaunes*, Gmel., qu'on trouve dans la Daourie, et qui a les sourcils d'un jaune citron, le haut de la tête noir avec une bande blanche au milieu, et le plumage d'un gris-de-fer.

6°. L'Emberiza coccinea ou *Bruant écarlate*, Gmel. et Lath., dont les parties supérieures sont d'un blanc argenté, les inférieures d'un rouge écarlate ; le bec, la tête, les ailes et la queue d'un noir a reflets bleus ; mais qui, trouvé une seule fois dans une forêt du duché de Bade, paroît être un oiseau étranger, échappé de sa cage, et mériter peu d'attention comme espèce de bruant.

7°. L'Emberiza flaveola ou *flavéole*, Linn. et Lath., oiseau de la grosseur du tarin, dont la tête est jaune, et le reste du plumage gris.

8°. L'Emberiza fucata, Linn., Lath., ou *Bruant fardé*, qui se trouve en Sibérie, sur le bord des fleuves, et dont le sommet de la tête et le haut du cou sont d'un blanc cendré, avec une tache rousse aux oreilles, le cou blanc, avec un arc brun, et le reste du corps de la couleur du moineau franc.

9°. L'Emberiza fusca, Linn., fasciata, Lath., ou *Bruant à ailes et queue rayées*, oiseau de la grosseur du proyer, brun en-dessus, blanc en-dessous, et qui est surtout remarquable par des plumes réunies en faisceau près des narines et sur les joues. Cet oiseau habite la Chine.

10°. L'Emberiza grisea, Linn., ou *Bruant gonambouch*, dont la couleur dominante est d'un gris clair, avec une teinte rougeâtre sur la poitrine, sur la queue, et sur les couvertures et les pennes des ailes, qui sont blanches en-dessous. Séba, qui a décrit cet oiseau de Surinam, dont la taille est celle de l'alouette, et qui se perche souvent sur les tiges du maïs, sa nourriture favorite, compare son chant à celui du rossignol, ce qui seroit assez étonnant chez un bruant.

10°. L'Emberiza luctuosa, Gmel. et Lath., ou *Bruant en deuil*, dont le front, la poitrine, le ventre, le croupion et une ligne sur les côtés de la tête, sont blancs, avec le reste du plumage noir, ainsi que le bec, et dont la taille est celle de la mésange charbonnière.

12°. L'Emberiza luteola, Sparm., *Museum carlson.*, fasc. 4, pl. 93, ou *Bruant jaunâtre*, qui se trouve à la côte de Coromandel, et qui a le dessous du corps d'un jaune pâle, le dessus brun, avec une nuance rougeâtre sur la tête et sur le dos.

13°. L'Emberiza mexicana, Linn., Lath., ou *Thérèse jaune*,

pl. enl. 586, fig. 1, qui a la partie antérieure de la tête et du cou d'un jaune orangé, le derrière de la tête et tout le dessus du corps d'une couleur brune, laquelle se prolonge de chaque côté du cou en forme de pointe; la poitrine, le ventre et les plumes anales, mouchetées de brun, sur un blanc sale.

14°. L'EMBERIZA MILITARIS, Linn. et Lath., ou *Bruant d'orient*, dont la tête, le dos, les ailes et la queue sont bruns, le ventre blanc, la poitrine et les plumes uropygiales jaunes.

15°. L'EMBERIZA MIXTA, Linn., (Amœn. acad.) et Latham, ou *Bruant à tête, gorge et poitrine bleues*, oiseau de la grosseur du tarin, qu'on trouve en Chine, et qui a la partie antérieure de la tête, la gorge, la poitrine et le pli de l'aile bleus, le cou et le dos d'un gris brun, le ventre blanc.

16°. L'EMBERIZA PITHYORNUS, Gmel. et Lath., ou *bruant des pins*, oiseau qui habite les forêts de pins de la Sibérie, dont le mâle a le dessus de la tête mélangé de brun et de blanc, la gorge d'un rouge sanguin, qui devient grisâtre sur la poitrine et blanchâtre sous le ventre; le dos et le croupion roux; et dont la femelle a le dessus du corps varié de gris et de roussâtre, et le desssous blanchâtre.

17° L'EMBERIZA PLATENSIS, Linn. et Lath., ou *Emberise à cinq couleurs*, qui a le dessus du corps d'un vert brun tirant au jaune, la tête et le dessus de la queue d'une teinte plus obscure, des traits noirs sur le dos, les bords antérieurs des ailes d'un jaune vif, les pennes des ailes et les pennes latérales de la queue bordées de jaunâtre; le dessous du corps d'un bleu noirâtre. Cet oiseau, rapporté de Buenos-Ayres par Commerson, a été jugé par M. d'Azara le même que son *habia des lieux aquatiques*, malgré d'assez grandes différences dans le plumage, et quoique la manière dont cet auteur s'exprime relativement au bec du dernier oiseau, doive même faire douter qu'il appartienne au genre *bruant*.

18°. L'EMBERIZA PUSILLA, Gmel. et Lath., ou *petit bruant*, espèce qu'on trouve en Daourie, sur le bord des ruisseaux, dans les forêts de mélèzes, et qui se distingue par neuf bandes longitudinales, dont quatre noires et cinq d'un rouge-brun, placées alternativement sur la tête, le dessous du corps étant d'ailleurs blanchâtre, et le dessus de la couleur du moineau franc.

19°. L'Emberiza sinensis, Linn. et Lath., ou *ortolan de la Chine*, dont la grosseur n'excède pas celle du bec-figue de France, et dont le plumage est d'un roux mordoré, avec une bordure jaunâtre sur les parties supérieures, et d'un beau jaune sur les parties inférieures.

20°. L'Emberiza spodocephala, Linn. et Lath., ou *Bruant à tête noire*, qui se trouve en petit nombre, dans le printemps, le long des torrens des Alpes daouriennes, et dont la tête et le cou sont d'un blanc cendré, le dessous du corps d'un jaune pâle, et le front d'un noir de suie.

21°. L'Emberiza rustica, Linn. et Lath., ou *Bruant rustique*, qui vit dans les lieux plantés de saules, en Daourie, et dont la tête offre trois bandes blanches sur un fond noir, dont le dos est rougeâtre et le dessous du corps blanc, avec quelques points tirant sur le rouge.

22°. L'Emberiza rutila, Linn. et Lath., ou *Bruant sanguin*, qui se trouve dans les saussaies de la Mongolie, et dont le mâle est d'un rouge sanguin, tirant sur le roux dessus le corps, et d'un jaune de soufre en-dessous; lesquelles couleurs sont plus ternes sur les femelles.

23°. L'Emberiza viridis, Linn. et Lath., décrit, d'après des peintures japonaises, sous le nom de *bruant à parement bleu*, et qui, plus petit que le verdier commun, a le dessus du corps vert, le dessous blanc, les ailes et la queue bleues.

Le vrai caractère du genre *bruant* n'étant point visible dans les individus empaillés que l'on ne veut pas détruire, on conservera peut-être fort long-temps des doutes sur la plupart des espèces étrangères dont il vient d'être fait mention; et cette circonstance est un motif de plus pour faire sentir la nécessité de chercher, en général, les signes caractéristiques dans les parties externes, malgré l'importance dont peuvent être les considérations tirées de la conformation des organes intérieurs.

Il n'y a donc, parmi les oiseaux auxquels on a donné le nom de *bruants*, que très-peu d'espèces à ajouter, avec une sorte de certitude, à celles d'Europe dont il a déjà été fait mention; et telles sont :

1°. L'Emberiza graminea, ou *Bruant des herbes*, que M. Vieillot a trouvé dans l'Amérique septentrionale, où il porte le nom de *grey grass-bird*, parce que c'est dans les herbages qu'on le rencontre le plus souvent. Cet oiseau a la tête et les parties supérieures d'un gris tirant sur le brun, avec des raies longitudinales noires; les parties inférieures d'un blanc sale, avec des taches brunes sur les côtés ; les petites couvertures des ailes de couleur marron, les pennes des ailes noires en dedans, et bordées extérieurement d'un blanc terne : celles de la queue de la même couleur, avec une bordure rousse, à l'exception de l'extérieure de chaque côté, laquelle est toute blanche. M. Vieillot avoue toutefois que le plumage de cet oiseau a beaucoup de rapport avec celui de la *fringilla graminea* de Latham ; mais il a vérifié que c'étoit un bruant.

2°. L'EMBERIZA SUPERCILIOSA, ou *Bruant à sourcils jaunes*, du même auteur, qui habite dans le nord des Etats-Unis, et qui a le dessus de la tête brun, avec une raie rousse au centre et un trait jaune au-dessus des yeux ; le dessus du corps brun, avec des taches noirâtres ; les ailes et la queue également brunes, avec une bordure rousse ; la gorge et les parties inférieures blanches, avec des taches noirâtres ; le bec noir en dessus et jaunâtre en dessous ; les pieds de cette dernière couleur.

3°. L'EMBERIZA SURINAMENSIS, Linn. et Lath., que Fermin, dans sa *Description de Surinam*, t. II, p. 200, nomme *proyer*, et qui ressemble beaucoup, par la couleur, à l'alouette, mais qui a le bec un peu plus gros, avec un *tubercule* à la mâchoire supérieure, et les côtés de la mâchoire inférieure un peu plus hauts et angulaires : circonstances d'après lesquelles il est assez étonnant qu'on ait élevé des doutes sur le genre si bien constaté.

4°. L'EMBERIZA FERRUGINEA, Linn. et Lath., ou *Bruant couleur de rouille*, espèce de l'Amérique septentrionale, dont tout le plumage a une teinte de rouille, à l'exception du ventre qui est blanc, et de deux taches de la même couleur sur les grandes pennes des ailes. Si, comme le pense Pennant, cette espèce n'étoit qu'une variété du bruant des pins, *emberiza pithyornus*, Linn. et Lath., l'incertitude dans laquelle on est relativement à ce dernier, pourroit s'étendre à l'autre.

5°. L'EMBERIZA SANDWICHENSIS, Gmel., EMB. ARCTICA, Lath., ou *Bruant des îles Sandwich*, qui a un trait jaune au-dessus de l'œil, un autre noir en dessous ; le dessus du corps brun, et le dessous d'un blanc sale, rayé de brun, excepté au milieu du ventre. Cet oiseau, se trouvant aussi à Analascha, et M. Vieillot plaçant le bruant de cette contrée, *emberiza analaschensis*, qui paroît n'en être qu'une variété, dans son genre *passerine*, il en résulte des doutes de la même nature que pour l'espèce précédente. (Ch. D.)

BRUANTIN. (*Ornith.*) Daudin a décrit, sous le nom de troupiale bruantin, *icterus emberizoïdes*, l'oiseau figuré dans la 606ᵉ. pl. enlum. de Buffon, n°. 2, sous le nom de troupiale de la Caroline, *oriolus fuscus*, Gmel., et M. Vieillot a donné, dans la pl. 1ʳᵉ. de ses Oiseaux d'Amérique, n°. 4, la figure du bec du bruantin, qui diffère de celui de ses congénères, en ce qu'il est en cône court et à bords recourbés en dedans. Le même oiseau a été donné par Gmelin comme un pinson, *fringilla pecoris*. (Ch. D.)

BRUGHTONIA. (*Bot.*) Genre de la famille des *orchidées*, de la *gynandrie diandrie* de Linnæus, établi par Rob. Brown dans l'*Hortus kewensis* d'Aiton (ed. nov.), pour le *dendrobium sanguineum*, Willd., distingué par une corolle (périanthe simple:, M.) à six pétales; le sixième inférieur, en forme de lèvre, onguiculé, libre, ou adhérent quelquefois avec la colonne, ou prolongé en un tube connivent avec l'ovaire; le pollen divisé en quatre paquets parallèles, séparés par des cloisons persistantes, munis à leur base d'un fil élastique et granulé. (Poir.)

BRUIN-FISCH. (*Ichthyol.*) Nom hollandais d'un poisson des mers du Cap de Bonne-Espérance, le même probablement que le bruneau. Voyez ce mot. (H. C.)

BRULÉE. (*Conch.*) Nom marchand de deux espèces de pourpre; la pourpre chicorée, *mures ramosus*, Linn., et la pourpre saxtile, *muræ saxatilis*, Linn. (De B.)

BRUME. (*Tricopod.*) M. Bosc dit que c'est le nom que dans quelques ports de mer, on donne au taret, *taredo navalis*, Linn. (De B.)

BRUN DE MONTAGNE. (*Min.*) On a donné ce nom à la terre d'ombre, qui est une ocre brune. Voyez Ocre. (B.)

BRUNE. (*Ichthyol.*) Quelquefois on a ainsi appelé la perche du Nil. Suivant M. Bosc, c'est aussi le nom spécifique d'un gade (*Gadus fuscus*). Voyez Centropome et Gade. (H. C.)

BRUNEAU. (*Ichthyol.*) Suivant Kolbe (t. 3, c. 11, pag. 123), on nomme ainsi, auprès du Cap de Bonne-Espérance, un poisson de quinze à seize pieds de longueur, d'un vert foncé, et qui s'élève au-dessus de l'eau pour saisir les poissons volans, dont il est très-friand. (H. C.)

BRUNELLE. (*Erpét.*) Nom d'une couleuvre, suivant Daudin. C'est le *Coluber brunneus* de Linnæus. (H. C.)

BRUNNETTE A CLAVICULE ÉLEVÉE. C'est le cône brunnette. *Cornns aulius*. (Lin.)

BRUNNETTE A CLAVICULE OBTUSE. C'est le nom marchand du cône plumeux. *Caunus dulicus*. Lin. (De B.)

BRUNONIE, *Brunonia*. (*Bot.*) Genre très-remarquable de la *pentandrie monogynie* de Linnœus, mais dont la famille n'est pas encore bien déterminée. Les espèces qui le composent ont le port des scabieuses, des jasiones, ou des globulaires; ce sont des herbes à feuilles toutes radicales, spatulées, très-entières, parsemées de poils simples, non glanduleux, ainsi que les tiges : celles-ci sont simples, non feuillées, terminées par une tête de fleurs divisée en lobes; chaque lobe soutenu par une bractée foliacée, outre quatre bractées membraneuses, verticillées sous chaque fleur, qui de plus est séparée par une foliole semblable aux bractées. Le calice est d'une seule pièce, à cinq divisions; son tube très-court; la corolle d'un bleu d'azur, infundibuliforme, fendue dans sa longueur après la floraison, à cinq découpures inégales; les deux supérieures plus profondes : cinq étamines placées sur le réceptacle, ou plutôt sur le pédicelle très-court de l'ovaire ; les filamens persistans; les anthères conniventes, renfermées dans le tube de la corolle; un ovaire monosperme, le stigmate entouré d'une membrane bifide : le fruit est une capsule, ou un utricule renfermé dans le tube agrandi et durci du calice, dont le limbe se divise en découpures étalées et plumeuses : point de périsperme. D'après les caractères qui viennent d'être exposés, ce genre paroît avoir de grands rapports avec les *dipsacées*, par son port, son inflorescence, son calice libre, les divisions de la corolle : il s'en éloigne par la structure et l'insertion des étamines, par l'enveloppe du stigmate, qui le rapprochent des *lobéliacées*. On peut aussi lui trouver de l'affinité avec les *corymbifères*, par la connivence et l'insertion des anthères, par les divisions de sa corolle; avec les *globulaires*, par son port, son inflorescence, par son calice libre, persistant autour

5. 7

d'un péricarpe monosperme, par les divisions de la corolle.
Il renferme deux espèces originaires de la Nouvelle-Hollande,
mentionnées par Smith, Trans. Linn. vol 10, icon.; par Rob.
Brown, Nov.-Holl., sous les noms de *brunonia sericea-australis*.
Encycl. illust. gen. suppl. centur. 10, *icon*. (Poir.)

BRUSCANDULA. (*Bot.*) Dans quelques cantons de l'Italie,
suivant Dalechamp, on nomme ainsi le houblon. (J.)

BRUSOLA. (*Ornith.*) Nom italien du loriot, *oriolus galbula*,
Linn. (Ch. D.)

BRUTA, BRUTES. (*Bot.*) Pline décrivoit sous ces noms,
selon Dalechamp, la sabine; selon d'autres, le *thuya*. (J.)

BRUTLING, Bratling, Bruttaubling (*Bot.*). Différens
noms allemands de l'*agaricus deliciosus*, Linn. Voyez Fungus.
(Lem.)

BRY. (*Bot.*) Voyez Bryum, Suppl. (Lem.)

BRYA. (*Bot.*) Voyez Bria. (J.)

BRYON. *Bryum*, (*Bot.*) Ce mot grec signifie *germer*. Selon
Ventenat, les Grecs s'en servoient pour désigner une mousse.
Il paroit que les Latins avoient étendu son acception; car le
nom de bryon désignoit aussi un lichen foliacé qu'il nous scroit
impossible de reconnoître, ce que Dioscoride en a dit ne suffisant pas pour cela. Les botanistes modernes ont constamment
appliqué le nom de bryum à des mousses. Dillen en fit le
nom d'un groupe de plantes de cette famille qui se conve-
noient par des caractères communs; et depuis lors il a toujours été affecté à un genre de mousses. Dillen confondoit
sous ce nom, les *bryum*, et presque tous les *mnium* de Linnæus, et les deux genres du naturaliste suédois se trouvent
maintenant partagés en dix à douze, depuis la réforme introduite dans cette famille par Hedwig. Adanson avoit déjà senti
la nécessité de diviser le bryum de Dillen. Il forma, avec
la plupart des espèces, ses genres *brever*, *polla* et *bryon*, et
renvoya les autres au *luida*. Son bryon comprenoit les genres
gymnostomum, *encalypta*, *barbula*, *tortula*, *webera*, *funaria*, et
quelques espèces de *splachnum* et de *trichostomum* d'Hedwig; et
par une circonstance remarquable, aucune espèce des bryum
d'Hedwig ne s'y trouve comprise. Adanson donnoit pour caractères à son genre les suivans : Mousses monoïques ou dioïques.
Fleurs mâles (femelles, Hedw.); urne pédiculée, terminale,

ovoïde ; coiffe lisse. *Fleur femelle* (mâle, Hedw.) ; des étoiles ou rosettes entre chaque écaille desquelles est une graine (étamine) solitaire et ovoïde. Voyez BRYUM. (LEM.)

BRYOPSIS. (*Bot.*) Plantes cryptogames de la famille des algues, fistuleuses, rameuses, sans articulations ni cloisons, contenant des séminules vertes et globuleuses. Les espèces de ce genre, créé par M. Lamouroux, ressemblent, jusqu'à un certain degré, à des espèces de *chara* transparentes. Elles croissent dans la mer. L'une d'elles, seule, étoit connue des botanistes avant M. Lamouroux, qui en a décrit cinq espèces dans le nouveau *Bulletin des Sciences* par la Société philomatique, et qui en indique encore quatre autres dans son *Essai sur les genres de la famille des thalassiophytes.* Ces espèces sont toutes très-fluettes, et d'un vert d'herbe, que M. Lamouroux compare à celui des mousses ; ce qui lui a suggéré le nom de *bryopsis* (apparence de mousse) qu'il donne à ce genre. Cette couleur est due à un fluide aqueux dans lequel nagent une foule de petits grains globuleux qui remplissent l'intérieur des tiges et des rameaux, dont les parois sont blanches et diaphanes, comme on le voit après l'émission de la matière verte intérieure. Les *bryopsis* sont annuels, petits, quelquefois parasites, mais plus ordinairement attachés aux roches. Ce genre est voisin des *ulves.*

1. BRYOPSIS EN ARBRISSEAU, *Bryopsis arbuscula*, Lamx., *Journ. Bot.* 2ᵉ, pag. 135, t. 1, f. 1 ; *ulva plumosa* Huds. ; *fucus arbuscula*, Decand.', Fl. fr., n°. 82. Fronde rameuse, comprimée ; rameaux pennés, à divisions lâches, éparses. Commune sur les côtes de France et d'Angleterre.

2. BRYOPSIS CYPRÈS, *Bryopsis cupressina*, Lamx., *Journ. Bot.* 2, p. 135, t. 1, f. 3, a. b. Fronde, cylindrique, rameuse ; rameaux courts, presque imbriqués, réunis en pinceaux. Des côtes de Barbarie.

3. BRYOPSIS BALBISIENNE, *Bryopsis balbisiana*, Lamx., *Essai*, p. 66, t. 7, f. 2. Fronde rameuse, cylindrique ; rameaux épars, lâches, capillaires. Commune sur les côtes de la Méditerranée, à Nice, Marseille, etc. (LEM.)

BRYUM. (*Bot.*) Le genre bryum exposé dans ce Dictionnaire, vol. V, pag. 390, au mot BRY, est celui que M. Palissot de Beauvois a proposé dans son *Prodrome* des cinquième et sixième familles de l'æthéogamie. Il n'a pas été adopté par les botanistes ; ceux-ci ont préféré suivre Hedwig ou Swartz. Les espèces décrites dans ce Dictionnaire se rapportent toutes aux *weissia*, Hedw. (voyez ce mot), mais non pas toutes les espèces que M. P. B. rapporte a son genre. Les trois genres *bryum*, *mnium* et *webera* d'Hedwig se conviennent par leur urne (capsule) terminale, à péristome double; l'extérieur a seize dents aiguës, et l'intérieur membraneux, plissé, déchiré sur le bord en lanières alternes avec autant de cils. La coiffe est en alène, fendue sur le côté, et se détache obliquement.

Dans les *webera* (voyez ce mot), les fleurs sont hermaphrodites.

Dans les *mnium* (voyez ce mot), les fleurs mâles sont terminales et discoïdes, c'est-à-dire en forme de rosette.

Dans les *bryum*, les fleurs mâles sont également terminales, mais en tête. Swartz a réuni ces trois genres en un, avec raison. Il a été suivi en cela par plusieurs botanistes, et principalement par M. Decandolle (Fl. fr.). C'est de ce genre, comprenant une quarantaine de mousses, qu'il sera question dans cet article; mais auparavant, nous devons dire que ce genre *bryum* n'est pas celui de Linnæus (voyez ce Dictionnire, vol. V, p. 390), ni le *bryon* d'Adanson (voyez ce mot); et que les genres suivans ont été formés sur des espèces du genre *bryum* de Linnæus, ou comprennent des espèces qui y ont été rapportées : *trichostomum*, *weissia*, *grimmia*, *gymnostomum*, *orthotricum*, *tortula*, *harbula*, *octoblepharum*, *orthopyxis*, *hedwigia*, *anictangium*, *bartramia*, *dicranum*, *cecalyphum*, *cynontodium* (*swartzia*), *encalypta*, (*leersia*), *anacalypta*, *streblotricum*, *cicclidotus*, *webera*, *mnium*, *oligotrichum* (*atrichium* et *catharinea*), *didymodum*, *fissidens* (*skitophyllum*), *pohlia*, *meesia* (*amblyodum*), *ullota*, etc. Voyez ces mots.

Les espèces du genre *bryum*, tel que Swartz l'a établi, appartiennent presque toutes à l'Europe; quelques-unes sont d'Amérique. Les plus remarquables sont les suivantes. On peut se figurer les autres espèces d'après celles-ci :

§. 1er. Fleurs hermaphrodites (*webera*, Hedw.).

1. BRYUM PYRIFORME, *Bryum pyriforme*, Sw., Dec., Fl. fr., n°. 1297; *mnium pyriforme*, Linn.; *webera*, Hedw., Cryp. 1, p. 5, t. 3; Dill., Mus., t. 50, f. 60. Tige simple, feuilles sétacées; celles du haut très-longues; urne pendante en forme de

poire, portée sur un long pédicule flexueux. Annuelle. Croît sur la terre humide en Provence, en Dauphiné, et aux environs de Paris, etc. On la trouve en fleur toute l'année.

§. 2ᵉ. Fleurs dioïques (*bryum*, Hedw.).

2. BRYUM ARGENTÉ, *Bryum argenteum*, Linn., Hedw., Sw., Dec., Fl. fr., n°. 1300; Vaill. par., t. 26, f. 3; Dill., Mus., t. 50, f. 62. Tiges courtes, rameuses, formant des gazons serrés; feuilles ovales, concaves, mucronées, glauques, argentines; urne ovale oblongue, pendante. Cette mousse est commune sur les toits, les murs, à terre, etc.; ses urnes se développent en hiver. Elle est vivace.

§. 3ᵉ. Fleurs monoïques. Les mâles en tête. (*Bryum*, Hedw.; *mnium*, Linn.)

3. BRYUM DES MARAIS, *Bryum palustre*, Sw., Dec., Fl. fr. n°. 1303; *mnium*, Linn., Hedw. Dill., Mus., t. 31, f. 3; Vaill., Bot., t. 24, f. 1. Tige longue, rameuse; feuilles lancéolées en carène pointue; celles du haut arquées, et dirigées sur un seul côté; urne oblongue, presque droite, portée sur un pédicelle long d'un pouce; opercule conique pointu. Vivace. Commune dans les marais des bois. Ses urnes se développent au printemps.

§. 4ᵉ. Fleurs mâles en forme de rosette, pédicelles solitaires.

4. BRYUM EN GAZON, *Bryum cæspititium*, Linn., Sw., Dec., Fl. fr., n°. 1304; Dill., Mus., t. 50, f. 66ᵉ; Vaill. Bot. t. 29, f. 8. Tiges rameuses à la base, formant des gazons très-serrés; feuilles d'un vert clair, très-petites, ovales-lancéolées, aiguës, imbriquées; urnes pendantes, oblongues, portées sur de longs pédicelles capillaires; opercule convexe. Vivace. Se trouve sur les toits, les murs de terre, etc.; fructifie au printemps. Cette mousse a sept à huit lignes.

5. BRYON EN ÉTOILE, *Bryum stellatum*, Sw., Dec., Fl. fr., n°. 1310; *mnium hornum*, Linn. Dill., Mus., t. 51, f. 71; Vaill. t. 24, f. 5. Tiges simples, longues de huit lignes; feuilles grandes, lancéolées; celles du haut plus larges, dentées, marquées d'une nervure rouge; pédicelles longs de dix-huit lignes, arqués au sommet; urne pendante, ovale; opercule convexe. Elle est vivace, et non pas annuelle, comme l'indiqueroit le

ñom *hornum*, que lui avoit donné Linnæus. On la trouve avec ses urnes, au printemps, dans les bois ombragés et humides.

§. 5ᵉ. Fleurs mâles en disques ou rosettes ; pédicelles le plus souvent réunis en faisceaux.

Presque toutes les mousses de cette division avoient été regardées par Linnæus comme des variétés d'une seule et même espèce, qu'il a nommée *mnium serpillifolium*.

6. Bryum ponctué, *Bryum punctatum*, Dec., Fl. fr., n°. 1311 ; *mnium*, Hedw ; *mnium serpylli*, fol. 2., Linn. Dill., Mus., t. 53 ; f. 81. Tige droite presque simple ; feuilles ovales renversées, entières, onduleuses, ponctuées (lorsqu'on regarde le jour à travers) ; pédicelles solitaires, ou partant quatre à cinq ensemble de la même rosette ; urne ovale, penchée ; opercule aigu, courbé. Vivace. Cette mousse est commune partout, dans les bois, les prés et marécages des forêts, etc. L'été la voit fleurir. Ses urnes se montrent à l'automne et au printemps suivant.

Cette espèce, ainsi que les *bryum roseum, cupsidatum* et *ligulatum*, de Swartz et de M. Decandolle, qui s'en rapprochent, se trouvent aux environs de Paris.

L'on voit, d'après ce qui précède, qu'une partie du genre *mnium* de Linnæus rentre dans celui-ci, *bryum*. Nous terminerons en faisant remarquer que Schrank réunit, sous ce nom, les *bryum, arrhenopterum, mnium, hypnum, timmia, bartramia, leskea* et *webera* d'Hedwig (Voyez Ann. Wetteraw. 3, p. 74) ; réunion qui nous paroît monstrueuse. (Lem.)

BSEIKRAUT. (*Bot.*) Au Zillerthal, en Tyrol, on nomme ainsi le botrychium lunaire, *osmunda lunaria*, Linn. (Lem.)

BUBA. (*Ornith.*) Nom italien de la huppe, *upupa epops*, Linn. (Ch. D.)

BUBALE, BUBALIS. (*Ichthyol.*) C'est le nom spécifique d'un chabot décrit par Euphrasen dans les nouveaux Mém. de Stock. Tom. VII, pl. 4, fig. 2, 3. Voyez Chabot. (H. C.)

BUBBOLA, Bubbolo, Bubboletta, Bubbolino. (*Bot.*) Noms que Micheli donne à sept ou huit espèces de champignons du genre *agaricus*, Linn., que les Italiens mangent pour la plupart. Ces champignons ont le bas du pédicule bulleux. (Lem.)

BUBBOLA. (*Ornith.*) Nom que porte en Italie la huppe, *upupa epops*, Linn. (Ch. D.)

BUBO. (*Ornith.*) Nom spécifique du grand duc, *strix bubo*, Linn., qu'on appelle en Portugal *bufo*, et en Espagne *buho*. (Ch. D.)

BUBONIUM. (*Bot.*) Nom ancien donné par les uns à l'ammi, *ammi majus*, genre de plante ombellifère ; par d'autres, à une inule, *inula sailicna*, rangée parmi les composées. (J.)

BUCAIL. (*Bot.*) Un des noms du sarrasin ou blé noir, relaté dans l'*Almanach du Bon Jardinier*, et dans l'ouvrage d'Olivier de Serres. (J.)

BUCARDE. (*Foss.*) Différentes espèces de ce genre se présentent assez abondamment à l'état fossile dans les couches du calcaire coquillier ; mais je n'en ai jamais rencontré dans les autres. On en trouve dans tous les environs de Paris, à Valognes, département de la Manche, à Laugnac, près de Bordeaux, à Plaisance en Italie, dans le Dauphiné, en Angleterre, et probablement dans beaucoup d'autres endroits.

1. LE BUCARDE BISCORDANT. (*Cardium discors*, Lam., Ann. du Mus. d'Hist. Nat., tom. IX, pl. 19, fig. 10.)

Caract. Coquille extrêmement mince et fragile, couverte de stries longitudinales très-fines. Chaque valve porte sur son côté antérieur des stries transverses un peu obliques et très-marquées. Longueur, 26 millimètres (1 pouce); largeur un peu moindre. On trouve cette espèce à Grignon, près de Versailles ; mais la fragilité de ces coquilles ne permet pas souvent de s'en procurer qui soient entières. Elle a les plus grands rapports, pour la disposition des stries, avec le *bucarde janus*, qui se trouve dans la mer des grandes Indes, et dont on voit une figure dans l'Encyclopédie, pl. 296, fig. 4.

2. LE BUCARDE PORULEUX. (*Cardium porulosum.*, Lam., Ann. du Mus., tom. IX, pl. 19, fig. 9. Brander, *Foss. hant.* fig. 9.)

Caract. Coquille très-remarquable par les lames minces qui sont élevées sur les côtes longitudinales dont elle est couverte. Ces lames sont quelquefois perforées à leur base, et offrent, dans toute leur longueur, une rangée de trous, comme une série de portes cintrées. Le bord supérieur de ces lames est crénelé. Entre chaque lame il existe une strie très-marquée. Le bord de chaque valve est profondément denté en scie. Longueur de celles que l'on trouve à Grignon, 44 millimètres (1 pouce et demi) ; mais on en trouve à Chaumont, département de l'Oise, qui ont jusqu'à 60 millimètres de longueur.

3. LE BUCARDE ASPÉRULE. (*Cardium asperulum*, Lam., Ann. du Mus., tom. IX, pl. 19, fig. 7.)

Caract. Chaque coquille porte trente-six côtes longitudinales très-marquées et chargées de petites écailles concaves en-dessous, qui la rendent rude au toucher. Le bord antérieur de chaque valve porte douze fortes dentelures. Longueur, 13 millimètres (6 lignes).

On trouve cette espèce à Grignon ; mais elle est rare. On rencontre à Laugnac, près de Bordeaux, une espèce de *bucarde* qui ne diffère de celle-ci qu'en ce que la concavité des écailles est en-dessus.

4. LE BUCARDE CALCITRAPOÏDE. (*Cardium calcitrapoïdes*, Lam., Ann. du Mus., tom. IX, pl. 20, fig. 8.)

Caract. Coquille pectinée, presque équilatérale, en cœur arrondi. Longueur, 7 millimètres (4 lignes) ; largeur un peu plus grande. Il se trouve sur chaque valve vingt ou vingt-deux côtes longitudinales peu élevées : une ou deux du côté antérieur sont munies de pointes.

On trouve cette coquille à Grignon, et à Hauteville près de Valognes.

5. LE BUCARDE OBLIQUE. (*Cardium obliquum*, Lam., Ann. du Mus., tom. IX, pl. 20, fig. 19.)

Caract. Coquille en cœur, un peu ventrue près des crochets ; le côté antérieur est prolongé un peu obliquement. Longueur, 17 millimètres (7 lignes) ; largeur, 18 à 19 millimètres (9 lignes) : chaque valve est chargée de trente-huit côtes longitudinales écailleuses. Les bords sont dentés en scie.

On la trouve à Grignon, où elle est très-commune.

6. LE BUCARDE GRANULEUX. (*Cardium granulosum*, Lam., Ann. du Mus., tom. IX, pl. 19, fig. 8.)

Caract. Coquille ovale, arrondie, un peu ventrue et inéquilatérale. Chaque valve est chargée de trente-huit côtes longitudinales qui portent dans leur milieu une rangée de points élevés et graniformes : les bords des valves sont un peu dentés en scie. Longueur, 20 millimètres (9 lignes); largeur à peu près égale.

On trouve cette espèce à Grignon.

7. LE BUCARDE LIME. (*Cardium lima*, Lam., Ann. du Mus., tom. IX, pl. 20, fig. 2.)

Caract. Espèce un peu plus petite que la précédente. Chaque coquille, qui est mince et fragile, porte environ soixante côtes longitudinales chargées de petites écailles : le bord des valves est légèrement crénelé.

On rencontre cette espèce à Grignon. On trouve à Pont-Chartrain, près de Versailles, de petits *bucardes* qui ont à peine 4 millimètres (2 lignes) de longueur, et qui ont d'ailleurs beaucoup de rapport avec cette espèce.

8. LE BUCARDE HÉTÉROCLITE. (*Cardium heteroclitum*, Lam., Vélins du Mus., n°. 24, fig. 5.)

Caract. Cette espèce, extrêmement singulière, paroît tenir le milieu entre les *bucardes* et les *vénéricardes*. Elle a les dents latérales des premières; mais, sous les crochets, elle a deux dents divergentes sur une valve, et une seule dent cardinale sur l'autre. Chaque valve porte environ trente-six côtes longi-tudinales chargées d'écailles très-fines. Longueur, 9 milli-mètres (4 lignes); largeur à peu près égale.

On trouve cette espèce à Grignon. Je ne connois aucune coquille non fossile à la quelle les sept espèces précédentes puissent se rapporter.

9. LE BUCARDE GRIMAÇANT. (*Cardium ringens*, Nob.)

Caract. Coquille bombée sur laquelle se trouvent vingt-trois côtes longitudinales. Les cinq ou six premières du côté an-térieur sont chargées de lames épineuses; les autres sont unies, et portent une sorte de tranchant dirigé de ce même côté. L'intérieur des valves est sillonné, et leur bord anté-rieur est profondément denté et bâillant. Longueur, 40 millimètres (1 pouce et demi); largeur, 54 millimètres (2 pouces).

On trouve cette espèce à Laugnac, près de Bordeaux. Elle se rapproche beaucoup du *bucarde mofat* de Bruguières, dont on trouve une figure dans les planches de Favannes. Tab. 52, fig. F.

M. Brocchi a donné la description d'une belle coquille qui se trouve dans le Plaisantin, et qui n'est peut-être qu'une variété de celle-ci. Il lui a donné le nom de *cardium hians*, et l'on en trouve une belle figure dans sa *Conch. foss. subapp.* Tab. 13, fig. 6. Elle diffère du *cardium ringens* par son volume qui est de moitié plus considérable ; par ses côtes qui ne sont qu'au nombre de dix-sept, et par quelques tubercules, en forme de cuiller, qui se trouvent parsemés sur les côtes de la partie postérieure.

10. Le Bucarde épais. (*Cardium crassum*, Nob.)

Caract. Le test de cette espèce est extrêmement épais. Chaque valve est chargée de 16 ou 18 côtes longitudinales, légèrement striées dans leur longueur. Le bord antérieur est prolongé très-obliquement : les bords intérieurs de chaque valve sont fortement crénelés. Longueur, 24 millimètres (11 lignes) ; largeur, 27 millimètres (1 pouce).

On trouve cette espèce à Sienne, dans le Plaisantin, dans le Piémont et dans la Toscane. Elle a les plus grands rapports avec un *cardium* que l'on trouve dans la Méditerranée, et qui est fort commun. Bruguières lui a donné le nom de sourdon, *cardium edule* de Linnæus. Il en a donné la description dans l'Encycl. méth., tom. VI, pag. 220. On en trouve une figure dans les planches de Favannes. Tab. 73, fig. E. Bruguières se trompe en annonçant que cette espèce est très-commune sur les côtes de l'Angleterre, sur celles de la Bretagne et de la Hollande ; car je n'en ai jamais rencontré une seule coquille dans l'immense quantité de celles que j'ai vues, et qui se trouvent sur les côtes de la Normandie, sur celles de la Bretagne, et dans les environs de Dunkerque. Le *cardium* que l'on trouve très-abondamment sur ces côtes, et dont on mange de très-grandes quantités, a le test mince, et est sans doute celui auquel Linnæus a entendu donner le nom d'*edule*. On trouve aussi dans la Méditerranée une autre espèce de *cardium* qui a de très-grands rapports avec celui de la Manche : mais son test est plus mince et son bord antérieur est très-oblique ; Bruguières lui a donné le nom de *cardium glaucum*. Ce n'est peut-être que la même espèce, modifiée par un climat différent. Voyez au mot Coquille.

Le *bucarde* à test épais que l'on trouve dans la Méditerranée, et qui a les plus grands rapports avec le *cardium crassum*, est très-probablement le *cardium rusticum* de Linnæus, dont on trouve une description dans l'Encyclopédie, pag. 222, et dont il en avoit déjà été donné une autre, pag. 220 du même ouvrage, sous le nom de *cardium edule*, en sorte qu'il n'en auroit pas été donné pour ce dernier.

11. Le Bucarde élégant. (*Cardium hillanum*, Sowerby, *Min. conch.* Tab. 14 ; *Upper figure*, *Venus cypria*. Brocchi, *Conch. foss. subapp.* Tab. 13, fig. 14.)

Caract. Cette espèce est bien remarquable par la manière dont les stries qui couvrent chaque valve sont disposées. Du côté antérieur, il se trouve treize à quatorze stries longitudinales qui partent du sommet et couvrent le quart de la valve ; les trois autres quarts sont couverts de stries transverses très-régulières et très-marquées. Longueur, 54 millimètres (20 lignes); largeur à peu près égale.

On trouve cette espèce dans un grès micacé à Blackdoun, près de Collumpton, en Angleterre. M. Brocchi en a trouvé un seul individu en Italie ; mais n'ayant pu détacher les deux valves qui étoient jointes ensemble, et en reconnoître le caractère, il l'a rangée dans les *vénus*.

12. Le Bucarde bombé. (*Cardium gibbum*, Nob.)

Caract. Les coquilles de cette espèce sont globuleuses, équivalves : chaque valve porte vingt grosses côtes lisses ; dans le milieu de chacune d'elles, il se trouve une rainure sur laquelle on voit encore les restes de pointes obtuses qui y étoient attachées. L'espace entre chaque côte est strié transversalement. Longueur, 54 millimètres (2 pouces); largeur égale.

On trouve cette espèce dans le riche dépôt de fossiles de Plaisance, en Italie. Les deux coquilles sont presque toujours jointes ensemble, comme si l'animal qui les a formées étoit encore dedans. Elle a les plus grands rapports avec le bucarde qu'on rencontre, à l'état non fossile, dans la Manche, et dont on voit une figure dans l'Encyclopédie, pl. 298, fig. 13.

On trouve dans les faluns de la Touraine un petit *bucarde*

qui a beaucoup de rapports avec le *bucarde bombé*, mais qui est beaucoup plus petit, puisqu'il n'a que 19 millimètres (7 lig.) de longueur.

13. Le Bucarde variable. (*Cardium mutabile*, Nob.)

Caract. Coquille moins bombée que la précédente, et un peu anguleuse vers son bord antérieur. Elle porte vingt-quatre côtes chargées de tubercules en forme de cuiller : l'espace entre elles est strié transversalement.

Cette espèce a les plus grands rapports avec le *bucarde frangé* de Brug. (*cardium ciliare* de Linn.), qui se trouve dans la Méditerranée ; et il paroit qu'il n'en diffère que par le nombre de côtes, puisqu'il ne s'en trouve que dix-huit ou dix-neuf sur ce dernier.

Quelques individus qui paroissent appartenir à la même espèce, en diffèrent cependant en ce que leur forme est plus alongée : leurs côtes sont plus fines, et les stries transverses, qui, dans les précédentes, se trouvent seulement dans l'espace qui les sépare, s'étendent jusque sur elles, surtout vers la partie postérieure de la coquille ; d'autres portent une légère carène tuberculée sur le milieu de chaque côte. Comme on n'est point aidé par la présence des couleurs, pour distinguer certaines espèces qui se rapprochent par leurs formes, et qui étoient peut-être bien distinctes entre elles avant d'être à l'état fossile, il est bien difficile d'être assuré que ces variétés ne constituoient pas des espèces différentes.

14. Le Bucarde lamelleux. (*Cardium lamellosum*, Nob.)

Caract. Coquille bombée, portant sur chaque valve vingt côtes lisses et arrondies, sur le milieu desquelles se trouve une suite de lames épineuses très-fragiles. Longueur, 34 millimètres (15 lignes) ; largeur à peu près égale.

Cette espèce vient d'Italie. Elle est remplie de sable quartzeux et de mica ; mais je ne sais où elle a vécu : elle est très-fragile et a beaucoup de rapports, pour sa forme, avec celle non fossile dont on trouve une figure dans l'Encyclopédie, pl. 298, fig. 4.

15. Le Bucarde strié. (*Cardium striatum*, Nob.)

Caract. Coquille inéquivalve, portant cinquante-sept côtes lisses et serrées. Entre les neuf premières du côté antérieur il se trouve une carène frangée : les neuf dernières du côté postérieur sont chargées de très-petits tubercules, et entre les autres côtes vers le bord supérieur des valves, il se trouve un grand nombre de petits crochets dont la pointe est tournée vers le bord antérieur. Longueur, 32 millimètres (14 lignes); largeur égale.

Cette espèce se trouve à Laugnac, près de Bordeaux. On trouve dans le Plaisantin une espèce qui a beaucoup de rapports avec celle-ci; mais elle est beaucoup plus grande et plus bombée. On en voit une figure dans l'ouvrage de M. Brocchi, ci-devant cité, tab. 13, fig. 2 : il lui a donné le nom de *cardium multicostatum*.

Toutes les espèces de *cardium* qui précèdent, se trouvent dans ma collection.

16. LE BUCARDE LISSÉ. (*Cardium lævigatum*, Linn.)

Je possède un individu de cette espèce qui a tous les caractères d'une coquille fossile. Il est décoloré, opaque et léger; mais je le présente avec doute au nombre des fossiles, attendu que ses formes sont trop semblables à celui qui n'est pas fossile, et que j'ignore où il a été trouvé.

17. LE BUCARDE TRANSVERSE. (*Cardium clodiense*, Brocchi, *Conch. foss. subapp.*, tab. 13, fig. 3.)

Caract. Cette coquille porte vingt-deux côtes sur chaque valve. Longueur, 13 millimètres (6 lignes); largeur, 21 millimètres (9 lignes).

On trouve cette espèce dans le Plaisantin : elle a beaucoup de rapports avec le *cardium edule* de Linnæus; mais elle est beaucoup plus large.

18. LE BUCARDE STRIATULE. (*Cardium striatulum*, Brocchi, ouvrage déjà cité, tab. 13, fig. 5.)

Caract. Coquille globuleuse et très-mince : chaque valve porte cinquante côtes extrêmement fines; les bords intérieurs sont crénelés. Longueur, 9 millimètres (4 lignes et demie); largeur égale.

On trouve cette espèce dans la vallée d'Andone, en Italie.

M. Brocchi annonce, dans son ouvrage déjà cité, qu'il a trouvé à l'état fossile dans les environs de Plaisance, dans le Piémont et dans la Toscane, le *cardium edule* de Linnæus, le *cardium ciliare*, le *cardium tuberculatum* du même, le *cardium oblongum* et le *cardium echinatum* de Bruguières, dont on trouve aujourd'hui les coquilles non fossiles dans les mers.

19. LE BUCARDE GÉANT. (*Cardium gigas*, Nob.)

Caract. Chacune des valves de cette grande espèce est chargée de quatre-vingt-trois côtes qui sont lisses, excepté vers les bords, où il se trouve des stries ondoyantes et transverses. Les bords intérieurs portent des crénelures en nombre égal à celui des côtes. Cette coquille est très-bombée, et sa longueur, non compris la courbure, est de 12 centimètres (4 pouces et demi); largeur, 10 centimètres (3 pouc. 8 lig.). Son test est fort épais.

J'ai trouvé cette espèce à Fontenai-Saints-Pères, près de Mantes, dans une couche de calcaire coquillier, et je n'en ai jamais vu aucune trace ailleurs.

20. LE BUCARDE PARKINSON. (*Cardium Parkinsoni*, Sowerby, *Min. conch.*, pag. 105, tab. 49.)

Caract. Coquille bombée, un peu oblique, à bord antérieur droit; trente-six côtes longitudinales sur chaque valve. Les bords intérieurs sont profondément crénelés. Il se trouve de légères stries transverses sur les côtes près des bords.

Cette espèce se trouve près de Harwich, en Angleterre. (D. F.)

BUCARDIER. (*Malacoz.*) Quelques zoologistes désignent ainsi l'animal du genre *cardium* ou bucarde; c'est le *cerastes* de Poli. (DE B.)

BUCARDITES. (*Foss.*) C'est le nom que l'on donne aux *bucardes* fossiles. Voyez ce mot. (D. F.)

BUCCIARIO. (*Ornith.*) Nom italien de la buse, *falco buteo*, Linn. (Ch. D.)

BUCCIN. (*Foss.*) A l'article BUCCIN, page 398 et suivantes de ce volume, on a traité des genres *nasse, éburne, tonne, harpe, casque, pourpre* et *vis*; mais nous ne parlerons dans cet article que des *buccins proprement dits*, et nous renvoyons aux mots des autres genres pour ceux que l'on trouve à l'état fossile.

Les *buccins* fossiles se trouvent en général dans les couches du calcaire coquillier, et je n'en connois aucun qui provienne des couches à *cornes d'ammon* ou de celle des *craies*.

Voici ceux que je connois à l'état fossile.

1°. Le Buccin stromboïde. (*Buccinum stromboïdes*, Linn.,Vélins du Mus., n° 3, fig. 17.)

Caract. Coquille lisse, légèrement sillonnée à la base, à bord droit, ample comme dans les strombes, et formant par le haut un sinus, en s'appuyant contre la spire. Elle porte ordinairement quelques stries longitudinales et irrégulières sur le bord droit à l'extérieur, et quelquefois le dernier tour en est couvert entièrement : longueur, 54 millimères (2 pouces.)

On trouve cette coquille à Grignon, et à Valognes, département de la Manche. Elle est tellement lisse, qu'il y a lieu de croire qu'elle étoit recouverte en entier par le manteau du mollusque qui l'a formée.

2°. Le Buccin a fines stries. (*Buccinum striatulum*, Lam. Vélins du Mus., n° 3, fig. 16.)

Caract. Coquille chargée de stries transverses très-fines ; les tours de la spire sont arrondis ; son test est mince et fragile. Longueur, 8 millimètres (4 lignes).

On la trouve à Grignon ; mais elle est rare.

3°. Le Buccin térébral. (*Buccinum terebrale*, Lam. , Vélins du Mus., n° 3, fig. 21.)

Caract. Coquille lisse, turriculée, et portant quelques légères stries à sa base, sept tours de spire. Longueur, 15 milli- mètres (7 lignes).

On trouve cette espèce à Grignon ; mais elle est rare.

4°. Le Buccin croisé. (*Buccinum decussabum*, Lam., Vélins du Mus., n° 3, fig. 20.)

Caract. Cette jolie coquille est chargée de stries fines et croisées. Elle est un peu globuleuse, et le bord droit est légèrement strié à l'intérieur : la spire est composée de cinq à six tours. Longueur, 10 à 12 millimètres (6 lignes.)

Cette espèce est très-commune à Grignon. On trouve à Dax une coquille de ce genre, qui est également chargée de stries fines et croisées ; mais elle est plus petite, turriculée ; son canal à la base est plus raccourci et se termine plus obliquement. Il est extrêmement difficile d'être assuré si c'est une espèce différente, ou seulement une variété produite par la différence du climat.

5°. Le Buccin a doubles stries. (*Buccinum bistriatum*, Lam.,
Ann. du Mus., tom. VI, pl. 44, fig. 12.)

Caract. Le test de cette coquille est extrêmement mince et
fragile ; il est couvert de stries transverses de différentes
grosseurs. Entre deux plus grosses il s'en trouve cinq ou
six petites très-fines. Celles qui sont au haut de chaque tour
sont noduleuses. Il se trouve un bourrelet peu élevé sur le
bord droit de l'ouverture. Longueur, 32 millimètres (14 à
15 lignes).

Cette espèce se trouve à Grignon. Elle est tellement fragile
qu'on ne peut que très-rarement s'en procurer qui soient
entières.

6°. Le Buccin clavatulé. (*Buccinum clavatulum*, Lam. Ann.
du Mus., tom. II, pag. 165.)

Caract. Coquille allongée, chargée de stries transverses très-
fines ; le bord droit est échancré : spire composée de cinq
tours. Longueur, 4 millimètres (2 à 3 lignes).

Cette coquille se trouve à Grignon, et je n'en ai jamais vu
qu'un seul individu.

7°. Le Buccin ondulé. (*Buccinum undulatum*, Linn.) M. Du-
hérissé de Gerville a trouvé plusieurs coquilles de cette
espèce dans les falunières de Rauville, près de Valognes. Elles
sont parfaitement semblables à celles que l'on trouve avec
l'animal vivant sur les côtes de la Manche. L'individu que je
possède est dans un état qui fait croire qu'il a été long-temps
roulé par les vagues : il lui reste une certaine transparence
qui feroit douter de son état fossile, s'il n'étoit pas attesté par
une personne aussi digne de foi. Longueur, 75 millimètres
(2 pouces 8 lignes).

On trouve dans le comté de Sussex, en Angleterre, un
buccin fossile qui a un très-grand rapport avec celui-ci ; mais
il n'a que 18 millimètres de longueur, et les ondulations dont
l'autre est couvert ne paroissent pas sur le dernier tour de
celui-ci.

8°. Le Buccin strié. (*Buccinum striatum*, Nob.; *murex striatus*,
Sowerby, *Min. conch.*, tab. 22 et 109.)

Caract. Coquille bombée, chargée de stries transverses d'inégale grosseur. Entre les plus grosses, qui sont placées à des

distances assez régulières , il s'en trouve qui sont beaucoup plus fines. Ces stries sont interrompues par celles d'accroissement. La spire est composée de six à sept tours bombés. Longueur, 80 millimètres (3 pouces).

On trouve cette espèce à Holywell, près d'Ipswich, en Angleterre.

9°. Le Buccin a gauche. (*Buccinum contrarium*, Nob. , *murex contrarius*, Sowerby, ouvrage déjà cité, tab. 23.)

Caract. Coquille fusiforme, dont les circonvolutions tournent de gauche à droite. Elle est couverte de stries transverses très-peu marquées, et de stries longitudinales provenant de ses accroissemens : la spire est composée de six tours. Longueur, 80 millimètres (3 pouces).

Ces coquilles se trouvent avec l'espèce précédente, et à Harwich, comté d'Essex, en Angleterre. Je n'ai pas été à portée de vérifier si, comme on le dit, cette espèce est quelquefois tournée à droite ; mais elle ne peut être confondue avec le *buccin strié*, à moins que sa conformation à gauche n'ait prodigieusement influé sur son extérieur qui, bien différent de celui de ce dernier, est presque toujours luisant. On ne pourroit pas dire que les stries transverses auroient été effacées par le roulement des flots ; car celles d'accroissement seroient également effacées, et cela n'est point arrivé.

10°. Le Buccin alongé. (*Buccinum elongatum*, Nob.)

Caract. Coquille turriculée et chargée de stries transverses, bien marquées. A la partie supérieure de chaque tour il s'en trouve une plus forte, qui est quelquefois granuleuse. Longueur, 40 millimètres (18 lignes).

On trouve cette espèce à Laugnac, près de Bordeaux.

11°. Le Buccin mitré. (*Buccinum mitræforme*, Nob. *murex mitræformis*, Brocchi, Conch. subapp. , pag. 425 , tab. 8 , fig. 20.)

Caract. Coquille fusiforme , chargée de sillons fins, transverses et réguliers. La spire est composée de cinq tours, dont les trois premiers portent une ou deux petites carènes : le bord gauche est un peu calleux ; le bord droit est strié intérieurement ; la base est un peu renversée. Longueur. 38 millimètres (17 lignes).

On trouve cette jolie espèce dans le Plaisantin et dans la vallée d'Andone.

12°. Le Buccin subulé. (*Buccinum subulatum*, Nob. *murex subulatus*, Brocchi, ouvrage déjà cité, pag. 246, tab. 8, fig. 21.)
Caract. Coquille fusiforme subulée, très-lisse, et dont la base est profondément striée. La spire est composée de onze tours; l'ouverture est étroite, et le bord droit est strié intérieurement.

On rencontre cette espèce dans le Plaisantin : elle a beaucoup de rapport avec une coquille que l'on trouve dans la Méditerranée, à l'état frais. On rencontre à Laugnac, près de Bordeaux, et à Saint-Clément, près d'Angers, des coquilles fossiles qui se rapprochent beaucoup du *buccin subulé;* mais elles sont plus petites, et l'on croit voir qu'elles appartiennent à la même espèce qui a vécu dans un climat différent.

13°. Le Buccin lisse. (*Buccinum lævigatum*, Nob.)
Caract. Coquille turriculée, lisse et chargée de stries à sa base.
La spire est composée de six tours bien marqués, et dont les premiers portent quelques côtes longitudinales. Un léger renflement se trouve à l'ouverture : le bord droit est strié intérieurement. Longueur, 13 millimètres (6 lignes).
Cette espèce se trouve à Rauville, près de Valognes.
Toutes les espèces de *buccins* ci-dessus se trouvent dans ma collection.

14°. Le Buccin corné. (*Buccinum corneum*, Nob. *murex corneus*. Sowerby, ouvrage déjà cité, tab. 35, les trois figures supérieures.)
Caract. Coquille fusiforme, à spire composée de sept à huit tours arrondis et chargés de très-légères stries transverses.
Longueur, 54 millimètres (2 pouces).
On trouve cette espèce à Hollywell, près d'Ipswich, en Angleterre. (D. F.)

BUCCINA. Bonnani donne ce nom à notre genre *buccin.* (De B.)

BUCCINA. (*Bot.*) On donne ce nom générique aux helvelles qui ont la forme d'une trompette. La plupart appartiennent au genre Merulius. Voyez ce mot. (Lem.)

BUCCIN A COTES DE MELON A PETIT CANAL. (*Conch.*) C'est le fuseau à côtes. (De B.)

BUCCIN A FILET. (*Conch.*) C'est le buccin rayé. (De B.)

BUCCIN A GRAINS DE RIZ. (*Conch.*) Buccin tuberculeux de Bruguières, *Buccinum papillosum* (Linn., Gmel.) *Alectrion papillosus* de M. Denys de Montfort. (Voyez Aléctrion.) (De B.)

BUCCIN A LEVRES DÉCHIQUETÉES. (*Conch.*) C'est le buccin à grains de riz. (De B.)

BUCCIN ARCULAIRE. (*Conch.*) Buccin casquillon. (De B.)

BUCCIN BIGNI. (*Conch.*) C'est le buccin volute. (De B.)

BUCCIN BIVET. (*Conch.*) Volute treillissée. (De B.)

BUCCIN BLATIN. (*Conch.*) Fuseau blatin. (De B.)

BUCCIN CALIBÉ. (*Conch.*) C'est la vis calibée. (De B.)

BUCCIN CANNELÉ, *Buccinum galea*, Linn. (*Conch.*) Type du genre tonne de M. de Lamarck. Voyez Dolium. (De B.)

BUCCIN CASQUILLON. (*Conch.*) Espèce du genre nasse, *nassa arcularia*, Lam., *buccinum arcularia*, Linn., Gmel. (De B.)

BUCCIN CHARDON. (*Conch.*) C'est le buccin épineux. (De B.)

BUCCIN DE LA MER ROUGE. (*Conch.*) Strombe fascié, *strombus fasciatus*, Linn., Gmel. (De B.)

BUCCIN D'OFFRANDE. (*Conch.*) C'est le *voluta pyrum* de Linnæus, Gmelin ; turbinelle poire de M. de Lamarck. Voyez Turbinelle. (De B.)

BUCCIN DU NORD. (*Conch.*) C'est le buccin oudé, *buccinum undatum*, Linn. décrit dans ce *Dictionnaire*. (De B.)

BUCCIN ÉPINEUX. (*Conch.*) Buccin chardon, *murex senticosus*, Linn., Gmel., type du nouveau génre *phos* de M. Denys de Montfort. Voyez Phos. (De B.)

BUCCIN FEUILLETÉ DE MAGELLAN. (*Conch.*) Murex feuilleté, *murex magellanicus*, Linn., Gmel., type du nouveau genre *trophon* de M. Denys de Montfort. Voyez Trophon. (De B.)

BUCCIN FLUVIATILE (grand). (*Conch.*) C'est le bulime des étangs, de Bruguières, *limnæa stagnalis*, Lamarck ; *helix stagnalis*, Linn., Gmel. (De B.)

BUCCIN FLUVIATILE (petit). (*Conch.*) Bulime des marais, de Bruguières, *limnæa palustris*. (De B.)

BUCCIN FLUVIATILE D'ESPAGNE. (*Conch.*) C'est le bulime radié, *bulimus radiatus* de Bruguières, et qui est certainement terrestre, suivant cet observateur. (De B.)

BUCCIN FLUVIATILE FASCIÉ. (*Conch.*) C'est la viviparo à bandes de Geoffroy, *viviparus fluviorum* de Denys de Montfort; *helix vivipara*, Linn. (De B.)

BUCCIN FLUVIATILE VENTRU. (*Conch.*) Bulime radis, Brug.; *helix auricularia*, Linn.; *limnœa auricularis*, Lam.; enfin, le type du genre *radix* de M. Denys de Montfort. Voyez RADIX. (De B.)

BUCCINIER. (*Malacoz.*) Quelques auteurs français désignent sous ce nom l'animal du genre *buccin*. (De B.)

BUCCINITES. (*Foss.*) C'est ainsi que l'on appelle les buccins fossiles. Voyez ce mot. (D. F.)

BUCCIN IVOIRE. (*Conch.*) C'est le *buccinum glabratum* de Linnæus, Gmelin, type du genre *eburna* de M. de Lamarck. Voyez EBURNA. (De B.)

BUCCIN PERDRIX, *buccinum perdix*, Linn., Gmel. (*Conch.*) Type du nouveau genre *perdix*, de M. Denys de Montfort. Voyez PERDIX. (De B.)

BUCCIN TACHÉ. (*Conch.*) C'est la vis maculée du *Dictionnaire*, article BUCCIN, pag. 407. (De B.)

BUCCIN TORDU, *murex tordu.* (*Conch.*) (De B.)

BUCCIN TRIANGULAIRE. (*Conch.*) C'est le murex fémoral, *murex femoralis.*, Linn. (De B.)

BUCCINULUM. (*Conch.*) Sloane emploie ce terme pour désigner quelques petites espèces du genre *buccin*. (De B.)

BUCCIN UNIQUE. Le fuseau pervers, *fusus perversus* de Bruguières; *murex perversus*, Linn.; type du genre *fulgur*, de M. Denys de Montfort. Voyez FULGUR. (De B.)

BUCCO. (*Ornith.*) Ce terme, tiré de *bucca*, joue, a été employé par Brisson, et adopté par les autres naturalistes, pour désigner les oiseaux du genre *barbu*, dont la mandibule est renflée à sa base. (Ch. D.)

BUCCO. (*Bot.*) Nom générique donné par M. Wendland, à une subdivision du genre *diosma*, caractérisée par le nombre de dix pétales et cinq étamines, et par les loges du fruit monospermes. Ce nom est tiré de celui de *bocho*, sous lequel le *diosma appositifolia* est connu, chez les Hottentots, au rapport de Séba. Il a été changé, par Willdenow, en celui d'*agathosma*, dans le Catalogue du jardin de Berlin. (J.)

BUCENTES. (*Entom.*) C'est le nom d'un genre de diptères, voisin des stomoxes, dont la bouche est garnie d'un suçoir, ou trompe peu saillante, coudée vers sa base, et ensuite près du milieu, avec l'extrémité repliée en dessous ; de sorte que ce suçoir est à trois coudes. M. Latreille n'a encore indiqué, comme type de ce genre, que la *musca geniculata* de Degéer, tom. VI, pag. 38, pl. II, fig. 19-22, dont la larve vit dans l'intérieur de quelques chrysalides. (C. D.)

BUCÉPHALE. (*Erpétol.*) Nom d'un serpent du genre bongare, que Laurenti a décrit sous la dénomination de *dipsas indica*, et M. Shaw sous celle de *Coluber bucephalus*. Séba l'a figuré I. XLIII. Nous désignons cette espèce, avec M. Oppel, sous le nom de *Bungarus bucephalus*. Voyez BONGARE et DIPSAS. (H. C.)

BUCRANION. (*Bot.*) Cordus, ancien auteur cité par C. Bauhin, nommoit ainsi une espèce de mufflier, *antirrhium orontium*. (J.)

BUDDAH. (*Mamm.*) Nom du rhinocéros de Sumatra, suivant Marsden. (F. C.)

BUDIA. (*Ichthyol.*) Nom portugais du labre paon de M. de Lacépède. (H. C.)

BUDION. (*Ichthyol.*) Nom espagnol des bodians. Voyez ce mot. (H. C.)

BUDYTA. (*Ornith.*) Ce nom a été donné aux bergeronnettes, parce qu'on les voit souvent parmi les bœufs; et M. Cuvier, séparant ces oiseaux des hoche-queues proprement dits, ou lavandières, leur a appliqué le nom générique de *budytes*, en laissant aux lavandières celui de *motacilla*. (Ch. D.)

BUETARE. (*Bot.*) En Norwége, c'est le nom donné à quelques espèces de *fucus*, et principalement au *fucus saccharinus*, Linn. Voyez LAMINARIA. (LEM.)

BUFALA. (*Ichthyol.*) Cetti donne ce nom à une variété du *Sparus dentex* de Bloch, que Schneider appelle *pseudodentex*, et qu'on pêche devant Gênes. Voyez DENTEX. (H. C.)

BUFFA DE LOBO. (*Bot.*) Nom portugais d'une vesse-de-loup, *lycoperdon bovista*. (LEM.)

BUFFO. (*Conch.*) M. Denys de Montfort a donné ce nom à des coquilles du genre *murex* de Linnæus et des conchyliologistes les plus modernes, qui semblent aplaties par la conservation, sur chaque côté de la spire, d'une sorte de frange du bord externe de la lèvre droite ; qui ont, en outre, comme le genre *alectrio*, une espèce de gouttière à la jonction supérieure des deux lèvres, et qui n'ont pas d'ombilic comme dans le genre *apollon*.

Le type de ce genre est une assez jolie coquille de la Nouvelle-Hollande, abondante dans les parages de Botany-Bay, appelée vulgairement en français grenouillette ou crapaud pâle, figurée dans Martin. 4, t. 128, fig. 1233-1234. et que M. Denys de Montfort nomme *buffo spadiceus*, le crapaud ventre de biche, de deux pouces de hauteur; la spire est turriculée : l'ouverture ovale a ses deux bords dentés, surtout le droit ; la couleur générale est jaunâtre ; l'ouverture blanche. (De B.)

BUFOLT. (*Ichthyol.*) Nom sous lequel Rondelet (*lib.* 15, *c.* 2) décrit le *Tetrodon hispidus* de Bloch, qui n'est point le même que celui de M. de Lacépède. Ce mot est d'origine hollandaise. Voyez Tétrodon. (H. C.)

BUFONITES. (*Foss.*) Voyez au mot Glossopètres. (D. F.)

BUGARAVELLO. (*Ichthyol.*) Suivant M. Risso, c'est le nom que l'on donne à Nice au bogaravéo, *Sparus bogaraveo*, Lacép. Voyez Pagre et Spare. (H. C.)

BUGÉE. (*Mamm.*) Quadrumane à queue longue, et même rare aux Indes, où il se trouve. Ray, qui dit qu'on l'a vu à Londres (*Syn. anim.*, pag. 158), le considérant comme un singe, lui donne le nom de *cercopithecus indicus*, et il en est de même de Sloane, (Jam. 2 , p. 329). Erxleben rapprochoit le bugée des makis. (F. C.)

BUGGENHAGÉNIEN. (*Ichthyol.*) Nom spécifique d'un poisson du genre able, dont on doit la connoissance à M. de Buggenhagen. Bloch lui a donné le nom de *Cyprinus buggenhagii*, que nous changeons en celui de *leuciscus buggenhagii*. Voyez Able, dans le Supplément.

Ce poisson a le corps large, argenté, la tête petite, le front avancé, la ligne latérale noirâtre, les nageoires bleues, un appendice au-dessus des catopes. On le pêche dans les lacs et dans les fleuves de la Poméranie suédoise. Il atteint la taille de onze à quinze pouces. Sa chair est blanche. Souvent on le trouve à la tête des bandes de brêmes. (H. C.)

BUGLOSSUM. (*Bot.*) Ce nom, par lequel les anciens botanistes désignoient diverses borraginées, et particuliérement celles du genre *anchusa* de Linnœus, a été aussi appliqué par Lobel à l'*helmintia echioides*, sans doute à cause de ses feuilles hérissées de fortes aspérités comme celles des borraginées. (H. Cass.)

BUGO. (*Ichthyol.*) Dans le patois de Nice, on donne ce nom, suivant M. Risso, au bogue ordinaire. Voyez Bogue. (H.C.)

BUHO. (*Ornith.*) Voyez Bubo. (Ch. D.)

BUHPODE. (*Bot.*) Nom des *vesses-de-loup* dans quelques provinces du nord de l'Europe. Voyez Lycoperdon. (Lem.)

BUIK. (*Ichthyol.*) On appelle ainsi, sur les côtes du Kamtschatka, plusieurs espèces du genre *chabot*, d'après le témoignage de Tilésius. (*Mém. de Saint-Péters.*, 1809, *pag.* 262.) L'une est le *Cottus hemilepidotus*, de cet auteur; une autre est notre *crapaud de mer* (*Cottus scorpius*, Linn.); les deux autres sont les *Cottus trachurus* et *diceraus* de Pallas; Tilésius range ce dernier dans le genre synancée, sous le nom de *Synanceia cervus*. Il assure qu'il fait entendre un bruit marqué au moment où on le prend, et que ses piquans blessent dangereusement. (H.C.)

BUIRE. (*Conch.*) Cérithe buire, *cerithium virgatum*, Brug.; *murex vertagus*, Linn., Gmel. (De B.)

BUITELAAR. (*Ichthyol.*) Nom hollandais d'un poisson d'Amboine, dont parle Ruysch, et qui nage en manière de zigzag, ce que signifie son nom. Du reste, sa description et sa figure sont fort mauvaises. (H. C.)

BUIXOT. (*Ornith.*) Nom que porte en Catalogne le millouin, *anas ferina*, Linn. (Ch. D.)

BUJAESKE. (*Bot.*) Voyez Brègne. (Lem.)

BUKACZ. (*Ornith.*) Nom illyrien du butor, *ardea stellaris*, Linn. (Ch. D.)

BUKE. (*Bot.*) Nom du *Pyrus Japonica*, de Thunberg, dans le lieu de son origine. (J.)

BUKIEZ. (*Ornith.*) Le pélican, *pelecanus onocrotalus*, Linn., se nomme ainsi en langue vandale. (Ch. D.)

BULAPATHUM. (*Bot.*) Fracastor, auteur ancien, nommoit ainsi la bistorte, *polygonum bistorta*. (J.)

BULATMAI. (*Ichthyol.*) Voyez Barbeau. (H. C.)

BULBEUX. (*Bot.*) On nomme plantes bulbeuses, celles

dont la racine est surmontée d'une bulbe, comme le lis, l'oignon, le narcisse, etc. (Mass.) On appelle aussi bulbeux des champignons appartenant aux genres *agaricus*, Linn., et *amanita*, dont le caractère est d'avoir la base du pédicule bulbeuse et renflée en forme d'oignon. Leur chair est molle, leur surface humide, ils exhalent une odeur vireuse ; leurs couleurs sont plus vives que celles des autres espèces des mêmes genres. Ils croissent à l'ombre, dans les bois humides, et plusieurs sont redoutables. Cependant c'est parmi eux que se trouve classée l'*oronge franche*, de tous les champignons, le plus célèbre. Les plus remarquables de ces champignons, après l'espèce précédente, sont l'*agaricus leucophœus*, Scop., ou VELUCATI ; l'*agaricus ceraceus*, Jacq., ou CERISIER JAUNE, l'ORONGE DES SOTS, l'ORONGE SOURIS, très-vénéneuse ; la COUCOUMELLE, l'ORONGE CIGUE, *agaricus bulbosus*, Bull. ; la FAUSSE ORONGE, *amanita muscaria*, etc. Voyez ces différens mots vulgaires, et AMANITE, FUNGUS et ORONGE. (Lem.)

BULBIFERE. (*Bot.*) Racine surmontée d'une bulbe. Les plantes qui ont des racines bulbifères, sont connues vulgairement sous le nom de plantes bulbeuses ; tels sont l'ognon, le lis, l'hyacinthe. (Mass.)

BULBILLE, *Bulbillus*. (*Bot.*) On donne le nom de *bulbilles* à de petits corps, de la nature du tubercule ou de la bulbe, qui naissent sur diverses parties de certains végétaux, se détachent de la plante-mère lorsqu'ils sont mûrs, s'enracinent dans la terre, et produisent autant de nouveaux individus. Dans l'*agave fœtida*, ces corps reproducteurs se développent même dans le péricarpe où ils se sont organisés. Quelques auteurs donnent le nom de *bacillus* à ceux qui naissent dans des péricarpes, ou à la place des fleurs. Ceux des plantes cryptogames portent aussi différens noms. Voyez SPORE, *Spora*, GONGYLE, *Gongylus*, PROPAGYNE, *Propago*. (Mass.)

BULBILLIFERES. (*Bot.*) Plantes portant des bulbilles. Le lis orangé, celui de la Chine, le diasia, etc., portent ces petits corps reproducteurs dans l'aisselle de leurs feuilles. Dans plusieurs espèces d'ail, ils naissent dans la spathe à la place des fleurs. Dans le *crinum asiaticum*, les *agavé*, les *pancratium*, etc., on les trouve dans les loges du fruit. Les plantes bulbillifères sont nommées aussi plantes vivipares. (Mass.)

BULBIRD. (*Ornith.*) Nom anglais du butor, *ardea stellaris*, Linn. (Ch. D.)

BULBO-TUBER. (*Bot.*) Synonyme de BULBE TUBÉREUSE. (MASS.)

BULBULUS. (*Bot.*) Voyez CAYEU. (MASS.)

BULBUS. (*Ornith.*) Scopoli, divisant la tête des oiseaux en trois parties, emploie ce terme pour désigner celle qui embrasse le front, le vertex, les tempes, l'occiput, les joues, les yeux et les oreilles. (Ch. D.)

BUL-FINCH. (*Ornith.*) Nom anglais du bouvreuil, *loxia pyrrhula*, Linn. (Ch. D.)

BULIMES, *Bulimus.* (*Foss.*) On a pensé qu'il étoit nécessaire de ne pas confondre dans le même genre des coquilles marines et des coquilles d'eau douce. Mais, cependant, si les mollusques auxquels elles appartiennent ne sont pas évidemment d'un genre différent, pourquoi ne feroit-on pas pour les coquilles ce que l'on a fait jusqu'à présent pour les poissons, en rangeant dans le même genre des espèces qui vivent dans les eaux douces et d'autres qui vivent dans la mer?

Cette distinction peut être faite pour les coquilles qui ne sont pas fossiles ; mais il n'en est pas de même pour celles qui sont passées à cet état, puisqu'on ne peut en étudier les animaux.

En attendant que l'on ait classé dans différens genres les *bulimes* provenant des couches marines, et ceux des couches de formation d'eau douce, nous présenterons ensemble dans cet article ceux que nous connoissons à l'état fossile , mais en les distinguant suivant leur origine.

Bulimes provenant des couches de formation marine.

1°. BULIME PETITE HARPE. (*Bulimus citharellus*, Lam.; Ann. du Mus., tom. IV, pag. 291.)

Caract. Coquille ovale-conique, chargée de petites côtes longitudinales. La spire est composée de trois tours, et terminée par un mamelon : longueur, 3 millimètres (2 lignes).

On a trouvé cette coquille à Parnes, près de Gisors ; elle a la forme d'une *auricule.*

2°. BULIME EN TARIÈRE. (*Bulimus terebellatus*, Lam.; Ann. du

Mus., tom. VIII, pl. 59, fig. 6 ; *turbo terebellum*, **etc. Chemn.** Conch., vol. X, pag. 302, tab. 165, fig. 1592 et 1593.)

Caract. Coquille turriculée, ombiliquée et percée dans toute sa longueur jusqu'au mamelon qui se trouve au sommet. Ouverture ovale, terminée à chaque extrémité par un angle aigu. Spire composée de onze à douze tours très-luisans, un peu convexes, et dont le dernier est légèrement cariné. Longueur, 20 millimètres (13 lignes).

On trouve cette espèce à Grignon, près de Versailles. Il est très-rare que l'on trouve dans cet endroit les mêmes espèces que l'on trouve en Italie : cependant celle-ci se rencontre dans le Plaisantin, et elle est tout-à-fait semblable à celle de Grignon.

3°. Bulime acionlaire. (*Bulimus acicularis*, Lam.; Ann. du Mus., tom. VIII, pl. 59, fig. 12.)

Caract. Coquille turriculée, à spire alongée, aiguë et composée de treize à quatorze tours luisans : l'ouverture est ovale et à bords désunis. Longueur, 6 ou 7 millimètres (4 lignes).

On la trouve à Grignon. Elle a beaucoup de rapports avec le *bulime octone* (n°. 47 de Brug.), qui vit à Saint-Domingue et à la Guadeloupe.

4°. Bulime luisant. (*Bulimus nitidus*, Lam.; Ann. du Mus. , tom. VIII, pl. 59, fig. 10.)

Caract. Coquille turriculée, luisante et composée de neuf tours un peu convexes : l'ouverture est oblongue et un peu évasée à sa base. Longueur, 6 millimètres (4 à 5 lignes).

On trouve cette espèce à Grignon et à Parnes. Elle se rapproche beaucoup du *bulime aiguillette* de Brugnières ; mais sa spire est plus pointue et ses tours sont plus nombreux.

5°. Bulime sextone. (*Bulimus sextonus*, Lam.; Ann. du Mus., tom. VIII, pl. 59, fig. 8).

Caract. Coquille turriculée, à spire composée de cinq tours convexes et luisans : l'ouverture est ovale. Longueur, 4 à 5 millimètres (2 à 3 lignes).

On la trouve à Grignon et à Villiers, près de Versailles. Elle ressemble beaucoup au *bulime brillant* de Brugnières : mais son ouverture est plus courte, et le sommet de la spire est moins obtus.

6°. BULIME PETIT-CÔNE. (*Bulimus conulus*, Lam.; Ann. du Mus., tom. VIII, pl. 59, fig. 7.)

Caract. Coquille conique, lisse et pointue : la spire est composée de sept tours un peu convexes; l'ouverture est ovale. Longueur, 4 à 5 millimètres (2 à 3 lignes).

On trouve cette espèce à Grignon ; mais elle est rare.

7°. BULIME CHEVILLETTE. (*Bulimus clavus*, Lam.; Ann. du Mus.; tom. IV, pag. 293.)

Caract. Coquille turriculée, cylindrique et pointue. La spire est composée de six tours un peu aplatis. Ouverture ovale. Elle porte de très-légères stries transverses. Longueur, 3 millimètres (2 lignes).

On trouve cette espèce à Grignon ; mais elle est rare.

8°. BULIME STRIATULE. (*Bulimus striatulus*, Lam.; Ann. du Mus., tom. IV, pag. 293.)

Caract. Coquille ovale-conique, composée de cinq tours très-convexes sur lesquels se trouvent des stries transverses très-fines. Ouverture ovale. Longueur, 2 millimètres (1 ligne et demie).

9°. BULIME NAIN. (*Bulimus nanus*, Lam.; Ann. du Mus., tom. VIII, pl. 59, fig. 9.)

Caract. Coquille ovale-conique, composée de cinq tours convexes, chargés de petites côtes longitudinales très-fines. Ouverture ovale. Longueur, 2 millimètres (1 ligne).

10°. BULIME BUCCINAL. (*Bulimus buccinalis*, Lam.; Ann. du Mus., tom. IV, pag. 294, Vélins du Mus., n°. 17, fig. 3.)

Caract. Coquille oblongue-conique, couverte de stries transverses. Spire composée de sept tours convexes : l'ouverture forme un angle à sa base. Longueur, 10 millimètres (4 à 5 lig.). Elle a la forme d'un *buccin*, mais elle n'a aucune échancrure à la base.

Ces trois espèces se trouvent à Grignon.

11°. BULIME TURBINÉ. (*Bulimus turbinatus*, Lam.; Ann. du Mus., tom. IV, pag. 294.)

Caract. Coquille ovale-conique, très-courte pour sa grosseur la spire est composée de six à sept tours couverts de côtes longitudinales. On aperçoit de légéres stries transverses sur le dernier. Si son ouverture n'étoit pas ovale, elle devroit être placée dans le genre *turbo*. Longueur, 5 à 6 millimètres (3 lignes).

On trouve cette espèce à Pontchartrain, près de Versailles.

12°. Bulime treillissé. (*Bulimus decussatus*, Lam.; Ann. du Mus., tom. IV, pag. 294.)

Caract. Coquille conique, composée de six ou sept tours convexes et élégamment treillissés : la base de l'ouverture est évasée. Cette coquille se rapproche beaucoup des *mélanies*. Longueur, 4 millimètres (2 lignes environ).

M. Lamarck a signalé les trois dernières espèces comme étant d'un genre douteux, et toutes celles qui précèdent se trouvent dans ma collection.

13°. Bulime blanchatre. (*Bulimus albidus*, Lam.; Ann. du Mus., tom. IV, pag. 293. *An buccinum?* Gualtieri, *Ind.* tab. 5, fig. 66.)

Caract. Coquille ovale, lisse, composée de six à sept tours. L'ombilic est presque entièrement recouvert par le bord gauche de son ouverture qui est demi-ovale.

Cette espèce, qu'on rencontre à Crépy, département de l'Oise, se trouve dans la collection de M. de Thuri. Elle a les plus grands rapports avec une coquille qui se trouve à l'état frais dans celle de M. Lamarck.

Bulimes provenant des terrains de formation d'eau douce.

14°. Bulime pygmée. (*Bulimus pygmeus*, Brong.; Ann. du Mus., tom. XV, pl. 23, fig. 1.)

Caract. Coquille conique, composée de cinq tours striés très-finement et parallèlement au bord de la bouche. Longueur, 5 millimètres (3 à 4 lignes).

On trouve cette espèce dans le silex de Palaiseau, et dans les meulières de Montmorency, près de Paris.

Une espèce à peu près semblable se rencontre aux environs du Mans.

15°. Bulime vis. (*Bulimus terebra*, Brong.; Ann. du Mus., tom. 15, pl. 23, fig. 2.)

Caract. Coquille courte et renflée, composée de quatre tours, dont le sommet est obtus et tronqué. Elle porte de légères stries longitudinales. Longueur, 5 millimètres (2 lignes).

On trouve ce *bulime* à Fontenai-sous-Bois, près de Vincennes, et à Quincy, près de Meaux. Ces deux dernières espèces appartiennent à la seconde formation d'eau douce.

16°. BULIME NAIN. (*Bulimus pusillus*, Brong.; Ann. du Mus., tom. XV, pl. 23, fig. 3.)

Caract. Coquille allongée, composée de six tours. Longueur 5 millimètres (2 lignes).

On trouve cette espèce dans les marnes de Saint-Ouen et du Mesnil Aubry, près de Paris. Il paroît appartenir à la première formation d'eau douce.

17°. BULIME ATOME. (*Bulimus atomus*, Brong.; Ann. du Mus., tom. XV, pl. 23, fig. 4.)

Caract. Coquille plus conique que la précédente, composée de quatre tours.

On la trouve avec le bulime nain à Saint-Ouen.

On rencontre des bulimes fossiles dans les terrains de formation d'eau douce, aux environs de Laguy, à Saint-Leu-Taverny, près de Paris, à la Briche, près de Saint-Denis, dans la plaine de Trappes, à Louveciennes, près de Versailles, dans le calcaire secondaire du Quercy, dans celui de l'Orléanois et de l'Agénois. Il est extrêmement probable qu'on en rencontre dans presque tous les lieux où il se trouve des couches de formation d'eau douce. Voyez COUCHES.

On avoit pensé que la petite espèce de coquille dont les collines des environs de Mayence sont composées en plus grande partie, étoit un *bulime ;* mais il est reconnu que c'est un *cyclostome.* Voyez ce mot et BULIMUS. (D. F.)

BULIMULUS. (*Conch.*) *Bulimule.* Ce genre a été établi par M. le D^r. Leach, pour des coquilles ombiliquées du genre *bulime*, et dont on ne connoît pas l'animal. Les caractéres qu'il lui donne, sont : Coquille conique, un peu pointue, à spire élevée, régulière, le dernier tour le plus grand ; l'ouverture entière, longue ; la lèvre externe tranchante ; la columelle lisse ; le bord gauche un peu fléchi à son côté externe, et avec un ombilic, d'où l'on voit que ce genre ne diffère des véritables bulimes que par ce dernier caractère.

M. Leach met dans ce genre deux espèces qu'il figure, Zool. miscell., tom. 2, pl. 18.

1°. B. ACUTUS, le bulimule aigu. *Hel. acuta*, Linn. Gm.

Cette coquille est blanche, avec une seule bande rouge qui parcourt tous les sept tours de la spire.

Elle se trouve en Italie, et est terrestre suivant Gualtieri.

2°. B. TRIFASCIATUS, Leach. Le bulimule à trois bandes.

Cette coquille ressemble presque parfaitement à la précé-dente; la lèvre externe est cependant un peu plus mince; le dernier tour est proportionnellement plus grand : elle est également blanche, mais les tours de spire qui sont en général moins convexes que dans la première espèce, sont marqués de deux bandes d'un brun rougeâtre qui se subdivisent en trois sur l'inférieur.

Il paroit qu'elle se trouve en grande abondance dans les Indes occidentales; elle est surtout curieuse en ce qu'elle étoit enveloppée dans la pierre calcaire agglutinée, où s'est trouvé le squelette fossile d'homme de la Guadeloupe.

Il faudra aussi rapporter à ce genre le bulime linéé, B. *lineatus* de Bruguières, fig. dans Martini, *Conch.*, tom. 9, tab. 136, fig. 1263. La coquille turriculée a douze tours de spire, l'ouverture presque ronde ; sa couleur, également blanche, est marquée de cinq lignes transverses brunes, interrompues à des intervalles égaux par d'autres lignes de la même couleur.

Cette espèce est certainement terrestre ; elle se trouve dans les îles d'Amérique, et entre autres à la Guadeloupe. (DE B.)

BULIMUS. (*Malacoz.*) *Bulime.* Ce nom, imaginé par Scopoli, pour désigner une seule espèce de ce genre, le *B. hæmasto-mus*, a été étendu par Bruguières à un grand nombre d'espèces de coquilles, confondues par Linnæus dans ses genres *helix* et *bulla*, et dont l'animal paroit ne pas différer de celui de l'hélix ou limaçon. Depuis ce temps, MM. de Lamarck, Draparnaud, d'Audebard de Ferrusac, Denys de Montfort, Leach, etc., en ont retiré un grand nombre d'espèces pour former les genres *ampullaria, limnœa, physa, succinea, melania, auricula, pyra-midella, cœcilioïdes, bulimulus, puppa, gibbus, agathina, poly-phemus, liguus, clausilia, vertigo, carychium, phasianella,* etc.; en sorte que ce genre, qui contenoit cent treize espèces dans

Bruguières, a été considérablement réduit; il n'en est pas moins fort difficile de le caractériser d'une manière nette et tranchée; et peut-être devra-t-on, comme le proposent MM. de Ferrusac, le regarder comme une simple sous-division générique dans la famille des hélix ou limaçons.

Les caractères de ce genre sont : Animal entièrement semblable à celui de l'HÉLIX (Voyez ce mot), contenu dans une coquille ovale, ordinairement alongée; le dernier tour de la spire plus grand que les autres réunis; à ouverture ovale, plus longue que large, entière; le bord droit réfléchi en dehors, dans les adultes; la columelle lisse et entière; point d'opercule.

Ce genre, ainsi circonscrit, diffère évidemment, par la forme de l'animal, des genres lymnée, phasianelle, vertigo, auricule, mélanie, pyramidelle, qui n'ont jamais que deux tentacules contractiles; et par la coquille seulement, des agathines, ruban, polyphèmes, dont la columelle est tronquée; des puppa, parce que le dernier tour est plus grand que le pénultième; des bulimules, parce qu'il n'y a pas d'ombilic.

Toutes les espèces de véritables bulimes sont terrestres, et sont privées d'opercule. Leurs mœurs et leurs habitudes sont tout-à-fait semblables à celles des limaçons; elles se trouvent surtout dans les lieux frais et humides; dans l'hiver, les espèces des pays tempérés s'engourdissent, et se cachent dans les fentes des arbres, des rochers, etc. Toutes se nourrissent de substances végétales qu'elles rongent à la manière des limaçons. Il est assez remarquable qu'un assez grand nombre d'espèces de ce genre sont gauches, c'est-à-dire que la disposition générale des organes a changé de droite à gauche, comme cela a lieu dans des animaux beaucoup plus élevés dans l'échelle, dans l'homme lui-même : aussi la coquille est-elle gauche.

Parmi les espèces de ce genre, nous citerons :

1°. BULIMUS HÆMASTOMUS. (*Scopol.*) Le bulime à bouche rose, Vulg. La fausse oreille de Midas, figurée dans Martin. Conch. 9, tab. 119, fig. 1022, 1023. C'est une coquille ovale qui atteint quelquefois jusqu'à quatre pouces de long sur un pouce de large; la spire a sept tours, et son sommet est obtus; toute sa surface externe est marquée de stries longitudinales serrées, et d'autant plus élevées qu'elles s'approchent davantage de l'ouverture ; sa couleur est fauve en dessus ; les bords sont roses, et l'intérieur blanc.

L'animal est remarquable par la grosseur de ses œufs, qui semblent plutôt être des œufs d'oiseaux, par leur volume, la blancheur et la dureté de leur coque. La coquille du jeune animal qui y est encore contenu, a déjà deux ou trois tours à la spire.

On trouve cette espèce en grande abondance à Cayenne et dans l'île de Saint-Thomas.

2°. BULIMUS RADIATUS. (*Brug.*) Le bulimus ràdié, *helix sepium*, [Linn., Gmel., figuré dans Draparnaud, Hist. générale des Mollusq., pl. 4, fig. 21.

L'animal est noirâtre et chagriné en dessus ; ses tentacules sont grêles et assez courts, surtout les inférieurs. La coquille est ovale, oblongue ; la spire médiocre. Sa couleur est blanche ou grisâtre, flambée de bandes longitudinales, brunes, jaunâtres ou bleuâtres ; elle est quelquefois presque toute blanche ou grisâtre.

Elle se trouve dans les provinces méridionales et orientales de la France.

3°. BULIMUS MONTANUS. (*Draparn.*) Le bulime montagnard Drap., tab. 4, fig. 22.

La coquille est ovale, un peu oblongue, plus pointue du côté de la spire, dont le sommet est assez obtus ; elle est comme cornée, translucide, brunâtre, marquée de stries longitudinales, serrées, comme grenues.

Elle se trouve sous les feuilles, dans les montagnes des Cévennes et de la Savoie, et surtout à Arbois.

4°. BULIMUS HORDEACEUS. (*Brug.*) Vulg., le grain d'orge ; coquille ovale, un peu oblongue, cornée, d'un brun pâle, translucide et luisante, un peu ventrue par la grosseur proportionnellement plus considérable du quatrième tour de la spire.

Elle est commune en Europe, dans les haies, sous les feuilles mortes, et souvent salie par la terre.

5°. BULIMUS LUBRICUS. (*Brug.*) Le bulime brillant, vulg. la brillante, *Hel. subcylindrica*, Linn. Gm., Drap.; tab. 4, fig. 4.

La coquille est ovale, oblongue, d'un brun pâle, quelquefois noirâtre, translucide et très-luisante.

On la trouve communément sur le bord des ruisseaux, des petites rivières, dans les plantes environnantes. Il paroît qu'elle
habite aussi dans les bois, sous la mousse, dans toute l'Europe.

6°. B. ACICULA. (*Brug.*) Le B. aiguillette, vulg. l'Aiguillette.
fig. Drap. tab. 4, fig. 25, 26.

La coquille est très-alongée, conoïde, très-luisante, translucide et blanche ou grisâtre ; la spire est oblique, la columelle tronquée ou échancrée à la base, avec un pli au troisième ou quatrième tour.

L'animal a ses tentacules non renflés au sommet.

Elle se trouve dans les terrains pierreux, à ce qu'il paroît,
dans toute la France. C'est le type du genre ceclionides de
M. de Ferussac.

7°. B. DECOLLATUS. (*Brug.*) Le B. décollé. *Hel. decollat.*, Linn.,
Gm., Drap. tab. iv, fig. 27-28.

L'animal d'un noir foncé, chagriné en-dessus, a ses tentacules fort longs ; sa coquille est également longue, turriculée,
conico-cylindrique, solide, épaisse, d'un fauve-clair et plus ou
moins tronquée vers le sommet dans l'âge adulte ; car dans
le jeune âge, les tours supérieurs ont une forme effilée ; ce
sont eux qui se brisent par le choc des corps extérieurs,
quand l'animal ayant pris de l'accroissement, les a abandonnés l'un après l'autre. La coquille est alors fermée au
moyen d'une cloison calcaire en spirale et fort solide.

On trouve cette espèce, sur laquelle il existe dans les Mémoires de l'Académie des Sciences, année 1758, une bonne
Dissertation par Brisson, dans les champs de la France méridionale, où elle fait beaucoup de dégât dans les jardins.
Voyez le mot COQUILLE, où l'on entrera dans de plus grands
détails sur la faculté qu'ont certaines espèces de mollusques
univalves, de casser ainsi l'extrémité de leur coquille, et, par
suite, de la cloisonner. (DE B.)

BULIN. Voyez BULINUS. (DE B.)

BULINUS. (*Malacoz.*) Adanson avoit parfaitement établi,
sous ce nom, un genre de mollusques gastéropodes conchy-
lifères, que Bruguières a confondu avec ses bulimes, et que

5.   9

Draparnaud a cru devoir rétablir sous le nom de *physa*. Voyez ce mot. (De B.)

BULLA. (*Bot.*) Nom d'une classe, ou plutôt d'un genre de champignons établi par Battara, et qui comprend des *agarics* remarquables par leur petitesse et leur forme semblable à celle d'un clou; ce sont les petits *clous dorés* de quelques auteurs. Voyez ce mot. Les *agaricus fragilis* et *clavus*, Linn., sont de ce nombre. (Lem.)

BULLA. (*Malacoz.*) Nom latin du genre bulle. (De B.)

BULLÆA. (*Malacoz.*) Nom latin du genre bullée. (De B.)

BULLARIA, (*Bot.*) *Bullaire.* Très-petit champignon que M. Decandolle a séparé des *uredo* de M. Persoon, dont il diffère parce qu'il ne naît pas sur les plantes vivantes, mais sous l'épiderme des tiges mortes, qu'il soulève en forme de bulles ovales et grisâtres, et qu'il déchire ensuite. C'est une simple réunion, sans *peridium*, d'une multitude de petites capsules sessiles, divisées chacune en deux loges par une cloison horizontale, ou d'un étranglement transversal. Ce champignon, voisin des *puccinia* et des *stilbospora*, est l'*uredo bullata*, Pers., Obs. Mycol. 1, t. 2, f. 5, et le *bullaria umbelliferarum*, Decand., Fl. fr., n°. 605.

M. Strauss. (*Annal. de Wétéravie*, vol. II, pag. 79), réunit les *stilbospora*, les *uredo* et les *puccinia*, en un seul genre qui nous paroît peu naturel. L'une de ses divisions offre précisément les caractères du genre *bullaria* de Decandolle, et comprend vingt espèces qui sont des *uredo* et des *puccinia* pour M. Persoon. Nous reviendrons sur ce genre à l'article Puccinia. (Lem.)

BULLE. (*Foss.*) Toutes les coquilles de ce genre que j'ai eu occasion de remarquer à l'état fossile, ont été trouvées dans les couches de calcaire coquillier, ou dans d'autres qui peuvent être plus nouvelles; mais jusqu'à présent on n'en a point trouvé dans celles à *cornes d'ammon*, ni dans les *craies*.

1°. Bulle ovulée. (*Bulla ovulata*, Lam.; Ann. du Mus., t. VIII, pl. 59, fig. 2.)

Caract. Coquille ovale et bombée. Elle est couverte de stries transverses, plus marquées aux deux extrémités qu'au milieu : la spire est perforée. Il se trouve un pli mal exprimé à la base, et un ombilic à demi-recouvert. Longueur, 12 millimètres (6 lignes environ).

On trouve cette espèce à Grignon, près de Versailles, et dans le Plaisantin. On rencontre aux environs de Soissons une bulle qui n'est sans doute qu'une variété de celle-ci, et qui n'en diffère que parce que le milieu de la coquille ne porte point de stries.

2°. Bulle lisse, (*Bulla lœvis*, Nob.)

Caract. Coquille ovale, un peu évasée à la base, sans ombilic. Elle ne porte aucunes stries; la spire est un peu enfoncée et la coquille est un peu aiguë de ce côté. Longueur, 10 millimètres (4 lignes).

Cette espèce a été trouvée à Grignon; mais elle est rare.

3°. Bulle cylindrique. (*Bulla cylindrica*, Lam.; Ann. du Mus., tom. VIII, pl. 59, fig. 5.)

Caract. Coquille cylindrique et luisante, portant quelques légères stries à la base. Sa spire est enfoncée. Son ouverture déborde les deux extrémités. Longueur, 15 millimètres (7 lig. environ).

On trouve cette espèce à Grignon, à Courtagnon et dans le Plaisantin. On trouve à l'état frais une espèce qui est tout-à-fait semblable; mais j'ignore où elle vit.

4°. Bulle couronnée. (*Bulla coronata*, Lam.; Ann. du Mus., tom. VIII, pl. 59, fig. 4.)

Caract. Coquille oblongue, subcylindrique, plus rétrécie à ses extrémités que la précédente. Son sommet est couronné d'un rebord chargé de plis serrés, et est ombiliqué : la base est striée transversalement. Longueur, 13 millim. (6 lignes).

On trouve cette espèce à Grignon et à Valognes.

5°. Bulle grillée. (*Bulla clathrata*, Nob.)

Caract. Coquille cylindrique, à base un peu évasée et à spire ombiliquée : elle est couverte de très-légères lignes blanches qui se croisent. Longueur, 16 millimètres (7 lignes).

Cette espèce se trouve à Dax.

6°. Bulle striatelle. (*Bulla striatella*, Lam.; Ann. du Mus., tom. VIII, pl. 59, fig. 3.)

Caract. Coquille un peu cylindrique, courte, obtuse, mince et tellement fragile, que les deux seules que j'ai rencontrées n'auroient pu être conservées, si elles ne s'étoient trouvées protégées avec du sable coquillier dans des coquilles plus grandes. Elle est couverte de très-fines stries d'accroissement. Sa spire est très-obtuse, canaliculée, et le bord supérieur de chaque tour porte une carène : le bord droit de l'ouverture est séparé de la spire par un sinus très-profond. Longueur, 8 millimètres (4 lignes environ).

Cette espèce a été trouvée à Grignon. Il n'y a presque aucune différence entre elle et une coquille que l'on trouve à l'état frais dans la rade de la Hougue, département de la Manche.

Cette coquille est tellement ouverte à sa base, qu'elle paroît pouvoir être placée dans le genre bullée : mais, n'en connoissant pas l'animal, je ne la porte ici que provisoirement, parce qu'elle s'écarte de la forme des *bulles*, en se rapprochant de celle des bullées.

Toutes les espèces ci-dessus se trouvent dans ma collection.

7°. Bulle millet. (*Bulla miliaris*, Brocchi; Conch. foss. subapp., tab. 15, fig. 27.)

Caract. Coquille suborbiculaire, lisse, ombiliquée aux deux bouts, à ouverture étroite et à base un peu évasée : elle est de la grandeur d'un grain de millet.

On trouve cette espèce dans le Plaisantin, et, d'après Soldani, elle vit dans la Méditerranée.

M. Brocchi a donné, dans son ouvrage déjà cité, les figures des *bulles*, n° 1, 3 et 4, qu'il a trouvées dans le Plaisantin : ces figures se trouvent tab. 1., fig. 6, 7 et 8 ; mais je crois que la fig. 6 qu'il a désignée comme la *bulle striée* de Bruguières, est la *bulle ovulée* de Lamarck; que celle de la fig. 7, qu'il a appelée *bulla convoluta*, est la *bulle cylindrique* de Lamarck, et que celle de la fig. 8, qu'il a pensé pouvoir être la *bulle ovulée* de Lamarck, est la *bulle couronnée* de cet auteur.

Comme il a été traité des *bullées* non fossiles à l'article *bulle* dans ce volume, je présenterai ici celles que j'ai trouvées à l'état fossile.

1°. Bullée oublie. (*Bulla lignaria*, Linn.; Encyclop., tab. 359, fig. 3.)

Je n'ai trouvé de différence entre celle qui est fossile et celle qui ne l'est pas, que parce que la première est un peu moins évasée à sa base, et parce qu'elle est d'un volume moins grand.

On trouve cette espèce fossile à Valognes, à Laugnac, près de Bordeaux, et dans le Piémont. Celle qui n'est pas fossile vit dans la mer Adriatique et dans la mer de Sicile.

2°. Bullée ouverte. (*Bulla aperta*, Lam. : Ann. du Mus., tom. l^{er}., pl. 12, fig. 5 et 6.)

Cette coquille, que j'ai trouvée fossile à Grignon, ressemble parfaitement à celle que l'on trouve à l'état frais dans la rade de Cherbourg ; mais elle est moins grande.

M. Brocchi annonce, dans son ouvrage déjà cité, qu'il a trouvé à l'état fossile, dans le Plaisantin, les espèces de *bullées* ci-après : 1°. B. *trunculata*, 2°. B. *acuminata* de Bruguières, 3°. B. *birostris*, 4°. B. *spelta*, 5°. B. *ficus* de Linnæus, dont les analogues se trouvent à l'état frais dans le golfe Adriatique, dans la Méditerranée, et dans l'Océan indien. (D. F.)

BULLE A CEINTURE. (*Conch.*) C'est l'ovule gibbeuse de M. de Roissy, *bulla gibbosa*, Linn., type du genre ultime de M. Denys de Montfort. Voyez Ultimus. (De B.)

BULLE AQUATIQUE. (*Malacoz.*) Cette bulle est le type du genre *physa*. (De B.)

BULLE D'EAU. (*Conch.*) C'est une espèce du genre bulle, la bulle ampoulle de M. de Lamarck, *bulla ampulla*, Linn. (De B.)

BULLÉE (feuille), *bullatum* (*folium*). (*Bot.*) Dont la surface supérieure s'élève en bulles qui forment autant de fossettes à la surface inférieure. Le grand basilic, le *lamium orvalla*, en offrent des exemples. (Mass.)

BULLÉE. (*Malacoz.*) Voyez le genre bulle dans le Dictionnaire. (De B.)

BULLÉE. (*Foss.*) Voyez au mot Bulle. (D. F.)

BULLETONE, BULLETONCINO. (*Bot.*) Noms italiens des champignons du genre *agaricus*, qui ressemblent à des boules. (Lem.)

BULLIARDE. (*Bot.*) *Bulliarda*, Decand. Plante de la famille des Crassulées, rapportée par MM. Lamarck, Willdenow, etc. au genre Tillée, et dont M. Decandolle a fait un genre particulier ayant les caractères suivans : caliee turbiné, à quatre lobes ; corolle de quatre pétales ; quatre écailles linéaires, égales à la longueur du calice ; quatre étamines ; quatre ovaires ; quatre capsules non étranglées en travers, et contenant chacune plus de deux graines.

Bulliarde de Vaillant, *Bulliarda Vaillantii*, Decand. Pl. grass. t. 74 ; *Tillæa Vaillantii*, Willd. sp. 1, p. 720. La tige de cette plante est charnue, rougeâtre, redressée, haute d'un à deux pouces, divisée en rameaux dichotomes, et poussant souvent des racines à ses nœuds inférieurs ; ses feuilles sont opposées, sessiles, oblongues, charnues, glabres ; ses fleurs sont solitaires, blanches, portées, dans les aisselles des feuilles, sur des pédoncules plus longs que les feuilles elles-mêmes. Elle croit dans les lieux humides et au bord des mares dans les forêts de Fontainebleau et de Villers-Coterets, aux environs de Paris : elle est annuelle. (L. D.)

BULLIER. (*Malacoz.*) Quelques zoologistes français donnent ce nom à l'animal des genres bulle et bullée. (De B.)•

BULLUS. (*Malacoz.*) Nom latin donné au genre bulle, par M. Denys de Montfort. (De B.)

BULPIPARES. (*Polyp.*) On emploie quelquefois ce nom pour désigner la classe des polypes, au lieu de celui de *gemmipares*. Voyez ce mot. (De B.)

BULZ, BILZ. (*Bot.*) Noms allemands des *boletus*. (Lem.)

BULZLING. (*Bot.*) L'un des noms allemands du *boletus bovinus*, Linn. (Lem.)

BUMA. (*Ornith.*) Voyez Boumah. (Ch. D.)

BUMBOS. (*Erpét.*) D'après Jobson, c'est le nom que les nègres donnent aux crocodiles qui infestent la rivière de Gambie, en Afrique. *Hist. générale des Voyages*, liv. 7. Voyez Crocodile. (H. C.)

BUMELIA. (*Bot.*) Ce nom étoit donné, chez les anciens, à la grande espèce de frêne, pour la distinguer du *melia*, qui est la petite espèce. Maintenant, ces deux noms servent à distinguer deux genres très-différens, appartenant, l'un a la famille des sapotées, l'autre à celle des méliacées. (J.)

BUNDIA. (*Ichthyol.*) Synonyme de *buridia*, dans Gesner. Voyez ce mot. (H. C.)

BUNK. (*Ornith.*) La buse commune. *falco buteo*. Linn., porte en Pologne ce nom et celui de *bak*. (Ch. D.)

BUNODE. *Bunodus.* (*Trich.*) Guettard, dans sa Monographie des vers à tuyau, désigne sous ce nom un genre assez mal défini. Le corps est conique, articulé, les articulations nombreuses; la tête également conique, contractile, est terminée supérieurement par un trou rond qui est la bouche; à sa base est une couronne de tentacules, et peut-être de branchies, que Guettard et Dargenville nomment des pattes. Le tube dans lequel il est contenu est conique, tortillé, coupé extérieurement de lames ou diaphragmes, et terminé supérieurement par un rebord plat, origine des lames.

L'espèce qui sert de type à ce genre, est figurée, d'après Dargenville, dans les *Mémoires de Guettard*, tom. III, pl. 69, fig. 9. Il y range ensuite un grand nombre de tubes, dont plusieurs sont fossiles, et qui ne paroissent guère avoir les caractères du genre. (De B.)

BUNTE KRÆHE. (*Ornith.*) Un des noms allemands de la corneille mantelée, *corvus cornix*, Linn., (Ch. D.)

BUNTER REGER. *Ornith.* Nom allemand du bihoreau, *ardea nycticorax*, Linn. (Ch. D.)

BUNTING. (*Ornith.*) Ce terme est employé par Albin pour désigner l'ortolan, *emberiza hortulana*, Linn.; et par Charleton, comme nom anglais de la calandre, *alauda calandra*, Linn. (Ch. D.)

BUPHTALMUM. (*Bot.*) Ce genre n'est point du tout naturel, si l'on y maintient toutes les espèces que les botanistes y admettent généralement; car plusieurs appartiennent à notre tribu naturelle des hélianthées, tandis que les autres font partie de celle des inulées. C'est pourquoi nous avons établi dans nos Mémoires sur les synanthérées un nouveau genre que nous nommons *diomedea*, et qui comprend les espèces de la tribu des hélianthées. Au moyen de cette innovation nécessaire, le genre *buphtalmum* n'est plus composé que d'espèces réellement congénères, à feuilles alternes, et il se trouve appartenir à notre tribu naturelle des inulées. (H. Cass.)

BUPLEVRIFOLIA. (*Bot.*) Plukenet, dans son *Almageste*, donne aux *corymbium* les noms de *buplevrifolia*, et de *buplevrisimilis*. (H. Cass.)

BUPO. (*Bot.*) Nom japonais d'un fusain, *evonymus japonicus*, de Thunberg. (J.)

BURAN. (*Bot.*) Nom japonais de l'iris de Sibérie. (J.)

BURBALAGA. (*Bot.*) Dans un canton de l'Espagne, au rapport de Clusius, on nomme ainsi une espèce de garou, *daphne*, à feuilles veloutées. (J.)

BURCARDIA. (*Bot.*) Nom générique donné par Schmidel à deux champignons qui ont été réunis au Peziza. Ce sont des champignons mollasses et irréguliers, comme les tremelles. Le premier est le *B. turbinata*, Schm., ou *peziza inquinans*, Pers., Bull., Champ., t. 460, f. 1. grande espèce d'un noir brun, et qui naît en touffe sur le bois coupé. Le second est le *burcardia globosa*, Schmid. Anal. pl. man., t. 69. Sa couleur est sombre; il est beaucoup plus grand, et croît sur la terre aux environs d'Erlang. Voyez Peziza. (Lem.)

BURCHARDE, *Burchardia*. (*Bot.*) Genre de la famille des colchicées, de l'hexandrie trigynie de Linnæus, caractérisé par une corolle (périanthe simple, M.) à six pétales caducs, munis à leur base d'une fossette nectarifère; six étamines insérées à la base des pétales; l'ovaire libre; un style trifide; une capsule à trois valves naviculaires, s'ouvrant en dedans, contenant des semences disposées sur deux rangs. Rob. Brown a établi ce genre pour une seule espèce, *buchardia umbellata*, de la Nouvelle-Hollande. Ses racines sont composées de fibres épaisses, fasciculées; ses tiges sont simples, garnies de feuilles linéaires, vaginales à leur base; les fleurs disposées en une ombelle simple, terminale, munie d'une bractée à sa base; la corolle est blanche, divisée en six pétales égaux, ouverts en étoile; les anthères peltées, de couleur purpurine; l'ovaire trigone, les stigmates aigus. (Poir.)

BURCHOMAT. (*Bot.*) Nom africain du *chrysocoma*, suivant Adanson. (H. Cass.)

BURGALL. (*Ichthyol.*) A New-Yorck, on nomme ainsi une espèce de labre, *Labrus burgall*, Schn. Voyez Labre. (H. C.)

BURGERMEESTER. (*Ornith.*) Nom hollandais du bourgmestre, *larus fuscus*, Linn. (Ch. D.)

BURHINUS. (*Ornith.*) Latham a décrit, dans le second supplément de son *Synopsis of birds*, pag. 519, n°. 8, et dans celui de son *Index ornithologicus*, pag. 61, un oiseau de la Nouvelle-Hollande, qu'il a placé parmi les pluviers, sous le nom de *charadrius magnirostris*. Le bec de cet oiseau, fort et très-large, lui a paru ressembler à celui du todier. Quoique ce caractère, suffisant pour établir une différence importante entre l'oiseau dont il s'agit et les autres pluviers, ne soit pas aussi développé qu'on auroit pu le désirer, Illiger, se figurant, d'après les expressions de Latham, que le bec de l'oiseau pouvoit être comparé à celui du savacou, en a formé un genre particulier, sous le nom de *burhinus*, βους σιν, *grandis nasus*. La seule espèce qui constitue ce genre est de la taille du pluvier doré; son plumage, d'un gris bleuâtre en dessus, et plus pâle en dessous, offre partout des raies noires qui deviennent de simples points sur la tête : les pennes des ailes sont noires avec des taches blanches à la base ; le bec est également noir, et les pieds sont d'un bleu terne. (Ch. D.)

BURHNI, Burn. (*Bot.*) En Islande, on donne ces noms au *polypodium filix mas*, Linn. Voyez Polystichum. (Lem.)

BURIDIA. (*Ichthyol.*) Ce nom paroît employé dans Gesner pour désigner l'aphye, *Leuciscus aphya*, ou une de ses variétés. Voyez Able, Cyprin. (H. C.)

BURIS. (*Bot.*) Nom donné, dans la Dalécarlie, suivant Linnæus, à l'armoise ordinaire. (J.)

BURIS. (*Conch.*) Nom languedocien du *murex brandaris*. (De B.)

BURLADORA. (*Bot.*) Un des noms portugais du *datura*. (J.)

BUROUGH-DUCK. (*Ornith.*) Nom anglais de la tadorne, *anas tadorna*, Linn. (Ch. D.)

BURSA MARINA. (*Zoophyt.*) Quelques anciens auteurs désignent ainsi, à cause de sa forme, l'*alcyonium bursa* de Linnœus. (De B.)

BURSAIRE. *Bursaria.* (*Infus.*) Genre d'animaux infusoires, établi par Müller pour de très-petits corps vivans, souvent microscopiques, qu'il a observés dans les eaux douces et salées. Les caractères qu'on peut leur assigner sont : Animaux hétéromorphes, c'est-à-dire, sans forme paire ni radiaire, sans aucune espèce d'appendice, consistant en une simple membrane concave, en forme de bourse, et se mouvant par un mouvement spontané. Müller en compte cinq espèces, que jusqu'ici lui seul a vues. Nous citerons la bursaire tronquée, *B. truncatella*, Müll., (*Anim. infus.*, tab. 17, fig. 1-4.) Cet animalcule, visible à l'œil nu, est ovale, long d'une demi-ligne et blanc : il est en forme de sac, son ouverture tronquée obliquement. On le trouve fréquemment, au printemps, dans les eaux des fossés, des mares, qui contiennent des feuilles de hêtre en putréfaction. (De B.)

BURSATELLA. (*Malacoz.*) M. de Blainville, dans son article *Mollusques*, du *Supplément à l'Encyclopédie britannique*, établit ce genre pour une belle espèce d'animal mollusque, appartenant à l'ordre qu'il a nommé *monopleurobranches*, et qui est très-voisin des laplysies.

Ses caractères sont d'avoir le corps presque globuleux, inférieurement un espace ovalaire circonscrit par des lèvres épaisses pour le pied ; supérieurement une fente ovalaire à bords épais, presque symétriques, communiquant dans la cavité où se trouve la branchie ; quatre tentacules fendus, comme ramifiés, et deux appendices buccaux ; un organe tentaculaire sur le milieu de la tête, et pouvant rentrer dans une cavité creusée à sa base, aucune trace de coquille.

La seule espèce de ce genre est le *B. Leachii* ou la bursatelle de Leach. Elle est presque grosse comme le poing, d'une couleur d'un blanc jaunâtre, comme translucide ; tout son corps est parsemé de petits appendices tentaculiformes irrégulièrement disposés ; ce qu'on nomme, peut-être à tort, les tentacules dans cette famille, et le bord antérieur de la tête, en ont de plus longs. On ignore sa patrie. Elle est conservée dans le Muséum britannique. J'en ai donné une figure dans l'ouvrage cité au commencement de cet article. (De B.)

BURSATELLE. (*Malacoz.*) Nom français du genre *bursatella*. (De B.)

BURSHIA. (*Bot.*) Genre de Schmaltz (Jour. bot. 1, pag. 218), qui appartient à la famille des *hydrocaridées*, et à la *tétrandrie monogynie* de Linnæus, assez semblable au *proserpinaca*, distingué par un calice supérieur à quatre dents ; point de corolle ; quatre étamines ; quatre styles subulés ; une capsule à quatre loges, autant de semences. La seule espèce de ce genre, *burshia humilis*, a des feuilles pinnatifides ; les divisions incisées, presque ailées, aiguës ; les fleurs axillaires, sessiles et solitaires. Cette plante croît dans les eaux. Elle a été découverte par Bursh dans le *New-Jersey*, et dans le comté de *Sussex*, dans les Etats-Unis d'Amérique. Elle n'a que quelques pouces de hauteur. (Poir.)

BURSTENHUT. (*Bot.*) Nom allemand des *orthotrichum*, genre de la famille des mousses. (Lem.)

BURSULA. (*Conch.*) Nom générique donné par Klein à des coquilles inéquivalves, dont le sommet entier d'une valve dépasse et se recourbe sur celui de l'autre ; en un mot, à des térébratules dont le sommet ne seroit pas percé : aussi se pourroit-il que ce genre fût établi sur des noyaux de térébratule ; sinon il seroit fort rapproché des gryphées. (De B.)

BURTONIA. (*Bot.*) Genre établi par Rob. Brown, dans la nouvelle édition de l'*Hortus kew.*, pour le *gompholobium scabrum*, de Smith. Il se distingue par un calice profondément divisé en cinq découpures ; la corolle caduque, papilionacée ; les pétales presque d'égale longueur ; dix étamines libres ; un ovaire à deux semences ovales ; le style subulé, dilaté à sa base ; le stigmate nu, obtus ; une gousse arrondie, médiocrement ventrue : Cette plante croît à la Nouvelle-Hollande. Ses tiges sont ligneuses, ses feuilles ternées, ses calices glabres. (Poir.)

BUSAR. (*Ornith.*) On nomme ainsi la buse, *falco buteo*, Linn., dans la vallée de Lanzo. (Ch. D.)

BUSARD. (*Ornith.*) On n'avoit, dans ce Dictionnaire, tom. V, pag. 450, formé des busards que deux sections du genre *buse*, distinguées par les tarses longs et grêles, et dont la première, sans collerette, comprenoit le busard commun, *falco æruginosus*, Linn. ; le busard esclavon, *falco sclavonicus*, Daud. et Lath. ; le busard bordé, *falco marginatus*, id. ; le busard harpaye, *falco rufus*, id. ; le busard de Java, *falco javanicus*, Gmel. ; le busard buserai, *falco busarellus*, Daud. et Lath. Les oiseaux de la seconde section, pourvus d'une collerette, étoient la soubuse commune, *falco pygargus*, Linn. ; la soubuse bleuàtre, *falco cyaneus*, Linn. ; la soubuse des marais, *falco uliginosus* ; la soubuse acoli, *falco acoli*, Daud. et Lath. ; et la soubuse tchoug, *falco melanoleucus*, Gmel. Depuis, MM. Savigny, Vieillot et Cuvier, se sont accordés à en former, sous le nom de *circus*, un genre particulier dont les caractères sont d'avoir le bec un peu allongé, mais sensiblement incliné dès son origine, comprimé latéralement, à dos un peu anguleux ; la cire glabre, suivant M. Savigny, et poilue à la base selon

M. Vieillot; les narines oblongues, et presque cachées sous
des poils ou soies roides ; la mandibule supérieure à bords dilatés, crochus, acuminés à la pointe ; l'inférieure à bassin uni,
lisse, courte et obtuse ; la langue épaisse, charnue, échancrée ;
les tarses allongés, déliés, réticulés, avec un rang de tablettes
par-devant ; le doigt intermédiaire excédant de peu les latéraux, dont l'extérieur est égal à l'antérieur, ou plus grand ;
les ongles longs, acérés, l'externe plus petit ; les ailes longues ;
la première rémige plus courte que la seconde, et les troisième
et quatrième les plus longues de toutes ; enfin, la queue longue
et arrondie, tandis qu'elle est carrée chez les buses.

M. Savigny divise les trois espèces de busards qu'il a trouvés
en Égypte en deux tribus, dont la première a les ongles intérieur et postérieur égaux à celui du milieu, cinq rémiges
échancrées, et la tête forte, dépourvue de collerette ; tandis
que la seconde a les ongles intérieur et postérieur plus grands
que l'intermédiaire, quatre rémiges échancrées, et la tête médiocre, entourée d'une collerette.

La première section comprend : 1°. le Busard, *circus æruginosus*, synonyme du *falco æruginosus* de Linnæus et de
Gmelin, du busard des marais, Br., et du busard, Buff., pl. enl.
424, 2°. la Harpaye, *circus rufus* ou *falco rufus*, Gmel., busard
roux, Briss., et harpaye, Buff., pl. enl. 460. La seconde section
est formée de la Soubuse, *circus gallinarius* ou *falco pygargus*, Linn. et Gmel.; Soubuse, Buff., pl. 443 et 480, et l'faucon
à collier, Briss. Le premier de ces trois oiseaux porte, en
Égypte, les noms de *hidm* et *gerrah*, le second celui de *dery a' h*,
et le troisième ceux de *abou haouàm* et *sagr el fyràn*.

MM. Temminck et Cuvier réduisent ces trois oiseaux à deux,
regardant la *soubuse* comme étant, savoir : 1°. le jeune mâle
et la femelle, le *falco pygargus*, le *falco hudsonicus*, le *falco
Buffonii* Gmelin ; le *falco rubiginosus* et le *falco ranivorus*
Lath. ; le faucon à collier, Briss.; le busard grenouillard de
M. Levaillant, *Oiseaux d'Afrique*, pl. 25 ; et le busard roux,
de M. Vieillot, *Oiseaux de l'Amérique septentrionale*, pl. 9. 2°. Le
jeune mâle passant à l'état d'adulte, le *falco cyaneus*, le *falco
griseus*, le *falco montanus*, Gmel.: le busard à croupion blanc
et le busard varié de M. Vieillot, *Oiseaux d'Amérique*. 3°. Enfin,
le vieux mâle, le *falco bohemicus*, le *falco albicans*, Gmel.,

l'oiseau Saint-Martin, Buff., pl. enl. 459 ; et la *harpaye*, comme étant dans son jeune âge le *falco æruginosus*, Gmel. et Lath., le *falco arundinaceus*, Bechst., le busard des marais, Buff., et dans l'âge adulte ou dans la vieillesse, le *falco rufus*, Lath., le *circus rufus*, Briss.

M. Vieillot fait, comme M. Savigny, trois espèces distinctes du busard commun, du busard harpaye et du busard soubuse.

Le *Busard commun* ou *des marais* a le bec noir, l'iris d'une couleur de safran et la membrane de la base du bec d'un vert jaunâtre. Quoiqu'en général son plumage soit d'un gris ferrugineux, il y a des individus qui ont le corps d'une teinte de chocolat. Quelques-uns ont une marque blanchâtre sur la nuque, avec des taches roussâtres, peu apparentes, diversement distribuées sur les parties supérieures, et à l'extrémité des couvertures et des pennes des ailes et de la queue. D'autres ont du jaune à la gorge, aux épaules, au sommet de la tête ; et plusieurs ont les mêmes parties sans taches. La tête du jeune, avant sa première mue, est d'un roux sale, pointillé de brun noirâtre ; la nuque d'un blanc roussâtre ; les tempes d'un brun noir ; les plumes du dos de la même couleur, avec une bordure rousse ; les paupières et les pieds jaunes.

Le *Busard harpaye* a le bec d'un noir bleuâtre ; la cire, l'iris et les tarses jaunes ; le dessus de la tête, du cou, et le poignet de l'aile blancs, avec une tache brune au milieu de chaque plume : le dessus du corps est d'un brun roussâtre ; les grandes couvertures des ailes, une partie des plumes secondaires, et toute la queue, sont d'un gris bleuâtre ; les grandes rémiges d'un bleu noir à l'extérieur, et blanches en-dedans ; les parties inférieures d'un roux clair, avec des taches étroites au centre de chaque plume, lesquelles s'effacent en se rapprochant de l'anus. Les œufs de cette espèce, qui est rare en France et en Allemagne, sont d'un blanc tirant sur le bleu.

Le *Busard soubuse*, dont le mâle adulte est représenté dans les planches enluminées de Buffon, n°. 459, et dont un jeune mâle et la femelle sont figurés sur les planches 480 et 483, n'est pas une espèce différente de l'*oiseau saint-martin* ; mais celui-ci est le mâle de l'autre, ainsi que M. Baillon fils en a acquis la certitude en tuant deux couples qui nourrissoient leurs petits. Les auteurs qui étoient d'une opinion contraire, s'appuyoient sur la rareté des oiseaux saint-martin, dans les lieux même où les soubuses étoient communes ; mais cette circonstance provenoit de ce que les mâles ressemblent aux femelles dans leurs premières années, et qu'il est difficile de les distinguer jusqu'à la troisième, époque à laquelle les dissemblances sont frappantes. Avant sa première mue, le jeune mâle, privé de collerette, a le tour des yeux, le front, le haut des joues d'un blanc roussâtre, plus foncé par le bas, et de petites taches brunes à la nuque. Le dessus de la tête et du corps est brun ; les grandes couvertures et les pennes primaires de l'aile sont noirâtres, avec l'extrémité blanche : les plus grandes couvertures de la queue sont blanches et les parties inférieures rousses ; la queue, brune en-dessous, est traversée par dix bandes alternativement de cette couleur et d'un blanc roussâtre. A l'automne, le mâle prend une couleur plus sombre sur les parties supérieures ; l'extrémité des pennes de l'aile et de la queue devient plus blanche, et le dessous du corps d'un roux plus clair. Enfin, à la troisième, on le voit souvent avec une collerette blanche, et il est, en général, d'un gris bleuâtre clair, à l'exception du croupion, qui est blanc, ainsi que le ventre, les couvertures inférieures et les pennes de la queue. Le même oiseau, dans sa vieillesse, est presque entièrement blanc, avec les pennes de l'aile noires. C'est dans cet état qu'on l'a nommé *falco albicans*, et qu'il a été peint dans la 459ᵉ planche enl. de Buffon.

La femelle, dont la longueur est de près de vingt pouces, a la tête et toutes les parties supérieures ferrugineuses avec une teinte roussâtre sur le bord des plumes de la tête et du cou ; une tache blanche sous l'œil ; la collerette brune dans le milieu, et d'un roux blanchâtre sur les bords ; la gorge et les parties inférieures d'un blanc roussâtre, avec des taches longitudinales de couleur brune, et la queue rayée de roux et de noirâtre. Cette femelle éprouve, comme le mâle, des variations dans son plumage ; mais elles ne consistent que dans des couleurs plus ou moins sombres, et elle conserve toujours des traces de la couleur ferrugineuse qui est l'attribut de son sexe.

Le busard soubuse d'Europe se trouvant aussi dans beaucoup d'autres parties du monde, la *soubuse de Cayenne* n'en est peut-être qu'une variété, comme l'ont pensé Latham et Mauduyt. Ses yeux sont surmontés d'un arc jaunâtre ; les parties supérieures sont d'un fauve tirant sur le noir, les parties inférieures roussâtres ; les premières pennes de l'aile d'un cendré bleuâtre, et les suivantes brunes ; des raies d'un brun obscur traversent les ailes et la queue. Ce qui seroit plus propre à faire considérer comme une espèce réelle cet oiseau dont la longueur de deux pieds , c'est la couleur de la cire, qu'on dit être bleuâtre et non pas jaune, comme dans la soubuse ordinaire.

Plusieurs oiseaux de proie dont il n'avoit pas été fait mention dans ce Dictionnaire, ont été décrits depuis sa publication, comme appartenant au genre *busard* : ce sont, pour l'Amérique méridionale, le busard cendré, le busard des champs, le busard à ailes longues, le busard à gorge blanche, le busard à tête blanche, le busard topita ; pour l'Amérique septentrionale, le busard d'hiver ; pour les Indes, le busard à sourcils blancs ; pour la Nouvelle-Hollande, le busard à aisselles noires.

Les trois premiers de ces oiseaux sont désignés par M. d'Azara, sous la dénomination générale de *buses des savanes noyées*, et les trois suivans sous celle de *buses des champs*.

Cet auteur a annoncé que les pennes de la queue des oiseaux de son premier groupe étoient égales, et que celles des oiseaux du second groupe ne l'étoient pas autant, surtout chez la buse des champs à ailes longues, dont les pennes sont étagées. Or, la queue carrée forme un des caractères des buses, et la queue arrondie un de ceux des busards. Cette considération, et quelques autres sur la forme circulaire des narines, sur la longueur relative des tarses, pourroient faire douter si ces oiseaux, dont l'un est positivement regardé par M. Cuvier comme une buse, sont convenablement placés parmi les busards : mais, quoique ce classement soit susceptible d'objections, il faudroit avoir les individus sous les yeux, ou en posséder des dessins très-exacts, pour prendre un parti bien déterminé à cet égard ; et dans l'état de la science, il a paru plus convenable de se conformer provisoirement à un travail déjà exécuté.

Le Busard topita, qui a été ainsi nommé par contraction du mot *taguatopila*, ou buse rouge, *circus rufulus*, Vieill., est la buse des sayanes noyées, rousse d'Azara, nº. 11. Ses ailes sont composées de vingt-trois pennes, dont la troisième et la quatrième sont les plus longues; la queue est formée de douze pennes égales; les narines sont circulaires. La longueur totale de l'oiseau est de dix-huit pouces et demi. Au-dessus de l'œil est une tache blanchâtre; la tête et la partie supérieure du cou sont rousses, avec des raies bleuâtres, et d'un brun tirant sur le bleu au centre. Le dessus du corps et les grandes couvertures des ailes sont noirâtres, et les petites couvertures rousses avec des raies de la même teinte. Les pennes, rougeâtres, ont leur extrémité presque noire. Les couvertures supérieures de la queue sont blanches à leur bout, et il en est de même des pennes qui, dans le reste, sont noirâtres, avec de petites bandes d'un blanc sale sur les deux premiers tiers de leur longueur. Le bec est noir, la membrane d'un jaune luisant, les tarses d'un jaune moins clair, et l'iris roussâtre.

Ces oiseaux, entre lesquels on ne remarque aucune différence de sexe, se rassemblent quelquefois, en grandes troupes, dans les terrains brûlés, où ils cherchent à découvrir les couleuvres et à saisir les insectes au vol. Quoique cette espèce ne ponde, dans le mois de septembre, que deux œufs, d'un rouge tanné avec des taches de sang, elle est très-multipliée au Paraguay.

Le Busard a gorge blanche, *circus albicollis*, décrit par M. d'Azara, nº. 12, sous le nom de *buse des savanes noyées à taches longues*, a paru à Sonnini une espèce rapprochée du mansféni des Antilles, *falco Antillarum*, Linn. Ses tarses, plus couverts que ceux du précédent, sur leur partie antérieure, ont une forme triangulaire plus décidée, et sont garnis d'écailles beaucoup plus petites; ses ailes ont vingt-cinq pennes, dont la quatrième est la plus longue, et la queue douze, qui sont égales. La longueur de l'oiseau est de vingt pouces; son bec est d'un bleu foncé, et l'iris d'un roux clair; une tache blanchâtre, qui part du bec et passe dessus l'œil, s'étend jusqu'à l'occiput; la tête et les parties supérieures ont les plumes noirâtres au milieu, et blanchâtres à l'extrémité; la gorge est blanche, et le devant du cou noirâtre, avec de longues taches blanches; la poitrine d'un blanc roussâtre; le ventre varié de blanc et de brun foncé ; de petites raies de cette dernière couleur, et mêlées de roux, traversent les jambes. Les pennes des ailes offrent des bandes festonnées d'un brun foncé; les couvertures supérieures sont de la même couleur, et bordées de blanc; les petites ont des points bruns sur un fond jaunâtre ; la queue paroît brune lorsque les pennes sont rapprochées, mais les pennes étalées présentent des bandelettes et des taches brunes et blanches.

Le Busard a tête blanche, *Circus leucocephalus*, que M. d'Azara a décrit, sous le n°. 15, est rare au Paraguay, où il vit de productions animées, dans les terrains fangeux. Sa queue est moins longue que celle de l'espèce précédente ; ses tarses, d'un blanc bleuâtre, sont plus courts, plus couverts et plus gros ; ses doigts et ses ongles plus longs ; les narines, en forme de poire, sont placées à l'extrémité de la membrane du bec: les pennes des ailes et de la queue sont en même nombre et de forme pareille. Sonnini regarde cet oiseau, dont la longueur est de dix-neuf pouces et demi, comme étant le même que le *busard roux de Cayenne* et le *buserai* de M. Levaillant. Son bec et le cou sont noirs ; le devant de la tête et la gorge sont blancs ; le derrière de la tête et du cou, le dos, les couvertures des ailes et le croupion sont roux, avec une tache longitudinale noire sur chaque plume scapulaire, et quelques signes de la même couleur sur les plus grandes ; le bas de la gorge présente une tache brune, et au-dessous une autre d'un noir roussâtre ; les parties inférieures sont rousses, et les pennes des ailes noires ; la queue est traversée, jusqu'à la moitié de sa longueur, par des bandes rousses et brunes, et le surplus est noir, avec une teinte roussâtre.

M. d'Azara décrit, à la suite de cette espèce, et sous le n°. 14, la *buse des savanes noyées d'un rougeâtre foncé*, qui est le *buson* dont il a été parlé dans ce Dictionnaire, sous le mot *buse;*

Les trois oiseaux que le même auteur a désignés sous la dénomination générale de *buses des champs*, diffèrent des espèces précédentes par leurs habitudes. Quoiqu'ils passent la nuit et pondent sur les bords des eaux stagnantes, on les voit, pendant la plus grande partie du jour, voler lentement à huit ou neuf pieds de hauteur, au - dessus des campagnes découvertes. Quelquefois, cependant. ils planent en tournoyant à une grande élévation ; et M. d'Azara pense que ce sont les mâles qui cherchent à découvrir leurs femelles. Lorsqu'ils aperçoivent des perdrix, des rats, des limaçons, etc., ils s'abattent dessus ; ils sont presque toujours seuls, et fort rarement par paires.

L'espèce décrite n°. 31, sous le nom de *buse des champs à ailes longues*, et que M. Vieillot a nommée *busard longipenne*, *circus macropterus*, a la queue étagée et composée de douze pennes, dont l'extérieure est plus courte de six lignes ; sa longueur est de dix-neuf pouces. Cet oiseau, qui appartient plus visiblement au genre busard, a le bec bleuâtre avec le crochet noir, la membrane d'un jaune verdâtre. les tarses orangés ; le cou et les oreilles sont entourés d'une collerette noire et blanche ; il a une bande noire au-dessus des yeux ; le menton et les coins de la bouche sont blancs ; la tête, les côtes du cou, la nuque et les plumes scapulaires ont une teinte plombée et noirâtre ; le dos et les couvertures supérieures des ailes sont noirs ; les parties inférieures sont blanches, avec des taches noires ; les grandes couvertures et les pennes des ailes sont cendrées, et rayées transversalement de bandes noires, interrompues ; les couvertures inférieures ont des raies roussâtres, sur un fond blanc ; le dessus de la queue est d'un blanc bleuâtre, et le dessous blanc.

M. d'Azara rapproche de cet oiseau un autre qu'il avoit précédemment décrit sous la dénomination de *buse bleuâtre*, et un troisième tué par M. Noséda et nommé par ce dernier *buse noire*. Il y a aussi, au Muséum d'Histoire Naturelle, un busard noir, à l'exception de sa queue, qui est d'un gris bleuâtre.

Le BUSARD CENDRÉ, *Circus cinereus*, Vieill., ou la *buse des champs cendrée*, d'Az., n°. 32, a paru à Sonnini le même oiseau que son *épervier cendré de Cayenne*. On le trouve au Paraguay et près de la rivière de la Plata : ses ailes sont composées de vingt-trois pennes, dont la troisième est la plus longue ; la queue en a douze presque égales. Sa taille est de quinze pouces. La tête, le cou et le dos sont d'un cendré brunâtre ; il a une collerette étroite, blanche, et terminée de noirâtre, le croupion blanc. Le dessous du corps est rayé transversalement de bandes d'égale largeur, les unes blanches, les autres rousses ; les couvertures supérieures des ailes sont rayées de blanc sur un fond cendré ; les quatre premières pennes des ailes sont noires, et les autres cendrées ; les couvertures inférieures sont blanches, ainsi que le dessous des pennes, avec des pointes et des taches d'un brun roussâtre ; la queue cendrée en-dessus, est d'un blanc sale en dessous. Le bec est bleu avec la pointe noire ; la cire et l'iris sont jaunes et les tarses orangés.

Le Busard brun, *Circus fuscus*, désignation qui paroît moins vague que celle de *busard des champs*, a été décrit par M. d'Azara, n°. 33, sous le nom de *buse brune des champs*, et rapproché par Sonnini de la soubuse des marais, *falco uliginosus*, Linn. Cet oiseau se trouve, comme l'espèce précédente, à la rivière de la Plata et au Paraguay. Il est long de dix-sept pouces. Ses tarses sont couverts de plumes en devant et au-dessus de l'articulation ; ses narines sont placées au milieu de la cire ; sa collerette est noirâtre avec une bordure rousse ; une ligne blanchâtre traverse la tête, dont le dessus est d'un brun noirâtre ; les plumes de l'occiput sont blanches à leur extrémité ; celles du cou sont brunes avec une bordure rousse ; le dos est d'un brun foncé ; le croupion est blanc, et tout le dessous du corps offre un mélange de brun et de roux, plus foncé au centre des plumes ; le brun domine sur les ailes et sur la queue.

Il existe dans l'Inde un Busard a sourcils blancs, *Circus leucophrys*, Vieill., dont la tête, la gorge, le dos et les ailes sont noirs, et dont le front, les sourcils, le dessous des ailes et de la queue sont blancs ; les pennes, les grandes couvertures des ailes sont traversées par des raies noires, et les pennes caudales par quatre grandes bandes de la même couleur ; le bec et les ongles sont noirs, la cire et les pieds jaunes. Les parties supérieures sont brunes chez le jeune et chez la femelle, qui ont l'occiput tacheté de blanc, et la collerette noire et blanche.

Le *busard tchoug* des mêmes contrées, a été décrit dans ce Dictionnaire.

Enfin, on a trouvé dans la Nouvelle-Hollande un Busard a

AISSELLES NOIRES, *Circus axillaris*, Vieill., et *falco axillaris*, Lath. Toutes les parties inférieures des ailes de cet oiseau sont recouvertes par un faisceau de plumes noires, longues et très-saillantes ; les sourcils et les pennes des ailes sont également noirs ; tout le reste est d'un cendré bleu, moins foncé sur les parties inférieures. Le bec et les ongles sont noirs, et les tarses jaunes. (Ch. D.)

BUSAROCA. (*Ornith.*) La corbine ou corneille noire, *corvus corone*, Linn., porte ce nom en Catalogne. (Ch. D.)

BUSC. (*Ornith.*) L'oiseau dont le voyageur Dampier parle sous ce nom, paroît être le gachet de Buffon, *sterna nigra*, Linn. (Ch. D.)

BUSCI, (*Bot.*) Un des noms japonais de la rave, *brassica rapa*, suivant Thunberg. (J.)

BUSE. (*Ornith.*) Le *bacha* de M. Levaillant a été placé parmi les aigles, tom. 1er, pag. 364 de ce Dictionnaire ; mais on a reconnu depuis qu'il appartenoit plutôt au genre *buse*, et le *jean-le-blanc*, *falco gallicus*, Linn. qui est décrit au tom. 5, pag. 454, parmi les buses, a été rangé par M. Temminck avec les aigles, sous le nom de *falco brachy dactylus*. M. Vieillot en a fait un genre particulier, qu'il a appelé *circaète*, *circaetus*, en lui donnant pour caractères un bec droit à la base, convexe en-dessus ; des tarses allongés ; les doigts extérieurs unis à l'origine par une membrane ; les ongles courts, presque égaux.

La buse commune varie tellement dans son plumage, que, suivant l'observation de M. Temminck, bien peu d'individus se ressemblent ; aussi regarde-t-il le *falco communis fuscus*, le *falco variegatus*, le *falco albidus*, le *falco versicolor* de Gmelin, comme le même oiseau décrit dans divers états, et le *busardet* ne lui en paroît également qu'une variété plus ou moins blanche.

M. Vieillot, au contraire, développant une opinion qui avoit déjà été émise par Bechstein, distingue la buse commune, *falco butero*, pl. enl. de Buffon, n°. 419, de l'espèce qui est représentée dans Frisch, pl. 76 ; et, donnant à la première le nom de *buse à poitrine barrée*, BUTEO FASCIATUS, et à la seconde, celui de *buse changeante*, BUTEO MUTANS, il soutient que ce sont deux espèces réelles, qui offrent de grandes différences au physique et au moral.

La buse commune, ou à poitrine barrée, dont, suivant M. Vieillot, le plumage est toujours le même, ou varie très-peu dans les différens âges, a pour signes caractéristiques des raies *transversales* blanches sur un fond brun aux parties inférieures, et surtout au cou, au bas de la poitrine, au ventre et sous l'anus. Les couvertures inférieures des ailes ont douze de ces raies transversales alternativement blanches et d'un brun foncé sur les moyennes, et brunes avec de petites taches blanches sur les autres; les pennes caudales sont traversées en dessous par neuf bandes grises et neuf bandes brunes qui sont irrégulières, et les plumes anales ont cinq bandes blanches et cinq brunes.

Les pennes caudales de la *buse changeante* ont vingt-quatre bandes régulières et d'égale largeur; elle a d'ailleurs sur tout le corps des taches plus ou moins nombreuses, *oblongues* ou *longitudinales*, sur le bas de la poitrine, et quelquefois sur le devant du cou : les taches disparoissent, et le vêtement de l'oiseau blanchit avec l'âge. Les œufs de la buse commune sont presque ronds, verdâtres et couverts de taches irrégulières brunes. Ceux de la buse changeante sont ovales, moins gros, et offrent quelques taches d'un vert jaunâtre pâle en forme de zigzags. Tandis que la buse commune se tient blottie sur une motte de terre ou sur un arbre de moyenne hauteur, d'où elle se jette sur les petits animaux qui passent à sa portée, la buse changeante, plus vive et plus courageuse, plane dans les airs en tournoyant, et se plaît à faire la chasse aux levrauts et aux perdrix. Cette buse quitte en automne nos climats, où la buse commune reste, et elle n'y revient qu'au printemps.

L'oiseau que Merrem a décrit et figuré, sous le nom de *falco glaucopis*, fascicule 2, pl. 7, n'est, suivant M. Cuvier, qu'une buse commune.

Parmi les buses étrangères à tarses nus, qui ont été décrites dans ce Dictionnaire, sont la buse boréale, *buteo borealis*, la buse rayée, *buteo lineatus*, et la buse de la Jamaïque, *buteo jamaïcensis*, les mêmes que la buse à queue rousse, la buse à queue rayée et la buse fauve. Au nombre de celles dont on n'a point parlé est la buse à poitrine rousse, des Indes orientales, de M. Vieillot. Son bec est noir; la tête, la gorge et le devant du cou offrent un mélange de noir, de roux et de blanc; la poitrine est d'un roux foncé, les plumes du ventre sont noires et bordées de blanc; les bandes transversales de la queue sont noires et blanchâtres, et celles des couvertures inférieures et des jambes, blanches et noires.

On ignore le pays natal de la buse à gorge noire, *buteo nigricollis*, et de la buse à queue courte, *buteo brachyurus*. Le premier de ces oiseaux, de la taille du busard commun, a le bec noir, la cire bleue, la tête brune, la gorge noire, le dessus du corps roux, avec des taches longitudinales brunes au centre de chaque plume; les couvertures des ailes et les cuisses sont traversées par des taches de la même couleur; les pennes des ailes sont noires: celles de la queue, noires en dessus, sont blanches en-dessous, et traversées de quatorze raies brunes, avec une bordure de la même couleur. La *buse à queue courte* a les parties inférieures blanches, les parties supérieures noirâtres; sa queue est traversée de bandes grises et blanches. Elle se trouve au Muséum d'Histoire Naturelle.

Les autres buses a pieds nus, données comme espèces particulières, mais sur la plupart desquelles on peut conserver des doutes fondés jusqu'à ce qu'elles aient été mieux étudiées, appartiennent à l'Amérique. Ce sont :

1°. La Buse de la baie de Hudson, *Falco obsoletus*, Gmel. et Lath., qui est de la taille de la buse commune, et dont la couleur est en général d'un brun foncé, avec des taches blanches à la nuque, aux parties inférieures du corps, et à la marge intérieure des pennes alaires et caudales.

2°. La Buse cendrée, *Falco cinereus*, Gmel., qu'on trouve comme la précédente, à la baie de Hudson, où elle fait la guerre aux gélinottes. Cette buse, qui est figurée dans Edwards, pl. 53, et que Latham ne regarde que comme une variété de la buse ordinaire, quoique sa taille n'excède pas celle d'une poule, a le dessus de la tête et du cou blanc avec des taches brunes; une raie d'une teinte plus sombre passe au-dessus des yeux et descend jusqu'aux côtés du cou; le dos est d'un brun cendré; les petites couvertures des ailes ont leur bordure blanche: les premières pennes ont des taches de la même couleur. Le dessous du corps est blanc avec des taches brunes qui sont oblongues sur la poitrine, plus arrondies sur les flancs, et plus étroites sur les jambes; des raies blanches et noires traversent les couvertures inférieures de la queue, dont les pennes sont rayées de blanc en-dessous et de jaunâtre en-dessus.

5°. La Buse brune, *Buteo fuscus*, pl. 5 des *Oiseaux de l'Amérique septentrionale*, de M. Vieillot, laquelle a la tête d'un brun fauve; le dessus du cou et le dos d'un brun noirâtre; des bandes transversales de cette dernière couleur, sur un fond roussâtre aux couvertures et aux pennes secondaires des ailes; des raies brunes sur les pennes de la queue, qui sont d'une couleur de rouille pâle; les parties inférieures de cet oiseau sont d'un gris sale, avec des taches brunes, et les plumes des jambes d'un blanc terne, avec des taches noires; le bec, les pieds, les ongles sont noirs, et la cire est bleue.

4°. La Buse gallinivore, *Buteo gallinicorus*, qui est très-commune dans les États-Unis, où on l'appelle *grand épervier des poules*. Cet oiseau, dont le plumage est sujet à de grandes variations, a, en général, la tête et le cou mélangés de brun et de blanc sale; le dos, le croupion, les autres parties supérieures, d'un brun foncé; toutes les parties inférieures d'un blanc jaunâtre avec des taches oblongues d'un brun noir; les pennes caudales rayées de brun et de blanc, et les plumes des jambes blanches avec des taches irrégulières.

5°. La Buse a queue ferrugineuse, *Buteo americanus*, Vieill., *Oiseaux de l'Amérique septentrionale*, pl. 6, qui a les plumes de la tête blanches intérieurement, et brunes à l'extérieur; celles du cou et des couvertures supérieures des ailes d'un brun noirâtre dans le milieu et clair sur les bords; les pennes des ailes cendrées, avec des bandes transversales noires; la queue d'un gris ferrugineux, avec sept raies transversales noirâtres, et l'extrémité blanche; le bec noir, la cire jaune, les pieds de couleur de soufre, les ongles noirs. Cet oiseau a dix-neuf pouces de longueur.

Suivant M. Cuvier, l'oiseau décrit par M. Vieillot, dans le même ouvrage, sous le nom de *milan-cresserelle*, et figuré pl. 10 *bis*, est aussi une buse.

6°. La Buse a dos noir. *Buteo melanonotus*, Vieill. Oiseau

de la taille de la buse commune, qui se trouve à Cayenne, et dont la tête, le dessus du cou et toutes les parties inférieures sont blancs, les ailes et le dos noirs avec des taches blanches; la queue noire avec une large bande blanche à l'extrémité, et les pieds jaunes.

7°. La Buse a queue blanche, *buteo albicaudatus*, qui a le front d'un blanc sale; la tête et le dessus du cou variés de noirâtre et de brun; le dos de cette dernière couleur, avec des lignes festonnées et transversales; les grandes couvertures et les pennes des ailes noirâtres; la queue blanche en-dessous avec deux bandes assez larges, dont la première est noire, et celle qui termine la queue cendrée; la poitrine et le ventre d'un beau blanc, avec des festons étroits et noirâtres sur les flancs et sur les couvertures inférieures des ailes. Cet oiseau, de l'Amérique méridionale, a dix-huit à vingt pouces de longueur; son bec, bleuâtre, est noir à la pointe; les tarses sont jaunes.

M. d'Azara, qui a séparé les oiseaux par lui considérés comme des buses, en trois sections, a donné aux unes le nom de *buses des champs*, sous lequel il a décrit trois oiseaux de proie, qu'il a désignés par les dénominations particulières de *buse à ailes longues*, *buse cendrée* et *buse brune*. De ces trois oiseaux, sous les n°s. 21, 22 et 23, Sonnini a regardé la première espèce comme nouvelle, la seconde comme la même que l'*épervier cendré de Cayenne*, tom. XXXIX, p. 59 de son édition de Buffon, et la troisième comme la *soubuse des marais*, tom. XXXVIII, p. 318 du même ouvrage. M. Vieillot, de son côté, a rangé les trois oiseaux dans son genre busard, sous les noms de *busard longipenne*, de *busard cendré*, et de *busard des champs*.

La seconde section comprend les *buses des savanes noyées*, sous les n°s. 11, 12, 13, 14, avec les dénominations de *rousse*, *à taches longues*, *à tête blanche* et d'un *rougeâtre foncé*. Sonnini regarde la première espèce comme nouvelle, la seconde comme trèsrapprochée du mansféni des Antilles, la troisième comme le *buseron* ou *busard roux de Cayenne*, et la quatrième comme le *buson* de M. Levaillant. M. Cuvier, qui place parmi les buses le rou-noir, le tachard, le buserai, le buson, le tachiro, y range aussi la *buse des savanes noyées à tête blanche*, p. 53 de la traduction de Sonnini, sans parler des autres, et M. Vieillot met les quatre espèces avec ses busards.

M. d'Azara a décrit, à la suite de ces mêmes oiseaux, deux individus, dont il appelle le premier *macagua*, et le second *buse sociable*. Il avoue que ces oiseaux présentent, dans leur conformation, des différences importantes ; et M. Vieillot en a formé un genre particulier, sous le nom de *macagua*.

Enfin, les buses de la troisième section ont été mommées par M. d'Azara *buses mixtes*. Elles sont décrites dans son *Histoire des Oiseaux du Paraguay*, sous les nᵒˢ. 17 à 22. L'auteur, qui ne connoît pas leurs habitudes, a seulement annoncé qu'elles sont pourvues d'ailes beaucoup moins grandes que les autres, ce qui les peut faire considérer plutôt comme des éperviers. Aussi M. Cuvier a-t-il désigné le dernier de ces oiseaux, la *buse mixte couleur de plomb*, comme appartenant positivement au genre *nisus*. Les autres portent les dénominations suivantes : Nᵒ. 17, *buse mixte à longues taches* ; nᵒ. 18, *buse mixte peinte* ; nᵒ. 19, *buse mixte noirâtre et rousse*, qui paroît à Sonnini se rapporter au grand épervier de Cayenne ; nᵒ. 20, *buse mixte noire* ; nᵒ. 21, *buse mixte brune*.

Les *bondrées*, qui constituent parmi les buses une section distinguée par les plumes très-serrées occupant l'espace situé entre le bec et l'œil, et par les tarses à demi-vêtus, forment dans ce Supplément un groupe particulier sous le nom latin de *pernis*. Ainsi, il ne reste plus à parler que de celles qui ont les tarses emplumés jusqu'aux doigts, et où se trouvent la *buse pattue*, la *buse goragang*, la *buse noire*, et la *buse noire et blanche*.

Il a déjà été question de la première dans le tome cinquième de ce Dictionnaire, page 454. On ajoutera ici que cette espèce se trouve désignée quatre fois dans Gmelin ; sous les noms de *falco communis leucocephalus*, *falco pennatus*, *falco sancti Joannis*, *falco spadiceus*, et que Latham, après l'avoir décrite sous le nom de *falco lagopus*, en fait encore son *falco sclavonicus*, busard esclavon de Daudin. Cette espèce, qui habite les lisières des bois voisins des marais, et qui, fort nombreuse en Afrique, l'est beaucoup moins en Europe, où, pendant l'automne et l'hiver, elle se retire dans le Nord, fait sur les grands arbres un nid dans lequel elle pond quatre œufs nuancés de rougeâtre. La tête, la nuque et le haut du cou sont d'un blanc jaunâtre, avec des raies oblongues brunes ; les parties supérieures sont maculées de brun noirâtre et de fauve ; elle a une grande tache brune à la poitrine, et souvent au milieu du ventre ; sa queue est brune à son origine, avec du blanc sur les côtés, a l'extrémité grise. La femelle, qui a deux pieds trois pouces de longueur, tandis que le mâle n'a qu'environ dix-neuf pouces, se fait remarquer par un plumage en général plus blanc ; et ces oiseaux ont, suivant l'âge, plus ou moins de taches brunes.

La Buse GORAGANG, *Buteo connivens*, est un oiseau de la Nouvelle-Hollande, où il porte le nom de *goora-à-gang*, et qui a dix-sept à dix-huit pouces de longueur. Son plumage est, sur le dos d'un brun sombre, avec des taches ferrugineuses au cou et aux scapulaires, des raies obliques sur les pennes des ailes, et des bandes transversales sur celles de la queue ; les parties inférieures sont d'un blanc jaunâtre, avec des raies noirâtres fort étroites ; les tarses sont couverts jusqu'aux doigts de plumes d'un cendré pâle.

La Buse NOIRE, *Buteo ater*, a également les tarses couverts de plumes jusqu'aux doigts. Le front, l'intérieur des premières pennes des ailes, et les cinq bandes qui traversent la queue, sont blancs. Le reste du plumage est noir, ainsi que le bec et les ongles ; et Wilson, qui a donné la figure de cet oiseau dans son *Ornithologie américaine*, le croit une variété des *falco spadiceus* et *sancti Joannis*.

La Buse NOIRE ET BLANCHE, *Buteo melanoleucus*, oiseau de la Guiane, dont la taille est celle de la buse commune, et dont tout le plumage est d'un blanc de neige, à l'exception du dos et des ailes qui sont noirs, et de la queue, qui est traversée par six bandes alternativement noires et blanches.

EUSELINON. (*Bot.*) La plante que Pline désigne sous ce nom est regardée, par Clusius (*Hist.* CCCXII), comme ayant beaucoup d'affinité avec une espèce de persil indigène dans l'île de Crète, où il est nommé *agrio pastinaca*, selon Clusius, semblable au persil ordinaire ; elle est plus petite dans toutes ses parties. C'est le *petroselinum creticum* de C. Bauhin, qui n'est rapporté, par les botanistes modernes, à aucune espèce connue, à moins que ce ne soit l'espèce observée par Tournefort, dans la même île, et dont M. Poiret fait un boucage sous le nom de *pimpinella cretica*. (J.)

BUSETTE. (*Ornith.*) On appelle ainsi, dans quelques départemens, le mouchet ou fauvette d'hiver, *motacilla modularis*, Linn. (Ch. D.)

BUSZHARD. (*Ornith.*) La buse, *falco buteo*, Linn., porte en Allemagne ce nom et celui de *busz-henne*. (Ch. D.)

BUSTIA. (*Bot.*) Ce genre d'Adanson, qui correspond au genre *Asteroïdes* de Tournefort, comprend les espèces de *buphtalmum* de Linnæus, dont le péricline est presque simple, formé de squames droites. (H. Cass.)

BUT. (*Bot.*) Deux champignons du genre *agaricus* portent ce nom : l'un, le BUT BLANC, *scopus albus*, Sterbeeck, tab. 16, f. C, est blanc ; l'autre, le BUT NOIR ou le CHAMPIGNON A COCHON, *scopus niger*, Sterb., tab. 19, f. H, est un *agaricus* pernicieux brun-noirâtre en-dessus et en-dessous, et à pédicule blanc. (LEM.)

BUTCHER-BIRD. (*Ornith.*) On donne ce nom, en Angleterre, à la pie-grièche grise, *lanius excubitor*, Linn. (Ch. D.)

BUTEO. (*Ornith.*) Nom latin de la buse. Voyez ce mot. (Ch. D.)

BUTIO. (*Ornith.*) Un des noms latins du butor, *ardea stellaris*, Linn. (Ch. D.)

BUTIRATES. (*Chim.*) Sels formés par l'acide butirique. Voyez LAIT. (CH.)

BUTIRIQUE. (*Chim.*) J'ai donné ce nom à un acide extrêmement remarquable, que j'ai extrait du beurre de vache, il y a environ trois ans. Cet acide est caractérisé par son odeur de beurre fort, et par la propriété de former, avec les bases salifiables, des sels qui ont cette même odeur, mais beaucoup moins forte. Jusqu'ici je n'ai pu en séparer aucun principe odorant, distinct du principe acide. Voyez LAIT. (CH.)

BUTO, FOTO. (*Bot.*) Noms japonais de la vigne. (J.)

BUXBAUMIA. (*Bot.*) Ce genre de mousses a une urne terminale, ovale, oblique, ventrue ou bossue d'un côté : péristome double ; l'extérieur a seize dents tronquées, l'intérieur membraneux, plissé, allongé en cône tronqué ; la coiffe petite, fugace, fendue latéralement. Les *buxbaumia* sont monoïques, fleurs mâles ou en disque ou en rosette. Elles n'ont presque pas de tiges.

Ce genre ne comprend que deux espèces. Quelques naturalistes en ont fait de chacune d'elles le type d'un genre. Il est vrai que ces deux mousses ne se ressemblent nullement pour le port ; nous verrons tout à l'heure qu'elles ne doivent cependant pas être séparées.

1. Buxbaumia feuillé, *Buxbaumia foliosa*, Linn. ; Hedw. fund., t. 9, f. 51 ; Dill. Mus., t. 32, f. 13 ; Hall. helv., t. 46, f. 5. Tige nulle, feuilles radicales lancéolées étroites; urne sessile ou presque sessile au milieu des feuilles. On trouve cette espèce dans les bois humides et montueux, le long des chemins. Elle est rare aux environs de Paris. M. Beauvois en fait un genre qu'il nomme *hymenopogon* (voyez ce mot), et que Weber et Mohr ont adopté, mais en changeant le nom en celui de *diphyscium*.

2. Buxbaumia sans feuilles, *B. aphylla*, Linn. ; Hedw. fund., t. 9, f. 52, t. 3, f. 10 ; Buxb. cent. 2, p. 8, t. 4, f. 2 ; Dill. Mus. t. 68, f. 5. Feuilles nulles. Pédicelle radical long, portant une grosse urne bossue. Se trouve dans les bruyères et les lieux stériles, sur les rochers.

Cette espèce est celle qui reste dans le genre *buxbaumia* de Weber et Mohr, et de M. Beauvois qui, pensant qu'il est plus utile de donner aux genres des noms qui rappellent le caractère essentiel, a changé celui de *buxbaumia* en *saccophorus*. Si l'observation de M. Decandolle est juste, le genre *buxbaumia* ne doit pas être divisé en deux. Selon Weber et Mohr, le *buxbaumia aphylla* auroit un triple péristome, exemple unique dans les mousses ; mais M. Decandolle fait observer qu'ils ont pris pour un troisième péristome les lanières tronquées produites par le déchirement d'une membrane qui entoure la base de l'urne qui se détache à sa maturité, et qui est visible dans une variété du *buxbaumia aphylla*, variété que M. Decandolle soupçonne pouvoir être un état maladif de cette espèce, encore remarquable parce qu'elle a été le sujet d'une étude que Linnæus et Martin en ont faite. Ces deux naturalistes ont suivi le développement de l'urne. La chute de l'opercule leur a laissé voir une *anthère* pendante par un petit filet et attachée au-dessous de cet opercule, et au fond de l'urne des graines pulvériformes et jaunes. Nous verrons, à l'article Mousses, comment on doit considérer ces diverses parties.

Les caractères assignés par M. Robert Brown à ce genre ne diffèrent pas de ceux que nous avons donnés, si ce n'est dans l'expression qui est une conséquence de sa manière de considérer ce que nous nommons ici *péristome*. Un autre genre pourra, sans doute, entrer dans celui-ci, lorsqu'il sera mieux connu, nous voulons parler de l'*apodanthus*. Voyez ce mot.

Buxbaumia, du nom d'un botaniste allemand, Buxbaum, né à Mersbourg, en Saxe, qui découvrit le premier l'une des mousses de ce genre, le *B. aphylla*, aux environs d'Astracan. Il en donna une figure et une description dans un ouvrage publié par lui, sous le titre de *Plantarum minus cognitarum centuria* (1728 à 1740). Il est également auteur de plusieurs autres ouvrages de botanique. (Voyez Mirb. *Hist. plant.*; Buff., édit. Sonnini, vol. VI, p. 219.) (Lem.)

BUYETRE. (*Ornith.*) Terme espagnol désignant le vautour cendré, *vultur cinereus*, Linn. (Ch. D.)

BUZ. (*Bot.*) Nom égyptien du roseau. Suivant Forskaël, le *buzhaggni* est l'*arundo donax*, le même qui est commun en Provence, et dont on fait des quenouilles. On nomme *buz-farci* le *saccharum spontaneum* de Vahl. (J.)

BUZZA. (*Ornith.*) Nom italien de la buse commune, *falco buteo*, Linn. (Ch. D.)

BYDE. (*Ornith.*) Nom portugais du vanneau, *tringa vanellus*, Linn. (Ch. D.)

BYE-NASSET. (*Ichthyol.*) Un des noms norwégiens de la chimère arctique. Voyez Chimère. (H. C.)

BYROLT. (*Ornith.*) Un des noms sous lesquels le loriot, *oriolus galbula*, Linn., est connu en Allemagne. (Ch. D.)

BYRRIOLA. (*Ornith.*) L'oiseau dont Scaliger parle souvent sous ce nom, est le bouvreuil, *loxia pyrrhula*, Linn. (Ch. D.)

BYSSOCLADIUM. (*Bot.*) Filamenteux, très-rameux; filamens rayonnans couchés, étendus, et ne s'entre-croisant pas. Conceptacles épars.

1. B. candide, *B. candida*, Author. Fin, délicat, mince, blanc, appliqué et adhérent, très-rameux, extrémité des rameaux en forme de pinceaux, conceptacles globuleux. Il croit sur les feuilles mortes et les troncs pourris.

2. B. fenestrale, *B. fenestrale. Conferva fluviatilis*, Roth. Fin, délicat, gris, rameux et appliqué.

Ce genre a été établi par Link, et, comme l'on voit, il diffère peu du Byssus, dont la première espèce qui en faisoit partie est l'*himantia* de M. Persoon.

Le genre *sporotrichum* a des rapports avec le BYSSOCLADIUM.

Link fait observer que ces champignons ressemblent beaucoup à des *boletus* naissans; mais ceux-ci n'offrent point alors de conceptacles. (LEM.)

BYSSOIDÉES, *Byssoïdeæ*. (*Bot.*) Nom de la cinquième série du premier ordre des champignons dans la méthode de Link. Ce sont les *byssus* filamenteux des auteurs, et ils sont ainsi caractérisés :

Floconneux; flocons formés de tubes, le plus souvent cloisonnés, et à la surface desquels sont épars les conceptacles qui souvent sortent des articulations par la séparation de celles-ci. Conceptacles rarement nuls. Les genres sont : *Haplaria*, *acladium*, *sporothricum*, *chloridium*, *botrytis*, *stachylidium*, *acremonium* (voyez ACREMONIUM). *Byssocladium*, *aspergillus*, *penicillium*, *coremium*, *collarium*, *geotrichum*, *epochnium*, *oidium*, *cladosporium*, *sepedonium*, *mycogone*, *aleurisma* (voyez FARINELLE), *racodium*, *ozonium*, *helmisporium*.

Tous ces champignons naissent sur les corps organisés en décomposition. Les genres *mucor*, *thamnidium* et *ascophora*, s'en rapprochent beaucoup. Les conceptacles sont difficiles à voir; quelquefois ils paroissent comme une matière humide, d'autres fois ils ne sont visibles qu'après la destruction des articulations de la plante. (LEM.)

BYSSONIA. (*Conch.*) M. Cuvier, dans la nouvelle édition de son *Tableau des Animaux*, a formé sous ce nom un petit genre de la moule pholade, *mytilus pholas* (Linn.). Ses caractères sont : Coquille oblongue, charnière sans dents; les valves échancrées vis-à-vis du sommet, pour le passage du byssus.

Le *mytilus pholas*, se trouve dans les mers du nord de l'Europe: il vit dans l'intérieur des coraux et des pierres, à la manière d'un grand nombre d'autres mollusques bivalves, appelés *lithophages*; voyez ce mot, où il sera traité de la faculté singulière qu'ont ces animaux de se creuser un abri dans des corps plus ou moins durs. (DE B.)

BYSSUS. (*Bot.*) *Bysse*, Dictionn., vol. V, p. 475; ajoutez : Linnæus, en établissant son genre *byssus*, y avoit rapporté d'une part des espèces pulvérulentes ou semblables à des croûtes, et qui depuis ont été réunies aux lichens, avec lesquels en effet elles ont beaucoup de rapports, au point qu'on pour-

roit les regarder comme des lichens privés de conceptacles.
(Voyez LEPRA, CONIA, PULLINA.) De l'autre part, Linnæus avoit
rapporté au byssus des espèces filamenteuses: en cela, il avoit
suivi Dillen et beaucoup de botanistes antérieurs. Gmelin
a restreint le genre *byssus* à ces seules espèces. Cependant
un léger examen suffit pour montrer que ce groupe n'est pas
naturel. Persoon l'a partagé en quatre genres, que nous ferons
connoître dans l'instant. L'une des espèces de Linnæus, le
byssus velutina, a été l'objet particulier des observations de
Vaucher et de Girod-Chantran. Le premier naturaliste a fait
voir que cette espèce ne pouvoit rester dans le *byssus*, et
qu'elle devoit être réunie à ses *ectosperma*, le *vaucheria*, de
Decandolle, genre de la famille des ALGUES, section des con-
ferves. Une autre espèce de Linnæus, le *byssus flos aquæ*, suivant Vaucher, est un *oscillatoria*, autre genre de la même
famille. M. Agardh va plus loin: il rapporte aux conferves les
byssus aurea, Linn., *jolithus*, Linn., et beaucoup d'autres
espèces; mais ce rapprochement n'a pas encore été adopté.
M. Link fait presque autant de genres qu'il y a d'espèces de
byssus. (V. BYSSOÏDÉES.) M. Decandolle (Fl. franç.) ne conserve
dans le genre *byssus* que ceux qui rentrent dans les quatre
genres de M. Persoon, en approuvant les changemens de
Vaucher. M. Persoon divise les *byssus* en

1. DEMATIUM. (Voyez ce mot.) Byssus de forme indéterminée
droit ou déprimé, en touffe ou épars, filamens lisses point
entrelacés. Les *byssus phosphorea et aurea* décrits dans ce
Dictionnaire, vol. II, appartiennent à ce genre.

2. RACODIUM. (Voyez ce mot.) Byssus à filamens entremêlés
en tous sens, de manière à former un tissu ou feutre, étalé et
mollet. Sans doute le *byssus des caves* décrit dans ce Dictionnaire appartient à ce genre.

3. HIMANTIA. (Voyez ce mot.) Byssus rampant, velu, rameux
et fibreux. Le *byssus candida* décrit dans ce Dictionnaire,
vol. V, appartient à ce genre.

4. MESENTERICA. (Voyez ce mot.) Byssus rampant, gélatineux, veiné, à veines réunies par des membranes. Le *byssus
cærulea* décrit dans ce Dictionnaire appartient à ce genre.

Voyez ces différens noms, et MEDUSULA, XYLOSTROMA,
GODAL, LOTEN, CONIA, CANTA, ISARIA, BYSSOÏDÉES, CHAMPIGNONS.

Byssus, du mot grec βύσσος, qui désignoit, chez les anciens, une sorte de tissu précieux fait avec du coton, et même cette substance. On peut, en effet, prendre au premier aspect certains *byssus* pour des flocons de coton, tant par leur blancheur que par la disposition de leurs filamens. (LEM.)

BYWA. (*Bot.*) Nom du néflier du Japon, *mespilus japonica*, dans son pays natal, suivant Kæmpfer et Thunberg. (J.)

FIN DU CINQUIÈME SUPPLÉMENT.